알기 쉬운 판뜨기 실체와 철구조물 응용

# 판금·제관 전개도법 철구조물 제작

박병우 저

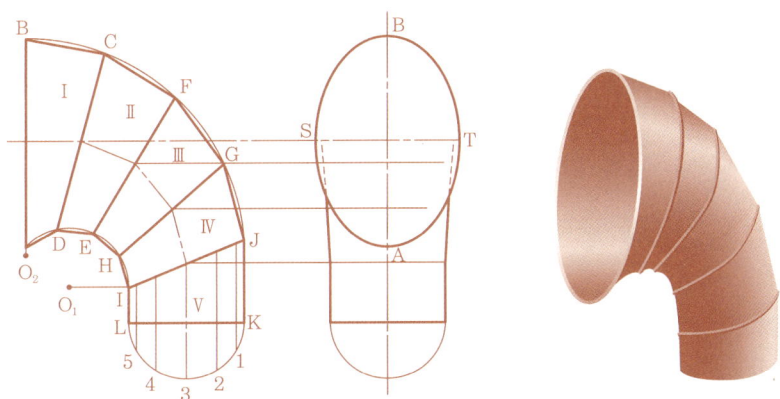

일진사

# 머리말

학문적인 체계도 없이 눈대중과 경험에 의하여 전개도를 그리고 판뜨기를 하다가 컴퍼스나 자를 사용하여 정확한 판뜨기를 할 수 있게 되었다.

이러한 경험은 생산기술을 눈부시게 발전시켰으며, 더 나아가 시대의 흐름에 맞는 미래지향적이고 창의적인 모형을 전산화하고 설계할 수 있도록 하였다.

저자는 30여 년 동안 학교 강의와 현장지도 경험을 바탕으로 구체적이고 실용적인 실체도와 전개도를 알기 쉽게 정리하고, 또 현장에서 많이 사용되는 방법을 이론적으로 정립시키는 데 최선을 다하였다.

이 책은 다음과 같은 특징으로 구성하였다.

첫째, 같은 계통을 단원별로 분류하여 기본적인 응용 방법과 기초적인 지식을 얻는 데 많은 부분을 할애하였다.

둘째, 덕트와 제관의 기본 형태 및 관제작법을 수록하였으며, 최근 많이 이용되는 철구조물의 제작법을 실었다.

셋째, 전개 순서대로 번호를 붙여 실제 제작 시 혼란이 없도록 안내하였다.

판금 전개도는 제3각법으로 그리는 것이 원칙이지만, 이 책에서는 실체도의 특성에 따라 제1각법으로도 그렸음을 밝혀둔다.

끝으로, 이 책이 출판되기까지 불철주야 노력해 주신 최승길 선생님과 도서출판 **일진사** 직원 여러분께 감사드리고, 전개도와 철구조물 제작을 공부하시는 모든 분들께 조금이나마 도움이 되었으면 한다.

저자 씀

# | CONTENTS |

## 제1편 기초도법

### 제1장 직선에 관한 도법

1. 직선의 수직 이등분 ·················· 12
2. 직선의 $n$등분(5등분) ················ 12
3. 평행선 긋는 법(주어진 선과 평행하고 주어진 점을 지나는 선) ············ 13
4. 직선 이외의 한 점에서 직선에 수선 ····· 13
5. 직선상의 한 점에서 직선에 수선 ······· 13
6. 직선 끝에 수선 ···················· 14
7. 직선 끝에서의 수선 ·················· 14

### 제2장 각에 관한 도법

1. 각의 이등분 ······················ 15
2. 직각의 삼등분 ···················· 15
3. 각을 옮기는 법 ···················· 16
4. 각의 $n$등분(5등분) ················ 16
5. 꼭짓점이 없는 각의 이등분 ··········· 16

### 제3장 각에 관한 도법

1. 주어진 세 변을 가지는 삼각형 ········ 17
2. 원에 내접하는 정삼각형 ············· 17
3. 한 변이 주어진 정오각형 ············ 18
4. 원에 내접하는 정오각형 ············· 18
5. 한 변이 주어진 정육각형 ············ 18
6. 한 변이 주어진 정$n$각형(정칠각형) ····· 19
7. 원에 내접하는 정$n$각형(정칠각형) ····· 19

### 제4장 원에 관한 도법

1. 엇갈리게 주어진 세 점을 지나는 원 ····· 20
2. 원주 이외의 한 점에서 원에 접선 ······· 20
3. 원호상의 한 점에서 원호에 접선 ········ 20
4. 주어진 각에 내접하는 주어진 반지름($R$)의 원 ······························ 21
5. 원주의 길이와 같은 직선 ············· 21
6. 원호와 같은 길이의 직선 ············· 21
7. 원의 경선 ························ 22
8. 원의 위선 ························ 22

### 제5장 넓이에 관한 도법

1. 주어진 삼각형과 같은 넓이의 이등변 삼각형 ·························· 23
2. 주어진 삼각형과 같은 넓이의 직사각형 ···························· 23
3. 주어진 직사각형과 같은 넓이의 정사각형 ···························· 23
4. 원과 같은 넓이의 정사각형 ··········· 24
5. 주어진 정사각형과 같은 넓이의 원 ····· 24
6. 주어진 원과 같은 넓이의 이등변 삼각형 ···························· 25
7. 정사각형의 2배의 넓이인 정사각형 ····· 25
8. 두 정사각형의 합과 같은 넓이의 정사각형 ···························· 25

### 제6장 원뿔 곡선에 관한 도법

1. 주어진 장축과 단축의 타원 ··········· 26
2. 주어진 초점과 기준선의 포물선 ········ 26
3. 주어진 한 점을 지나고 정점과 주축이 주어진 포물선 ···················· 27
4. 주어진 두 초점과 두 정점의 쌍곡선 ····· 27
5. 두 정점이 주어지고 주어진 한 점 A′를

지나는 쌍곡선 ············································ 27

## 제7장 호성 및 특수곡선

1. 임의의 호성 타원 ······································ 28
2. 주어진 폭의 달걀형 ··································· 28
3. 호성 와선 그리는 법 ································· 28
4. 하트(heart)형 ············································· 29
5. 원의 인벌류트(involute) 곡선 ··················· 29
6. 원의 사이클로이드(cycloid) 곡선 ············· 29

# 제2편 투상도법

## 제1장 투상도의 종류

1. 회화적 투상도 ············································ 32
2. 정투상도 ······················································ 32

## 제2장 제1각법과 제3각법

1. 제1각법 ························································ 33
2. 제3각법 ························································ 33
3. 투상도의 명칭 ············································ 34
4. 투상도의 실제 ············································ 34

# 제3편 전개 방법

## 제1장 전개도의 종류

1. 평행선 전개법 ············································ 38
2. 방사선 전개법 ············································ 39
3. 삼각형 전개법 ············································ 39
4. 상관선 그리는 법 ······································ 40

## 제2장 전개도의 실제

**1. 평행선 전개법** ············································ 42
  (1) 사각관 연결부 ········································ 42
  (2) 경사지게 절단된 정육각기둥 ··············· 43
  (3) 직각으로 뒤틀린 정방형관 ··················· 44
  (4) 경사지게 절단된 원기둥 ······················· 45
  (5) 편심되게 절단된 원기둥 ······················· 46
  (6) 구멍 뚫린 원기둥 ·································· 47
  (7) 경사지게 절단된 타원기둥 ··················· 48
  (8) 2편 엘보 ·················································· 49
  (9) T형관 ······················································· 50
  (10) +형관 ······················································ 51
  (11) Y형 분기관 ············································· 52
  (12) Y형관 ······················································ 53
  (13) 둔각 엘보 ··············································· 54
  (14) 3편 엘보 ················································· 55
  (15) 4편 엘보 ················································· 56
  (16) 5편 엘보 ················································· 57
  (17) 보강 편단 2편 엘보 ····························· 58
  (18) 보강 편단 둔각 엘보 ··························· 59
  (19) 직교하는 이경 원기둥 ························· 60
  (20) 측면으로 직교하는 이경 원기둥 ········ 61
  (21) 경사지게 연결된 이경 원기둥 ············ 62
  (22) 측면으로 경사된 이경 원기둥 ············ 63
  (23) 직교하며 보강편 단 이경 원기둥 ······ 64

(24) 타원과 원의 L형관 ············· 65
(25) 직교하는 타원과 원기둥 ········ 66
(26) 구에 직립하는 사각기둥 ········ 67
(27) 구에 경사된 원기둥 ············· 68
(28) 사각기둥과 비스듬히 만나는 원기둥 ··· 69
(29) 팔각 모자형 ······················· 70
(30) 물받이 입구 ······················· 71
(31) 정육각 화병 ······················· 72
(32) 원통에 분기된 4조각 엘보 ····· 73
(33) 4조각 엘보에서 분기된 지름이 다른 원통
   ·············································· 74
(34) 4조각 엘보에 경사진 분기관 ··· 75
(35) 원기둥에 3조각 분기관 ········ 76

## 2. 방사선 전개법 ··············· 77
(1) 원 뿔 ································· 77
(2) 수평으로 절단된 원뿔 ············ 78
(3) 정육각뿔 ···························· 79
(4) 경사지게 절단된 정육각뿔 ······ 80
(5) 경사지게 절단된 사각뿔 ········ 81
(6) 경사지게 절단된 원뿔 ············ 82
(7) 상부 수평, 하부 경사로 절단된 원뿔 ····· 83
(8) 상부 수평, 하부 산형으로 절단된 원뿔 ··· 84
(9) 상부가 반원으로 절단된 원뿔 ····· 85
(10) 곡면으로 절단된 원뿔 ············ 86
(11) 원뿔 2편 엘보 ······················ 87
(12) 원뿔 2편 둔각 엘보 ·············· 88
(13) 원뿔 3편 엘보 ······················ 89
(14) 원뿔과 직교하는 원뿔 ············ 90
(15) 원뿔과 경사지게 만나는 원뿔····· 92
(16) 경사 원뿔 ···························· 94
(17) 쟁반형 용기 ························· 95
(18) 사각 쟁반형 용기 ················· 96
(19) 상부가 경사지게 절단된 쟁반형 용기 ··· 97
(20) 상부가 경사지게 절단된 사각형 용기 ··· 98
(21) 편심된 원통에 분기된 원뿔 ····· 99
(22) 사각통에 경사된 원통 ·········· 100

(23) 사각뿔에 직교하는 원통 ······· 101
(24) 두갈래관 ···························· 102
(25) 네갈래관 ···························· 104

## 3. 삼각형 전개법 ················ 105
(1) 편심 사각뿔 ······················· 105
(2) 상부가 수평으로 절단된 편심 사각뿔 ··· 106
(3) 상부가 경사지게 절단된 편심 사각뿔 ··· 107
(4) 상부 타원, 하부 사각형의 연결부 ······· 108
(5) 지름이 서로 다른 두 원통의 경사 연결부
   ·············································· 109
(6) 타원뿔 ································ 110
(7) 수평으로 절단된 타원뿔 ········ 111
(8) 상부 원형, 하부 쟁반형의 연결부 ··· 112
(9) 경사지게 절단된 편심 타원통 ··· 113
(10) 타원형 용기 ························· 114
(11) 기운 쟁반형 용기 ················· 115
(12) 석탄 버킷(양동이) ················ 116
(13) 상부 타원, 하부 원형의 연결부 ····· 118
(14) 사각뿔 2편 엘보 ·················· 119
(15) 90° 비틀린 사각관의 연결부 ·········· 120
(16) 쟁반형과 원형으로 연결된 경사 원뿔··· 121
(17) 지름이 다른 관의 직각 연결부 ······· 122
(18) 하부 원형, 상부 쟁반형의 연결부 ······ 123
(19) 만곡된 사각관 ······················ 124
(20) 원뿔 2방 가지관·················· 125
(21) 원뿔 3방 가지관·················· 126
(22) 원과 사각으로 이룬 관의 2방 가지관··· 127
(23) 원과 쟁반형으로 이룬 관의 2방 가지관
   ·············································· 128
(24) 하부 원, 상부 정방형인 환기구 ······ 129
(25) 하부 정방형, 상부 원형인 환기구 ····· 130
(26) 연소실과 굴뚝의 연결부 ·········· 131
(27) 상부 원, 하부 사각인 경사 환기구 ····· 132
(28) 상부 원, 하부 원인 경사 환기구 ······· 133
(29) 나선판(1) ···························· 134

(30) 나선판(2) ···································· 135
(31) 경사 나선판 ···································· 136
(32) 경사 리듀서(직립 사각통과 원통) ······ 137
(33) 송풍관 ···································· 138
(34) 단면 장방형과 변환하는 사각관 ········ 140
(35) 세갈래 분기관 ···································· 142
(36) 네갈래관 ···································· 143
(37) 비틀린 두갈래관 ···································· 144
(38) 하부 원, 상부 경사진 배기관 ··········· 146
(39) 지름이 다른 Y형 분기관 ··············· 147
(40) 직각 이경관에 수직 분기관 ··········· 148
(41) 원통과 사각이 만나는 통풍관 ········· 149
(42) 가지관 ···································· 150
(43) 원뿔 분기관 ···································· 151
(44) 비틀린 분기관 ···································· 152

### 4. 평행선 전개법과 방사선 전개법의 혼합체
···································· 154
(1) 구 ···································· 154
(2) 원형 안장 ···································· 156
(3) 원뿔의 중심에 선 정사각기둥 ········· 157
(4) 원뿔의 중심에 선 정육각기둥 ········· 158
(5) 원뿔과 직교하는 원기둥 ··············· 159
(6) 깔때기 형태의 원뿔과 직교하는 원기둥
···································· 160
(7) 원뿔과 경사지게 만나는 원기둥 ········· 161
(8) 원통과 직교하는 정사각뿔 ··············· 162
(9) 원뿔에 편심되어 선 원기둥 ··········· 163
(10) 원기둥과 직교하는 원뿔 ··············· 164
(11) 사각관과 직교하는 원뿔 ··············· 165
(12) 원통과 편심되게 직교하는 원뿔 ········ 166

### 5. 평행선 전개법과 삼각형 전개법의 혼합체
···································· 168
(1) 통풍관 ···································· 168
(2) 직각으로 이루어진 이경 원기둥의 4편 엘보
···································· 170

(3) 5편으로 이루어진 2방 가지관 ··········· 172
(4) 정사각뿔의 중심에 선 원기둥 ··········· 174
(5) 하부 사각, 상부 원형인 관과 만나는 원뿔
···································· 175
(6) 하부 사각, 상부 원형인 관과 직교하는
원기둥 ···································· 175

### 6. 방사선 전개법과 삼각형 전개법의 혼합체
···································· 177
(1) 계란형 용기 ···································· 177
(2) 굴절된 깔때기 ···································· 178

### 7. 덕트 전개법 ···································· 180
(1) 사각 덕트 ···································· 180
(2) 편심 덕트 ···································· 180
(3) 각 엘보 덕트 ···································· 181
(4) 이경 엘보 덕트 ···································· 181
(5) Y형 분기관 덕트 ···································· 182
(6) r형 분기관 덕트 ···································· 182
(7) ├형 가지관 덕트 ···································· 183
(8) 후드 ···································· 183
(9) 밸브 보온 커버 ···································· 184
(10) 플랜지 보온 커버 ···································· 184
(11) 높이가 다르게 지나는 지름이 다른 덕트의
연결(플랜지 연결 시) ···················· 185
(12) 분기관의 분기 방법 ······················ 186

### 8. 타출 전개법 ···································· 187
(1) 반구형 전개 ···································· 187
(2) 접시형 용기 ···································· 188
(3) 사각 받침대 ···································· 189
(4) 이음매 없는 원뿔 ···································· 190
(5) 원뿔 받침대 ···································· 191
(6) 90° 엘보 ···································· 192
(7) 오목링 ···································· 193
(8) 나팔관 ···································· 194

## 제3장 철구조물 제작

### 1. 두꺼운 판의 판뜨기 작업 ·············· 195
(1) 원기둥 ·············· 195
(2) 굽은 부분이 있는 물체 ·············· 196
(3) 리벳 이음 원기둥 ·············· 197
(4) 중립선이 옮겨졌을 때 ·············· 198
(5) ㄱ형강의 길이 ·············· 199
(6) T형으로 분기되는 원기둥 ·············· 200
(7) 경사지게 절단된 원뿔 ·············· 201
(8) 상부 원형, 하부 정사각인 뿔 ·············· 202

### 2. 현장 전개법 및 계산법 ·············· 203
(1) 직각 2편 엘보 ·············· 203
(2) Y형 분기관 ·············· 204
(3) 3편 엘보 ·············· 205
(4) 피타고라스의 정리 응용 원뿔 전개 ······ 206

### 3. 관 공작법 ·············· 207
(1) 마킹 테이프의 사용법 ·············· 207
(2) 절단각의 산출법 ·············· 208
(3) 동경 T형관 ·············· 209
(4) 이경 T형관 ·············· 210
(5) 동경 Y형 분기관 ·············· 211
(6) 동심 축소관 ·············· 212
(7) 편심 축소관 ·············· 213
(8) 동심과 편심 축소관 ·············· 215
(9) 오렌지형 캡(orange type cap) ······ 216
(10) 볼 플러그 캡(ball plug cap) ·············· 217

### 4. 관 구조물 ·············· 218
(1) 직선 길이 산출 ·············· 218
(2) 빗변 길이 산출 ·············· 219
(3) 대각선 관의 길이 산출 ·············· 220
(4) 삼각비를 이용한 길이 산출 ·············· 221
(5) 굽힘 길이 산출 ·············· 222
(6) 3편 마이터관 길이 산출 ·············· 223
(7) 앵글 브래킷 ·············· 224
(8) 앵글 정오각형 ·············· 226
(9) 플랜지 제작 ·············· 227
(10) 받침대 ·············· 228
(11) 파이프 받침대 ·············· 229
(12) 원형 받침대 ·············· 230
(13) 지지 받침대 ·············· 231
(14) 창구 빔 제작 ·············· 232
(15) H 형강 기둥 제작 ·············· 233
(16) 형강 및 트러스 구조물 제작 ·············· 244

## 부 록

1. 삼각함수의 공식 ·············· 236
2. 삼각함수표 ·············· 238
3. 덕트의 기본 기호 ·············· 240
4. 사각뿔의 전개 ·············· 242
5. 경사로 자른 원기둥(삼각함수 응용) ··· 243
6. 각종 용기의 한장 뜨기 전개의 지름을 구하는 공식 ·············· 244
7. 금속재료 중량표 ·············· 245
8. 면적 및 체적의 특성 ·············· 248

### 자격시험에 출제되었던 도면
1. 비대칭 Y자 분기관 ·············· 260
2. 이형 Y자 분기관 ·············· 263
3. 밑면이 사각인 Y형관 ·············· 264
4. 경사진 원뿔에 달린 나팔관 ·············· 269
5. 밑면이 사각인 분기관 ·············· 272
6. 반구가 달린 분기관 ·············· 275
7. 밑면이 사각인 원추 분기관 ·············· 278
8. 1/4 반구가 달린 분기관 ·············· 281

9. 원기둥이 달린 흡입관 ····· 284
10. 배출관 ····· 287
11. 원기둥이 달린 덕트관 ····· 290
12. 통풍관 ····· 293
13. 원기둥에 경사지게 만나는 타원 원뿔형 ····· 296
14. 이음매 없는 원뿔에 달린 분기관 ····· 299
15. 밑면이 원형인 분기관 ····· 302
16. 가지관 ····· 305
17. 배기관 ····· 306
18. 배출관 ····· 307
19. 통풍관 ····· 308
20. T형 배기관 ····· 309
21. 슈트 ····· 310
22. 원추관에 붙은 원통 ····· 313
23. 사각 원추관에 비스듬히 붙은 원통 ··· 316
24. 변형된 T형 분기관 A ····· 319
25. 변형된 T형 분기관 B ····· 322
26. 원추관에 붙은 사각관 ····· 325
27. Y형 분기관 ····· 328
28. 원뿔에 붙은 호퍼 ····· 331
29. 흡출관 ····· 333
30. 육각추 슈트 ····· 336
31. 분리 호퍼 ····· 338
32. 편심 줄임관 ····· 340
33. 응용 엘보관 ····· 342
34. 편심 곡관 ····· 344
35. 이경 엘보 ····· 346
36. 응용 분기관 ····· 348
37. 편심 호퍼 ····· 350
38. 사각 편심 호퍼 ····· 352
39. 이형 엘보 ····· 354
40. 편심 신축관 ····· 356
41. 사각 슈트 ····· 358
42. 편심 줄임관 ····· 360
43. 사각 호퍼 ····· 362
44. 통풍 연결부 ····· 364

# 제1편 기초도법

**제1장** 직선에 관한 도법
**제2장** 각에 관한 도법
**제3장** 각형에 관한 도법
**제4장** 원에 관한 도법
**제5장** 넓이에 관한 도법
**제6장** 원뿔 곡선에 관한 도법
**제7장** 호성 및 특수곡선

# 제 1 장 직선에 관한 도법

**❶ 직선의 수직 이등분**

① 선 끝 A와 B를 중심으로 하여 같은 크기의 반지름으로 원호를 돌려 만나는 점 C와 D를 얻는다.
② C와 D를 직선으로 연결하면 E점에서 수직 이등분이 된다.

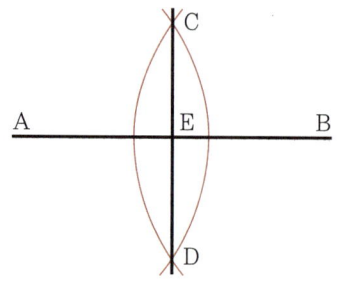

**참고**

전개 시 필요한 용구로는 삼각자, 컴퍼스, 연필, 지우개, 탈, 샌드페이퍼 등이 쓰인다(지면 전개 시).

**❷ 직선의 $n$등분(5등분)**

① 직선 한 끝 A를 중심으로 임의의 각도로 임의의 선 $\overline{AC}$를 긋는다.
② 임의의 선 $\overline{AC}$를 컴퍼스나 자를 사용, 같은 크기로 $n$(5)개 자른다.
③ 등분점의 끝(5)점과 직선 한끝 B를 직선으로 연결한다.
④ 임의의 선 각 등분점을 연결선 $\overline{5B}$와 평행선을 그어 직선 $\overline{AB}$와 만나는 점을 얻는다.
⑤ 직선 $\overline{AB}$와 만나는 점(1′ 2′ 3′ 4′)은 $n$등분점이 된다.

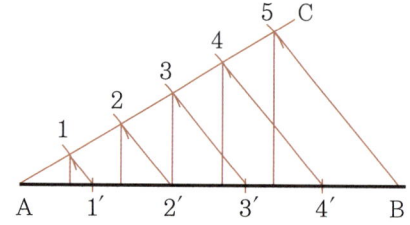

**참고**

연필은 직선을 그을 때는 얇게, 문자를 쓸 때에는 원추형으로 깎는다.

## ❸ 평행선 긋는 법(주어진 선과 평행하고 주어진 점을 지나는 선)

① 직선 $\overline{AB}$ 상의 임의의 점 C를 잡고 주어진 점 P를 지나는 원호를 돌려 직선 $\overline{AB}$ 상에 만나는 점 D를 얻는다.
② 같은 크기의 원호를 P를 중심으로 C를 지나는 원호를 돌린다.
③ DP의 길이와 같게 C를 중심으로 원호를 돌려 만나는 점 E를 얻는다.
④ 주어진 점 P와 교점 E를 직선으로 연결한다.
⑤ 직선 $\overline{PE}$ 는 직선 $\overline{AB}$ 와 평행선이 된다.

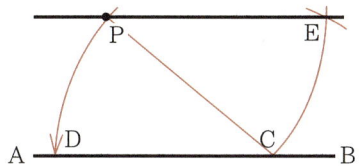

 참고

직선을 그을 때에는 좌측에서 우측으로, 밑에서 위로 그으며, 긋는 방향으로 다소 기울여 가늘게 긋고 여러 번 겹쳐 긋지 않는다.

## ❹ 직선 이외의 한 점에서 직선에 수선

① 주어진 점 P를 중심으로 임의의 원호를 돌려 직선 $\overline{AB}$ 와 만나는 점 C와 D를 얻는다.
② C와 D를 중심으로 같은 크기의 원호를 주어진 점 P의 반대 방향으로 돌려 만나는 교점 E를 얻는다.
③ 주어진 점 P와 교점 E를 연결한다.
④ 직선 $\overline{PE}$ 는 직선 $\overline{AB}$ 의 수선이 된다.

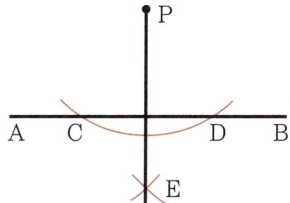

## ❺ 직선상의 한 점에서 직선에 수선

① 주어진 점 P를 중심으로 임의의 원호를 돌려 직선 $\overline{AB}$ 와 만나는 점 C와 D를 얻는다.
② C와 D를 중심으로 같은 크기의 원호를 돌려 만나는 점 E를 얻는다.
③ 주어진 점 P와 교점 E를 연결한다.
④ 직선 $\overline{PE}$ 는 직선 $\overline{AB}$ 의 수선이 된다.

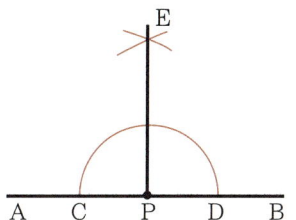

참고

원을 그을 때에는 시계 방향으로 가볍게 긋고 컴퍼스의 연필심이 침보다 1mm 정도 낮게 하는 것이 좋다.

### ❻ 직선 끝에 수선

① 원의 중심점을 지나고 원에 내접하는 삼각형은 직각 삼각형이다.
　따라서 주어진 선 $\overline{AB}$의 밖에 임의의 점 O를 잡고 반지름 $\overline{OB}$의 원을 돌려 직선 $\overline{AB}$와 만나는 점 C를 얻는다.
② 교점 C와 중심점 O를 연결하고 연장하여 원주와 만나는 점 D를 얻는다.
③ 교점 D와 직선 끝 B를 연결한다.
④ 직선 $\overline{DB}$는 직선 $\overline{AB}$의 수선이 된다.

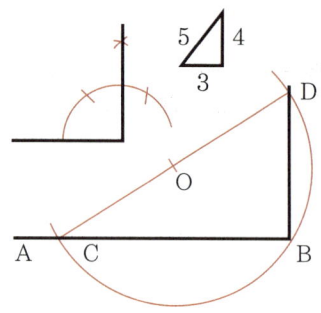

**참고**

기초 도법이나 전개 시에는 꼭 문자나 숫자를 써서 각 점의 혼동을 막는 일이 중요하며, 한 점이 연장되어 만날 경우 같은 숫자나 문자에 ′, ″표시를 쓰는 것이 좋다.
(예 1, 1′, 1″)

### ❼ 직선 끝에서의 수선

① 직선의 끝 점 P에서 임의의 반지름 $r$인 원호를 그리고 직선과의 교점 A를 얻는다.
② 동일한 반경으로 점 A에서 점 B를 나누고 점 B에서 점 C를 얻는다.
③ 점 B와 C를 중심으로 동일 반경의 원호를 그려 교점 D를 얻는다.
④ 점 D와 P를 직선으로 연결하면 $\overline{DP}$는 직선 $\overline{AP}$에 수직선이 된다.

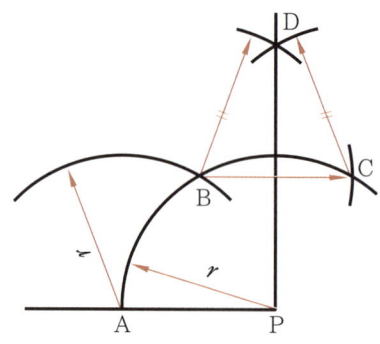

# 제2장 각에 관한 도법

### ❶ 각의 이등분

① 꼭짓점 A를 중심으로 임의의 원호를 돌려 만나는 점 D와 E를 얻는다.
② D와 E를 중심으로 같은 크기의 원호를 돌려 만나는 점 F를 얻는다.
③ 꼭짓점 A와 교점 F를 연결한다.
④ 직선 $\overline{AF}$는 ∠CAB의 이등분선이 된다.

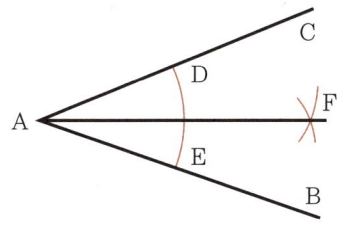

**참고**

평행선을 긋는 방법으로 삼각자 두 개를 사용하여 주어진 선과 겹치게 자 1을 놓은 후 삼각자 1의 다른 면과 밀착되게 삼각자 2를 놓고 고정시킨 후 삼각자 1을 옮기면서 긋는 방법도 있다.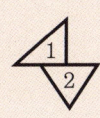

### ❷ 직각의 삼등분

① 꼭짓점 A를 중심으로 임의의 원호를 돌려 각 변과 만나는 점 D와 E를 얻는다.
② 같은 크기의 원호를 D와 E를 중심으로 돌려 원호와 만나는 점 F와 G를 얻는다.
③ 꼭짓점 A와 F, A와 G점을 연결한다.
④ 직선 $\overline{AG}$와 $\overline{AF}$는 직각 CAB의 삼등분선이 된다.

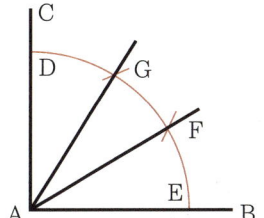

**참고**

직각의 3등분은 원주의 등분에 많이 사용되므로 등분 후 $\overset{\frown}{DG}$와 $\overset{\frown}{GF}$, $\overset{\frown}{FE}$의 길이가 같은지 꼭 확인해야 한다.

## ❸ 각을 옮기는 법

① 주어진 각의 꼭짓점 A를 중심으로 임의의 원호를 돌려 만나는 점 D와 E를 얻는다.
② 주어진 선 $\overline{A'B'}$의 한끝 A'를 중심으로 $\overline{AD}$의 원호를 돌려 직선과 만나는 점 C'를 얻는다.
③ C'를 중심으로 $\overline{ED}$의 원호를 돌려 만나는 점 D'를 얻는다.
④ 직선 끝 A'와 교점 D'를 연결한다.

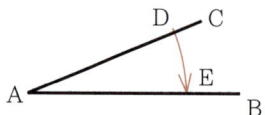 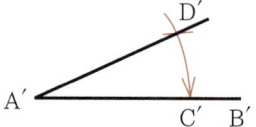

## ❹ 각의 $n$등분 (5등분)

① 임의의 ∠BAC의 꼭짓점 A를 중심으로 임의의 원호를 돌려 만나는 점 D와 E를 얻는다.
② 선 $\overline{AB}$를 연장하여 원호와 만나는 점 F를 얻는다.
③ D와 F를 중심으로 $\overline{FD}$의 크기로 각각(D, F) 원호를 돌려 만나는 점 O를 얻는다.
④ O와 E를 연결하고 $\overline{DF}$ 선상에 만나는 점 G를 얻는다.
⑤ 선 $\overline{DG}$를 직선의 $n$(5)등분 후 등분점과 O를 원호까지 연장하여 만나는 점(1', 2', 3', 4')을 얻는다.
⑥ 원호의 각 점(1', 2', 3', 4')을 꼭짓점 A와 연결한다.
⑦ $\overline{A1'}$, $\overline{A2'}$, $\overline{A3'}$, $\overline{A4'}$의 각 선은 ∠BAC의 $n$등분선이 된다.

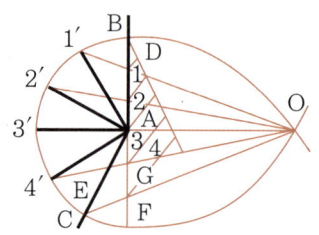

## ❺ 꼭짓점이 없는 각의 이등분

① 두 변 $\overline{AB}$와 $\overline{CD}$를 지나는 임의의 수선을 그어 만나는 점 E와 F를 얻는다.
② 두 변과 임의의 선과 이루는 각 ∠AEF, ∠BEF, ∠CFE, ∠DFE를 이등분하고 연장하여 만나는 점 G와 H를 얻는다.
③ 교점 G와 H를 연결하면, $\overline{GH}$는 $\overline{AB}$와 $\overline{CD}$의 이등분선이 된다.

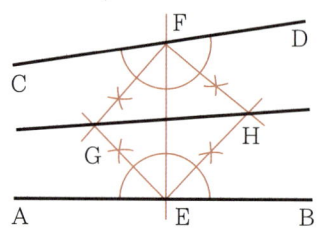

> **참고**
> 주어진 직선을 원호로 연결시킬 때에는 주어진 크기의 간격으로 평행선을 그어 만난 점을 얻고, 만난 점을 중심으로 주어진 반지름의 원호를 돌린다.
>
>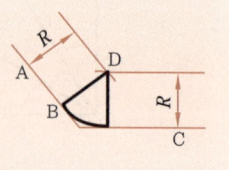

# 제3장 각형에 관한 도법

### ❶ 주어진 세 변을 가지는 삼각형

① 주어진 선의 한 변 $l$의 길이로 직선 $\overline{AB}$를 긋는다.
② 직선 $\overline{AB}$의 한끝 A를 중심으로 $m$의 원호를 돌린다.
③ 직선 $\overline{AB}$의 한끝 B를 중심으로 $n$의 원호를 돌려 만나는 점 C를 얻는다.
④ A와 C, B와 C를 연결한다.

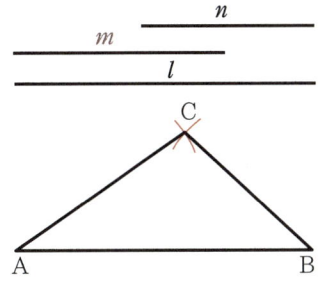

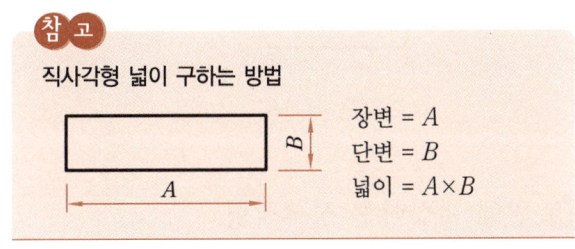

참고
직사각형 넓이 구하는 방법
장변 = $A$
단변 = $B$
넓이 = $A \times B$

### ❷ 원에 내접하는 정삼각형

① 원의 중심을 지나는 수직 직경선 $\overline{AB}$를 긋는다.
② 수직 직경선 한끝 B를 중심으로 반지름 $r$의 크기로 원호를 돌려 원주와 만나는 점 C와 D를 얻는다.
③ A와 C, C와 D, D와 A를 연결한다.

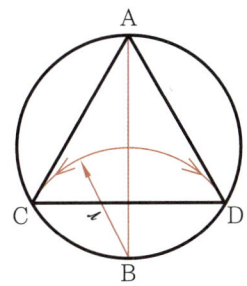

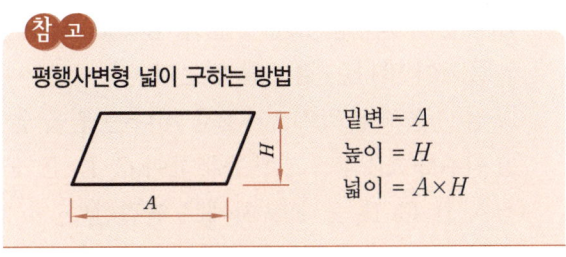

참고
평행사변형 넓이 구하는 방법
밑변 = $A$
높이 = $H$
넓이 = $A \times H$

## ❸ 한 변이 주어진 정오각형

① 주어진 선 $\overline{AB}$의 수직 이등분선을 그어 이등분점 C를 얻는다.
② C를 중심으로 수직 이등분선상에 주어진 선 $\overline{AB}$의 원호를 돌려 만나는 점 D를 얻는다.
③ 직선 끝 A와 교점 D를 연결하고 연장한다.
④ 교점 D를 중심으로 1/2 $\overline{AB}$의 원호($\overline{AC}$)를 돌려 수직 이등분선과 만나는 점 E를 얻는다.
⑤ A를 중심으로 $\overline{AE}$의 원호를 돌려 수직 이등분선과 만나는 점 F를 얻는다.
⑥ $\overline{AB}$의 크기로 점 A, B, F를 중심으로 주어진 길이의 원호를 돌려 만나는 점 G와 H를 잡고 A, B, H, F, G를 연결한다.( $\overline{AB} \neq \overline{AD}$, $\overline{AC} \neq \overline{DF}$, $\overline{AE} \neq \overline{CF}$ )

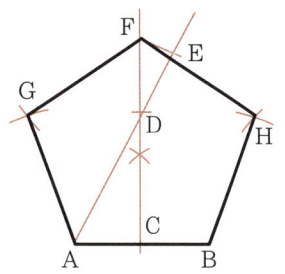
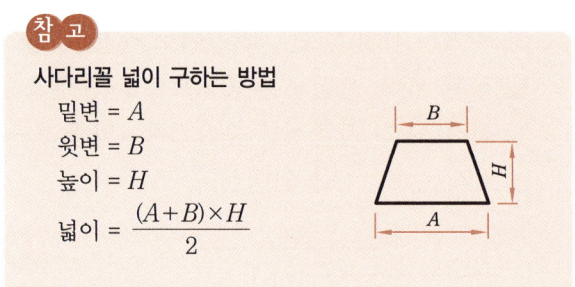

**참고**

사다리꼴 넓이 구하는 방법
밑변 = $A$
윗변 = $B$
높이 = $H$
넓이 = $\dfrac{(A+B) \times H}{2}$

## ❹ 원에 내접하는 정오각형

① 지름 $\overline{AB}$에 수직선을 그어 원주에 만나는 점 CD를 얻고 $\overline{OB}$를 수직 이등분한 점 E를 얻는다.
② E를 중심으로 $\overline{ED}$의 길이로 원호를 돌려 수평 $\overline{AB}$상에 만나는 점 F를 얻는다.
③ $\overline{FD}$는 정오각형의 한 변이 된다. 따라서 원주를 $\overline{FD}$의 크기로 등분하여 G, H, I, J를 잡고 각 점을 연결한다.

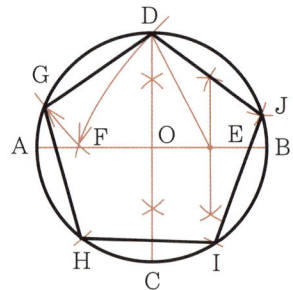

## ❺ 한 변이 주어진 정육각형

① 직선 $\overline{AB}$의 끝 A와 B를 중심으로 $\overline{AB}$의 길이를 반지름으로 돌리어 만나는 점 O를 얻는다.
② 점 O를 중심으로 A와 B를 지나는 원을 돌린다.
③ 원주를 $\overline{AB}$의 크기로 등분하여 C, D, E, F를 얻는다.
④ A, B, C, D, E, F를 차례로 연결한다.

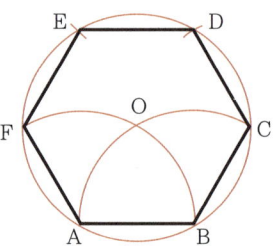

## ❻ 한 변이 주어진 정n각형(정칠각형)

① 직선 $\overline{AB}$의 한끝 A를 중심으로 $\overline{AB}$의 원호를 돌린다.
② $\overline{AB}$를 연장하여 원호와 만난 점 C를 얻는다.
③ B와 C를 중심으로 $\overline{BC}$의 원호를 돌리어 만나는 점 O를 얻는다.
④ $\overline{BC}$를 $n$(7)등분하여 제 2번째 점 5′와 O를 연결하고 원호까지 연장하여 만나는 점 D를 얻는다.
⑤ D를 A와 연결하고 $\overline{AB}$와 $\overline{AD}$를 수직 이등분하고 연장하여 만나는 점 O′를 얻는다.
⑥ O′를 중심으로 B와 A 그리고 D를 지나는 원을 돌린다.
⑦ 주어진 길이 $\overline{AB}$로 원주를 등분하여 E, F, G, H를 얻는다.
⑧ 원주를 점 D에서 차례로 각 점을 연결한다.

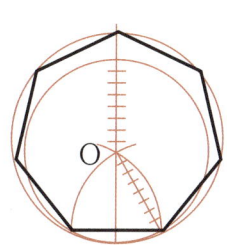
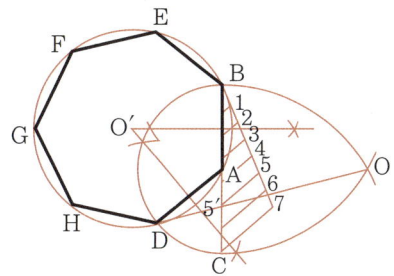

## ❼ 원에 내접하는 정n각형(정칠각형)

① 원의 중심을 지나는 수직선 $\overline{AB}$를 긋는다.
② 수직선의 양 끝 A와 B를 중심으로 $\overline{AB}$의 원호를 돌리어 만나는 점 O를 얻는다.
③ 수직선 지름 $\overline{AB}$를 $n$(7)등분한 후 2번째 5′점과 큰 원호의 교점 O를 연결하고 연장하여 원주와 만나는 점 C를 얻는다.
④ $\overline{CA}$는 $n$(7)각형의 한 변이 된다. 따라서 원주를 $\overline{CA}$의 크기로 등분하여 등분점 D, E, F, G, H를 얻는다.
⑤ 각 A, B, C, D, E, F를 연결한다.

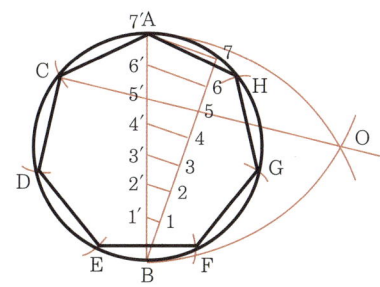

# 제4장 원에 관한 도법

### ❶ 엇갈리게 주어진 세 점을 지나는 원

① 주어진 점 A와 B, B와 C를 연결한다.
② 직선 $\overline{AB}$와 $\overline{BC}$를 수직 이등분하고 연장하여 만나는 점 O를 얻는다.
③ O는 세 점 A와 B와 C를 지나는 원의 중심이 된다.

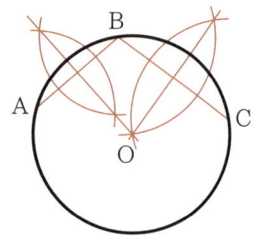

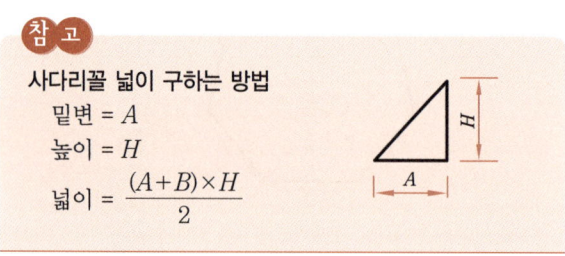

참 고

**사다리꼴 넓이 구하는 방법**
밑변 = $A$
높이 = $H$
넓이 = $\dfrac{(A+B) \times H}{2}$

### ❷ 원주 이외의 한 점에서 원에 접선

① 주어진 점 P와 원의 중심 O를 연결하고 $\overline{OP}$의 수직 이등분점 A를 얻는다.
② A를 중심으로 $\overline{OA}$를 반지름으로 하는 원호를 돌리어 원주와 만나는 점 B와 C를 얻는다.
③ B와 P점, C와 P점을 연결한다.
④ $\overline{BP}$와 $\overline{CP}$는 원에 외접선이 된다.

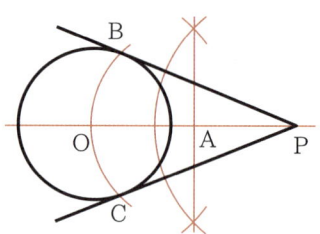

### ❸ 원호상의 한 점에서 원호에 접선

① 원호 AB의 중간쯤에 임의의 점 C를 잡고 삼각형 CAP를 만든다.
② P점을 꼭짓점으로 ∠CAP와 같게 각을 옮기면 된다.

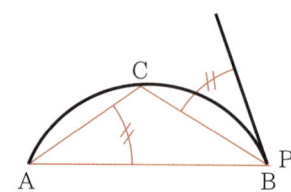

### ❹ 주어진 각에 내접하는 주어진 반지름($R$)의 원

① ∠BAC의 이등분선을 긋고 C를 중심으로 수선을 세운다.
② C를 중심으로 $R$의 원호를 돌리어 [ $\overline{CD} = R$ ] 수선과 만나는 점 D를 얻는다.
③ D를 지나고 $\overline{AC}$와 평행선을 그어 이등분선과 만나는 점 O를 얻는다.
④ O를 지나고 $\overline{AC}$에 수선을 아래로 그어 만나는 점 E를 얻는다.
⑤ E는 접선이 된다. 따라서 $\overline{OE}$의 원을 돌리면 된다.

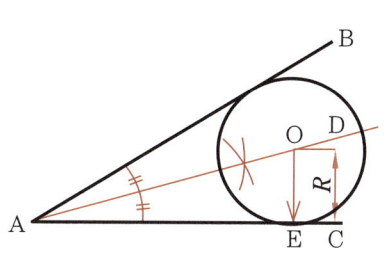

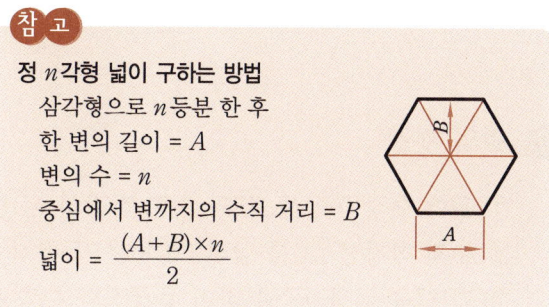

**참고**

**정 $n$각형 넓이 구하는 방법**
삼각형으로 $n$등분 한 후
한 변의 길이 = $A$
변의 수 = $n$
중심에서 변까지의 수직 거리 = $B$
넓이 = $\dfrac{(A+B) \times n}{2}$

### ❺ 원주의 길이와 같은 직선

① 원에 수직선 $\overline{AB}$와 수평선 $\overline{CD}$를 긋고 수직선의 한끝 B를 중심으로 수평 직선 $\overline{CD}$와 평행하게 연장선을 긋고 지름 $\overline{AB}$의 크기로 B에서 3등분(지름의 3회)하여 E와 F와 G점을 얻는다.
② 원의 중심 O에서 A와 30° 되는 점 H를 원주상에서 얻는다.
③ H점에서 수평선 $\overline{CD}$와 평행선을 그어 수직 AO에 직경선상의 만나는 점 I를 얻는다.
④ G와 I를 연결하면 $\overline{GI}$는 원주의 길이가 된다.

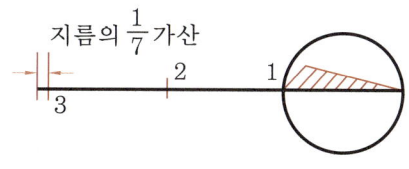

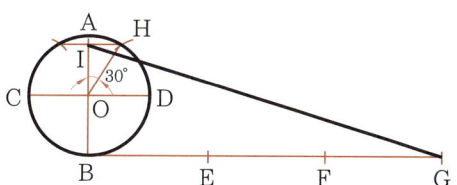

### ❻ 원호와 같은 길이의 직선

① 주어진 원호의 끝 A와 B를 직선으로 연결하고 연장한다.
② 원호 $\overparen{AB}$를 수직 이등분하여 점 C를 얻는다.
③ 원호의 한끝 B를 중심으로 원호의 이등분점 C를 지나는 원호를 돌리어 직선과 만나는 점 D와 E를 얻는다.
④ 이등분점 C를 중심으로 $\overline{CD}$의 원호를 돌리어 만나는 점 F($\overline{CD} = \overparen{CF}$)를 얻는다.
⑤ 원호의 끝 B와 교점 F를 연결하고 연장한다.

⑥ E를 중심으로 $\overline{AE}$의 원호를 돌리어 연장선과 만나는 점 G를 얻는다.
⑦ $\overline{GB}$는 원호 $\overparen{AB}$의 길이가 된다.

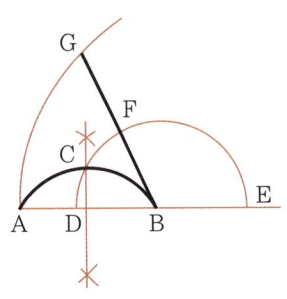

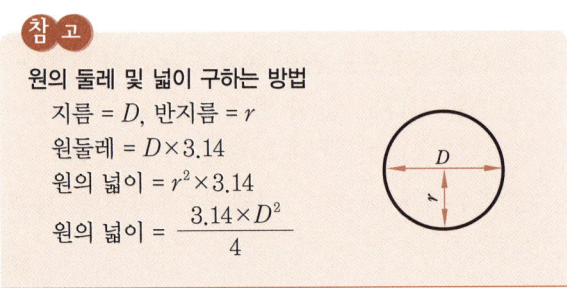

> **참고**
> 원의 둘레 및 넓이 구하는 방법
> 지름 = $D$, 반지름 = $r$
> 원둘레 = $D \times 3.14$
> 원의 넓이 = $r^2 \times 3.14$
> 원의 넓이 = $\dfrac{3.14 \times D^2}{4}$

## ❼ 원의 경선

① 원에 수직 직경선 $\overline{NS}$와 수평 직경선 $\overline{AB}$를 긋는다.
② 수평 직경선 $\overline{AB}$를 임의의(6등분) 등분하여 N점과 연결시킨다.
③ 각 선을 수직 이등분하여 등분점과 수평 직경선과의 만나는 점 C와 D를 얻는다.
④ C와 D점을 중심으로 각 등분점을 지나는 원을 돌리면 경도선이 된다.

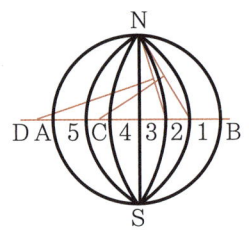

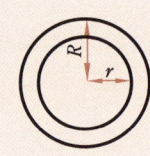

> **참고**
> 중앙이 빈 원의 넓이 구하는 방법
> 바깥원의 반지름 = $R$
> 중앙원의 반지름 = $r$
> 넓이 = $3.14 \times (R^2 - r^2)$

## ❽ 원의 위선

① 수직 직경선 $\overline{NS}$와 수평 직경선 $\overline{AB}$를 긋는다.
② 수직 직경선 N과 S를 중심으로 $\overline{NS}$의 원호를 돌리어 만나는 점 C를 얻는다.
③ 수직 직경선 $\overline{NS}$를 임의의(6등분) 등분하고 등분점과 C를 연결하여 원주까지 연장한다.
④ 수직 직경선과 원호와의 길이를 수직 이등분하고 연장하여 수직 직경선과 만난 점 D와 E를 얻는다.
⑤ D와 E점을 중심으로 등분점을 지나는 원을 돌리면 위도선이 된다.

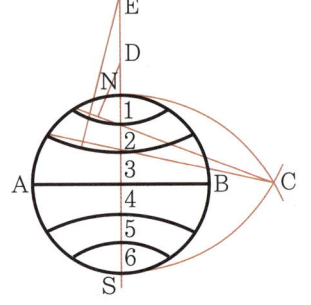

> **참고**
> 타원의 넓이 구하는 방법
> 장축의 지름 = $D$
> 단축의 지름 = $d$
> 넓이 = $\dfrac{3.14 \times D \times d}{4}$

# 제 5 장 넓이에 관한 도법

**❶ 주어진 삼각형과 같은 넓이의 이등변 삼각형**

① 삼각형의 밑변 $\overline{AC}$의 수직 이등분선을 긋고 이등분점 D를 얻는다.
② 삼각형의 꼭짓점 B를 지나고 변 $\overline{AC}$에 평행선을 그어 이등분점과 만나는 점 E를 얻는다.
③ A와 E, C와 E를 연결한다.

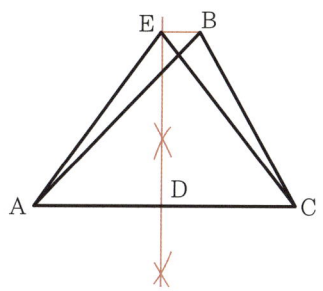

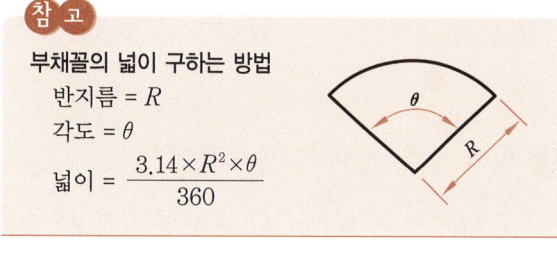

참 고
**부채꼴의 넓이 구하는 방법**
반지름 = $R$
각도 = $\theta$
넓이 = $\dfrac{3.14 \times R^2 \times \theta}{360}$

**❷ 주어진 삼각형과 같은 넓이의 직사각형**

① 꼭짓점 B에서 밑변에 수선을 세워 만나는 점 D를 얻는다.
② 수선 $\overline{BD}$를 수직 이등분하여 이등분점 E를 얻고 수선을 긋는다.
③ 밑면 점 A와 점 C를 중심으로 수선을 세워 $\overline{BD}$의 수직 이등분선과 만난 점 F와 G를 얻는다.
④ AFGC는 삼각형 ABC와 같은 직사각형이 된다.

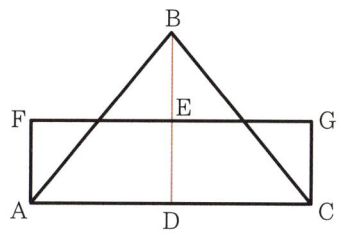

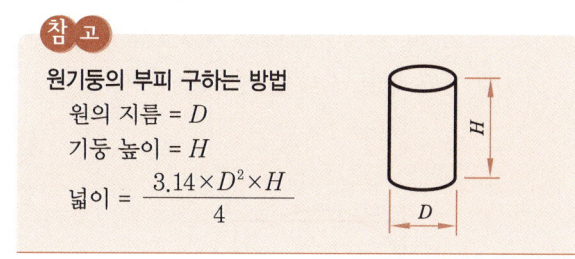

참 고
**원기둥의 부피 구하는 방법**
원의 지름 = $D$
기둥 높이 = $H$
넓이 = $\dfrac{3.14 \times D^2 \times H}{4}$

**❸ 주어진 직사각형과 같은 넓이의 정사각형**

① 직사각형의 한 변 $\overline{AB}$를 연장하고 B를 중심으로 직사각형의 짧은 변 $\overline{BD}$의 원호를 돌리어 연장선과 만난 점 E를 얻는다.

② $\overline{AE}$를 이등분하여 이등분점 F를 얻고 $\overline{AF}$의 원호를 E까지 돌린다.
③ $\overline{BD}$를 연장 수선을 올려 원호와 만나는 점 G를 얻는다.
④ $\overline{BG}$는 정사각형의 한 변이 된다. $\overline{AB}$의 연장선을 B를 중심으로 $\overline{BG}$의 원호를 돌리어 만나는 점 H를 얻는다.
⑤ G와 H를 중심으로 $\overline{BG}$의 원호를 돌리어 만나는 점 I를 얻는다.
⑥ B, G, I, H를 연결하면 같은 넓이의 정사각형이 된다.

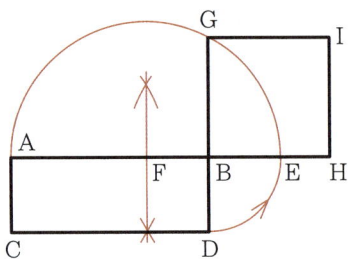

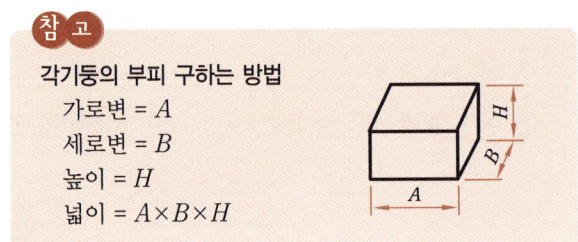

**참고**
각기둥의 부피 구하는 방법
가로변 = $A$
세로변 = $B$
높이 = $H$
넓이 = $A \times B \times H$

### ❹ 원과 같은 넓이의 정사각형

① 원에 수직 직경선 $\overline{AB}$와 수평 직경선 $\overline{CD}$를 그어서 연장한다.
② B와 D를 중심으로 지름 $\overline{AB}$의 원호를 돌리어 연장선과 만나는 점 E와 F를 얻는다($\overline{OE}$와 $\overline{OF}$는 정사각형의 한 변이 된다).
③ E와 F를 중심으로 $\overline{OE}$의 원호를 돌리어 만나는점 G를 얻는다.
④ G와 E, G와 F를 연장하면 같은 넓이의 정사각형이 된다.

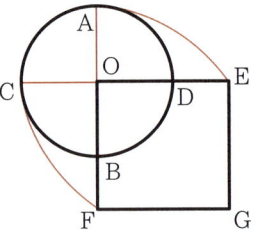

### ❺ 주어진 정사각형과 같은 넓이의 원

① 정사각형의 꼭짓점을 지나는 대각선을 그어 중심점 O를 얻는다.
② 한 변 $\overline{AC}$를 4등분하고 제3점을 중심점과 이으면 원의 반지름이 된다. O를 중심으로 세 번째 점을 지나는 원을 돌린다.

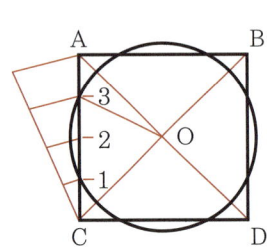

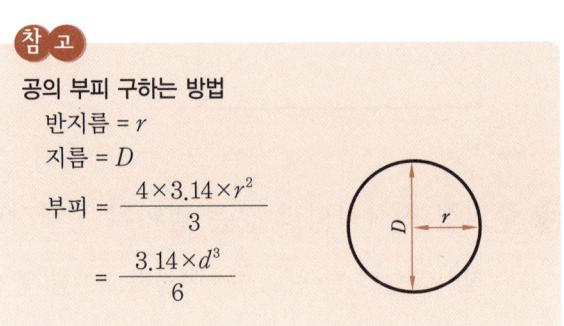

**참고**
공의 부피 구하는 방법
반지름 = $r$
지름 = $D$
부피 = $\dfrac{4 \times 3.14 \times r^2}{3}$
  = $\dfrac{3.14 \times d^3}{6}$

## ❻ 주어진 원과 같은 넓이의 이등변 삼각형

① 원의 수직 직경선 $\overline{AB}$와 수평 직경선 $\overline{CD}$를 긋고 B를 지나고 $\overline{CD}$와 평행하는 선을 긋는다.
② $\overline{OA}$를 연장하고 $\overline{OA}$를 4등분한 후 A를 중심으로 $\overline{A1}$의 길이로 원호를 돌리어 연장선과 만나는 점 E를 얻는다.
③ E를 중심으로 C, D를 지나는 연장선을 긋고 평행선과 만난 점 F, G를 얻는다.
④ A와 F, A와 G를 연결하면 같은 넓이의 이등변 삼각형이 된다.

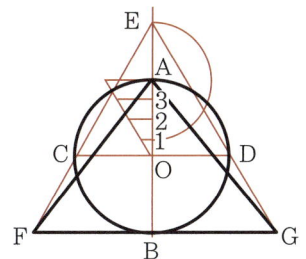

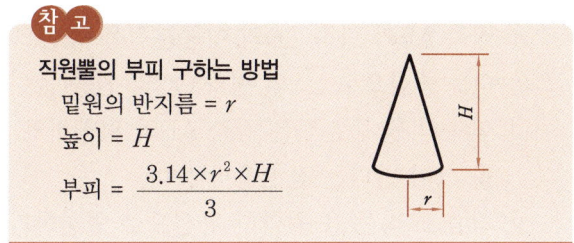

**참고**
**직원뿔의 부피 구하는 방법**
밑원의 반지름 = $r$
높이 = $H$
부피 = $\dfrac{3.14 \times r^2 \times H}{3}$

## ❼ 정사각형의 2배의 넓이인 정사각형

① 정사각형의 두 변 $\overline{CD}$와 $\overline{BD}$를 연장시키고 D를 중심으로 A를 지나는 원호를 돌리어 만나는 점 E와 F를 얻는다.
② E와 F를 중심으로 $\overline{ED}$의 원호를 돌리어 만나는 점 G를 얻는다.
③ G와 F, G와 E를 연결하면 2배인 정사각형이 된다.

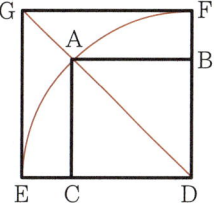

## ❽ 두 정사각형의 합과 같은 넓이의 정사각형

① 두 정사각형을 서로 수직되게 접촉시켜 ABCD와 DEFG로 놓고 C와 F를 연결한다.
② $\overline{CF}$를 한 변으로 하는 정사각형 CHIF를 그리면 된다.

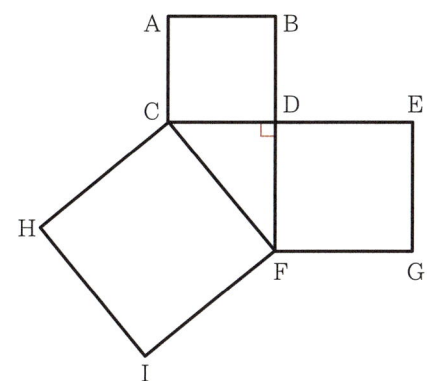

**참고**
**피타고라스의 정리 이용**
즉, 직각 삼각형일 때
밑변$^2$×높이$^2$=빗변$^2$ 을 이용한 것이다.

# 제6장 원뿔 곡선에 관한 도법

## ❶ 주어진 장축과 단축의 타원

① 장축 $\overline{AB}$와 단축 $\overline{CD}$의 이등분점을 중심으로 수직으로 교차시켜 O를 얻는다.
② O를 중심으로 $\overline{OA}$의 원과 $\overline{OC}$의 원을 돌린 후 원주를 $n(12)$ 등분한다.
③ 단축의 원 등분점은 장축 $\overline{AB}$와 평행하게, 장축의 원 등분점은 단축 $\overline{CD}$와 평행하게 선을 그어 만나는 점 R을 얻는다.
④ 각 R 교점 등을 원활한 곡선으로 연결한다.

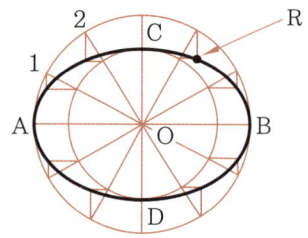
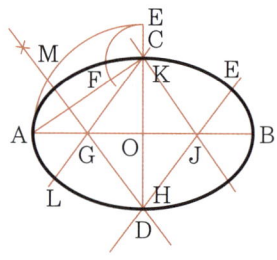

## ❷ 주어진 초점과 기준선의 포물선

① 초점 F에서 기준선 $\overline{AB}$에 수선을 세워 C를 얻고 연장한다.
② $\overline{CF}$의 이등분점 D를 구한 뒤 연장선상에 임의의 점 1, 2, 3, 4, 5를 잡고 $\overline{AB}$와 평행선을 긋는다.
③ F를 중심으로 $\overline{C1}$과 같게 1′와 1″를, $\overline{CF}$와 같게 F′와 F″를, 또 $\overline{C2}$와 같게 2′, 2″를 구하고 각 점을 원활한 곡선으로 연결한다.

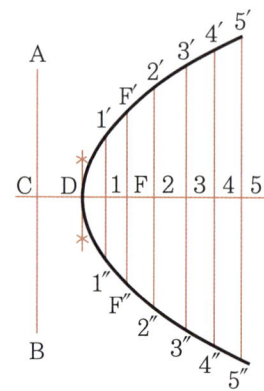

> **참고**
> 원활한 곡선을 얻기 위해서는 운형자를 사용하여 그으면 좋다.

### ❸ 주어진 한 점을 지나고 정점과 주축이 주어진 포물선

① 주어진 점 P와 주축 $\overline{AB}$를 지나는 직사각형 ABPC를 그린다.
② 주축 $\overline{AB}$를 중심으로 같은 직사각형 ABED를 그린다.
③ 변 $\overline{CP}$와 $\overline{DE}$를 각각 임의의(4) 등분하여 A점과 연결한다.
④ 변 $\overline{AC}$와 $\overline{AD}$도 같은 수(4)로 등분하고 주축 $\overline{AB}$와 평행선을 그어 만난 점을 얻는다.
⑤ 각 교점 1″, 2″, 3″를 원활한 곡선으로 연결한다.

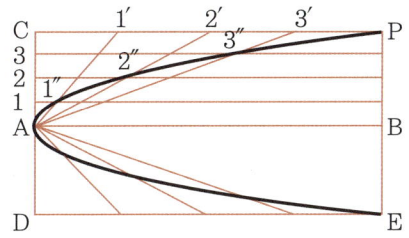

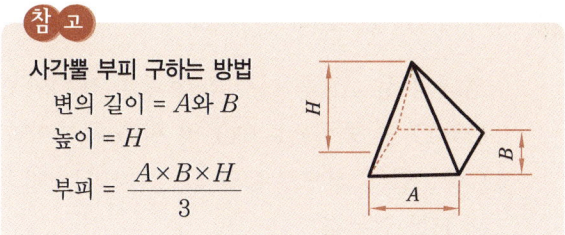

참고
사각뿔 부피 구하는 방법
변의 길이 = A와 B
높이 = H
부피 = $\dfrac{A \times B \times H}{3}$

### ❹ 주어진 두 초점과 두 정점의 쌍곡선

① 두 초점 F, F′와 두 정점 A, A′를 지나는 선을 긋고 $\overline{AF}$는 $\overline{A'F'}$가 되게 한다.
② A를 중심으로 임의의 크기로 등분하여 $\overline{A1} = \overline{A1'}$, $\overline{A2} = \overline{A2'}$, $\overline{A3} = \overline{A3'}$ … 되게 1, 1′, 2, 2′를 잡는다.
③ 초점 F를 중심으로 1, 2, 3을 지나는 원호를 돌리고 F′를 중심으로 1′, 2′, 3′를 지나는 원호를 돌리어 만나는 점 a, b, c, d를 얻는다.
④ 각 점을 원활한 곡선으로 연결한다.
⑤ 같은 방법으로 다른 편도 완성한다.

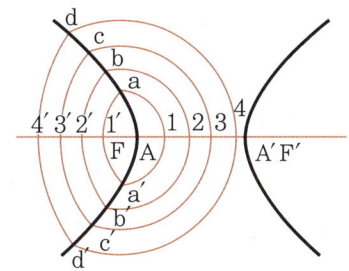

### ❺ 두 정점이 주어지고 주어진 한 점 A′를 지나는 쌍곡선

① 한 정점 A와 주어진 점 P를 지나는 대칭된 직사각형 BCPD를 그린다.
② A′와 A를 연결하여 선 $\overline{DP}$와 만나는 점 E를 얻는다.
③ 변 $\overline{CP}$와 $\overline{BD}$를 임의의(4) 등분하여 A에서 각 점을 지나는 선을 긋는다.
④ $\overline{DP}$를 8등분($\overline{EP}$를 4등분)하여 등분점과 A′를 연결하여 만나는 점 a, b, c를 얻는다.
⑤ 각 점을 원활한 곡선으로 연결한다.

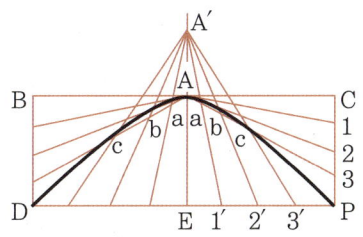

# 제 7 장 호성 및 특수곡선

### ❶ 임의의 호성 타원

① 임의의 선 $\overline{AB}$를 3등분하여 등분점 O와 O'를 얻는다.
② O와 O'를 중심으로 $\overline{OO'}$의 원을 돌리어 만나는 점 CD를 얻는다.
③ C와 D를 중심으로 O와 O'를 지나는 선을 긋고 연장하여 원호와 만나는 점 E와 F, G와 H를 얻는다.
④ C와 D를 중심으로 $\overline{ED}$의 원호를 돌리어 E와 F, G와 H를 연결한다.

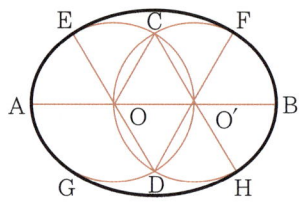 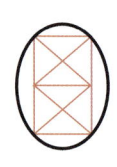

> **참고**
> 다른 방법으로는 정사각형 두 개를 한 변이 겹치게 나란히 놓은 후 직사각형의 중심점을 중심으로 작은 원을 돌리고 만난 변의 끝점을 중심으로 큰 원을 돌려서 얻을 수 있다.

### ❷ 주어진 폭의 달걀형

① 수직 직경선 $\overline{AB}$와 수평 직경선 $\overline{CD}$를 긋는다.
② 수직 직경선의 끝 A와 B를 수평 직경선의 한끝 C와 연결하고 연장한다.
③ A와 B를 중심으로 $\overline{AB}$의 원호를 돌리어 연장선과 만나는 점 E와 F를 얻는다.
④ C를 중심으로 E와 F를 지나는 원호를 돌린다.

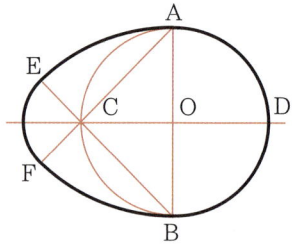

### ❸ 호성 와선 그리는 법

① 중심점 O를 잡고 반원의 지름 $\overline{AB}$를 양쪽으로 연장한다.
② A를 중심으로 B를 지나는 반원을 돌리어 연장선과 만나는 점 C를 얻는다.
③ O를 중심으로 C를 지나는 반원을 돌리어 연장선과 만나는 점 D를 얻는다.
④ A를 중심으로 D를 지나는 반원을 돌리어 연장선과 만나는 점 E를 얻는다.
⑤ 같은 방법으로 되풀이한다.

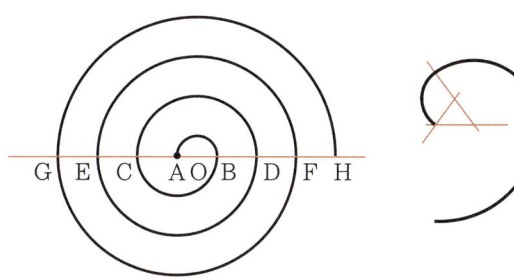

> **참고**
> 다른 방법으로는 정삼각형을 그린 후 삼각형의 꼭짓점을 중심으로 옮기면서 돌려 완성하는 방법도 있다.

### ❹ 하트(heart)형

① 임의의 반지름 $\overline{OA}$의 원을 돌리어 12등분한다.
② 중심점 O와 등분점을 연결하고 임의의 거리 C까지 연장한다.
③ $\overline{BC}$를 6등분하여 O를 중심으로 원을 돌린다.
④ 원과 등분선과의 교점 a, b, c, d, e를 얻고 원활한 곡선으로 연결한다.

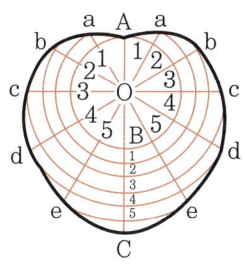

### ❺ 원의 인벌류트(involute) 곡선

① 원주를 12등분하여 각 등분점에 접선을 긋는다.
② B에서 반원의 길이와 같게 $\overline{BC}$를 잡고 6등분한다.
③ 원주 등분점 1에서 $\overline{B1'}$와 같게 1″점, 2점에서 $\overline{B2'}$와 같게 2″점, 3점에서 $\overline{B3'}$와 같게 3″점, 4점에서 $\overline{B4'}$와 같게 4″점, 5점에서 $\overline{B5'}$와 같게 5″점을 잡는다.
④ 각 점을 원활한 곡선으로 연결한다.

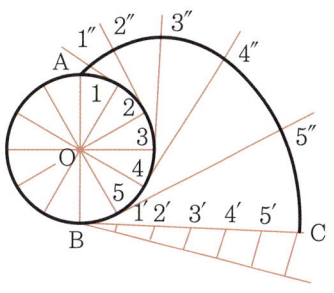

### ❻ 원의 사이클로이드(cycloid) 곡선

① 원주를 12등분한 후 A점에서 접선을 그어 원주의 길이와 같게 $\overline{AB}$를 얻는다.
② $\overline{AB}$를 12등분하고 각 등분점에서 $\overline{AB}$에 수선을 세워 중심선의 연장선과의 만난 점을 얻는다.
③ 원의 등분점을 $\overline{AB}$와 평행선을 그은 후 중심선의 만난 점을 중심으로 원을 돌리어 등분선의 연장선과 만나는 점 1″, 2″, 3″…12″를 얻는다(같은 번호).
④ 각 점을 원활한 곡선으로 연결한다.

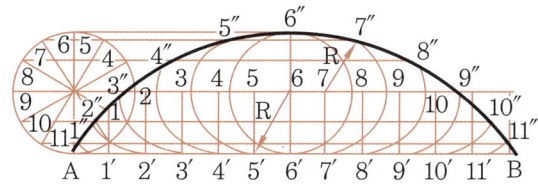

# 제2편 투상 도법

**제1장** 투상도의 종류

**제2장** 제1각법과 제3각법

# 제 1 장 투상도의 종류

## ❶ 회화적 투상도

하나의 도면으로 물체의 모양이나 크기를 나타낼 수 있으며 투시도, 등각 투상도, 부등각 투상도, 사투상도가 있다.

① **투시도** : 시점과 물품을 방사선으로 표시하여 원근감을 갖게 한 그림으로 토목 건축 제도에 사용된다(그림 1).
② **등각 투상도** : 중심점을 기점으로 양쪽으로 같은 경사각으로 투상시킨 것이다(그림 2).
③ **부등각 투상도** : 중심을 기점으로 양쪽 각이 서로 다르게 투상시킨 것이다(그림 3).
④ **사투상도** : 전면에 기본면을 잡고 광선을 화면에 경사시켜 투상하는 방법이다(그림 4).

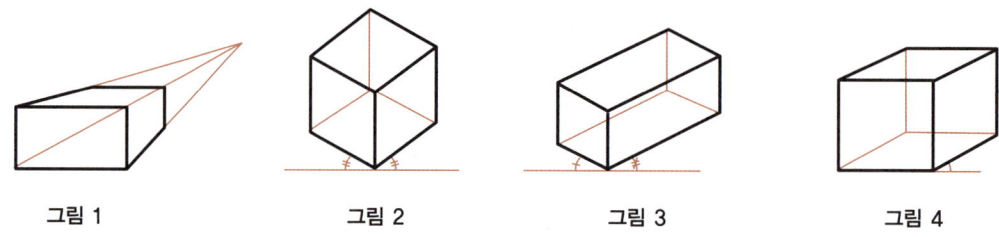

그림 1     그림 2     그림 3     그림 4

## ❷ 정투상도

회화적 투상도는 물체를 한 면만으로 투상시키므로 전체를 알 수가 없다. 따라서 수직 투상면 외에 수평 투상면, 측투상면을 사용하여 수직 투상면에 입면도(정면도)를, 수평 투상면에 평면도를, 측투상면에 측면도를 투상하는 방법이다. 기계 제도에 많이 사용되며 1각법과 3각법이 있다.

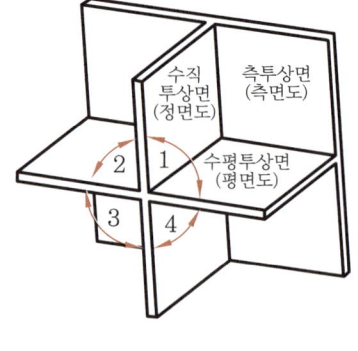

**공간의 구분**

# 제1각법과 제3각법

## ❶ 제1각법

제1각에 물체를 놓고 그린 그림이며 투상면의 앞쪽에 물체를 놓는다. 순서는 눈 → 물체 → 투상면이다. 즉, 물체의 그림자를 그리는 것이며 평면도는 정면도의 바로 아래, 측면도는 왼쪽에서 보고 오른쪽에 그리므로 물체와 투상면을 대조하기에 불편하다.

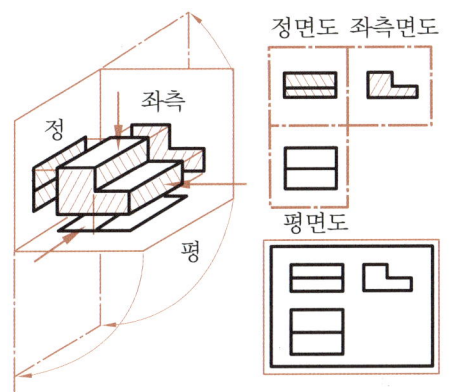

> **참고**
> 주로 프랑스, 독일, 스위스, 러시아, 영국 등 유라시아 대륙의 여러 나라에서 사용되며 우리나라에서는 건축이나 조선 관계 도면에 사용된다.

## ❷ 제3각법

물체를 3각에 놓고 투영하는 방법으로 투상면 뒤쪽에 물체를 놓는다. 순서는 눈 → 투상면 → 물체이다. 즉, 물체를 반사시켜서(거울과 같이) 투상시키는 것이며 평면도를 정면도의 바로 위에, 측면도는 오른쪽에서 본 것은 정면도의 오른쪽에 그리므로 대조하기에 편리하다.

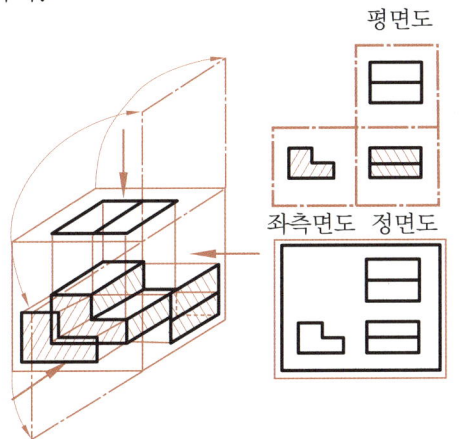

> **참고**
> 주로 미국, 캐나다 등에서 사용되며 우리나라에서는 기계 제도에 사용된다.

## ❸ 투상도의 명칭

① **정면도** : 물체의 앞에서 본 그림(입면도)    ② **평면도** : 물체의 위에서 본 그림
③ **좌측면도** : 물체의 좌측에서 본 그림    ④ **우측면도** : 물체의 우측에서 본 그림
⑤ **저면도** : 물체의 아래쪽에서 본 그림(하면도)    ⑥ **배면도** : 물체의 뒤에서 본 그림

정면도는 도면의 기준이 되며, 알기 쉬운 면을 자연스러운 각도로 나타낸다.

## ❹ 투상도의 실제

**(1) 점의 투상** : 두 화면에 대하는 위치에 따라 다음과 같다.
① 정점이 공간에 있을 때
② 정점이 수직 투상면에 있을 때
③ 정점이 수평 투상면에 있을 때
④ 정점이 기선 위에 있을 때

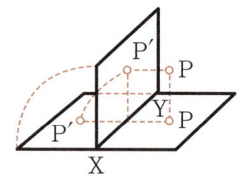

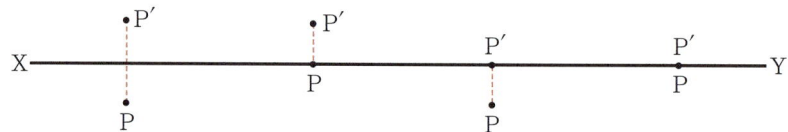

**(2) 직선의 투상** : 양쪽 끝의 점을 구해서 직선으로 묶은 것이다.
① 정직선이 한 화면에 수직(직선은 실제 길이)
② 정직선이 양 화면에 평행(직선은 실제 길이)
③ 정직선이 한 화면에 평행, 다른 화면에 경사(경사된 직선의 길이는 실제의 길이)
④ 정직선이 두 화면에 경사(양 화면의 경사된 직선 길이는 정직선의 길이보다 짧다. 따라서 실제 길이를 구하려면 한 직선을 기선에 평행되게 옮긴 후 다른 화면의 높이에 직각으로 대입하면 된다.)

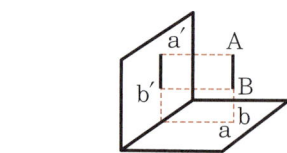

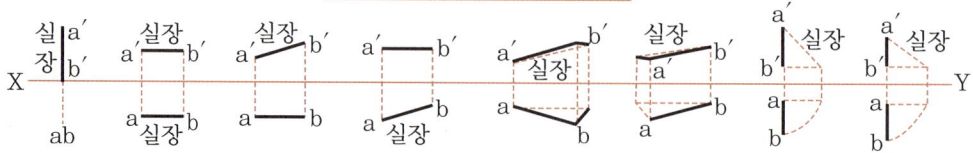

(3) **평면형의 투상** : 평면이 투상면에 평행한 경우 실제 길이로 나타낸다.
(4) **입체의 투상** : 길이, 폭, 두께를 가지는 물체로서 평면 곡선 또는 불규칙면으로 나타내어진다.

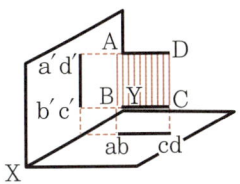

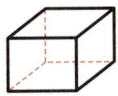 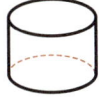 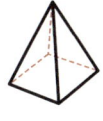 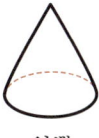 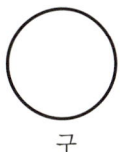

각기둥　　　　원기둥　　　　각뿔　　　　원뿔　　　　구

(5) **절단도** : 평면이며 입체를 절단할 때 생기는 절구를 절단면이라 하며 절단에 쓰이는 평면을 절단 평면이라 한다.

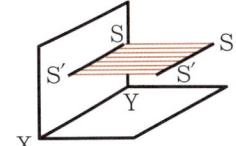

〈투영도의 연습〉

# 제3편 전개 방법

**제1장** 전개도의 종류

**제2장** 전개도의 실제

- 의의 : 입체의 표면을 한 평면 위에 펼쳐 놓은 도형을 전개도라고 하며 각 면의 모양, 면적, 수 및 관계를 알 수 있다.
- 순서
  ① 간단하고 실형 실장이 나타나는 것으로 투영도를 그린다.
  ② 몇 개의 면으로 되었는가 생각한다.
  ③ 어떻게 전개하는 것이 좋은가 생각한다.
  ④ 실장이 없을 경우 실장을 구한다.
  ⑤ 전개도를 그린다.

# 제 1 장 전개도의 종류

### ❶ 평행선 전개법

능선이나 직선 면소에 직각 방향으로 전개하는 방법으로 능선이나 면소는 실제 길이이며 서로 나란하다.

전개도 $\overline{0''0''}$의 길이는 원둘레를 1, 2, 3 …… 12와 같이 12등분한 것을 옮겨 잡아 작도할 수 있으나 실제 길이는 짧다. 따라서 $\pi d = \overline{0''0''}$의 식으로 계산하여 길이를 잡은 후 직선의 $n$등분하는 법을 이용하여 12등분하면 정확하다.

전개 순서는 다음과 같다.
① 평면도의 원둘레를 12등분(혹은 16등분)하여 중심선과 나란하게 그어 경사면과 만나는 점 0, 1, 2 …… 11을 얻는다.
② 원둘레의 길이를 직선으로 $\overline{AB}$선상에 연장한 후 12등분(혹은 16등분)하고 번호를 기입한다.
③ 각 등분점을 중심선에 나란하게 연장선과 수직되게 세운다.
④ 경사면과의 등분점을 중심선에 수직되게 선을 긋고 같은 번호와 만나는 점을 찾는다 (예 1″와 1′).
⑤ 만난 점을 원활한 곡선으로 연결한다.

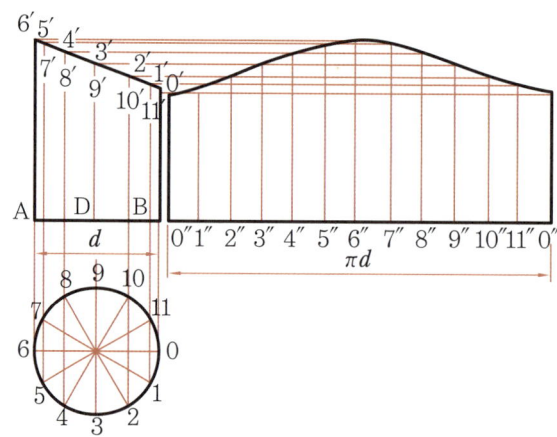

## ❷ 방사선 전개법

각뿔이나 뿔면은 꼭짓점을 중심으로 방사상으로 전개한다(측면의 이등변 삼각형의 실장은 입면도에, 밑면의 실장은 평면도에 나타난다).

전개 순서는 다음과 같다.

① 꼭짓점을 중심으로 빗변의 길이 $\overline{V0}$를 반지름으로 하는 원을 돌린다.

② 원을 평면도의 $\frac{1}{12}$(12등분 시)의 길이로 12등분한다.

③ 첫 번째 0점과 마지막 0점(12등분 마지막점)을 꼭짓점과 연결한다.

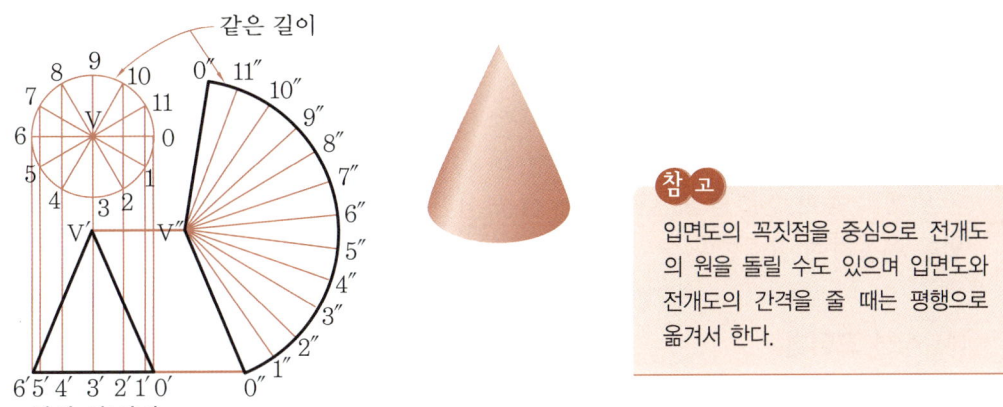

> **참고**
> 입면도의 꼭짓점을 중심으로 전개도의 원을 돌릴 수도 있으며 입면도와 전개도의 간격을 줄 때는 평행으로 옮겨서 한다.

## ❸ 삼각형 전개법

삼각형법이란 입체의 표면을 몇 개의 삼각형으로 분할하여 전개도를 그리는 방법이다. 원뿔에서 꼭짓점이 지면 외에 나가거나 또는 큰 컴퍼스가 없을 때는 두 원의 등분선을 서로 연결하여 사변형을 만들고 대각선을 그어 두 개의 삼각형으로 이등분하여 작도한다.

전개 순서는 다음과 같다.

① 원뿔 평면 위에 12개의 등분선을 긋는다.

② 이웃한 등분선과 연결된 원호를 사변형이라고 생각하여 대각선을 긋는다(같은 방법으로 12면을 긋는다).

③ 평면도의 등분선의 길이와 대각선의 길이를 높이에 직각으로 대입하여 실장을 얻는다(실장선도 참조).

④ 등분선의 실장과 대각선의 실장 중 큰 원호의 $\frac{1}{12}$의 길이로 삼각형을 작도하고 큰 원호와 만난 점 b″를 중심으로 등분선의 실장을 돌린 후 0″를 중심으로 다시 작은 원호의 $\frac{1}{12}$의 길이로 돌리어 만나는 점 1″를 얻는다.

⑤ 같은 방법으로 작도한 후 원활한 곡선으로 연결한다.

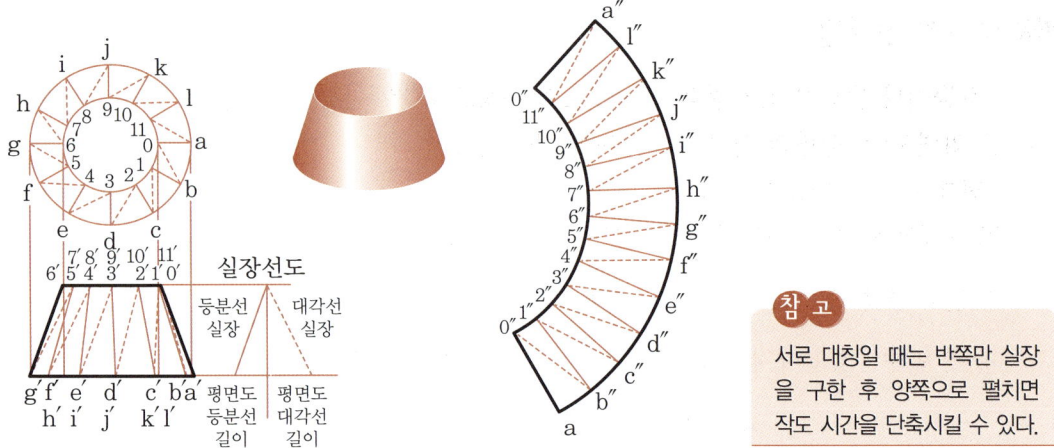

> **참고**
> 서로 대칭일 때는 반쪽만 실장을 구한 후 양쪽으로 펼치면 작도 시간을 단축시킬 수 있다.

## ❹ 상관선 그리는 법

두 개의 통이 연결될 때 나타나는 선을 상관선이라고 하며 평행선법, 방사선법, 삼각형법을 이용하여 전개한다.

### (1) 직선 교점법

다면체(6각뿔, 6각기둥) 선이 직선인 면은 능선이나 등분선이 서로 상대방을 관통하는 점을 구하면 된다.

작도 순서는 다음과 같다.

① 측면도의 작은 원기둥의 원호를 12등분하고 중심선과 평행하게 연장하여 원기둥과 만나는 점을 얻는다.
② 정면도의 작은 원기둥의 원호를 12등분하고 중심선과 평행하게 연장한다.
③ 측면도의 교점을 큰 원기둥의 정면도 중심선과 나란하게 긋고 정면도의 같은 번호와 만나는 점을 얻는다(예 1′를 연장하여 1″를 얻는다).
④ 각 교점을 원활한 곡선으로 연결한다.

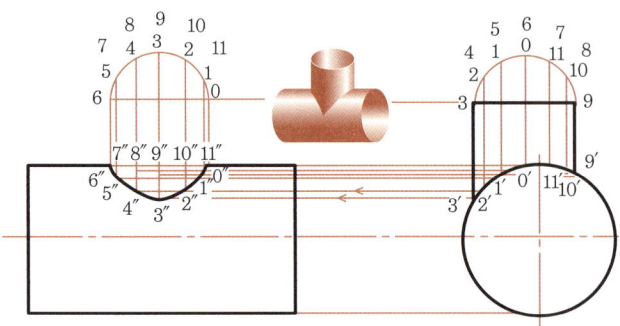

> **참고**
> 편심일 때는 보이는 곳은 실선, 보이지 않는 곳은 점선으로 표시한다.

## (2) 공통 절단법

곡면일 때는 두 개의 입체를 공통으로 절단하는 보조 절단 평면을 사용하여 양 입체면 위에 동시에 존재하는 점을 구한 후 원활한 곡선으로 연결한다.

작도 순서는 다음과 같다.

① 정면도의 cp를 절단하고 평면도에 원을 돌리어 만나는 점 p. p를 얻는다.
② 교점 $\overline{p.\ p}$를 수선으로 연장하여 정면도의 절단면과 만나는 점 p′를 얻는다.
③ 같은 방법으로 h와 i점을 얻고 원활한 곡선으로 연결한다.

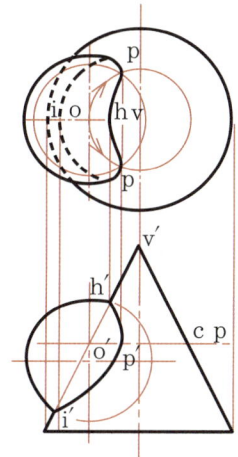

절단을 되도록 많이 하여 많은 점을 구하여 연결하면 정확한 상관 곡선을 얻을 수 있다.

① 꼭짓점 $O_2$를 중심으로 $\overline{O_2X}$로 절단하여 사다리꼴과 타원형의 절단면을 얻는다.
② 절단면상의 만난 점 a, b를 얻고 $\overline{O_2X}$ 선상으로 다시 이동시켜 P점을 얻는다.
③ 같은 방법으로 각 등분점을 지나는 절단면에서 만난 점을 다시 이동시켜 각 점을 얻는다.
④ 각 점을 원활한 곡선으로 연결한다.

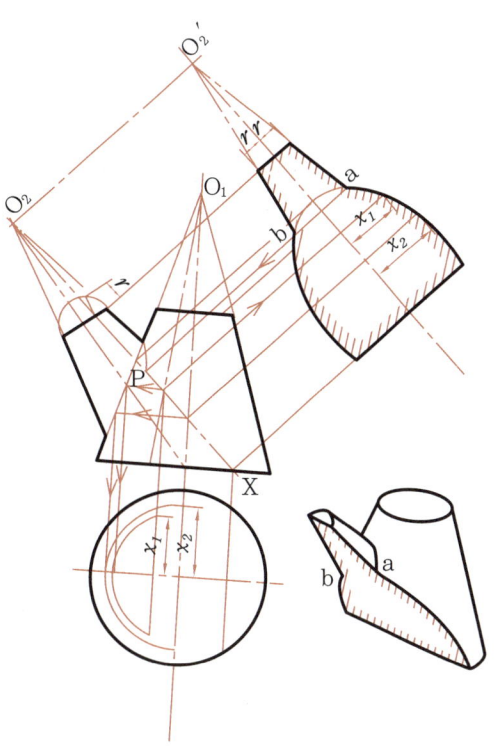

# 제2장 전개도의 실제

## ❶ 평행선 전개법

### (1) 사각관 연결부

① 정면도의 A, B, E, F점을 $\overline{AE}$의 직각 방향으로 펼치면 A″, D″는 같은 A선상에, B″, C″는 B선상에, E″, H″는 E선상에, F″, G″는 F선상에 위치하게 된다.

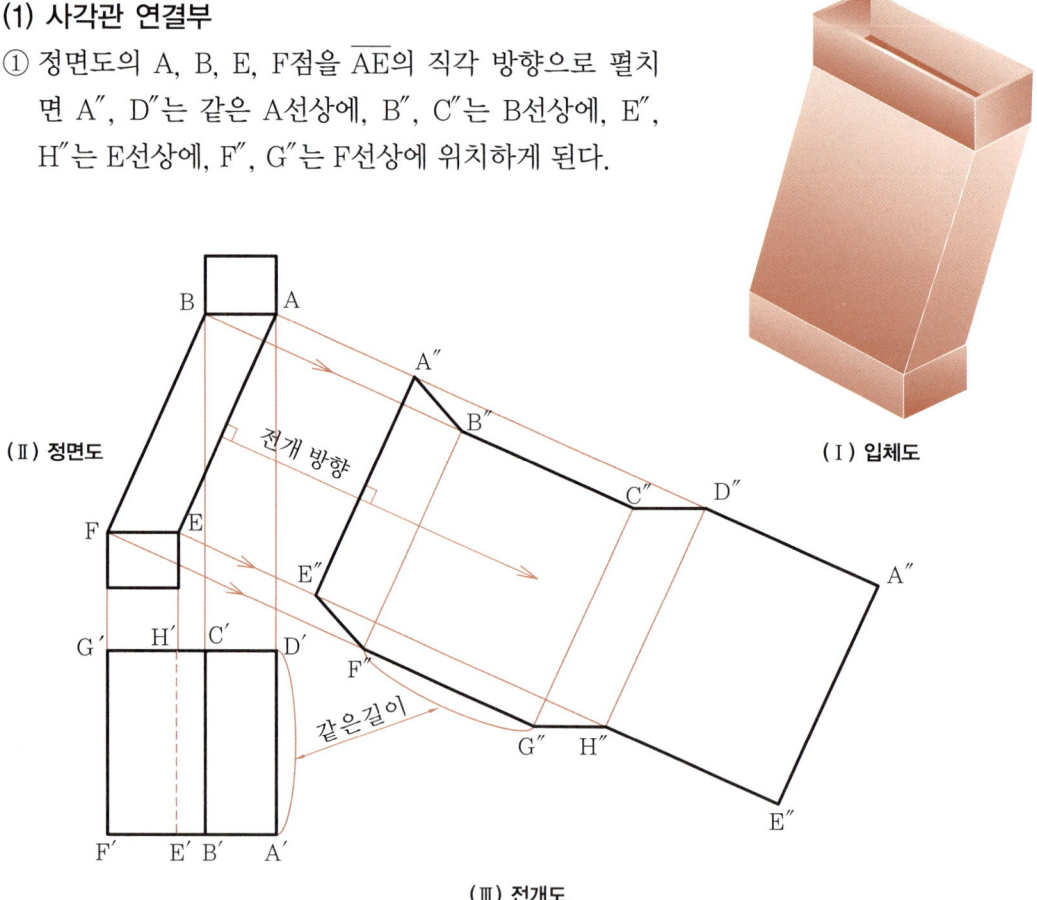

② $\overline{A″B″}$와 $\overline{C″D″}$는 AB의 길이이며 $\overline{B″C″}$와 $\overline{D″A″}$는 $\overline{A′D′}$의 길이가 된다.
③ $\overline{AE}$와 수직되게 각 점을 연장한 후 $\overline{AE}$선과 평행하게 $\overline{A″E″}$를 잡는다.
④ 각 선을 $\overline{AB}$와 $\overline{A′D′}$의 길이를 이용하여 정면도 $\overline{AB}$는 전개도 A″B″=C″D″로 평면도의 $\overline{D′A′}$ = $\overline{B″C″}$ = $\overline{D″A″}$선을 등분하여 B″, C″, D″ 점을 잡는다.
⑤ 각 점을 $\overline{AE}$와 평행선을 긋고 교점 E″, F″, G″, H″, E″을 연결한다.

## (2) 경사지게 절단된 정육각기둥

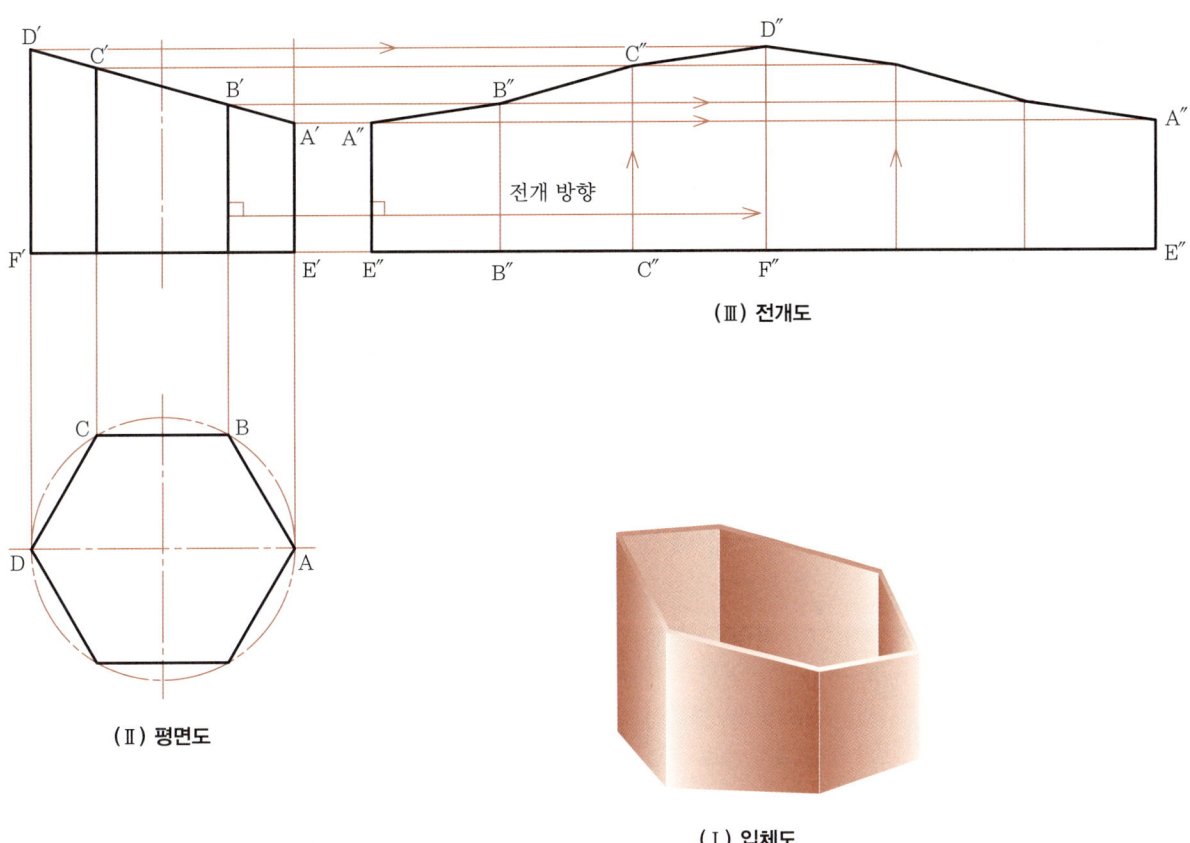

(Ⅲ) 전개도

(Ⅱ) 평면도

(Ⅰ) 입체도

① 평면도의 A, B, C, D점을 수선으로 연장하여 정면도의 경사면과 만나는 점 A′, B′, C′, D′를 얻는다.
② 정면도의 $\overline{F'E'}$를 연장하고 육각형의 한 변의 길이로 등분하여 E″, B″, C″, F″를 얻고 수선을 세운다.
③ A′, B′, C′, D′점을 $\overline{F'E'}$에 평행하게 연장하여 만나는 점 A″, B″, C″, D″를 얻는다.
④ 각 점을 연결하면 정육각기둥의 전개도를 얻을 수 있다.

## (3) 직각으로 뒤틀린 정방형관

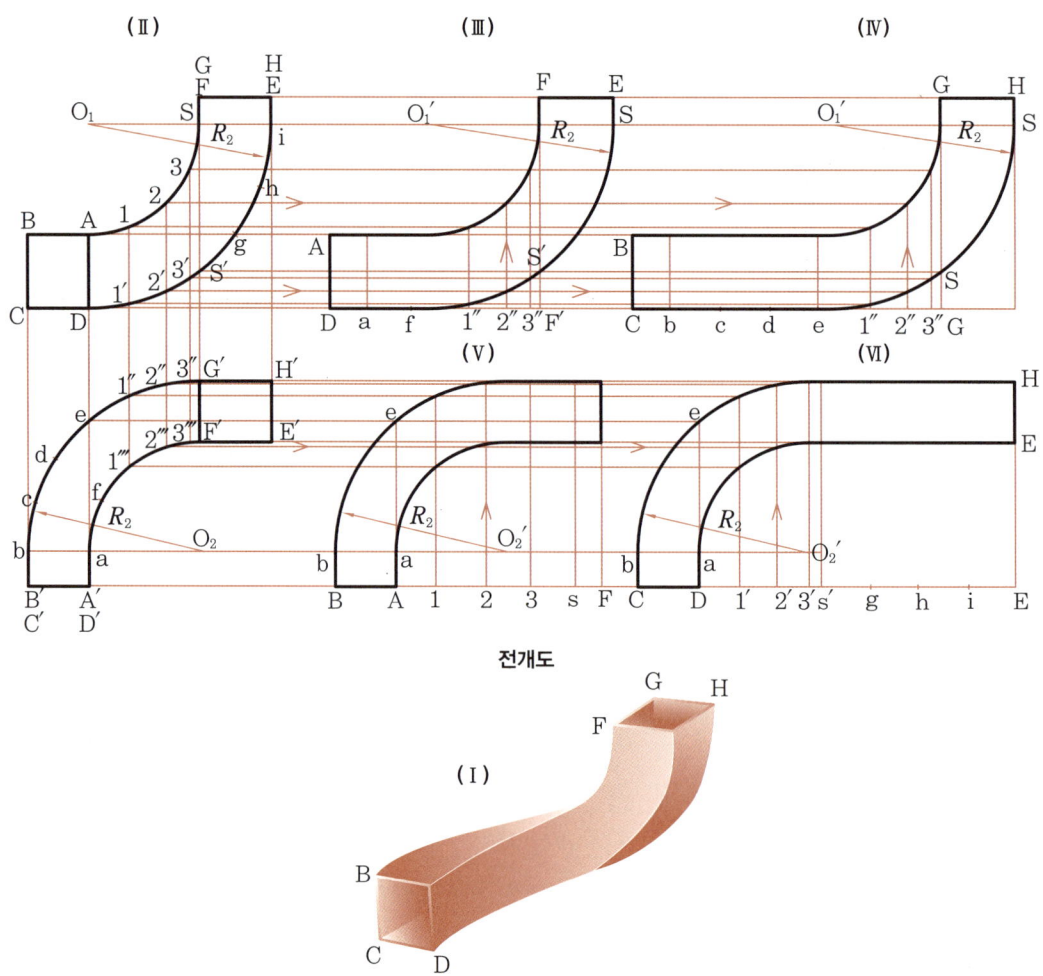

전개도

① 투상도(Ⅱ)에 있어서 $F_s$, $E_i$, $A_a'$, $B_b'$는 직선부이다 원호 AS를 4등분하고 등분점 1, 2, 3으로부터 $\overline{AD}$와 평행선을 그어 $\widehat{DE}$, $\widehat{B'G'}$, $\widehat{A'F'}$ 와 만나는 점을 구한다.
② $\widehat{DE}$상의 각 교점 1′, 2′, 3′, s′로부터 $\overline{CD}$와 평행선을 긋는다.
③ $\overline{CD}$의 연장선상에 평면도 D′, a, 1‴, 2‴, 3‴, F′의 각 부분의 길이를 옮겨서 D, a, 1″, 2″, 3″로 한다.
④ 각 점에 Ⅲ의 수선을 세우고 평행선과 만나는 점을 구한다.
⑤ 정면도 $R_1$을 반지름으로 하고 $O_1$으로부터 그은 수평선상에 중심 $O_1'$를 구하여 S.S′를 지나는 원호를 긋는다.
⑥ 각 점을 곡선으로 연결하면 전개도 (Ⅲ)의 ADEF가 얻어진다.
⑦ 다른 면의 전개도(Ⅳ), (Ⅴ), (Ⅵ)도 같은 방법으로 구한다.

## (4) 경사지게 절단된 원기둥

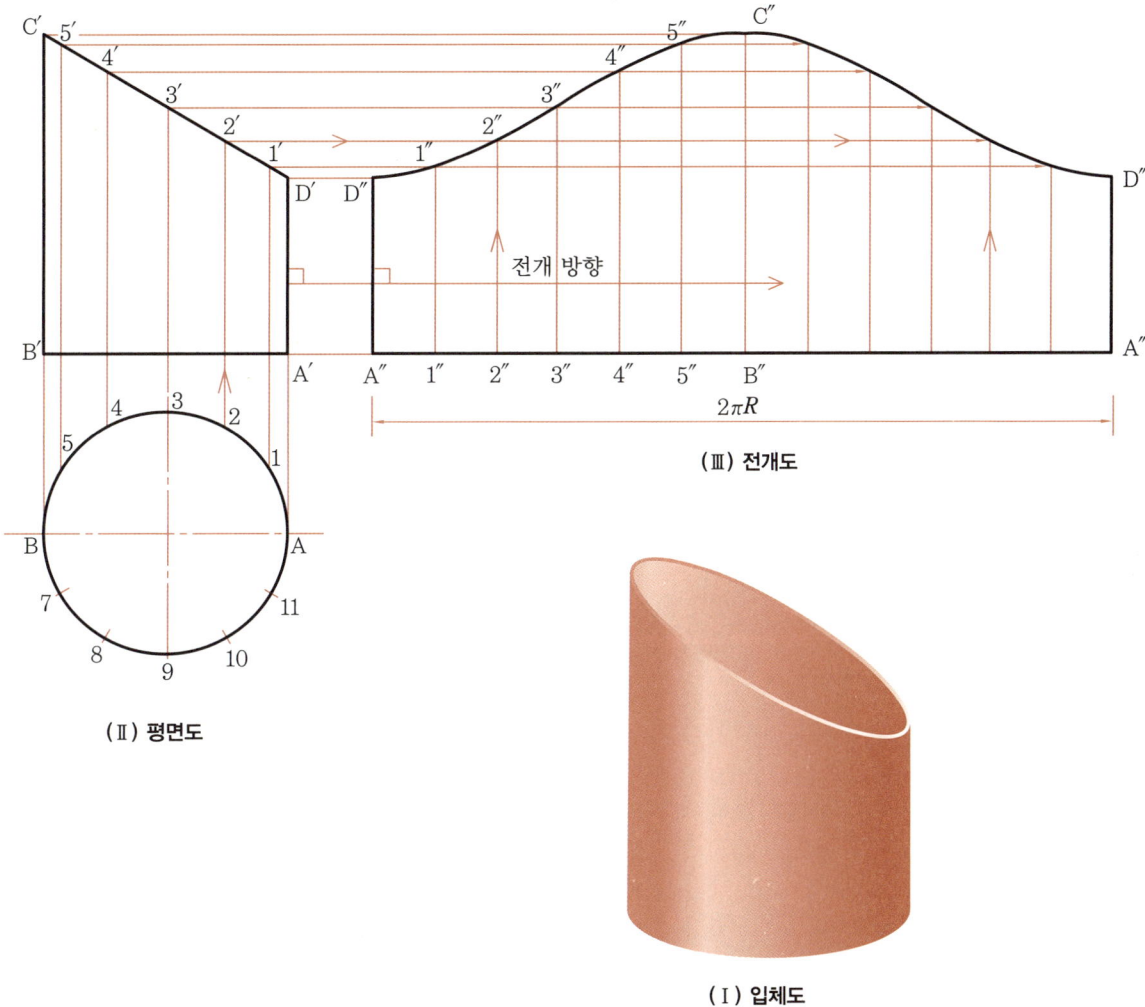

① 평면도의 원주를 12등분하여 각 등분점을 중심선 $\overline{AB}$ 와 수선으로 연장하여 경사면과 만나는 점 D′, 1′, 2′, 3′ …C′ 를 얻는다.
② $\overline{A'B'}$ 를 연장한 후 원주의 길이 A′A″를 잡고 12등분한 후 수선을 세운다.
③ 정면도 경사면의 교점 1′, 2′, 3′, 4′, 5′, c′을 $\overline{AB}$ 와 평행하게 연장하여 등분선과 만나는 점을 얻는다(같은번호 D″, 1″, 2″, 3″, 4″, 5″, C″).
④ D″, 1″, 2″ … 5″, C″ 각 점을 원활한 곡선으로 연결하면 전개도를 얻을 수 있다.

## (5) 편심되게 절단된 원기둥

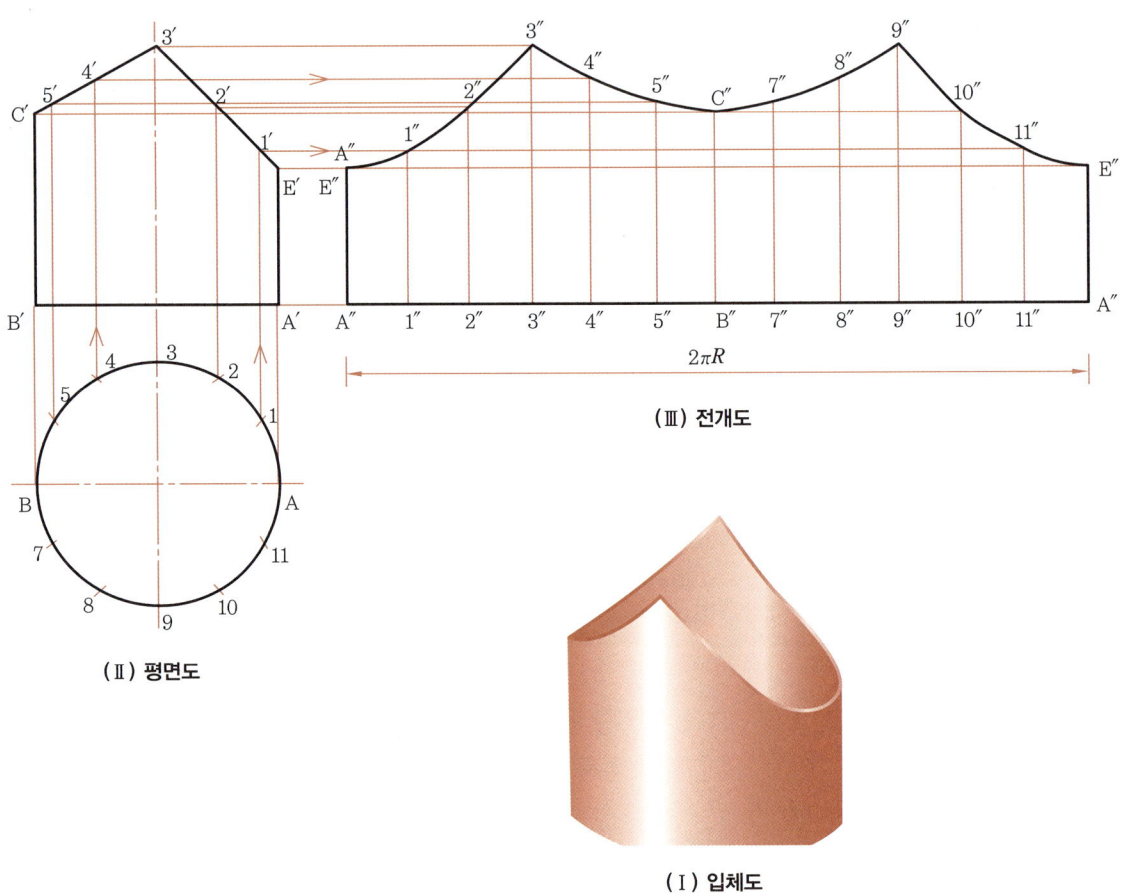

(Ⅱ) 평면도

(Ⅲ) 전개도

(Ⅰ) 입체도

① 평면도의 반원주를 12등분하여 각 등분점 0, 1, 2, 3……11, 0을 기입한다.
② 중심선 $\overline{AB}$ 와 수선으로 연장하여 경사면과 만나는 점 C′, 5′…E′를 얻는다.
③ $\overline{B'A'}$ 에 연장선을 그은 후 반원주의 길이를 잡고 12등분하여 A″, 1″, 2″…A″, B″를 얻고 수선을 세운다.
④ 정면도 경사면의 등분점을 $\overline{A'B'}$ 와 평행하게 연장하여 각 등분점과 만나는 점을 얻는다 (같은 번호).
⑤ 각 교점 A″, 1″……10″, 11″, E″를 원활한 곡선으로 연결하면 전개도를 얻을 수 있다.

## (6) 구멍 뚫린 원기둥

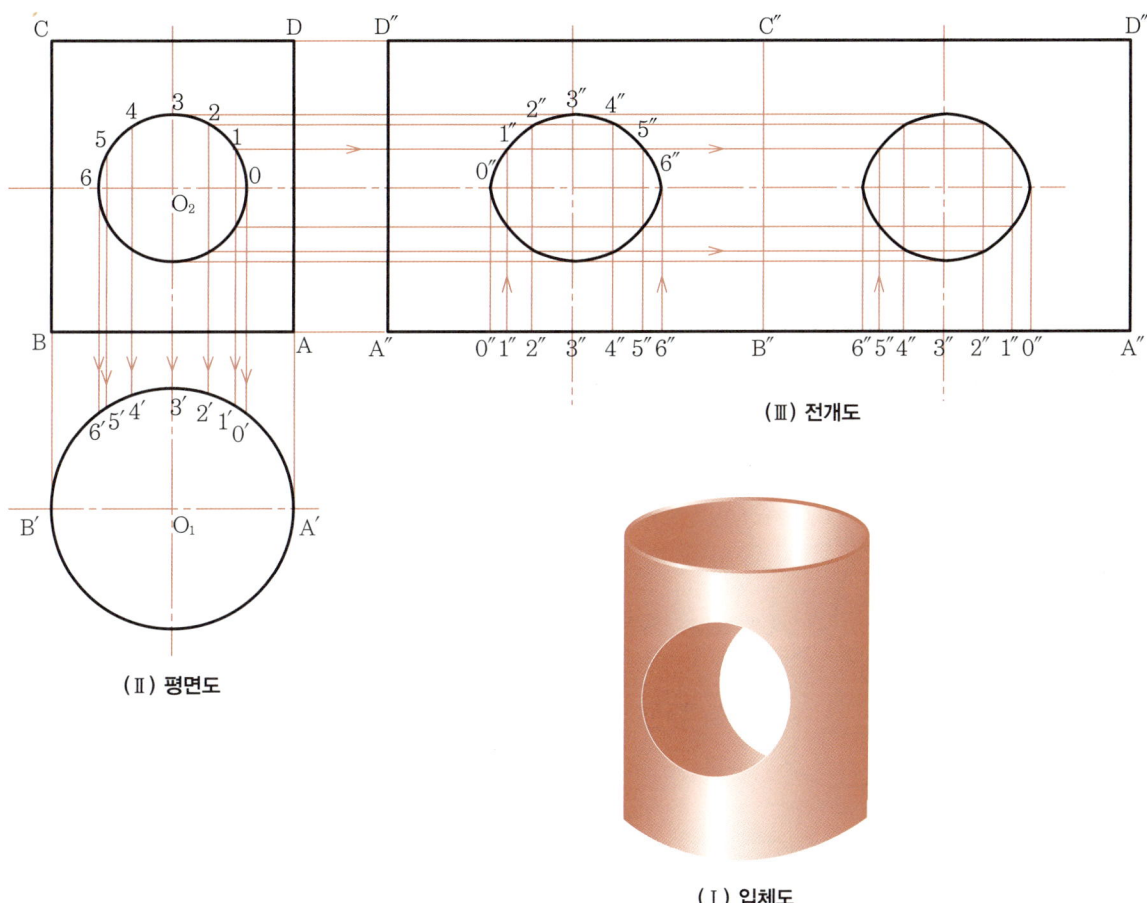

(Ⅱ) 평면도

(Ⅲ) 전개도

(Ⅰ) 입체도

① 정면도의 구멍(작은 원) 반원주를 12등분한다.
② 각 등분점을 $\overline{O_1O_2}$와 평행하게 평면도의 원주까지 연장하여 만나는 점 $0'$, $1'$, $2'$ … $6'$를 얻는다.
③ $\overline{AB}$와 $\overline{CD}$를 연장하여 $\overline{A''B''}$는 큰 원의 반원주가 되게 하고 이등분점을 구한 후 수선을 세운다.
④ $3''$를 이등분선상에 놓고 평면도 원주와 만난 실제 길이 $\overparen{3'2'}$, $\overparen{2'1'}$, $\overparen{1'0'}$를 양쪽으로 번호 순으로 나열하여 $0''$, $1''$, $2''$ … $6''$를 얻고 이등분선과 평행선을 긋는다.
⑤ 정면도 작은 원주의 각 등분점을 $\overline{AB}$와 평행하게 연장하여 각 등분점과 만나는 점을 얻는다(같은 번호 $0''$, $1''$, $2''$ … $6''$).
⑥ 각 교점을 원활한 곡선으로 연결하면 전개도를 얻을 수 있다.

## (7) 경사지게 절단된 타원기둥

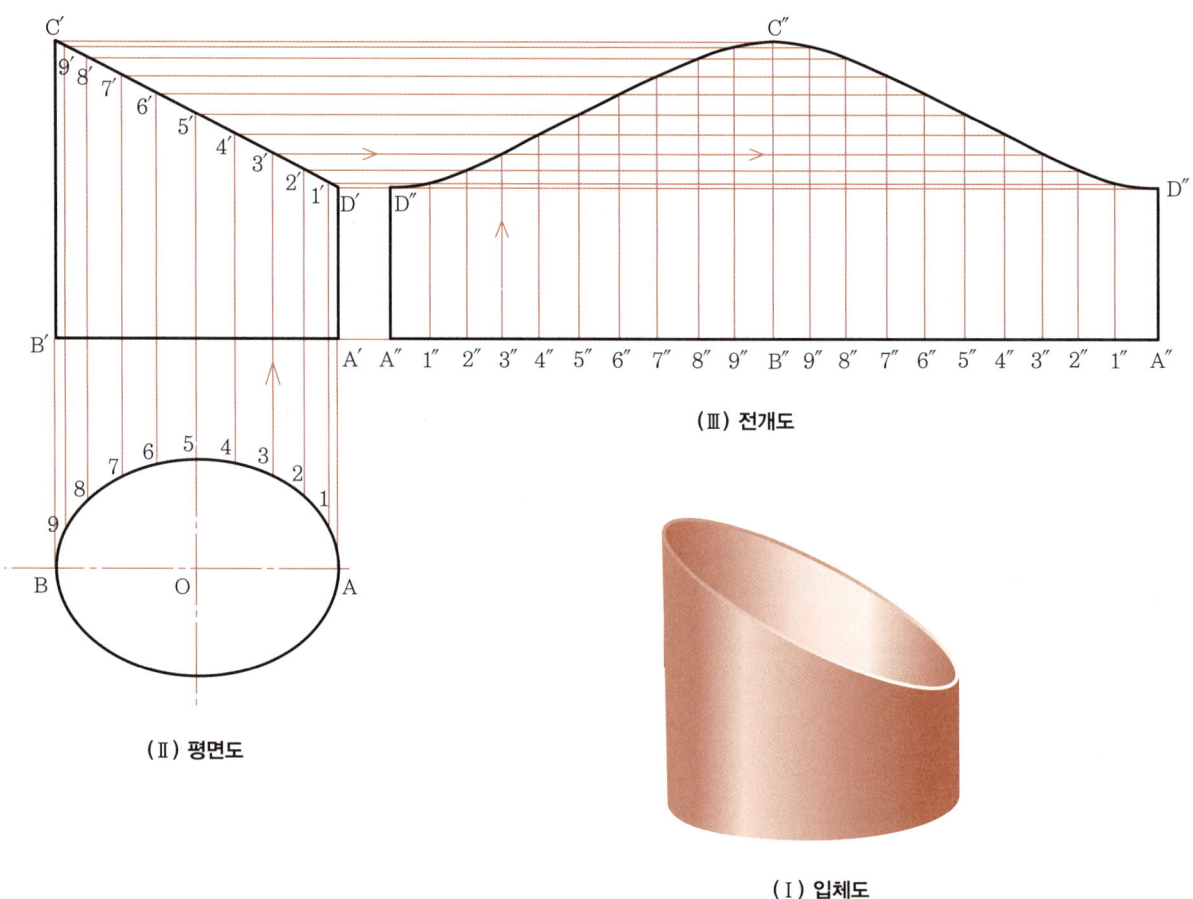

(Ⅲ) 전개도

(Ⅱ) 평면도

(Ⅰ) 입체도

① 평면도 타원 반원주를 10등분한다(동일한 크기와 수).
② 등분점을 $\overline{AB}$에 수선을 세워 정면도의 경사면과 만나는 점 D′, 1′, 2′ … C′를 얻는다.
③ 선 $\overline{A'B'}$를 연장하고 평면도 타원의 등분선의 길이로 나열하여 A″, 1″, 2″ … B″, 9″, 8″ …… 2″, 1″, A″를 얻고 각 점에서 수선을 세운다.
④ 정면도 경사면의 각 점을 $\overline{AB}$와 평행하게 연장하여 등분선과 만나는 교점을 얻는다(같은 번호 D″, 1″, 2″, 3″ …… C″, 9″, 2″, 1″, D″).
⑤ 각 교점을 원활한 곡선으로 연결하면 전개도를 얻을 수 있다.

## (8) 2편 엘보

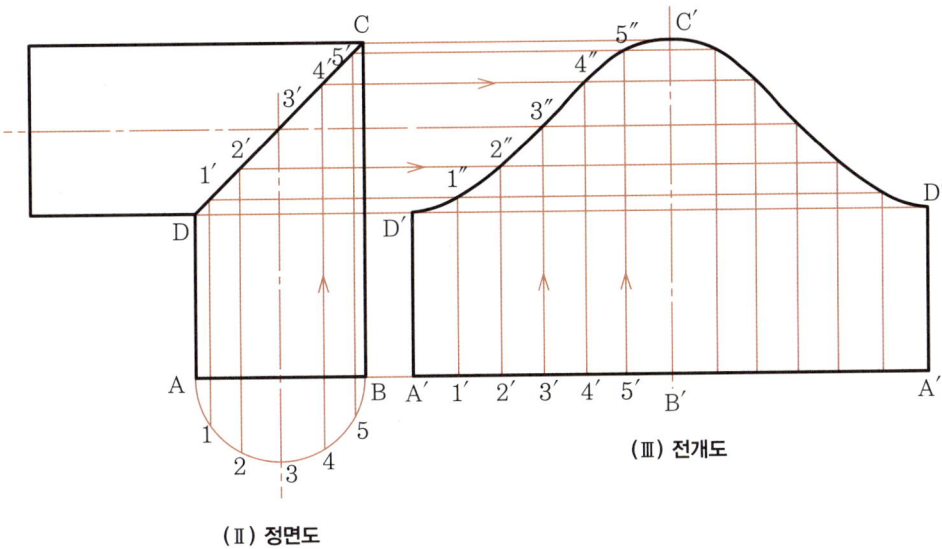

(Ⅱ) 정면도

(Ⅲ) 전개도

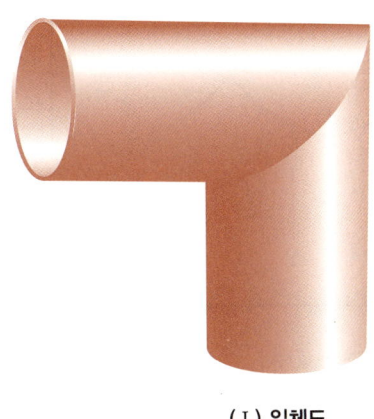

(Ⅰ) 입체도

① 원기둥의 반원주를 6등분하여 등분점 1, 2…5를 구한 후 $\overline{AB}$에 수선을 세워 상관선 CD와 만나는 점 D, 1′, 2′…5′, C를 얻는다.
② $\overline{AB}$에 연장선을 긋고 반원주의 길이를 잡아 6등분한 후 수선을 세운다.
③ 정면도 상관선의 교점을 $\overline{AB}$에 평행선을 그어 등분선과의 교점 D′, 1″…D′를 얻는다 (같은 번호).
④ 각 점을 원활한 곡선으로 연결하면 45° 2편 엘보의 전개도를 얻을 수 있다.

### (9) T형관

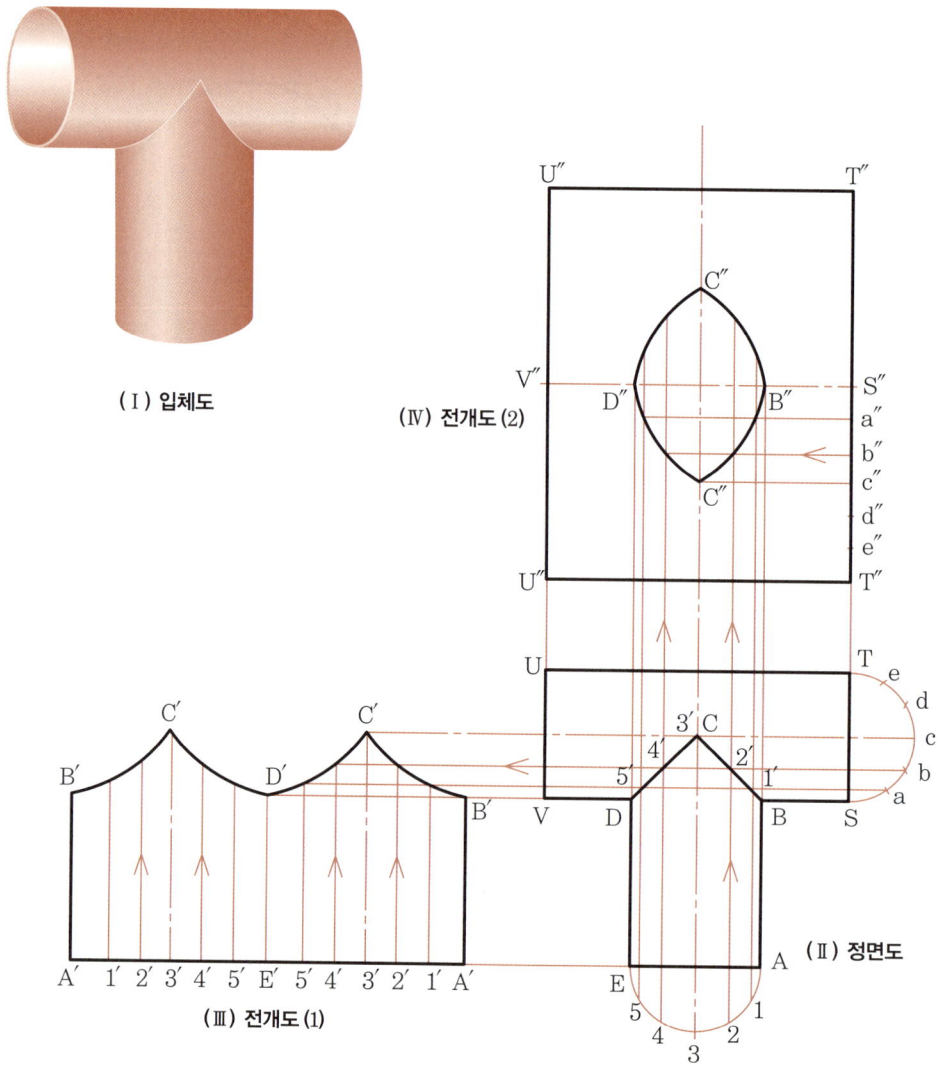

(Ⅰ) 입체도
(Ⅱ) 정면도
(Ⅲ) 전개도 (1)
(Ⅳ) 전개도 (2)

① 정면도의 반원주 $\overarc{AE}$를 6등분하여 등분점 1, 2…5를 구한 후 $\overline{AE}$에 수선을 세운다.
② 수평관의 반원주 $\overarc{ST}$를 6등분하여 수평선을 그어 만나는 A′, 1′, 2′, 3′, 4′, D점을 얻는다.
③ $\overline{AE}$에 연장선을 긋고 반원주의 길이로 잡아 12등분한 후 수선을 세운다.
④ Ⅱ의 상관선과 만난 점을 $\overline{AE}$에 평행선을 그어 등분선과 만난 점을 얻는다(같은 번호).
⑤ 각 점을 원활한 곡선으로 연결한다.
⑥ 상부 원기둥도 같은 방법으로 전개한다.

### (10) + 형관

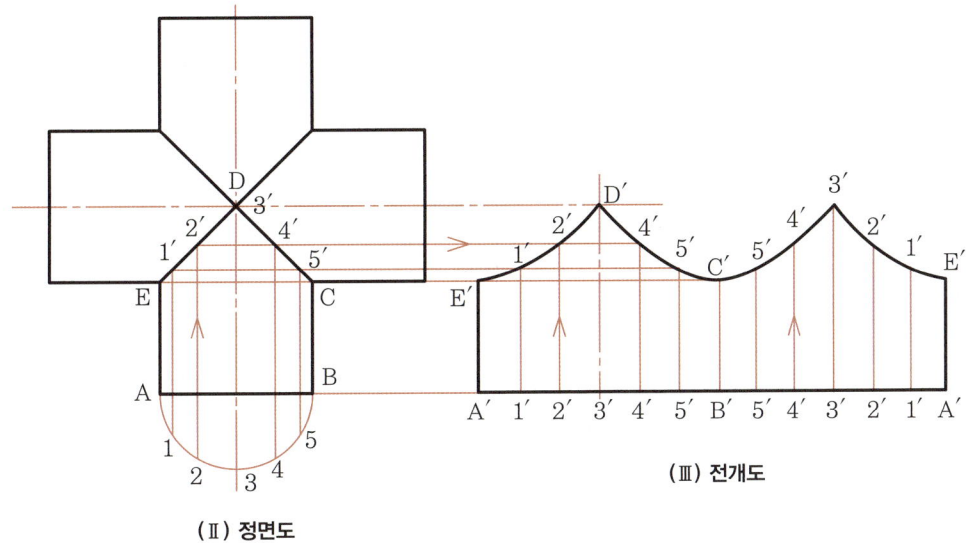

(Ⅱ) 정면도

(Ⅲ) 전개도

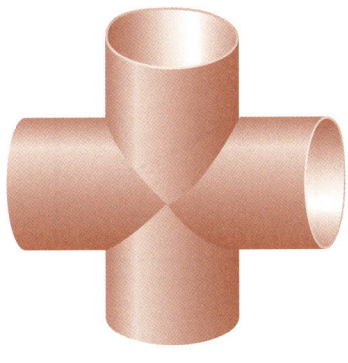

(Ⅰ) 입체도

① 반원주 $\widehat{AB}$를 6등분하여 등분점 1, 2 … 5를 잡은 후 $\overline{AB}$에 수선을 세워 상관선 EDC와 만난 점을 얻는다.
② $\overline{AB}$에 연장선을 긋고 원주의 길이로 잡아 12등분한 후 수선을 세운다.
③ Ⅱ의 상관선과 만난 점을 $\overline{AB}$에 평행선을 그어 등분선과의 만난 점을 얻는다(같은 번호 E′, 1′, D′ …… 3′, 2′, 1′, E′).
④ 각 점을 원활한 곡선으로 연결하고 다른 편도 같은 방법으로 한다.

## (11) Y형 분기관

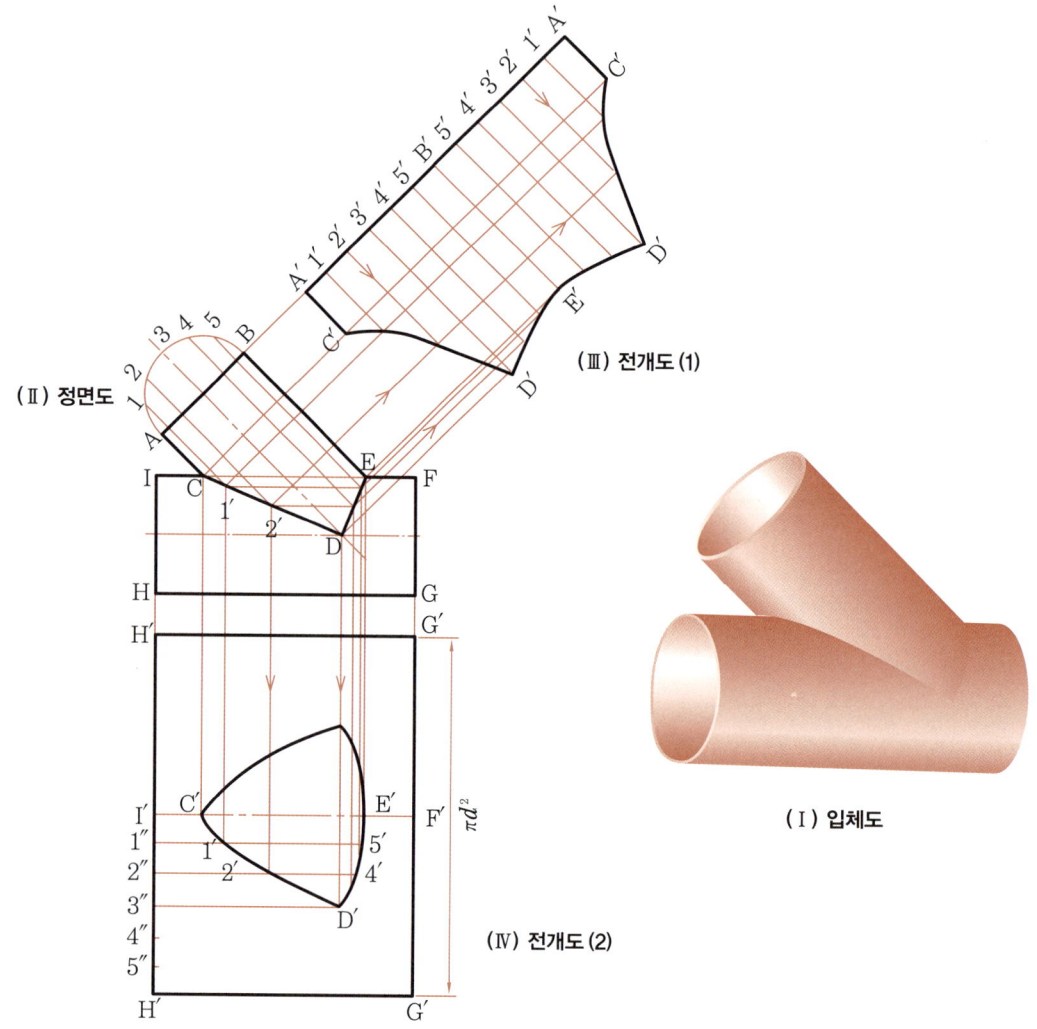

(Ⅱ) 정면도
(Ⅲ) 전개도 (1)
(Ⅰ) 입체도
(Ⅳ) 전개도 (2)

**전개 1**

① 반원주 $\overparen{AB}$를 6등분하여 등분점 1, 2 ⋯ 5를 잡은 후 $\overline{AB}$에 수선을 세워 상관선 C, D, E와 만난 점을 얻는다.
② $\overline{AB}$에 연장선을 긋고 반원주의 길이로 잡은 후 12등분하고 수선을 세운다.
③ 상관선과 만난 점을 $\overline{AB}$에 평행선을 그어 등분선과 만난 점을 얻는다(같은 번호).
④ 각 점을 원활한 곡선으로 연결하면 분기관의 전개도를 얻을 수 있다.

**전개 2**

⑤ 정면도의 $\overline{IH}$, $\overline{FG}$를 연장하여 반원주 등분점 1′, 1″, 2″, 3″를 잡고 수선을 세운다.
⑥ 상관선과 만난 점을 $\overline{IH}$에 평행선을 그어 등분점과 만난 점 C′, 1′, 2′, D′, 4′, 5′, E′를 얻는다.
⑦ 각 점을 원활한 곡선으로 연결한다.

## (12) Y형관

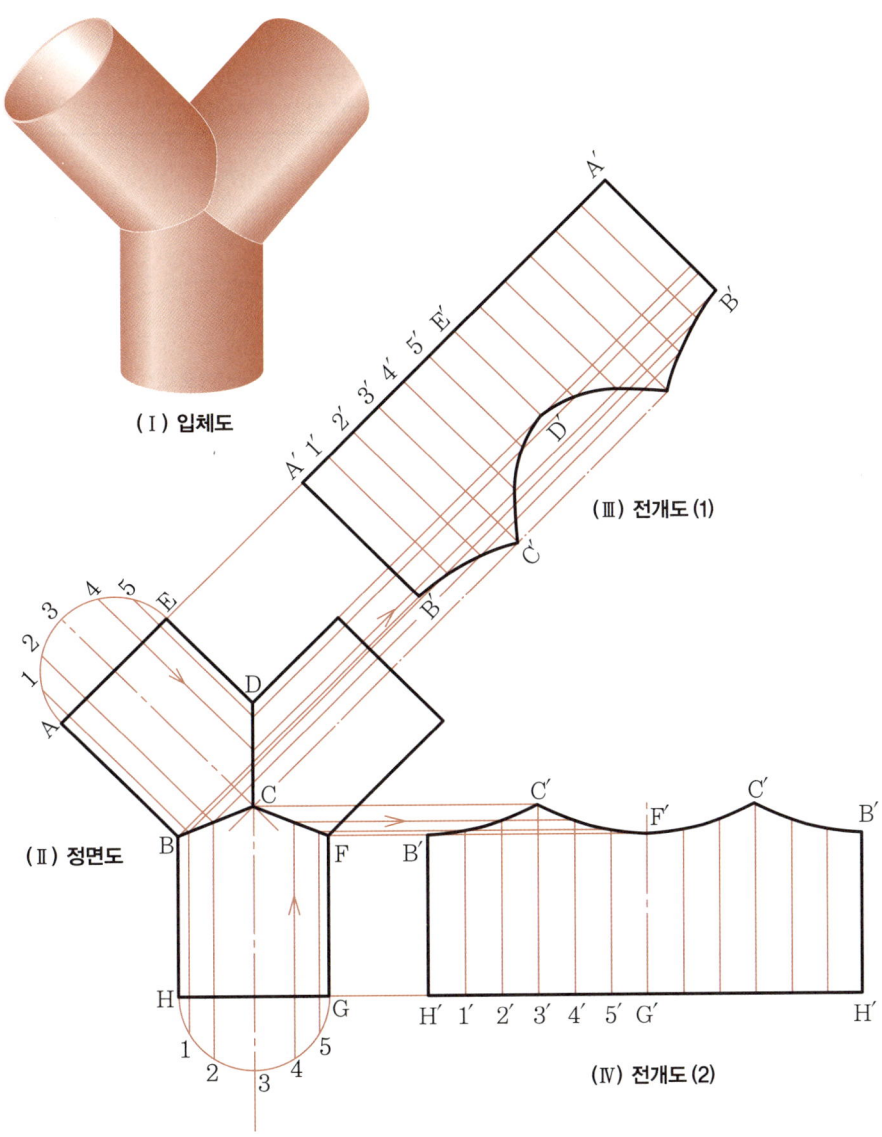

(Ⅰ) 입체도
(Ⅱ) 정면도
(Ⅲ) 전개도 (1)
(Ⅳ) 전개도 (2)

① 반원주 $\overarc{AE}$를 6등분하여 등분점 1, 2 … 5를 잡은 후 $\overline{AE}$와 수선을 세워 상관선 BCD와 만나는 점을 얻는다.
② $\overline{AE}$에 연장선을 긋고 원주의 길이를 잡은 후 12등분하여 수선을 세운다.
③ 상관선과의 교점을 $\overline{AE}$에 평행선을 그어 등분선과 만난 점을 얻는다(같은 번호).
④ 원활한 곡선으로 연결하며 나머지도 같은 방법으로 한다.

## (13) 둔각 엘보

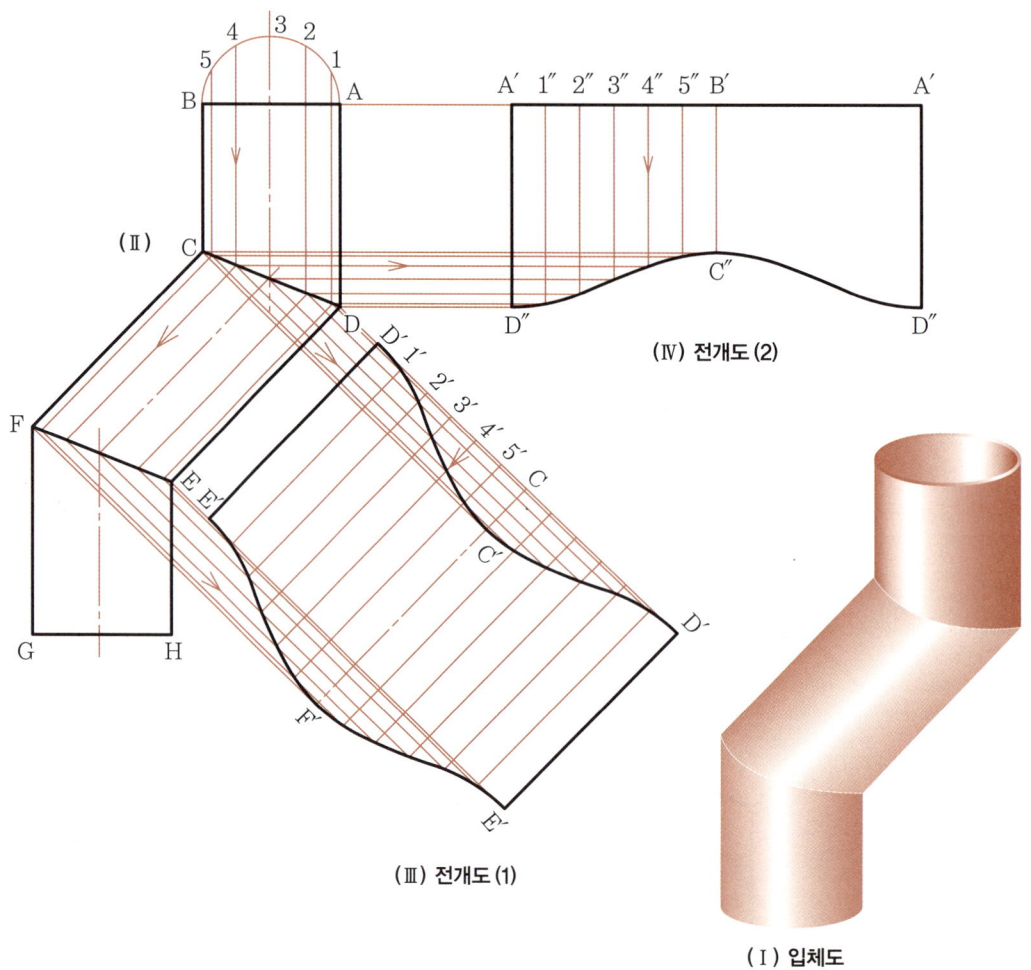

(Ⅱ)

(Ⅳ) 전개도 (2)

(Ⅲ) 전개도 (1)

(Ⅰ) 입체도

① 반원주 $\overparen{AB}$를 6등분하여 등분점 1, 2 … 5를 잡은 후 $\overline{AB}$에 수선을 세워 상관선 $\overline{CD}$선상에 만나는 점을 얻고 $\overline{DE}$와 평행하게 연장하여 $\overline{FE}$와 만난 점을 얻는다.
② D점에서 $\overline{DE}$에 수선을 세워 원주의 길이로 잡고 12등분한 후 수선을 세운다.
③ 상관선 $\overline{CD}$, $\overline{FE}$와 만난 점을 $\overline{DE}$에 수선을 세워 등분선과 만나는 점을 얻는다(같은 번호).
④ 각 점을 원활한 곡선으로 연결한다(나머지도 같은 방법).
⑤ A, B, C, D도 같은 방법으로 한다.

## (14) 3편 엘보

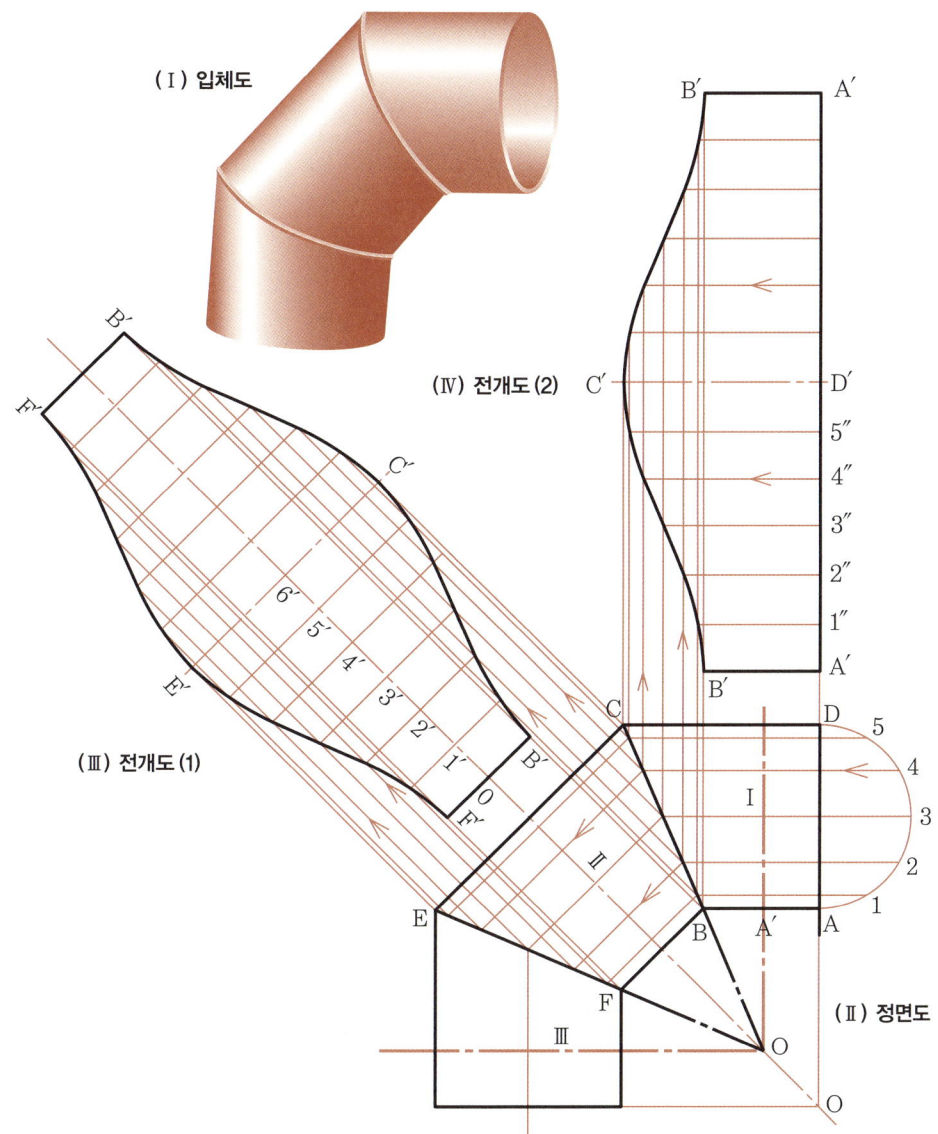

① 직각을 4등분하여 상관선을 얻을 수 있다.
② 반원주 $\widehat{DA}$를 6등분하여 등분점 1, 2 … 5를 잡은 후 수선을 세워 상관선 $\overline{CB}$와 만난 점을 얻고 $\overline{CE}$에 평행선을 그어 상관선 $\overline{EF}$와 만난 점을 얻는다.
③ C점에서 $\overline{CE}$에 수선을 세워 원주의 길이로 잡고 12등분한 후 수선을 세운다.
④ 상관선 $\overline{BC}$, $\overline{EF}$와 만난 점을 $\overline{CE}$에 수선을 세워 등분선과 만나는 점을 얻는다(같은 번호).
⑤ 각 점을 원활한 곡선으로 연결한다.
⑥ 다른 Ⅰ, Ⅱ편도 같은 방법으로 한다.

## (15) 4편 엘보

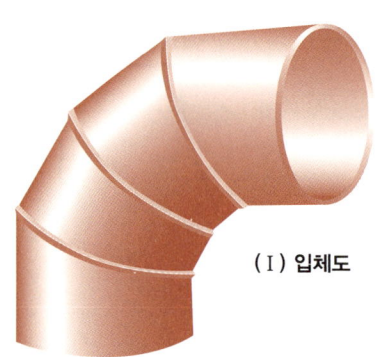

(Ⅰ) 입체도

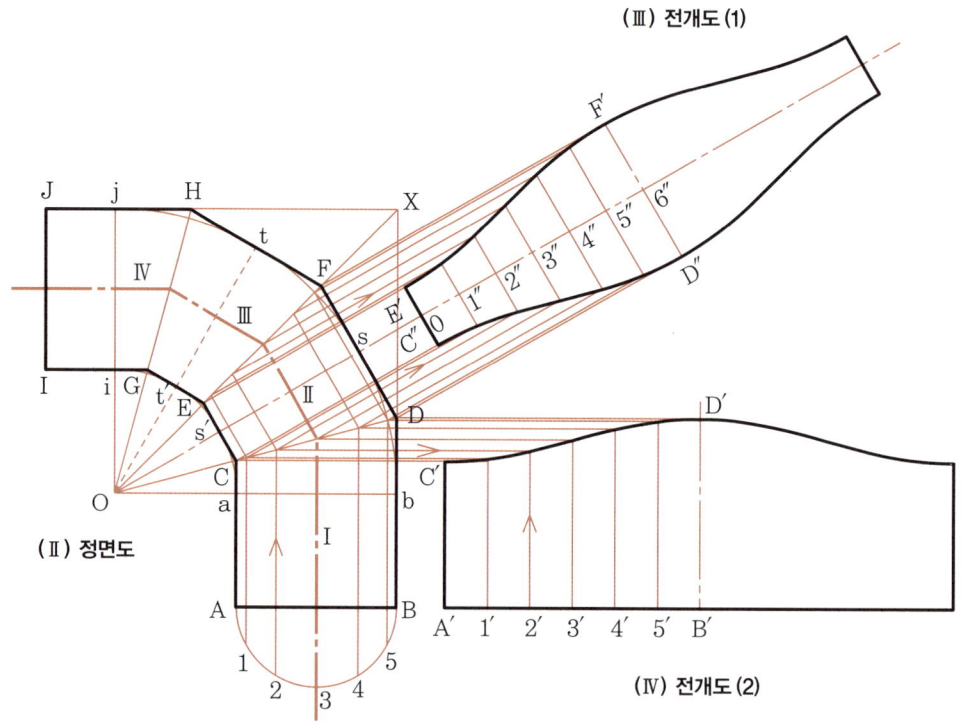

(Ⅱ) 정면도
(Ⅲ) 전개도 (1)
(Ⅳ) 전개도 (2)

① 정면도를 작도하기 위하여 엘보의 정방형 ObXj를 그리고 $\overline{ab}$는 물체의 지름으로 한다.
② O를 중심으로 a와 b를 지나는 원호를 돌리고 직각 bOj를 6등분한다.
③ 원호와의 교점 s와 t를 잡고 꼭짓점 O와 연결선상에 $\overline{ab}$의 길이로 s′와 t′를 얻은 후 $\overline{ss'}$, $\overline{tt'}$와 수선을 그어 $\overline{DF}$, $\overline{FH}$와 $\overline{CE}$, $\overline{EG}$를 얻는다.
④ 반원주를 6등분하여 중심선과 평행선을 그어 상관선에서 만나는 점을 얻는다.
⑤ 평행선 전개법을 사용하여 전개한다.

## (16) 5편 엘보

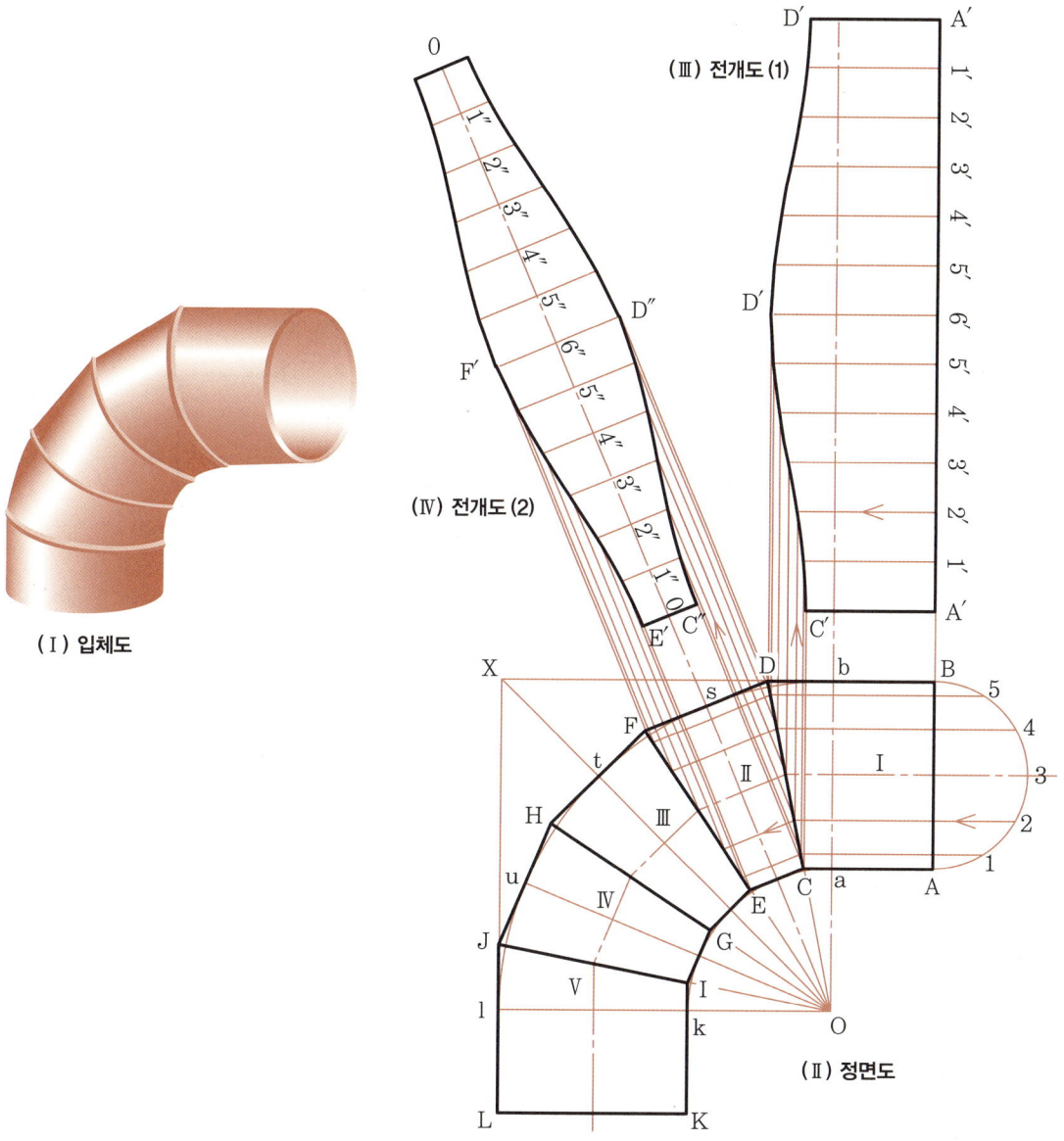

(Ⅰ) 입체도
(Ⅱ) 정면도
(Ⅲ) 전개도 (1)
(Ⅳ) 전개도 (2)

① 직각 bOl을 8등분한 후 원호와의 교점 s, t, u를 잡고 s, t, u에 접선을 그어 $\overline{DF}$, $\overline{FH}$, $\overline{HJ}$를 얻는다.
② 원호 ak와 각 점에 접선을 그어 $\overline{CE}$, $\overline{EG}$, $\overline{GI}$를 잡고 평행선 전개법을 이용하여 부품 [Ⅱ]를 전개한다.
③ $\overline{Aa}$ 접선을 잡고 평행 전개법을 이용하여 부품 [Ⅰ]을 전개한다.

## (17) 보강 편단 2편 엘보

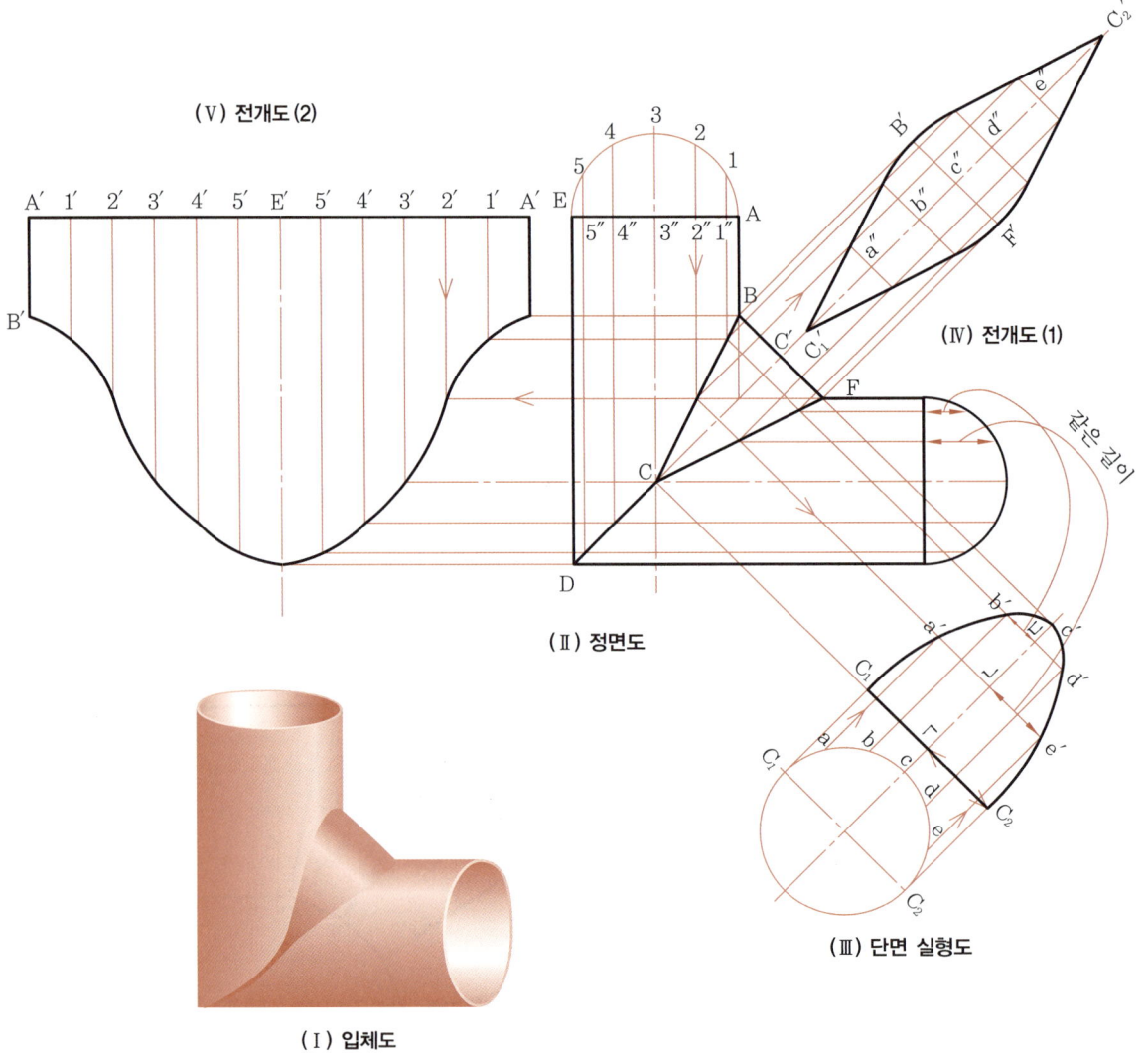

① 보강편 CFD를 전개하기 위하여 $\overline{CC'}$의 각 점을 직각으로 연장하여 C', ㄷ, ㄴ, ㄱ을 얻는다.
② 단면 실형도의 $\overline{ㄷb'}$ = 정면도 $\overline{1\,1''}$, $\overline{ㄴe'}$ = $\overline{2\,2''}$, $\overline{ㄱC_1}$ = $\overline{3\,3''}$가 된다.
③ 실형을 구하면 $C_1$, a', b', c', c', d', e', $C_2$가 된다(단면 실형 참조).
④ (Ⅳ)전개도 $\overline{C_1'a''}$ = $\overparen{c_1a'}$, $\overline{a''b''}$ = $\overparen{a'b'}$, $\overline{b''c''}$ = $\overparen{b'c'}$
⑤ $\overline{CC'}$에 연장선을 긋고 각 점의 길이, 즉 $C_1'$, a, b … $C_2$를 옮긴 후 상관선의 교점을 평행하게 연장하여 만난 점을 얻는다(같은 번호).
⑥ 각 점을 원활한 선으로 연결한다.

## (18) 보강 편단 둔각 엘보

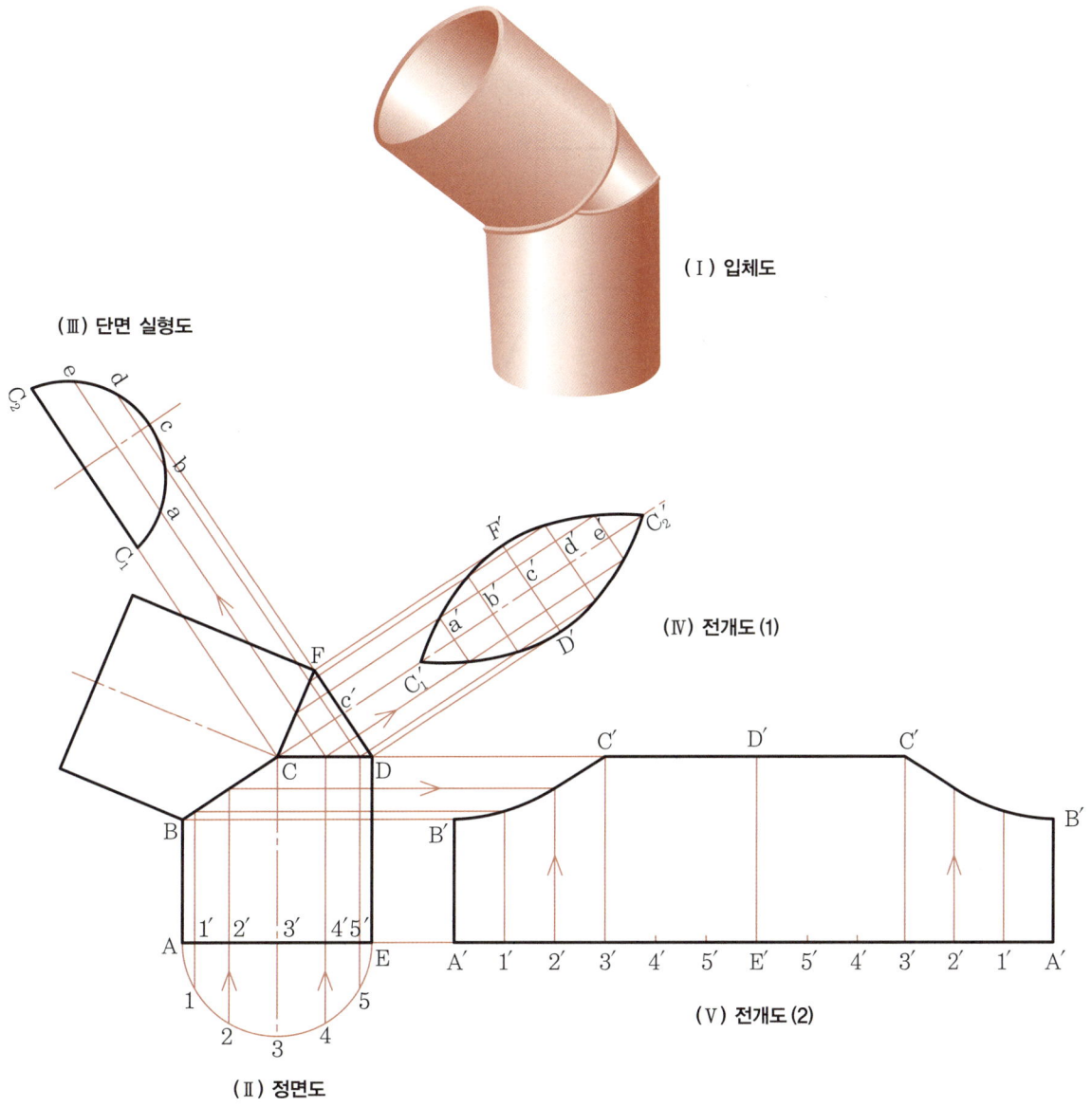

(Ⅰ) 입체도
(Ⅲ) 단면 실형도
(Ⅳ) 전개도 (1)
(Ⅱ) 정면도
(Ⅴ) 전개도 (2)

① 보강편 CFD를 전개하기 위하여 $\overline{CC'}$ 선의 절단 실형도를 그린다.
② 실형도의 원주 각 점간의 길이를 $\overline{CC'}$ 의 연장선상에 $C_1'$, $a'$, $b'$ … $C_2'$로 옮긴 후 평행선 전개법을 사용하여 전개한다.
③ 단면 실형도의 $\overline{CC_1} = \overline{3\,3'}$, $\overline{ce} = \overline{4\,4'}$, $\overline{cd} = \overline{5\,5'}$의 길이로 원주 $C_1$, a, b … $C_2$를 구한다(단면 실형도 참조).

## (19) 직교하는 이경 원기둥

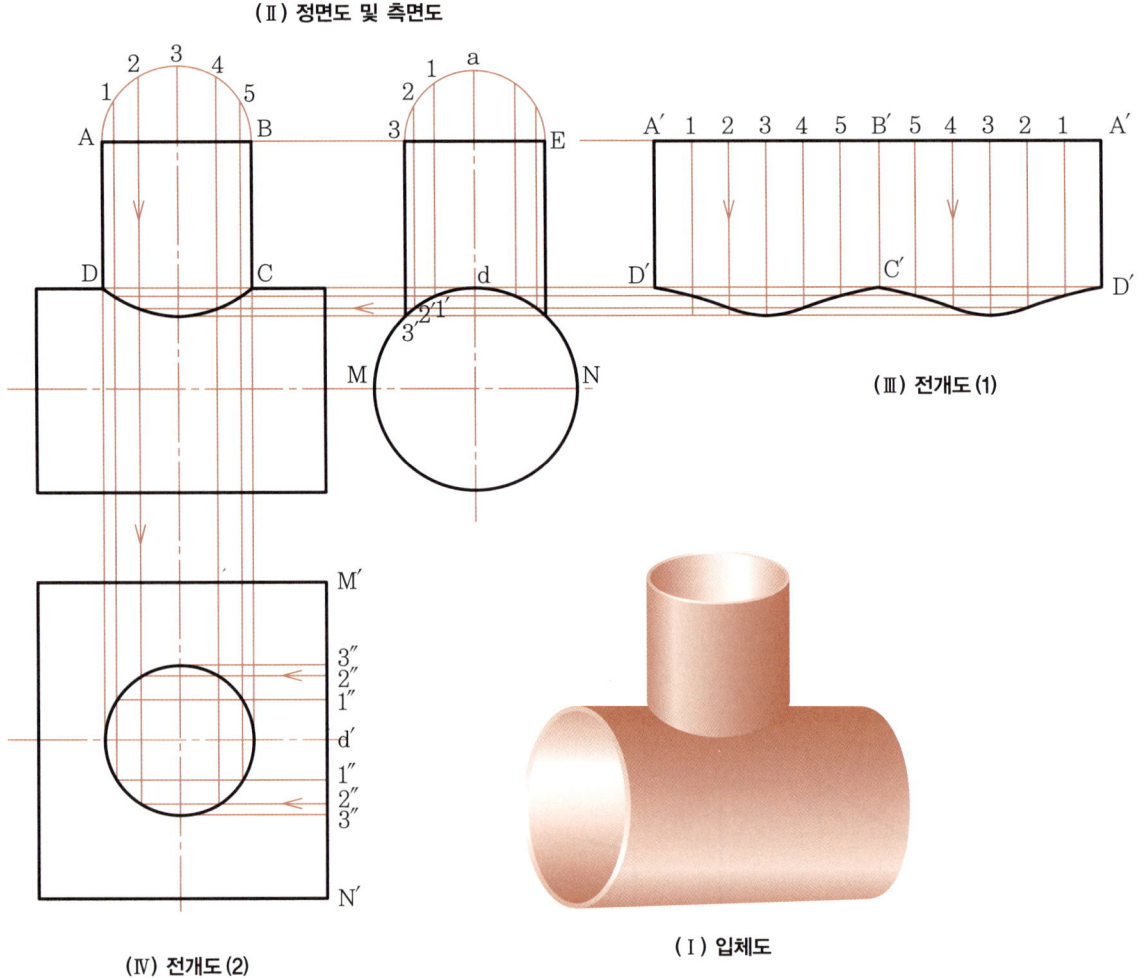

(Ⅱ) 정면도 및 측면도
(Ⅲ) 전개도(1)
(Ⅳ) 전개도(2)
(Ⅰ) 입체도

① 전개도(2)를 완성하기 위하여 반원주 $\overgroup{MN}$의 길이로 $\overgroup{M'N'}$를 잡는다.
② 측면도의 반원주 $\overgroup{3E}$를 6등분하여 등분점 1, 2, 3을 중심선과 평행선을 그어 상관선과의 교점 1′ 2′ 3′를 얻는다.
③ $\overline{d1'}$, $\overline{1'2'}$, $\overline{2'3'}$, 각 선의 길이를 전개도(2)의 $\overline{M'N'}$ 이등분점 d′를 중심으로 순차적으로 d′1″, 1″2″, 2″3″로 옮긴 후 수선을 세운다.
④ 반원주 $\overgroup{AB}$의 등분점 A, 1, 2 …… B점을 $\overline{AB}$에 수선으로 연장한 후 전개도(2)의 만난 점을 얻는다(같은 번호).
⑤ 각 점을 원활한 곡선으로 연결한다.

## (20) 측면으로 직교하는 이경 원기둥

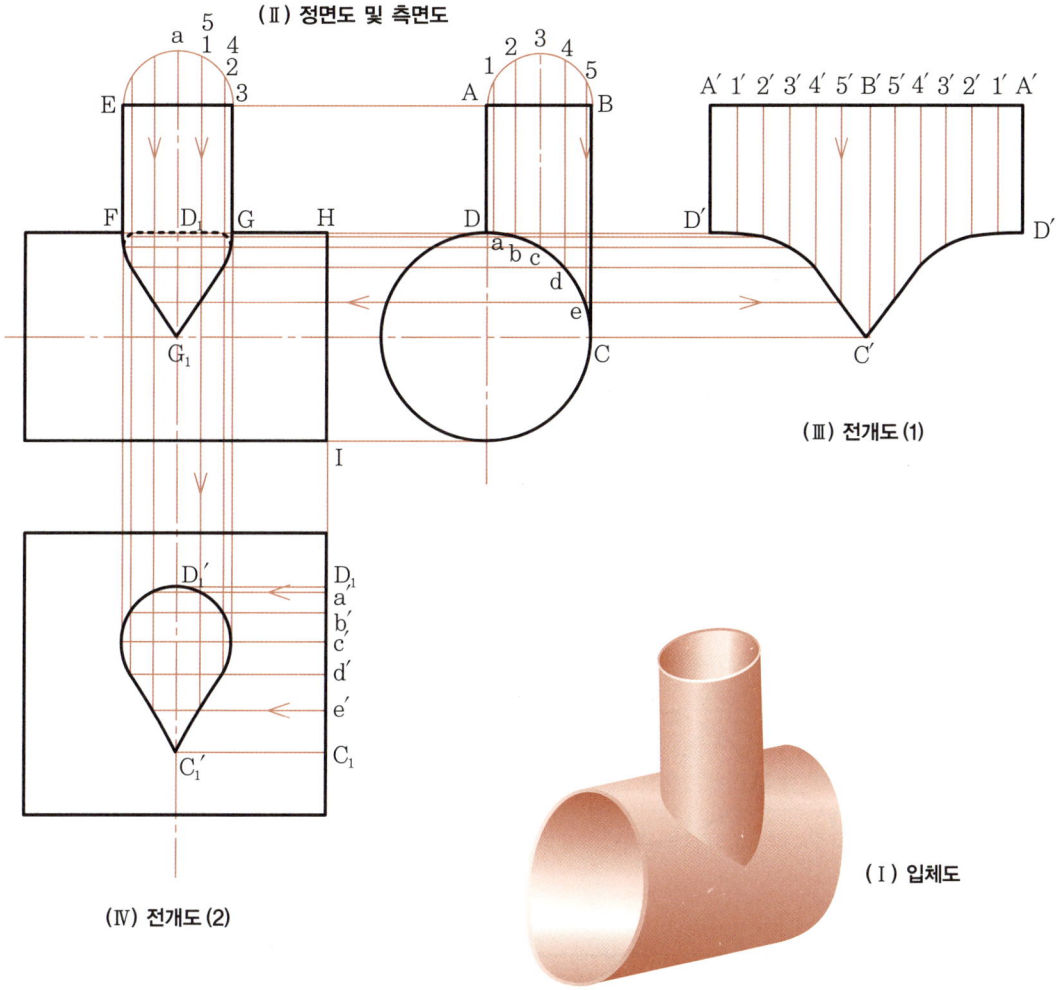

① 측면도 반원주 $\widehat{AB}$를 6등분하여 등분점 1, 2 … 5를 얻은 후 $\overline{BC}$에 평행선을 그어 상관선 DC상에 만난 점 a, b … e를 구한 후 중심선 $\overline{CC'}$에 평행되게 긋는다.
② 반원주 $\widehat{3E}$를 6등분하여 등분점을 $\overline{E3}$에 수선으로 연장하여 측면도의 연결선과 만나는 점을 얻은 후 원활한 곡선으로 연결한다.
③ $D_1$, F, $C_1$, G는 입면도의 상관선이 된다.
④ 측면도 AB에 연장선을 긋고 원주상에 만나는 D, a, b, c, d, e점을 $\overline{BC}$에 직각 방향으로 그어 평행선 전개법으로 (Ⅲ)을 전개한다.
⑤ 전개는 $\overline{HI}$의 연장선상에 측면도 D, a, b, c … C의 길이로 $D_1$, a′, b′, c′ … $C_1$의 길이를 잡고 평행선법을 이용(Ⅳ를 $\frac{1}{2}$ 전개)하여 전개한다.

## (21) 경사지게 연결된 이경 원기둥

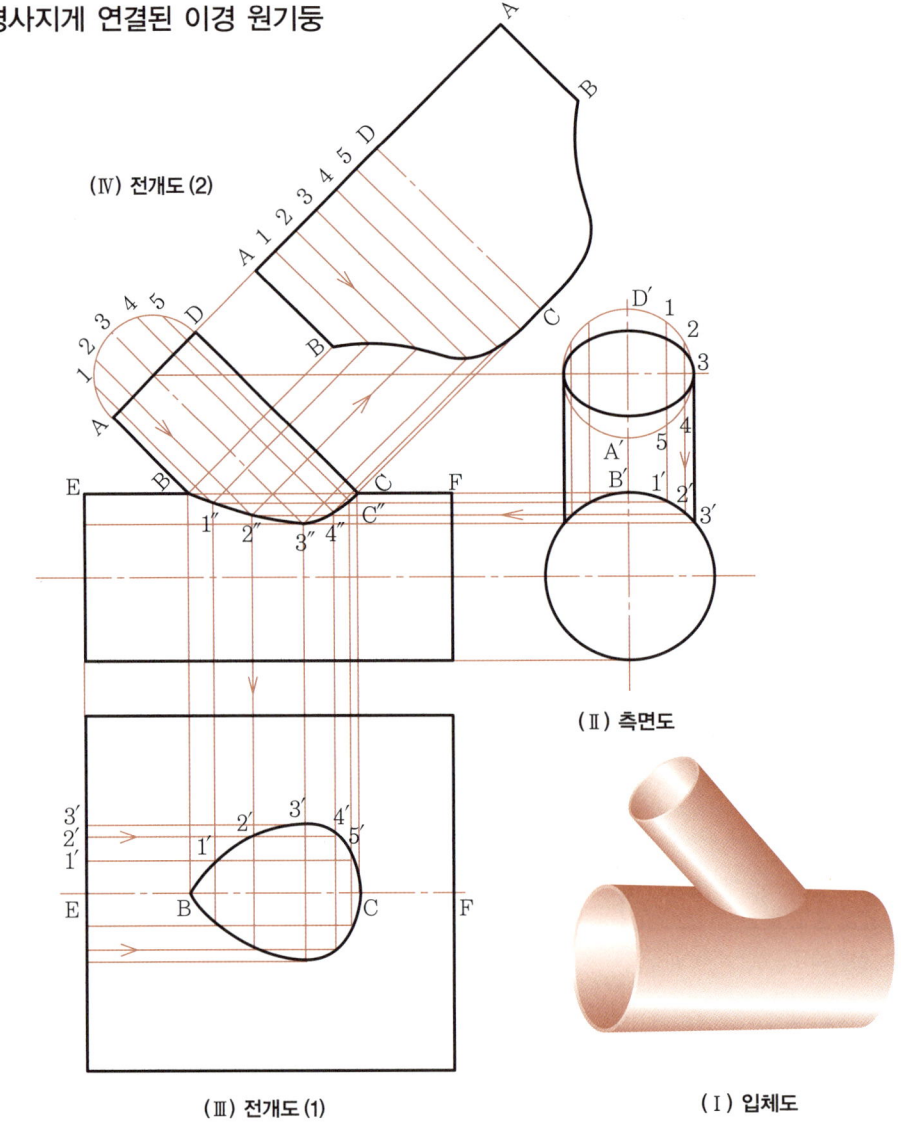

(IV) 전개도 (2)

(II) 측면도

(III) 전개도 (1)

(I) 입체도

① 측면도의 반원주 $\wideparen{D'A'}$ 를 6등분하여 등분점 D', 1, 2 … A'를 얻은 후 $\overline{3\,3'}$ 에 평행선을 그어 상관선 B' 1' 2' 3' 를 구한다.
② 이 점들을 정면도 중심선에 평행하게 선을 긋는다.
③ 정면도의 반원주 $\wideparen{A'D}$ 를 6등분하여 $\overline{DC}$ 에 평행하게 선을 그어 만난 교점 B, 1", 2" … 5", C가 상관선이 된다.
④ 전개도 (2)는 상관점을 정면도 $\overline{DC}$ 에 수선을 세우고 A, 1 … A를 12등분하고 수선을 세워 만난 교점을 연결한다.
⑤ 전개도 (1)은 정면도 $\overline{EF}$ 에 수선을 내려 중심선 E, F를 잡고 측면도의 $\wideparen{B'1'}$, $\wideparen{1'2'}$, $\wideparen{2'3'}$ 를 $\overline{E1'}$, $\overline{1'2'}$, $\overline{2'3'}$ 로 나누고 수선을 그어 만나는 교점을 원활히 연결한다($\frac{1}{2}$ 전개도임).

## (22) 측면으로 경사된 이경 원기둥

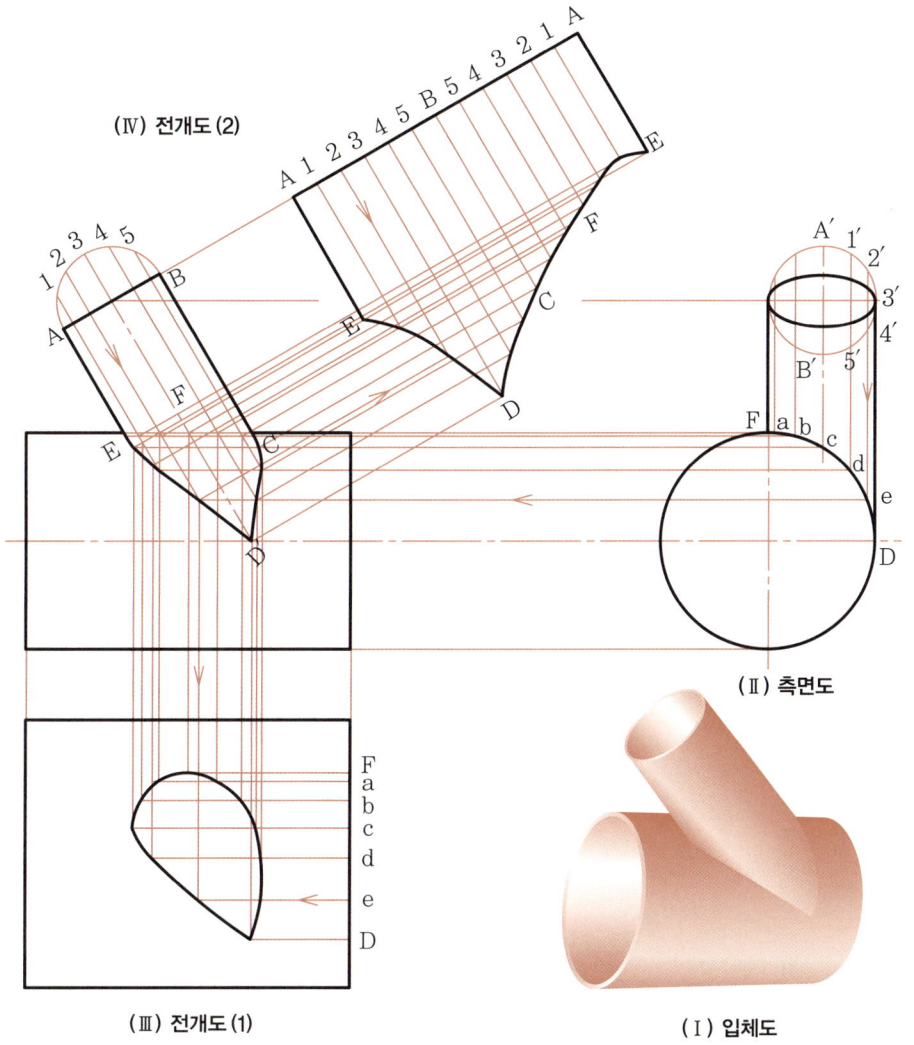

(Ⅳ) 전개도 (2)

(Ⅱ) 측면도

(Ⅲ) 전개도 (1)

(Ⅰ) 입체도

① 정면도의 반원주 $\overarc{AB}$를 6등분하여 수선을 내리고 측면도의 반원주를 6등분하여 수선을 내려 관련 등분점 F, a, b …… e, D를 얻는다.
② 이 등분점을 정면도의 중심선과 평행하게 선을 그어 만나는 E, a, b, c, d, e, D 점을 연결하면 상관선이 된다.
③ 이 점들을 정면도 중심선에 수선을 내리고 원통의 길이를 정한 후 측면도의 $\overarc{Fa}$, $\overarc{ab}$, $\overarc{bc}$, … $\overarc{eD}$ 길이를 전개도 (1)의 $\overline{Fa}$, $\overline{ab}$ …… $\overline{eD}$로 나누어 수선을 세워 만난 점을 원활히 연결한다.
④ 전개도 (2)의 전개 방법도 이와 같이 BC에 수선을 세워 12등분하고 만나는 점들을 연결한다.

## (23) 직교하며 보강편 단 이경 원기둥

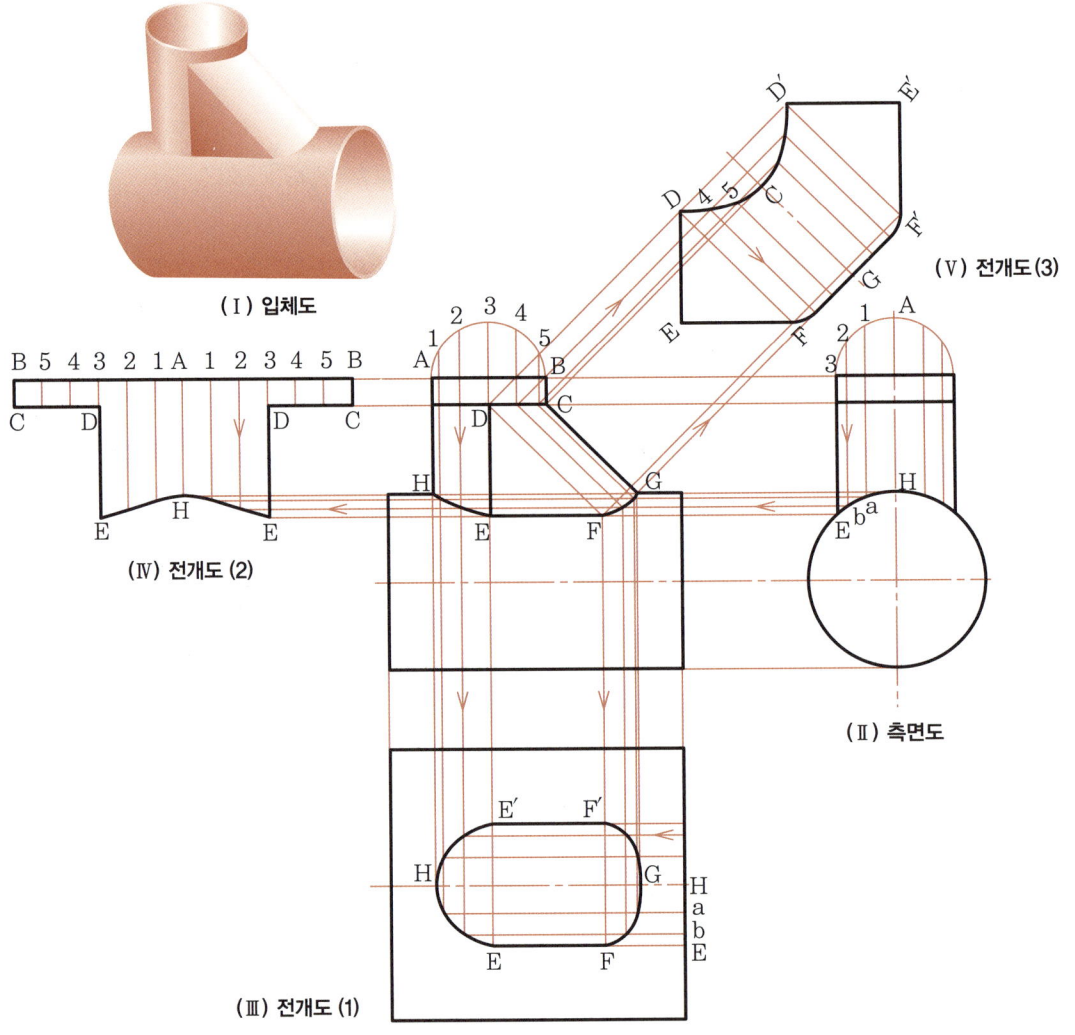

(Ⅰ) 입체도
(Ⅱ) 측면도
(Ⅲ) 전개도 (1)
(Ⅳ) 전개도 (2)
(Ⅴ) 전개도 (3)

① 정면도의 반원주 $\widehat{AB}$를 6등분한 후 $\overline{CG}$에 평행선을 긋고 측면도의 반원주를 6등분한 후 EbaH를 얻는다.
② EbaH를 정면도에 평행되게 그어 만난 HEFG를 구한다.
③ 전개도 (1)은 큰 원통 원둘레 길이로 정한 후 중심 $\overline{HH}$를 잡고 상관선 HEFG를 수선을 세운다.
④ HabE는 측면도의 $\widehat{Ha}$, $\widehat{ab}$, $\widehat{bE}$의 길이로 잡고 수선을 세워 HE′F′G의 전개도가 된다.
⑤ 전개도 (2)는 원통의 12등분을 잡고 수선을 세운 후 측면도 HabC의 등분점을 연장하여 교점을 연결한다.
⑥ 전개도 (3)은 원둘레 길이를 6등분하고 측면도의 $\widehat{HabE}$의 길이를 정면도에 수선을 긋고 만나는 점 D, 4, 5, C ⋯ D′를 얻는다.

## (24) 타원과 원의 L형관

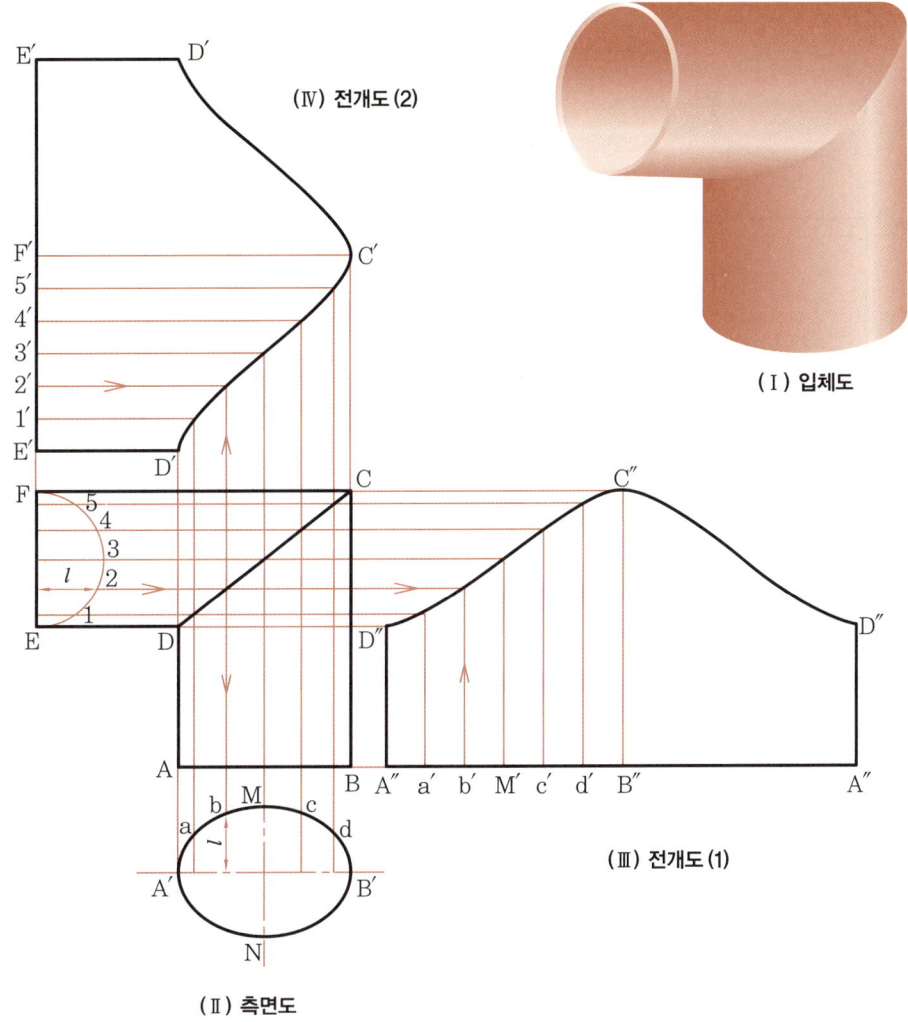

( I ) 입체도
( II ) 측면도
( III ) 전개도 (1)
( IV ) 전개도 (2)

① 반원주 $\widehat{EF}$를 6등분한 후 등분점을 $\overline{ED}$에 평행선을 그어 상관선 $\overline{CD}$와 만난 점을 구한다.
② 상관선의 만난 점을 $\overline{DA}$에 평행선을 긋고 $\overline{A'B'}$까지 연장하여 원호 $\widehat{A'B'}$와 만난 점 a, b, M, c, d를 얻는다.
③ $\overline{AB}$에 연장선을 긋고 타원의 원주의 각 점간의 길이로 A″, a′, b′, M′, c′, d′, B″를 얻은 후 수선을 세운다.
④ 상관선의 교점을 $\overline{AB}$에 평행하게 연장하여 만난 점을 얻는다(같은 기호).
⑤ 각 점을 원활한 곡선으로 연결하면 전개도 (1)을 그릴 수 있다.

## (25) 직교하는 타원과 원기둥

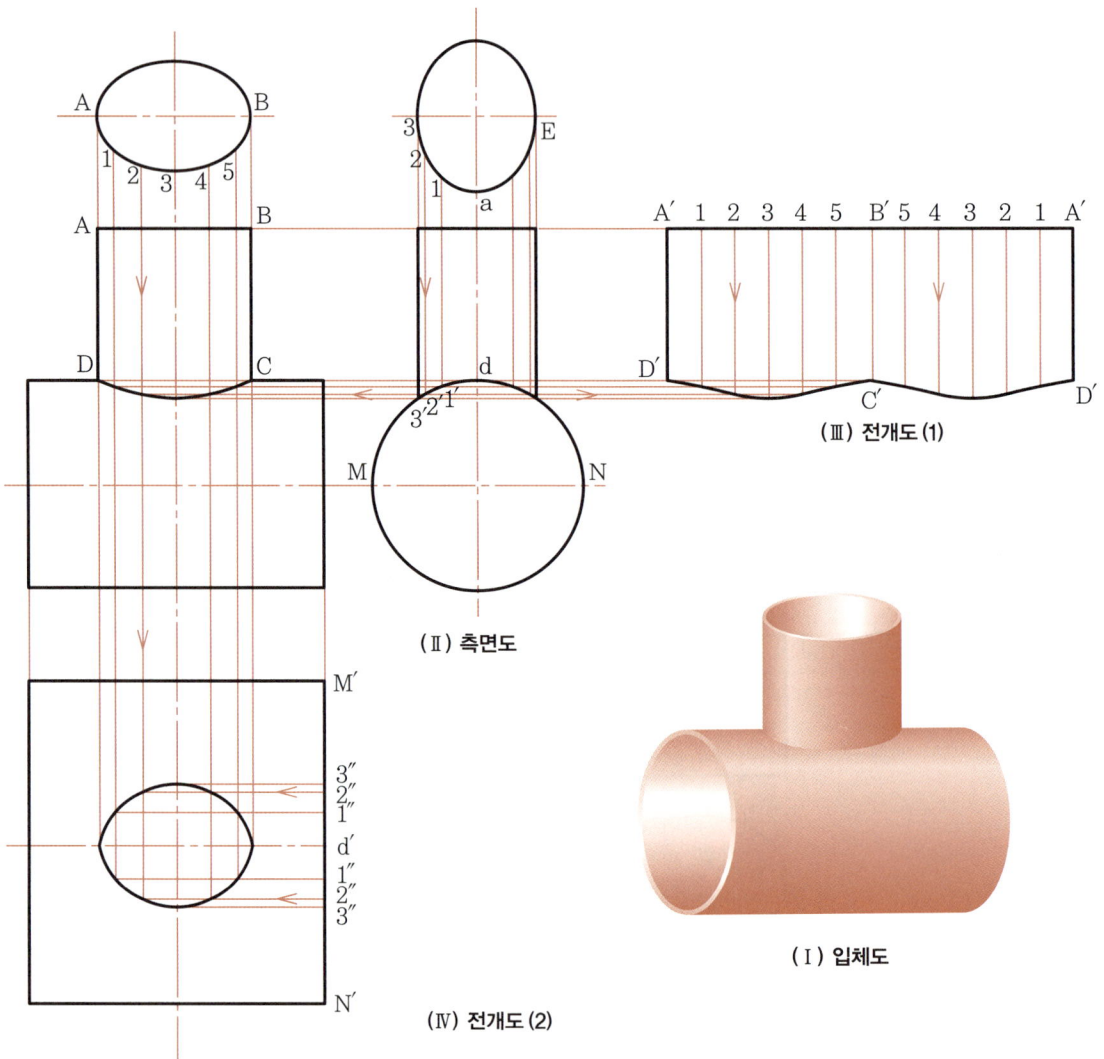

(Ⅲ) 전개도 (1)

(Ⅱ) 측면도

(Ⅳ) 전개도 (2)

(Ⅰ) 입체도

① 전개도 (2)를 구하기 위하여 반원주 $\overparen{MN}$의 길이를 $\overline{M'N'}$로 펼친 후 측면도의 타원 반주 $\overparen{3E}$를 6등분하여 등분점 1, 2를 중심선과 평행하게 연장하여 원호 $\overparen{MN}$과 만나는 점 $1', 2', 3'$를 얻는다.
② $d1', 1'2', 2'3'$의 길이를 전개도 (2)의 $\overline{M'N'}$ 중심점 $d'$를 기준으로 $\overline{d'1''}, \overline{1''2''}, \overline{2''3''}$로 옮긴 후 수선을 세운다.
③ 타원 반주 $\overparen{AB}$를 6등분한 후(측면도의 등분점과 같은 크기) 등분점 1, 2 … 5를 $\overline{AB}$에 수선으로 연장하여 만난 점을 얻는다(같은 번호).
④ 각 점을 원활한 곡선으로 연결하면 전개도 (2)의 상관 전단선 전개도가 된다.

## (26) 구에 직립하는 사각기둥

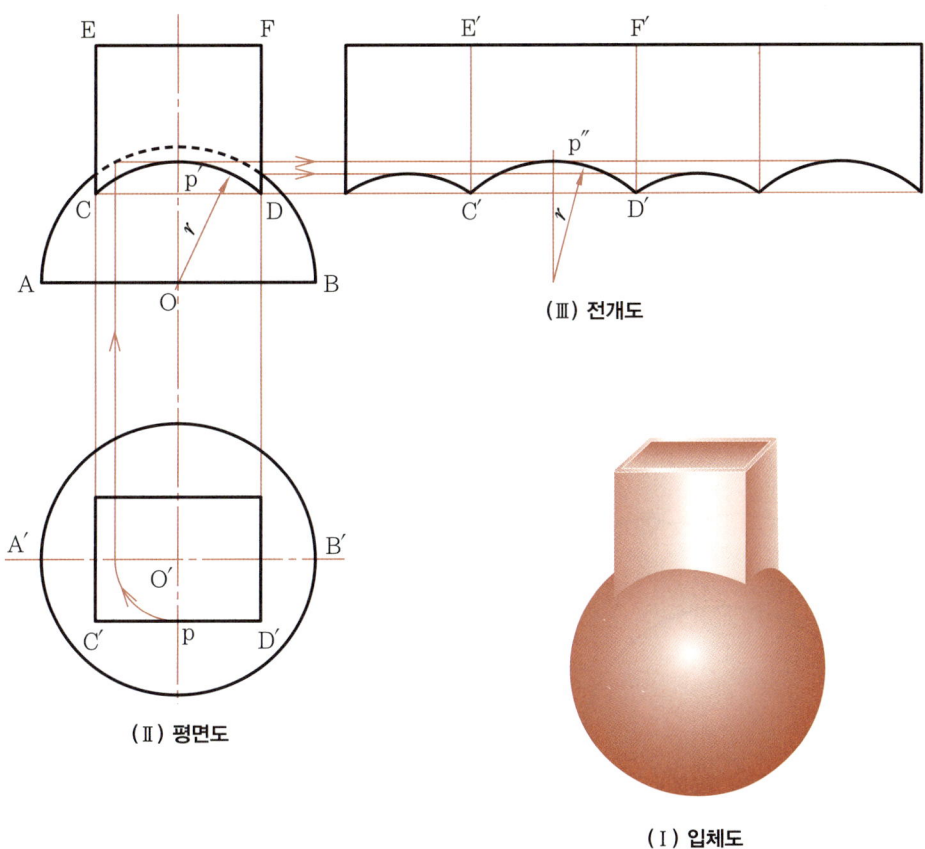

(Ⅲ) 전개도
(Ⅱ) 평면도
(Ⅰ) 입체도

① 그림 (Ⅱ)의 평면도 O′를 중심으로 p를 지나는 원을 돌리어 A′B′와의 교점을 구한 후 수선을 세워 정면도 반원주(가상선) $\overparen{AB}$와 만나는 점을 얻는다.
② 교점을 $\overline{AB}$에 평행선을 그어 중심선과 만나는 점 p′를 얻는다.
③ O를 중심으로 p′를 통과하는 원호를 그리고 통과점 $\overparen{CD}$를 구하면 원호 C.P′.D는 입면도의 실장이 된다.
④ 전개도 (Ⅲ)의 C′, p″, D′, F′, E′는 정면도 C, p′, D, F, E와 동형이다.
⑤ 다른 면도 평행선법에 의해 같은 방법으로 그린다.

### (27) 구에 경사된 원기둥

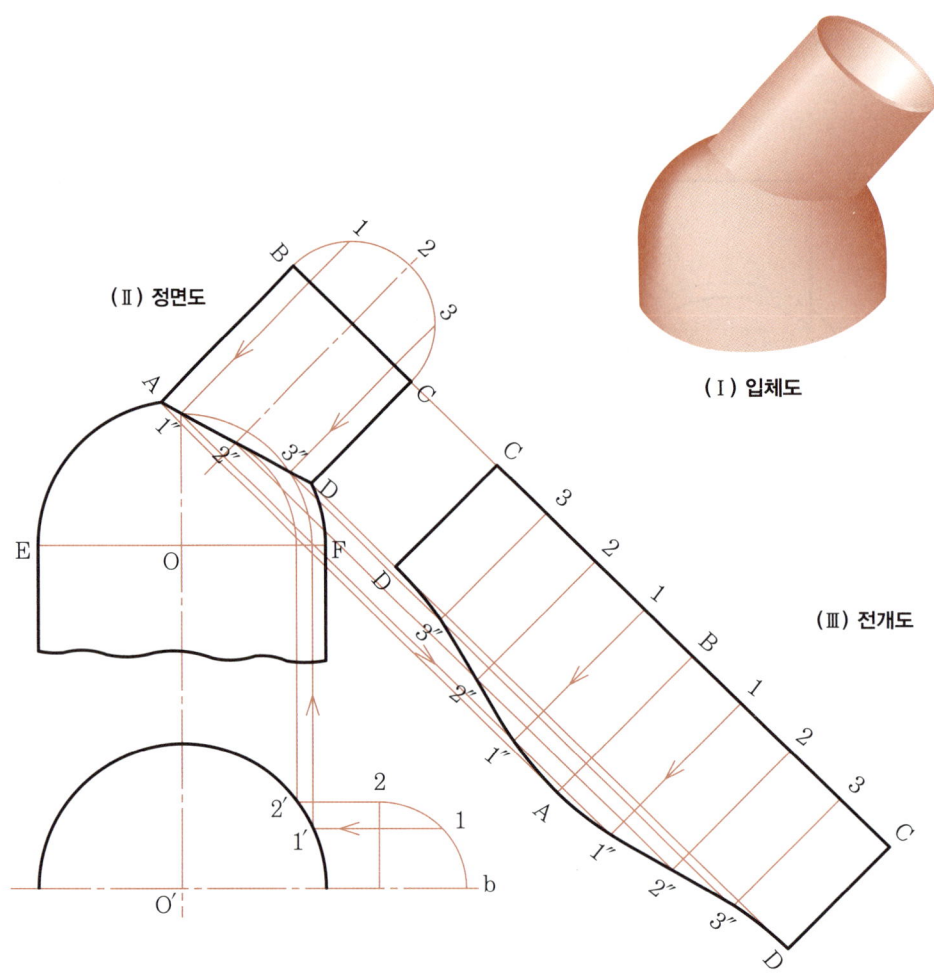

(Ⅰ) 입체도
(Ⅱ) 정면도
(Ⅲ) 전개도

① 평면도에서는 상관선을 생략하고 부투상도 원통 $\frac{1}{4}$주 $\widehat{2b}$ 만을 작도, $\widehat{2b}$ 를 이등분하고 등분점을 1이라 한다.
② 정면도의 반원주 $\widehat{BC}$를 4등분하고 등분점을 1, 2, 3이라 한다.
③ 평면도의 1, 2로부터 $\overline{O'b}$에 평행선을 긋고 원 O'와의 교점을 1′, 2′라 한다.
④ 1′, 2′에서 O′O에 평행선을 그어 $\overline{EF}$와 만나는 점을 얻고 O를 중심으로 각 점을 통하는 원호를 돌린다.
⑤ 정면도의 1, 2, 3에서 $\widehat{AB}$에 평행선을 그어 만나는 점(같은 번호)을 얻고 1″, 2″, 3″라 한다.
⑥ A, 1″, 2″, 3″, D″를 원활한 곡선으로 연결하면 구와 원통의 상관선이 된다.
⑦ 전개도는 평행선법에 의해 작도한다.

## (28) 사각기둥과 비스듬히 만나는 원기둥

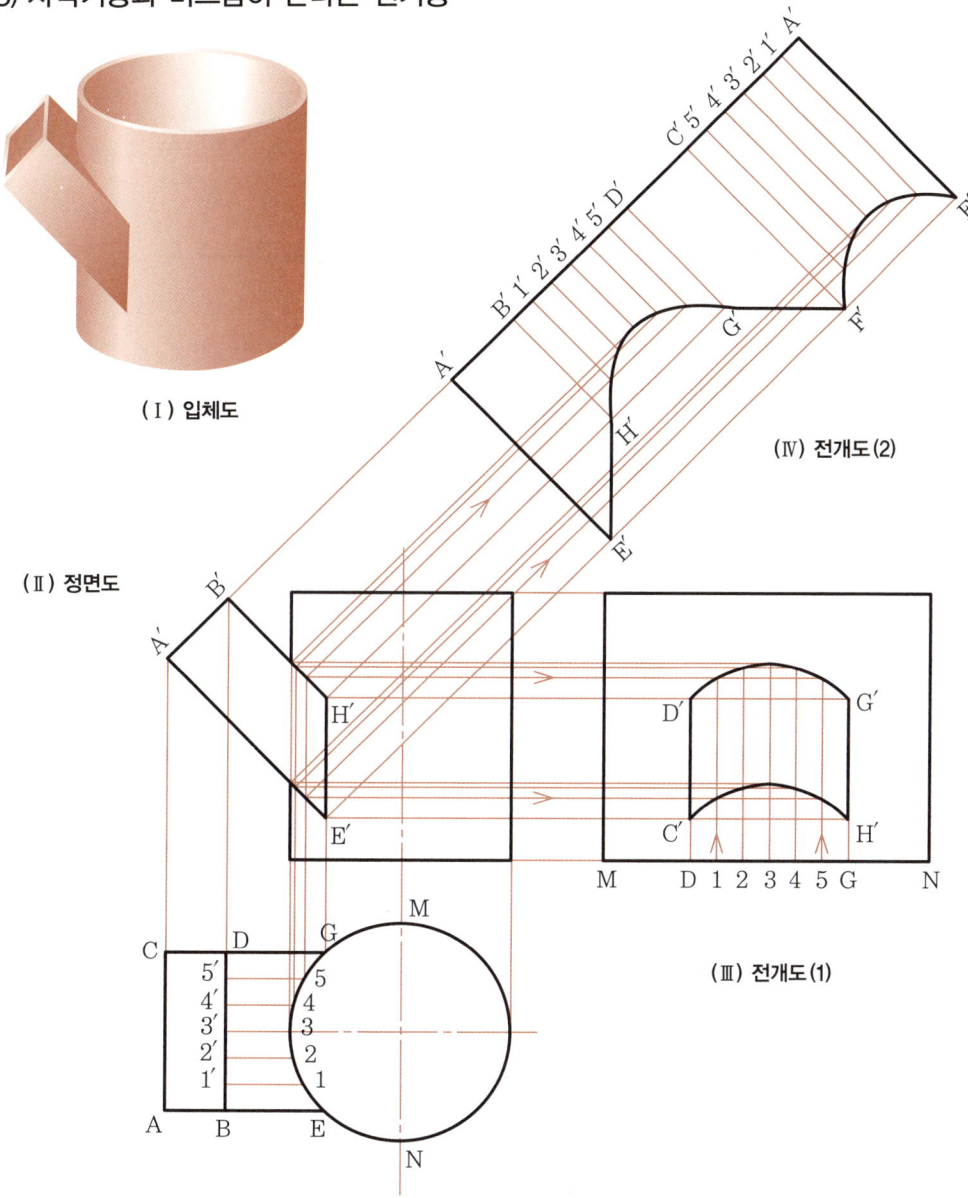

(Ⅰ) 입체도

(Ⅱ) 정면도

(Ⅲ) 전개도(1)

(Ⅳ) 전개도(2)

① 평면도의 원호 $\overparen{EC}$를 6등분하여 등분점 1, 2⋯5를 얻고 $\overline{BE}$와 평행선을 그어 $\overline{BD}$와의 교점 1′, 2′⋯5′를 얻는다.
② 평면도의 상관선 $\overparen{GE}$의 각 점을 $\overline{MN}$과 평행선을 그어 정면도의 상관선과 만나는 점을 얻는다.
③ 원통 정면도의 직각 방향으로 $\overline{MN}$을 반원주 길이로 나누고 그 사이를 평면도 $\overparen{GE}$의 각 점을 나누어 수선을 세운다.
④ 정면도의 등분점과 만나는 평행전개법에 의해 C′, D′, G′, H′ 점을 얻는다(Ⅲ 전개).
⑤ 분기관의 상관점을 A′B′에 평행선을 긋고 (Ⅳ)평행 전개법에 의해 작도한다.

## (29) 팔각 모자형

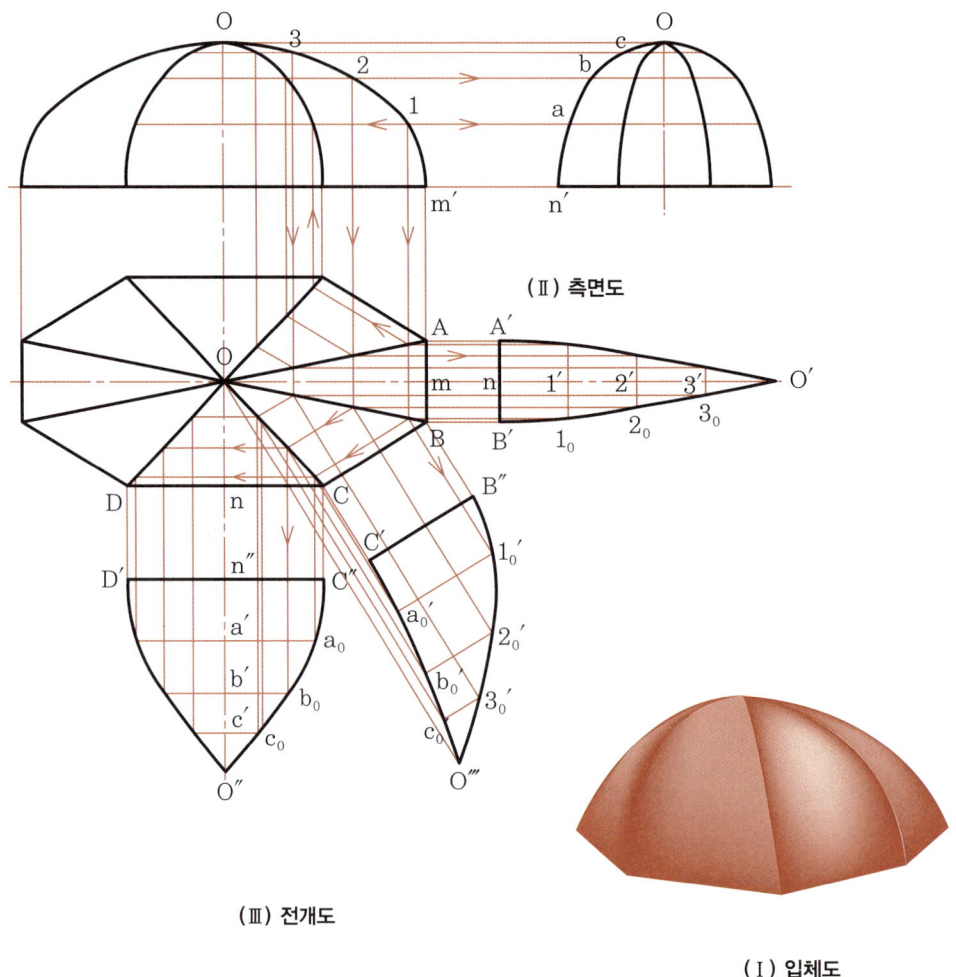

(Ⅱ) 측면도

(Ⅲ) 전개도

(Ⅰ) 입체도

① 정면도의 m'O를 4등분하여 $\overline{m'm}$에 평행선을 그어 $\overline{OB}$와 만나는 점을 얻는다.
② 상관선 $\overline{OB}$와의 교점을 $\overline{BC}$와 평행선을 그어 $\overline{OC}$와 만난 점을 얻는다.
③ 정면도 $\overset{\frown}{Om'}$의 등분선을 $\overline{m'n'}$에 평행선을 그어 측면도 $\overset{\frown}{On'}$와 만난 점 n', a, b, c, O를 얻는다.
④ n', a, b, c, O와 같은 길이로 n'', a', b', c', O''로 하여 전개도 C''D'O''를 그린다.
⑤ m', 1, 2, 3, O와 같은 길이로 m'', 1', 2', 3', O로 하여 전개도 A', B, O'를 그린다.
⑥ 전개도 C', B'', O'''는 $\overline{BC}$에 평행선을 그어 $\overline{B''C'}$로 하고 상관선 $\overline{OB}$와 $\overline{OC}$의 교점을 $\overline{BC}$에 수선을 세운다.
⑦ C', $a_o'$, $b_o'$, $c_o'$, O'''는 C'', $a_o$, $b_o$, $c_o$, O''의 길이로 하고 B'', $1_o'$, $2_o'$, $3_o'$, O'''는 B', $1_o$, $2_o$, $3_o$, O'와 같은 길이로 등분하여 전개도를 완성한다.

## (30) 물받이 입구

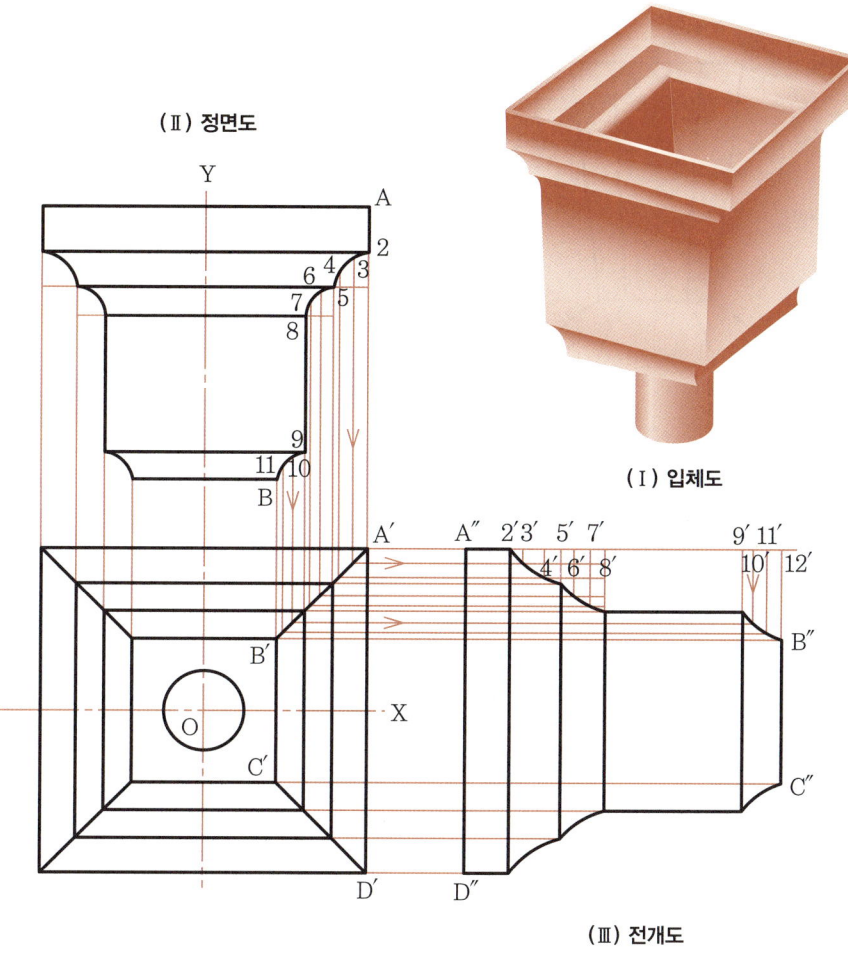

(Ⅱ) 정면도

(Ⅰ) 입체도

(Ⅲ) 전개도

① 정면도의 A에서 B까지의 길이를 각 번호별로 구분하여 실제 길이를 $\overline{A''12''}$의 선상에 수직으로 나열한다.
② 정면도의 등분점을 $\overline{YO}$에 평행선을 그어 평면도 상관선 $\overline{A'B'}$와 만난 점을 얻는다.
③ 상관선의 $\overline{A'B'}$의 만난 점을 중심선 $\overline{OX}$에 평행선을 그어 $\overline{A''12''}$의 선까지 만나는 점을 얻는다.
④ 전개도 Ⅲ의 $\overline{A''12''}$의 길이는 정면도의 $\overline{A2}$, $\overparen{23}$, $\overparen{34}$, $\overparen{45}$ … $\overline{89}$ 등. $\overline{OX}$에 수선을 세운다.
⑤ 각 점을 직선 또는 원활한 곡선으로 연결하면 $\frac{1}{4}$의 전개도가 완성된다.

## (31) 정육각 화병

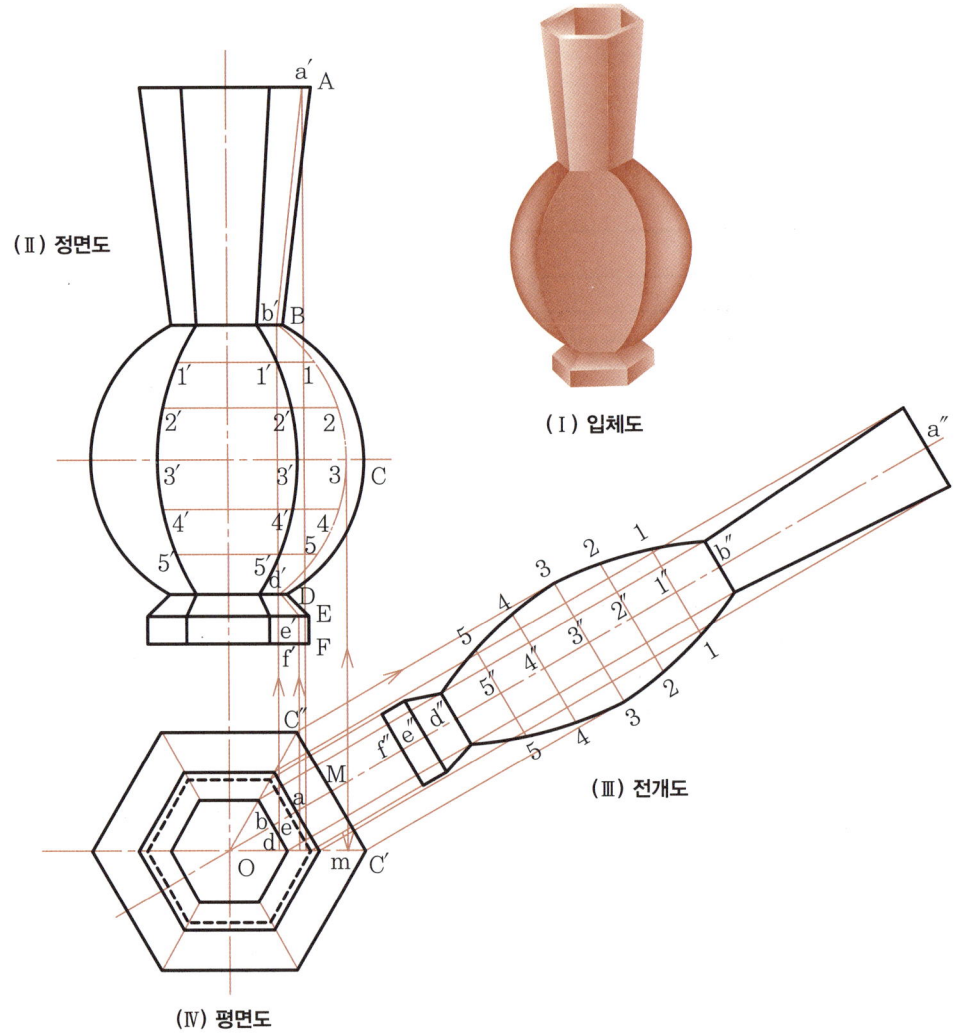

(Ⅰ) 입체도
(Ⅱ) 정면도
(Ⅲ) 전개도
(Ⅳ) 평면도

① 평면도 $\overline{OM}$($\overline{CC''}$의 수직 이등분선)을 절단하고 실형을 구하기 위하여 $\overline{OM}$을 중심으로 $\overline{OC'}$ 방향으로 돌리어 m점을 얻고 수선을 세워 입면도의 중심선 C까지 연장하여 만난 점 3을 얻는다(각 점들 동일하게).

② a′b′d′e′f′를 나열하기 위하여 $\overline{b'd'}$를 6등분한 후 수평선을 긋고 정면도의 b′123 45d′를 얻는다.

③ $\overline{OM}$의 연장선을 긋고 정면도 f′e′, e′d′ = f″e″, e″d″로 d′5 … b′a′ 길이로 d″5″ … b″a″로 등분한 후 수선을 세운다.

④ 상관선 OC′와 OC″의 만난 점을 Oa″에 평행선을 그어 만난 점을 얻는다.

⑤ 각 점을 직선 또는 원활한 곡선으로 연결하면 $\frac{1}{6}$의 전개도가 완성된다.

## (32) 원통에 분기된 4조각 엘보

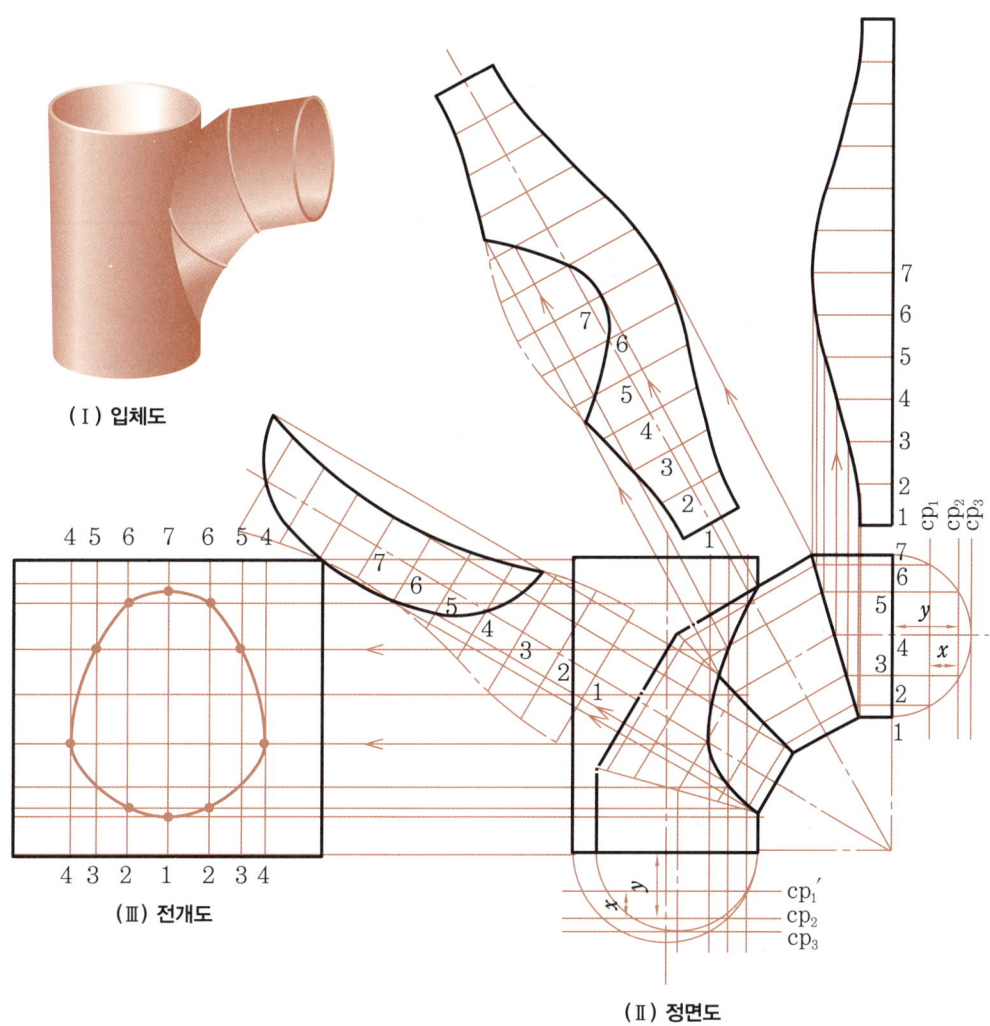

(Ⅰ) 입체도
(Ⅱ) 정면도
(Ⅲ) 전개도

① 긴 지름의 직원 기둥에 짧은 지름의 엘보가 분기되어 있는 것을 나타낸다.
② 직원통과 짧은 원통의 엘보를 6등분하여 4조각 엘보의 정면도를 그린다.
③ 상관선은 공통 절단법(짧은 원통을 6등분하여 교점 2와 6, $cp_1$ 절단, 5와 3, $cp_2$ 절단, 4, $cp_3$ 절단을 연결하여 $cp_1$, $cp_2$, $cp_3$가 공통 절단)으로 구한다.
④ 큰 지름의 반원주에 $y$, $x$의 거리로 옮겨 등분점을 연결, 절단선 $cp_1'$, $cp_2'$, $cp_3'$를 얻어 등분점을 각 면소에 수선을 올려 원통과 엘보의 교점을 이으면 상관선이 된다.
⑤ 각 편마다 따로 전개하는데, 중심선과 항상 평행하게 기준선을 정하고 번호를 정할 때 주의한다.
⑥ 전개도 원주의 등분 길이가 다르므로 주의한다.

## (33) 4조각 엘보에서 분기된 지름이 다른 원통

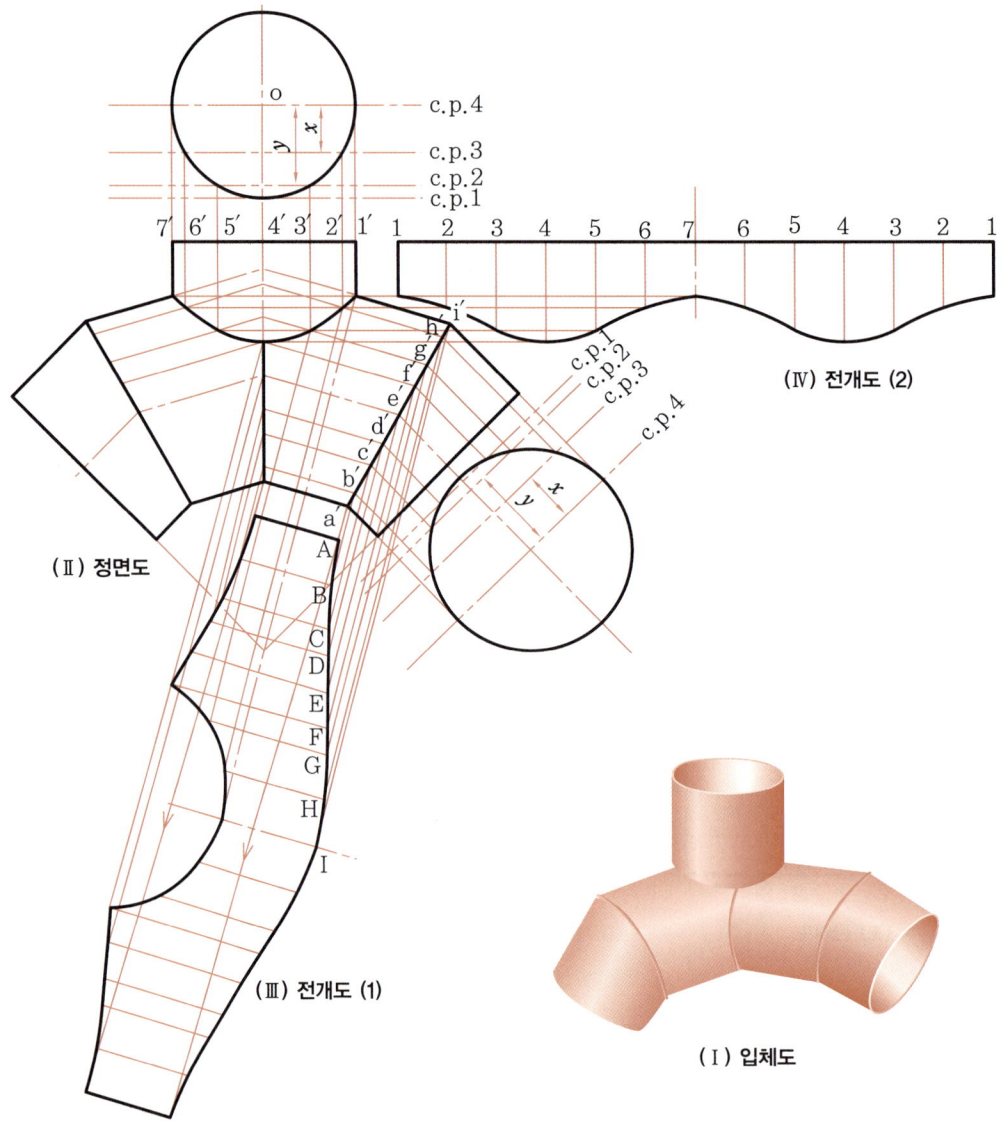

(Ⅱ) 정면도
(Ⅲ) 전개도 (1)
(Ⅳ) 전개도 (2)
(Ⅰ) 입체도

① 두 번째와 세 번째 조각의 중간에서 바깥쪽으로 분기된 지름이 다른 원통이 붙은 4조각 엘보이다.
② 분기관과 엘보 끝부분의 국부 투상도를 그려 공통 절단법으로 c.p.1, c.p.2 … c.p.4를 공통 절단한 후 $x$, $y$의 기호를 부여한다.
③ 양쪽 반원을 중심선 c.p.4를 기준으로 $x$, $y$를 같은 거리로 공통 절단한다.
④ 원기둥의 원호와 만나는 교점을 수선으로 내려 만나는 점 $1'$, $2'$ … $7'$와 $a'$, $b'$ … $i'$점의 연장선을 외형선 및 중심선에 평행하게 이동한다.
⑤ 수직선을 내린 c.p.2의 $3'$점과 $g'$점의 교점을 같은 방법으로 찾으면 상관선이 된다.
⑥ 상관선의 교점을 평행 전개법을 이용하여 전개한다. 등분은 원통상의 등분 $\stackrel{\frown}{ed}$ $\stackrel{\frown}{dc}$ 간격으로 순차적으로 등분한다.

## (34) 4조각 엘보에 경사진 분기관

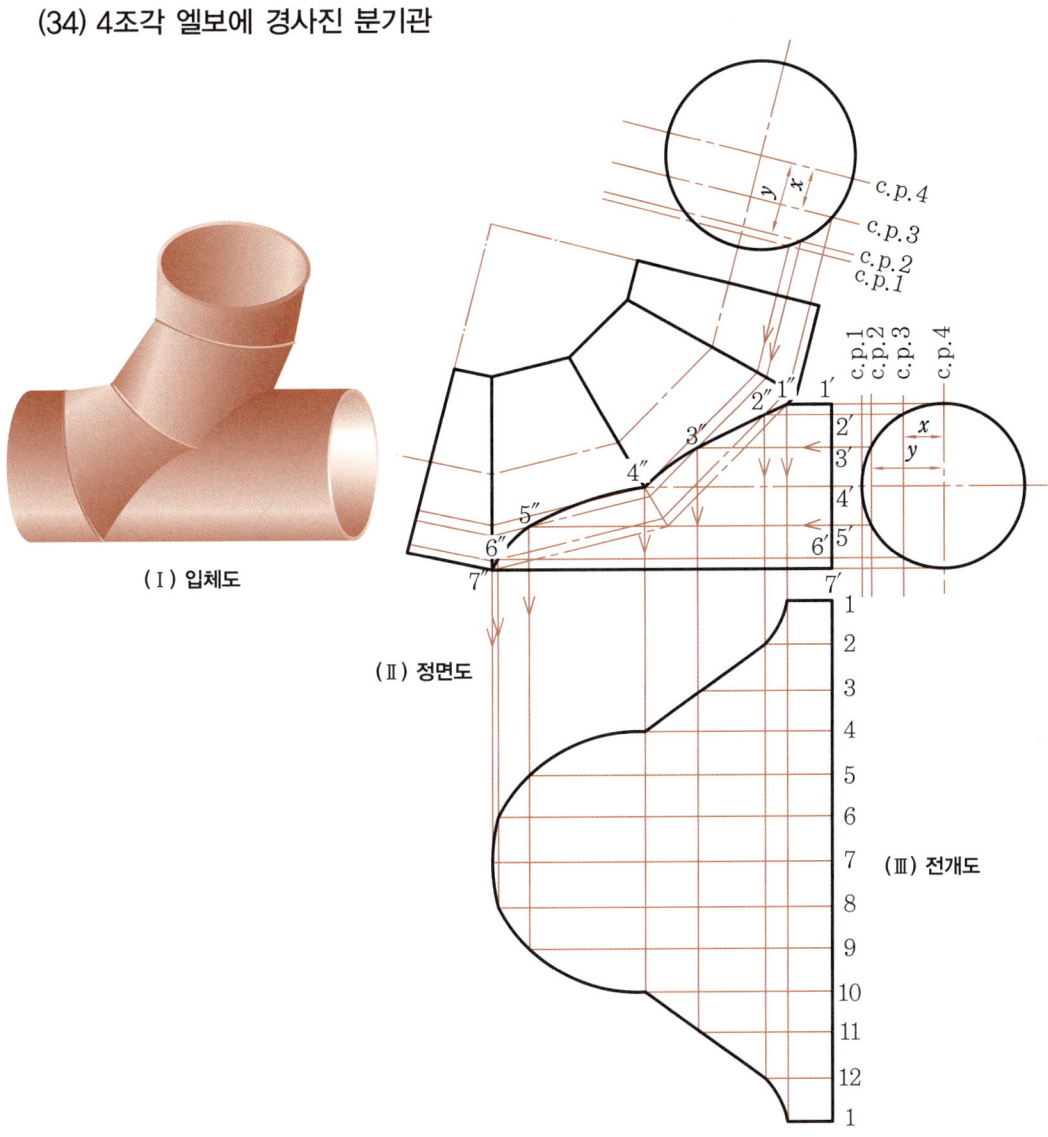

(Ⅰ) 입체도
(Ⅱ) 정면도
(Ⅲ) 전개도

① 작은 원통을 6등분하여 중심선을 따라 평행하게 이동시키고, 원통의 반원을 공통 절단법에 의해 c.p.1~4을 정하고 중심선을 기준으로 $x$, $y$ 길이를 부여한다.
② $x$와 $y$의 거리를 큰 원의 원주에서 평행 이동시켜 c.p.1~4의 동일한 공통 절단선을 옮긴 후 원주와 만나는 점을 관의 중심을 따라 평행하게 이동시킨다.
③ 절단면 c.p.1~4를 이용하여 상관선을 그리기 위하여 분기관과 만난 1″, 2″ … 7″을 찾아서 상관선을 그린다((32) (33)의 전개법과 동일).
④ 상관점 1″, 2″ … 7″을 분기관에 수직 평행선을 긋고 원주와 같은 길이로 12등분하여 만난 점을 연결한다.

## (35) 원기둥에 3조각 분기관

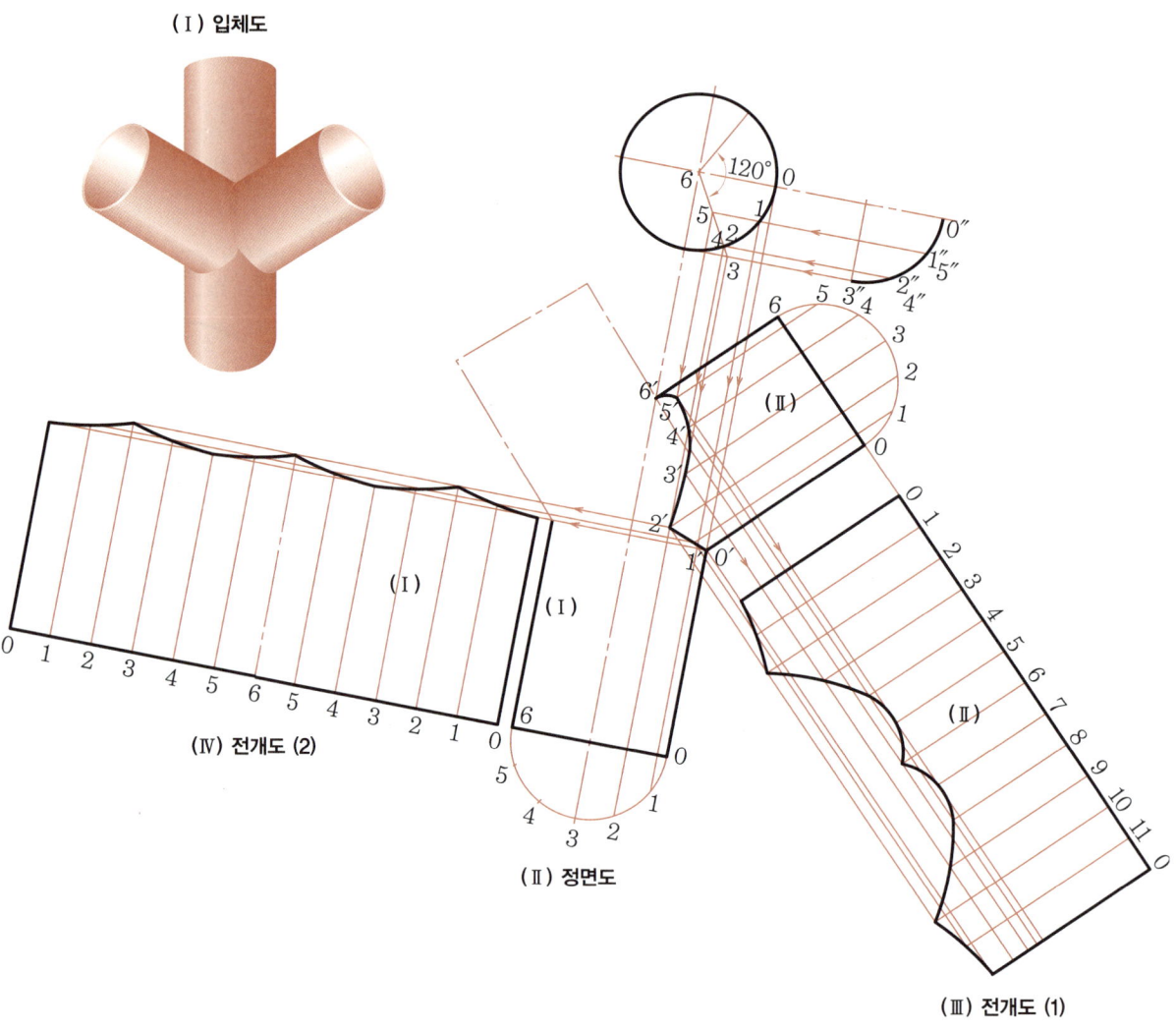

(Ⅰ) 입체도
(Ⅱ) 정면도
(Ⅲ) 전개도 (1)
(Ⅳ) 전개도 (2)

① 평면도의 원호를 3등분하여 등분점 2, 4점과 원의 중심점과 직선을 그려 상관선인 120°를 등분한다.
② 부투상도는 평면도의 원호와 같은 원호로 3등분하여 0″, 1″, 5″, 2″, 4″, 3″점을 수평선을 그어 평면도의 상관선과 만나는 점 1, 2, 3, 4, 5, 6의 점을 얻는다.
③ 부투상도의 점 3″은 평면도 원 바깥에서 상관점 3이 구해진다.
④ 정면도 (Ⅱ)의 6등분점을 수선으로 내리고 평면도의 상관점 1, 2 … 6을 수직으로 내리면 서로 만나는 점 0′, 1′, 2′ … 6′을 얻을 수 있다.
⑤ 상관점 0′, 1′, 2′ … 6′을 연결하면 정면도의 상관선이 얻어진다.
⑥ 전개도는 평행선법으로 작도하고 분기관 (Ⅱ)는 3편, (Ⅰ)은 1편으로 절단한다.

## ❷ 방사선 전개법

### (1) 원 뿔

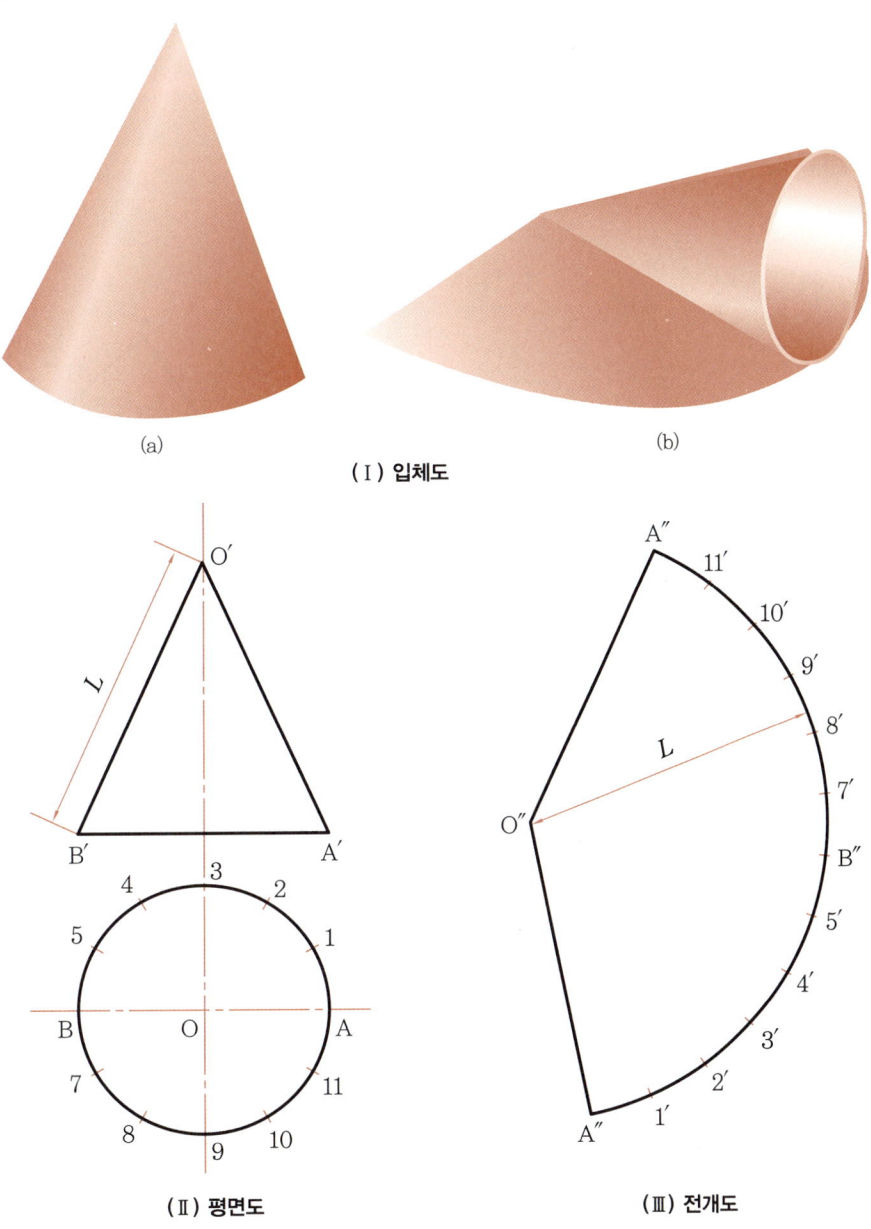

(a)　　　　　　　　　　　(b)
( I ) 입체도

( II ) 평면도　　　　( III ) 전개도

① 평면도의 원주를 12등분한다.
② 정면도의 빗변의 길이 $\overline{O'A'}$를 $\overline{O''A''}$로 하여 $O''$를 중심으로 원을 돌린다.
③ 원호를 평면도의 원주 $\dfrac{1}{12}$의 길이 $\overset{\frown}{A1}$로 12등분하고 $O''$와 연결한다.

## (2) 수평으로 절단된 원뿔

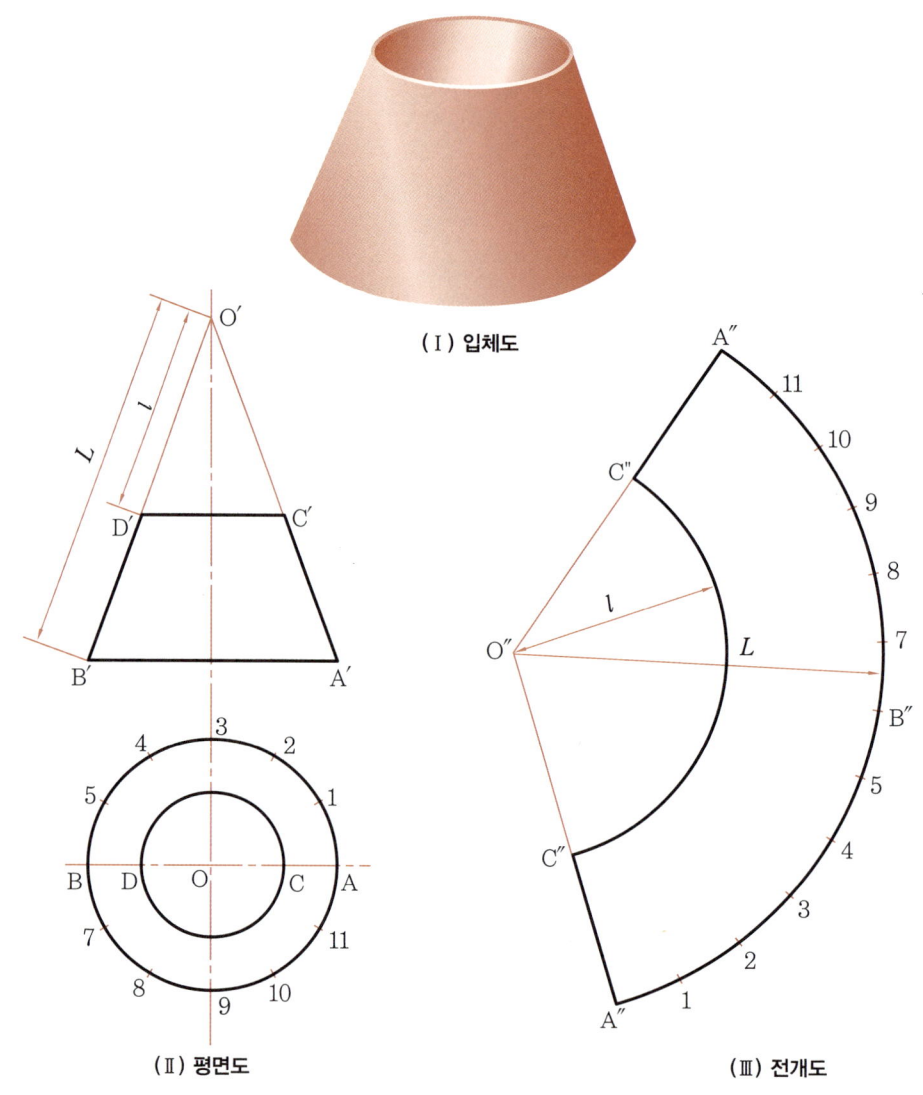

(Ⅰ) 입체도
(Ⅱ) 평면도
(Ⅲ) 전개도

① 평면도의 큰 원주를 12등분한다.
② 정면도의 빗변 $\overline{B'D'}$를 중심선까지 연장하여 꼭짓점 O′를 얻고 전체 길이를 L, 절단부의 길이를 $l$이라 한다.
③ 꼭짓점 O″를 중심으로 L의 길이로 원호를 돌리고 다시 $l$의 원호를 돌린 후 원호 한끝을 꼭짓점과 연결하여 $\overline{A″C″}$를 얻는다.
④ 반지름 O″A″의 원호를 평면도 큰 원 $\dfrac{1}{12}$의 길이($\overset{\frown}{A1}$)로 12등분하여 O″점과 연결하면 A″C″ C″A″의 전개도를 얻을 수 있다.

## (3) 정육각뿔

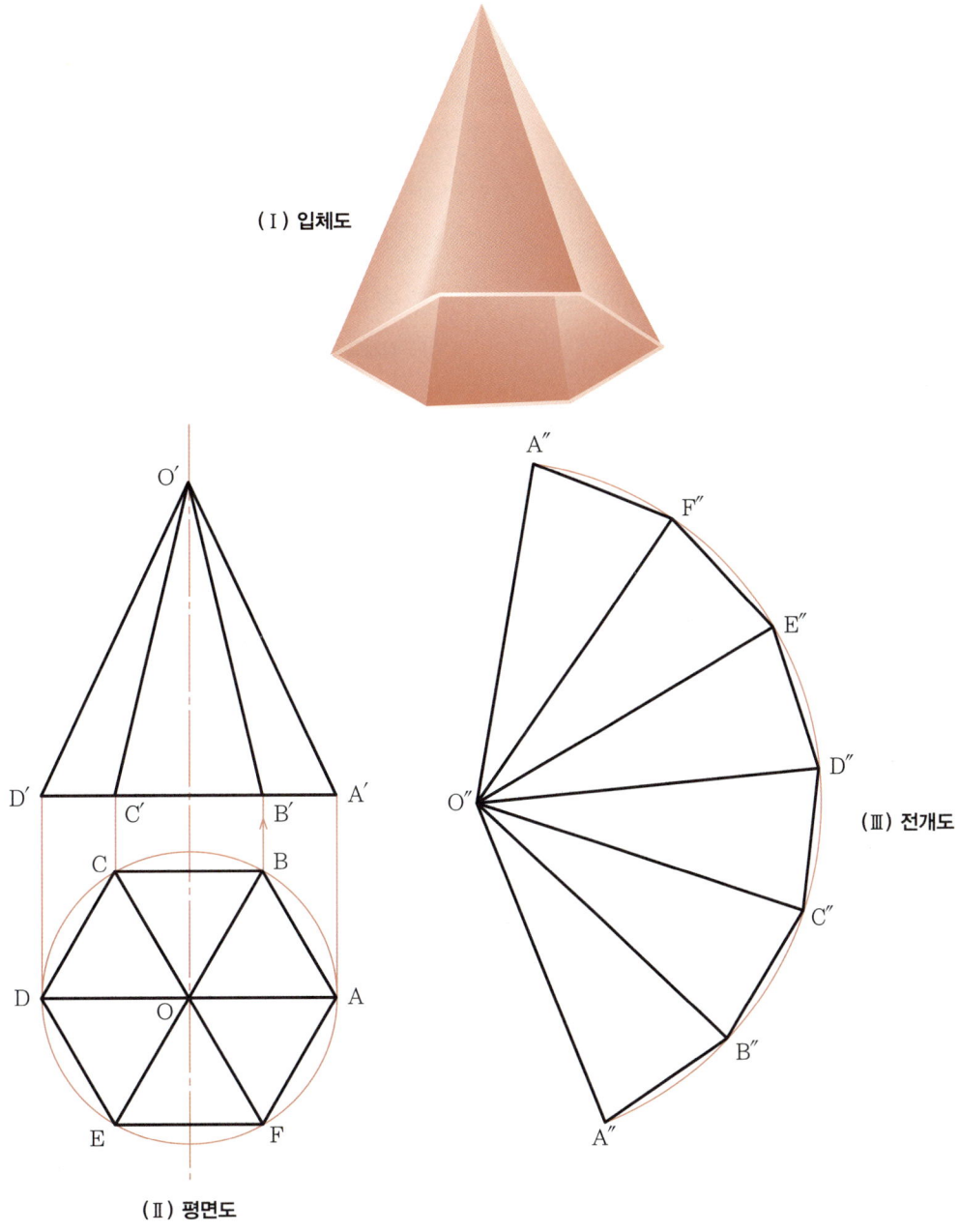

(Ⅰ) 입체도

(Ⅱ) 평면도

(Ⅲ) 전개도

① 정면도의 빗변 $\overline{O'A'}$ 와 같은 길이로 $\overline{O''A''}$ 의 원을 돌린다.
② 평면도 원주를 육각형 한 변의 길이 $\overline{AB}$ 로 6등분한 후 $\overline{A''O''}$ 점과 연결한다.
③ 각 점 $\overline{A''B''}$, $\overline{B''C''}$ … $\overline{F''A}$ 을 직선으로 연결한다.

### (4) 경사지게 절단된 정육각뿔

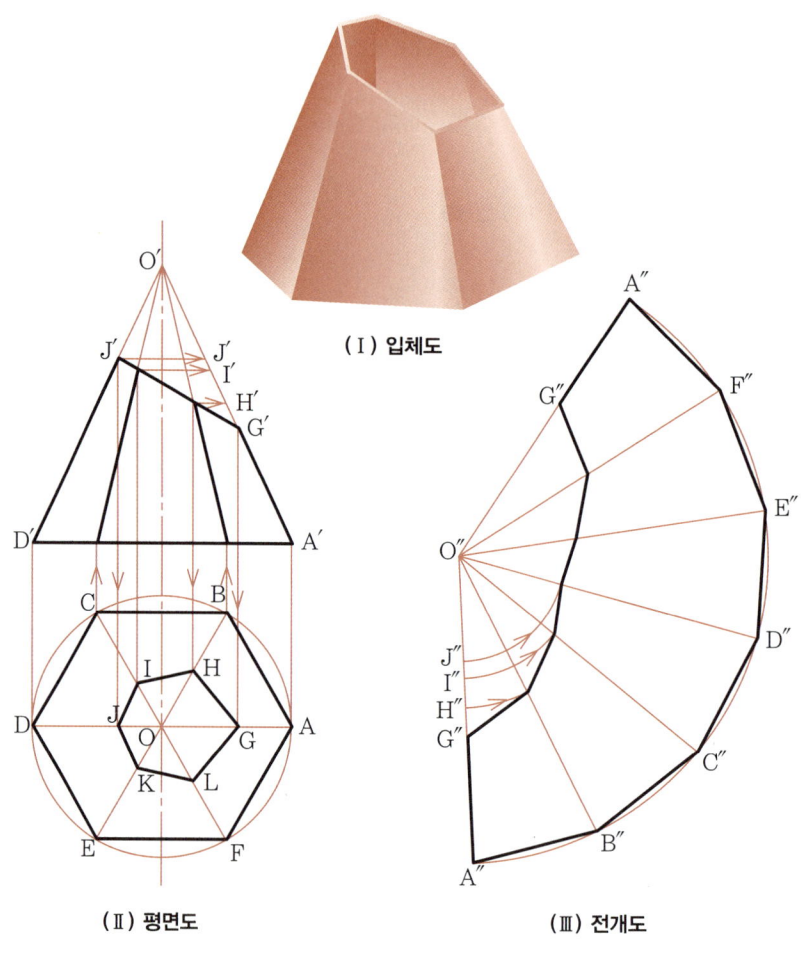

(Ⅰ) 입체도

(Ⅱ) 평면도

(Ⅲ) 전개도

① 정면도의 $\overline{D'J'}$를 중심선까지 연장하여 가상 꼭짓점 O′를 얻는다.
② 평면도의 ABCD점을 중심선 $\overline{O'O}$와 평행선을 그어 $\overline{A'D'}$와 만나는 점을 얻고 가상 꼭짓점 O′와 연결한다.
③ 정면도의 절단선 $\overline{J'G'}$와 만난 점을 중심선에 수선을 세워 $\overline{O'A'}$와 만나는 점 J′ I′ H′ G′를 얻는다.
④ 각 점의 길이는 실제 길이가 된다. 따라서 $\overline{O'A'}$의 크기로 전개도 $\overline{O''A''}$의 원을 돌린 후 육각형 한 변의 길이로 6등분한 후 O″와 연결한다.
⑤ 다시 O″J″= O′J′, O″I″= O′I′, O″H″= O′H′, O″G″= O′G′의 크기로 원을 돌리어 만나는 점을 얻는다.
⑥ 각 점을 직선으로 연결한다.

## (5) 경사지게 절단된 사각뿔

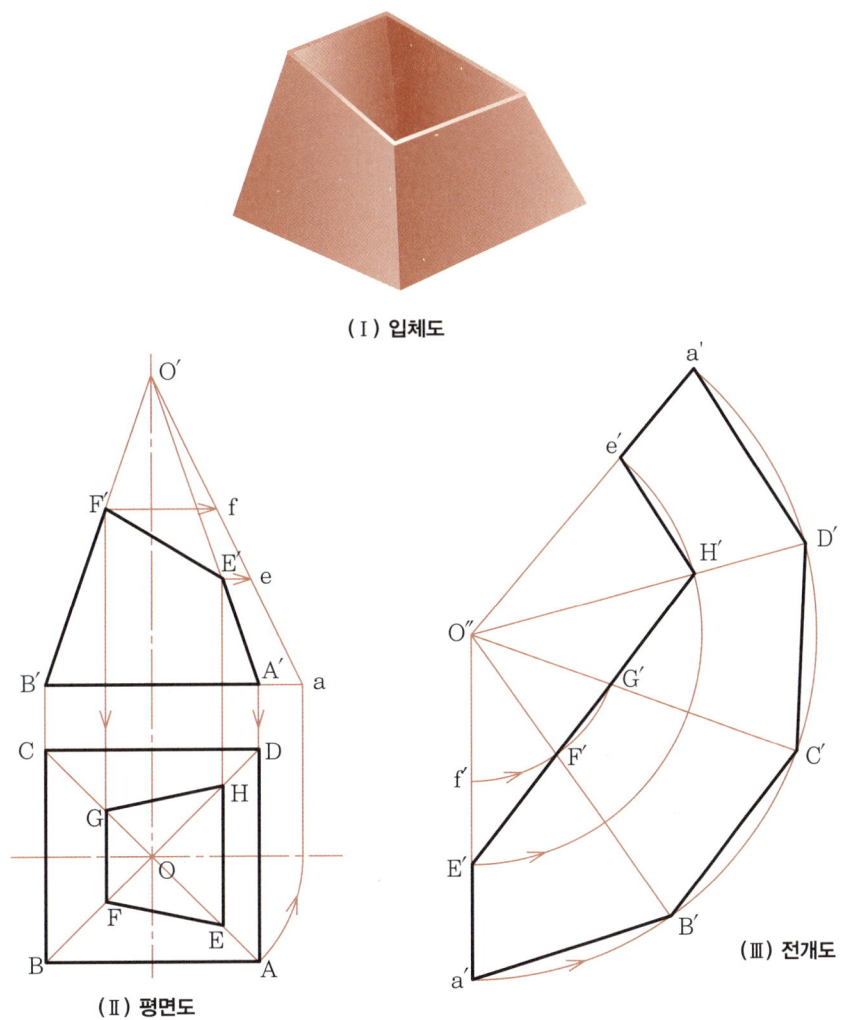

(Ⅰ) 입체도

(Ⅱ) 평면도

(Ⅲ) 전개도

① 정면도의 빗변 $\overline{B'F'}$를 중심선까지 연장하여 가상 꼭짓점 O′를 얻는다.
② 평면도의 O를 중심으로 A를 지나는 원호를 중심선까지 돌리고 수선을 세워 $\overline{A'B'}$의 연장선과 만나는 점 a를 얻고 O′와 연결하여 실장을 얻는다.
③ 절단선상의 F′ 점과 E′ 점을 $\overline{A'B'}$에 평행선을 그어 $\overline{O'a}$와 만나는 점 f, e를 얻는다.
④ O″를 중심으로 $\overline{O'a}$의 각 점의 길이로 원을 돌리고 $\overline{O''a'}$의 원을 사각형 한 변의 길이로 4등분한 후 O″와 연결한다.
⑤ 각 점을 직선으로 연결한다. 전개도 $\overline{G'F'}$, $\overline{H'E'}$ = 평면도 $\overline{GF}$, $\overline{HE}$
⑥ 전개도 $\overline{e'H'}$ = $\overline{F'e'}$ = 정면도 $\overline{F'E'}$

### (6) 경사지게 절단된 원뿔

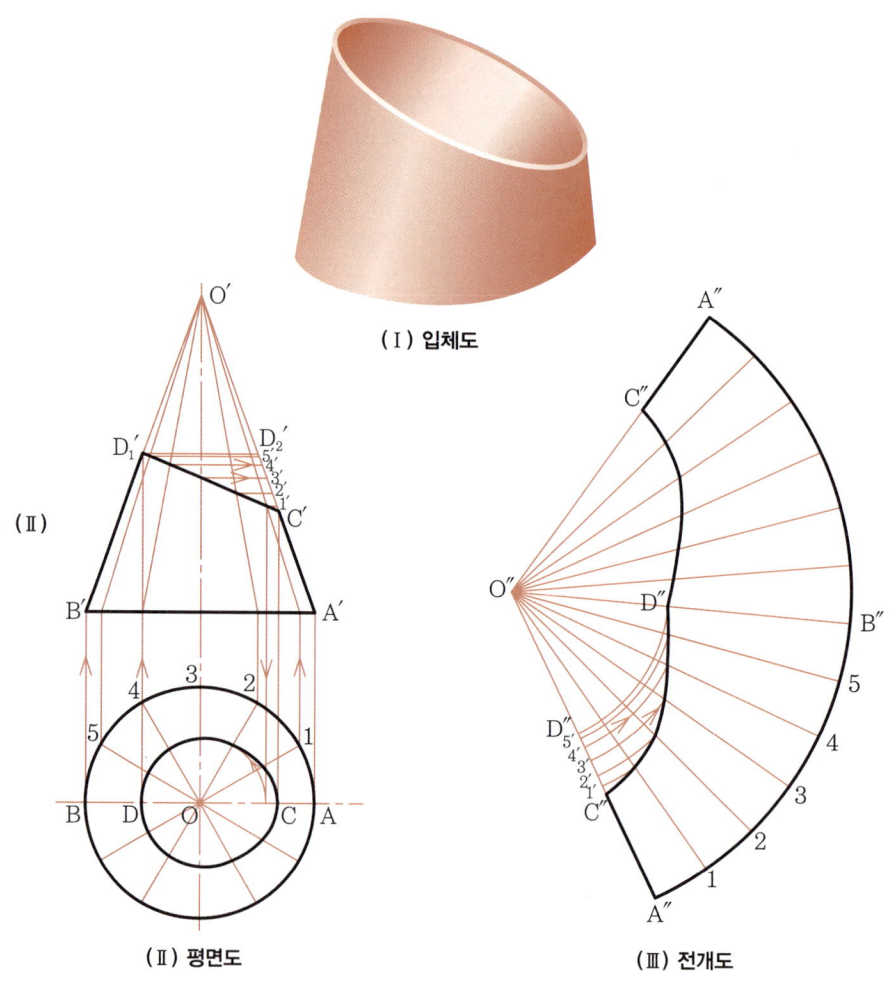

(Ⅰ) 입체도

(Ⅱ) 평면도

(Ⅲ) 전개도

① 평면도의 반원주 $\overparen{AB}$를 6등분하여 1, 2 … 5를 얻고 중심선 $\overline{OO'}$ 에 평행선을 그어 $\overline{A'B'}$ 와 만난 점을 얻고 꼭짓점 O′에 연결한다.
② 절단선 $\overline{C'D_1'}$ 과 만나는 점을 $\overline{A'B'}$ 에 평행선을 그어 빗변 $\overline{O'A'}$ 와 만난 점 C′ 1′ 2′ … $D_2'$ 를 얻는다(빗변 길이 = 실제 길이).
③ 빗변의 길이 $\overline{O'A'}$ 로 $\overline{O''A''}$ 를 잡고 각 점의 크기로 등분한 후 O″를 중심으로 각 점을 지나는 원을 돌린다.
④ 반지름 O″A″의 원을 평면도의 큰 원 $\frac{1}{12}$의 크기로 12등분하여 O″와 연결하고 절단선의 등분점과 만난 점을 원활한 곡선으로 연결한다(같은 번호).

## (7) 상부 수평, 하부 경사로 절단된 원뿔

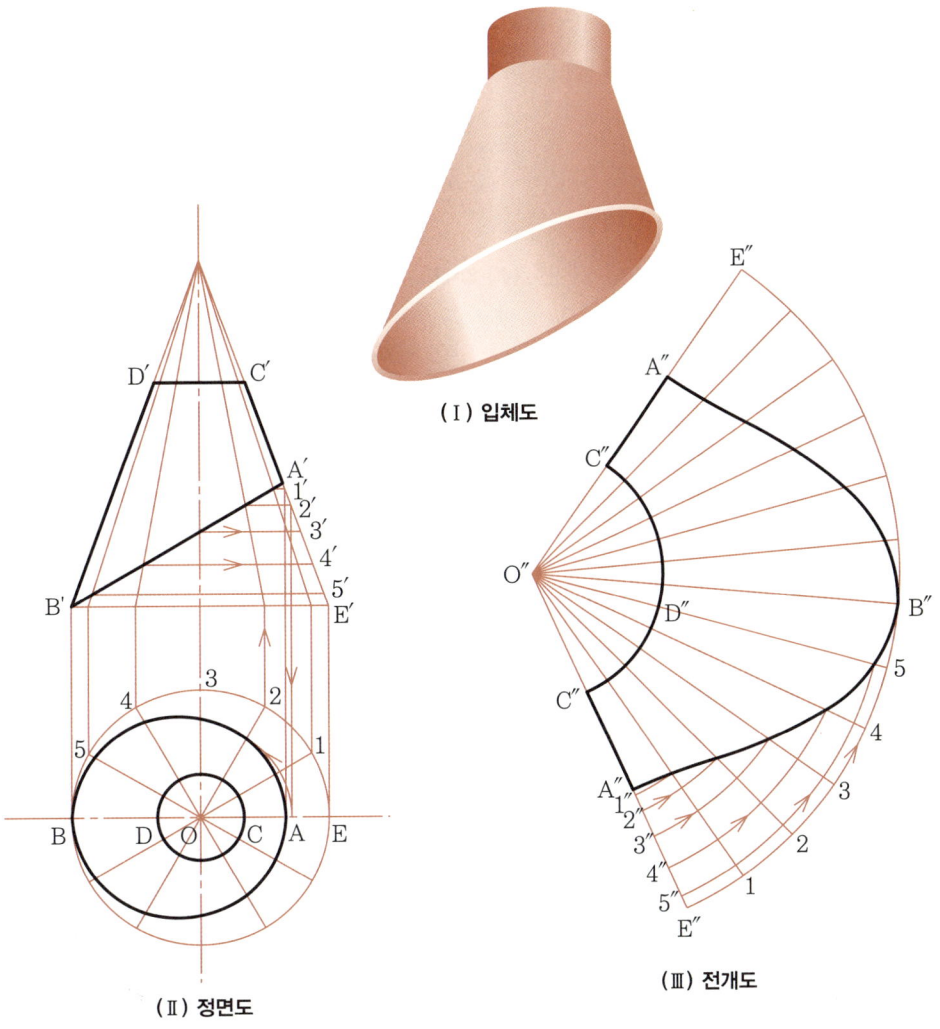

(Ⅰ) 입체도
(Ⅱ) 정면도
(Ⅲ) 전개도

① O를 중심으로 $\overline{OB}$의 가상 원을 돌린 후 반원주를 6등분하여 1, 2 ⋯ 5를 얻는다.
② 각 등분점을 $\overline{OO'}$에 평행선을 그어 $\overline{B'E'}$와 만나는 점을 얻고 꼭짓점 O'와 연결한다.
③ 절단선과 등분선의 만나는 점을 $\overline{B'E'}$에 평행선을 그어 빗변 $\overline{O'E'}$와 만나는 점 1', 2' ⋯ 5'를 얻는다(실제 길이).
④ O', C', A', 1', 2' ⋯ E'로 $\overline{O''E''}$선상에 잡고 각 점을 지나는 원을 돌린다.
⑤ 반지름 O''E''의 원호를 평면도의 가상 원의 $\frac{1}{12}$의 크기로 12등분하여 O''와 연결하고 절단선의 등분선과 만난 점을 얻는다(같은 번호).
⑥ 각 점을 원활한 곡선으로 연결한다.

## (8) 상부 수평, 하부 산형으로 절단된 원뿔

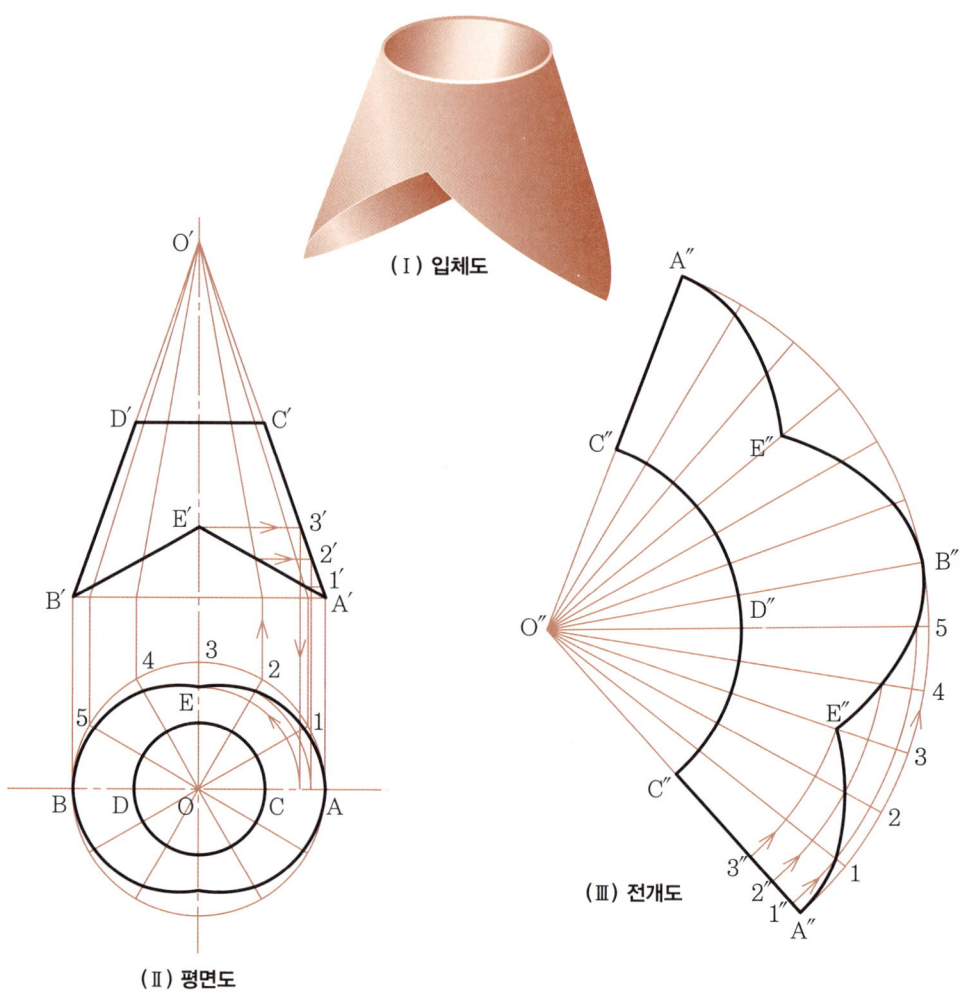

(Ⅰ) 입체도
(Ⅱ) 평면도
(Ⅲ) 전개도

① 평면도 O를 중심으로 $\overline{OA}$의 가상 원을 돌린 후 반원을 6등분하여 1, 2 … 5를 얻는다.
② 각 등분점을 $\overline{OO'}$에 평행선을 그어 $\overline{A'B'}$와 만나는 점을 얻고 꼭짓점 O'와 연결한다.
③ 절단선과 등분선과 만난 점을 $\overline{A'B'}$에 평행선을 그어 빗변 $\overline{O'A'}$와 만난 점 1′, 2′, 3′를 얻는다(실제 길이).
④ O′, C′, 3′, 2′, 1′, A′의 크기로 O″, C″, 3″, 2″, 1″, A″를 잡고 각 점을 지나는 원을 돌린다.
⑤ 반지름 O″A″의 원호를 평면도의 가상 원 $\frac{1}{12}$의 크기로 12등분하여 O″와 연결하고 절단선의 등분선과 만난 점을 얻는다(같은 번호).
⑥ 각 점을 원활한 곡선으로 연결한다.

## (9) 상부가 반원으로 절단된 원뿔

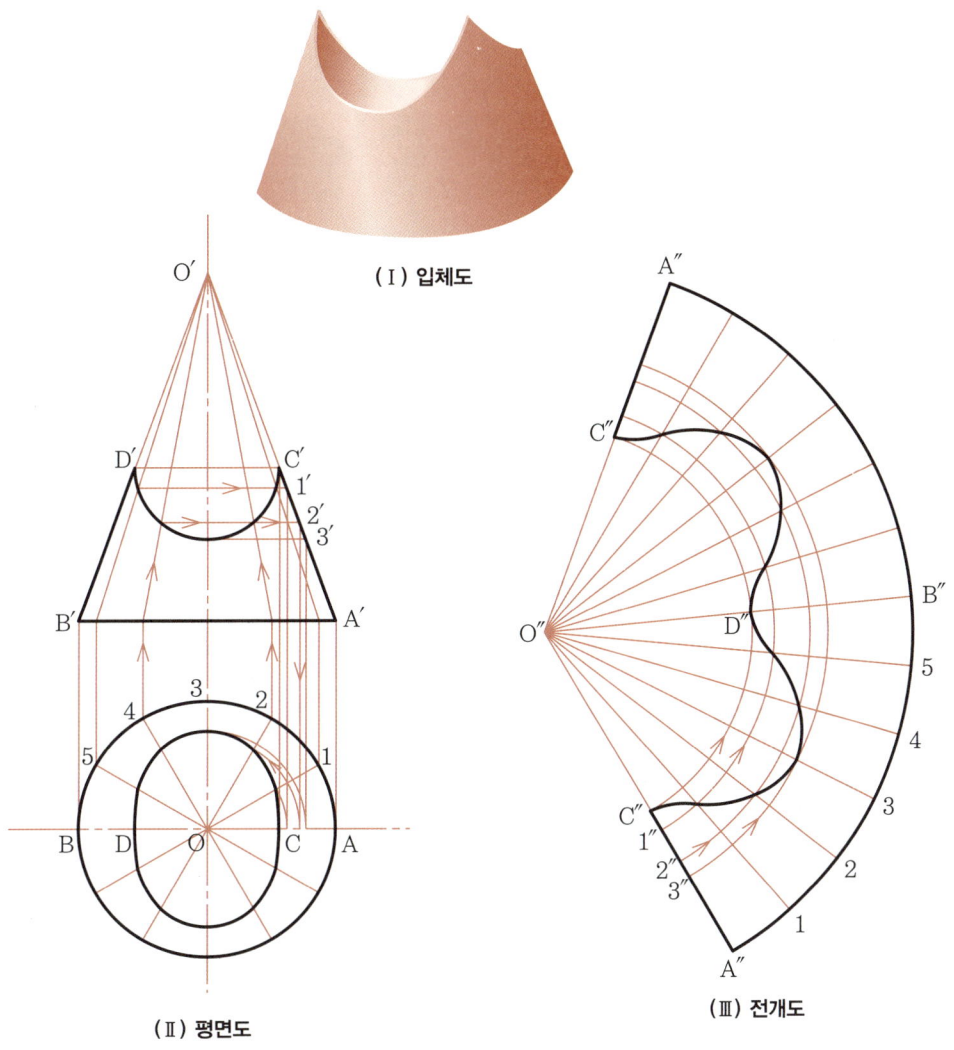

(Ⅰ) 입체도

(Ⅱ) 평면도

(Ⅲ) 전개도

① 평면도의 반원주 $\widehat{AB}$를 6등분하여 1, 2 … 를 얻고, 수선을 세워 $\overline{A'B'}$와 만난 점을 얻고 꼭짓점 O′와 연결한다.
② 절단선과 등분선과 만난 점을 $\overline{A'B'}$에 평행선을 그어 빗변 $\overline{O'A'}$와 만난 점 1′, 2′, 3′를 얻는다(실제 길이).
③ 빗변 O′, C′, 1′, 2′, 3′, A′의 크기로 O″, C″, 1″, 2″, 3″, A″를 잡고 각 점을 지나는 원을 돌린다.
④ 반지름 $\overline{O''A''}$의 원호를 평면도의 원 $\dfrac{1}{12}$의 크기로 12등분하여, O″와 연결하고 절단선의 등분선과 만난 점을 얻는다(같은 번호).
⑤ 각 점을 원활한 곡선으로 연결한다.

## (10) 곡면으로 절단된 원뿔

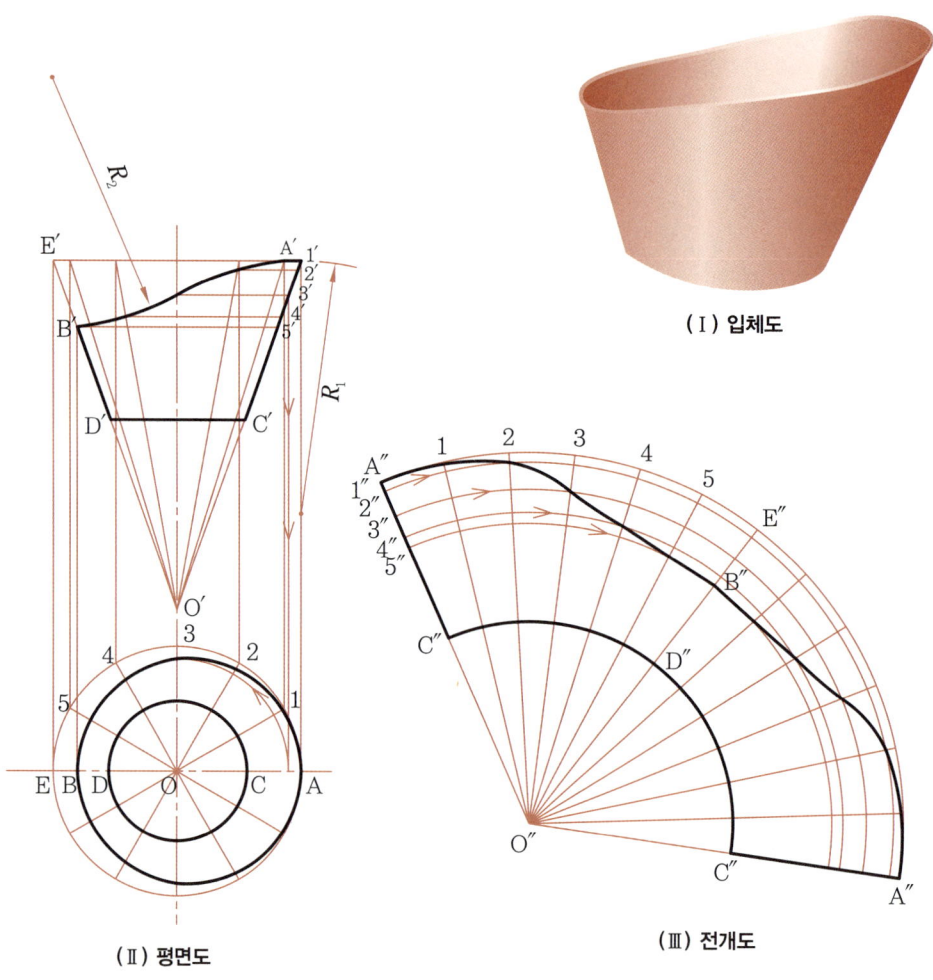

(Ⅰ) 입체도

(Ⅱ) 평면도

(Ⅲ) 전개도

① 평면도의 가상 원 반주를 6등분하여 1, 2, 3 … 5를 얻은 후 수선을 세워 정면도의 가상 선 $\overline{A'E'}$와 만난 점을 얻고 꼭짓점 O'와 연결한다.
② 절단선과 만나는 점을 $\overline{A'E'}$에 평행선을 그어 빗변 $\overline{O'A'}$와 만나는 점 1', 2', 3', 4', 5'를 얻는다(실제 길이).
③ 빗변의 길이로 O", C", 5", 4", 3", 2", 1", A"를 잡고 O"를 중심으로 각 점을 지나는 원을 돌린다.
④ 반지름 O"A"의 원호를 평면도의 가상 원주 $\frac{1}{12}$의 크기로 12등분한 후 꼭짓점 O"와 연결한다.
⑤ 절단선의 등분선과 만난 점을 얻고(같은 번호) 원활한 곡선으로 연결한다.

## (11) 원뿔 2편 엘보

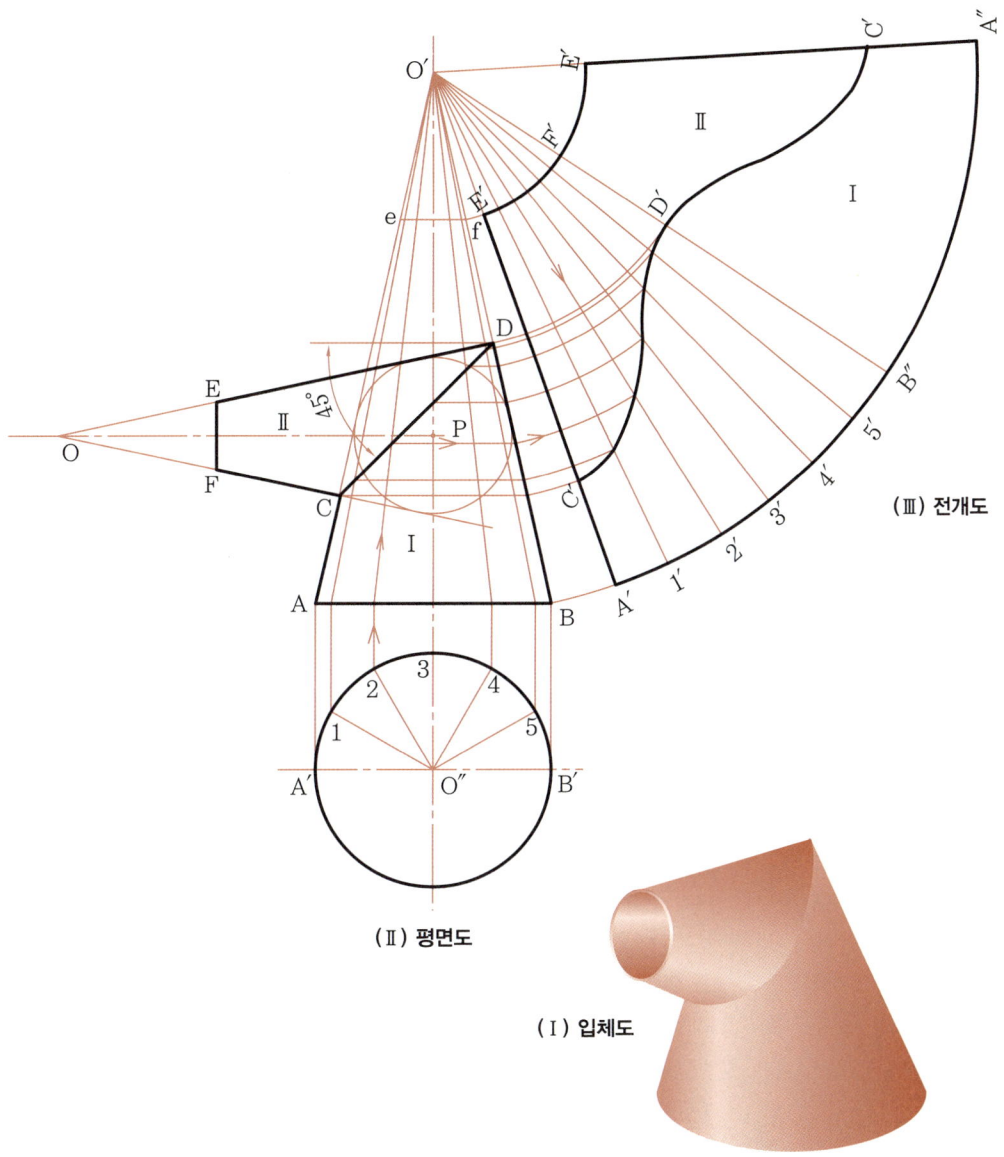

(Ⅲ) 전개도
(Ⅱ) 평면도
(Ⅰ) 입체도

① 중심선 $\overline{O'O''}$의 P점을 중심으로 직각의 중심선을 그은 후 내접원을 돌리어 접선을 그어 빗변의 만난 점을 얻고 서로 연결하면 정면도의 절단선 $\overline{CD}$를 얻을 수 있다.
② $\overline{CD}$를 회전축으로 하여 중심선을 기준으로 180° 회전하면 O'를 꼭짓점으로 하는 원뿔 O'AB를 얻을 수 있다.
③ 방사선 전개법을 이용하여 절단면의 등분점을 지나는 하부 전개도 A″, B″, A′, C′, D′, C′와 상부 전개도 C′, D′, C′, E′, F′, E′를 얻을 수 있다.

## (12) 원뿔 2편 둔각 엘보

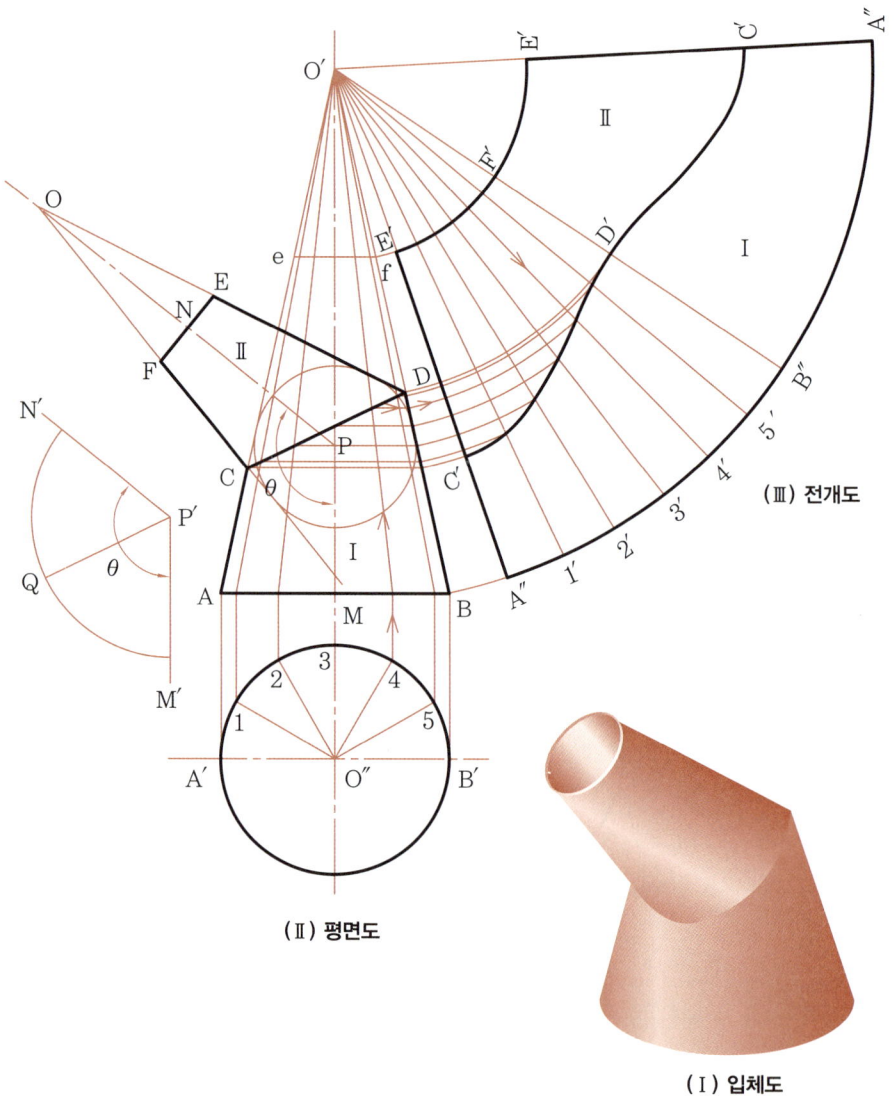

(Ⅲ) 전개도
(Ⅱ) 평면도
(Ⅰ) 입체도

① 중심선 $\overline{O'O''}$의 P점을 중심으로 둔각의 중심선을 그은 후 내접원을 돌리어 접선을 그어 빗변의 만난 점을 얻고 서로 연결하면 입면도의 절단선 $\overline{CD}$를 얻을 수 있다.
② $\overline{CD}$를 회전축으로 하여 중심선을 기준으로 180° 회전하면 O′를 꼭짓점으로 하는 원뿔 O′AB를 얻을 수 있다.
③ 방사선 전개법을 이용하여 절단면의 등분점을 지나는 하부 전개도 A″, B″, A″, C′, D′, C′와 상부 전개도 C′, D′, C′, E′, F′, E′를 얻을 수 있다.

## (13) 원뿔 3편 엘보

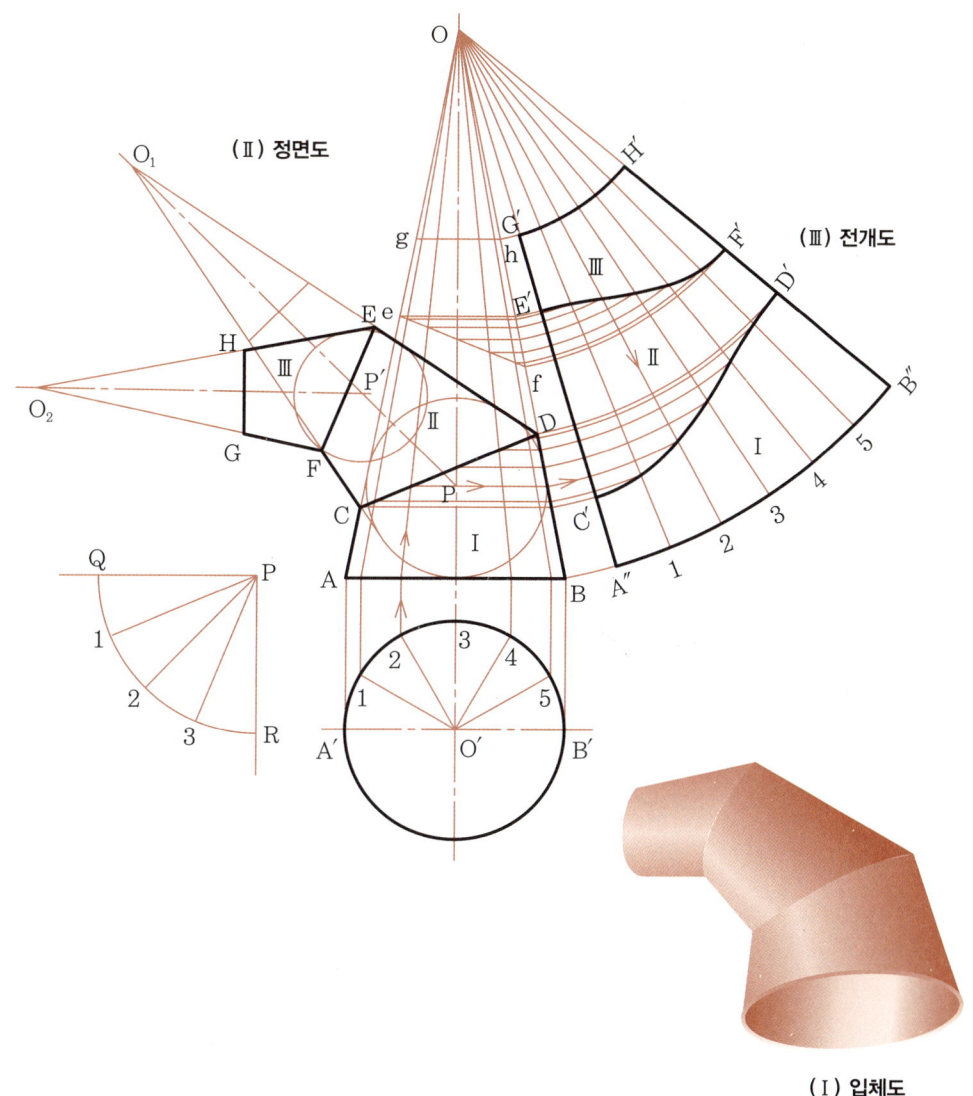

(Ⅱ) 정면도
(Ⅲ) 전개도
(Ⅰ) 입체도

① 중심선 $\overline{OO'}$의 P점을 중심으로 135°의 각을 잡고 중심선을 그어 꼭짓점 $O_1$을 얻고 P′점을 중심으로 135°의 각을 잡고 중심선을 그어 꼭짓점 $O_2$를 얻는다.
② 각 점을 중심으로 내접원을 돌리며 빗면의 만난 점을 잡고 서로 연결하여 절단선 $\overline{CD}$와 $\overline{EF}$를 얻는다.
③ 각 절단선을 180° 회전하면 OAB의 원뿔이 된다.
④ 방사선 전개법을 이용하여 전개한다. (전개도는 $\frac{1}{2}$임).

## (14) 원뿔과 직교하는 원뿔

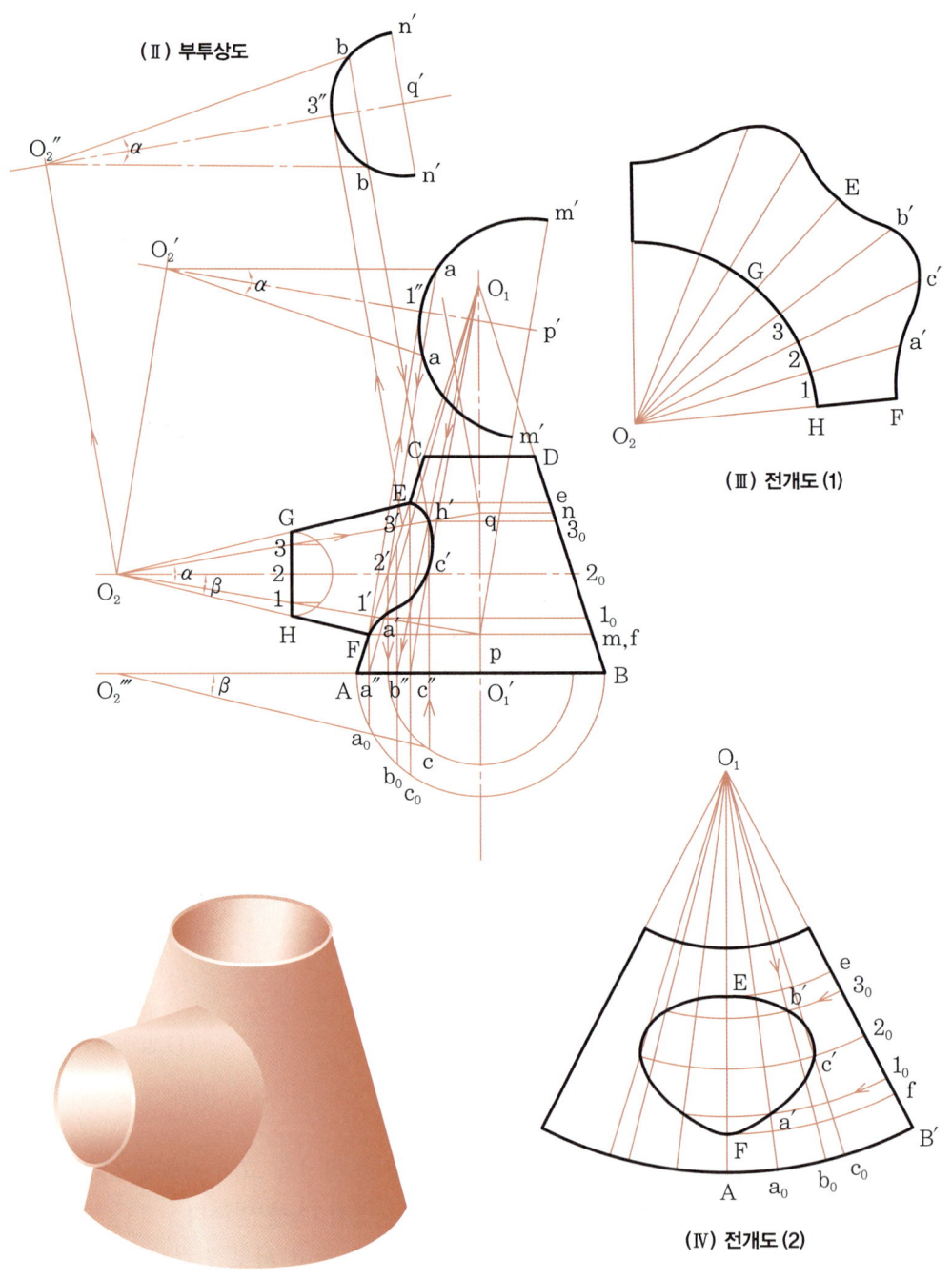

(Ⅰ) 입체도
(Ⅱ) 부투상도
(Ⅲ) 전개도 (1)
(Ⅳ) 전개도 (2)

① 반원주 $\overset{\frown}{GH}$를 4등분한 후 GH와의 교점 1, 2, 3을 잡고 $O_2$와 연결 연장하여 EF와 만난 점 $1'$, $2'$, $3'$를 얻고 $\overline{O_1O_1'}$와 만난 점을 p, q라 한다.
② p, q를 통과하고 $\overline{AB}$와 평행선을 그어 $\overline{DB}$와 만나는 점 m, n을 얻는다.
③ $\overline{O_2p}$와 평행하게 $\overline{O_2'p'}$를 긋고 $O_2$, $1'$, p점을 $\overline{O_2p}$에 수선으로 연장하여 만나는 점 $O_2'$, $1''$, $p'$를 얻는다.
④ $\overline{pm}$의 길이로 $\overline{p'm'}$를 등분하고 $O_1$, AB를 $\overline{1'p}$로 절단했을 때의 단면도 $m'1''m'$를 그린다.
⑤ $\angle 1O_23$와 같게 $\angle aO_2'a$를 잡고 단면의 실형과 만나는 점 a, a를 얻는다.
⑥ a점에서 $\overline{O_2'O_2}$에 평행선을 그어 $\overline{O_2p}$와 만나는 점 $a'$를 얻는다.
⑦ $\overline{O_2p}$와 평행하게 $\overline{O_2''q}$를 긋고 $O_1AB$를 $\overline{3'q}$로 절단한 단면의 실형도 $n'3''n'$와 각 $3O_21$과 같게 각 $bO_2''b$와 만나는 점 b를 얻는다.
⑧ b점을 $\overline{O_2'O_2}$에 평행선을 그어 $\overline{O_2q}$와 만나는 점 $b'$를 얻는다.
⑨ $\overline{2'}$ 점을 $\overline{AB}$에 수선을 세워 만난 점 $2''$를 얻고 $\angle 2O_2H$와 같게 $\angle AO_2'''C$를 만들고 $O_1'$를 중심으로 $2''$를 통하는 원을 돌리어 만나는 점 c를 얻는다.
⑩ c점에서 $\overline{AB}$에 수선을 세워 $\overline{O_22'}$의 연장선과 만난 점 $c'$를 얻고 F, $a'$, $c'$, $b'$, E를 곡선으로 연결하면 상관선이 된다.
⑪ 상관선의 만난 점을 $\overline{AB}$와 평행선을 그어 빗변 $\overline{DB}$와 만난 점 e, $3_0$, $2_0$, $1_0$, $F_0$를 얻는다.
⑫ 같은 방법으로 $a''$, $b''$, $c''$를 $\overline{AB}$에 수선을 세워 원호 AB와 만난 점 $a_0$, $b_0$, $c_0$를 얻는다.
⑬ 방사선 전개법을 이용하여 전개한다.

## (15) 원뿔과 경사지게 만나는 원뿔

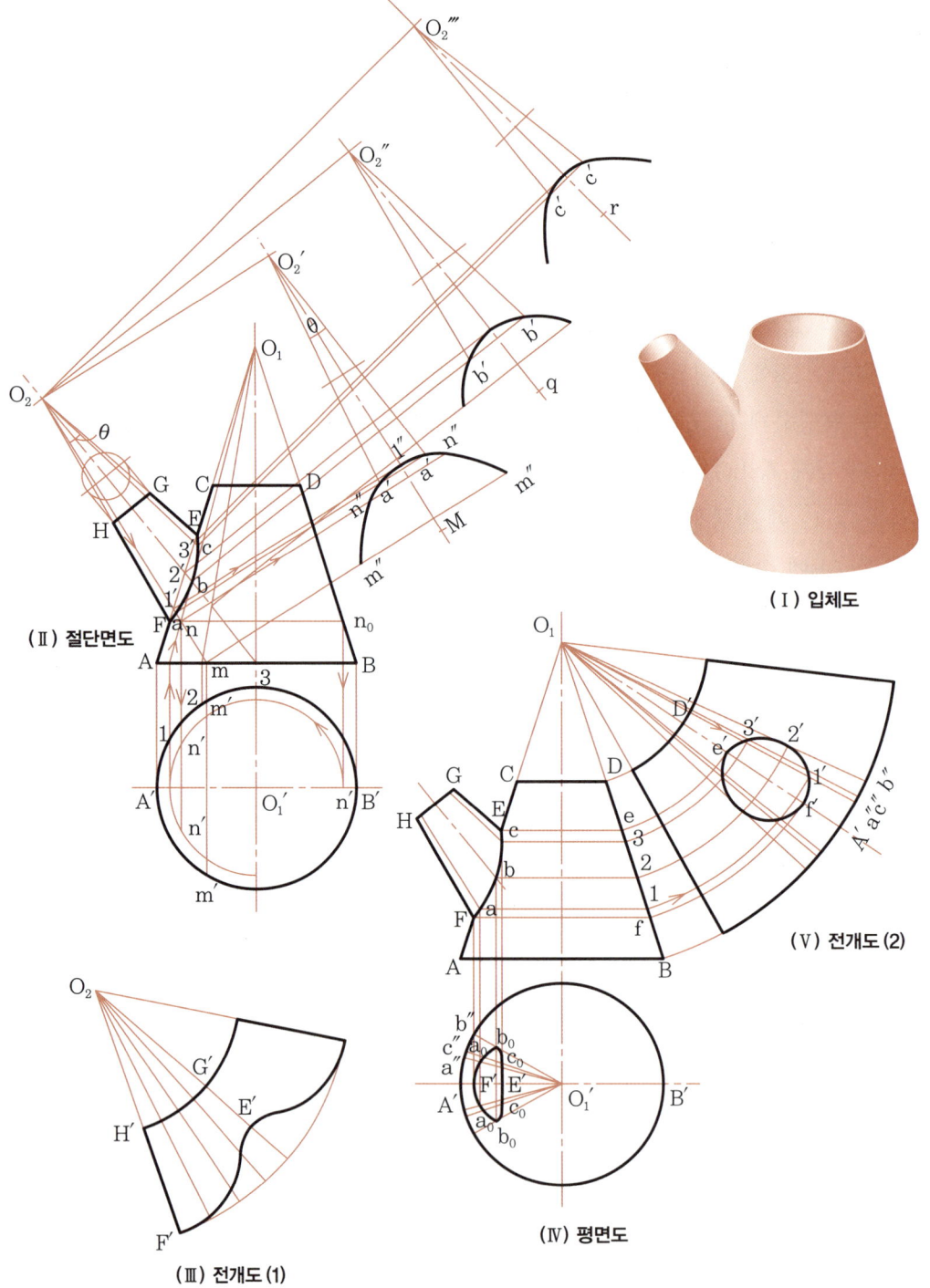

(Ⅰ) 입체도
(Ⅱ) 절단면도
(Ⅲ) 전개도 (1)
(Ⅳ) 평면도
(Ⅴ) 전개도 (2)

① 그림 (Ⅱ)의 반원주 $\overset{\frown}{HG}$를 4등분하여 등분점을 $\overline{HG}$에 수선을 그어 만난 점을 얻고, 꼭 짓점 $O_2$와 연결 연장하여 빗변 $\overline{EF}$와 만난 점을 $1'$, $2'$, $3'$라 하고 $\overline{O_2 1'}$의 연결 선과 $\overline{AB}$와 만난 점을 m이라 한다.
② m점을 $\overline{AB}$에 수선을 세워 평면도의 원주와 만난 점 $m'm'$를 얻는다.
③ 반원주 $\overset{\frown}{A'B'}$를 6등분하고 등분점 1을 $\overline{AB}$에 수선을 세워 $\overline{AB}$와 만난 점 n을 얻고 $\overline{AB}$와 평행선을 그어 $\overline{DB}$와 만난 점 $n_0$를 얻는다.
④ $n_0$에서 $\overline{A'B'}$에 수선을 세워 $\overline{A'B'}$와 만난 점 $n'$를 얻고 $O_1'$를 중심으로 $n'$를 지나는 원을 돌리고 n으로부터 $\overline{A'B'}$에 수선을 세워 만난 점 $n'n'$를 얻는다.
⑤ $\overline{O_1 m}$과 평행선 $\overline{O_2' M}$을 긋고 $O_2 1'$ nm으로부터 $\overline{O_2 m}$에 수선을 세워 $\overline{O_2' M}$과 만난 점 $O_2'$, $1''$, M을 얻고 $\overline{m'm'}$, $\overline{n'n'}$와 같게 $\overline{m''m''}$, $\overline{n''n''}$를 얻는다.
⑥ $m''$, $n''$, $1''$, $n''$, $m''$를 원활한 곡선으로 연결하면 $O_1 AB$를 $1'm$으로 절단한 단면의 실형도가 된다.
⑦ 각 $1'O_2 3'$와 같게 $a'O_2' a'$를 잡고 실형도와 만난 점 $a'$, $a'$를 얻고 $1''1'$에 평행선을 그어 $\overline{O_2 m}$과 만난 점 a를 얻으면 a는 상관선의 점이다.
⑧ 같은 방법으로 $\overline{O_2' 2'}$를 연장하여 절단면의 실형도와 $\overline{O_2 3'}$의 절단면의 실형도를 그리어 상관점 b, c를 얻는다.
⑨ F, a, b, c, E를 원활한 곡선으로 연결하면 상관선을 얻을 수 있다.
⑩ HGEF의 전개도 (Ⅰ)은 방사선법으로 그린다.
⑪ CDBA의 전개도는 상관선 F, a, b, c, E의 평면도 (Ⅳ)를 그리기 위하여 F, a, b, c, E에서 $\overline{AB}$에 수선을 내리고 단면 실형도 $\overline{a'a'}$, $\overline{b'b'}$, $\overline{c'c'}$와 같게 $\overline{a_0 a_0}$, $\overline{b_0 b_0}$, $\overline{c_0 c_0}$를 얻는다.
⑫ $O_1'$와 $a_0$, $b_0$, $c_0$를 연결하여 원주와의 교점 $a''$, $b''$, $c''$를 얻고 방사선법을 이용하여 전개한다.

### (16) 경사 원뿔

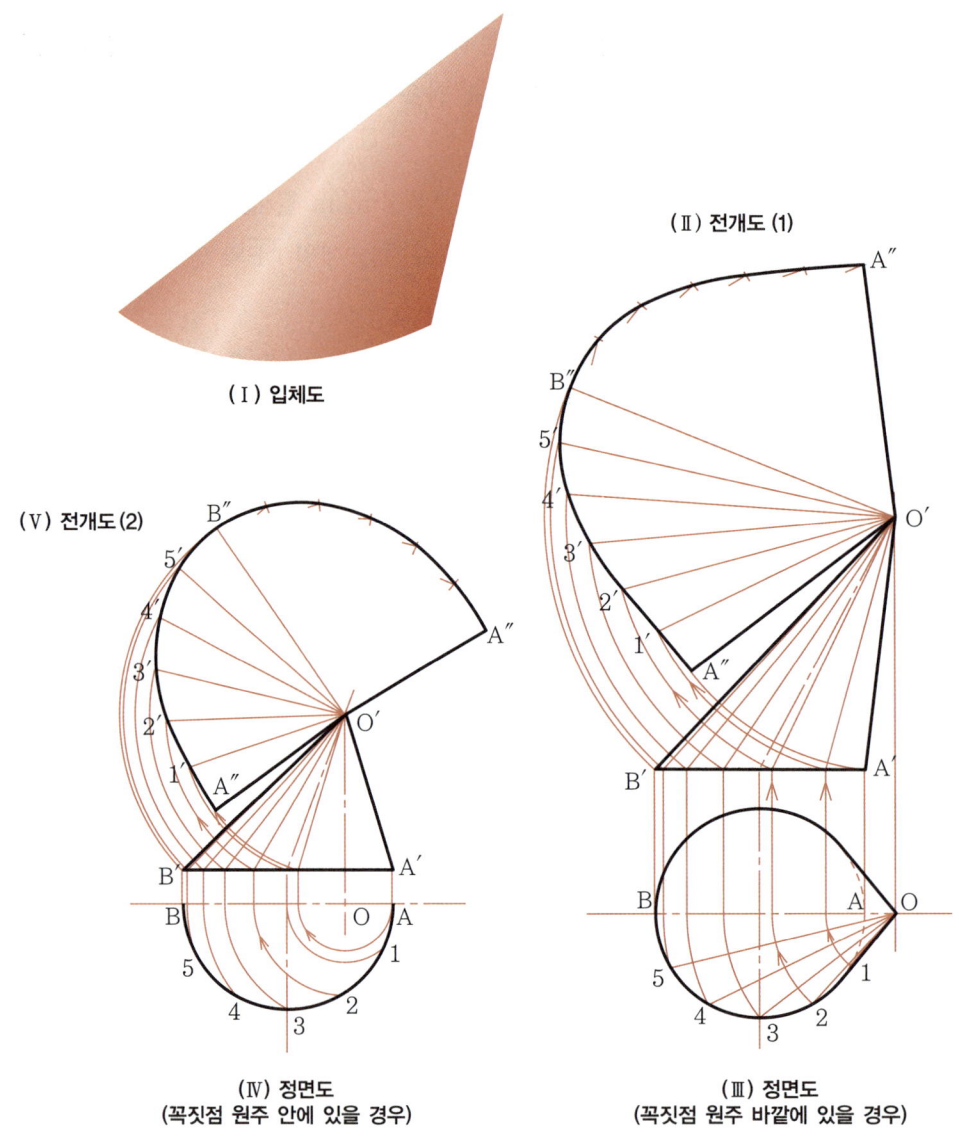

(Ⅰ) 입체도
(Ⅱ) 전개도 (1)
(Ⅴ) 전개도 (2)
(Ⅳ) 정면도 (꼭짓점 원주 안에 있을 경우)
(Ⅲ) 정면도 (꼭짓점 원주 바깥에 있을 경우)

① 평면도의 반원주를 6등분한 후 빗변의 실장을 구하기 위하여 O를 중심으로 각 등분점을 지나는 원을 $\overline{AB}$선까지 돌리어 만나는 점을 얻는다.
② 다시 $\overline{AB}$에 수선을 세워 $\overline{A'B'}$에 만나는 점을 얻고 꼭짓점과 연결하면 각 선은 실장이 된다.
③ 꼭짓점을 중심으로 각 점을 지나는 원호를 돌리고 A″점을 잡는다.
④ 평면도의 반원주 $\frac{1}{6}$의 길이, 즉 A1의 길이로 A″1′, 1′2′ … 5′B″순으로 등분하여 만나는 점을 얻는다(A점의 원호에서 1점을 지나는 원호까지를 평면도 반원의 $\frac{1}{6}$의 길이로 등분하여 A″1″를 얻는다).

## (17) 쟁반형 용기

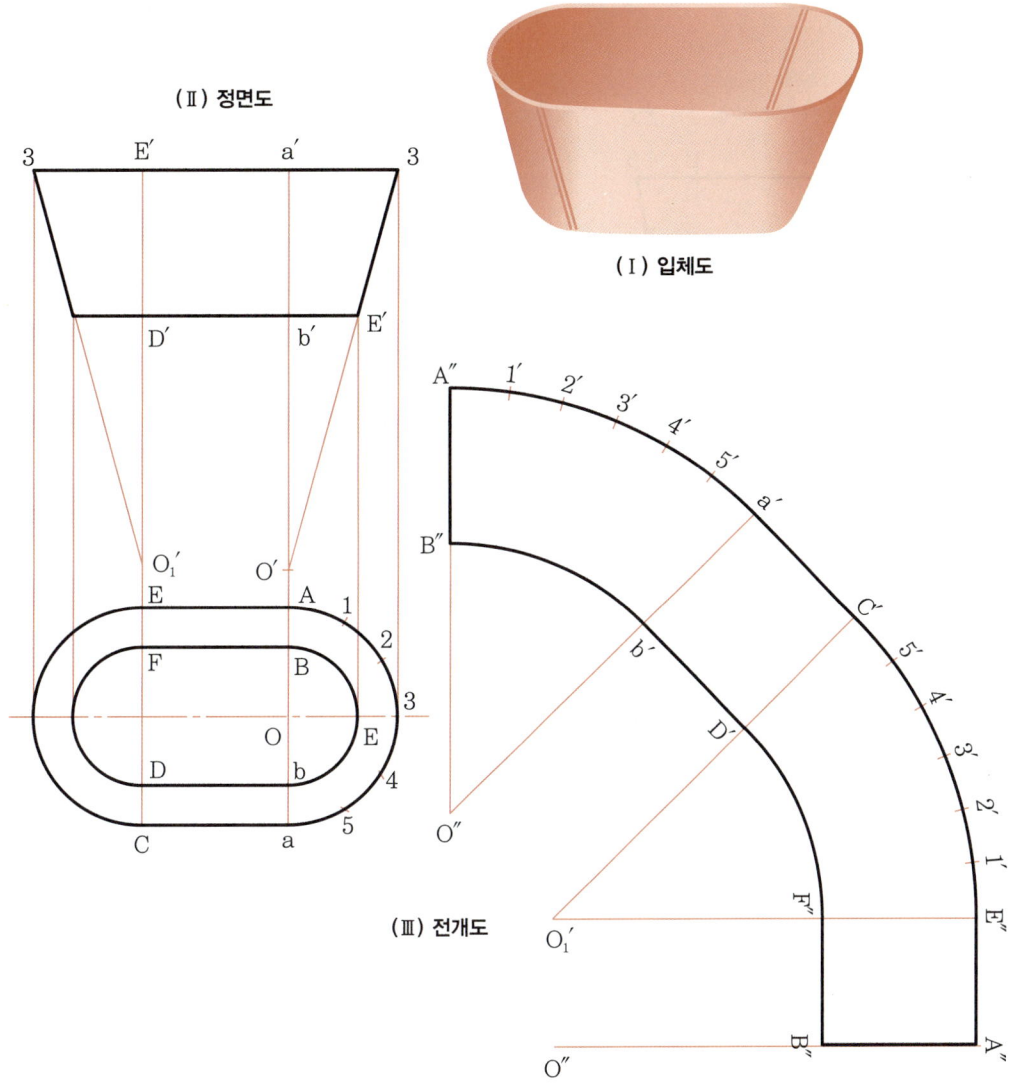

① 입면도의 3E′를 연장하여 $\overline{A'O}$ 와의 만나는 점 O′를 얻는다.
② A′, 3, O′는 원뿔의 $\frac{1}{2}$이 되므로 $\overline{O''B''}$는 $\overline{O'E'}$와 같은 크기로, $\overline{A''B''}$는 $\overline{E'3}$과 같은 크기로 잡는다.
③ O″를 중심으로 원을 돌리고 A″a′는 Aa의 크기로 등분한 후 a′ 점을 O″와 연결한다.
④ A″a′b′B″는 A′B′E′3의 전개도이다. $\overline{a'C''}$, $\overline{b'D''}$는 aC와 같은 크기로 하여 $\overline{O''a'}$에 수선을 세워 a′C″D″b′를 얻는다.
⑤ A″a′c′E″A″B″F″D″b′B″가 전개이다.

## (18) 사각 쟁반형 용기

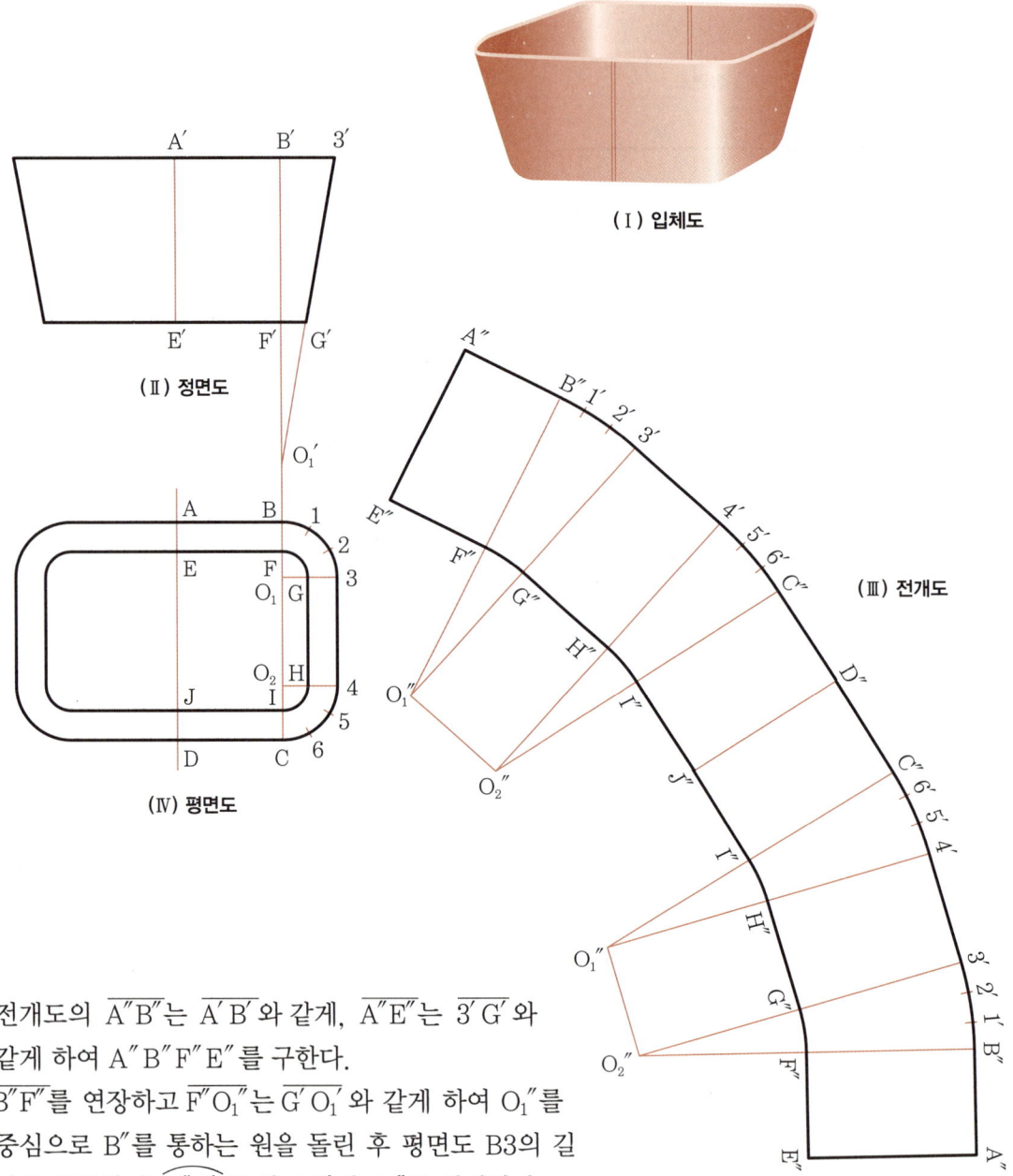

(Ⅰ) 입체도
(Ⅱ) 정면도
(Ⅳ) 평면도
(Ⅲ) 전개도

① 전개도의 $\overline{A''B''}$는 $\overline{A'B'}$와 같게, $\overline{A''E''}$는 $\overline{3'G'}$와 같게 하여 $A''B''F''E''$를 구한다.
② $\overline{B''F''}$를 연장하고 $\overline{F''O_1''}$는 $\overline{G'O_1'}$와 같게 하여 $O_1''$를 중심으로 B″를 통하는 원을 돌린 후 평면도 B3의 길이로 등분하여 $\widehat{B''3'}$를 얻고 3′와 $O_1''$를 연결한다.
③ $O_1''$를 중심으로 F″를 통하는 원을 돌리어 G″를 잡고, $\overline{3'4'}$는 $\overline{3\,4}$와 같게 한 후 $\overline{O_1''O_2''}$는 $\overline{O_1O_2}$와 같게 한다.
④ 직사각형 $3'4'O_2''O_1''$에서 $3'4'H''G''$를 얻는다. 같은 방법으로 $4'C''D''J''I''H''$를 구할 수 있다.

## (19) 상부가 경사지게 절단된 쟁반형 용기

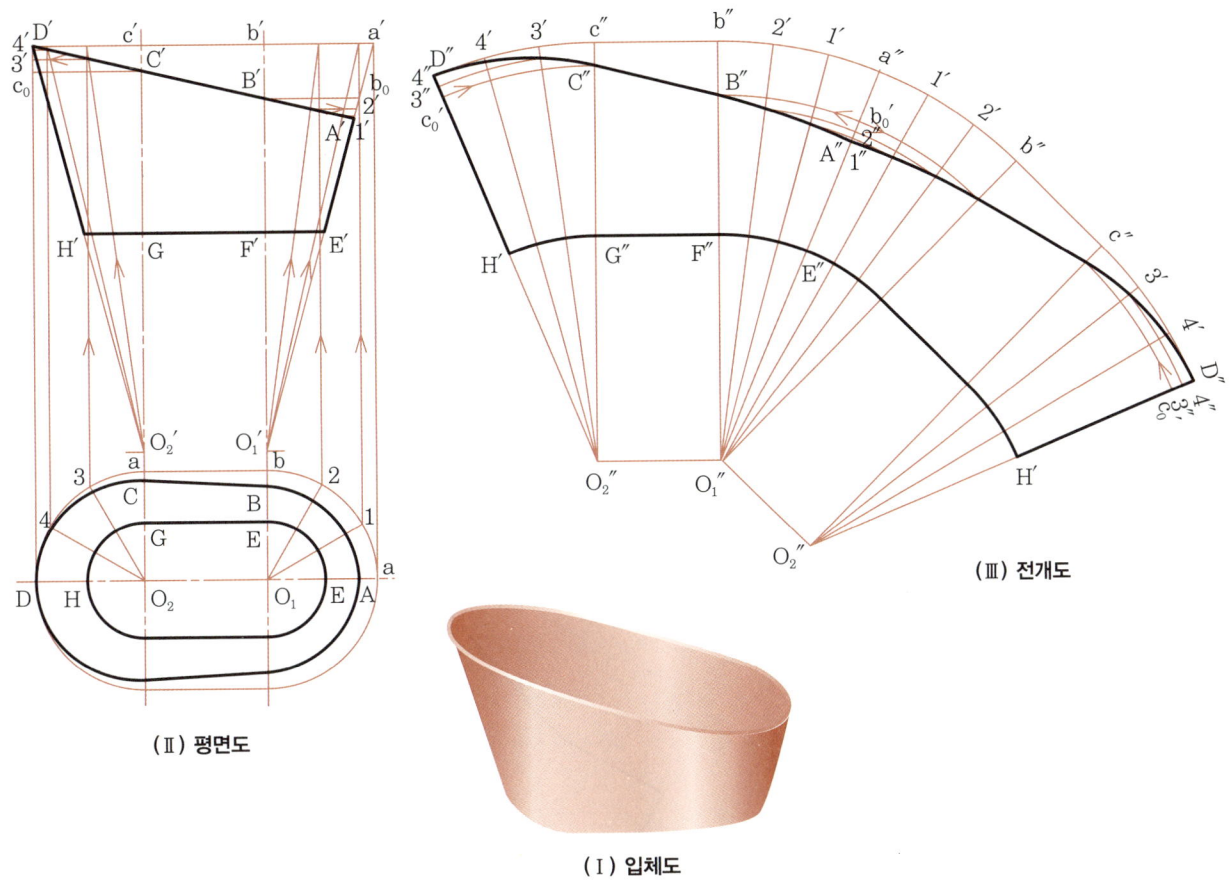

(Ⅱ) 평면도
(Ⅰ) 입체도
(Ⅲ) 전개도

① 평면도의 원호 ab를 3등분한 후 등분점 1, 2를 $\overline{aa'}$에 평행선을 그어 정면도 $\overline{D'a'}$에 만난 점을 얻고 $O_1'$와 연결하면 $\overline{D'A'}$ 선상에 만난 점을 얻을 수 있다.
② 각 점을 $\overline{D'a'}$에 평행하게 $\overline{a'A'}$ 선까지 연장하여 만나는 점 $1'$, $2'$, $b_0$를 얻는다(실제 길이).
③ 전개도의 $O_1'$, $E'$, $A''$, $1''$, $2''$, $b_0'$, $a''$의 각 점간의 거리는 정면도 $O_1'$, $E'$, $A'$, $1'$, $2'$, $b_0$, $a'$ 간의 거리와 같게 한다.
④ $O_1''$를 중심으로 $a''$를 지나는 원을 돌리고 평면도의 원호 ab의 길이로 등분하여 $\overparen{a''b''}$를 얻은 후 $b''$를 $O_1''$와 연결한다.
⑤ $O_1''$를 중심으로 $E''$, $1''$, $2''$, $b_0'$를 지나는 원을 돌리어 각 선과 만난 점을 얻는다.
⑥ 같은 방법으로 나머지도 그린다.

## (20) 상부가 경사지게 절단된 사각형 용기

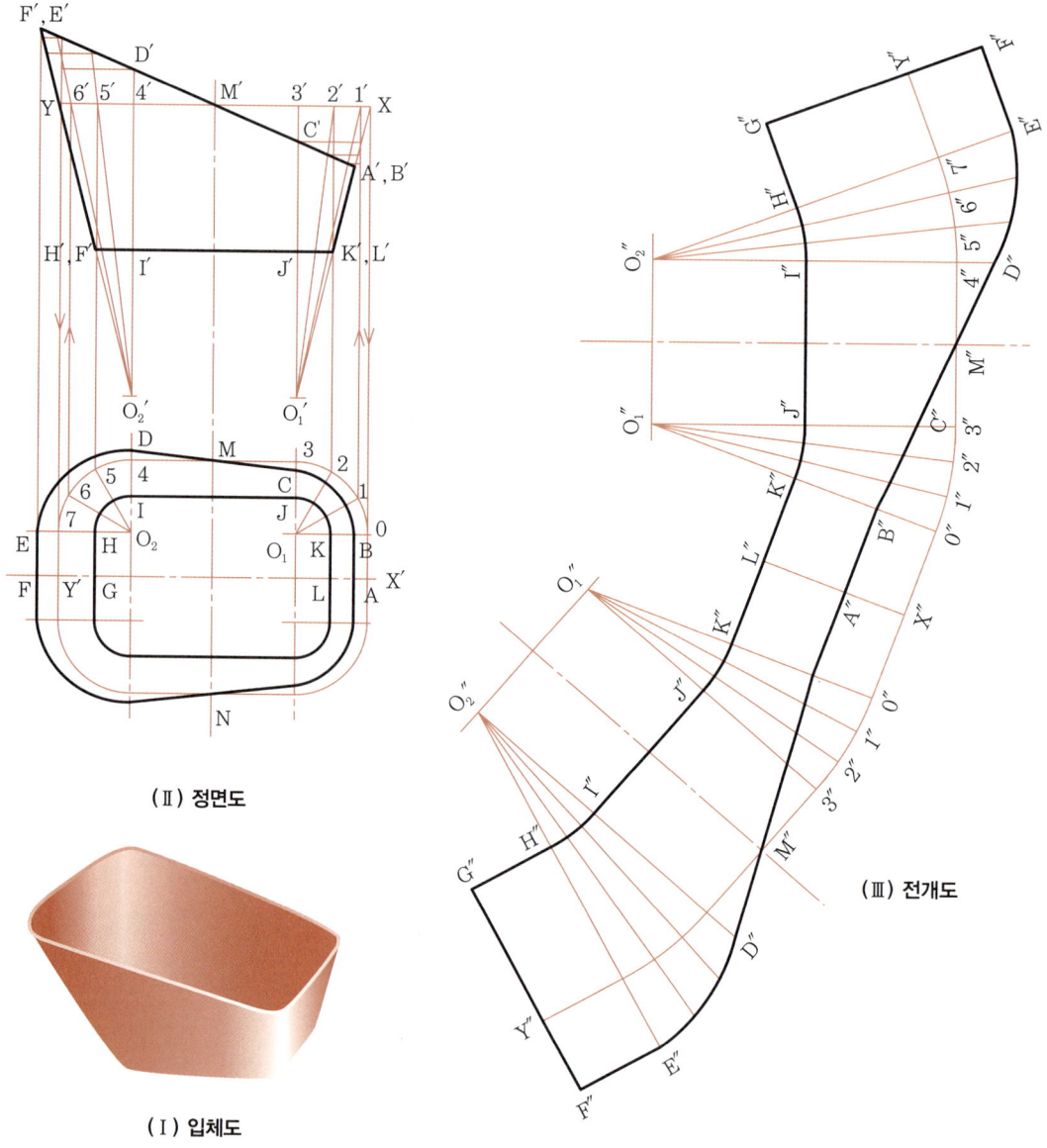

(Ⅰ) 입체도
(Ⅱ) 정면도
(Ⅲ) 전개도

① 평면도의 $\overline{X'Y'}$ $\overline{MN}$의 길이를 임의로 조정하여 사변형을 만들고 $O_1$과 $O_2$를 중심으로 원호를 돌리어 $\overset{\frown}{0,3}$과 $\overset{\frown}{4,7}$을 구한다.
② O, O3(정면도의 $O_1'$ X3′)은 원의 1/4이 된다. 원호를 3등분하여 $\overline{MN}$과 평행하게 $\overline{XY}$까지 연장하여 만난 점을 얻고 꼭짓점 $O_1'$ 와 연결하면 절단선 $\overline{BC}$와 만난 점을 얻을 수 있다.
③ 각 점을 $\overline{YX}$에 수평으로 연장하여 빗변 $\overline{XO_1'}$ 와 만난 점을 얻는다(실제 길이).
④ 왼쪽도 같은 방법을 이용하여 각 점을 잡은 후 방사선 전개법을 이용하여 전개한다.

## (21) 편심된 원통에 분기된 원뿔

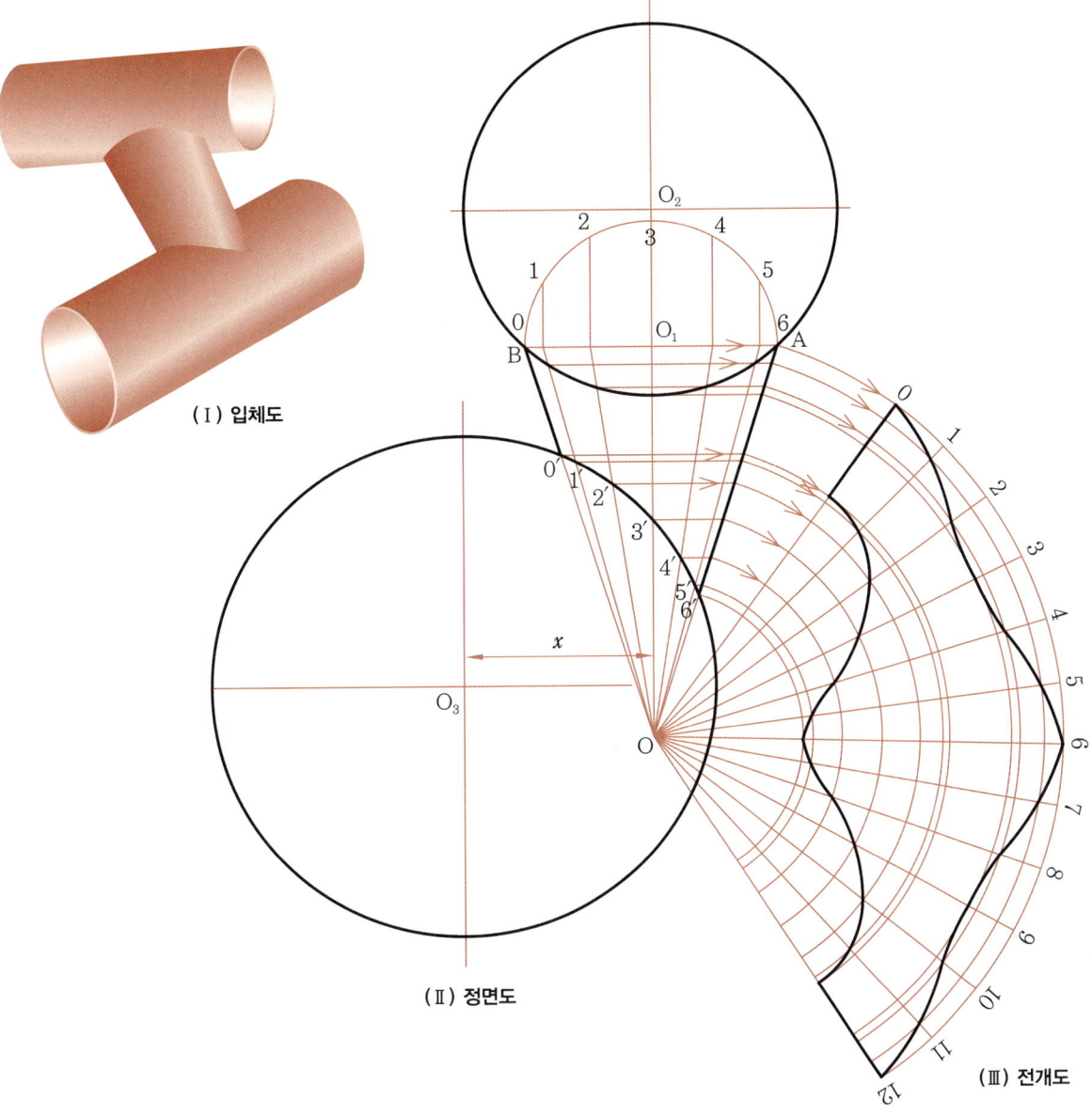

(Ⅰ) 입체도
(Ⅱ) 정면도
(Ⅲ) 전개도

① 직원뿔 OAB의 원뿔을 그리고 12등분한다.
② 바닥원 $O_1$을 12등분한 각 등분점에서 $\overline{AB}$에 수직선을 내리긋는다.
③ 그 끝과 꼭짓점 O점을 연결한다.
④ 선분과 원 $O_2$와 $O_3$와의 교차점에서 $\overline{AB}$에 대한 평행선을 긋고 $\overline{OA}$와의 교차점에서 O점을 중심으로 원호를 그린 후 원주를 12등분하여 O점과 수선을 긋는다.
⑤ 교차점을 원활한 곡선으로 연결한다.

## (22) 사각통에 경사된 원통

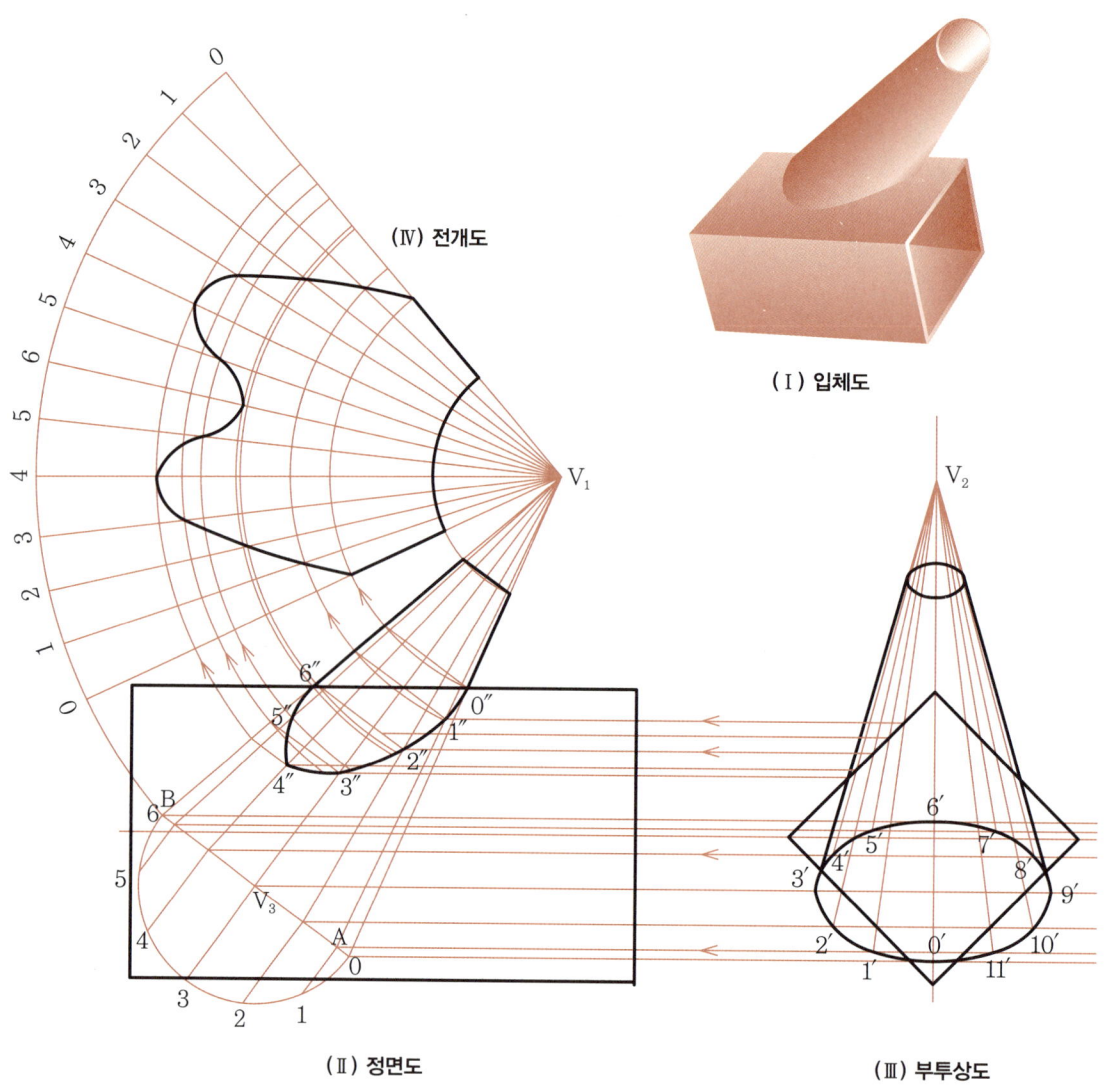

(Ⅳ) 전개도
(Ⅰ) 입체도
(Ⅱ) 정면도
(Ⅲ) 부투상도

① 직원뿔 $V_1AB$의 바닥원 $V_3$를 6등분하고 $\overline{AB}$에 수직선을 내린다.
② 바닥원 $V_3$를 측면도에 투영하고 각 등분점도 투영한다.
③ $V_3$와 점 $0'$, $1'$, $2'$ … $12'$를 연결하였을 때 사각통에 교차되는 점을 수평선을 긋고 0, 1, 2 … 12에서 $\overline{AB}$에 대하여 내려온 $V_1$을 연결하는 선과의 교차점을 연결하면 상관선이 된다($0''$, $1''$, $2''$ … $6''$).
④ 상관선의 교점을 원뿔의 중심선 $\overline{3V}$에 직각되게 원뿔의 외형선에 끌어내어 방사 전개법으로 전개한다.

## (23) 사각뿔에 직교하는 원통

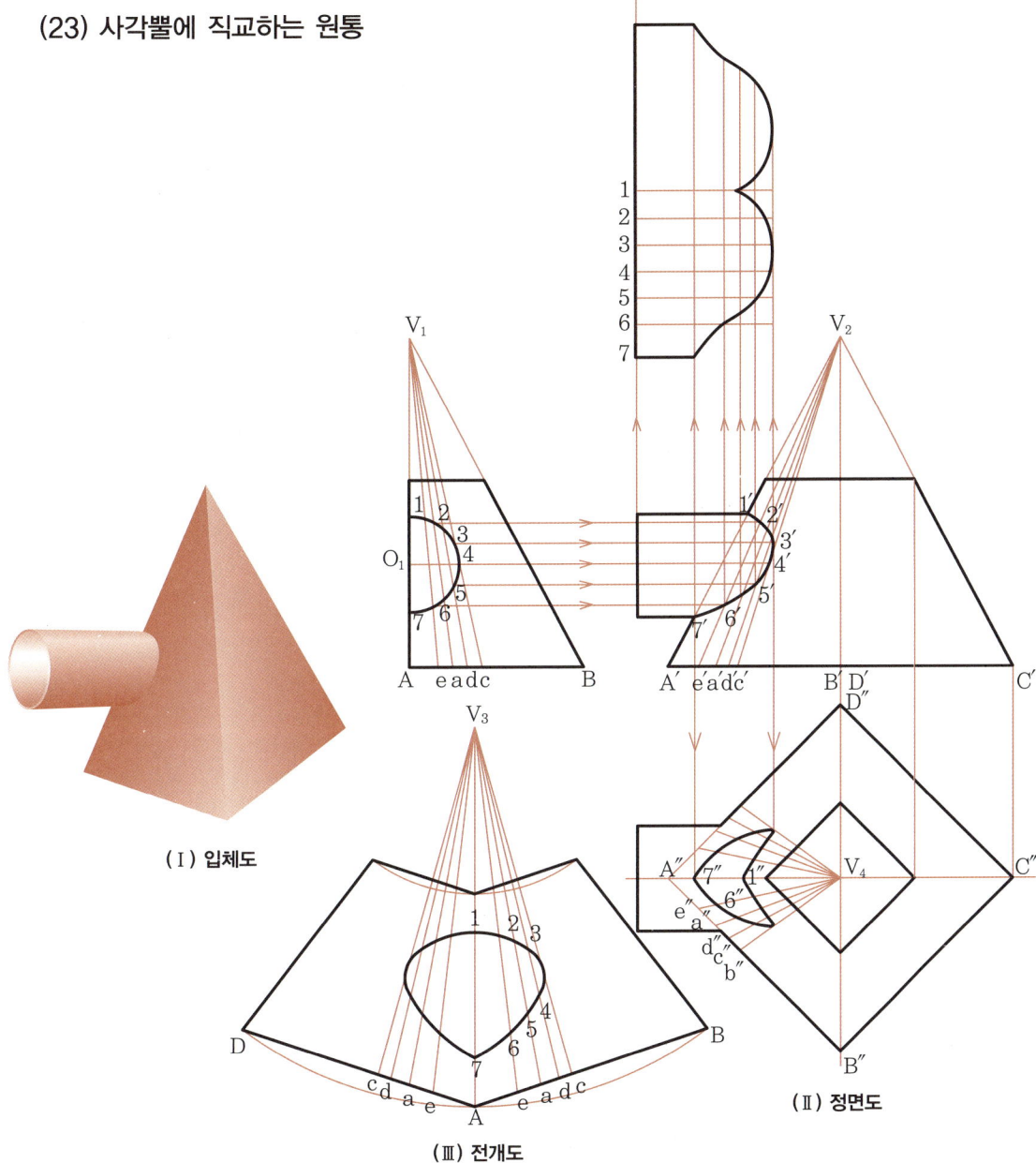

(Ⅰ) 입체도
(Ⅱ) 정면도
(Ⅲ) 전개도

① 원 $O_1$을 12등분하고 각 등분점을 정상점 $V_1$과 1, 2, 3 ⋯ 6을 연결한다.
② 그 연장선 $\overline{AB}$와의 교점을 a, b, c, d, e라 한다.
③ 측면도의 $\overline{V_1a}$, $\overline{V_1b}$ ⋯ 를 정면도에 투영한다($\overline{V_1a}$ = 측면도 Aa와 정면도의 $\overline{A'a'}$ 가 상등 해지도록 a′를 정하면 $\overline{V_2a'}$ 가 투영된 선분이 된다).
④ 1, 2 ⋯ 7에서 수평선을 긋고 $\overline{V_2A}$, $\overline{V_2a'}$ ⋯ $\overline{V_2e'}$ 와의 교차점을 원활한 곡선으로 연결하면 상관선이 된다.

(24) 두갈래관

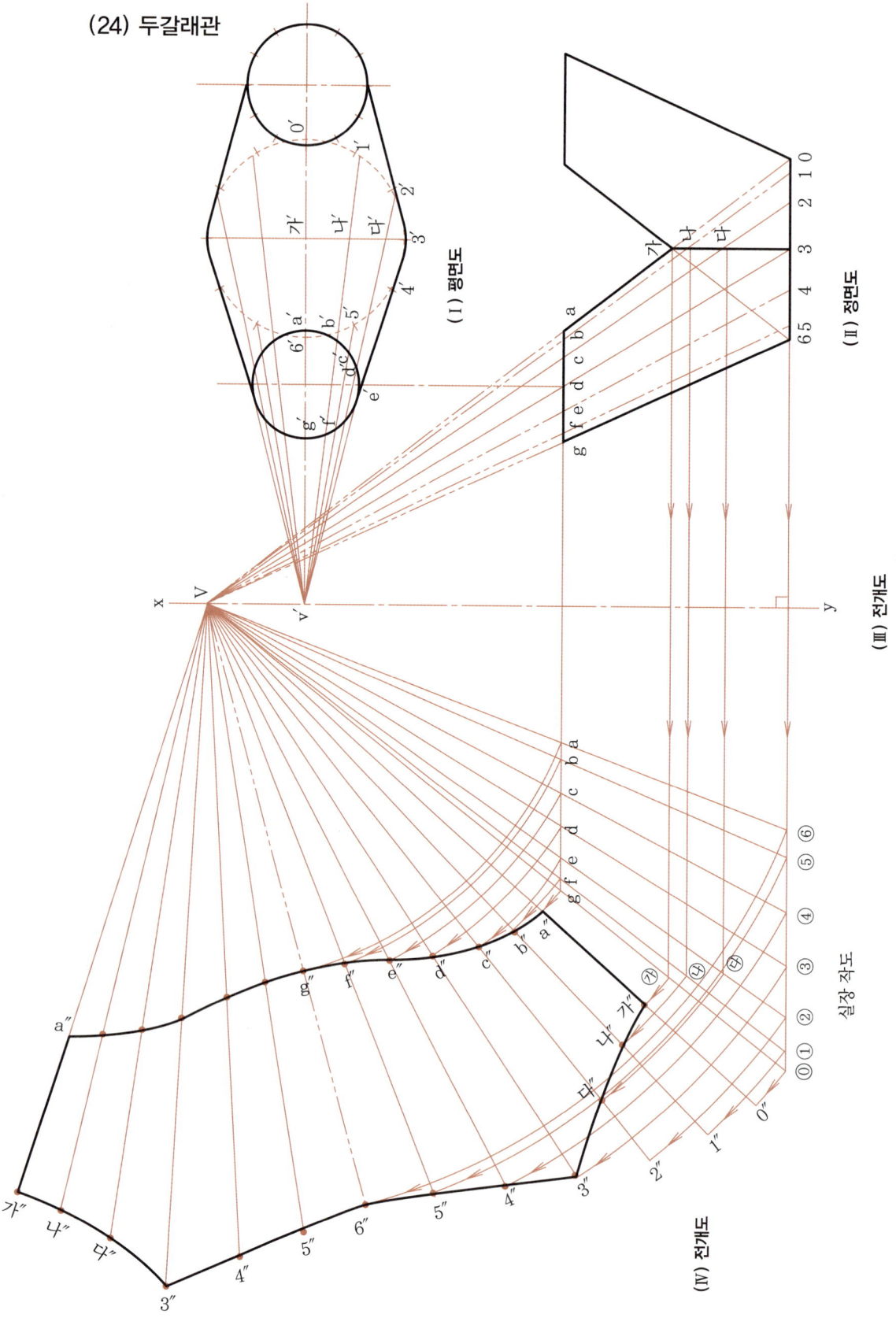

① 평면도의 큰 원을 12등분하여 0′, 1′…6′로 표시하고 각 점에서 정면도에 수선을 내려 원뿔의 밑면에 0, 1…6으로 표시한다.
② 작은 원을 12등분하여 a′, b′…g′로 표시하고 정면도에 수선을 내려 a, b…g로 표시한다.
③ 정면도의 0a를 연장하고 6g를 연장하여 꼭짓점 V를 찾는다. V에서 1로 이으면 b점을 지나야 정확한 작도라고 할 수 있다. 오차가 발생하기 쉬우므로 정확하게 작도해야 한다.
④ 평면도의 수평 중심선과 원뿔의 밑면 연장선에서 V에 수선을 세운 Vy의 교점 v′를 평면도의 꼭짓점으로 정하고, v′에서 큰 원 및 작은 원의 12등분점을 잇는다. 정확하게 작도되면 예를 들어 v′와 b′, 1′의 세 점이 일치될 것이다.
⑤ 상관선이 직선으로 나타나 있으므로 상관선과 V0와의 교점을 가, V1과의 교점을 나, V2와의 교점을 다로 하여 상관점을 정한다. 평면도에서도 상관선을 통과하는 점을 가′, 나′, 다′로 정한다.
⑥ Vy를 기준으로 평면도의 각 선을 밑변에 옮겨 ⓪, ①…⑥으로 표시하고, 각 점을 V와 연결하면 실장의 작도가 된다. 또 상관점의 실장은 가, 나, 다에서 수평으로 연장하여 $\overline{V⓪}$ 선상에 가를 옮겨 ㉮로 표시하고, V①에 나를, V②에 다를 옮겨 ㉯, ㉰로 표시하면 ㉮, ㉯, ㉰는 V에서 상관점까지의 실장이 된다.
⑦ V를 축으로 하여 각 실장으로 원으로 돌리고 0″에서 원뿔 밑면의 $\frac{1}{12}$ 등분 길이(0′1′ = 1′2′… 등)를 순차적으로 끊어 나가 1″, 2″…6″를 정한다.
⑧ V와 0″, 1″…6″를 잇고 원뿔 윗면의 실장을 원호로 돌려 대응되는 선과의 교점을 a″, b″…g″로 하면 상관부를 제외한 머리가 잘린 형태의 경사 원뿔의 전개도가 완성된다.
⑨ V㉮로 원호를 돌려 V0″와의 교점을 가″로 하고 V㉯로 돌려 나″를, V㉰로 돌려 다″를 구하여 각 점을 원활하게 이으면 전개도가 완성된다.

## (25) 네갈래관

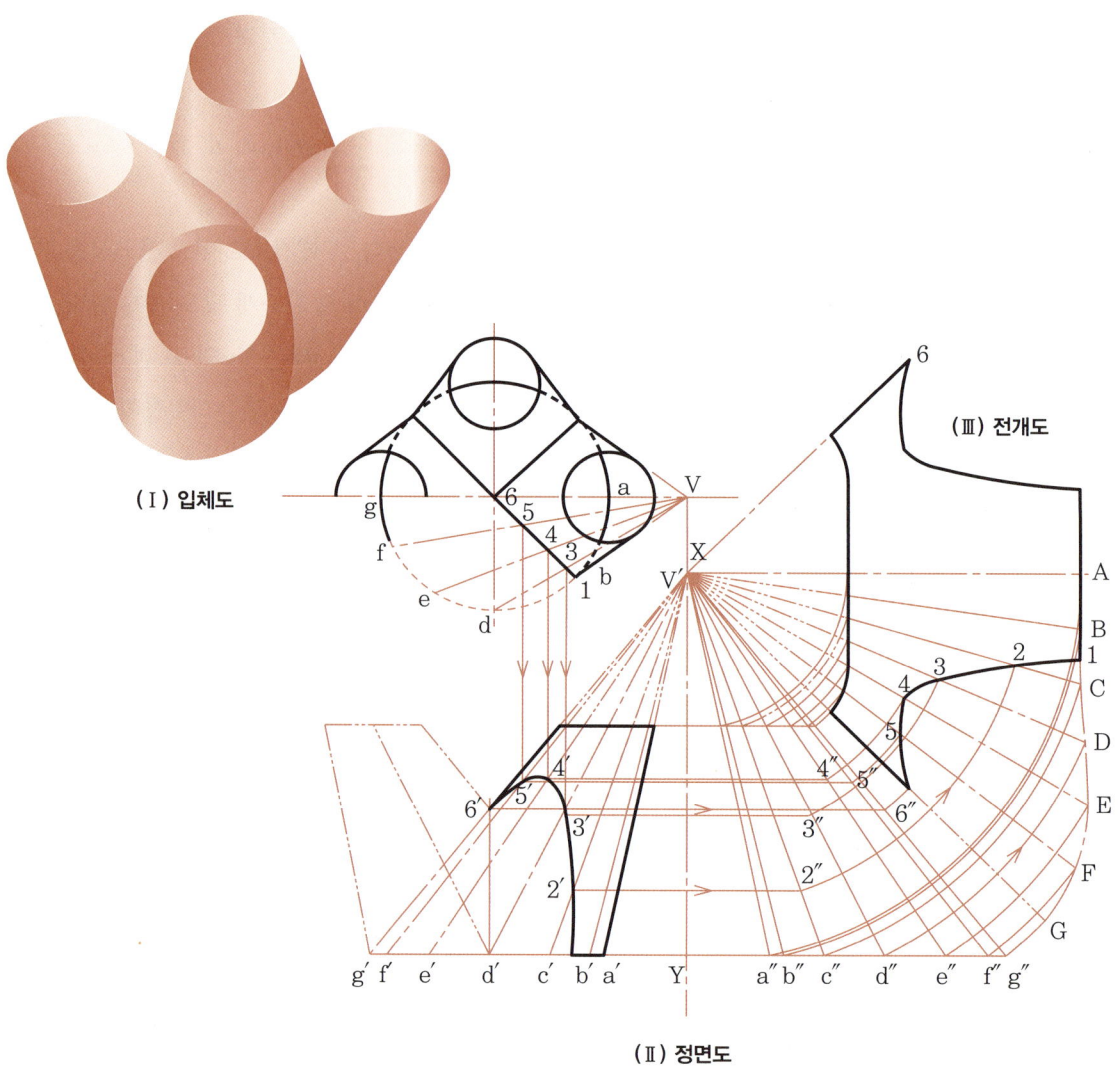

(Ⅰ) 입체도
(Ⅱ) 정면도
(Ⅲ) 전개도

① 상관선의 평면도는 직선으로 되어 있으므로 이것을 이용하여 상관선의 정면도를 그린다.
② 평면도의 큰 원을 6등분하여 면소를 긋는다.
③ 평면도의 상관선 점을 6, 5 … 2라 하고 이것에 대응하는 면소 위에 6′, 5′ … 2′를 구하여 상관선 6′, 5′ … 2′, 1′를 원활하게 연결하면 정면도의 상관선이 된다.
④ 기운 원뿔의 V′를 지나는 수직 회전축 X, Y를 긋는다.
⑤ 오른쪽에서 각 면소의 실제 길이를 작도하여 기운 원뿔 V′-a′g′의 전개도를 그린다.
⑥ 상관선 위의 점 6′, 5′ … 2′로부터 수평선을 그어 대응하는 면소 위에 6″5″ … 2″를 구하여 전개도 위에 대응하는 $\overline{V'6} = \overline{V'6''}$로 되는 점 6, 5 … 2를 잡아 이것을 원활하게 이으면 된다.

## ❸ 삼각형 전개법

### (1) 편심 사각뿔

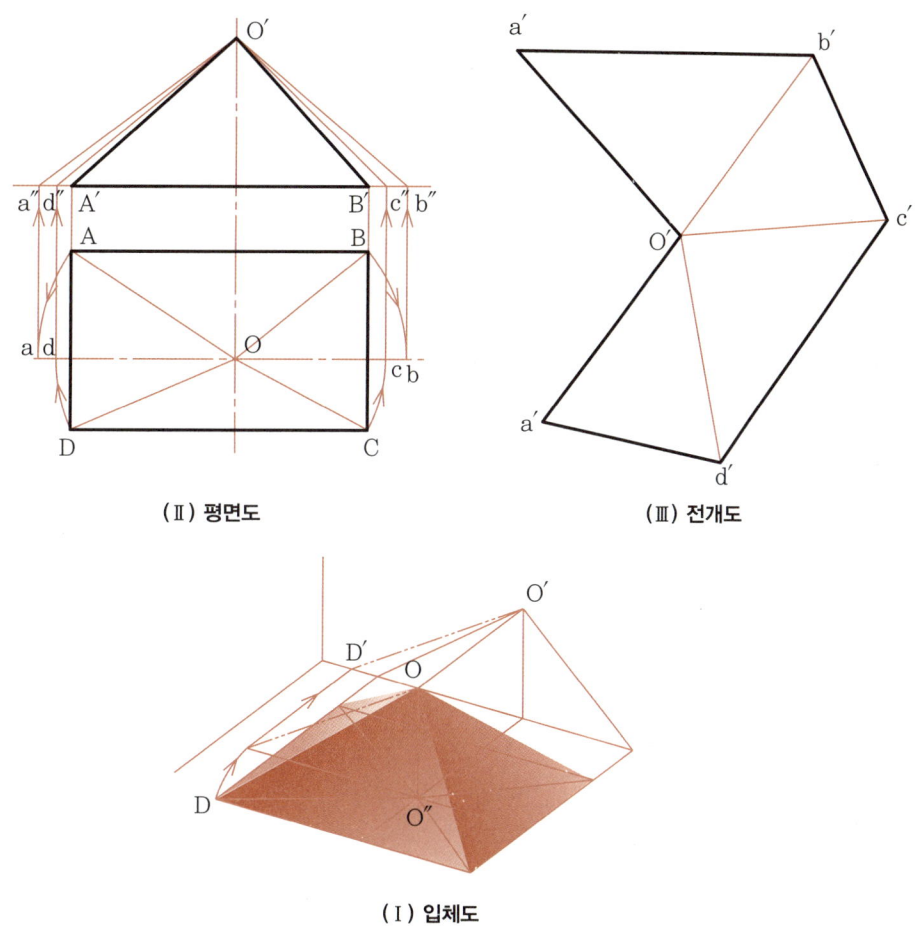

(Ⅱ) 평면도   (Ⅲ) 전개도

(Ⅰ) 입체도

① 평면도 O를 중심으로 A, B, C, D를 지나는 원호를 중심선까지 돌리어 만나는 점 a, b, c, d를 수직으로 연장하여 만나는 점 a″, b″, c″, d″를 얻고 꼭짓점 O′와 연결한다.
② $\overline{O′a″}$는 $\overline{OA}$의 실장이 되며 $\overline{OB}$, $\overline{CO}$, $\overline{OD}$의 실장은 $\overline{O′b″}$, $\overline{O′c″}$, $\overline{O′d″}$가 된다.
③ 전개도를 완성하기 위하여 O′를 중심으로 $\overline{O′a″}$의 길이로 $\overline{O′a′}$를 잡은 후 O′ 점을 중심으로 $\overline{O′d″}$의 원호를 돌리고 a′ 점을 중심으로 $\overline{AD}$의 원호를 돌리어 교점을 잡으면 d′가 된다.
④ O′를 중심으로 같은 방법으로 나열하고 직선으로 연결한다.

## (2) 상부가 수평으로 절단된 편심 사각뿔

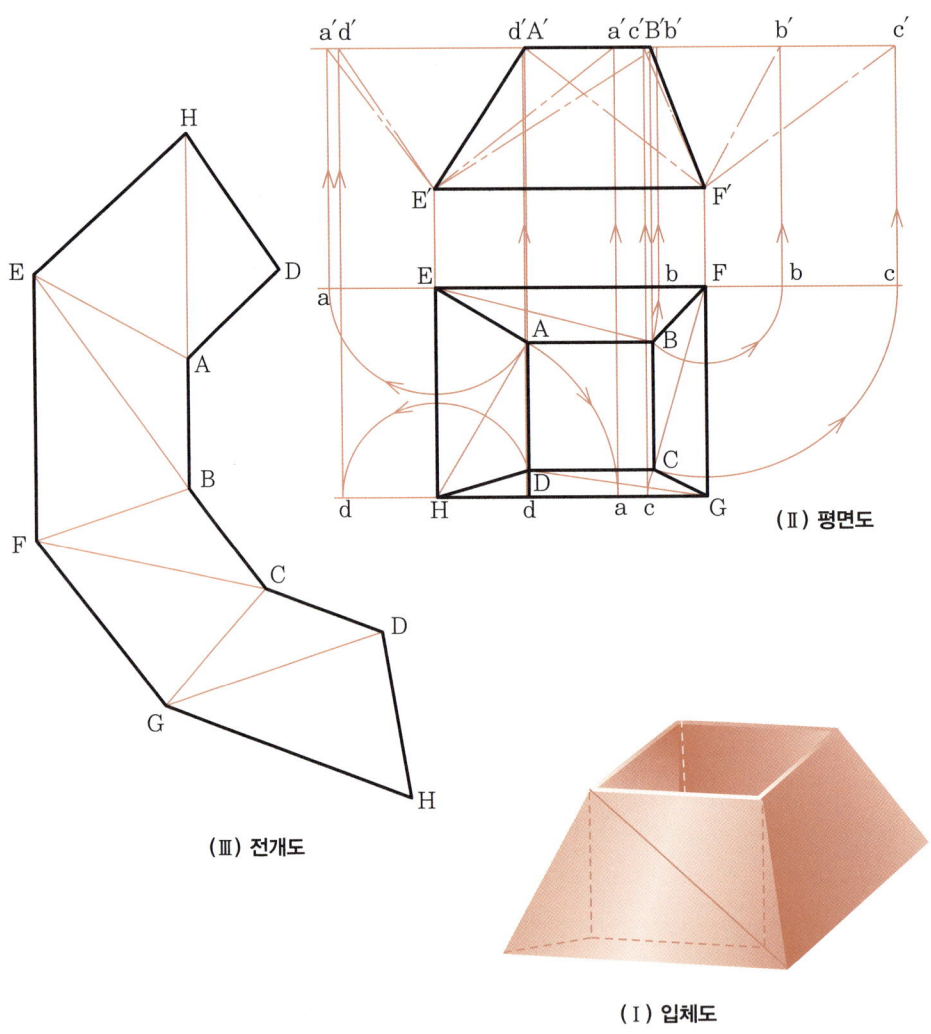

(Ⅲ) 전개도

(Ⅱ) 평면도

(Ⅰ) 입체도

① 삼각형을 만들기 위하여 평면도의 A와 H, D와 G, C와 F, B와 E를 연결한다.
② E를 중심으로 A를 통하는 원을 돌리어 $\overline{EF}$의 연장선과 만난 점 a를 얻는다.
③ a를 $\overline{aF}$와 수선을 세우고 정면도 $\overline{B'A'}$의 연장선과 만난 점 a′를 얻는다.
④ $\overline{E'a'}$는 $\overline{EA}$의 실장이 된다. 같은 방법으로 각 선의 실장을 구한다.
⑤ 실장을 삼각형으로 순차적으로 나열하면 전개도가 완성된다.

## (3) 상부가 경사지게 절단된 편심 사각뿔

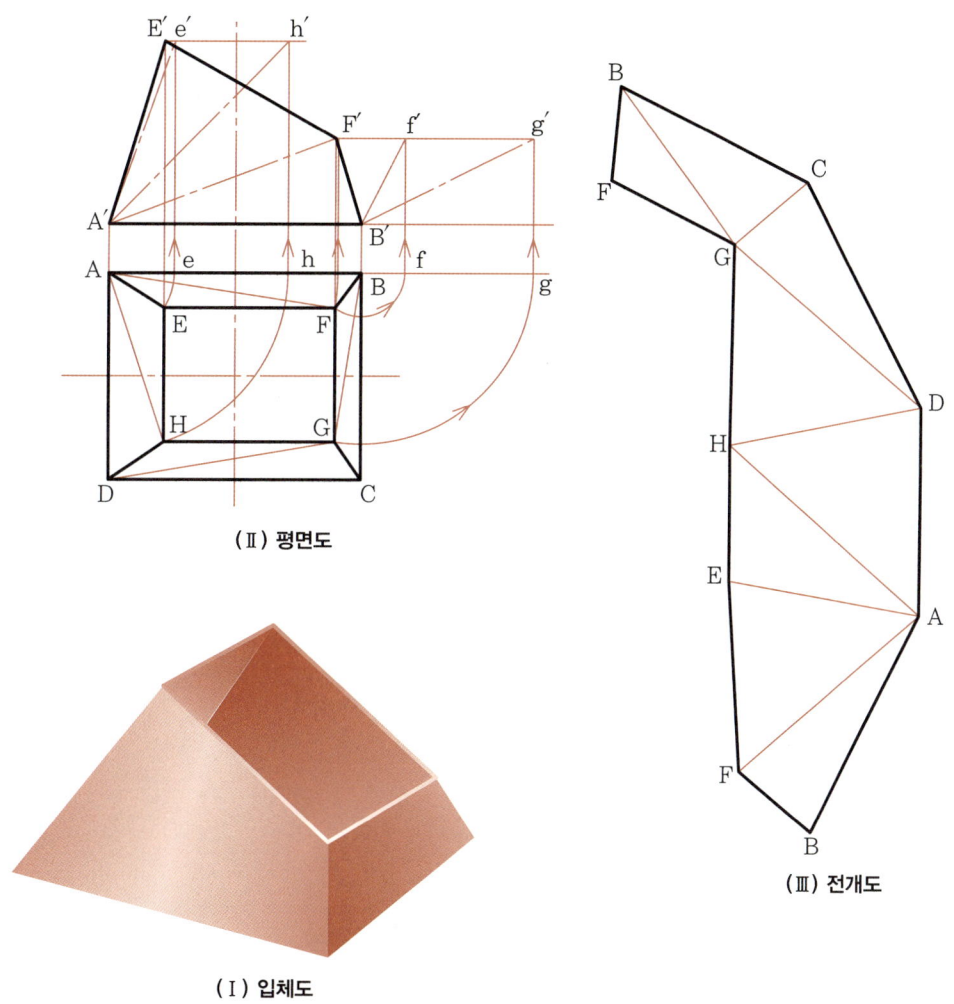

(Ⅱ) 평면도

(Ⅲ) 전개도

(Ⅰ) 입체도

① 평면도 A를 중심으로 E를 통하는 원을 돌리어 $\overline{AB}$와의 만난 점 e를 얻은 후 수선을 세운다.
② 정면도의 E′를 $\overline{A'B'}$와 평행선을 긋고 e의 연장선과 만난 점 e′를 얻는다.
③ $\overline{A'e'}$는 AE의 실장이다. 같은 방법으로 각 선의 실장을 구한다.
④ 각 실장을 삼각형으로 순차적으로 나열한다.

## (4) 상부 타원, 하부 사각형의 연결부

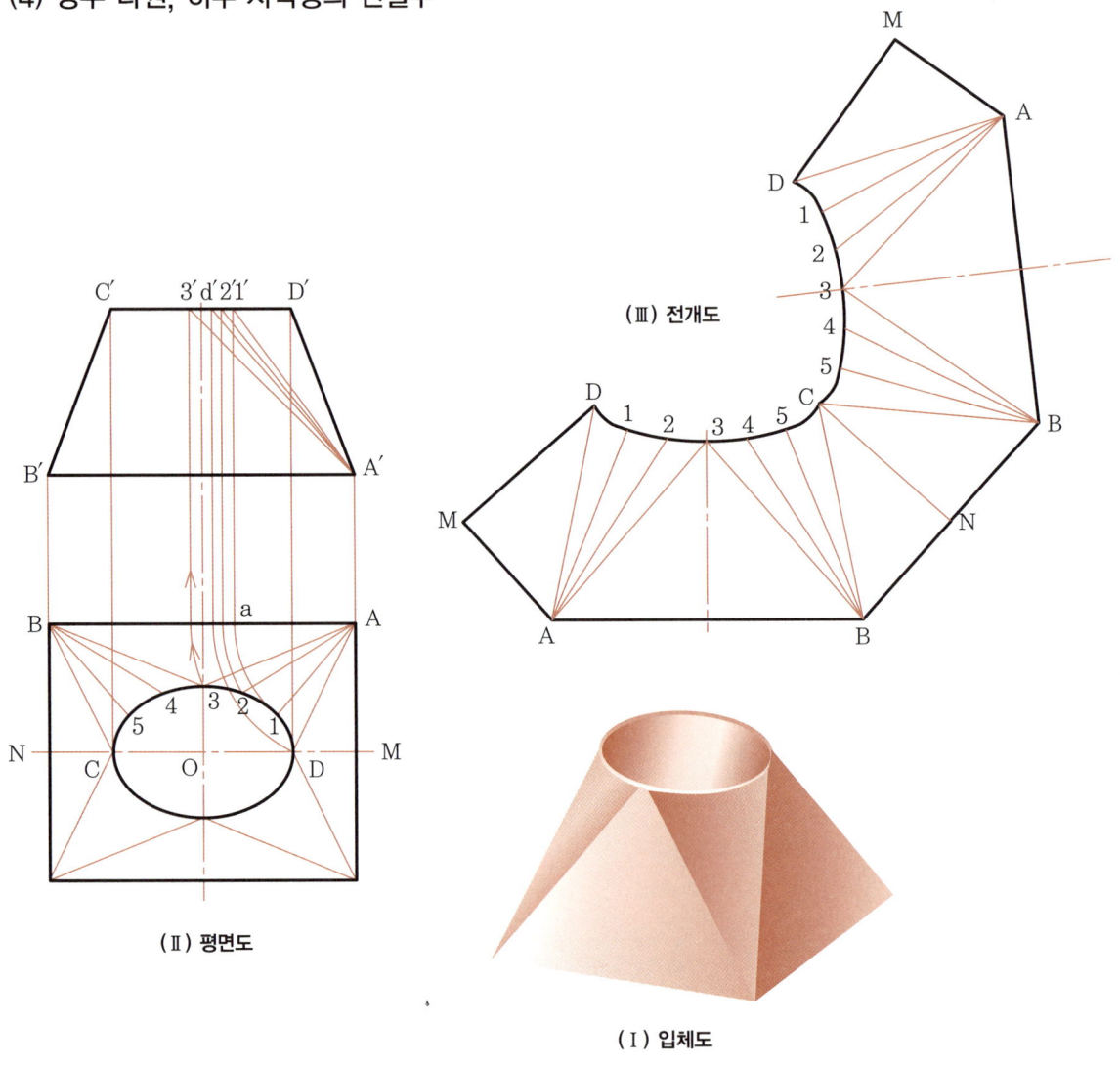

(Ⅲ) 전개도

(Ⅱ) 평면도

(Ⅰ) 입체도

① 평면도의 타원 반주를 6등분한 후 등분점 1, 2, 3과 D를 꼭짓점 A와 연결하고 3, 4, 5와 C를 꼭짓점 B와 연결한다.
② A를 중심으로 등분점 1을 통하는 원을 $\overline{AB}$선까지 돌리어 만난 점 a를 잡고 수선을 세워 정면도 $\overline{C'D'}$와의 교점 1'를 얻는다.
③ $\overline{A'1'}$는 A1의 실장이 된다. 같은 방법으로 $\overline{AD}$, $\overline{A2}$, $\overline{A3}$의 실장을 구한다.
④ 각 실장을 순차적으로 삼각형으로 나열한다.
  ($\overset{\frown}{D1}$, $\overset{\frown}{12}$, ⋯ $\overset{\frown}{5C}$의 곡선은 평면도 타원주의 등분선의 간격으로 한다.)
⑤ 만나는 점을 원활히 연결하면 전개도가 된다.

## (5) 지름이 서로 다른 두 원통의 경사 연결부

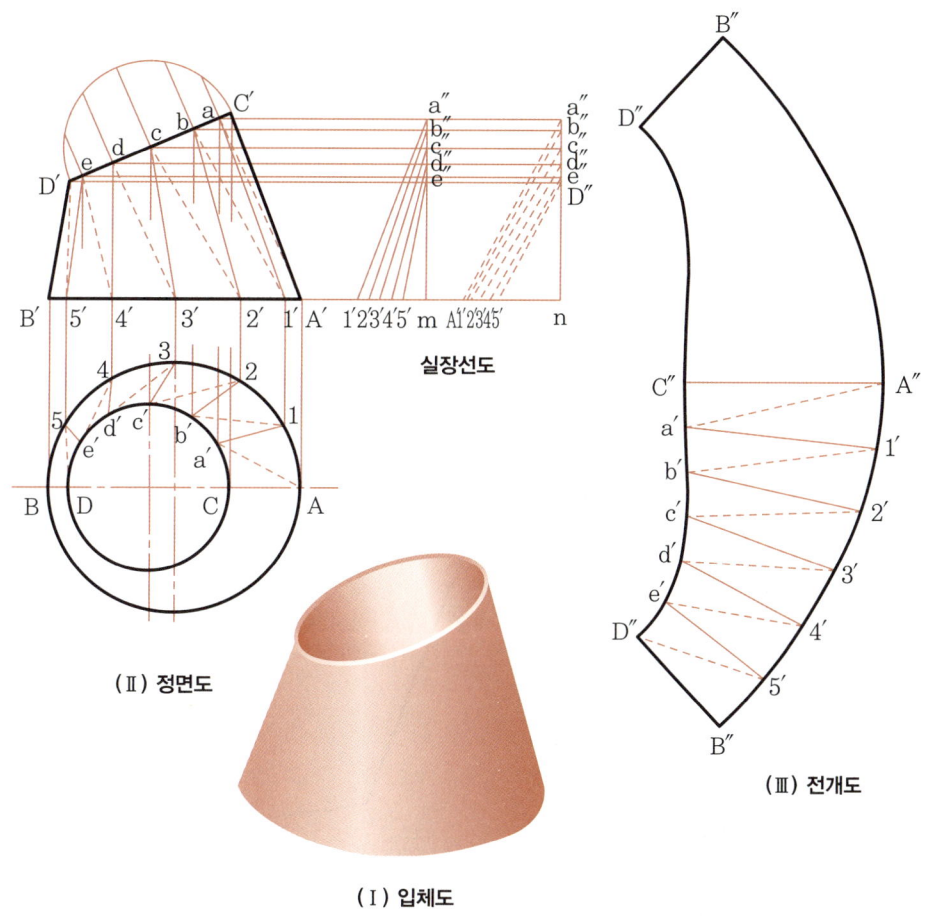

(Ⅱ) 정면도

(Ⅰ) 입체도

(Ⅲ) 전개도

① 평면도의 반원주를 6등분하여 등분점 1, 2 … 5를 얻은 후 $\overline{AB}$에 수선을 그어 $\overline{A'B'}$와 만난 점 A′, 1′, 2′ … B′를 얻는다.
② 정면도의 $\overline{C'D'}$를 지름으로 하는 반원주를 6등분하고 수선을 내려 a, b, c, d, e 점을 얻고, $\overline{A'B'}$에 수선을 내려 평면도의 작은 원과 만나는 점 a′, b′, c′, d′, e′를 얻는다.
③ 평면도 Aa′, a′1 … 5D를 연결한 후 정면도 $\overline{A'B'}$에 연장선을 긋고 $\overline{1a'}$는 $\overline{m1'}$로 밑면을 잡고 수선을 세운다.(실장선도)
④ 같은 방법으로 $\overline{Aa'}$를 $\overline{A'n}$으로 밑면으로 하고 수선을 세운다.
⑤ 정면도의 D′, e, d, c, b, a, C′를 $\overline{A'B'}$에 평행선을 그어 실장선도의 높이와 만나는 점을 얻고 실장을 구한다(실장선도 참조. $\overline{5'e''}$는 $\overline{5e}$의 실장이 된다).
⑥ 실장의 길이를 순차적으로 삼각형으로 나열한다.

## (6) 타원뿔

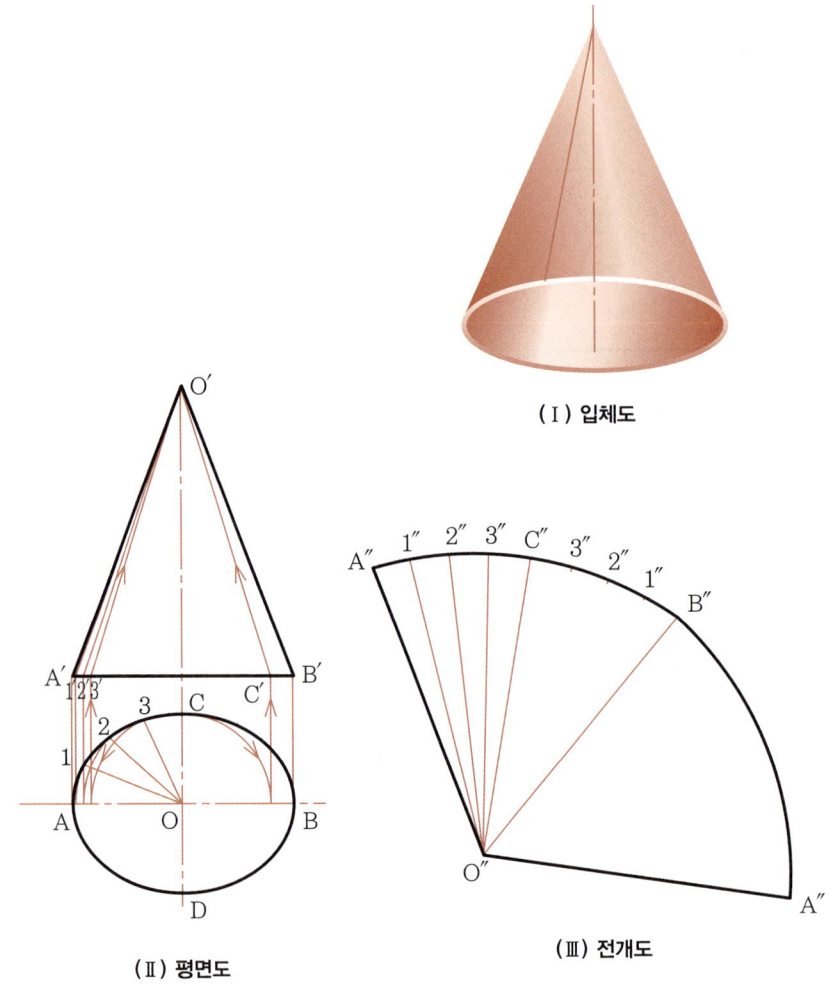

(Ⅰ) 입체도

(Ⅱ) 평면도

(Ⅲ) 전개도

① 평면도 타원주의 $\frac{1}{4}$, 즉 $\widehat{AC}$를 4등분하고 중심점 O를 중심으로 각 등분점을 지나는 원을 돌리어 $\overline{AB}$선상에 만나는 점을 얻는다.
② 각 점을 정면도 $\overline{A'B'}$까지 수선을 세워 만난 점 1′, 2′, 3′를 얻고 꼭짓점 O′와 연결한다.
③ 정면도의 꼭짓점에서 각 점까지의 거리는 실장이다(예 $\overline{O'1'}$ = $\overline{O1}$의 실장). 따라서 꼭짓점을 중심으로 각 선의 길이로 원을 돌린 후 A″를 기점으로 1/4 타원주 등분선의 간격으로 1′의 원과 만나는 점을 얻는다.
 (예 $\overline{O''A''}$ = $\overline{O'A'}$, $\overline{A''1''}$ = $\overline{A1}$, $\overline{O''1''}$ = $\overline{O'1'}$으로 하면 삼각형 O″A″1″가 이루어진다.)
④ 같은 방법으로 만나는 점을 얻고 원활한 곡선으로 연결한다.

## (7) 수평으로 절단된 타원뿔

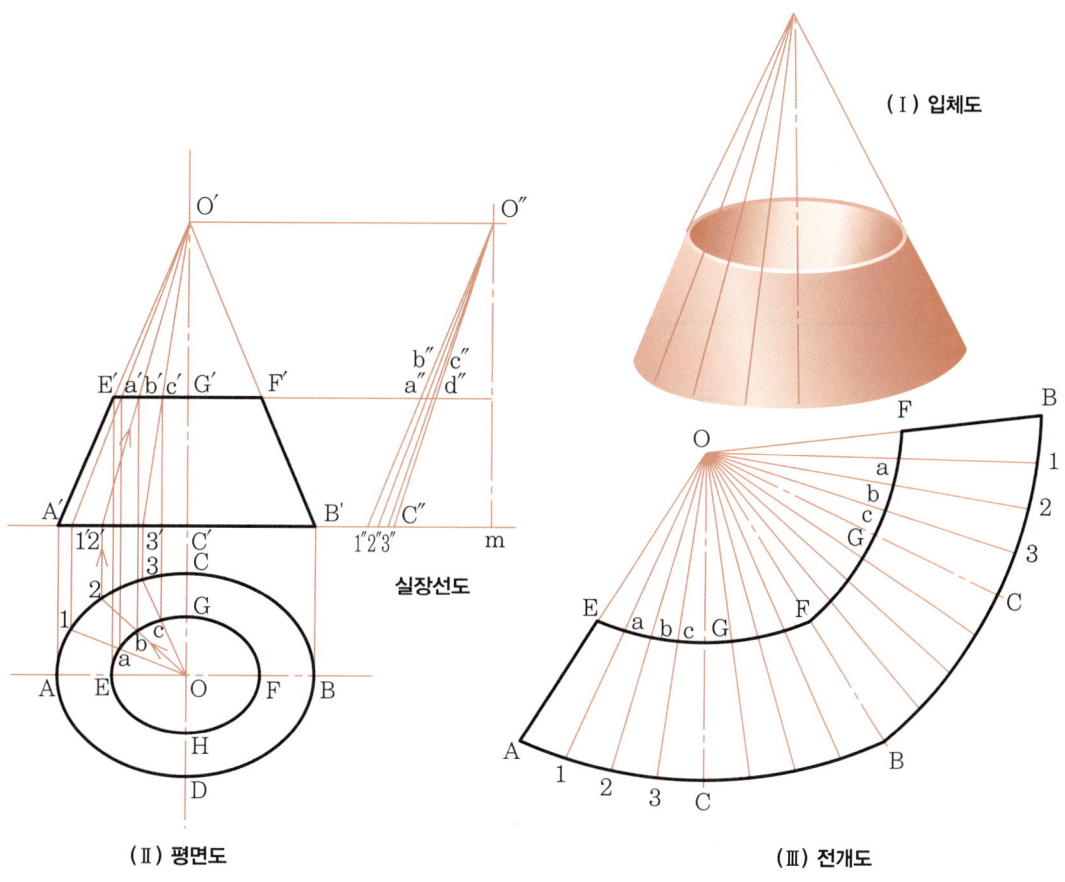

(Ⅰ) 입체도
(Ⅱ) 평면도
실장선도
(Ⅲ) 전개도

① 평면도 타원주의 $\frac{1}{4}$, 즉 $\overparen{AC}$를 4등분하여 등분점 A, 1, 2, 3, C를 O와 연결한 후 $\overline{AB}$에 수선을 세워 $\overline{A'B'}$와 만난 점 1′, 2′, 3′를 얻고 가상 꼭짓점 O′와 연결한다.

② 실장을 구하기 위하여 $\overline{A'B'}$를 연장하고 $\overline{1''m}$은 $\overline{1O}$의 길이로 잡고, 높이 $\overline{mO''}$는 $\overline{C'O'}$의 길이로 잡아 직각 삼각형 O″1″m을 얻는다.

③ $\overline{E'F'}$도 연장하여 $\overline{O''1''}$와의 교점 a″를 얻는다. $\overline{O''a''}$는 $\overline{Oa}$, $\overline{O''1''}$는 $\overline{O1}$의 실장이 된다. 같은 방법으로 $\overline{O2}$, $\overline{O3}$와 $\overline{OC}$의 실장 $\overline{O''2''}$, $\overline{O''3''}$와 $\overline{O''C''}$를 구할 수 있다(실장선도 참조).

④ 전개도 Ⅲ은 $\overline{OA} = \overline{O'A'}$, $\overline{A1} = \overline{A1}$, $\overline{O1} = \overline{O''1''}$로 하며 삼각형 OA1을 구한 후 $\overline{OE}$는 $\overline{O''E''}$로 등분한다.
같은 방법으로 $\overline{12} = \overline{12}$, $\overline{O2} = \overline{O''2''}$로 하여 삼각형 012를 얻고 $\overline{Oa}$는 $\overline{O''a''}$로 한다.

⑤ 같은 방법으로 하여 삼각형으로 연결한다.

## (8) 상부 원형, 하부 쟁반형의 연결부

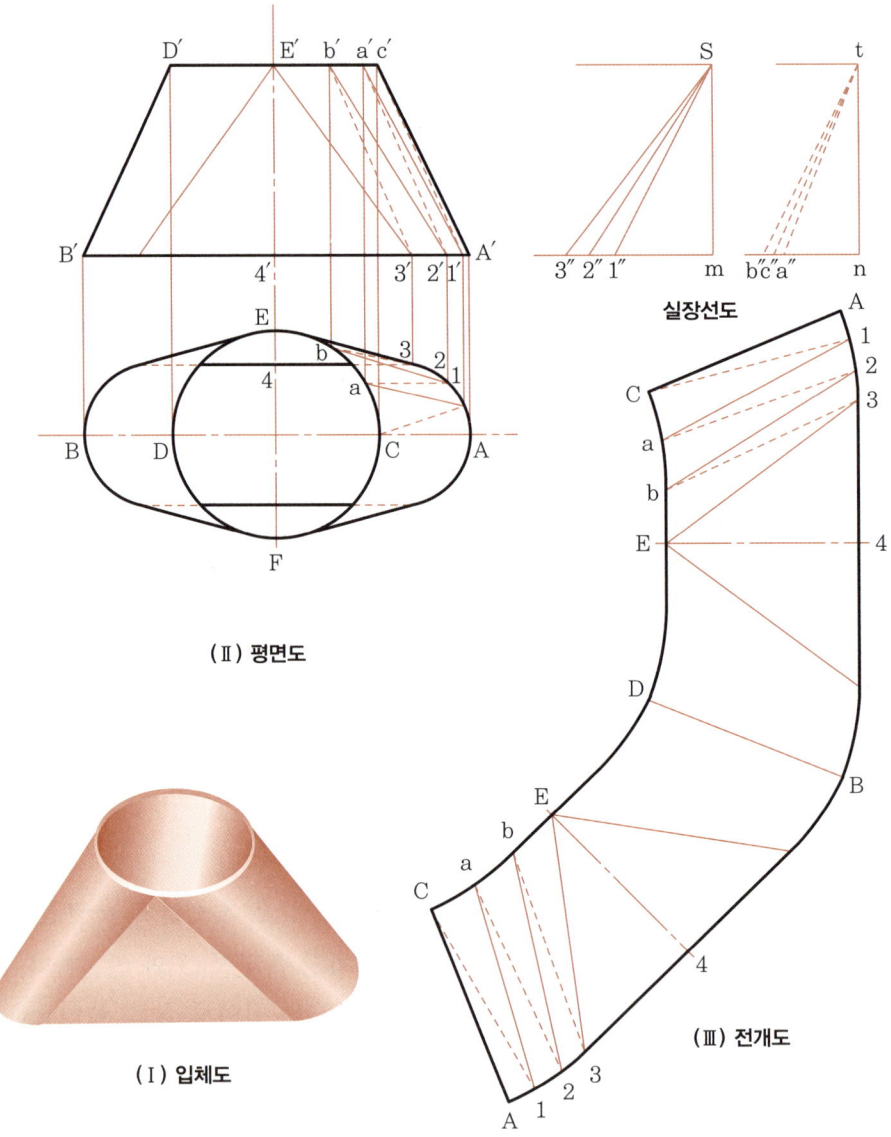

(Ⅰ) 입체도
(Ⅱ) 평면도
실장선도
(Ⅲ) 전개도

① 평면도 원호 $\overarc{A3}$과 $\overarc{CE}$를 3등분하여 등분점을 서로 연결한 후 대각선을 긋는다.
② 실장을 구하기 위하여 $\overline{a1}$과 같은 크기로 $\overline{m1''}$를 잡고 정면도의 높이 $\overline{E'4'}$로 $\overline{mS}$를 잡아 수직으로 세우면 직각 삼각형 S1″m이 구해진다(실장선도 참조).
③ $\overline{S1''}$는 $\overline{a1}$의 실장이다. 같은 방법으로 각 길이의 실장을 구한 후 삼각형으로 나열하여 전개도를 완성한다.

## (9) 경사지게 절단된 편심 타원통

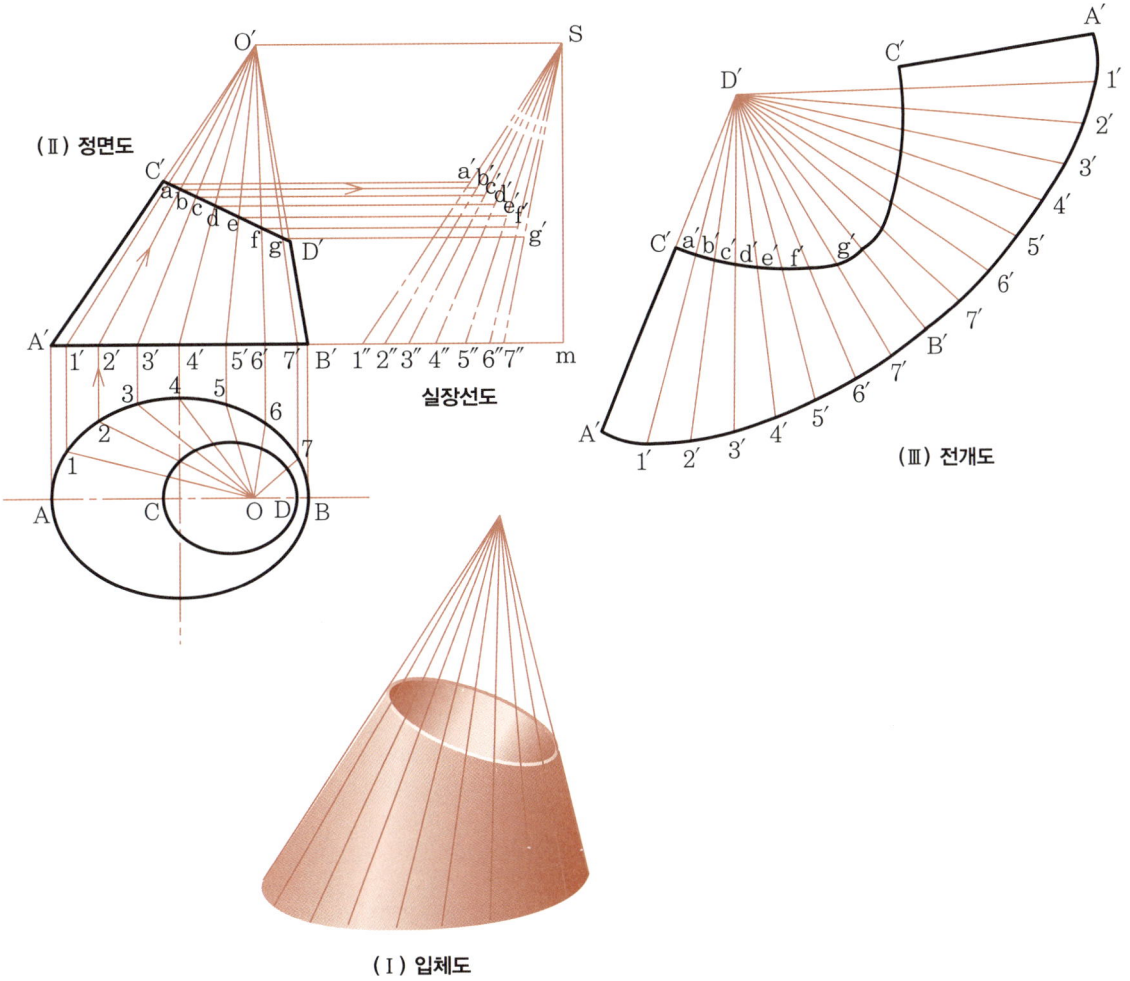

(Ⅱ) 정면도
실장선도
(Ⅲ) 전개도
(Ⅰ) 입체도

① 평면도의 타원 반주를 8등분한 후 중심점과 연결하고 등분점을 정면도 $\overline{A'B'}$에 수선으로 연결하여 1′ 2′ 3′ … 7′를 얻는다.
② 1′, 2′, 3′ … 7′를 꼭짓점 O′와 연결하여 $\overline{C'D'}$와의 만난 점 a, b, c … g를 구한다.
③ 실장을 구하기 위하여 $\overline{m1''}$는 $\overline{O1}$과 같게 하고 원뿔의 높이로 $\overline{mS}$를 잡으면 $\overline{S1''}$는 $\overline{O1}$의 실장이 된다.
④ 같은 방법으로 각 실장을 구한 후 정면도의 a, b … g가 $\overline{A'B'}$선과 평행하게 평행선을 그어 $\overline{S1''}$, $\overline{S2''}$ … $\overline{S7''}$와 만나는 점 a′ b′ … g′를 구한다(실장선도 참조).
⑤ $\overline{a'1''}$, $\overline{b'2''}$ … $\overline{g'7''}$는 $\overline{a1'}$, $\overline{b2'}$ … $\overline{g7'}$의 실장이 된다.
⑥ 구해진 실장을 순차적으로 나열하면 전개도가 완성된다.

## (10) 타원형 용기

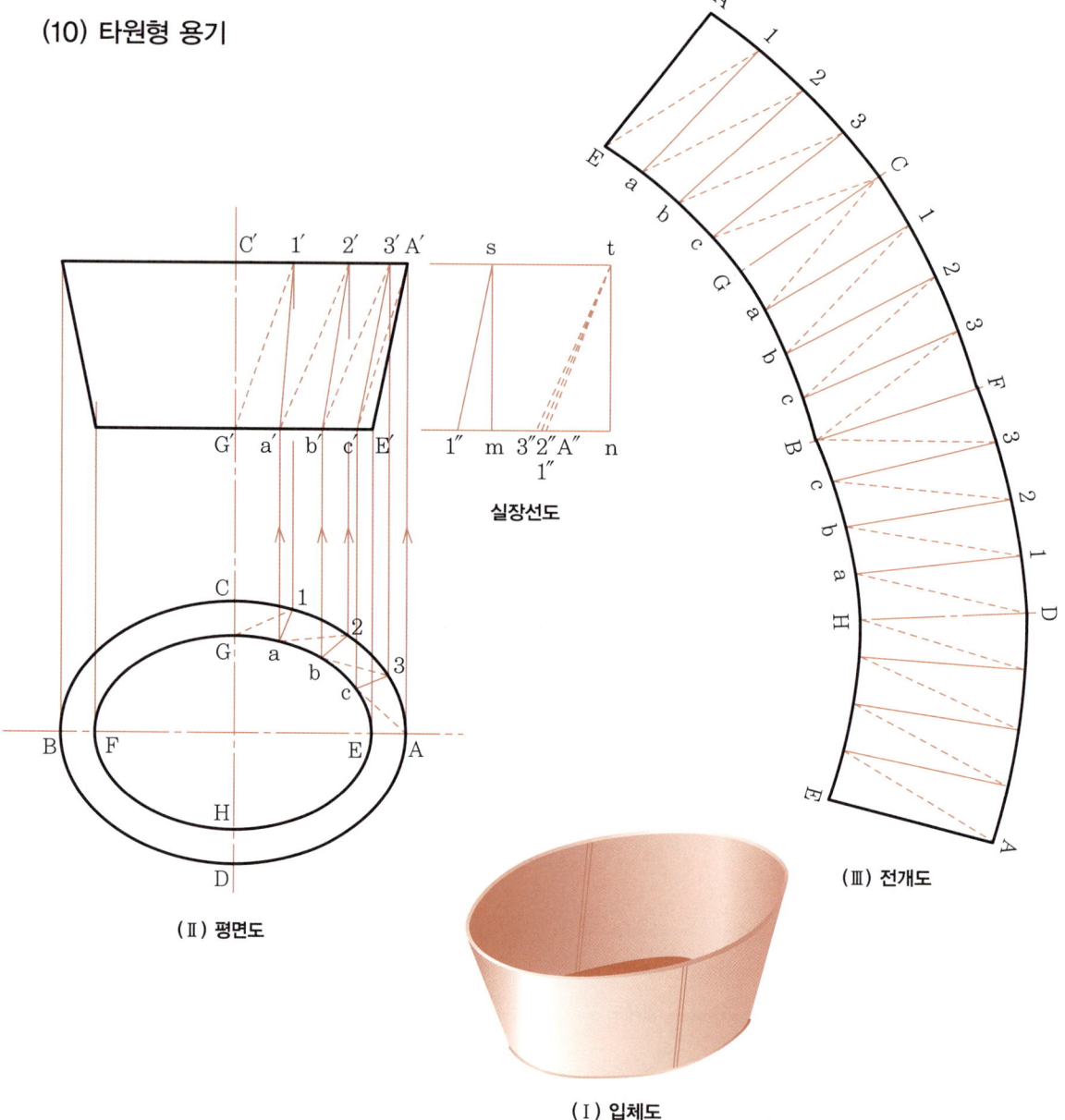

(Ⅱ) 평면도
실장선도
(Ⅰ) 입체도
(Ⅲ) 전개도

① 평면도의 타원주의 $\frac{1}{4}$ $\overparen{AC}$와 $\overparen{EG}$를 4등분하고 등분점을 연결한 후 대각선을 그어 삼각형으로 분할한다.
② 실선의 실장을 구하기 위하여 밑변을 $\overline{1a}$, 높이를 $\overline{C'G'}$로 하여 수선을 세우면 직각 삼각형 s1″m을 얻을 수 있다.
1a≒2b≒3가 되므로 $\overline{s1''}$를 실장으로 한다(실장선도 참조).
③ 대각선의 실장도 밑변을 $\overline{G1}$로 잡으면 실장 $\overline{t1''}$가 구해진다. 같은 방법으로 $\overline{a2}$, $\overline{b3}$, $\overline{cA}$의 실장 $\overline{t2''}$, $\overline{t3''}$, $\overline{tA''}$를 구한다(실장선도 참조).
④ 각 실장을 순차적으로 삼각형으로 나열한다.

## (11) 기운 쟁반형 용기

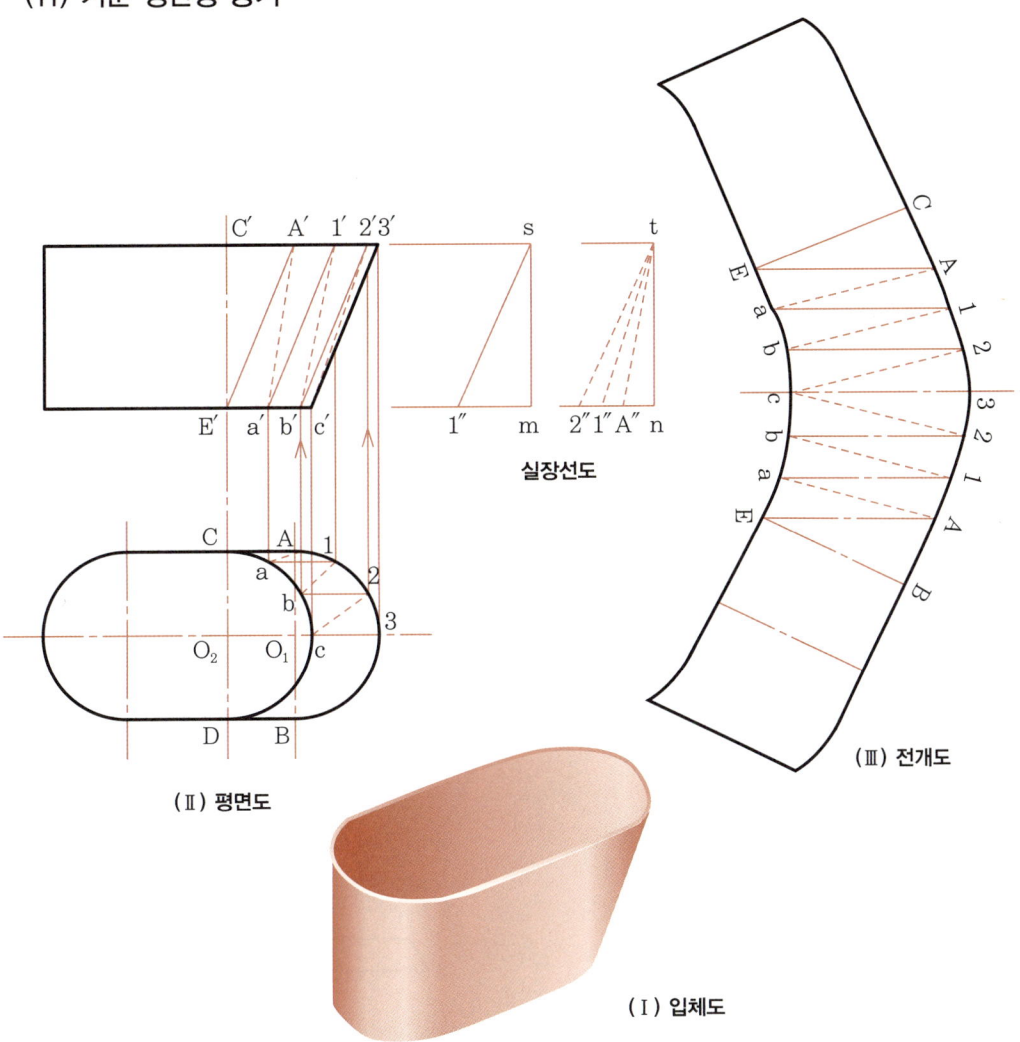

(Ⅰ) 입체도
(Ⅱ) 평면도
(Ⅲ) 전개도
실장선도

① 평면도의 원호 $\overset{\frown}{A3}$와 $\overset{\frown}{Cc}$를 3등분하고 등분점을 연결하고 대각선을 그어 삼각형으로 나눈다.
② a1 = $\overline{b2}$이므로 밑변으로 잡고 $\overline{C'E'}$를 수직으로 세워 직각 삼각형 s1″m을 구하면 $\overline{s1''}$는 $\overline{a1}$의 실장이 된다.
③ 같은 방법으로 $\overline{aA}$를 밑변으로 하고 $\overline{E'C'}$를 수직으로 세워 직각 삼각형 tA″n을 구하면 $\overline{tA''}$는 $\overline{aA}$의 실장이 된다(실장선도 참조).
④ 같은 방법으로 $\overline{b1}$, $\overline{c2}$의 실장 $\overline{t1''}$, $\overline{t2''}$를 구한다.
⑤ 각 실장을 순차적으로 삼각형으로 나열하면 전개도의 일부 A3 cE가 완성되며 일변 AE에 정면도 $\overline{A'C'}$, $\overline{C'E'}$를 변으로 하는 삼각형 CAE를 대입하면 C3 cE의 전개도가 완성된다.
⑥ 다른 부분의 전개도는 평행선법을 사용하여 $\overline{C'E'}$의 길이로 용기 직선부의 길이를 나열한다.

## (12) 석탄 버킷(양동이)

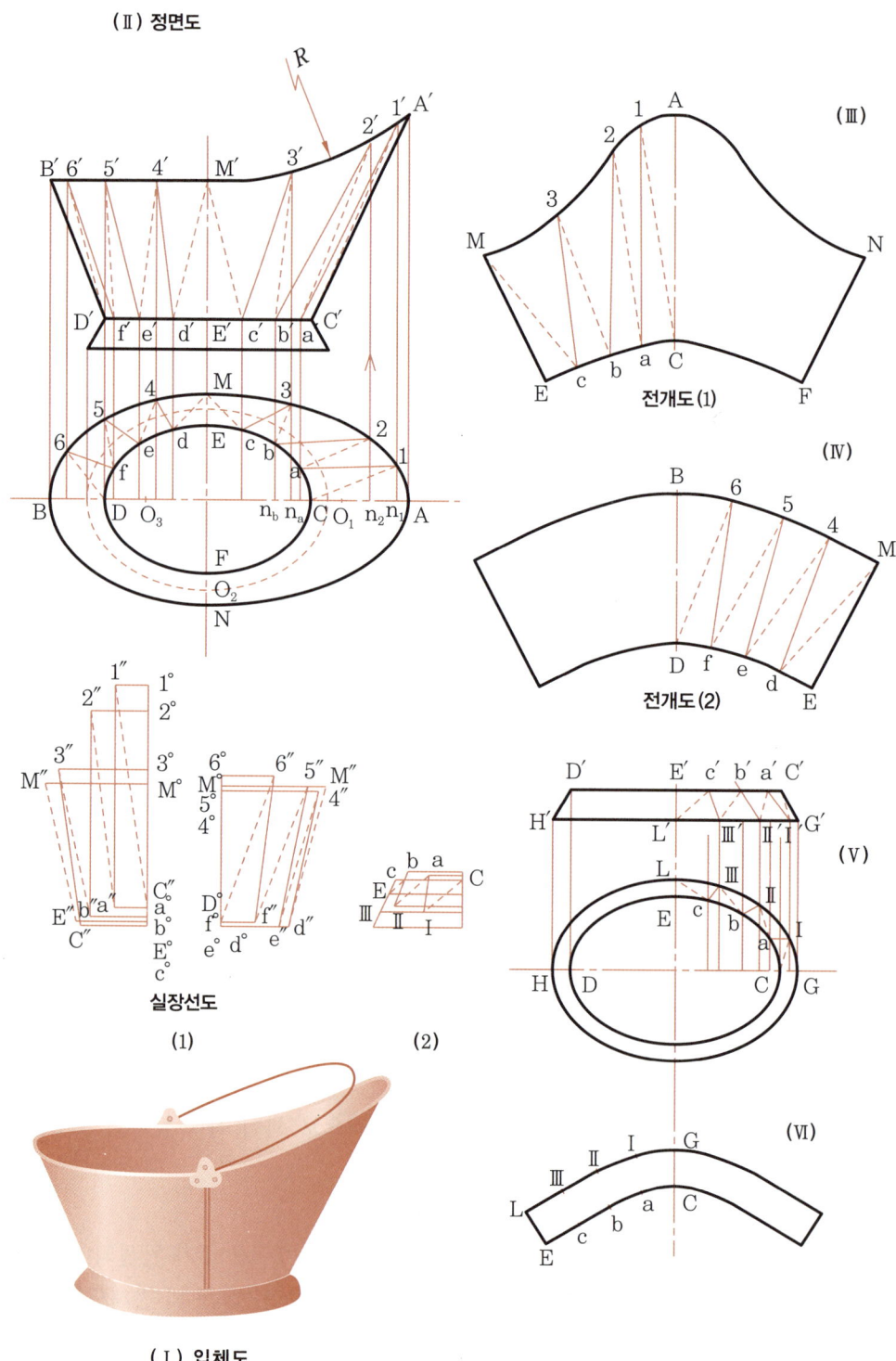

① 평면도 CEDF의 반원과 AMB, 즉 $O_1$을 중심으로 하는 A2, 그리고 $O_2$를 중심으로 하는 2, M 또 $O_3$를 중심으로 하는 5B로 구성되어 있다.

② 타원 반주 CED를 8등분하고 원호 $\widehat{A2}$, $\widehat{2M}$을 2등분하고 $\widehat{MB}$를 4등분하여 등분점을 얻고 서로 연결한 후 대각선을 그어 16개의 삼각형을 만든다.

③ 각 점을 $\overline{AB}$에 수선을 세워 정면도의 만나는 점 1′, 2′ … 6′ 와 a′, b′ … f′를 구한 후 서로 연결하고 $\overline{AB}$선상에 연장하여 만나는 점 $n_1$, $n_2$, $n_a$, $n_b$를 얻는다.

④ 실장을 구하기 위하여 실장선도 $\overline{1°C''}$ = 정면도 $\overline{1'C'}$, $\overline{1°1''}$ = 정면도 $\overline{1n_1}$으로 하면 삼각형 $1''C_0''1°$가 구해진다. $\overline{1''C_0''}$는 $\overline{1'C'}$의 실장이 된다(실장선도 참조).

⑤ $\overline{1°a°}$ = 1′a′, $\overline{a°a''}$ = $an_a$로 하여 사각형 $1°1''a''a°$를 구하면 $\overline{1''a''}$는 $\overline{1'a'}$의 실장이 된다.

⑥ 같은 방법으로 각부의 실장을 구한 후 순차적으로 삼각형으로 나열하면 상부 전개도가 완성된다.

⑦ 하부는 타원주의 $\frac{1}{4}$을 4등분하고 등분점을 연결하고 대각선을 그어 삼각형으로 나눈다.

⑧ 상부의 방법을 사용하여 실장을 구한 후 순차적으로 삼각형으로 나열하면 전개도가 완성된다.

## (13) 상부 타원, 하부 원형의 연결부

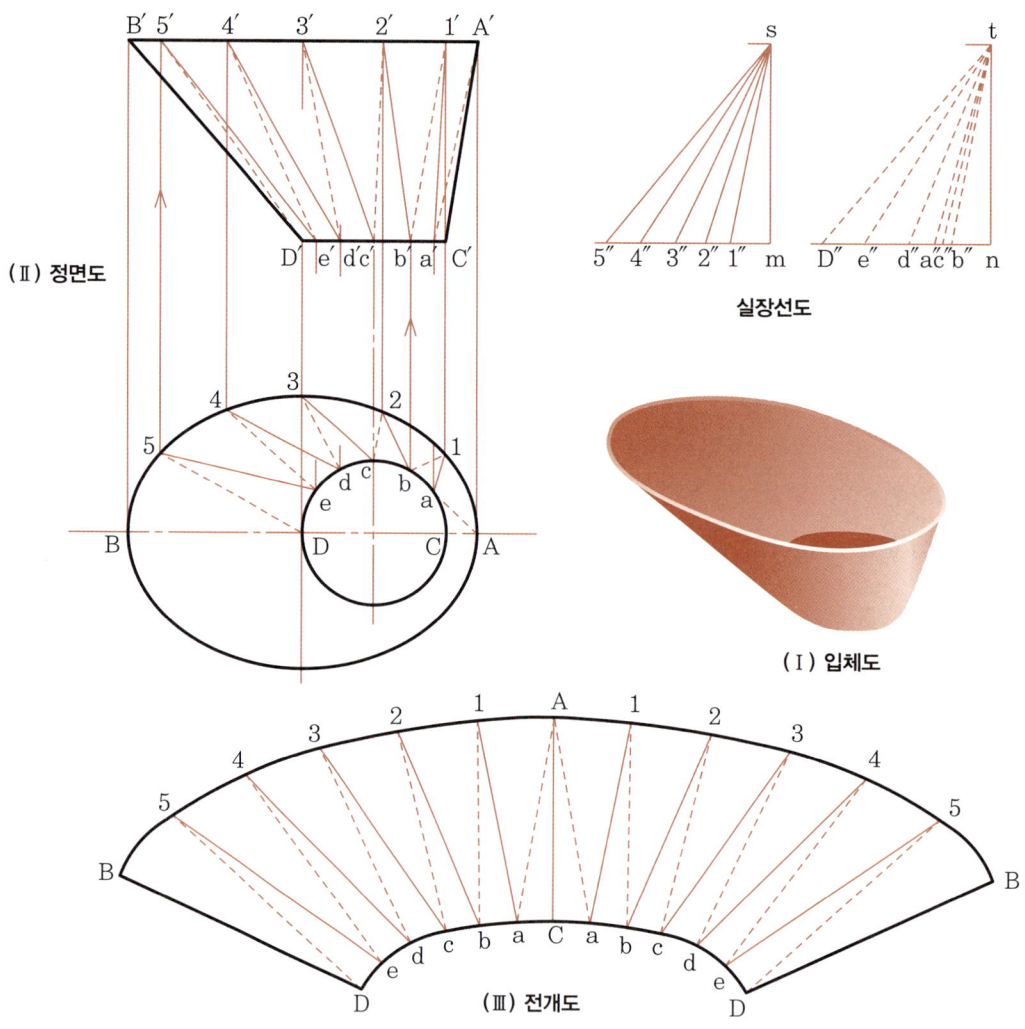

① 평면도의 타원 반주 $\widehat{AB}$와 원의 반원주 $\widehat{CD}$를 6등분하여 등분점을 연결하고 대각선을 그어 12개의 삼각형을 완성한다.
② 실장을 구하기 위하여 용기의 높이에 평면도의 길이 $\overline{a1}$를 밑면으로 직각으로 대입하면 삼각형 s1″m을 구할 수 있다
③ $\overline{s1''}$는 $\overline{a1}$의 실장이 된다. 같은 방법으로 $\overline{b2}$, $\overline{c3}$, $\overline{d4}$, $\overline{e5}$의 실장 $\overline{s2''}$, $\overline{s3''}$, $\overline{s4''}$, $\overline{s5''}$를 구한다(실장선도 참조).
④ 대각선의 길이도 같은 방법으로 실장을 구한 후(예 $\overline{aA} = \overline{ta''}$) 순차적으로 삼각형으로 나열한다.

## (14) 사각뿔 2편 엘보

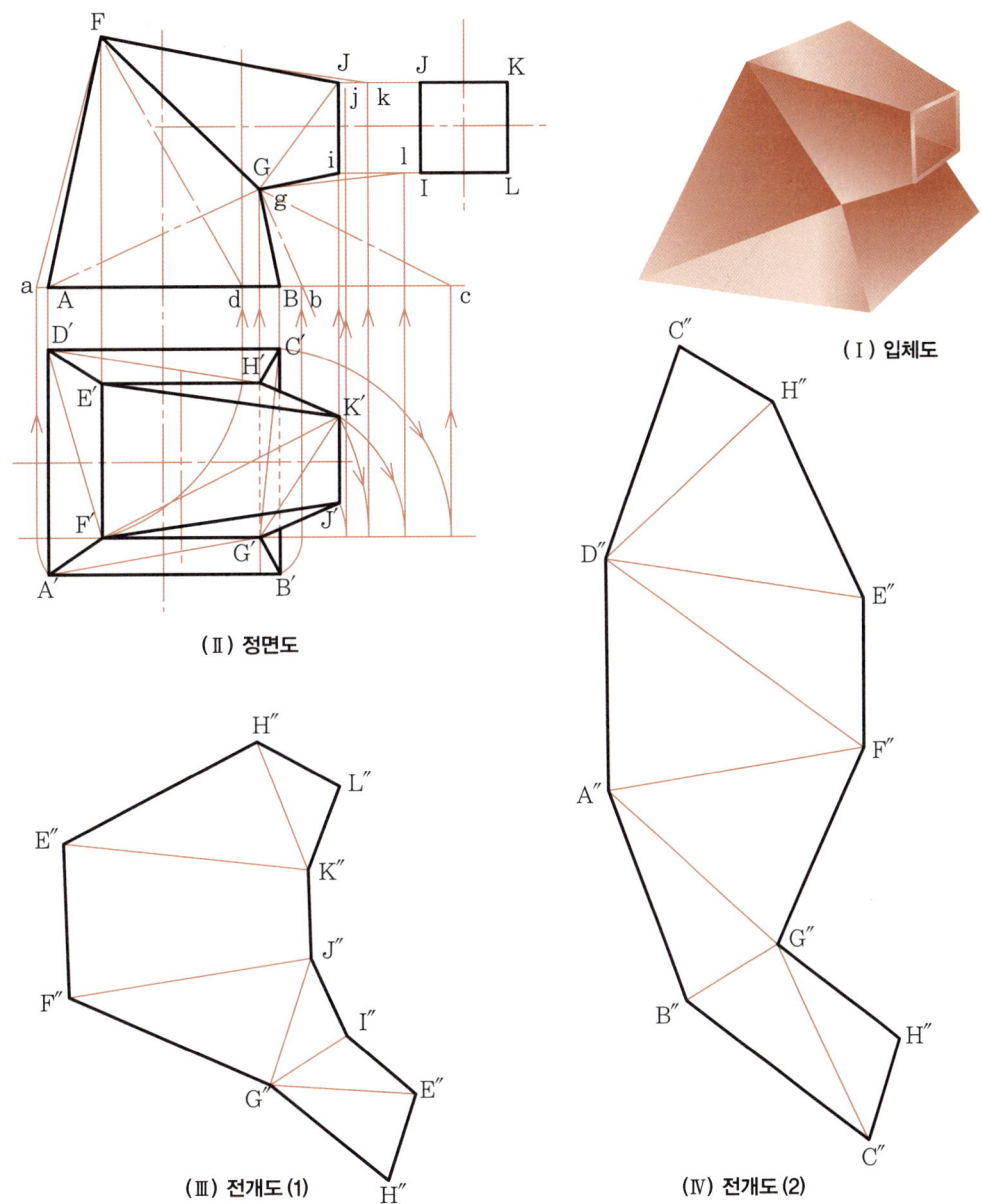

(Ⅰ) 입체도
(Ⅱ) 정면도
(Ⅲ) 전개도 (1)
(Ⅳ) 전개도 (2)

① 평면도의 각 면에 대각선을 그어 삼각형으로 분할한다.
② 실장을 구하기 위하여 평면도 D′점을 중심으로 F′를 지나는 원을 돌리어 $\overline{D'C'}$와 만난 점을 얻고 수선을 세워 $\overline{aB}$에 만나는 점 d를 잡으면 $\overline{Fd}$는 $\overline{D'F'}$의 실장이 된다.
③ 같은 방법으로 각 선의 실장을 구한 후 순차적으로 삼각형으로 나열하면 전개도를 얻을 수 있다.

## (15) 90° 비틀린 사각관의 연결부

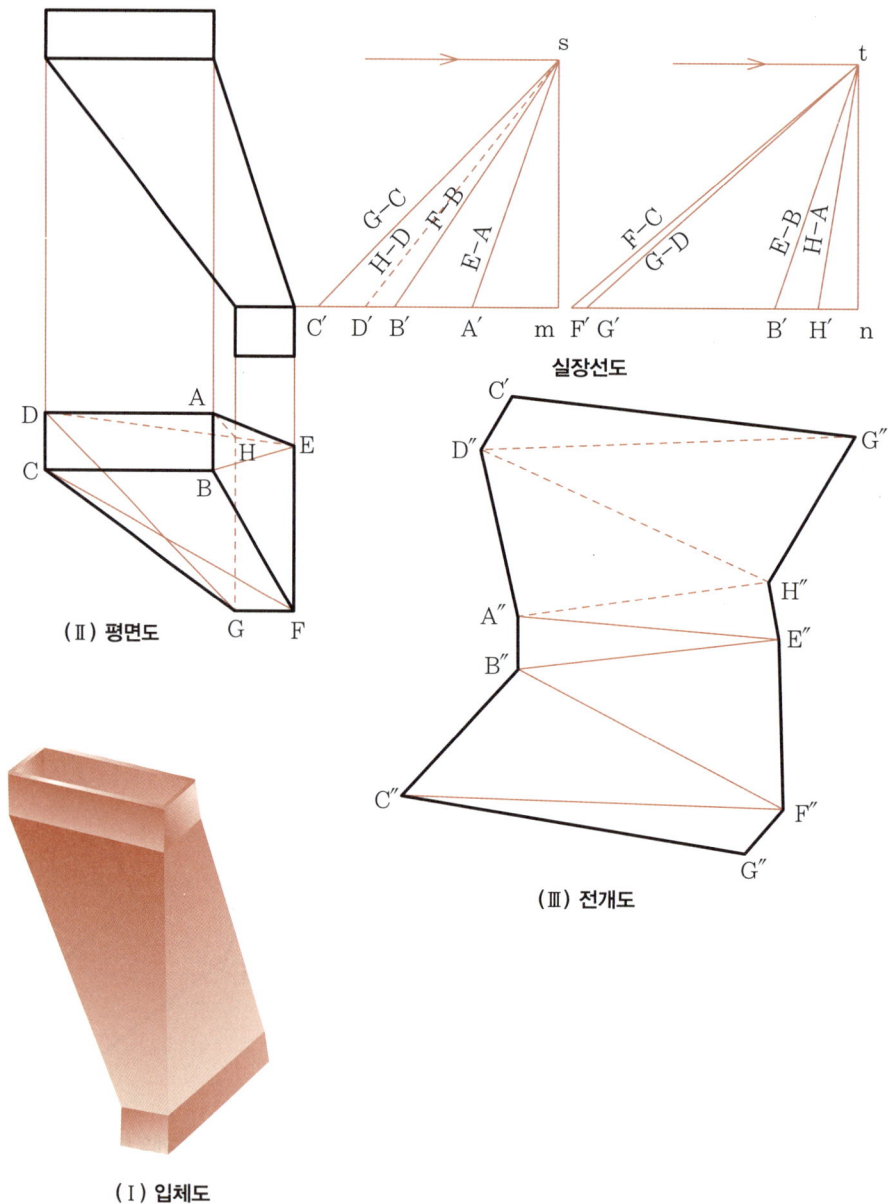

(Ⅱ) 평면도
실장선도
(Ⅲ) 전개도
(Ⅰ) 입체도

① 평면도의 H와 A, E와 B, F와 C, G와 D를 연결하여 삼각형을 만든다.
② 실장을 구하기 위하여 $\overline{ms}$는 높이 $\overline{mA'}=\overline{EA}$, $\overline{mB'}=\overline{FB}$, $\overline{mD'}=\overline{HD}$, $\overline{mC'}=\overline{GC}$와 같은 크기이며 직각으로 대입하면 빗변은 실장이다.
③ 같은 방법으로 $\overline{HA}$, $\overline{EB}$, $\overline{GD}$, $\overline{FC}$의 실장을 구하여 순차적으로 삼각형으로 나열한다.
④ 각 실장의 길이를 순차적으로 삼각형 전개법으로 전개한다.

## (16) 쟁반형과 원형으로 연결된 경사 원뿔

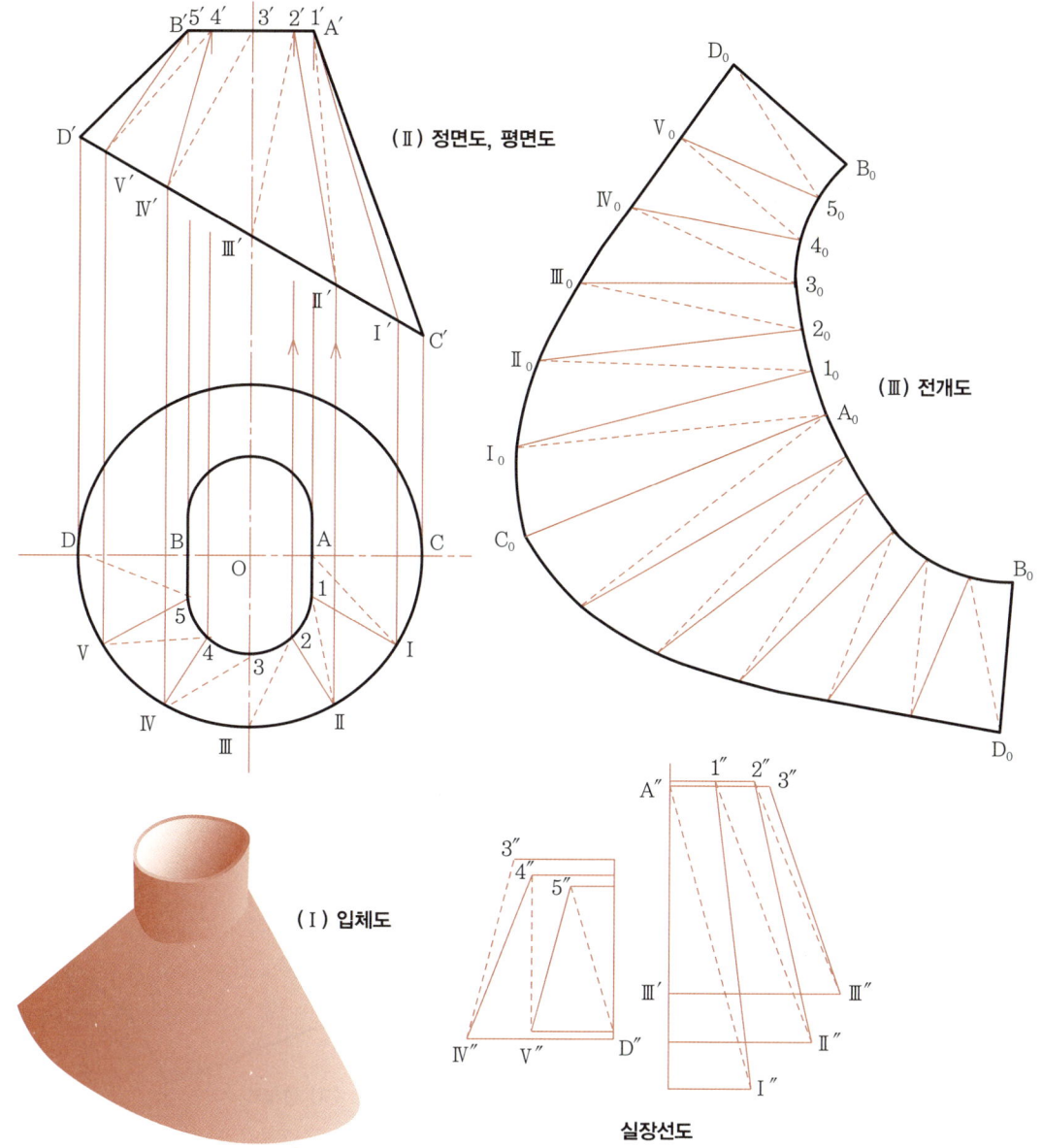

① 평면도의 반원주 $\overline{DC}$와 $\overline{AB}$를 6등분하여 등분점을 연결하고 대각선을 그어 완성한다.
② 평면도의 각 점을 $\overline{DC}$에 수선을 세워 정면도와 만난 점 Ⅰ′, Ⅱ′⋯Ⅴ′와 1′, 2′⋯5′를 얻는다.
③ 각 선의 높이에 평면도의 길이를 직각으로 대입하면 실장의 길이를 얻을 수 있다(실장선도 참조). 정면도 3′Ⅲ′는 실장선도 $\overline{A''Ⅲ'}$의 높이, $\overline{Ⅲ'Ⅲ''}$는 평면도 $\overline{OⅢ}$, $\overline{A''3''}$는 평면도 $\overline{O3}$, $\overline{3''Ⅲ''}$는 3′Ⅲ′ 실장이다.
④ 같은 방법으로 실장을 구한 후 각 실장의 길이를 순차적으로 삼각형으로 나열한다.

## (17) 지름이 다른 관의 직각 연결부

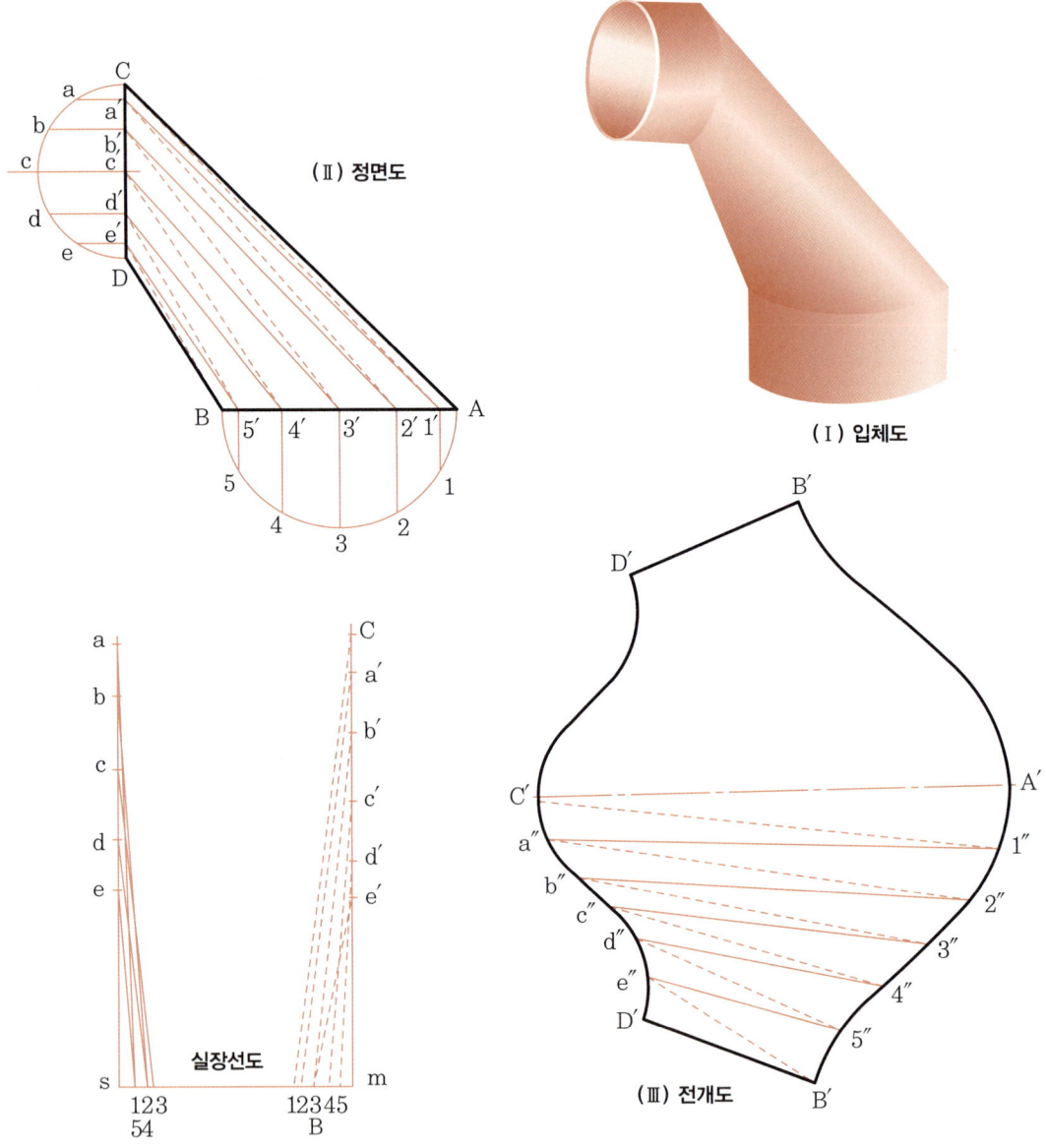

① 큰 원주와 작은 반원주를 6등분하여 절단면에 수선을 세운 후 만난 점을 얻고 서로 연결한 후 대각선을 그어 삼각형으로 등분한다.
② 실장을 구하기 위하여 각 면소의 길이를 실장선도 높이의 길이를 잡고 등분선의 실장(밑면)은 큰 원의 등분점 수선의 길이에서 작은 원의 등분점 수선의 길이 차이를 직각으로 대입하면(예 $\overline{55'} - \overline{ee'}$ = s5) 실장(예 $\overline{e'5'} = \overline{e5}$)을 얻을 수 있다(실장선도 참조).
③ 같은 방법으로 대각선의 실장을 구한 후 순차적으로 삼각형으로 나열한다.

## (18) 하부 원형, 상부 쟁반형의 연결부

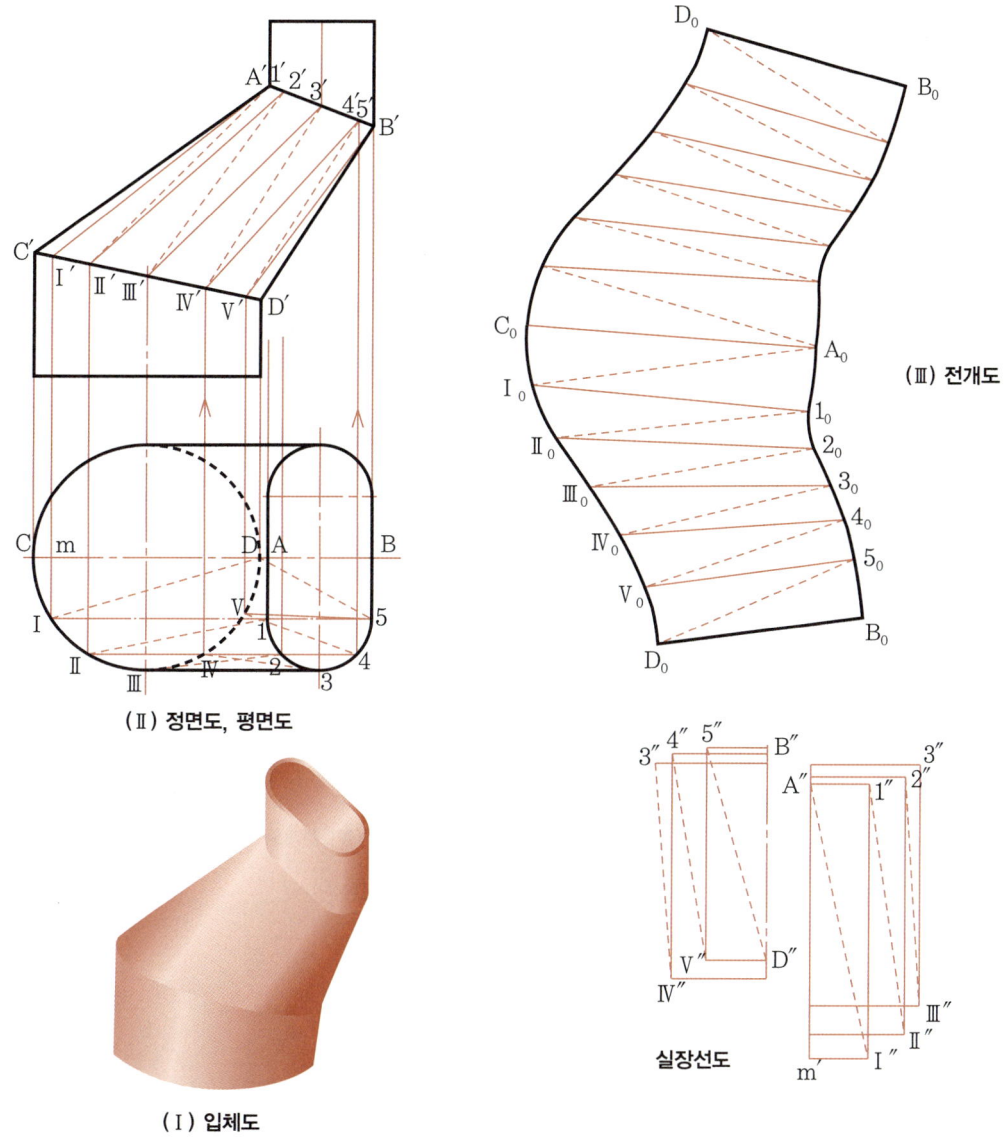

(Ⅰ) 입체도
(Ⅱ) 정면도, 평면도
(Ⅲ) 전개도
실장선도

① 평면도의 반원주 $\overline{CD}$를 6등분하고 등분점을 Ⅰ, Ⅱ … Ⅴ라 하고 $\overline{15}$를 4등분하여 2, 3, 4라 한다.
② 각 등분점을 서로 연결하고 대각선을 그은 후 $\overline{CB}$에 수선을 세워 정면도의 만나는 점을 얻는다.
③ 실장을 구하기 위하여 $\overline{m'A''}$를 $\overline{I'A'}$와 같게 하고 $\overline{m'I''}$를 평면도의 $\overline{mI}$와 같게 하면 $\overline{A'I'}$의 실장 $\overline{A''I''}$를 얻고, $\overline{A''1''}$를 $\overline{A1}$과 같게 하여 $\overline{1I}$의 실장 $\overline{1''I''}$를 구한다(실장선도 참조).
④ 같은 방법으로 각 선의 실장을 구하여 순차적으로 삼각형으로 나열한다.

## (19) 만곡된 사각관

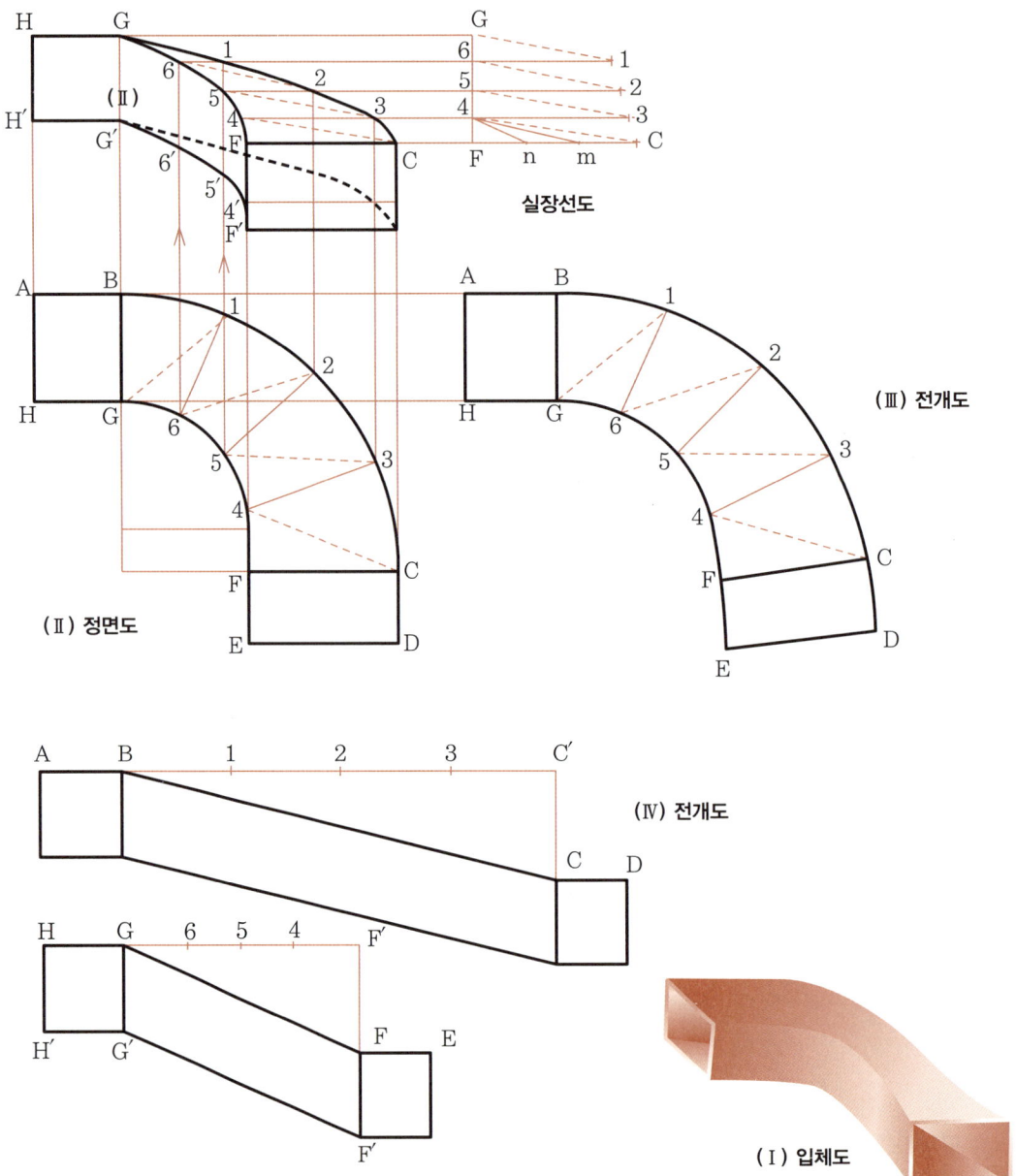

(Ⅱ) 정면도
(Ⅲ) 전개도
(Ⅳ) 전개도
(Ⅰ) 입체도
실장선도

① 평면도의 원호 $\widehat{BC}$와 $\widehat{GF}$를 4등분하여 등분점을 연결하고 대각선을 그어 삼각형으로 한다.
② 각 점을 $\overline{AB}$에 수선을 세워 정면도의 만나는 점을 얻고 각 점간의 높이를 얻는다.
③ 평면도의 길이를 $\overline{G1}$ = 실장선도 $\overline{6\,1}$, $\overline{6\,2}$ = 실장선도 $\overline{5\,2}$로 높이에 직각으로 대입하여 대각선으로 실장을 구한다(실장선도 참조).
④ 실장을 삼각형으로 순차적으로 나열하고 직선부를 연결한다.

## (20) 원뿔 2방 가지관

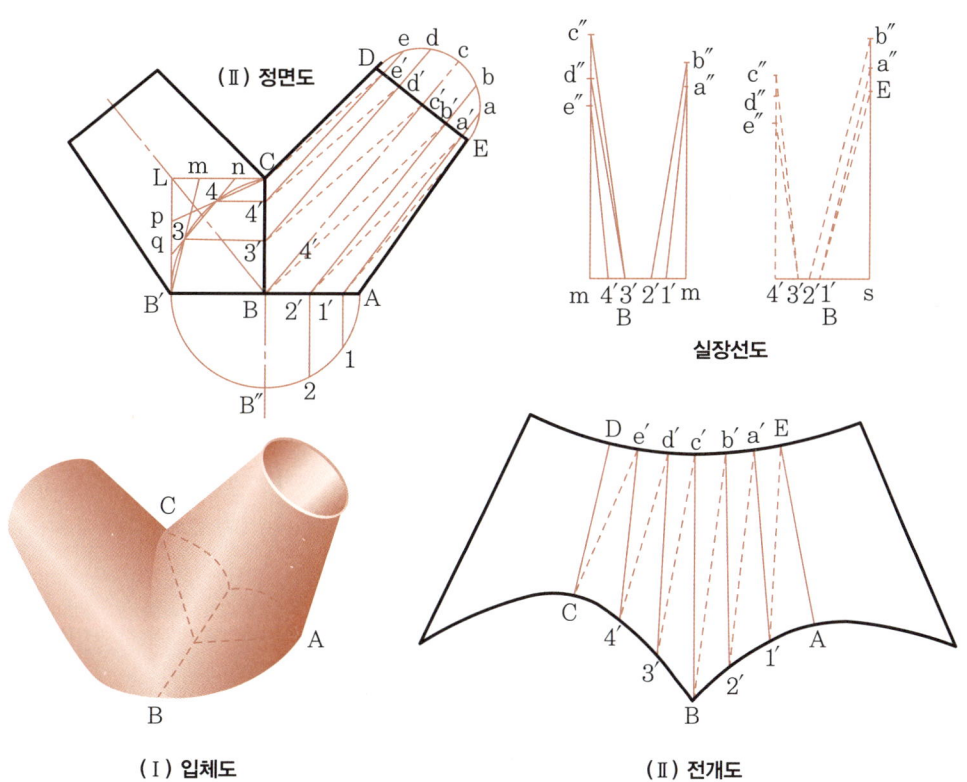

(Ⅰ) 입체도
(Ⅱ) 정면도
실장선도
(Ⅲ) 전개도

① $\overline{BC}$, $\overline{BB'}$를 변으로 하는 사각형 BCLB'를 그린 후 $\overline{LC}$, $\overline{LB'}$를 3등분하고 등분점 n과 q, m과 B', C와 p를 연결하여 만나는 점 B', 3, 4, C를 곡선으로 연결하면 B'CB는 단면 BC의 실형도가 된다.

② 3, 4를 $\overline{B'B}$에 평행선을 그어 $\overline{BC}$와의 만나는 점 3′ 4′를 얻는다.

③ 반원주 $\overparen{AB'}$를 6등분하고 등분점 1, 2를 $\overline{AB}$에 수선을 내려 $\overline{AB}$와 만난 점 1′ 2′를 얻고, 반원 $\overparen{ED}$를 6등분하여 등분점 a, b … e를 $\overline{ED}$에 수선을 내려 $\overline{ED}$와 만나는 점 a′, b′ … e′를 얻어 각 점을 연결하고 대각선을 그어 12개의 삼각형으로 분할한다.

④ 실장을 구하기 위하여 정면도의 $\overline{BB''}$와 $\overline{bb'}$와의 길이의 차이로 $\overline{sB}$를 잡고, 정면도의 $\overline{Bb'}$와 같게 $\overline{sb''}$를 직각으로 대입하면 빗변 $\overline{Bb''}$는 $\overline{Bb'}$의 실장이 된다.

⑤ $\overline{s2'}$를 정면도의 $\overline{22'}$와 $\overline{aa'}$와의 차이로 잡고 $\overline{sa''}$ 정면도의 $\overline{2'a'}$와 같게 직각으로 대입하면 $\overline{2'a''}$는 정면도 $\overline{2'a'}$의 실장이 된다(실장선도 참조).

⑥ 같은 방법으로 실장을 구한 후 순차적으로 삼각형으로 나열하여 전개도를 완성한다.

## (21) 원뿔 3방 가지관

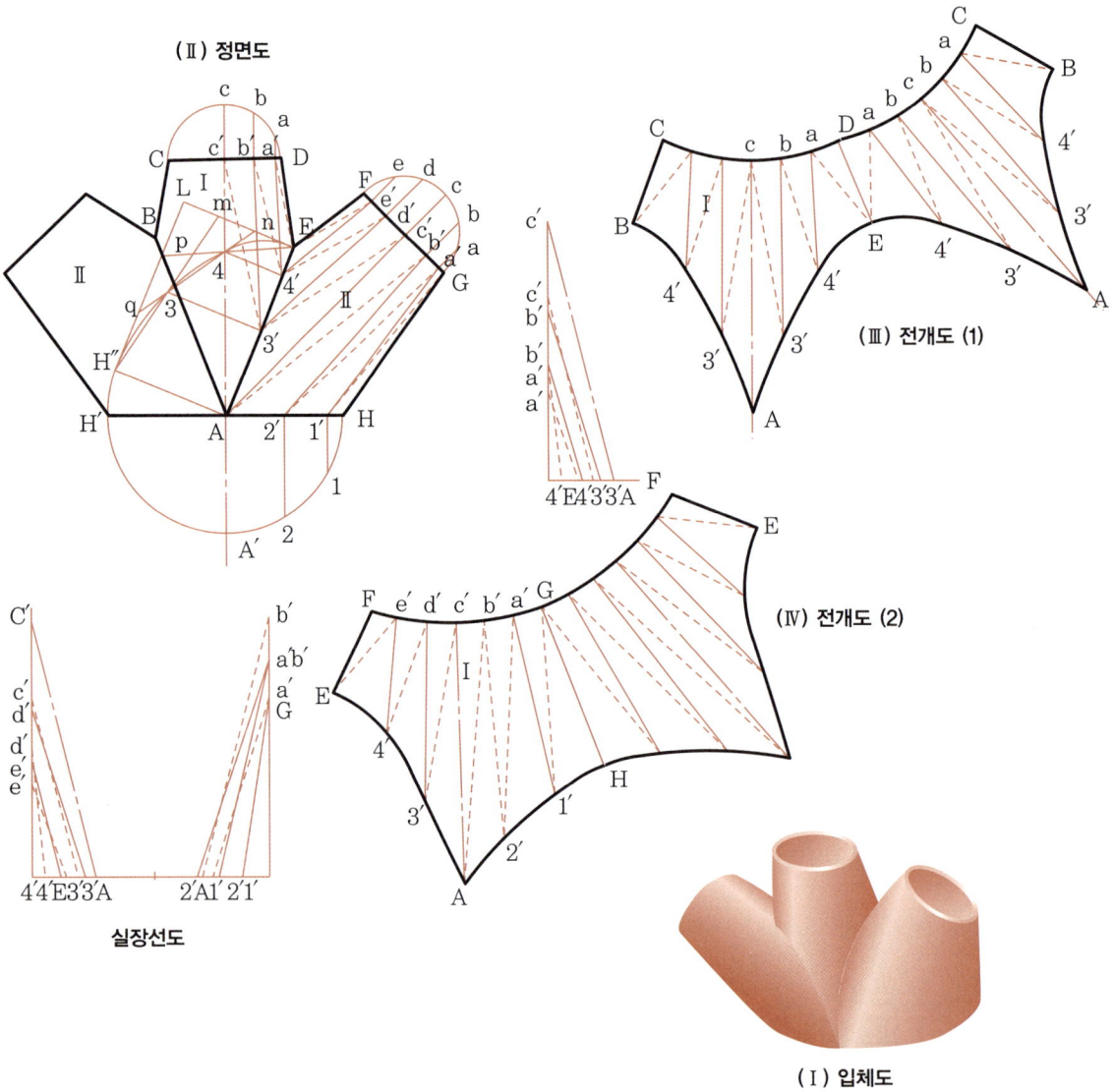

① 반원 $\overparen{CD}$, $\overparen{FG}$, $\overparen{HH'}$를 6등분하여 등분점을 지름에 수선으로 내려 지름과의 교점 a′, b′ … e′ 및 1′, 2′를 구한다.
② AH″와 AE를 변으로 하는 사각형 AELH″를 그린 후 변 $\overline{LH''}$를 3등분하고 등분점 n과 q, m과 H″, E와 p를 연결하여 만나는 점 3, 4를 구하여 H″, 3, 4, E를 곡선으로 연결하면 EH″A는 EA의 단면형이 된다.
③ 3, 4를 $\overline{AE}$에 수선으로 그어 만나는 점 3′ 4′를 구하여 등분점을 연결하고 대각선을 그어 18개의 삼각형으로 분할한다.
④ 삼각형의 각 변의 실장을 구한다(실장선도 참조).
⑤ 실장의 길이를 순차적으로 삼각형으로 나열하여 전개도를 완성한다.

## (22) 원과 사각으로 이룬 관의 2방 가지관

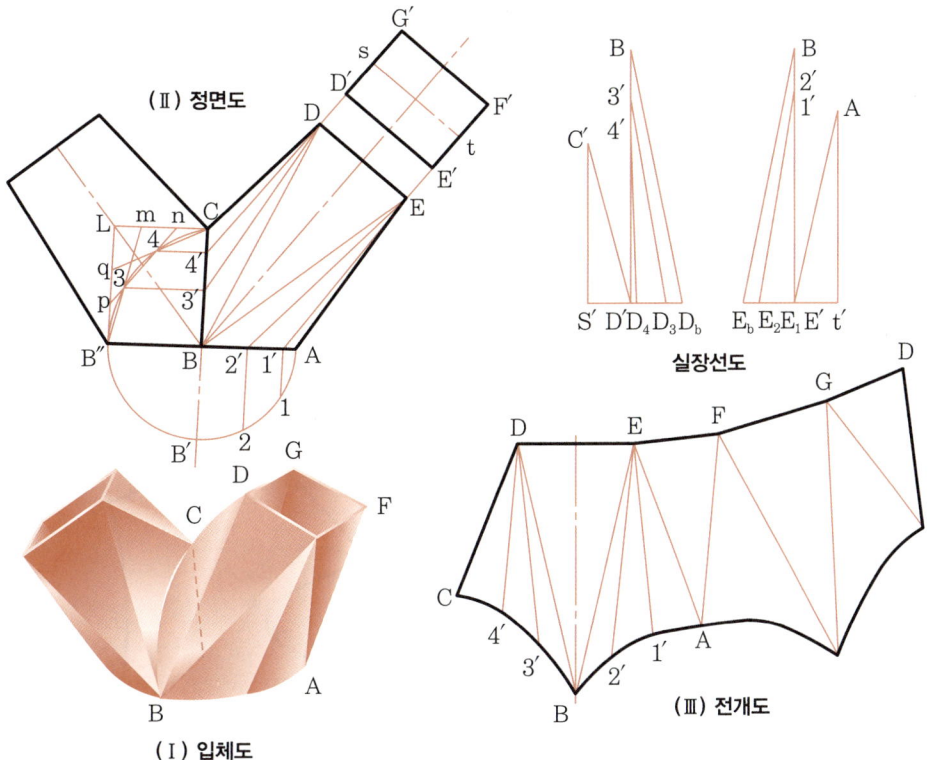

(Ⅰ) 입체도
(Ⅱ) 정면도
실장선도
(Ⅲ) 전개도

① 반원주 $\overset{\frown}{AB''}$를 6등분하여 등분점 1, 2를 얻고 $\overline{AB}$에 수선을 그어 만나는 점 1′ 2′를 얻는다.
② $\overline{BC}$와 $\overline{BB''}$를 변으로 하는 사변형 BCLB″를 그리고 변 $\overline{CL}$과 $\overline{LB''}$를 3등분한 후 등분점 n과 p, m과 B″, C와 q를 연결하여 만나는 점 3, 4를 얻는다.
③ 3, 4에서 $\overline{BC}$에 수선을 세워 $\overline{BC}$와 만나는 점 3′, 4′를 연결하여 정면도를 8개의 삼각형으로 나눈다.
④ 실장을 구하기 위하여 실형도 $\overline{sD'}$의 길이로 $\overline{S'D'}$를 얻고, $\overline{CD}$와 같게 $\overline{S'C'}$를 수선으로 연결하면 직각 삼각형 C′D′S′를 얻는다. $\overline{C'D'}$는 $\overline{CD}$의 실장이 된다(실장선도 참조).
⑤ 정면도의 $\overline{D4'}$의 길이로 $\overline{D'4'}$를 얻고 $\overline{4'4}$와 같게 $\overline{S'D_4}$를 수선으로 연결하면 $\overline{4'D_4}$는 $\overline{4'D}$의 실장이 된다.
⑥ 같은 방법으로 $\overline{3\,3'}$의 길이로 $\overline{S'D_3}$을, $\overline{B''B}$의 길이로 $\overline{S'D_b}$를 얻고 $\overline{D3'}$의 길이로 $\overline{D'3'}$를, $\overline{DB}$의 길이로 $\overline{D'B}$를 잡아 수선으로 연결하면 $\overline{3'D_3}$는 $\overline{3'D}$의 실장이 되고 $\overline{BD_b}$는 $\overline{BD}$의 실장이 된다.
⑦ 같은 방법으로 나머지부의 실장도 구한 후 순차적으로 삼각형으로 나열하면 전개도가 완성된다.

## (23) 원과 쟁반형으로 이룬 관의 2방 가지관

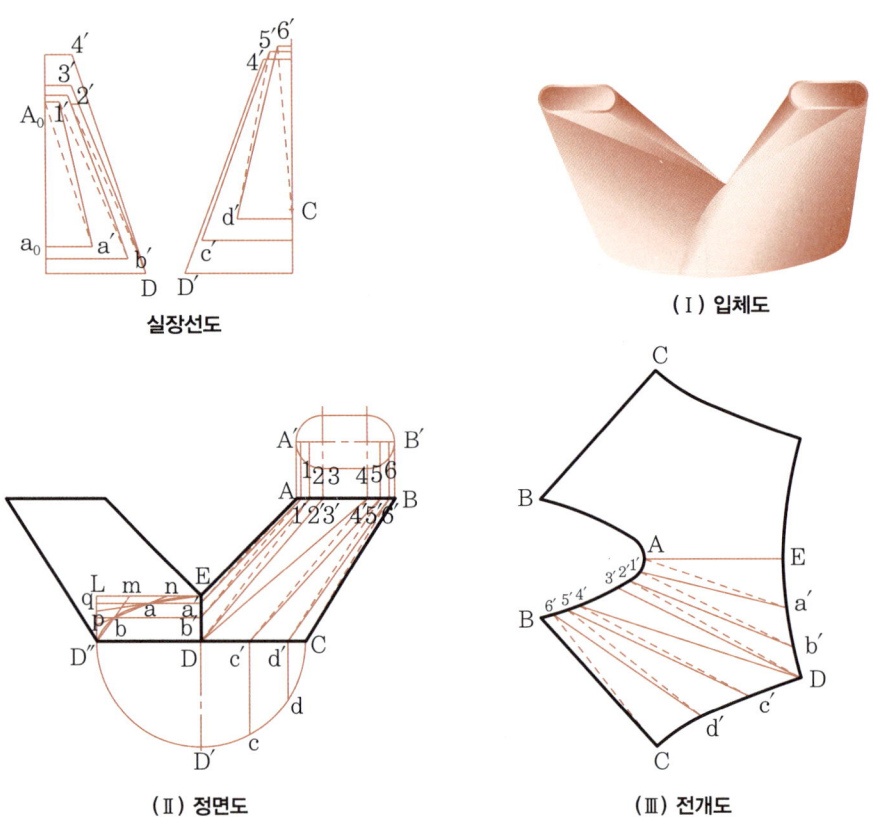

실장선도

(Ⅰ) 입체도

(Ⅱ) 정면도

(Ⅲ) 전개도

① 쟁반형 단면도의 $\frac{1}{2}$ A′B′의 원호 부분을 3등분하고 1, 2, 3 … 6으로 나눈 후 각 점에서 $\overline{AB}$에 수선을 내려서 만나는 점 1′ 2′ 3′ … 6′를 얻는다.
② 반원주 CD″를 6등분하여 등분점 d, c를 $\overline{CD}$에 수선을 그어 만나는 점 c′ d′를 얻는다.
③ $\overline{DE}$와 $\overline{DD''}$를 변으로 하는 사변형 DELD″를 그린 후 변 EL, LD″를 3등분하여 등분점 n과 p, m과 D″, E와 q를 연결하여 만나는 점 a, b를 얻는다.
④ a, b점을 $\overline{ED}$에 수선을 세워 ED와의 만나는 점 a′ b′를 얻고 1′, 2′, 3′ … 6′와 a′, b′ … d′, c′의 각 점을 연결하여 정면도를 13개의 삼각형으로 나눈다.
⑤ 실장을 구하기 위하여 $\overline{A_0 a_0}$는 정면도의 $\overline{Aa'}$의 길이로 하고 $\overline{a_0 a'}$는 정면도의 $\overline{aa'}$로 하여 수선으로 연결하면 직각 삼각형 $A_0 a' a_0$를 얻을 수 있다.
⑥ $\overline{A_0 a'}$는 정면도 $\overline{Aa'}$의 실장이 된다(실장선도 참조).
⑦ 같은 방법으로 다른 변의 실장을 구하여 순차적으로 삼각형으로 나열하면 전개도가 완성된다.

## (24) 하부 원, 상부 정방형인 환기구

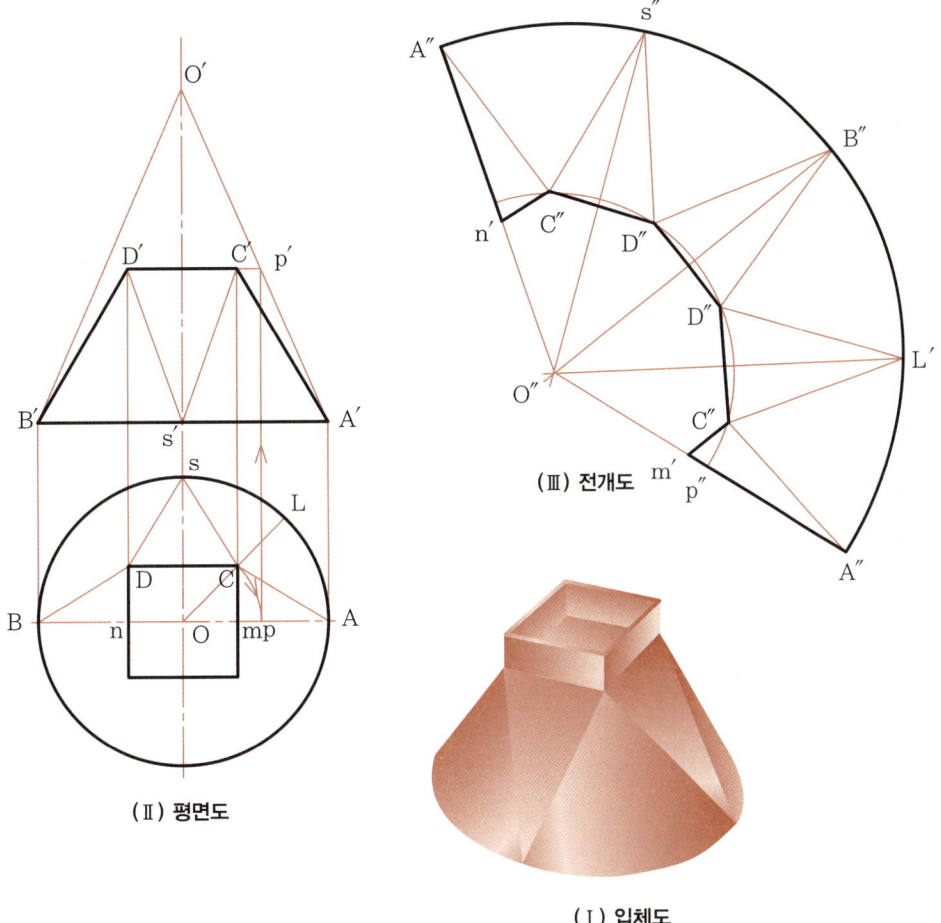

(Ⅲ) 전개도

(Ⅱ) 평면도

(Ⅰ) 입체도

① 평면도 O를 중심으로 하여 C를 통하는 원호를 돌리어 $\overline{AB}$와 만나는 점 p를 얻은 후 수선을 세워 정면도의 $\overline{D'C'}$의 연장선과 만나는 점 p′를 얻는다.
② A′와 p′를 연결하고 연장하여 중심선과 만나는 점 O′를 얻으면 $\overline{O'A'}$는 $\overline{OL}$부의 실형이 되며 평면도의 AsC는 이 원뿔의 일부가 된다.
③ 전개도를 그리기 위해서 $\overline{O''A''}$는 $\overline{O'A'}$의 길이로 하고 $\overline{O''p''}$는 $\overline{O'p'}$의 길이로 하여 각 점을 지나는 원을 돌린 후 $\overparen{A''s''}$는 평면도의 $\overparen{As}$의 길이로 잡아 $\overparen{A''s''}$의 2등분점 L′와 O″를 연결하여 p″를 지나는 원과 만난 점 C″를 얻는다.
④ C″A″s″는 평면도 CAs의 전개도이다. 같은 방법으로 D″B″s″를 그린다.
⑤ C″와 D″를 연결하고 C″에서 $\overline{O''A''}$에 수선을 세워 만난 점 m′를 얻고, 같은 방법으로 D″에서 n′를 얻는다.
⑥ A″m′ C″D″D″C″n′ A″s″B″L′ A″를 연결하면 전개도가 된다.

### (25) 하부 정방형, 상부 원형인 환기구

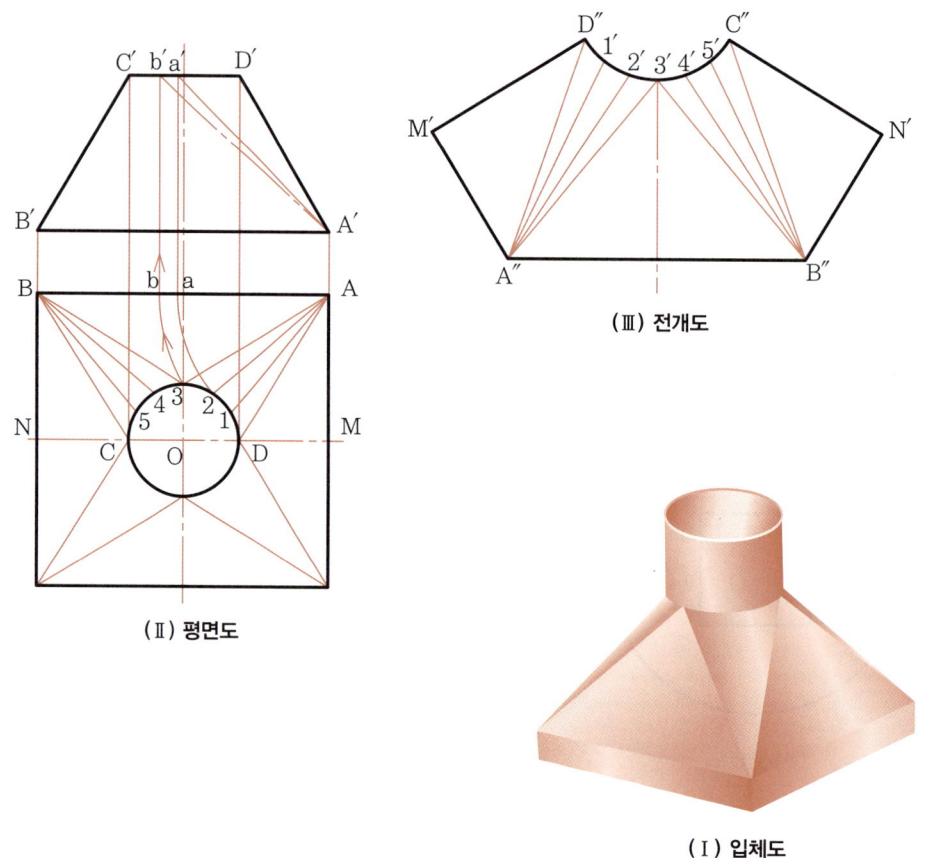

(Ⅱ) 평면도
(Ⅲ) 전개도
(Ⅰ) 입체도

① 평면도의 반원주 $\overparen{CD}$를 6등분하여 등분점 1, 2 … 5를 얻고 D, 1, 2, 3과 A를 연결하고 3, 4, 5, C를 B와 연결하며, 삼각형으로 나눈다.
② A를 중심으로 하여 2, 3을 통하는 원을 돌리어 $\overline{AB}$와 만난 점 a, b를 얻은 후 수선을 세워 정면도 $\overline{C'D'}$와 만난 점 a′b′를 얻는다.
③ a′, b′를 A′와 연결하면 $\overline{A'a'}$는 $\overline{A2}$, $\overline{A1}$의 실장이 되며 $\overline{A'b'}$는 $\overline{A3}$, $\overline{AD}$의 실장이 된다.
④ 전개도를 완성하기 위하여 $\overline{D'A'}$의 길이로 $\overline{D''M'}$를 얻고 M′를 중심으로 하여 $\overline{AM}$의 원호를 돌리고 D″를 중심으로 하여 $\overline{A'b'}$의 원호를 돌리어 만난 점 A″를 얻는다.
⑤ A″를 중심으로 하여 $\overline{A'a'}$의 원호를 돌리고 D″를 중심으로 하여 반원주의 $\frac{1}{6}$ 크기의 원호를 돌리어 만나는 점 1′를 얻는다.
⑥ 같은 방법으로 순차적으로 삼각형으로 나열하며 D″, 1′, 2′ … 5′, C″는 곡선으로 연결한다(전개도는 $\frac{1}{2}$임).

## (26) 연소실과 굴뚝의 연결부

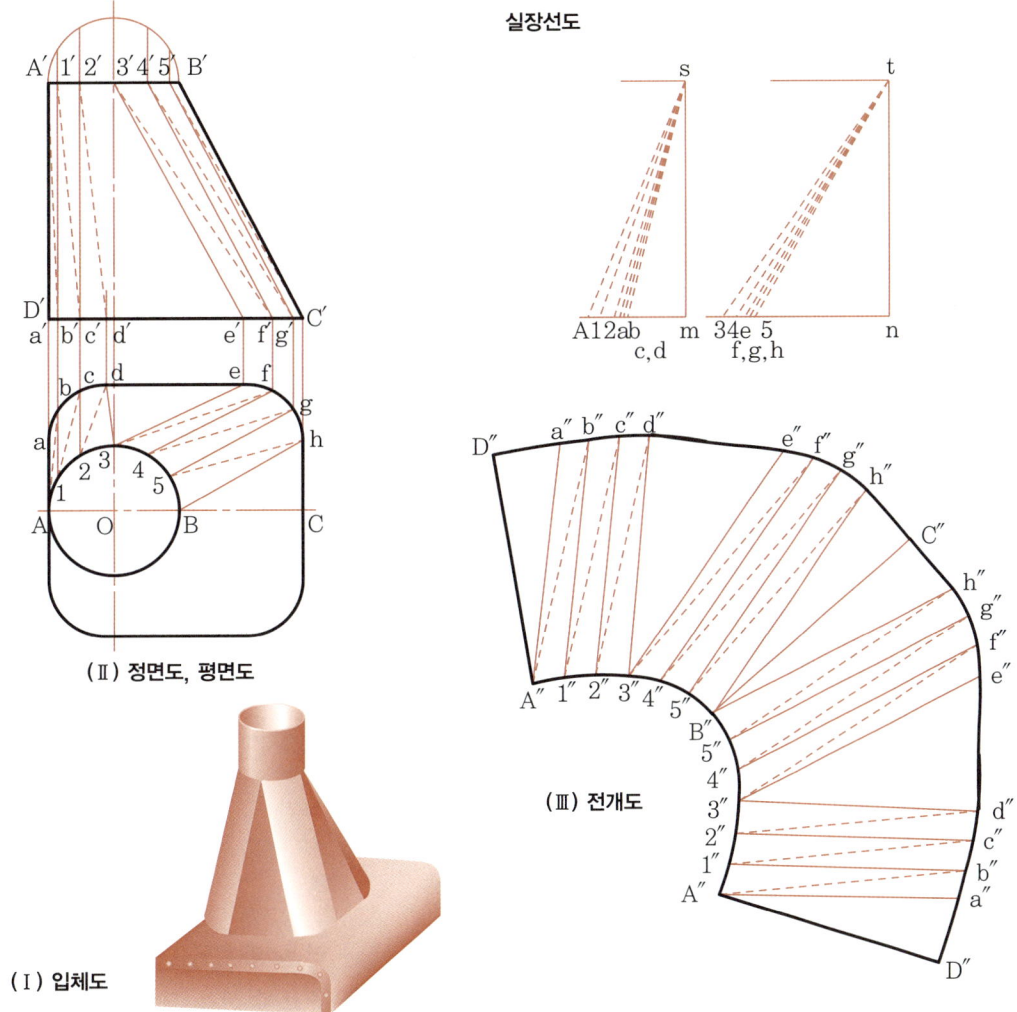

(Ⅱ) 정면도, 평면도

(Ⅰ) 입체도

실장선도

(Ⅲ) 전개도

① 평면도의 반원주 AB를 6등분하여 등분점 1, 2 ⋯ 5를 얻고 AC의 원호의 부분 ad와 eh를 사등분하여 a, b, c ⋯ h를 얻은 후 각 점을 연결하고 대각선을 그어 삼각형으로 나눈다.
② 실장을 구하기 위하여 정면도의 높이와 같게 $\overline{sm}$은 세우고 평면도의 $\overline{bA}$의 길이로 $\overline{mA}$를 수선으로 대입하면 $\overline{sA}$는 평면도 $\overline{bA}$의 실장이 된다(실장선도 참조).
③ 같은 방법으로 각 선의 실장을 구한 후 전개도를 그리기 위하여 정면도 $\overline{A'D'}$의 길이로 $\overline{A''D''}$를 그리고 D″를 중심으로 평면도 $\overline{Aa}$의 원호를 돌리고 A″를 중심으로 실장 sa의 원호를 돌리어 만나는 점 a″를 얻는다.
④ a″를 중심으로 $\overset{\frown}{ab}$의 원호를 돌리고 A″를 중심으로 실장 sA의 원호를 돌리어 만나는 점 b″를 얻는다.
⑤ 같은 방법으로 순차적으로 삼각형으로 연결하면 전개도가 완성된다.

## (27) 상부 원, 하부 사각인 경사 환기구

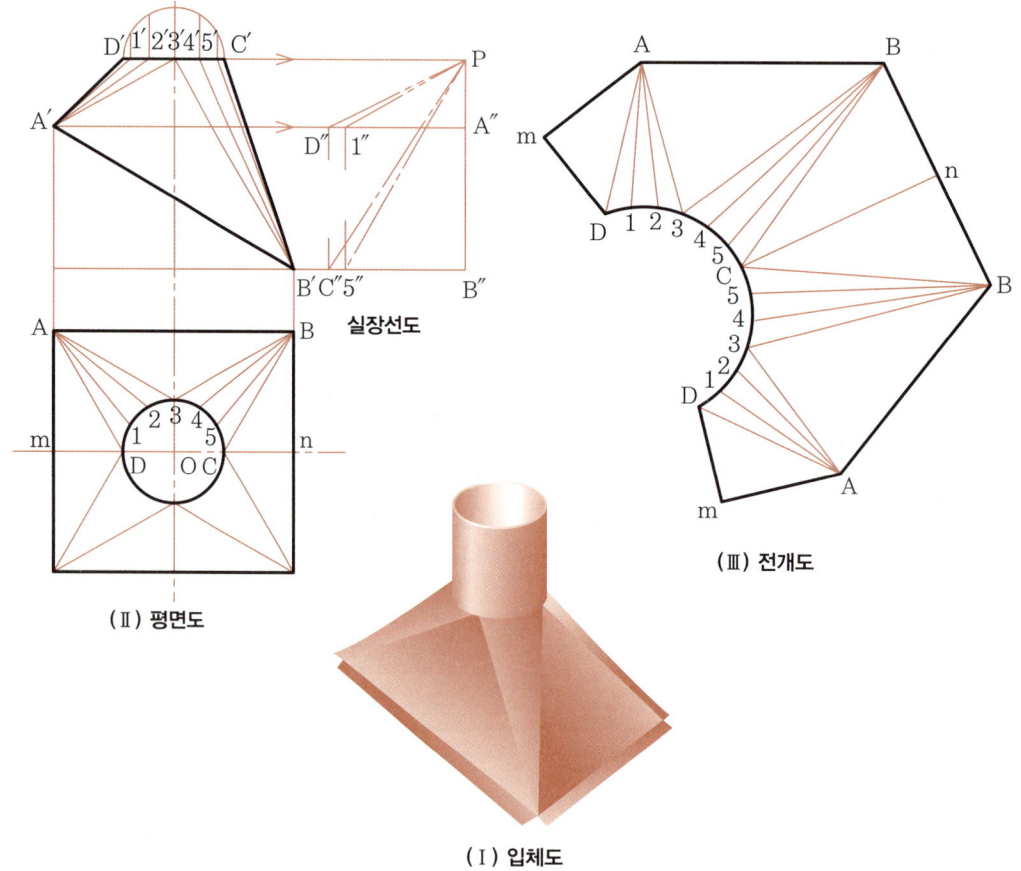

(Ⅱ) 평면도
실장선도
(Ⅲ) 전개도
(Ⅰ) 입체도

① 평면도의 반원주 $\overarc{DC}$를 6등분하여 등분점 1, 2 ⋯ 5를 얻은 후 A와 B에 연결한다.
② 실장을 구하기 위하여 A'와 B'에서 $\overline{D'C'}$와 평행선을 긋고 수선을 그어 만난 점 P, A″, B″를 얻은 후 $\overline{AD}$ $\overline{A1}$의 길이로 $\overline{A''D''}$ $\overline{A''1''}$를 $\overline{A''A''}$ 선상에 A″점을 중심으로 잡은 후 D″, 1″를 P와 연결하면 $\overline{PD''}$는 $\overline{AD}$와 $\overline{A3}$의 실장이 되고 $\overline{P1''}$는 $\overline{A1}$과 $\overline{A2}$의 실장이 된다 (실장선도 참조).
③ 같은 방법으로 $\overline{BC}$의 길이로 $\overline{B''C''}$를 잡고 $\overline{B5}$의 길이로 $\overline{B''5''}$를 잡은 후 C″, 5″를 P와 연결하면 $\overline{PC''}$는 $\overline{BC}$와 $\overline{B3}$의 실장이 되고 $\overline{P5''}$는 $\overline{B5}$와 $\overline{B4}$의 실장이 된다(실장선도 참조).
④ 평면도의 $\overline{mD}$ $\overline{nC}$의 실장은 정면도의 $\overline{A'D'}$ $\overline{B'C'}$의 길이가 된다.
⑤ 전개도를 그리기 위하여 $\overline{Am}$, $\overline{A'D'}$ 그리고 실장 $\overline{PD''}$를 세 변으로하는 삼각형을 그리고 A를 중심으로 실장 $\overline{P1''}$의 원호를 돌리고 D를 중심으로 반 원호의 $\frac{1}{6}$의 길이로 원호를 돌리면 만나는 점 1을 얻을 수 있다.
⑥ 같은 방법으로 순차적으로 삼각형으로 나열하면 전개도가 완성된다.

## (28) 상부 원, 하부 원인 경사 환기구

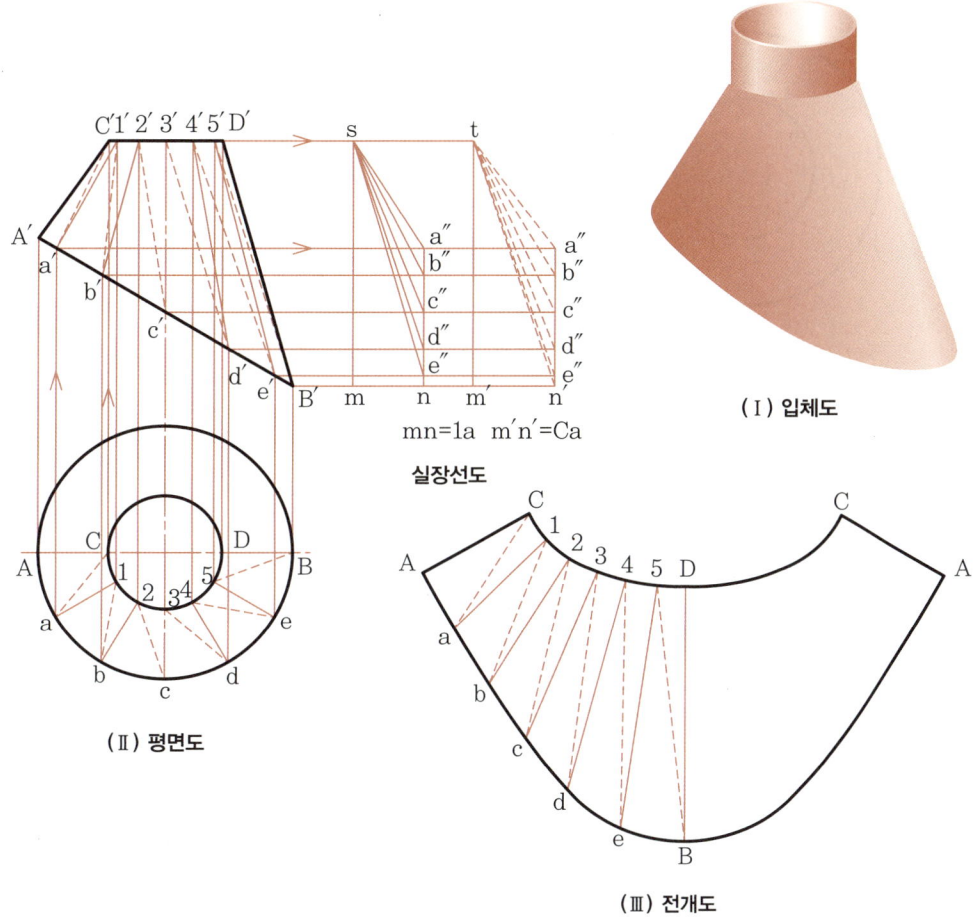

(Ⅰ) 입체도
(Ⅱ) 평면도
실장선도
(Ⅲ) 전개도

① 평면도의 반원주 $\overarc{AB}$와 $\overarc{CD}$를 6등분하여 등분점 a, b ⋯ e와 1, 2 ⋯ 5를 얻고 연결한 후 각 점을 $\overline{AB}$에 수선을 세워 정면도의 $\overline{A'B'}$ 및 $\overline{C'D'}$와 만난 점 a′b′ ⋯ e′와 1′, 2′ ⋯ 5′를 얻는다.
② $\overline{C'D'}$에 연장선을 긋고 $\overline{C'D'}$ 연장선과 평행하게 $\overline{A'B'}$의 등분점을 지나는 선을 그은 후 s점과 t점에서 수선을 내려 만난 점 m과 m′를 얻는다.
③ 실장을 구하기 위하여 m을 중심으로 평면도 $\overline{AC}$의 길이를 잡아 n점을 잡고 수선을 세운다. 같은 방법으로 m′점을 중심으로 평면도 aC의 길이로 n′를 잡고 수선을 세워 각 등분점의 평행선과 만난 점 a″, b″ ⋯ c″를 얻는다.
④ $\overline{sa''}$는 $\overline{a1}$의 실장이 되고 $\overline{ta''}$는 $\overline{aC}$의 실장이 되며 같은 방법으로 각 실장의 길이를 구할 수 있다(실장선도 참조).
⑤ $\overline{AC}$와 $\overline{BC}$의 실장은 정면도 $\overline{A'C'}$와 $\overline{B'D'}$에 나타나 있으므로 실장을 순차적으로 삼각형으로 나열하면 전개도를 완성할 수 있다.

## (29) 나선판 (1)

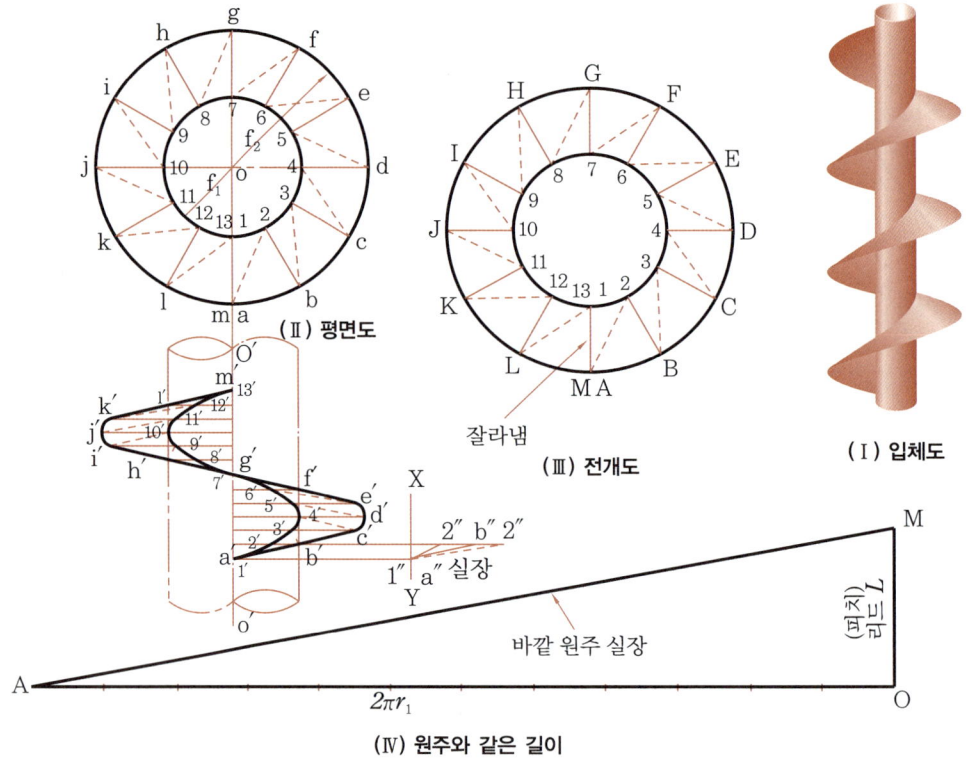

(Ⅱ) 평면도
(Ⅲ) 전개도
(Ⅰ) 입체도
잘라냄
(Ⅳ) 원주와 같은 길이
바깥 원주 실장
피치 $L$
$2\pi r_1$

① 평면도를 12등분한 후 안쪽 원주 1, 2, 3, 4 바깥 원주 a, b, c, d를 표시하고 24개 삼각형을 작도한다.
② 정면도의 피치를 12등분하여 그 등분점에서 수평선을 긋고 평면도의 12등분점에서 수선을 내려 안쪽에 1′, 2′, 3′ … 13′, 바깥쪽 a′, b′, c′ … m′로 표시하여 정면도를 완성한다.
③ 실장은 $\frac{1}{12}$ 피치를 높이로 하고 평면도의 $\overset{\frown}{1\,2}$, $\overline{a\,2}$, $\overline{2\,b}$를 X-Y 축에서 밑변으로 하면 각각의 빗변이 실장이 된다 ($\overline{a''b''}$, $\overline{1''2''}$, $\overline{a''2''}$).
④ 각각의 실장으로 분할 길이와 대각선 길이를 순차적으로 삼각 전개한다.

※ 다음과 같은 공식을 이용한 전개 방법도 있다.
① 위 그림 (Ⅳ)와 같이 평면도 큰 원둘레와 같게 AO를 잡고 O로부터 피치 $h$의 $\overline{a'm'}$ 길이 수선을 세워 AM을 그으면 $\overline{AM}$은 바깥쪽의 실장이 된다.
② 큰 원의 반지름을 $r_1$, 작은 원의 반지름을 $r_2$라 하면 $R_1 = \dfrac{\overline{AM}}{2\pi}$, $R_2 = \dfrac{\overline{AM}}{2\pi} + r_2 - r_1$을 이용하여 $R_1, R_2$를 계산하여 동심원을 그린다.

## (30) 나선판 (2)

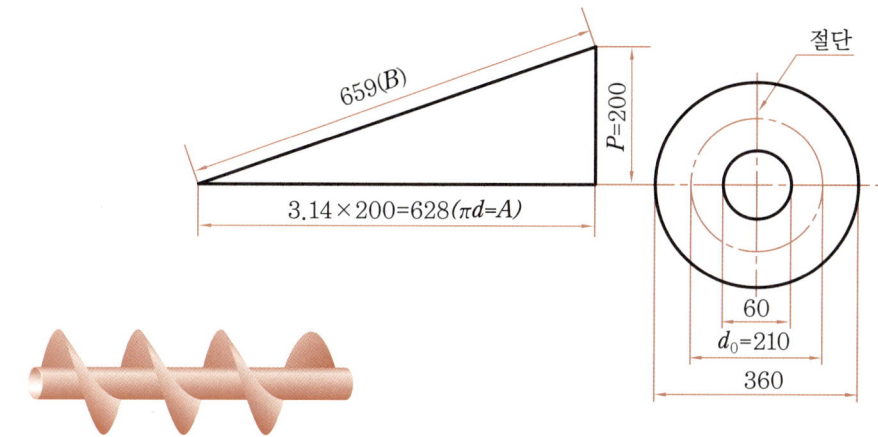

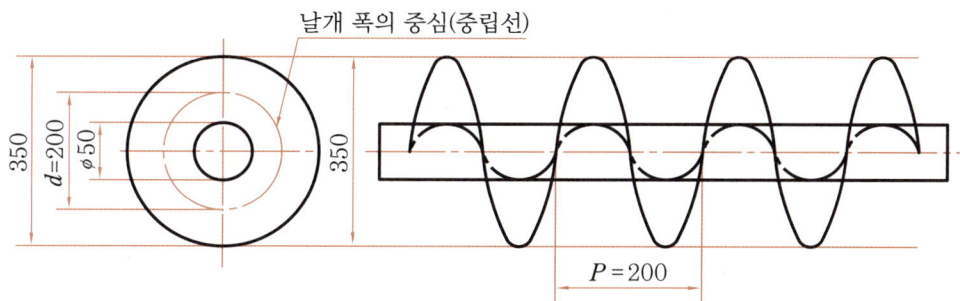

① 스크루의 경우 날개 내측과 외측은 판이 늘어나므로 삼각형 전개법은 판의 신장과 수축이 고려되어 있지 않기 때문에 정확하지 않다.
② 날개 폭의 중립선이 변하지 않는다고 하고 이를 기준으로 하면, 날개 폭의 중심 지름 $d = 200$, 날개의 중심 지름 원주 $A = \pi d = 3.14 \times 200 \times 628$ mm
③ 피치 $P = 200$이라 하면 1장 날개 중심 지름 원주의 실장 $B = \sqrt{A^2 + P^2} = \sqrt{628^2 + 200^2} \fallingdotseq 659$ mm
④ 따라서 날개 폭 중심 지름의 실장은 $d_0 = \dfrac{B}{\pi} = \dfrac{659}{3.14} \fallingdotseq 210$ mm
⑤ 날개 폭은 75이므로 날개 폭의 바깥지름, 안지름은 각각 360 mm와 60 mm가 된다. 이 수치는 계산식으로 산출한 값이므로 안지름을 보정하여 사용하면 된다.

## (31) 경사 나선판

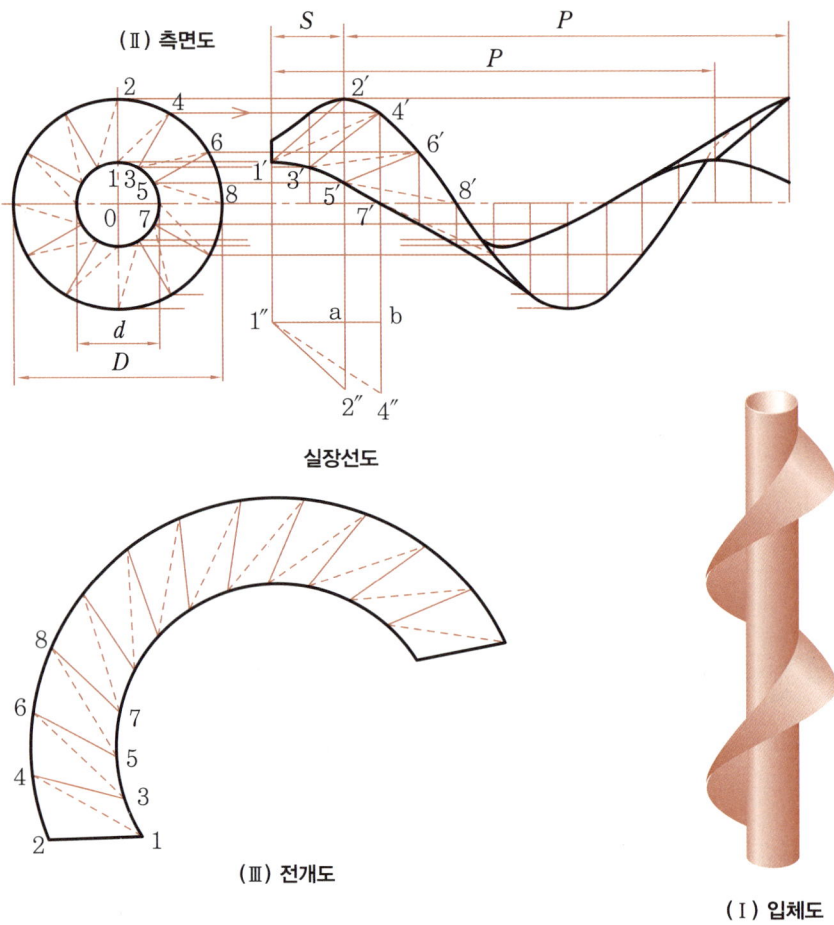

① 그림 (Ⅱ) 측면도의 원주를 12등분하고 등분점을 대각선으로 연결하여 24개의 삼각형으로 나눈다.
② 각 분할선을 정면도에 옮기어 실장을 구하기 위하여 1', 2', 4'에서 중심선에 수선을 내리고 평행선과 만나는 점 1", a, b를 얻은 후 $\overline{a2''}$는 $\overline{1\,2}$의 길이와 같게, $\overline{b4''}$는 $\overline{1\,4}$와 같게 잡아 1"와 2" 그리고 1"와 4"를 연결하면 $\overline{1''2''}$는 $\overline{1\,2},\overline{3\,4},\overline{5\,6}$ …의 실장이 되고 $\overline{1''4''}$는 $\overline{1\,4},\overline{3\,6},\overline{5\,8}$ … 의 실장이 된다.
③ $\overset{\frown}{2\,4}$실장은 피치 $P$를 높이로 하고 지름 $D$의 원주 길이($\pi D$)를 밑변으로 하여 직각으로 대입하여 12등분하면 된다.
④ $\overset{\frown}{1\,3}$실장도 같은 방법으로 구한 후 순차적으로 삼각형으로 나열하면 전개도를 얻을 수 있다.

## (32) 경사 리듀서(직립 사각통과 원통)

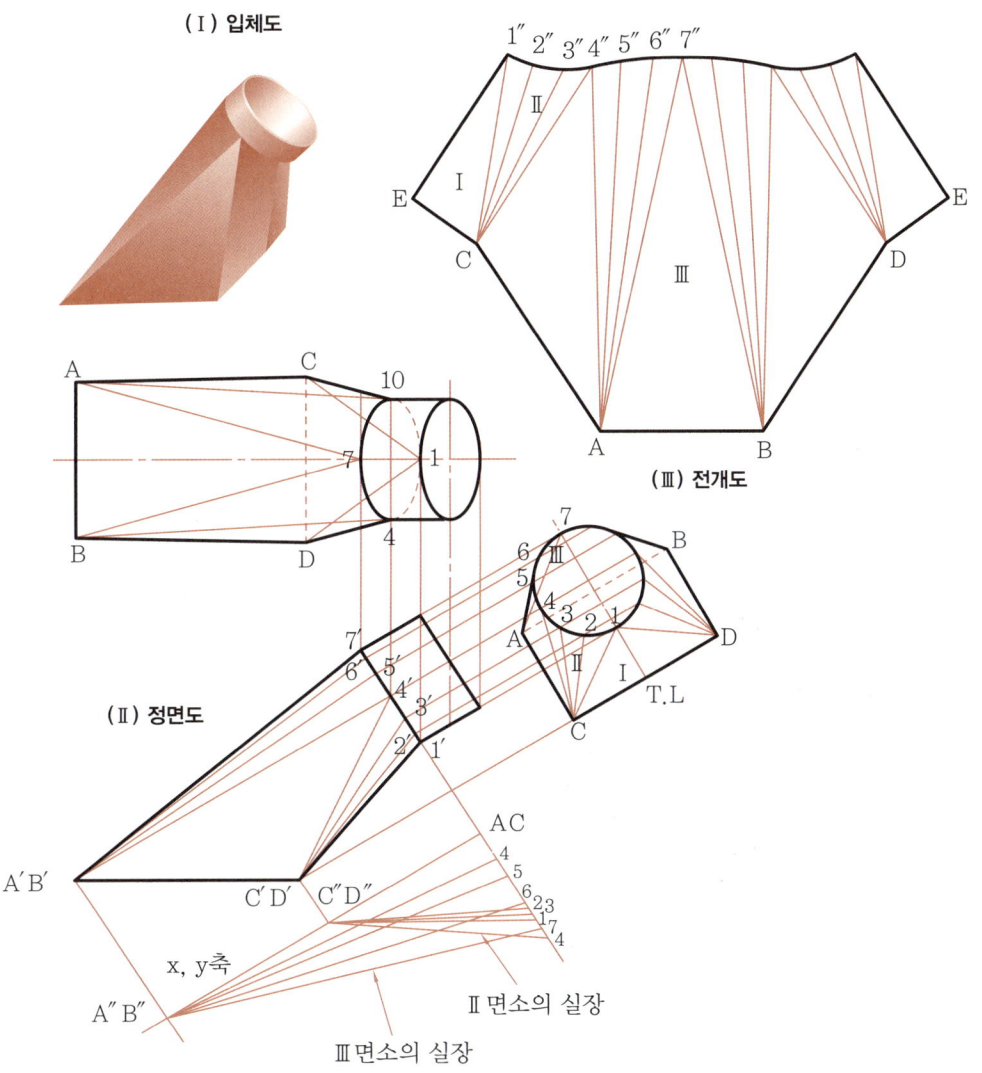

(Ⅰ) 입체도
(Ⅱ) 정면도
(Ⅲ) 전개도

① 평면도의 연결부와 수평 원통의 상관선은 타원이 된다. 이 타원의 실형이 보이는 부투상도(부평면도)를 오른쪽 위에 그린다.
② 실장을 구하기 위하여 $7' \to 1'$ 방향으로 선을 그어 이것에 수직인 x, y선을 긋는다.
③ A′, B′, C′, D′로 부터 x, y축에 수선을 그어 A″B″, C″D″를 정한다. $7' \to 1'$의 연장선 위의 x, y축부터 오른쪽 부평면도의 면소의 길이 $\overline{C1}$, $\overline{C2}$ … $\overline{A4}$, $\overline{A5}$ …를 잡아 이들의 각 점과 C″D″, A″B″를 연결하면 실제 길이가 된다.
④ 이들 면소의 실제 길이와 타원 반둘레의 6등분을 가지고 뿔면 Ⅱ의 전개면을 그린다.

## (33) 송풍관

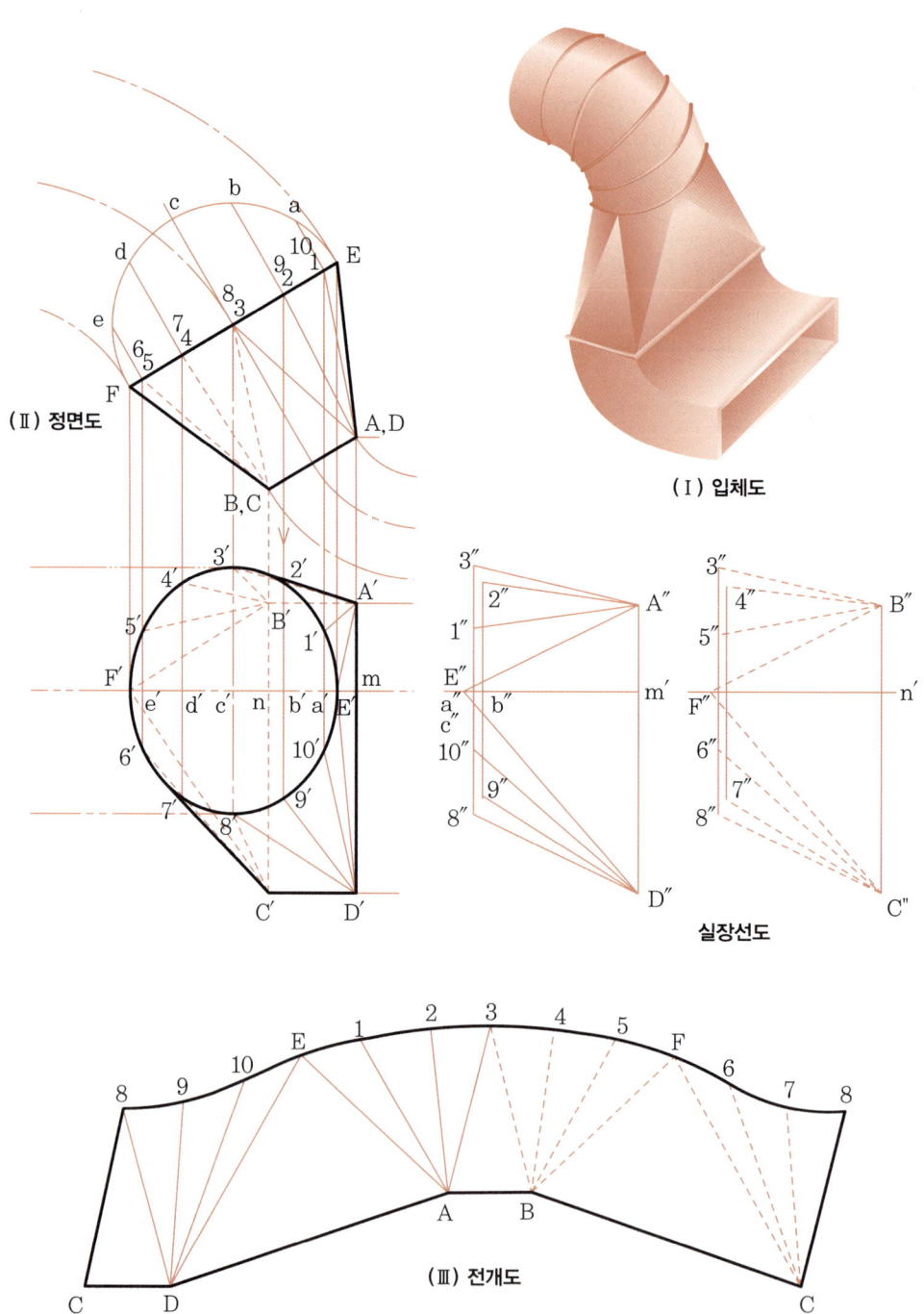

(Ⅰ) 입체도
(Ⅱ) 정면도
실장선도
(Ⅲ) 전개도

① 평면도를 그리기 위하여 정면도의 반원주 $\overset{\frown}{EF}$를 6등분하여 등분점을 얻고 $\overline{EF}$에 수선을 내려 만난 점 1, 2 … 5를 얻은 후 평면도 $\overline{E'F'}$에 수선을 내려 만나는 점 a′, b′ … e′를 얻는다.

② $\overline{a1}$의 길이로 $\overline{a'1'}$, $\overline{a'10'}$를, $\overline{b2}$의 길이로 $\overline{b'2'}$, $\overline{b'9'}$를 얻고 같은 방법으로 3, 4, 5와 8, 7, 6을 얻은 후 원활한 곡선으로 연결한다.

③ 삼각형을 만들기 위하여 평면도의 1′, 2′, 3′ … 10′와 A′, B′, C′, D′를 연결하며 정면도의 A와 1, 2, 3을, B와 3, 4, 5를 연결한다.

④ 실장을 구하기 위하여 $\overline{A'm}$의 길이로 $\overline{A''m'}$를 얻고 $\overline{AE}$의 길이로 $\overline{m'E''}$를 잡아 수선으로 연결하면 $\overline{A''E''}$는 평면도 $\overline{A'E'}$의 실장이 된다. 같은 방법으로 각 선의 실장을 구한다(실장선도 참조).

⑤ 전개도를 그리기 위하여 $\overline{A'D'}$의 길이와 같게 $\overline{AD}$의 길이를 잡고 D를 중심으로 $\overline{D''E''}$의 원호를 돌리고 A를 중심으로 하여 실장 $\overline{A''E''}$의 원호를 돌리어 만나는 점 E를 잡는다.

⑥ 같은 방법으로 실장의 길이를 순차적으로 삼각형으로 나열하여 만난 점을 얻고 직선 및 원활한 곡선으로 연결하면 전개도를 얻을 수 있다.

### (34) 단면 장방형과 변환하는 사각관

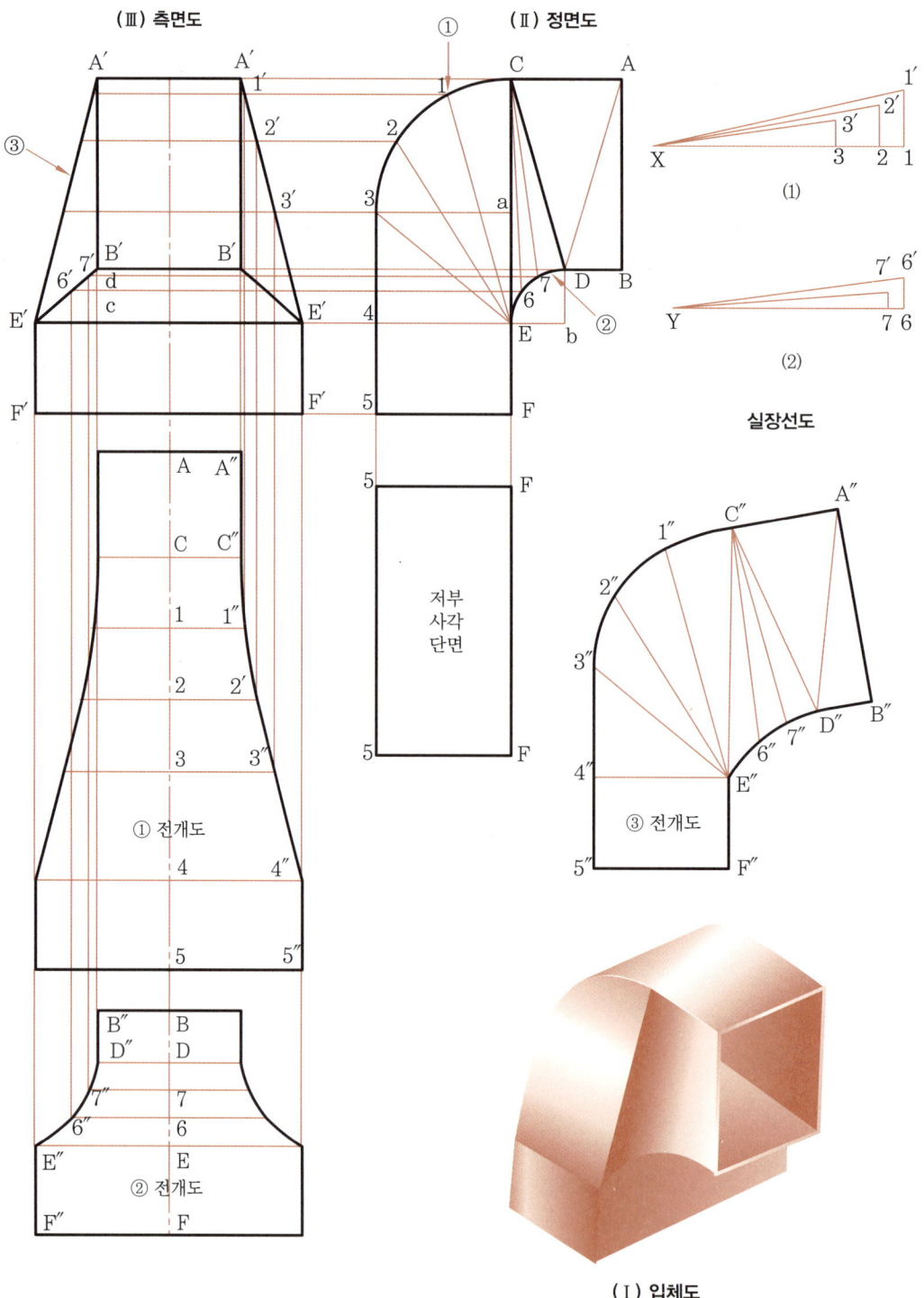

① 수직 단면 측면도 A′A′, B′B′, 저부 정면도 5F, F5의 실형을 작도하고 정면도의 CD, CE의 곡부를 작도하기 위해 정면도의 AB 수직 단면은 장변과 5F 저부 단면의 단변으로 직각 방향으로 변환하기 시작하는 CD선이다. CD를 그리기 위해 Ca=5F로 수평선을 그어 45의 수직선과 만나는 교점 3을 얻는다.

② 정면도 C와 3점을 3등분하고 a점을 중심으로 원호를 그린 후 3등분하여 1, 2점과 E점을 연결한다.

③ 4E의 연장선과 D와 수직선의 교점 b를 [Eb=bD] 반지름으로 하여 3등분하고 6, 7점에서 C점으로 직선을 잇는다.

④ 측면도 작도는 정면도의 A, B, E, F를 수평선으로 F′F′, E′E′로 저부 장방관 교점을 얻어 작도한다.

⑤ A′E′, A′B′ 직선의 연결은 정면도의 1, 2, 3, 6, 7점을 수평 이동하여 1′, 2′, 3′, 6′, 7′을 얻는다.

⑥ ①의 전개도는 중심선상의 A, C, 1⋯5의 각 점을 정면도의 AC, C1, 12, 23, 34의 간격으로 등분하고 측면도의 해당 교점을 수직선으로 내려 A″, C″, 1″⋯5″의 곡선으로 잇는다.

⑦ ②의 전개도는 중심선상 B, D, 7, 6, E, F의 각 점은 ⑥항과 같은 방법으로 평행선을 그어 대응하는 교점 B″, D″, 7″, 6″, E″, F″의 곡선으로 잇는다.

⑧ 실장 작도 (1)은 밑변 X1의 거리는 정면도 E1, X2는 E와 2 높이 11′, 22′는 측면도의 F′E′의 연장선 E′e선상에서 A′E′의 교점 1′, 2′, 3′점을 높이로 하여 X1′, X2′, X3′가 실장이 된다.

⑨ 실장 작도 (2)의 실장은 ⑧항과 같은 방법으로 A′B′선의 연장선에서 6′7′의 수평거리로 한다.

⑩ ③의 전개 E″6″7″D″의 등분은 ②의 전개도 곡면 길이, C″1″2″3″4″는 정면도 C1 2 3 4의 등분 간격으로 한다.

### (35) 세갈래 분기관

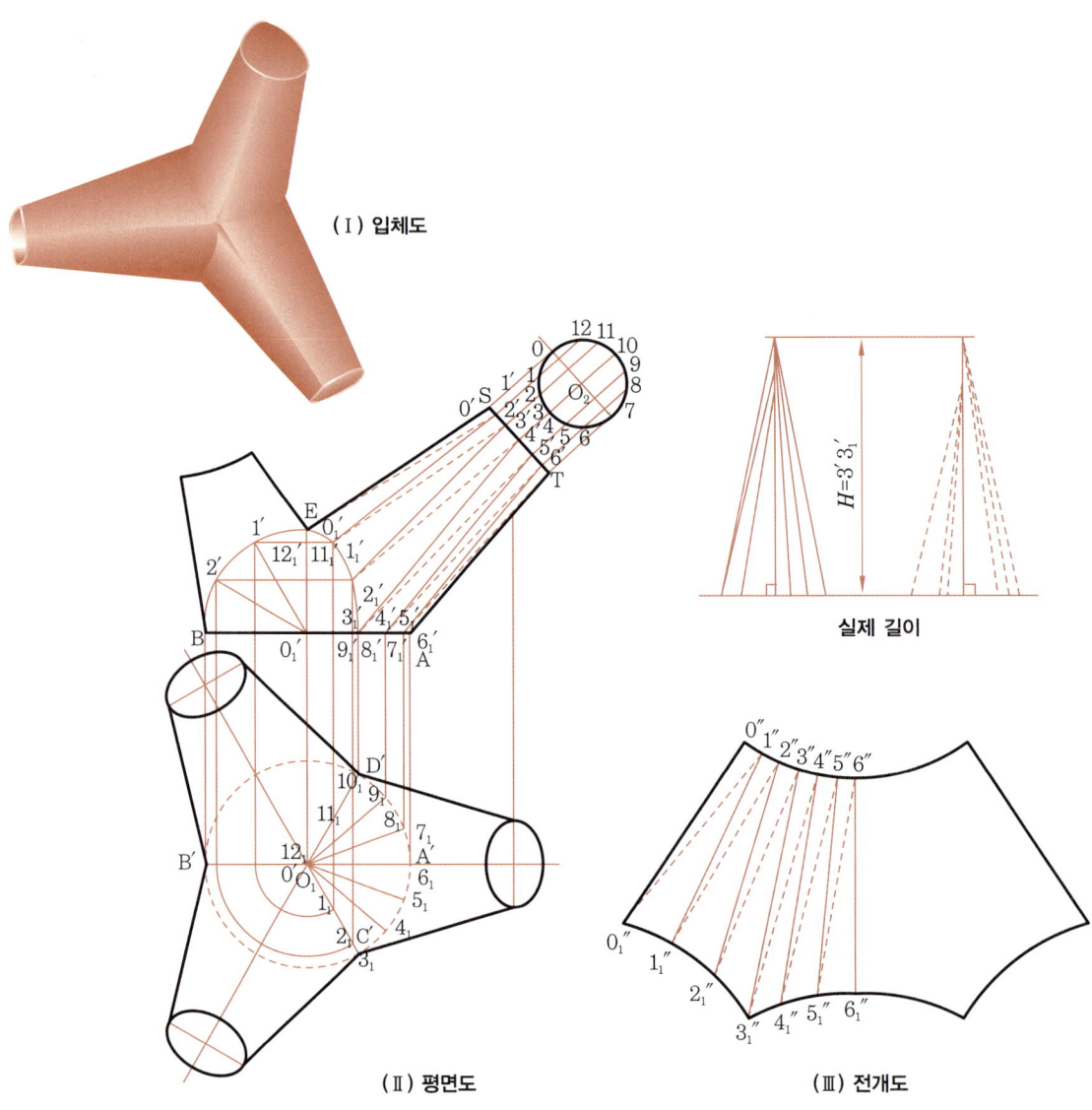

(Ⅰ) 입체도
(Ⅱ) 평면도
(Ⅲ) 전개도
실제 길이

① 단면 $\overline{B'O_1}$의 실형은 $\overline{BO'}$를 반지름으로 한 $\overparen{EB}$이며, $\frac{1}{4}$ 원둘레인 EB를 3등분한다.

② 각 등분점을 $\overline{AB}$에 평행선을 그어 단면 $\overline{C'O_1}$의 윤곽선과의 교점 $11_1'$, $2_1'$ 을 구한다.

③ $\frac{1}{3}$인 원둘레인 $\angle C'O_1D'$를 6등분하여 그 등분점을 $3_1$, $4_1$, $5_1$ … $9_1$로 한다.

④ $O_2$를 12등분하여 정면도에 표시한 것과 같이 서로 어긋나게 연결하여 각각 실장을 구한다.

⑤ $\overline{3'3_1'}$의 실장은 $\overline{O_1'3_1}$와 $\overline{O_23}$과의 차를 밑변 길이 $L$로, 높이 $H$를 $\overline{3'3_1'}$로 하는 직각 삼각형의 빗변에 해당한다.

## (36) 네갈래관

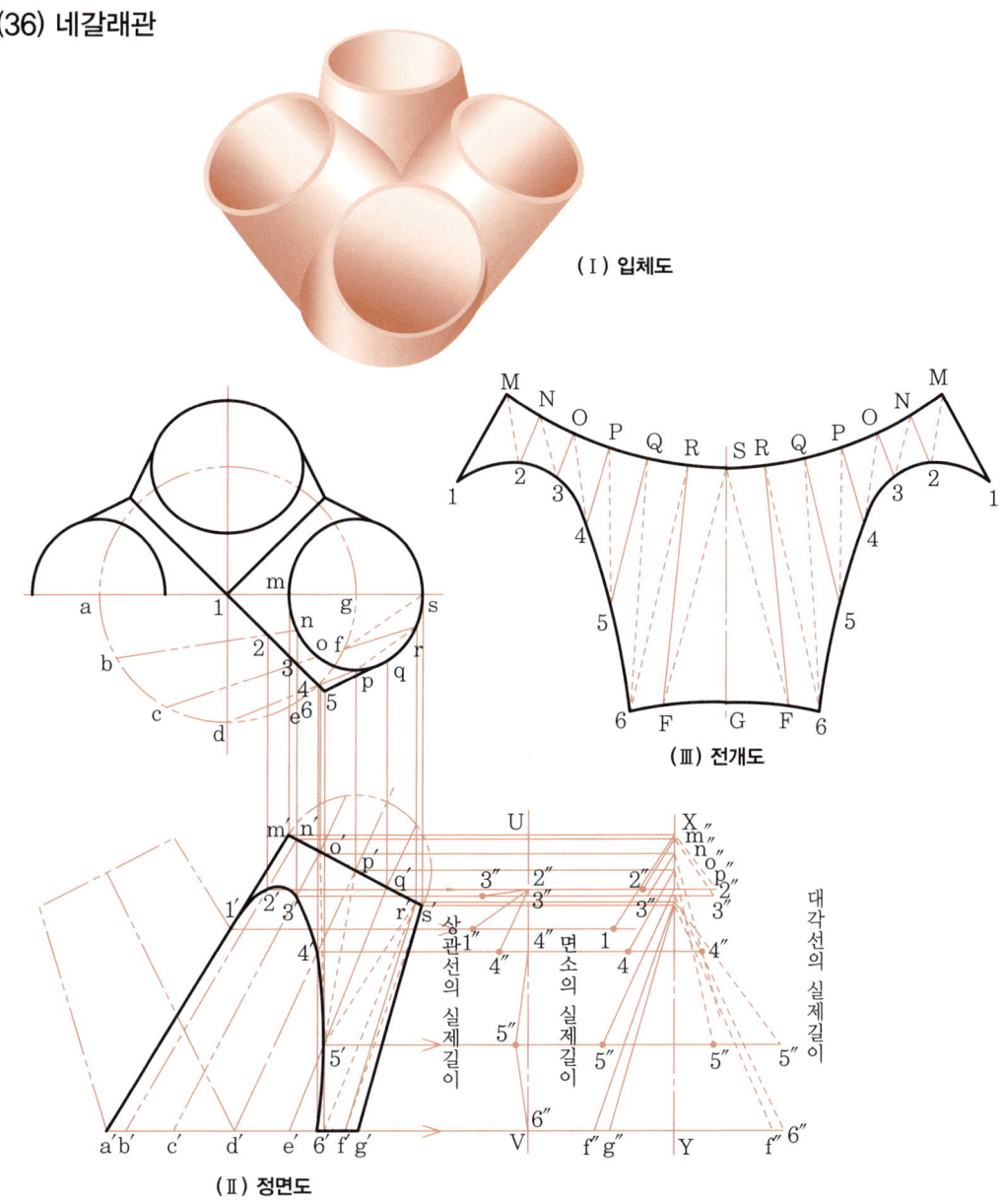

(Ⅰ) 입체도

(Ⅲ) 전개도

(Ⅱ) 정면도

① 평면도의 큰 원과 작은 원을 각각 6등분하여 이에 대응하는 선을 긋는다.
② 정면도의 1, 2 … 6으로부터 대응선을 내려 대응하는 면소 위에 1′, 2′ … 6′를 구하여 그린다(정면도의 상관선).
③ 기준선 U, V로부터 왼쪽에 상관선의 분할 길이를 수평선을 긋는다.
④ 평면도의 길이 $\overline{12}$, $\overline{23}$, $\overline{34}$, $\overline{45}$, $\overline{56}$ 을 잡아 UV축과 XY축에 직각 삼각형의 밑변으로 하여 실제 길이를 구하여 전개한다.
⑤ 평면도의 $\overline{sg}$ 길이를 면소 길이 $\overline{Yg''}$로, $\overline{sf}$ 길이로 $\overline{Yf''}$로 밑변을 잡고 해당하는 정면도의 높이가 대각선의 실장이 된다.

## (37) 비틀린 두갈래관

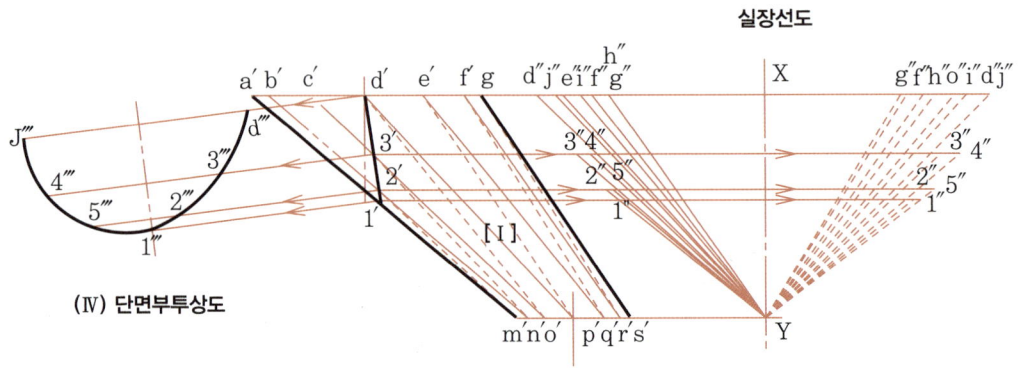

(Ⅳ) 단면부투상도

실장선도

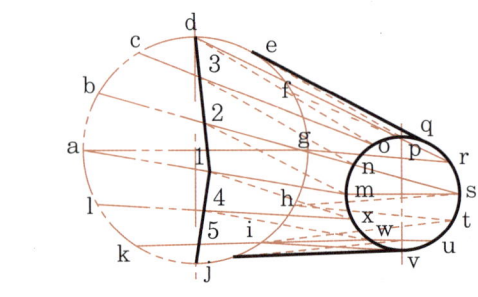

(Ⅱ) 평면도

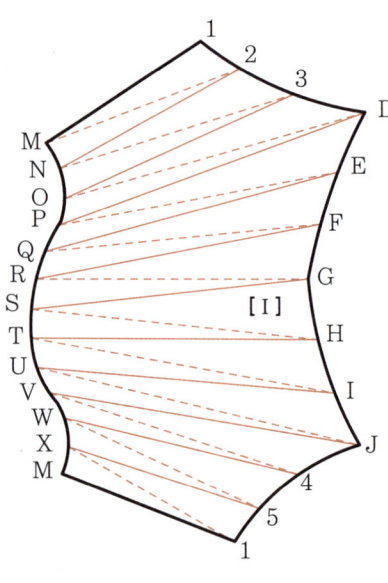

(Ⅲ) 전개도

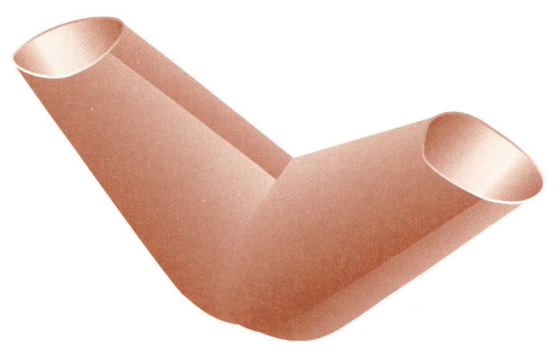

(Ⅰ) 입체도

① 원둘레를 12등분하여 면소를 그린다.
② 면소 ma, nb, oc, wk, x1가 상관선과 만나는 점 1, 2, 3, 4, 5에서 대각선(점선) 1x, 2m, 3n, 4v, 5w를 긋는다(정면도도 동일하다).
③ 큰 원(윗원)의 원둘레 위의 점 d, e, f, g, h, i, j를 통하는 면소 dp, eq, fr, gs, ht, ju, jv를 긋는다.
④ 또한 대각선 ep, fq, gr, hs, it, ju를 긋는다.
⑤ 정면도의 오른쪽에 기준선 XY를 수직으로 그어 정면도의 이들 각 점에서 수평선을 오른쪽에 긋는다.
⑥ 여기서 XY의 왼쪽에 면소의 평면도의 길이, 오른쪽에 대각선의 평면도의 길이를 잡아 면소의 대각선 실제 길이를 작도한다.
⑦ 큰 원, 작은 원의 12등분 길이는 평면도에 나타나 있다.
⑧ 상관선에 따라서 길이 $\overline{1\,2}$, $\overline{2\,3}$, $\overline{3D}$ … 의 실제 길이를 얻기 위해서는 상관선의 실형이 보이는 부투상도를 만들지 않으면 안 된다.
⑨ 정면도의 상관선 d′1′에 수직 방향으로 대응선을 그어서 작도한다.
⑩ 부투상도의 상관선을 작도하는 방법은 평면도 큰 원의 중심에서 상관점의 거리를 부투상도에 등분한다(원의 중심과 3의 거리는 상관선 3‴임).
⑪ 단면부투상도 $\overline{d'''3'''}$, $\overline{3'''2'''}$, $\overline{2'''1'''}$, $\overline{1'''5'''}$, $\overline{5'''4'''}$, $\overline{4'''J'''}$가 실장이 된다.
⑫ 정면도의 gs′를 길이로 전개도의 중심 G, S를 잡고 실장선도 g″Y의 길이로 G에서 원호를 그린다.
⑬ S에서 평면도의 원호 $\overset{\frown}{sr}$ 길이로 돌려 R점을 얻고 실선 $\overline{rf}$ 의 길이로 같은 방법으로 순차적으로 전개한다.
⑭ 전개도의 1, 2, 3, D 길이는 단면부투상도의 1‴, 2‴, 3‴, d‴길이로 1, 5, 4, J의 길이도 1‴, 5‴, 4‴, J‴로 하여 전개한다.

## (38) 하부 원, 상부 경사진 배기관

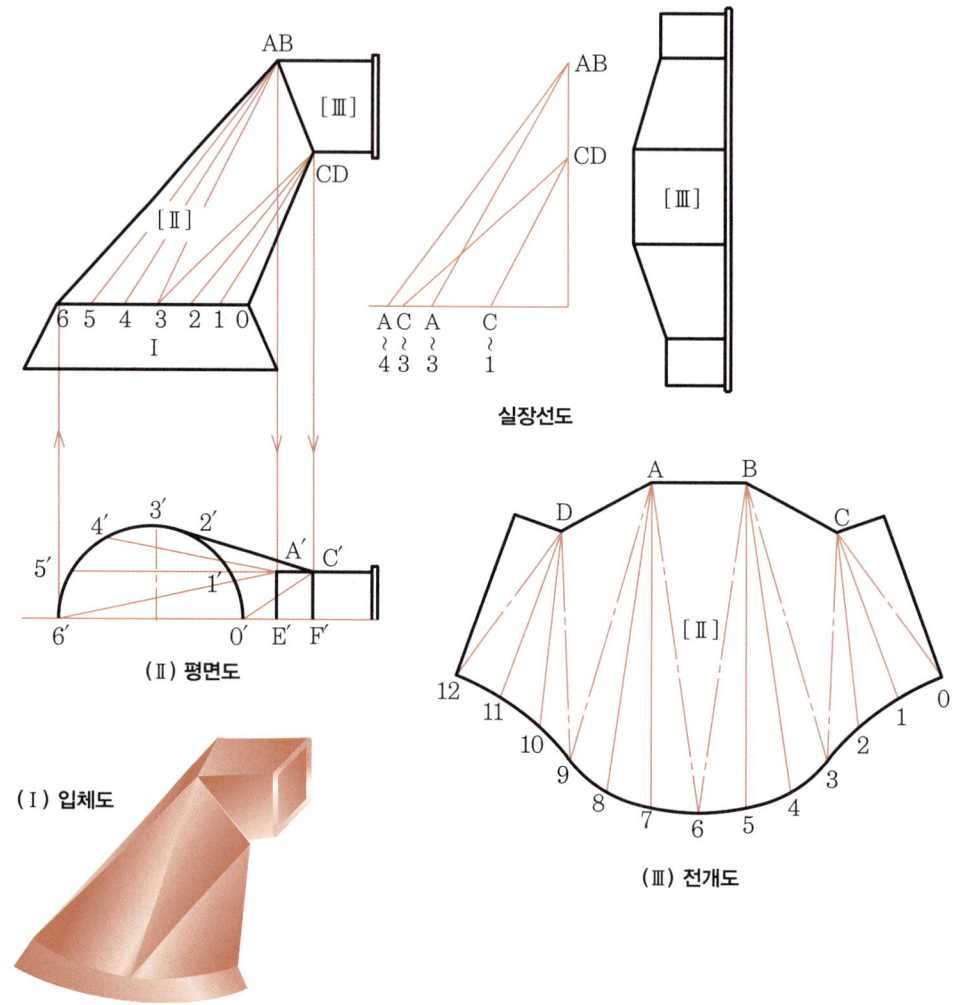

(I) 입체도
(II) 평면도
실장선도
(III) 전개도

① 평면도의 밑원을 6등분하여 정면도 AB점과 3, 4, 5, 6점을 그리고 CD점과 0, 1, 2, 3점을 긋는다.
② AB, CD점에서 수직선을 내려 평면도를 그려 A′E′, C′F′점과 같이 평면도의 관련 선을 긋는다.
③ 실장은 평면도 A′와 각각 3′, 4′, 5′, 6′의 거리를 실장선도 밑변으로 C′점과 0′, 1′, 2′, 3′을 밑변으로 실장선도에 의해 빗변이 실장이 된다.
④ 구해진 실장을 순차적으로 나열하여 전개도를 완성하며, 전개도 AB의 길이는 A′E′의 2배 길이이다.

## (39) 지름이 다른 Y형 분기관

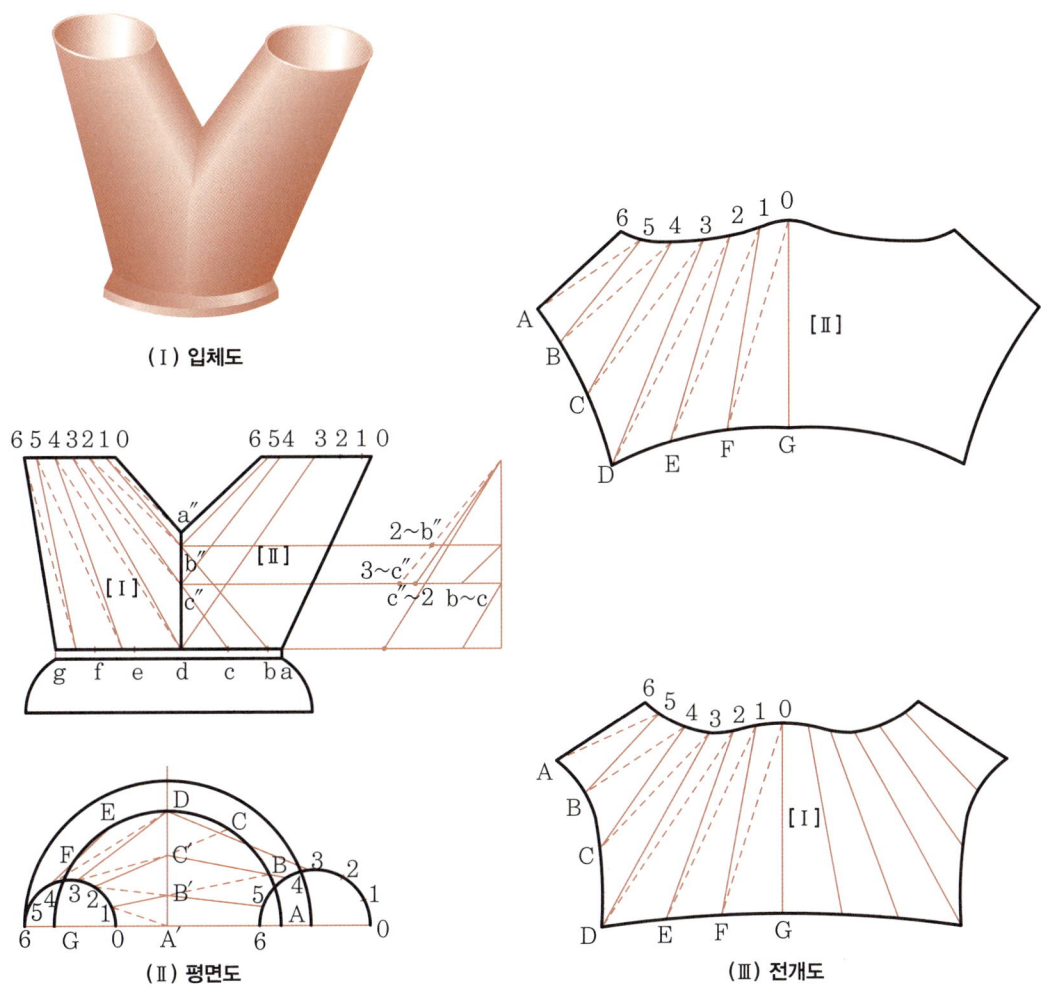

(Ⅰ) 입체도
(Ⅱ) 평면도
(Ⅲ) 전개도

① 상부와 하부의 반원주를 6등분하여 대응하는 선을 긋고 상관선에 만나는 a″, b″, c″점을 얻는다.
② 평면도에서도 원을 12등분하여 대응하는 선을 그어 상관선 D, C′, B′, A′점을 얻는다.
③ 실장은 평면도의 $\overline{D3}$을 실장선도에 밑변으로 하여 빗변이 실장이 되며, 같은 방법으로 실장을 구한다.
④ 상관선의 실장 $\overline{2C}$ 길이도 같은 방법으로 하며, 상관선의 등분 길이는 부투상도시 평면도의 $\overline{DC'}$, $\overline{C'B'}$ 길이를 실장선도의 밑변으로 할 때 빗변 길이가 실장이 되며, 전개도의 DC, CB의 등분점이 된다.
⑤ 구해진 실장을 순차적으로 나열하면 전개도가 완성된다.

## (40) 직각 이경관에 수직 분기관

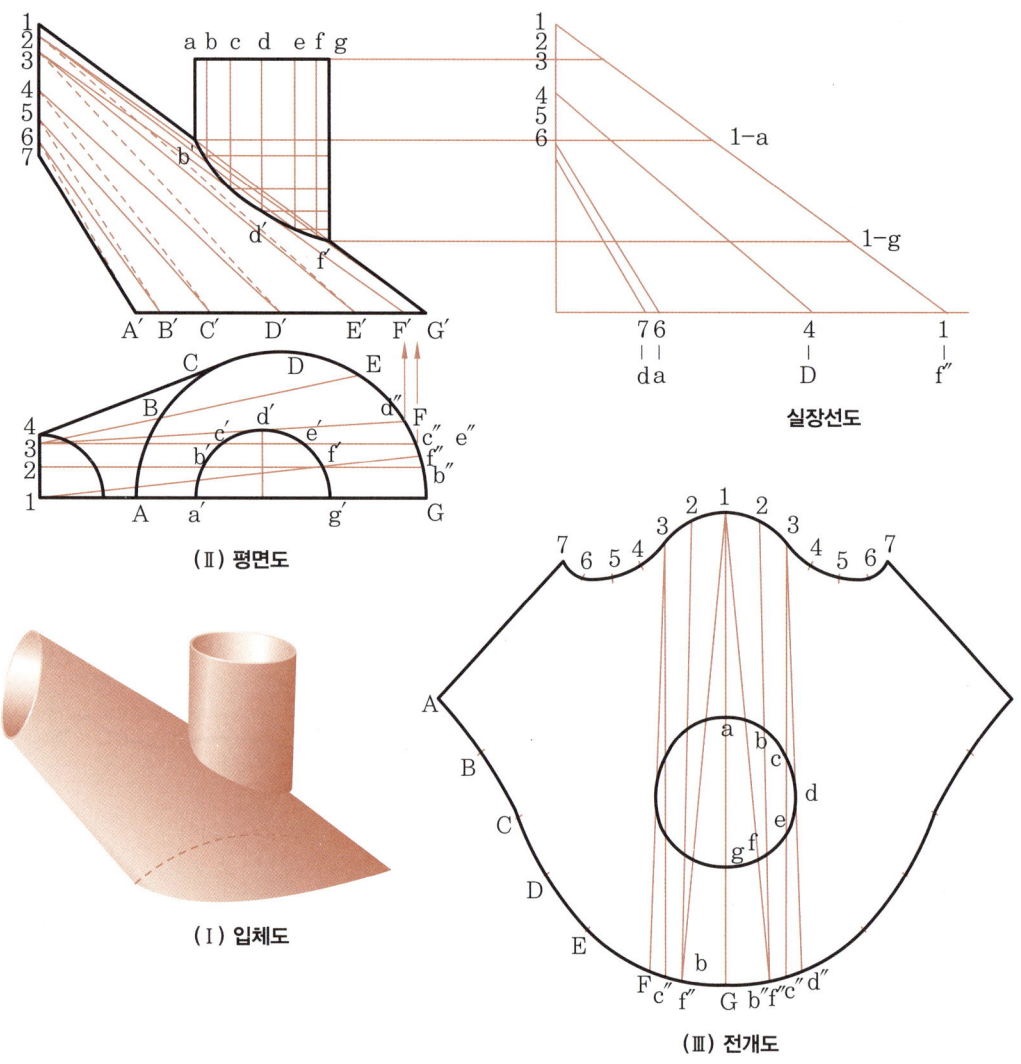

(Ⅰ) 입체도
(Ⅱ) 평면도
(Ⅲ) 전개도
실장선도

① 이경 직각 연결부 반원주를 6등분하고 대응하는 대각선 $\overline{6B'}$, $\overline{5C'}$를 긋는다.
② 정면도 1, 2, 3 … 7은 평면도 4, 3, 2, 1의 점과 같게 되고, 평면도와 같이 $\overline{4D}$, $\overline{3E}$를 긋는다.
③ 상관선은 평면도 1과 f′, 2와 b′, 3과 C, 3과 d를 그어 각각 바깥 원주에 만나는 점 f″, b″, c″, e″, d″를 구하고, 정면도에 수직선을 그어 3과 F′(d″), 3과 c″e″를 연결하여 상관점을 구한다.
④ 실장은 평면도 $\overline{1, f''}$, $\overline{7 d}$, $\overline{4D}$를 밑변, 그 높이에 찍어 빗변의 실장을 구하며, 같은 방법으로 순차적으로 전개한다(실장선도 참조).

## (41) 원통과 사각이 만나는 통풍관

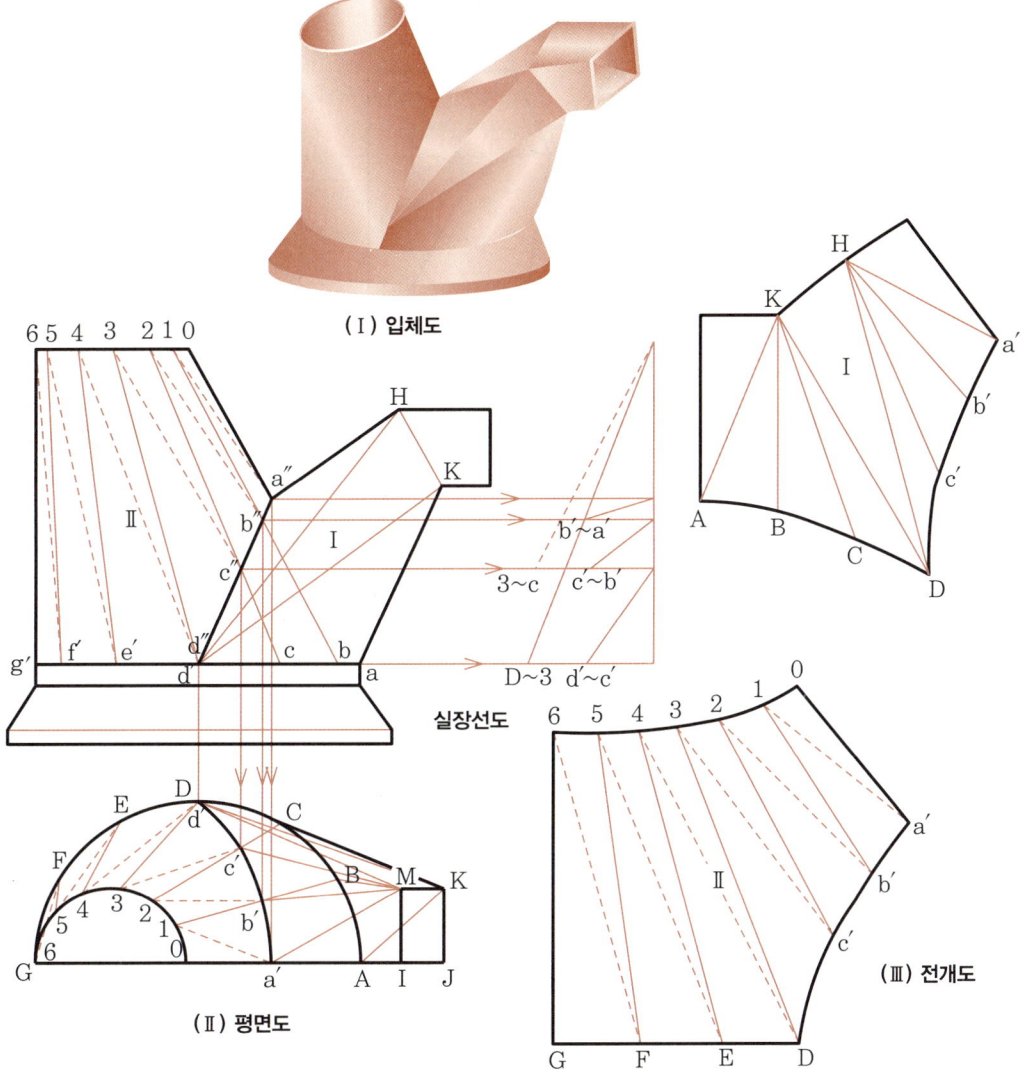

(Ⅰ) 입체도
실장선도
(Ⅱ) 평면도
(Ⅲ) 전개도

① 상부와 하부 반원주를 각각 6등분하여 대응하는 선을 긋고 상관선과 만나는 a″, b″, c″, d″를 얻는다.
② 상관점 a″, b″, c″, d″점을 평면도로 수선을 내려 만나는 점 a′, b′, c′, d′를 구하고, 이 점을 원활하게 연결하면 평면도의 상관선이 된다.
③ 실장은 평면도 $\overline{3c'}$ 길이를 실장선도 해당선 밑면 길이 3~c점으로 하면 빗변이 실장이 되며, $\overline{D3}$도 같은 방법으로 구한다.
④ 상관선의 실장은 부투상도가 필요하나 실장을 구하는 방법은 a′b′, c′b′, d′c′의 길이를 밑면으로 하고, 그 빗변이 전개도 Ⅱ의 a′b′, b′c′, c′D 길이와 같게 되며, 삼각 전개 방법으로 순차적으로 전개를 완성한다(실장선도 참조).

## (42) 가지관

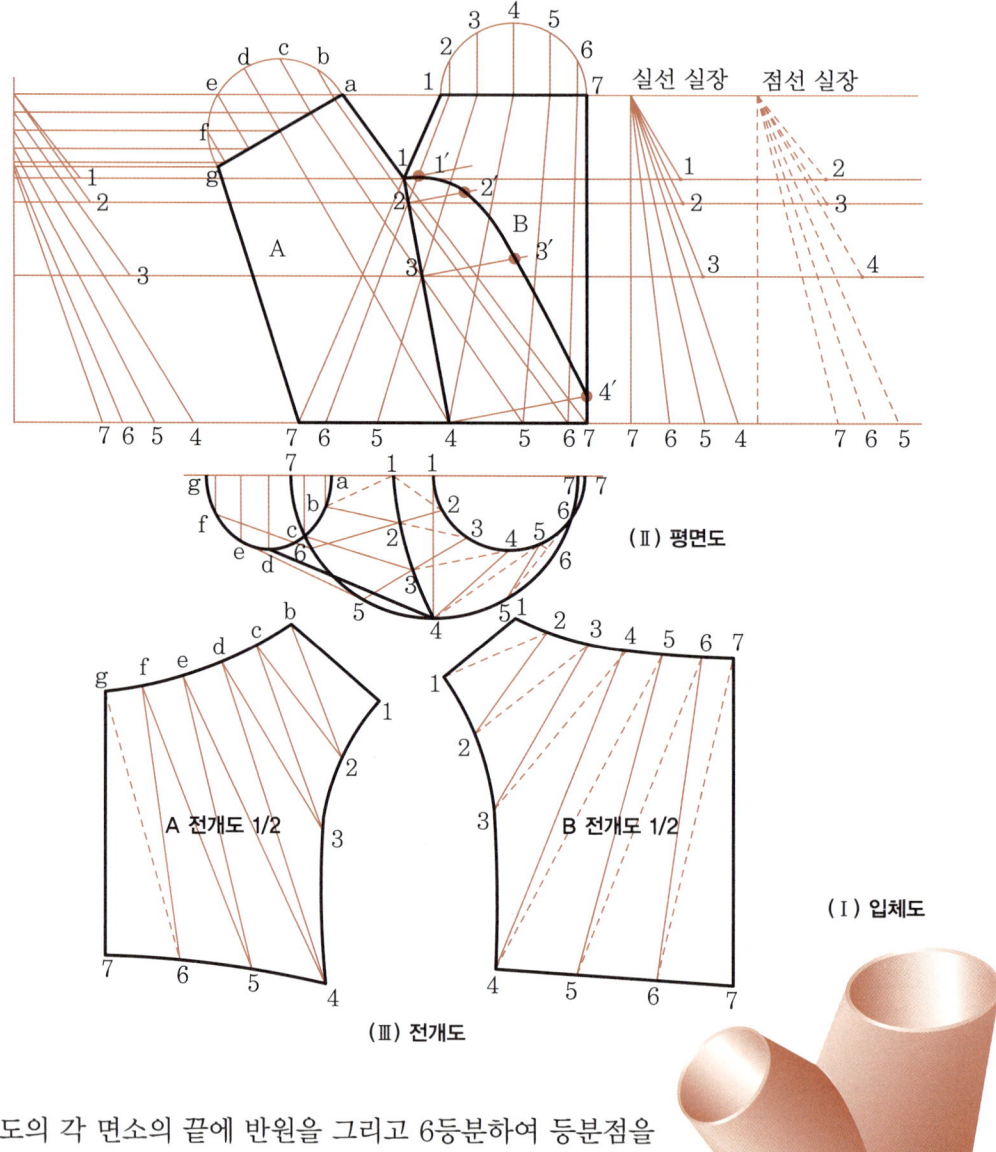

(Ⅱ) 평면도
(Ⅲ) 전개도
(Ⅰ) 입체도

① 정면도의 각 면소의 끝에 반원을 그리고 6등분하여 등분점을 면소에 내린다.
② 위 면소의 지름과 아래 면소의 등분점을 1, 2, 3 교점과 이으면 상관선이 된다.
③ 평면도도 같은 방법으로 상관선을 구한다.
④ 정면도의 측면 상관선은 상관선 $\overline{1\,4}$에 직각되게 선을 연장하고 등분점은 평면도 상관선 $\overparen{12}$ = $\overline{22'}$, $\overparen{13}$ = $\overline{33'}$, $\overparen{14}$ = $\overline{44'}$ 로 등분하여 연결하면 된다.
⑤ 기울어진 면소의 a~g에서 선을 연장하여 옆으로 끌어낸다.
⑥ 평면도의 길이 a1, b2, c3 … g7을 잡아 정면도의 높이에서 1, 2, 3, 4, 5, 6, 7의 대각선(꼭짓점)은 실제 길이이므로 이 길이로 전개를 한다.

## (43) 원뿔 분기관

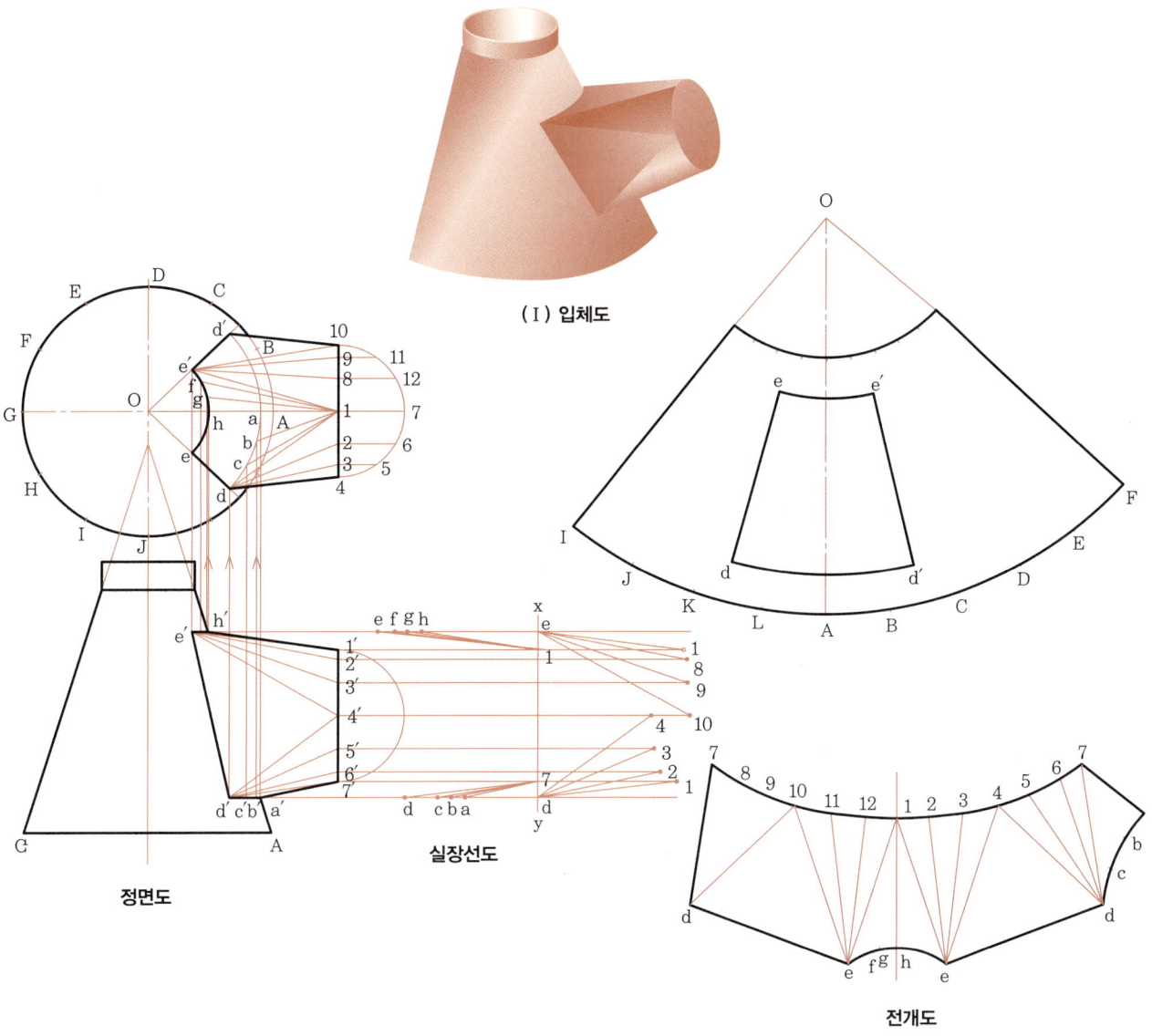

(Ⅰ) 입체도

① 평면도의 원호를 12등분하고 $\overline{GA}$를 중심으로 90° 등분하여 $\overline{Oe'd'}$의 선을 긋는다.
② 정면도의 h′a′을 $\overline{GA}$에 수선을 긋고 a, h를 O점을 중심으로 회전 ed점을 얻는다.
③ e와 10, 9, 8, 1과 1과 e′fgh선을 연장하고 d와 1, 2, 3, 4와 1과 abcd를 연결한다.
④ 실장은 평면도 $\overline{1e}$, $\overline{1f}$, $\overline{1g}$, $\overline{1h}$를 정면도 xy선상에서 밑면으로 efgh점에서 2 대각선이 실장이다.
⑤ 같은 방법으로 $\overline{7a}$, $\overline{7b}$, $\overline{7c}$, $\overline{7d}$를 xy선상에서 수선을 세워 a, b, c, d점으로 실장이 된다.
⑥ 원뿔관은 삼각 전개법, 원통은 방사 전개로 하면 편리하다.

### (44) 비틀린 분기관

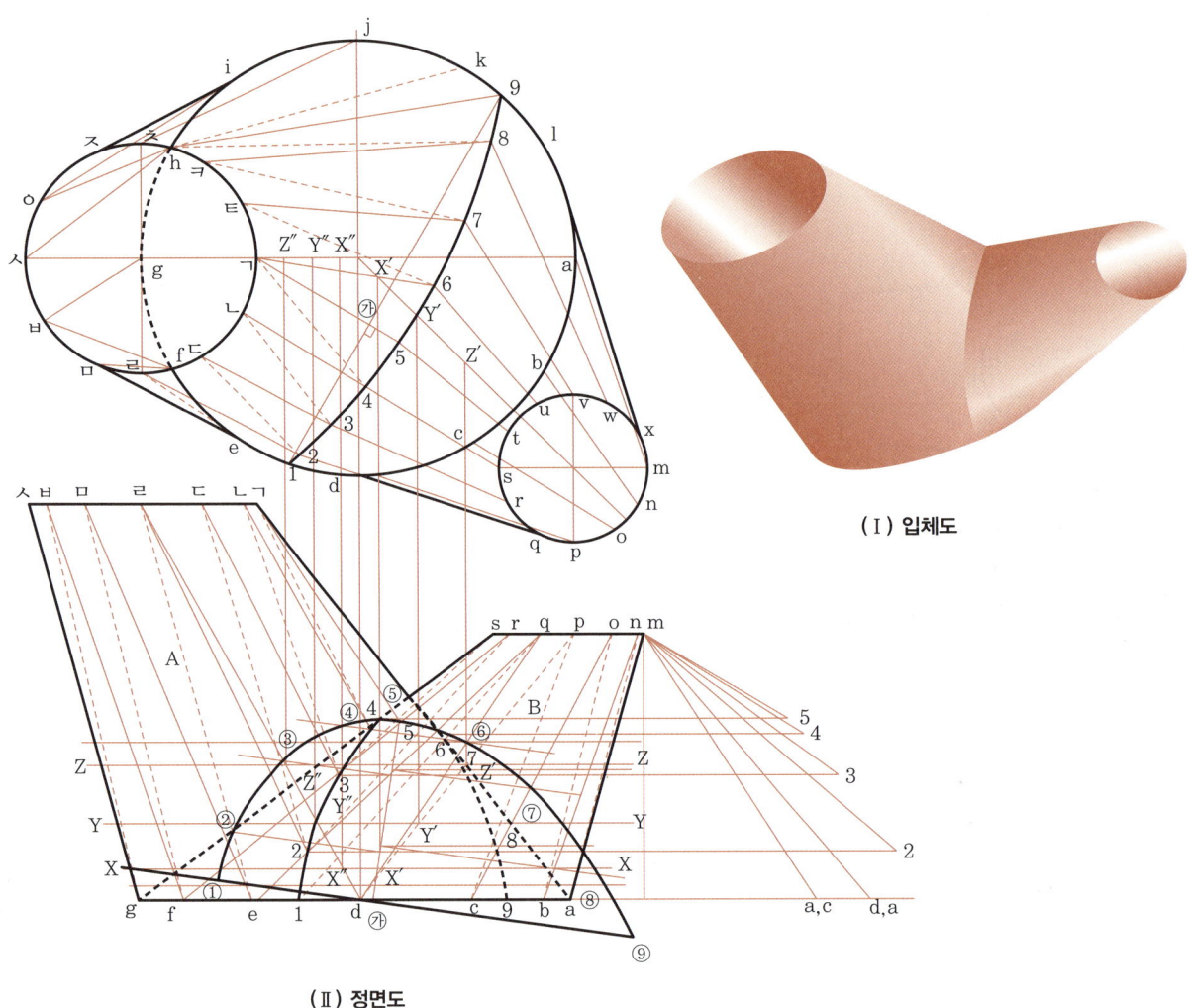

(Ⅰ) 입체도

(Ⅱ) 정면도

① 정면도에서 임의의 간격으로 공통 절단(X, Y, Z)을 하고, 절단선이 각 원뿔의 중심선과 만나는 점 X′Y′Z′, X″Y″Z″를 그어서 평면도의 중심선 X′Y′Z′, X″Y″Z″를 찾는다.

② 각 절단선이 중심선과 만나는 점 X, Y, Z에서의 반지름으로 평면도에서 대응점을 기준으로 2개의 기운 원뿔의 원을 그려 ㉮점을 구한다. ㉮점을 원활한 선으로 이으면 평면도의 상관선을 구할 수 있다.

③ 평면도에서 원의 등분점 a, b, c … w, x에 대응하는 a, b … k에 선을 그어 상관선에 만나는 1, 2, 3 … 9를 구하고, 이 점을 정면도에 내려서 대응선과 만나는 점을 이으면 정면도의 상관선을 구할 수 있다.

④ 평면도에서 상관선이 만나는 점 1과 9를 직선으로 잇고 점 5를 평면에서 찾아 1~9선에 직각으로 선을 그어 만나는 점 ㉮와 정면도의 ㉮′를 구하고 ⑤와 ㉮′점을 잇는다.
⑤ 정면도의 상관선 점 ①~⑨점을 밑면과 평행하게 점 $\overline{㉮5}$선을 그어 만나는 점을 ⑤′~㉮선에 직각되게 긋는다.
⑥ 평면도에서 ㉮점을 기준으로 ㉮와 1, 2 ⋯ 8, 9 거리로 정면도에 옮겨 부투상도를 그린다.

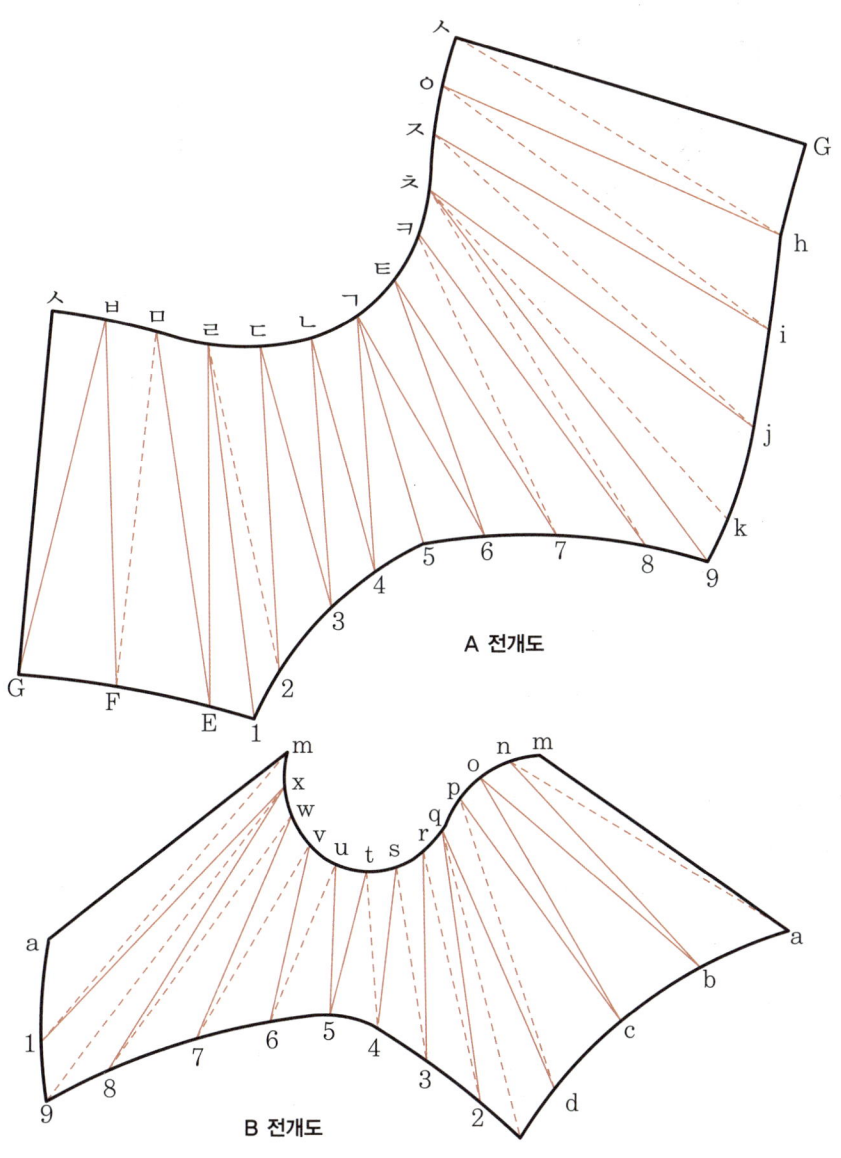

A 전개도

B 전개도

## ④ 평행선 전개법과 방사선 전개법의 혼합체

### (1) 구
#### (A) 중심에서 방사상으로 절단된 구

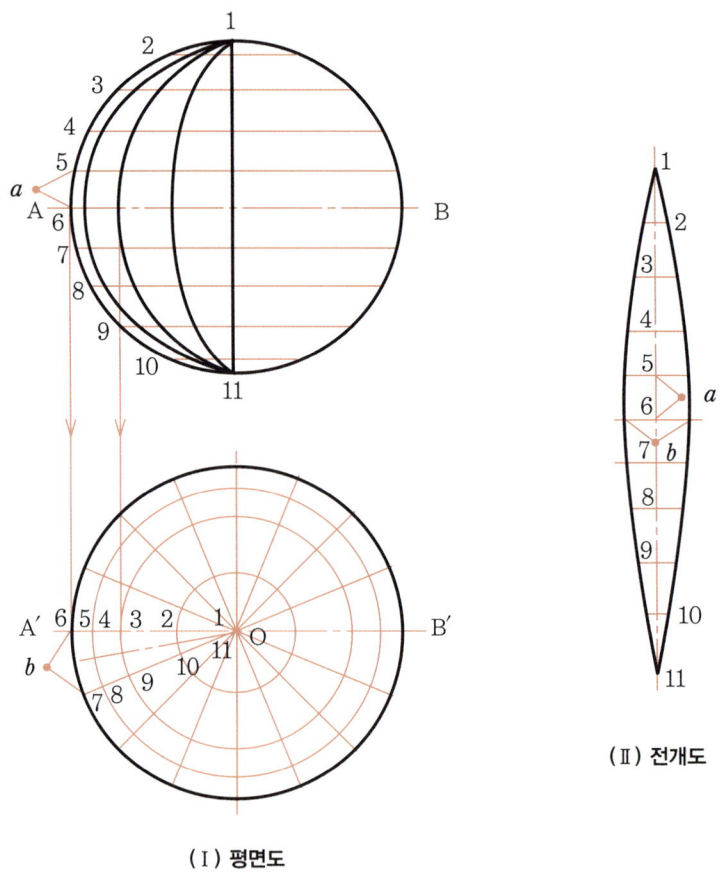

(Ⅱ) 전개도

(Ⅰ) 평면도

① 평면도의 원주를 16등분한 후 정면도의 반원주를 10등분하여 등분점 1, 2, 3 ⋯ 10, 11을 얻고, $\overline{AB}$에 수평선을 긋는다.

② 등분점 1, 2, 3, 4, 5, 6등분점을 $\overline{A'B'}$에 수선을 내리고 O점을 중심으로 원호를 그린다.

③ $\frac{1}{16}$조각 0, 5, 7의 전개는 $\overline{5\,7}$의 수직 이등분선을 구한 후 평행선으로 $\overline{5\,7}$과 평행하게 $\overline{4\,8}$, $\overline{3\,9}$를 긋는다.

④ 전개도 수직선 $\overline{1\,11}$을 긋고 등분점은 정면도의 1/10등분 $a$길이로 등분하고, 폭은 $\widehat{1\,11}$, $\widehat{2\,10}$과 같이 해당 $b$의 길이로 평행 전개법을 이용하여 전개한다.

## (B) 축에 직각되게 절단된 구

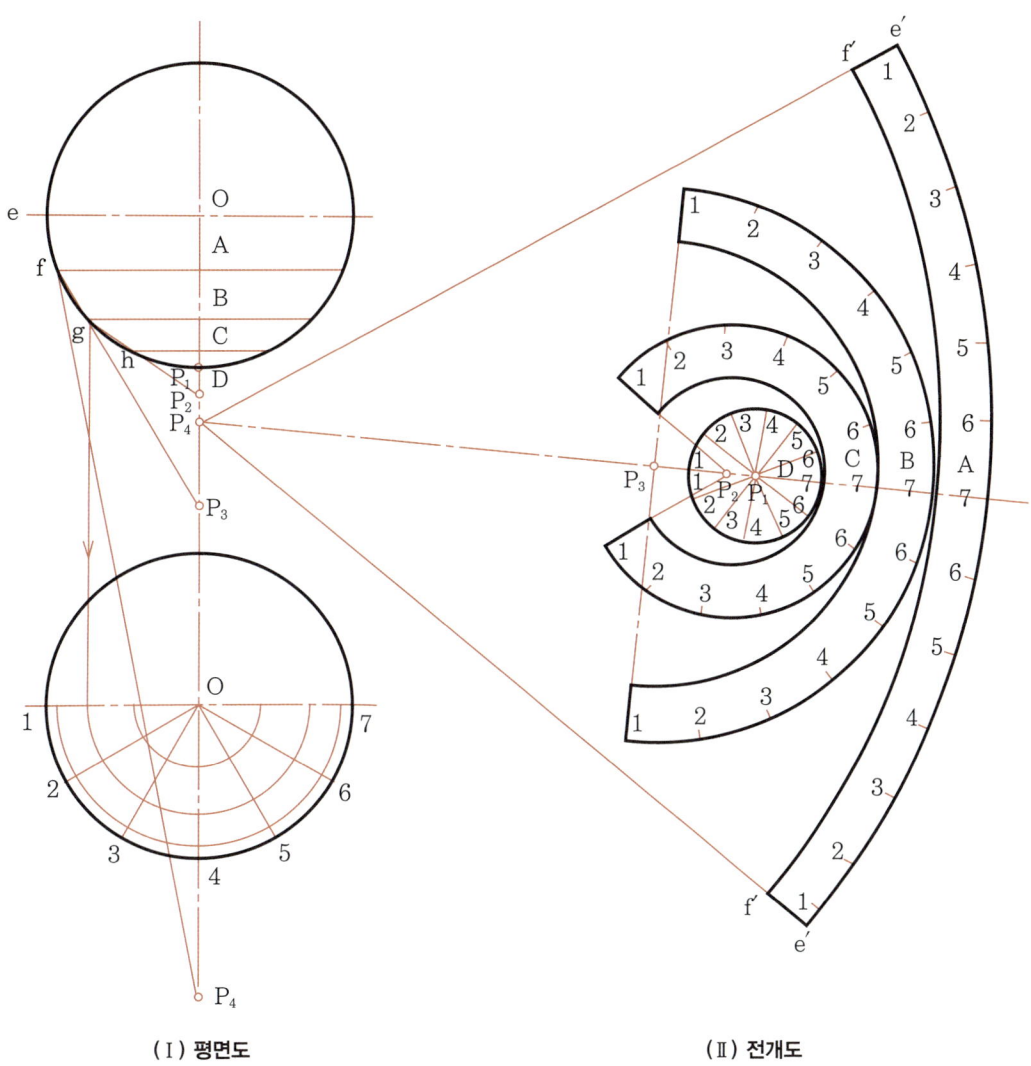

(Ⅰ) 평면도          (Ⅱ) 전개도

① 평면도 원주를 6등분한 후 O에서 등분점으로 수선을 긋고 정면도의 반원주를 4등분하여 수평선을 그어 A, B, C, D조각을 얻는다.
② 등분점을 $\overline{17}$에 수선을 내려 만난 교점을 O를 중심으로 원호를 그린다.
③ $\overline{ef}$를 연장하여 만난 $P_4$의 꼭짓점으로 A조각의 원호 $\overline{ef}$로 전개도와 같이 호를 그린다.
④ 그린 호를 $\frac{1}{12}$등분을 12등분하여 꼭짓점으로 선을 긋고 B, C, D조각도 이와 같은 방법으로 방사 전개한다.

(2) 원형 안장

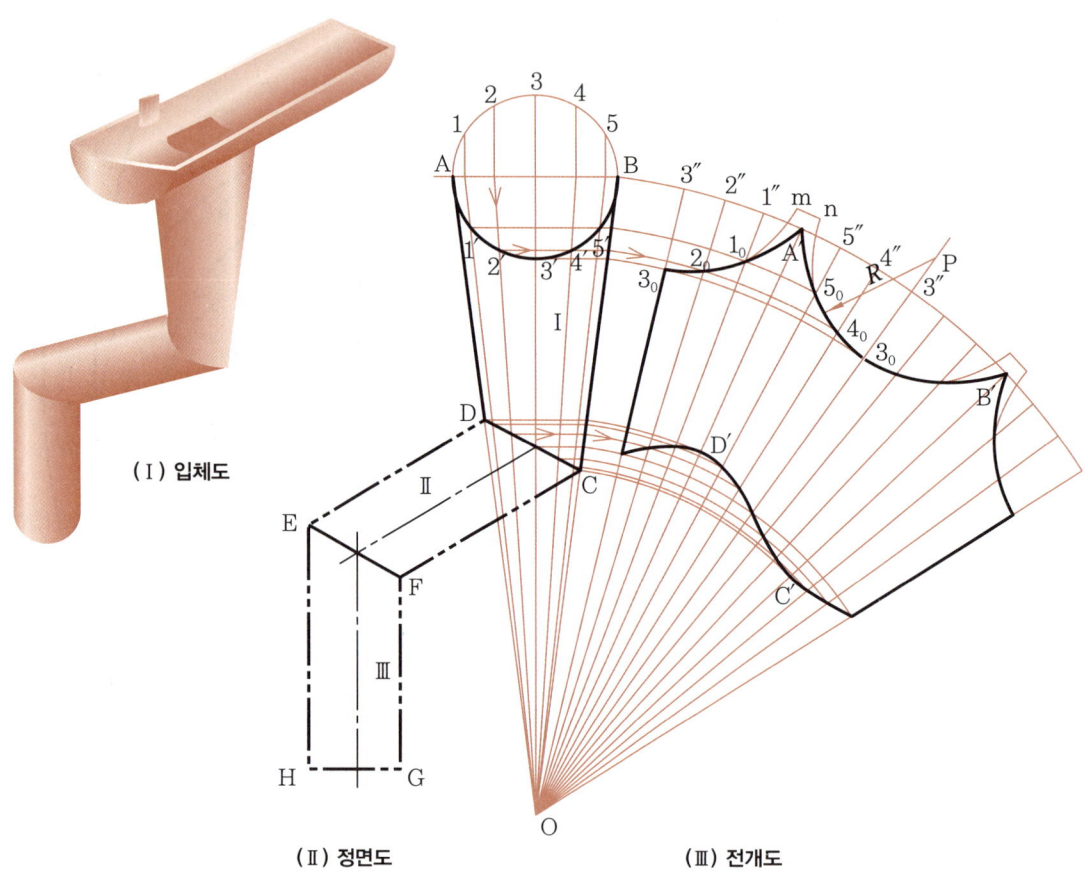

(Ⅰ) 입체도
(Ⅱ) 정면도
(Ⅲ) 전개도

① 반원주 $\overparen{AB}$를 6등분하여 등분점 1, 2 … 5를 얻고 수선을 내려 $\overline{AB}$선상에 만난 점을 얻고 꼭짓점 O와 연결하여 반원 AB와의 교점 $1', 2', 3' … 5'$를 얻는다.
② $1', 2', 3'$에서 $\overline{AB}$와 평행선을 그어 빗변 $\overline{BO}$와 만난 점을 구하면 실장이 된다.
③ O를 중심으로 하여 B를 지나는 원을 돌리고 반원주 $\overparen{AB}$의 $\frac{1}{6}$크기로 12등분한 후 꼭짓점과 연결한다.
④ 원호의 빗변과 만난 점을 지나는 원을 돌리어 등분선과의 교점 $3_0, 2_0, 1_0$을 구하면 전개도가 완성된다.
⑤ 실제로는 물받이와 연결부 $\overline{mn}$을 얻은 후 P를 중심으로 하여 $5_0$, n을 지나는 원을 돌리어 형판을 만든다.
⑥ 절단면 $\overline{CD}$의 전개도를 같은 방법으로 완성한다.

### (3) 원뿔의 중심에 선 정사각기둥

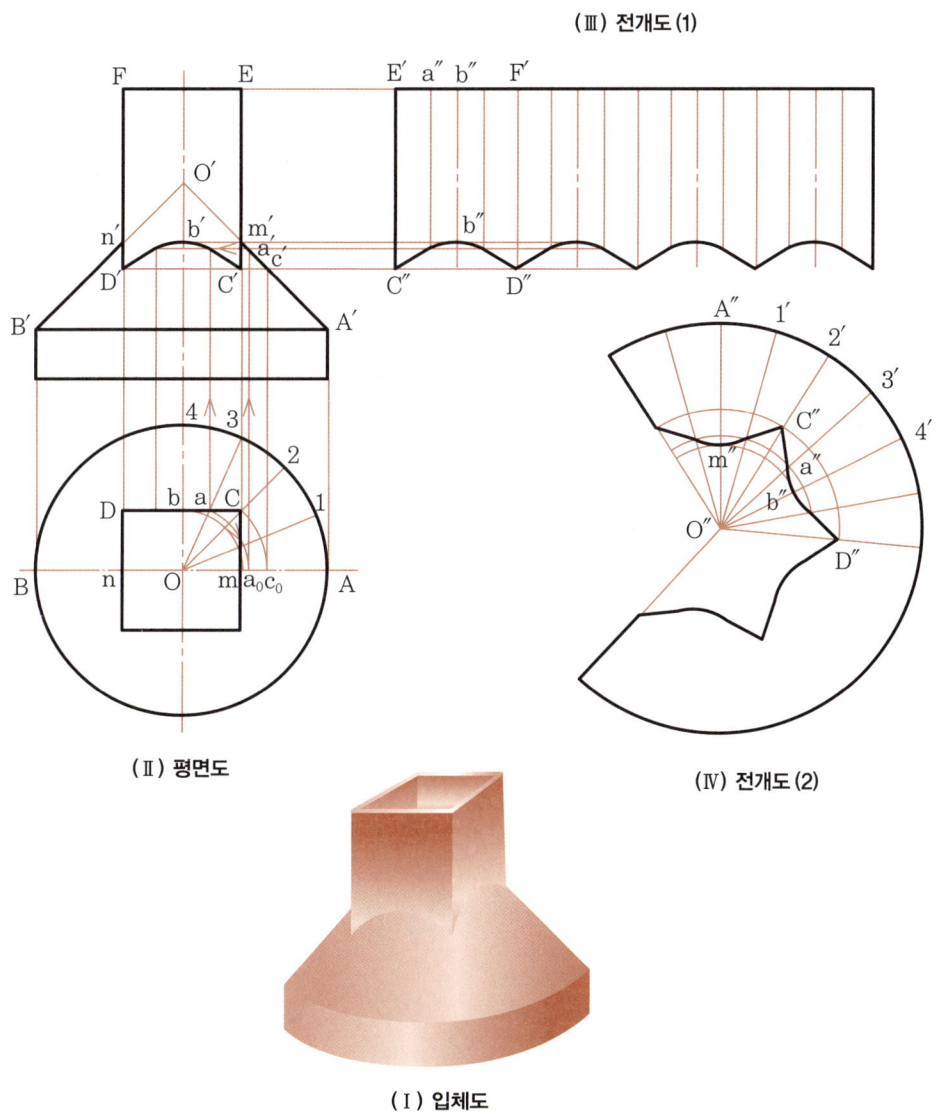

(Ⅲ) 전개도 (1)
(Ⅱ) 평면도
(Ⅳ) 전개도 (2)
(Ⅰ) 입체도

① 평면도의 반원주 $\stackrel{\frown}{AB}$를 8등분하여 3과 O를 연결하면 $\overline{DC}$와 만나는 점 a를 얻을 수 있다. O를 중심으로 하여 a와 C를 지나는 원을 돌려 $\overline{AB}$와 만난 점 $a_0$, $c_0$를 구한 후 수선을 세워 $\overline{O'A'}$와 만난 점 a′c′를 얻는다.
② a′c′에서 $\overline{A'B'}$에 평행선을 긋고 c, a의 수선과 만난 점을 얻고 원활한 곡선으로 연결하면 상관선 b′c′를 얻을 수 있다.

### (4) 원뿔의 중심에 선 정육각기둥

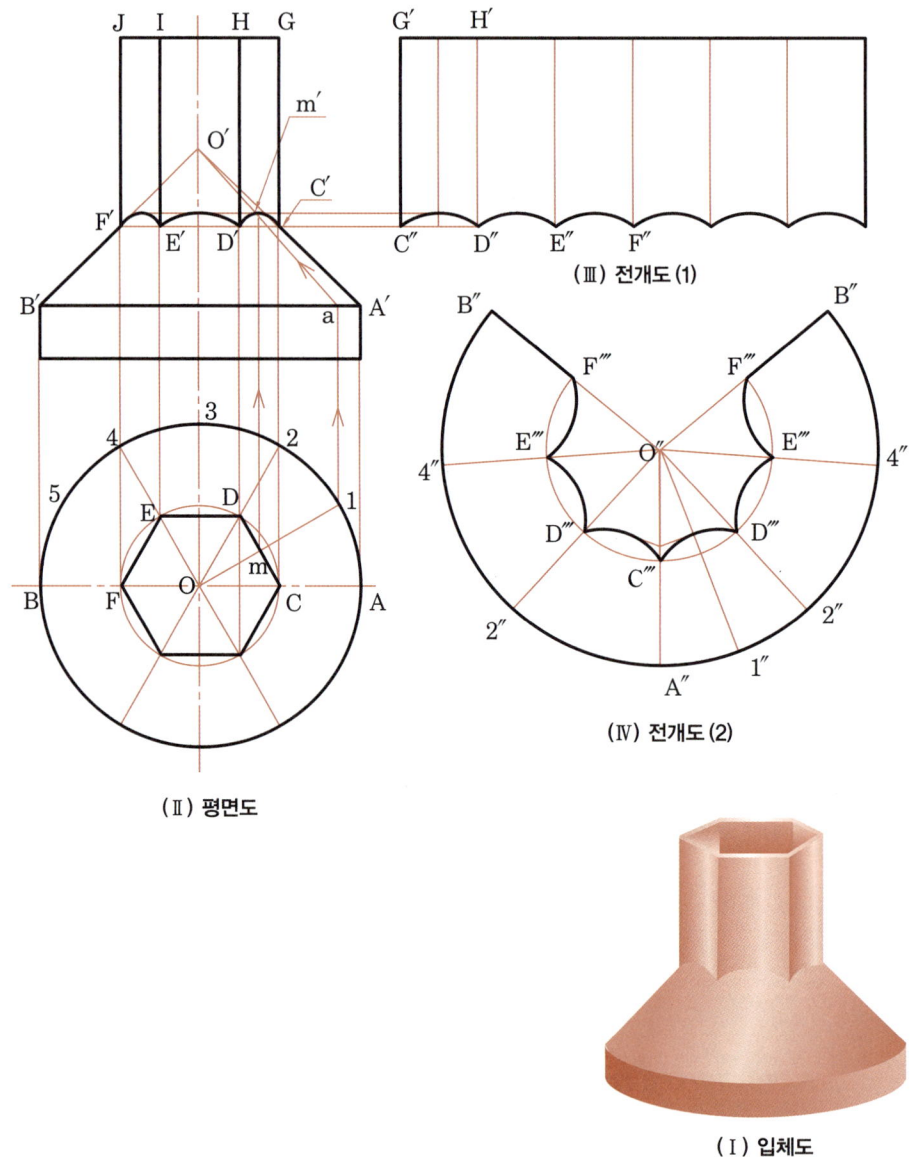

(Ⅲ) 전개도(1)

(Ⅳ) 전개도(2)

(Ⅱ) 평면도

(Ⅰ) 입체도

① 반원주 $\overset{\frown}{AB}$의 등분점 1과 O를 연결하고 $\overline{CD}$와 만난 점 m을 얻는다.
② 1에서 $\overline{A'B'}$에 수선을 세워 만난 점 a를 얻고 a와 O′를 연결한다.
③ m에서 $\overline{A'B'}$에 수선을 세워 O′a와의 만난 점 m′를 얻은 후 C′m′D′를 곡선으로 연결하면 정면도의 상관선을 얻을 수 있다.
④ 원뿔은 방사선 전개법을, 육각기둥은 평행선 전개법을 사용하여 전개도를 그릴 수 있다.

## (5) 원뿔과 직교하는 원기둥

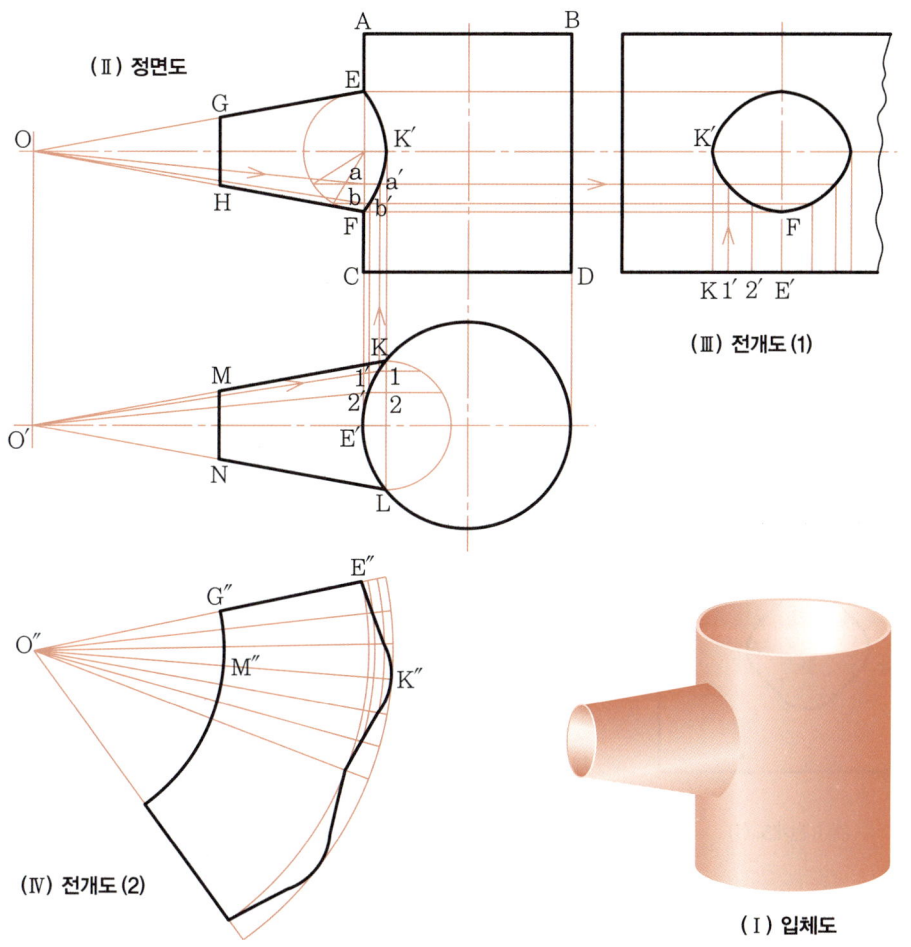

① 정면도의 반원주 $\widehat{EF}$를 6등분한 후 등분점을 $\overline{EF}$에 수선을 세워 $\overline{EF}$와 만난 점 a, b를 얻는다.
② 평면도의 반원주 $\widehat{KL}$을 6등분한 후 $\overline{KL}$에 수선을 세워 KL과 만난 점 1, 2를 얻은 후 O'와 연결하여 큰 통과 만나는 점 1', 2'를 얻는다.
③ 1', 2'에서 $\overline{E'E}$와 평행선을 그어 a, b의 수선과 만난 점 a', b'를 얻는다.
④ K' a' b' F를 곡선으로 연결하면 상관선을 얻을 수 있다.
⑤ 원뿔은 방사선 전개법을, 원기둥은 평행선 전개법을 이용하여 전개한다.

## (6) 깔때기 형태의 원뿔과 직교하는 원기둥

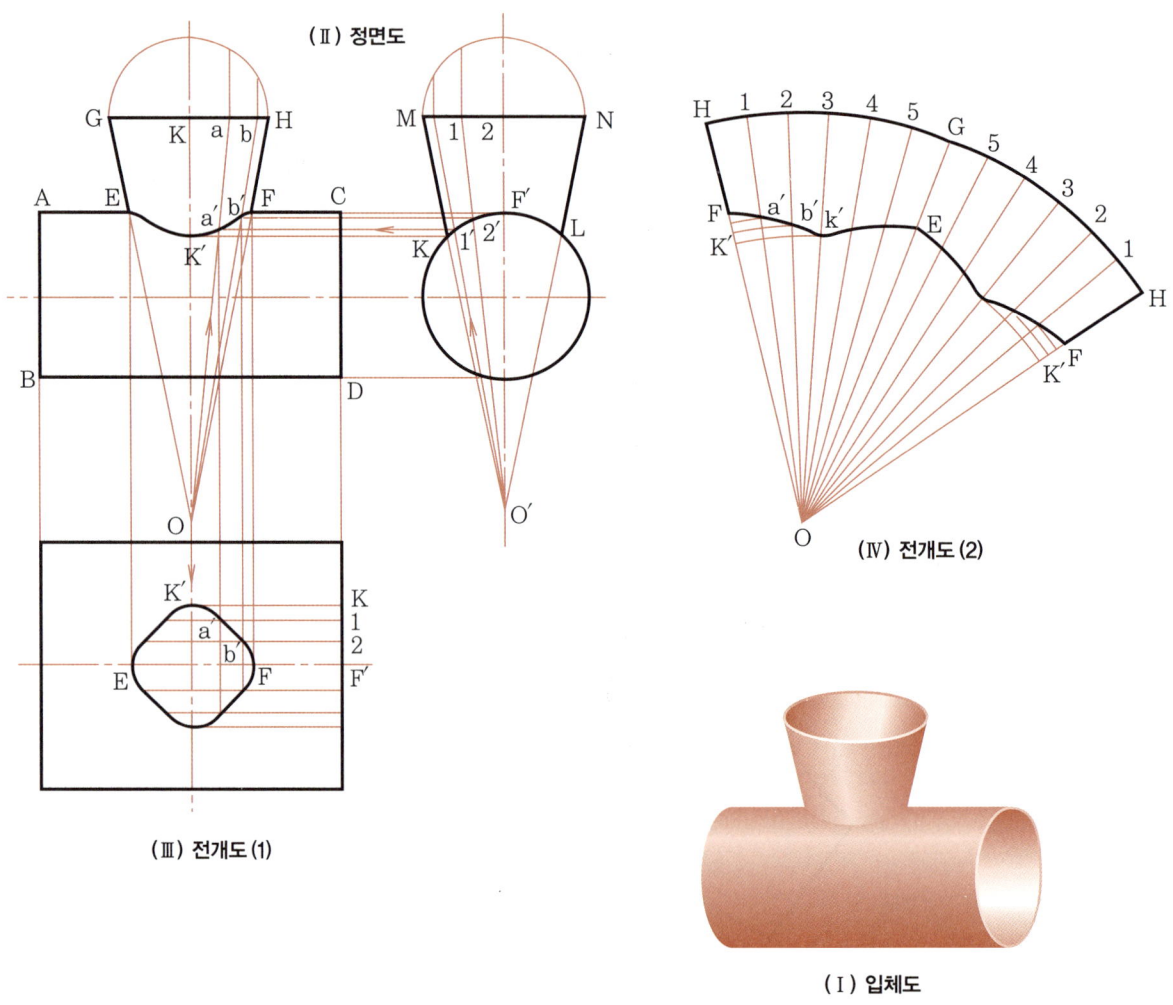

① 반원주 $\overset{\frown}{HG}$를 6등분한 후 등분점을 $\overline{HG}$에 수선을 내려 만난 점 a, b를 얻고 꼭짓점 O와 연결한다.
② 반원주 $\overset{\frown}{MN}$를 6등분한 후 수선을 세워 $\overline{MN}$과 만난 점 1, 2를 얻고 꼭짓점 O′와 연결하여 원기둥과 만난 점 1′, 2′를 얻는다.
③ K, 1′, 2′를 $\overline{F'F}$에 평행선을 그어 정면도 윗면 $\overline{KO}$, $\overline{aO}$, $\overline{bO}$와 만난 점 K′, a′, b′를 구한 후 곡선으로 연결하여 상관선 FK′를 얻는다.
④ 원기둥은 평행선 전개법을, 깔때기는 방사선 전개법을 이용하여 전개한다.

## (7) 원뿔과 경사지게 만나는 원기둥

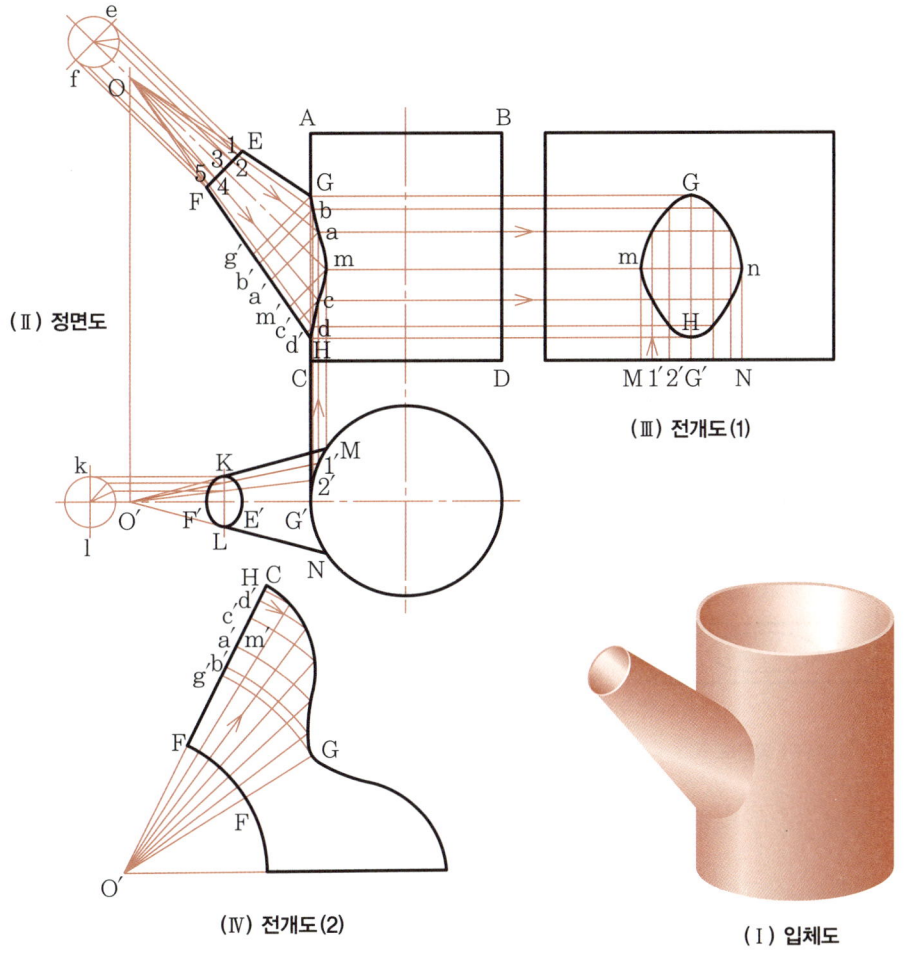

(Ⅱ) 정면도
(Ⅲ) 전개도(1)
(Ⅳ) 전개도(2)
(Ⅰ) 입체도

① 반원주 $\widehat{ef}$를 6등분하고 수선을 세워 $\overline{EF}$와 만난 점 1, 2 … 5를 얻고 꼭짓점 O와 연결하여 연장한다.
② 반원주 $\widehat{kl}$을 6등분하고 수선을 세워 $\overline{KL}$과 만난 점을 얻고, 꼭짓점 O′와 연결하여 MN과 만난 점 1′2′를 얻는다.
③ 1′2′에서 $\overline{AC}$에 평행선을 그어 정면도의 분기관 $\overline{O1}$ $\overline{O2}$ … $\overline{O5}$의 연장선과 만난 점 b, a, m, c, d를 얻은 후 곡선으로 연결하면 상관선을 얻을 수 있다.
④ 원기둥은 평행선 전개법을, 원뿔은 방사선 전개법을 이용하여 전개한다.

## (8) 원통과 직교하는 정사각뿔

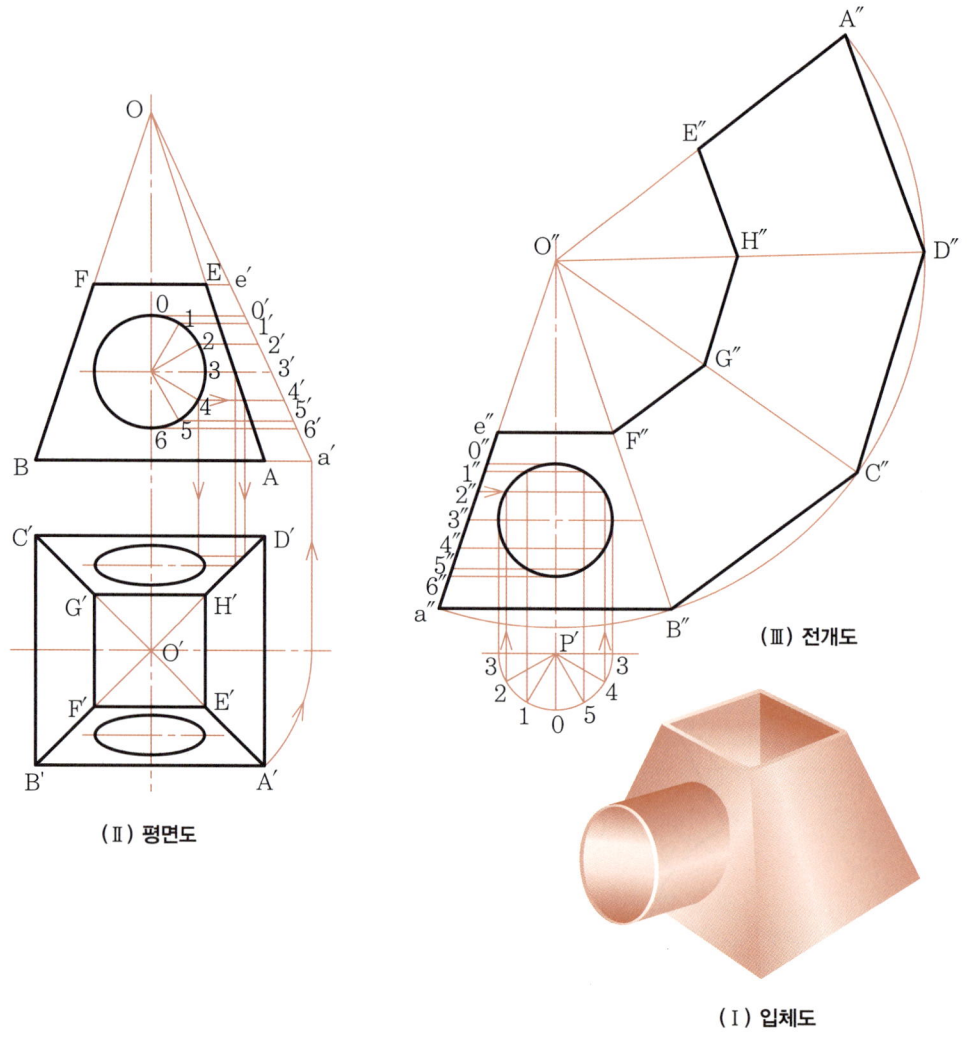

(Ⅱ) 평면도
(Ⅲ) 전개도
(Ⅰ) 입체도

① 평면도 O′를 중심으로 A′를 지나는 원을 돌리어 중심선과 만난 점을 얻고 수선을 세워 $\overline{AB}$의 연장선과의 만난 점 a′를 얻고 a′를 O와 연결하면 $\overline{Oa'}$는 $\overline{O'A'}$의 실장이 된다.

② 반원주 $\overset{\frown}{06}$을 6등분하고 각 등분점과 E를 $\overline{AB}$에 평행선을 그어 $\overline{Oa'}$와 만난 점 e′, 0′, 1′ … 6′를 얻는다.

③ 사각뿔의 전개도를 그리기 위하여 O″a″B″를 그린 후 $\overline{a'e'}$의 각 점 a′, 6′, 5′ … e′를 $\overline{O''a''}$에 옮기어 a″, 6″, 5″ … e″를 얻고 $\overline{a''B''}$에 평행선을 긋는다.

④ 각 a″O″B″의 2등분선상에 정면도의 원의 크기로 P′를 중심으로 원을 돌린 후 반원을 6등분하여 $\overline{a''B''}$에 수선을 세워 만난 점을 얻는다.

⑤ 각 점을 원활한 곡선으로 연결한다.

## (9) 원뿔에 편심되어 선 원기둥

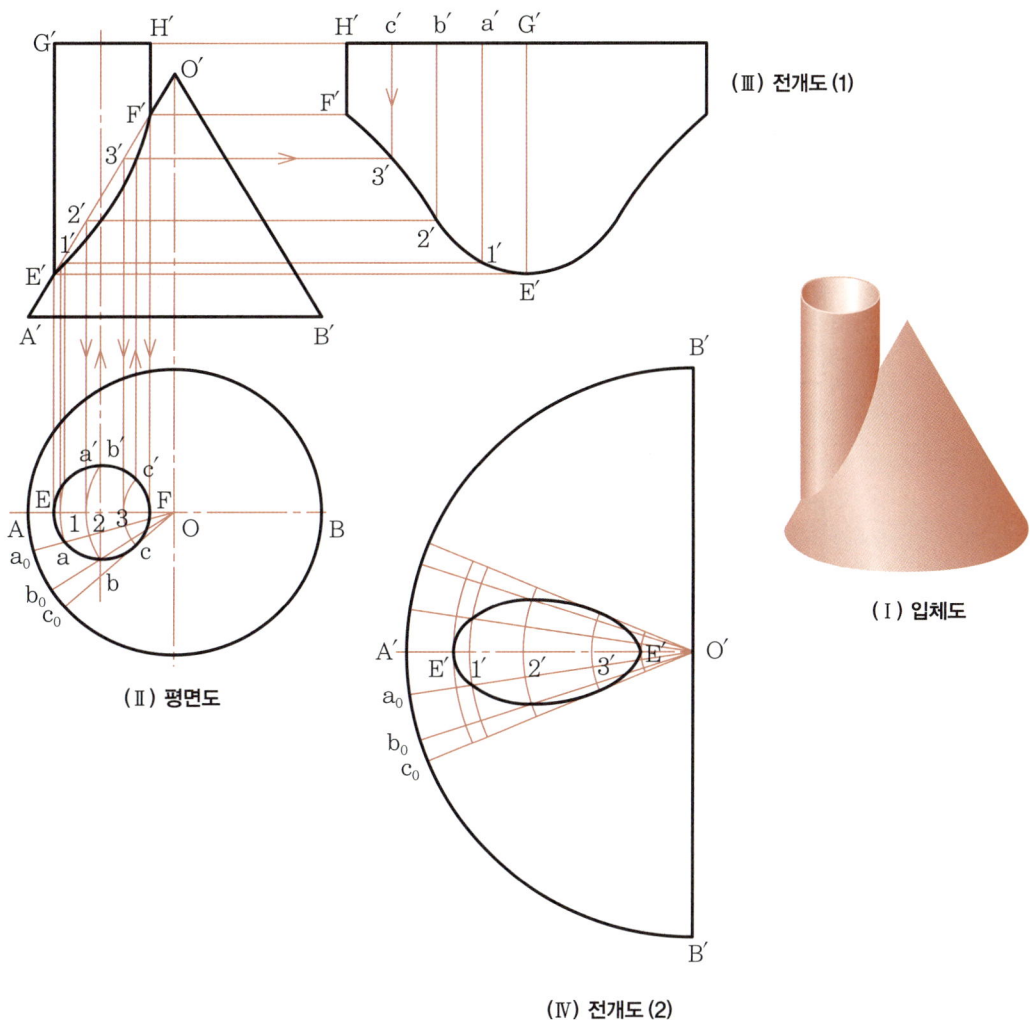

(Ⅲ) 전개도 (1)
(Ⅱ) 평면도
(Ⅳ) 전개도 (2)
(Ⅰ) 입체도

① 반원주 $\widehat{EF}$를 4등분하여 등분점 a′ b′ c′ 와 a, b, c를 얻은 후 O를 중심으로 각 점을 지나는 원을 돌려 $\overline{AO}$와 만난 점 1, 2, 3을 얻고 수선을 세워 O′A′와 만난 점 1′, 2′, 3′를 얻는다.

② 1′, 2′, 3′를 $\overline{A'B'}$에 평행선을 긋고 a′ b′ c′에서 $\overline{OO'}$와 평행선을 그어 만난 점을 얻은 후 각점을 원활한 곡선으로 연결하면 상관선을 얻을 수 있다.

③ 원기둥은 평행선 전개법을, 원뿔은 방사선 전개법을 사용하여 전개한다.

## (10) 원기둥과 직교하는 원뿔

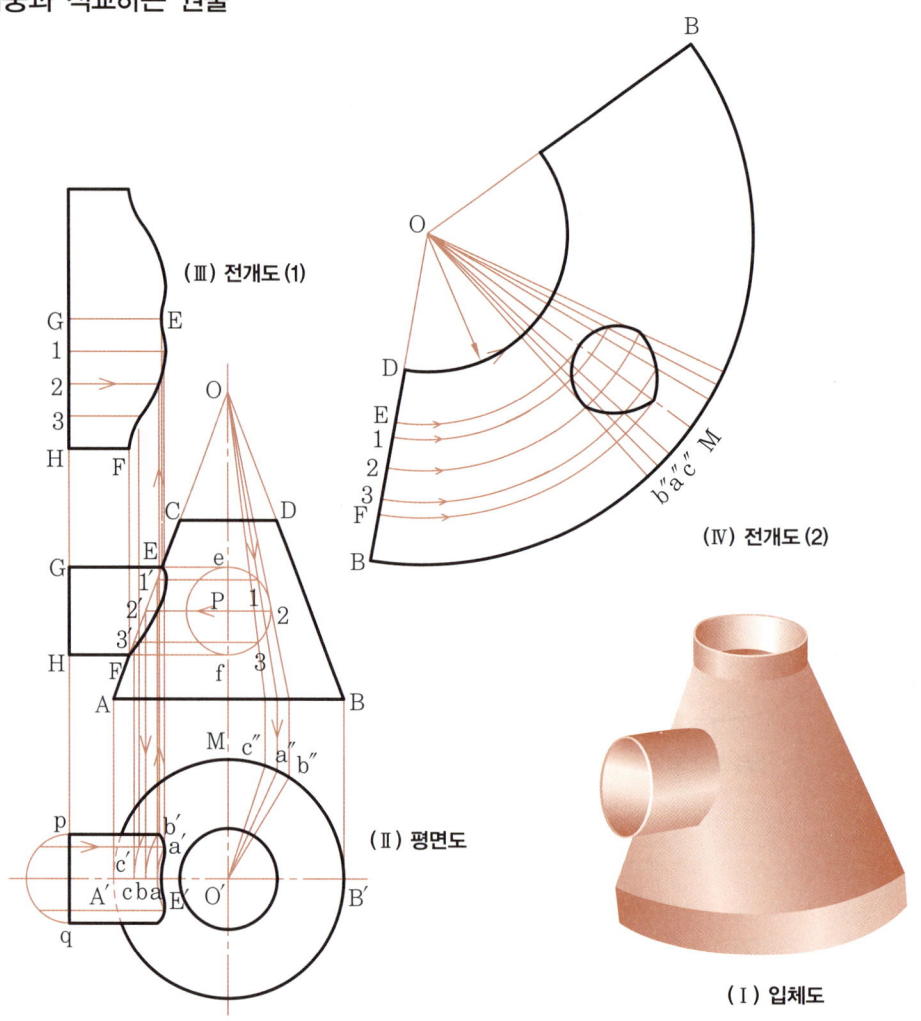

(Ⅲ) 전개도 (1)
(Ⅳ) 전개도 (2)
(Ⅱ) 평면도
(Ⅰ) 입체도

① 원기둥과 원뿔의 중심의 만난 점 P를 중심으로 HG를 지름으로 하는 원을 돌린 후 반원주 $\widehat{ef}$를 4등분하여 1, 2, 3을 얻는다.
② 1, 2, 3에서 $\overline{AB}$에 평행선을 그어 $\overline{CA}$와 만난 점 1′2′3′를 얻고 $\overline{A'B'}$에 수선을 내려 만난 점 a, b, c를 얻는다.
③ 반원주 $\widehat{pq}$를 4등분하여 등분점을 $\overline{A'B'}$와 평행선을 긋고 O′를 중심으로 긋고 a, b, c를 지나는 원과 만난 점 a′, b′, c′를 얻은 후 $\overline{OO'}$와 평행선을 그어 11′, 22′, 33′와의 만난 점을 얻고 원활한 곡선으로 연결하면 상관선을 얻을 수 있다.
④ O와 1, 2, 3과 연결한 연장선과 $\overline{AB}$와의 만난 점으로부터 $\overline{OO'}$와 평행선을 그어 원 A′B′와 만난 점 a″b″c″를 얻는다.
⑤ 원기둥은 평행선 전개법을, 원뿔은 방사선 전개법을 사용하여 전개한다.

## (11) 사각관과 직교하는 원뿔

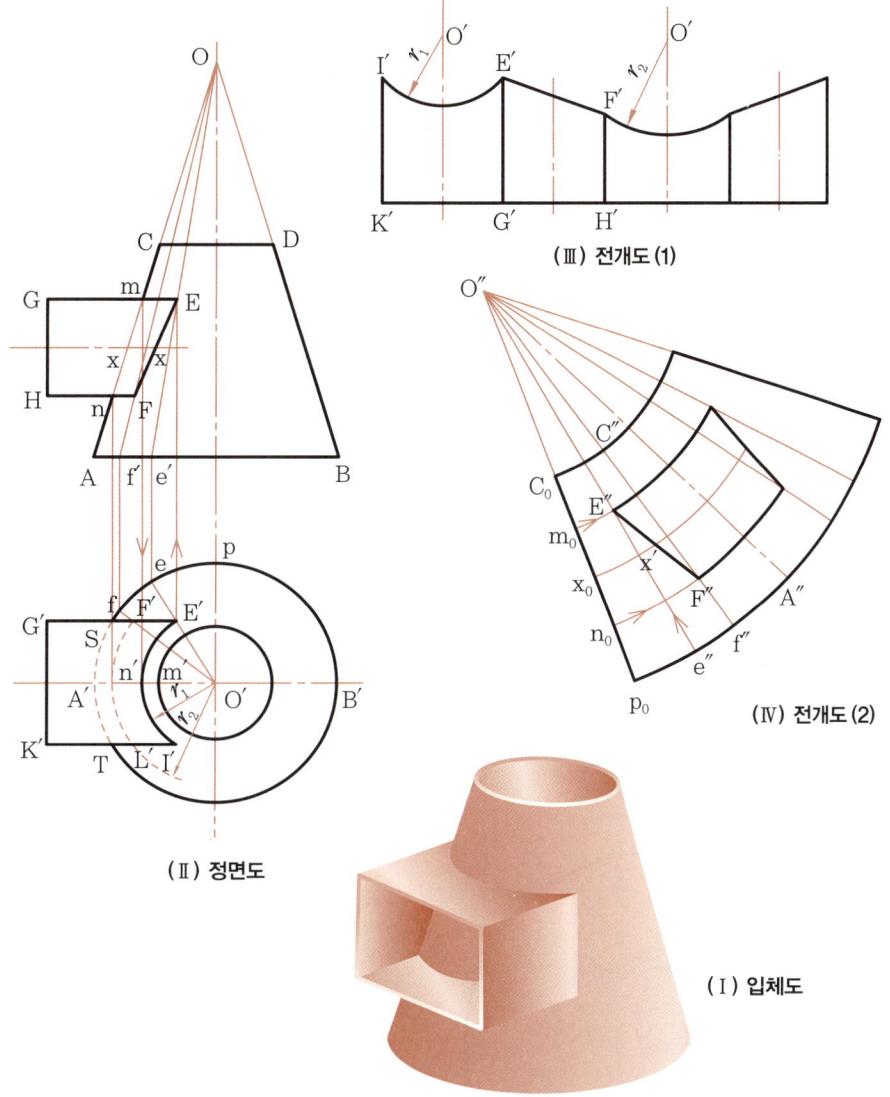

① 정면도 m, n에서 $\overline{O'O}$와 평행선을 그어 $\overline{A'B'}$와 만난 점 m´ n´를 얻는다.
② O´를 중심으로 m´, n´를 지나는 원을 돌리어 $\overline{G'S}$의 연장선과 만난 점 E´, F´를 얻고 O´와 연결하여 원 A´ B´와 만난 점 e, f를 얻는다.
③ e, f에서 $\overline{AB}$에 수선을 그어 만난 점 e´, f´를 얻고 O와 e´, f´를 연결하고 $\overline{Gm}$, Hn의 연장선과 만난 점 E, F를 얻는다. E와 F를 연결하면 EF는 상관선이 된다.
④ 사각기둥은 평행선 전개법을, 원뿔은 방사선 전개법을 이용하여 전개한다.
⑤ 전개도 Ⅳ(2)는 $\frac{1}{2}$이 된다.

## (12) 원통과 편심되게 직교하는 원뿔

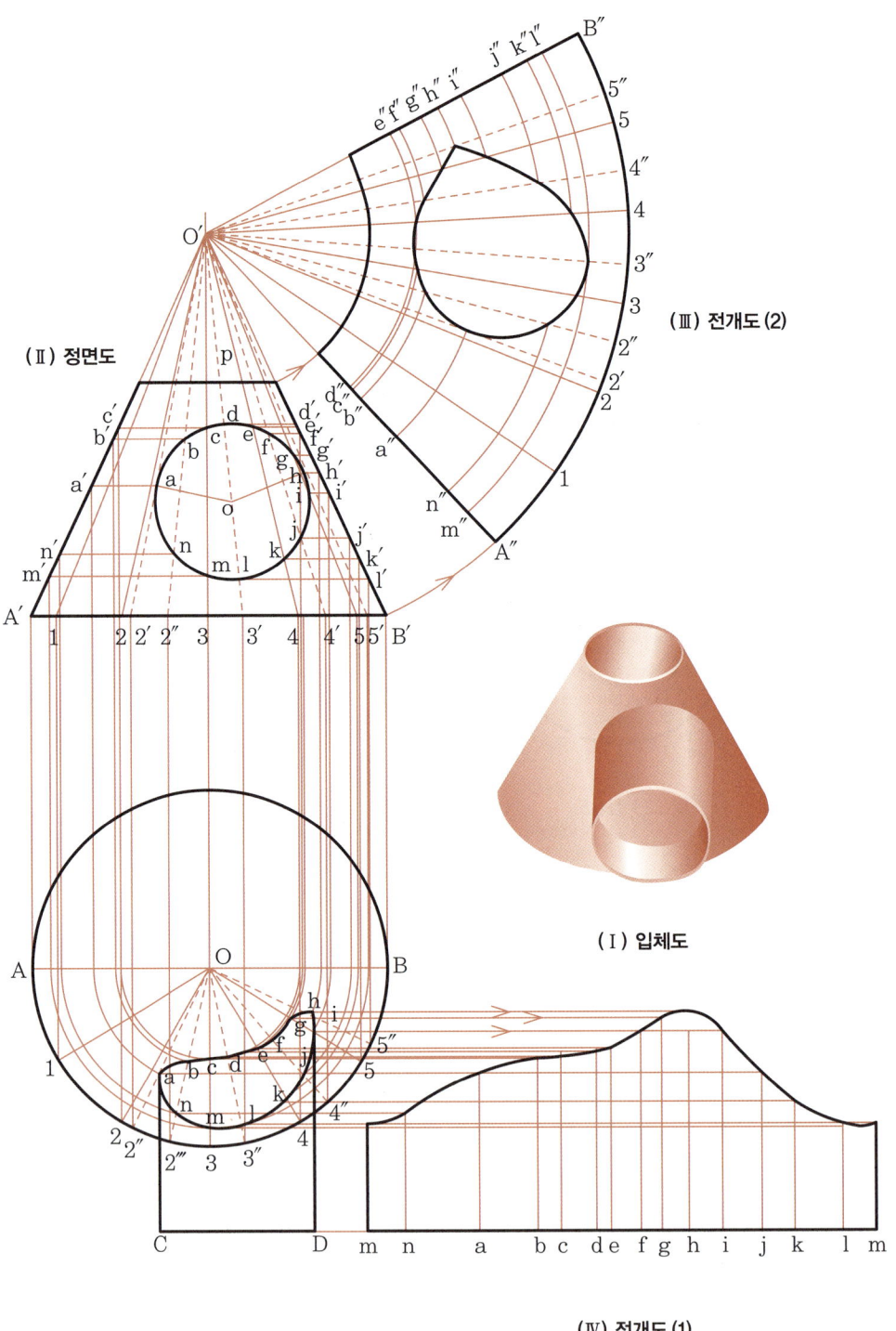

(Ⅱ) 정면도
(Ⅲ) 전개도 (2)
(Ⅰ) 입체도
(Ⅳ) 전개도 (1)

① 정면도의 실선은 평면도의 원을 12등분하여 수직선을 올려 구한 점을 A′B′ 선상에 나타낸다.
② 정면도의 점선은 편심 원통의 등분점 a, b … n을 O′에서 연장하여 A′B′ 선상에서 2 … 5 점을 구하고, 2′ … 5′ 점을 평면도에 수직선을 내려 2″, 3″, 4″, 5″점을 O점으로 한다.
③ 상관선을 구하기 위해 정면도의 a, b … n점을 수평선을 그어 정면도의 외형선에 만난 점 a′, b′ … n′을 평면도의 $\overline{AB}$선상에 나타내어 꼭짓점 O와 각점을 돌려 해당하는 선과 만난 점 a, b … n(평면도)을 구하여 연결하면 상관선이 된다.
④ 원뿔 전개에서 상관선은 O′와 각 점 a′, b′ … n′을 회전시켜 방사 전개한다.
⑤ 원기둥 및 원뿔의 전개도에서 등분점은 전개도(1)은 정면도의 a, b, c … n등분, 전개도(2)의 등분은 A, 1, 2, 2″…5″, B의 등분이다.
⑥ 전개도(2)는 $\frac{1}{2}$의 전개도가 된다.

## ❺ 평행선 전개법과 삼각형 전개법의 혼합체

### (1) 통풍관

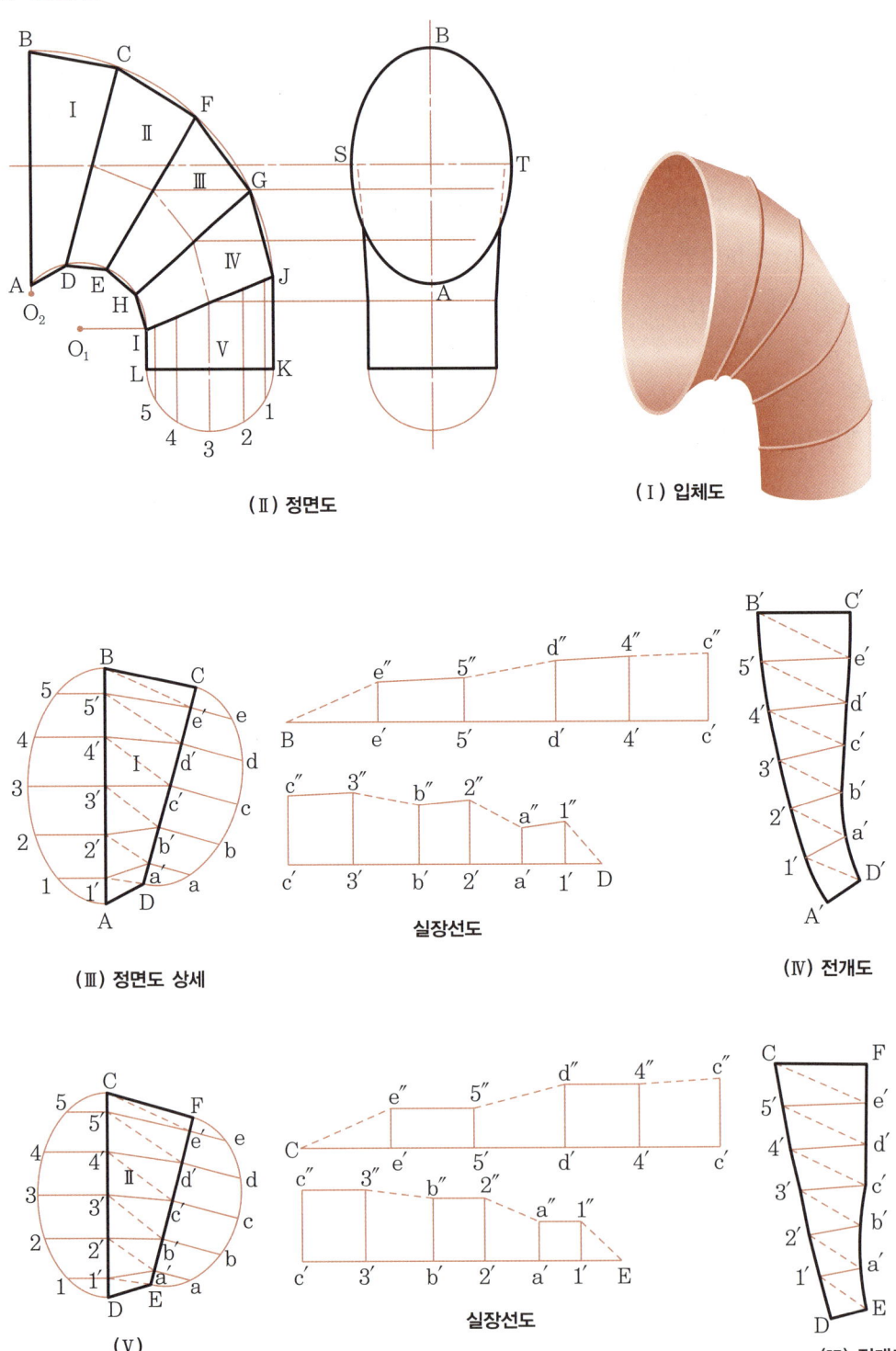

(Ⅱ) 정면도

(Ⅰ) 입체도

(Ⅲ) 정면도 상세

실장선도

(Ⅳ) 전개도

(Ⅴ)

실장선도

(Ⅵ) 전개도

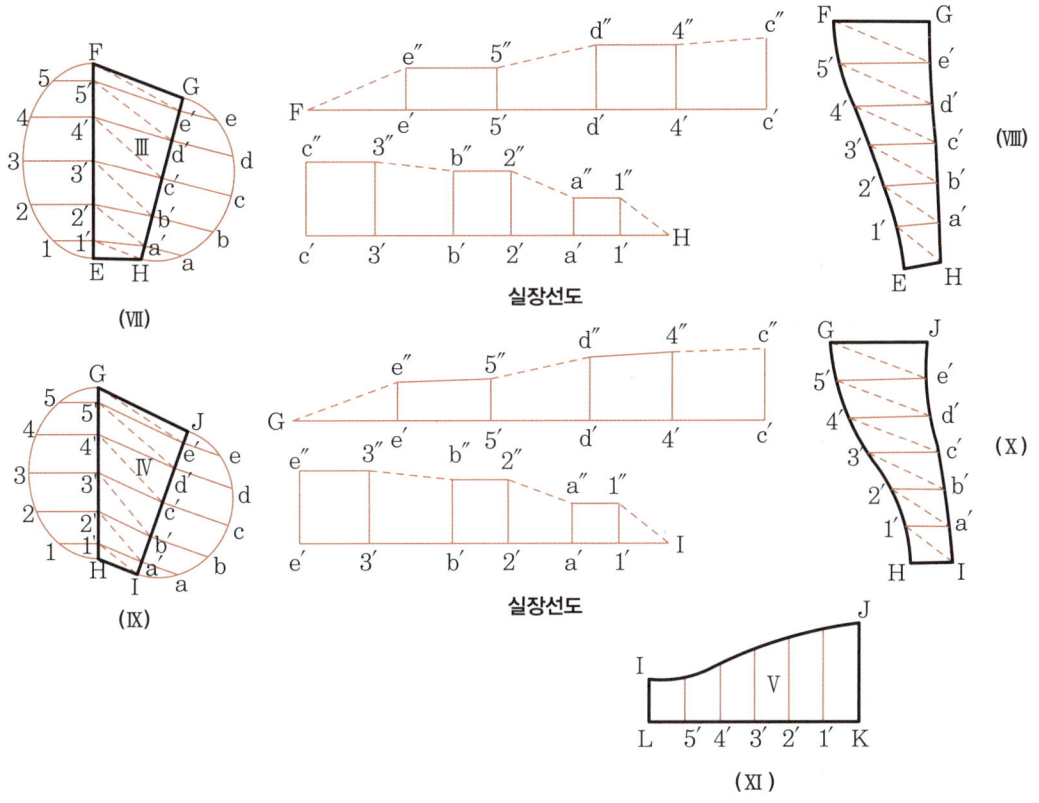

① 정면도 $\overline{AB}$, $\overline{CD}$, $\overline{EF}$, $\overline{HG}$, $\overline{IJ}$의 단면을 구한다. 타원은 측면도에 표시되어 있었으므로 (Ⅲ)의 전개도를 구하기 위하여 $\overline{AB}$와 $\overline{CD}$의 전단면 타원의 반주 $\overparen{AB}$와 $\overparen{CD}$를 6등분하고 각 등분점에 수선을 세워 만나는 점 1′, 2′ …5′ 와 a′, d′ … e′ 를 얻는다.

② 각 등분점을 연결한 후 대각선을 그어 삼각형으로 나누어 삼각형 12개를 만든다.

③ 실장을 구하기 위하여 $\overline{Be'}$, $\overline{e'5'}$, $\overline{5'd'}$ … $\overline{1D}$를 정면도 $\overline{Be'}$, $\overline{e'5'}$, $\overline{5'd'}$ … $\overline{1'D}$ 와 같은 크기로 한 후 각 점에서 수선을 세운다( p.140 실장선도).

④ $\overline{e'e''}$, $\overline{5'5''}$, $\overline{d'd''}$ … $\overline{1'1''}$는 정면도 $\overline{ee'}$, $\overline{55'}$, $\overline{dd'}$, $\overline{11'}$ 와 같게 하여 B, e″, 5″, d″, D를 연결한다.

⑤ $\overline{Be''}$, $\overline{e''5''}$, $\overline{5''d''}$ … $\overline{1''D''}$는 정면도 $\overline{Be'}$, $\overline{e'5'}$, $\overline{5'd'}$ … $\overline{1'D}$의 실장을 구할 수 있다. 각 실장을 순차적으로 삼각형으로 나열하여 전개도 A′, B′, C′, D′를 얻는다.

⑥ 같은 방법으로 다른 부분도 완성한다.

⑦ 원기둥 I, L, K, J는 평행선 전개법을 사용하여 전개한다.

## (2) 직각으로 이루어진 이경 원기둥의 4편 엘보

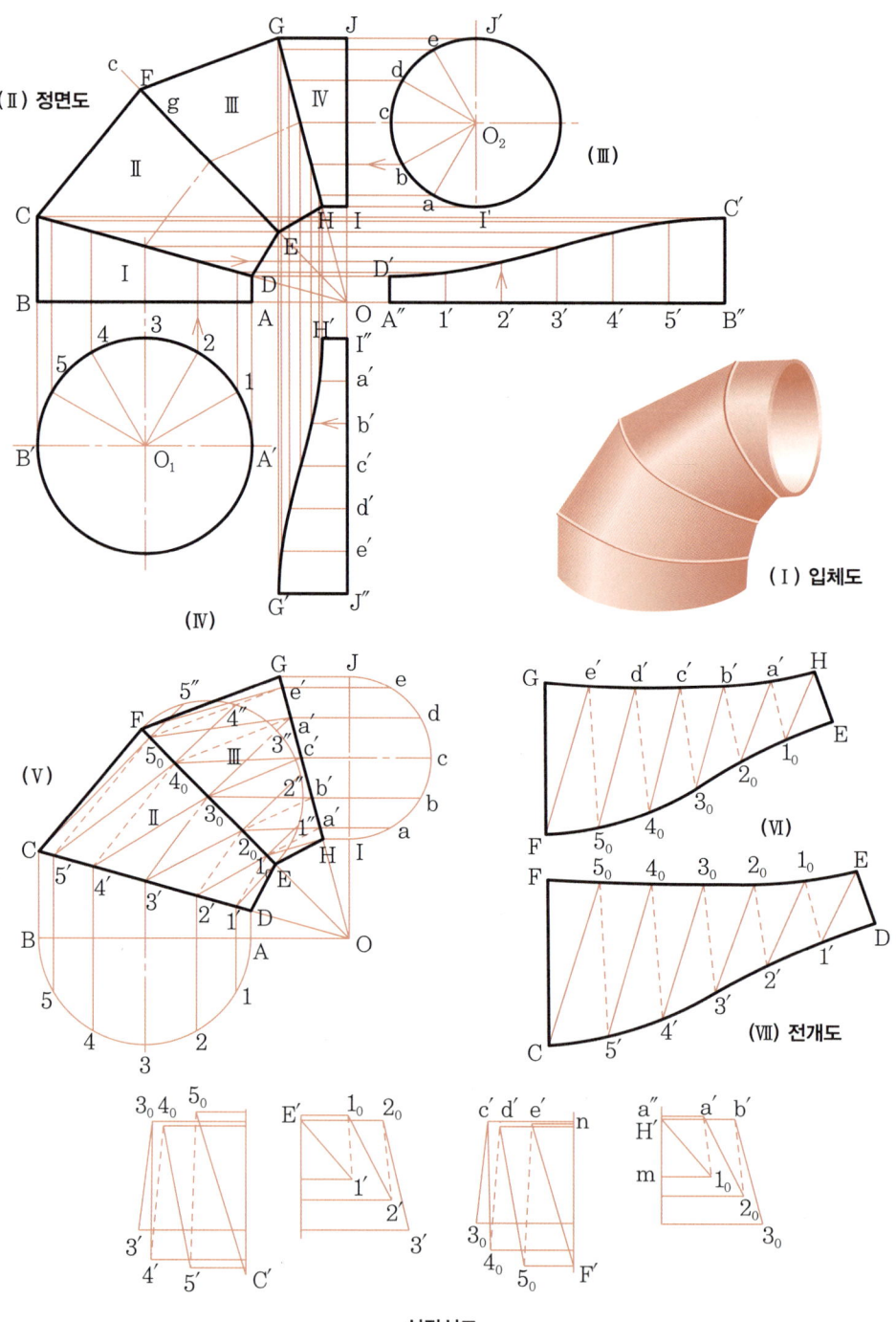

① 정면도 (Ⅱ)를 구하기 위하여 OB와 OJ를 직각으로 한 후 AB IJ는 관의 지름으로 하고, O를 중심으로 A와 I를 지나는 원을 돌리어 원호를 6등분하고 등분점 D, E, H를 연장하여 OC, OF, OG를 얻는다.
② A와 B를 $\overline{AB}$에 수선을 세워 $\overline{OC}$와 만난 점 $\overline{DC}$를 얻고 J와 I를 $\overline{IJ}$에 수선을 세워 $\overline{OG}$와 만난 점 H, G를 얻고 $\overline{OD}$의 길이로 $\overline{OE}$를 잡고 D, E, H를 연결한다.
③ $\overline{DC}$의 길이로 $\overline{Ec}$를 잡고 $\overline{HG}$의 길이로 $\overline{Eg}$를 잡아 cg의 중심 F를 구하여 C, F, G를 연결하면 4편의 정면도를 얻을 수 있다.
④ 정면도 (Ⅱ)의 반원주 $\overset{\frown}{A'B'}$를 6등분하여 등분점 1, 2 … 5를 얻고 $\overline{AB}$에 수선을 세워 상관선 $\overline{CD}$와 만난 점을 얻고 $\overline{AB}$를 연장하여 반원주의 길이로 $\overline{A''B''}$를 잡은 후 평행선 전개법을 이용하여 전개한다.
⑤ G, J, I, H도 같은 방법으로 전개한다.
⑥ 정면도 (Ⅴ)의 반원주 $\overset{\frown}{AB}$와 $\overset{\frown}{IJ}$ 그리고 $\overset{\frown}{EF}$를 6등분하여 각 등분점을 지름에 수선되게 세워 $1', 2', 3' … 5'$와 $a', b' … e'$를 얻고 상관선 $\overline{EF}$와 만난 점 $1_0, 2_0, 3_0 … 5_0$를 얻는다.
⑦ 각 점을 서로 연결하고 대각선을 그어 삼각형 24개를 만든다.
⑧ 실장을 구하기 위하여 m, $1_0$, H′의 직각 삼각형을 만들면 $\overline{1_0H}$의 실장 $\overline{H'1_0}$를 얻을 수 있다. 이때 $\overline{m1_0}$는 정면도 $\overline{1_01''}$의 길이로 하고 $\overline{mH'}$는 $\overline{1_0H}$로 한다.
⑨ 실장선도 m, $1_0$, a′, a″는 정면도 $\overline{1_0a'}$의 절단면 실장을 구하는 방법이다. 즉 $\overline{ma''}$는 정면도 (Ⅴ)의 $\overline{1_0a'}$의 길이로 하고 $\overline{a''a'}$는 a에서 $\overline{IJ}$와 수선을 세운 길이가 된다(실장선도 참조).
⑩ 같은 방법으로 각 선의 실장을 구한 후 순차적으로 삼각형으로 나열한다.

## (3) 5편으로 이루어진 2방 가지관

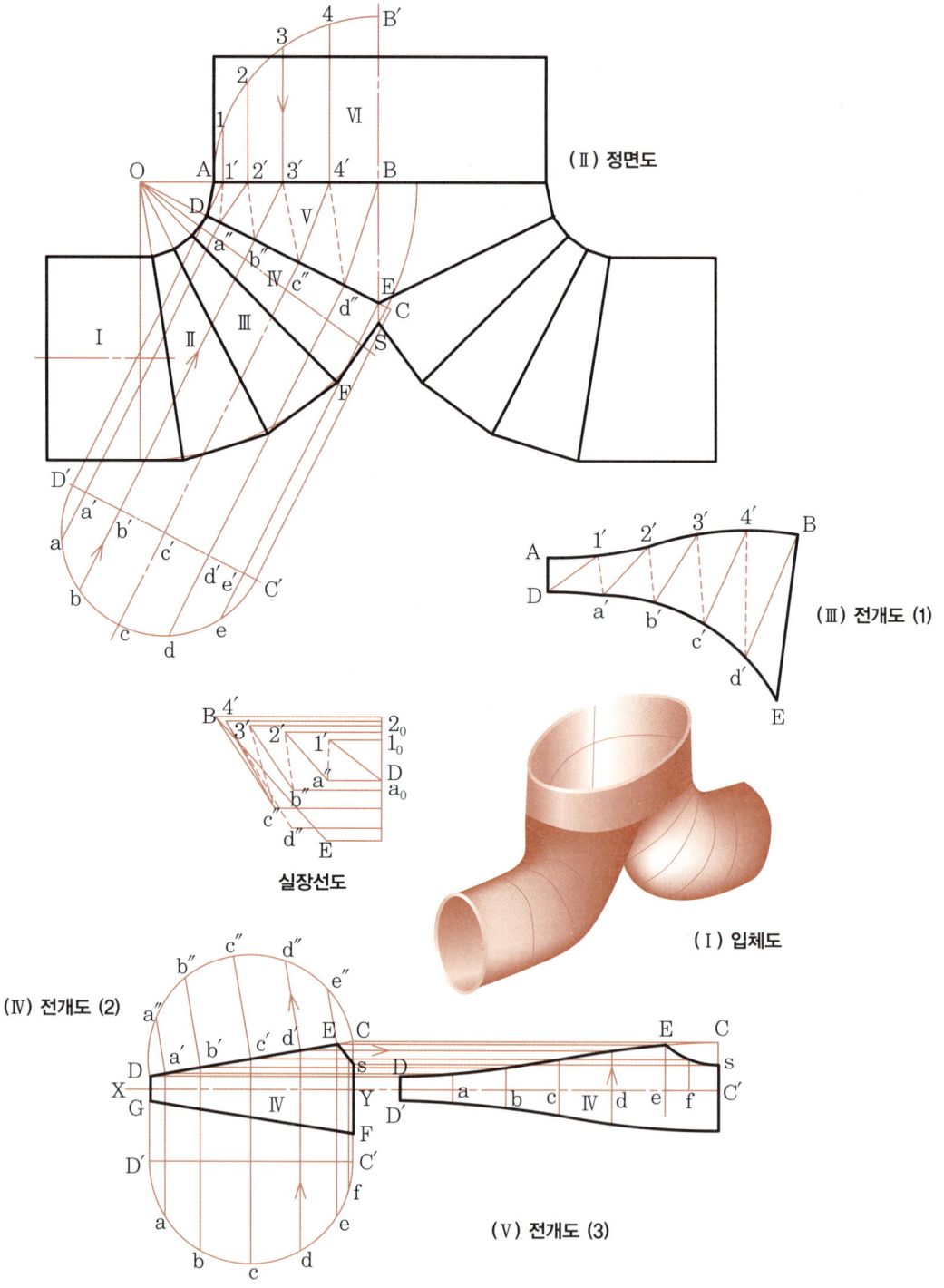

① 정면도 (Ⅱ)의 점 C는 $\overline{DE}$와 $\overline{FS}$를 연결하여 만난 점이며 $\overline{DC}$의 양끝 D와 C를 $\overline{DC}$에 수선을 세우고 평행선을 그어 만난 점 D´C´를 얻는다.

② $\overline{D´C´}$를 지름으로 하는 반원을 그리고 반원주 $\overset{\frown}{D´C´}$를 6등분하여 등분점 a, b … e에서 $\overline{D´C´}$에 수선을 그어 $\overline{D´C´}$와 만난 점 a´, d´ … e´를 얻고 DC와 만난 점 a˝, b˝… d˝를 얻는다.

③ B를 중심으로 A를 지나는 원호 $\overset{\frown}{AB´}$를 5등분하고 등분점 1, 2 … 4를 얻은 후 $\overline{AB}$에 수선을 세워 $\overline{AB}$와 만난 점 1´, 2´ … 4´를 얻고 각 등분점을 연결하고 대각선을 그어 10개의 삼각형으로 나눈다.

④ 실장을 구하기 위하여 정면도 $\overline{D1´}$의 길이로 $\overline{D1_0}$를 얻고 정면도 $\overline{1\ 1´}$의 길이로 $\overline{1_0\ 1´}$를 얻은 후 직각 삼각형 1´, $1_0$, D를 그리면 $\overline{1´D}$는 정면도 $\overline{1´D}$의 실장이 된다.

⑤ $\overline{1_0 a_0}$를 정면도의 $\overline{1´a˝}$의 길이와 같게 하고 $\overline{a_0 a˝}$를 정면도의 $\overline{aa´}$의 길이와 같게 하여 1´, $1_0$, a, a˝를 그리면 $\overline{1´a˝}$는 정면도 $\overline{1´a˝}$의 실장이 된다(실장선도 참조).

⑥ 같은 방법으로 각 변의 실장을 구하여 순차적으로 삼각형으로 나열하면 전개도 (Ⅲ)을 얻을 수 있다.

⑦ 정면도 (Ⅰ), (Ⅱ), (Ⅲ)과 (Ⅳ)는 평행선법에 의하여 전개한다.

### (4) 정사각뿔의 중심에 선 원기둥

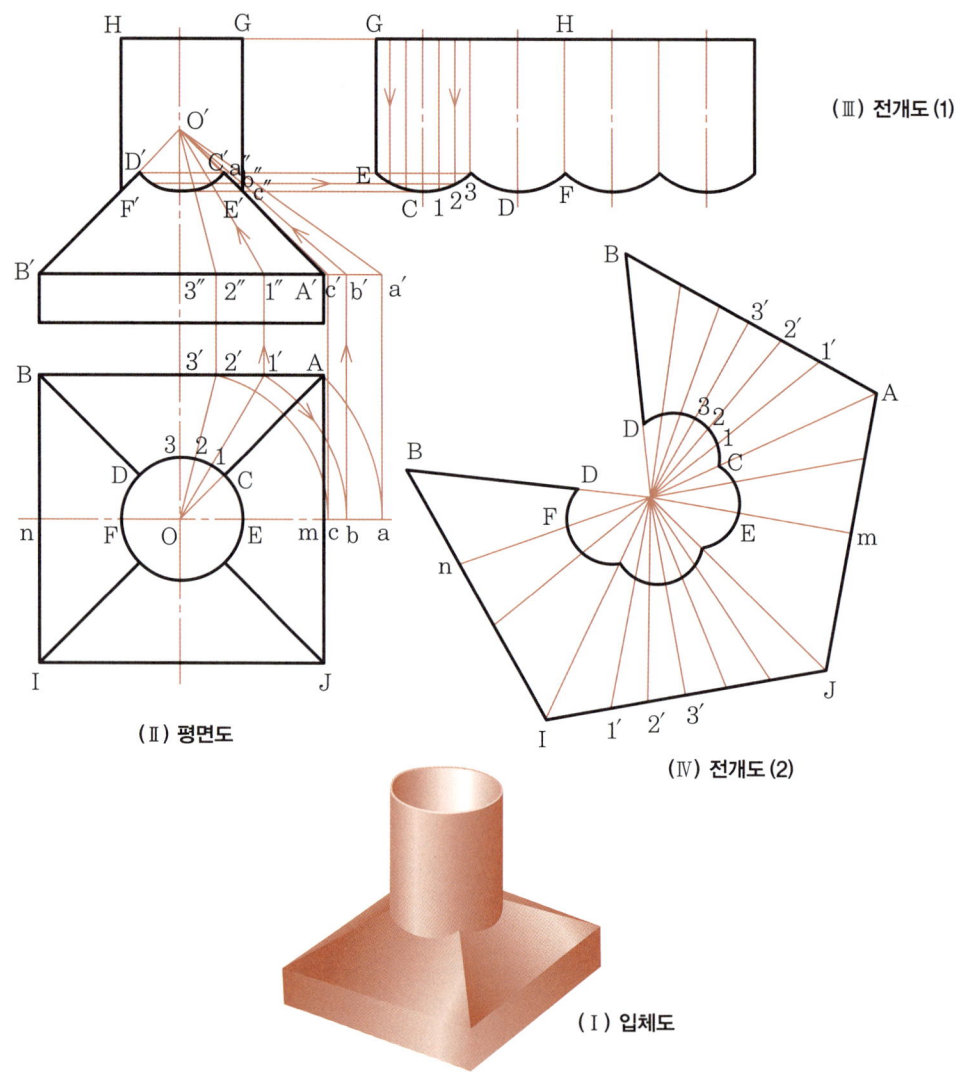

(Ⅲ) 전개도 (1)

(Ⅱ) 평면도

(Ⅳ) 전개도 (2)

(Ⅰ) 입체도

① 평면도의 원호 $\overset{\frown}{CD}$를 6등분한 후 등분점 1, 2와 O를 연결하여 연장하고 $\overline{AB}$와 만난 점 1′, 2′를 얻고, $\overline{A'B'}$에 수선을 세워 정면도 $\overline{A'B'}$와 만난 점 1″2″를 얻은 후 꼭짓점 O′와 연결한다.

② O를 중심으로 A, 1′, 2′를 지나는 원호를 돌리어 mn의 연장선과 만난 점 a, b, c를 얻고 수선을 세워 $\overline{B'A'}$의 연장선과 만난 점 a′b′c′를 얻은 후 꼭짓점 O′와 연결한다.

③ $\overline{O'a'}$, $\overline{O'b'}$, $\overline{O'c'}$는 $\overline{OA}$, $\overline{O1'}$, $\overline{O2'}$의 실장이 되며 $\overline{O'a''}$, $\overline{O'b''}$, $\overline{O'c''}$는 $\overline{O1}$, $\overline{O2}$, $\overline{O3}$의 실장이 된다.

④ 원기둥은 평행선 전개법을, 사각뿔은 삼각형 전개법을 이용하여 전개한다.

## (5) 하부 사각, 상부 원형인 관과 만나는 원뿔

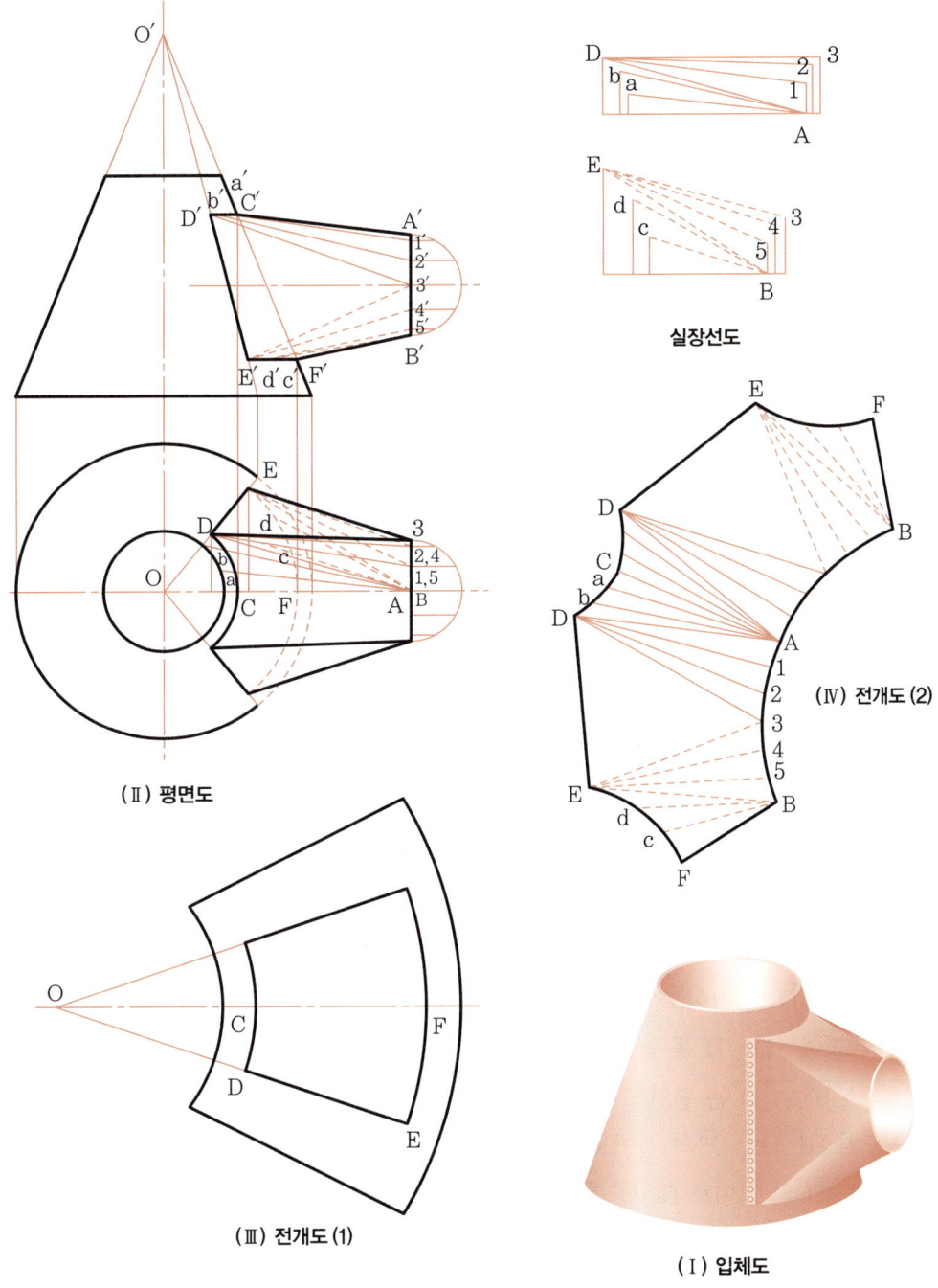

(Ⅱ) 평면도
실장선도
(Ⅳ) 전개도 (2)
(Ⅲ) 전개도 (1)
(Ⅰ) 입체도

전개 방법은 149쪽과 동일하며 실장은 평면도 실선 $\overline{aA}$를 실장선도 밑면으로, 높이는 OA선에서 a등분 길이로 그 빗변이 실장이 된다.

## (6) 하부 사각, 상부 원형인 관과 직교하는 원기둥

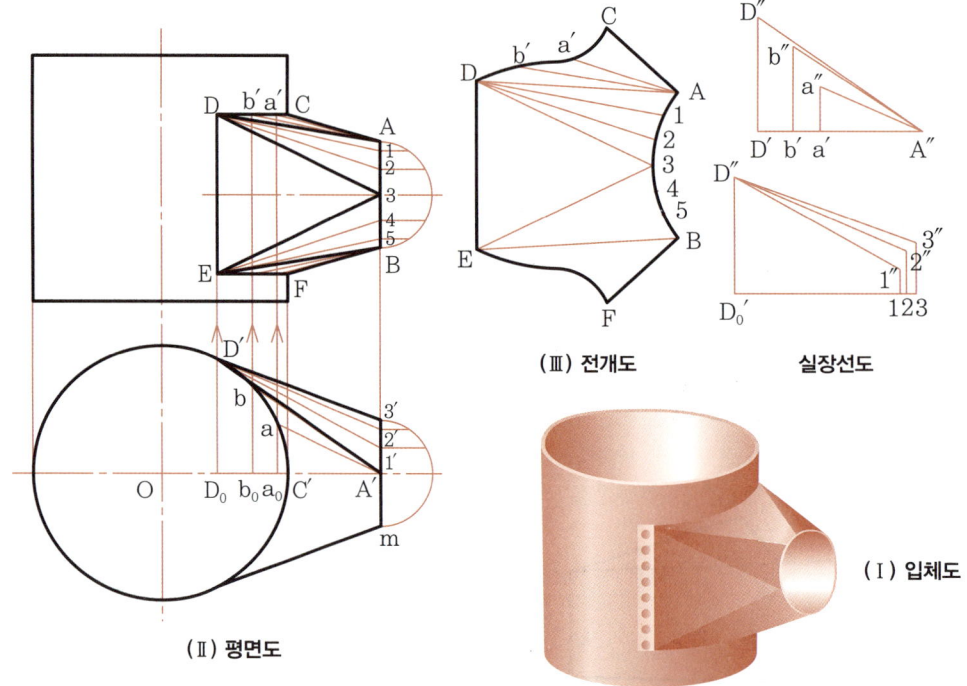

(Ⅱ) 평면도  (Ⅲ) 전개도  실장선도  (Ⅰ) 입체도

① 평면도 $\overset{\frown}{3'm}$ 을 6등분한 후 등분점에서 $\overset{\frown}{3'm}$ 에 수선을 세워 만나는 점 $1'\ 2'$ 를 얻은 후 원호 $\overset{\frown}{C'D'}$ 를 3등분하여 등분점 $D'$ 와 $1'$, $2'$ 를 연결하고 $A'$ 와 $a$, $b$ 를 연결하여 삼각형으로 나눈다.

② $a$, $b$, $D'$ 에서 $\overline{C'O}$ 에 수선을 세워 $\overline{C'O}$ 와 만난 점 $a_0$, $d_0$, $D_0$ 를 얻고 $CD$ 와 만난 점 $a'$ $b'$ 를 얻는다.

③ 실장을 구하기 위하여 정면도 $\overline{Aa'}$, $\overline{Ab'}$, $\overline{AD}$ 의 길이로 $\overline{A''a'}$, $\overline{A''b'}$, $\overline{A''D'}$ 를 잡고 평면도 $\overline{a_0a}$, $\overline{b_0b}$, $\overline{D_0D'}$ 의 길이로 $\overline{a'a''}$, $\overline{b'b''}$, $\overline{D'D''}$ 를 잡으면 직각 삼각형 $A''$, $a''$, $a'$ 와 $A''$, $b''$, $b'$ 그리고 $A''$, $D''$, $D'$ 를 얻을 수 있다.

④ $\overline{A''a''}$, $\overline{A''b''}$, $\overline{A''D''}$ 는 평면도 $\overline{A'a}$, $\overline{A'b}$, $\overline{A'D}$ 의 실장이 된다(실장선도 참조).

⑤ 정면도의 $\overline{D1}$, $\overline{D2}$, $\overline{D3}$ 의 길이로 $\overline{D_0'1}$, $\overline{D_0'2}$, $\overline{D_0'3}$ 을 잡고 $D_0'$, $1$, $2$, $3$ 에서 수선을 세워 평면도 $\overline{D_0D'}$ 의 길이로 $D_0'D''$ 를 잡고, $1'$, $2'$, $3'$ 의 수선의 길이로 $\overline{11''}$, $\overline{22''}$, $\overline{33''}$ 를 잡은 후 $D''$ 와 $1''$, $2''$, $3''$ 를 연결하면 $\overline{D''1''}$, $\overline{D''2''}$, $\overline{D''3''}$ 는 평면도의 $\overline{D'1'}$, $\overline{D'2'}$, $\overline{D'3'}$ 의 실장이 된다.

⑥ 실장을 구한 후 순차적으로 삼각형으로 연결하면 하부 사각, 상부 원형인 관의 전개도를 얻을 수 있다.

⑦ 원기둥은 평행선 전개법을 이용하여 전개한다.

## ❻ 방사선 전개법과 삼각형 전개법의 혼합체

### (1) 계란형 용기

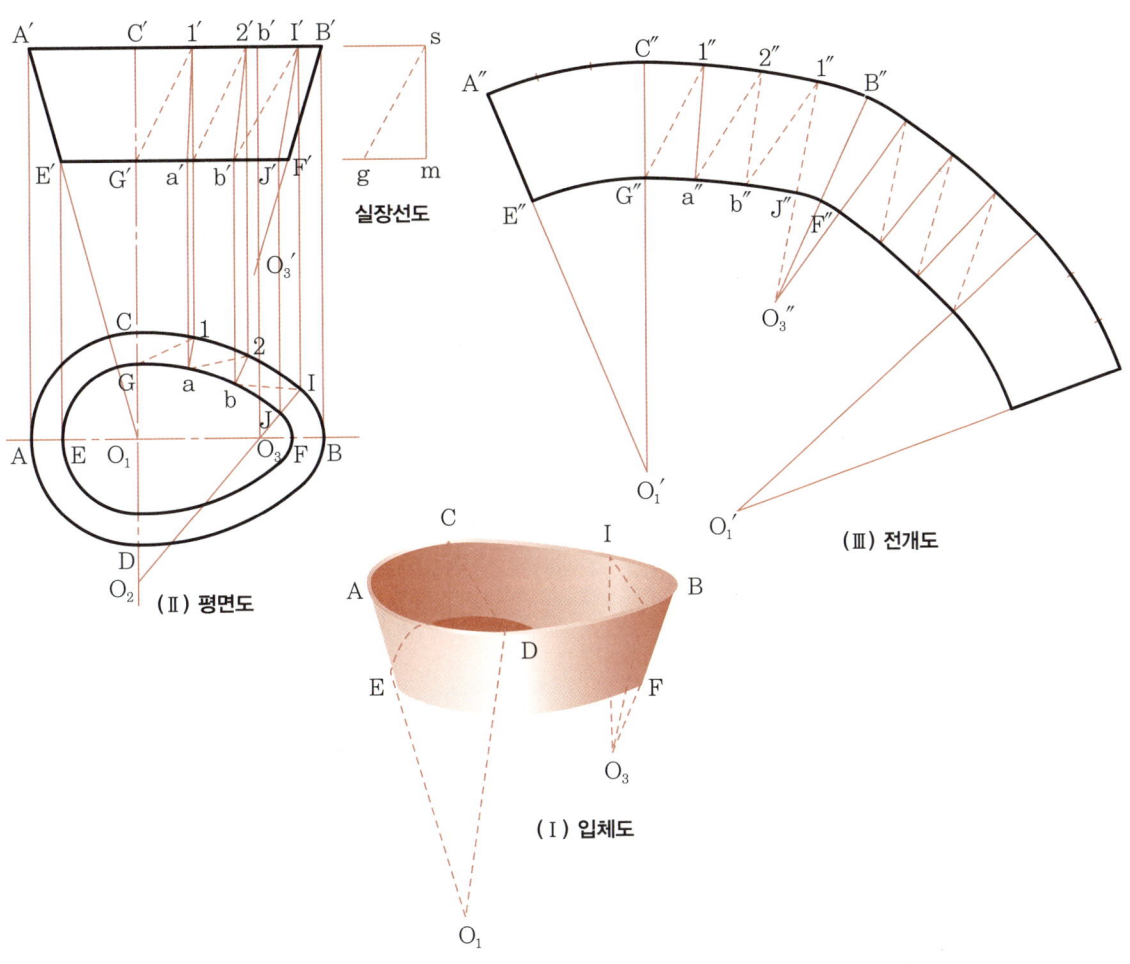

① 계란형 용기의 반원주는 $O_1$, $O_2$, $O_3$ 세 점을 중심으로 이루어져 있다. 평면도의 $O_1A$, C(정면도의 $O_1$, A′, C′), 평면도의 $O_3$,B, I(정면도의 $O_3'$, B′, b′)는 원뿔이므로 방사선 전개법을 이용하여 $O_1'$, A″, C″와 $O_3''$, B″, I″를 완성한다.

② CIJG 부분은 삼각형 전개법으로 전개한다. 따라서 원호 $\overparen{CI}$와 $\overparen{GJ}$를 각각 3등분하여 등분점을 서로 연결하고 대각선을 그어 삼각형으로 나눈다.

③ 삼각형의 1변 $\overline{1G}$, $\overline{2a}$, $\overline{1b}$의 실장을 구하기 위하여 $\overline{1G}$는 $\overline{mg}$ 되게 잡고 수선을 세워 용기에 높이로 등분하여 직각 삼각형 sgm을 구하면 sg는 $\overline{1G}$, $\overline{2a}$, $\overline{1b}$의 실장이 된다.

④ $\overline{1a}$, $\overline{2b}$의 실장은 $\overline{B'F'}$가 되므로 전개도를 완성하기 위하여 실장의 길이를 순차적으로 삼각형으로 나열한다.

## (2) 굴절된 깔때기

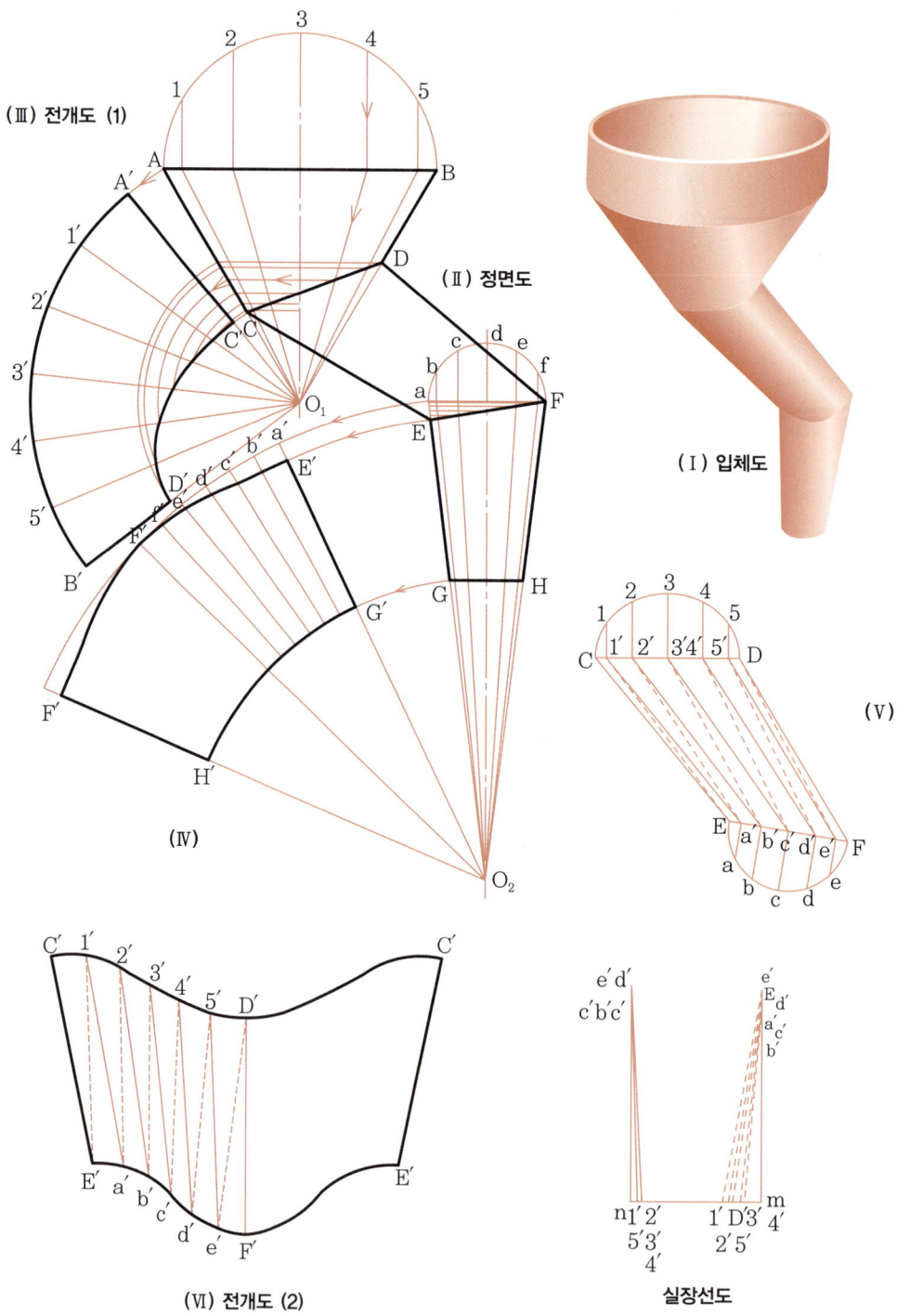

① 정면도의 ABCD와 EFHG는 비스듬히 절단된 원뿔이므로 원뿔의 밑면 AB와 aF의 반원주를 6등분하여 방사선 전개법을 이용하여 전개한다.

② (V)는 굴절된 깔때기 중앙부의 입면도로서 CD와 EF의 단면형은 원뿔 $O_1AB$와 $O_2aF$를 경사지게 자른 타원이며, 장경은 $\overline{CD}$와 $\overline{EF}$이고 단경의 반 $\overline{33'}$와 $\overline{cc'}$는 원뿔의 단면형의 반지름이다.

③ 타원의 반주 $\overparen{CD}$와 $\overparen{EF}$를 각각 6등분한 후 등분점을 얻고 수선을 세워 $\overline{CD}$와 $\overline{EF}$의 만난 점 $1'$, $2' \cdots 5'$와 $a'$, $b' \cdots e'$를 얻은 후 등분점을 서로 연결하고 대각선을 그어 정면도를 12개의 삼각형으로 나눈다.

④ 실장을 구하기 위하여 정면도의 $\overline{1'E}$를 높이로 하고 $\overline{11'}$를 밑변으로 하는 직각 삼각형 E1'm을 그리면 빗변 $\overline{E1'}$는 정면도 $\overline{E1'}$의 실장이 된다. 같은 방법으로 정면도의 $\overline{2'a'}$를 높이로 하고 $\overline{22'}$와 $\overline{aa'}$의 차이를 밑변으로 하는 직각 삼각형 a'2'm을 그려 정면도 $\overline{a'2'}$의 실장 $\overline{a'2'}$를 얻을 수 있다(실장선도 참조).

⑤ 같은 방법으로 각 변의 실장을 구한 후 순차적으로 삼각형으로 나열하면 전개도를 얻을 수 있다.

## ❼ 덕트 전개법

### (1) 사각 덕트

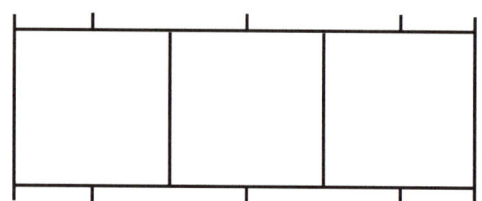 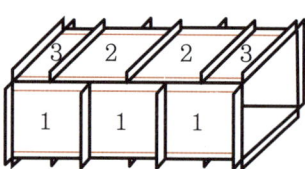

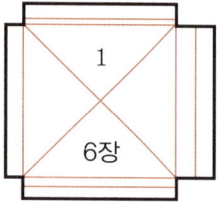 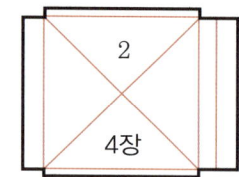 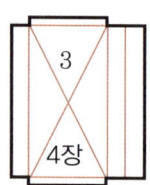

### (2) 편심 덕트

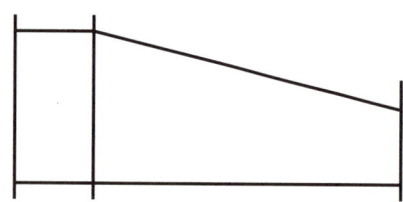 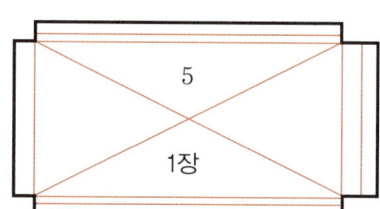

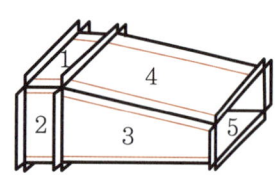 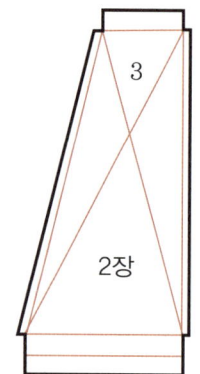 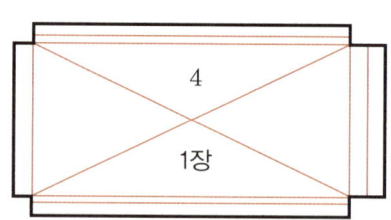

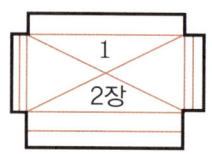 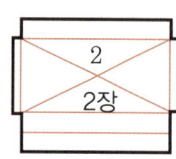

## (3) 각 엘보 덕트

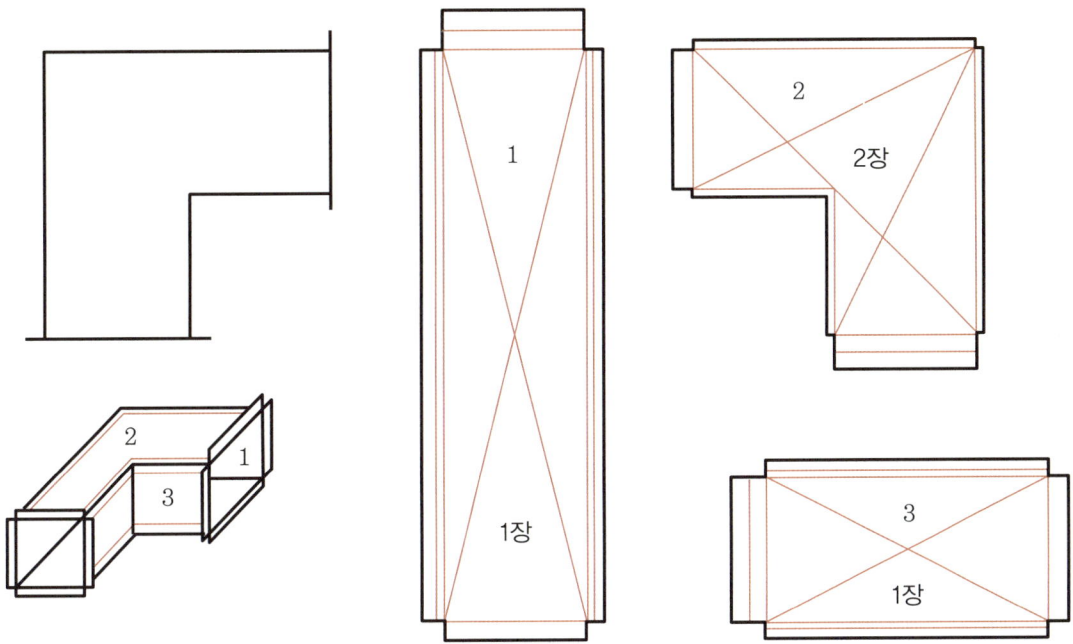

## (4) 이경 엘보 덕트

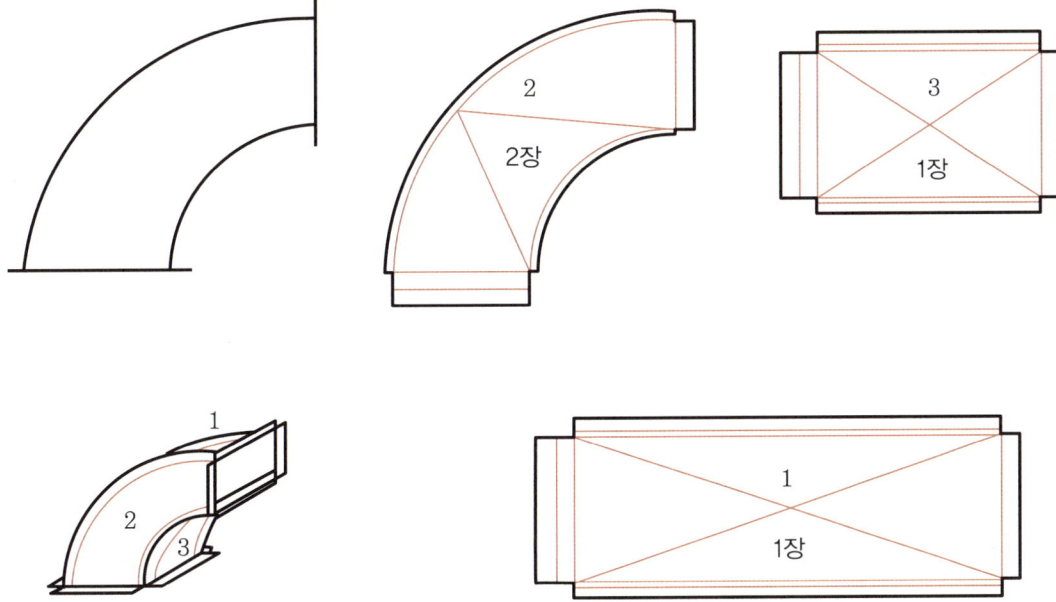

(5) Y형 분기관 덕트

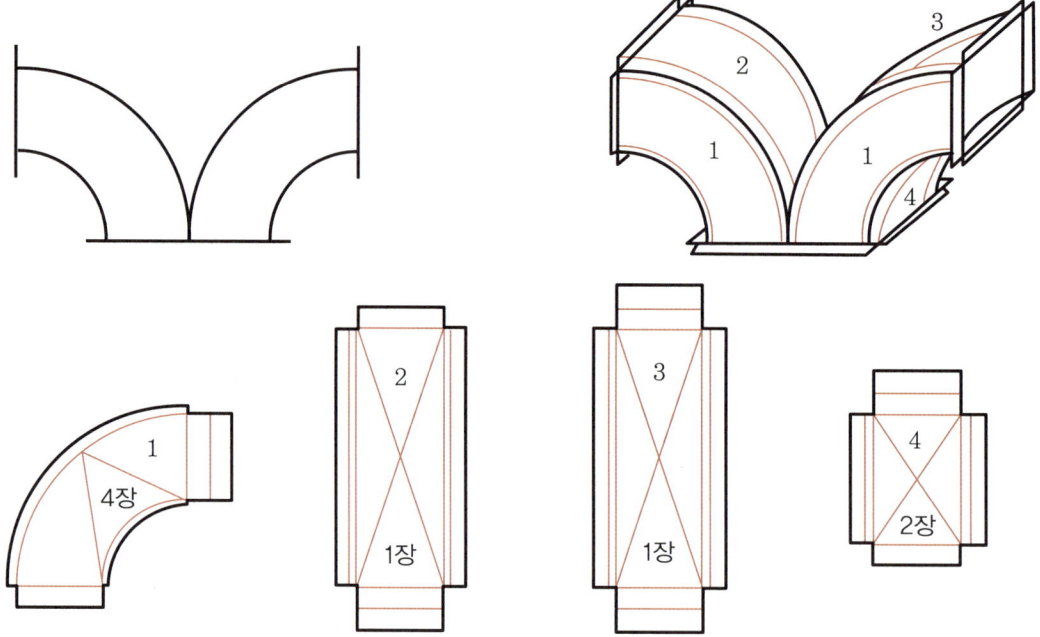

(6) r형 분기관 덕트

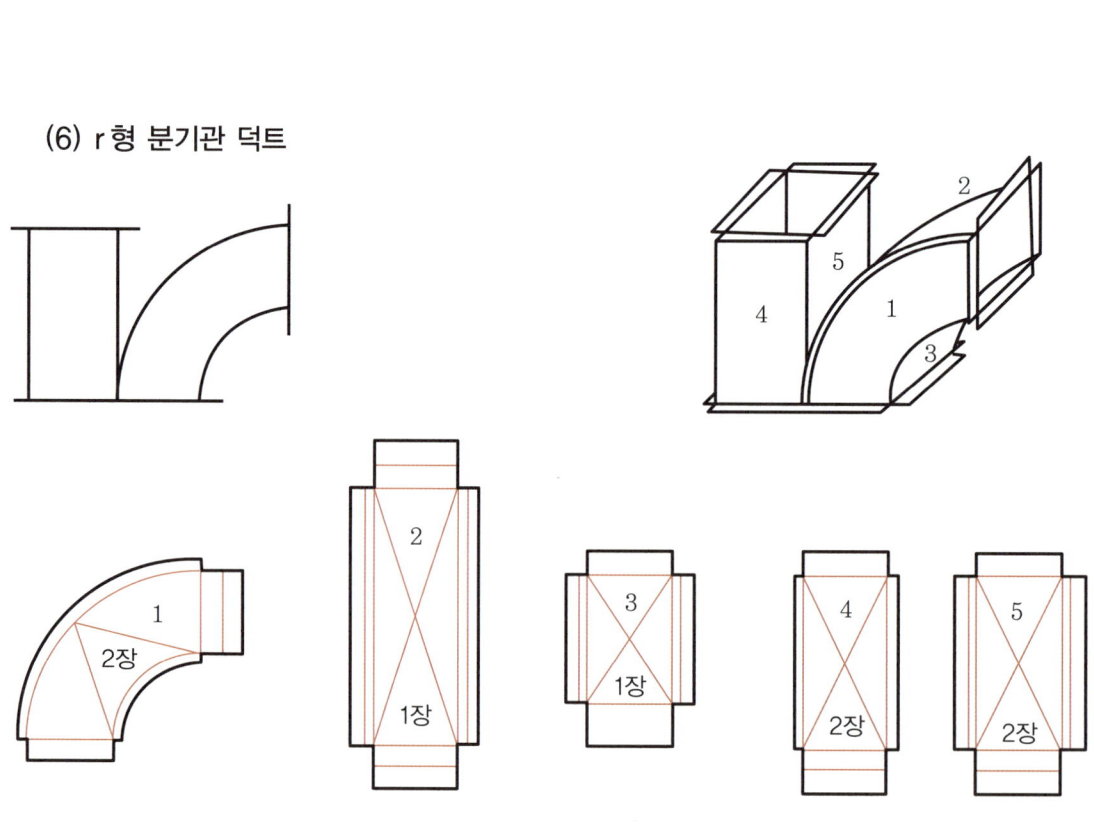

(7) ㅏ형 가지관 덕트

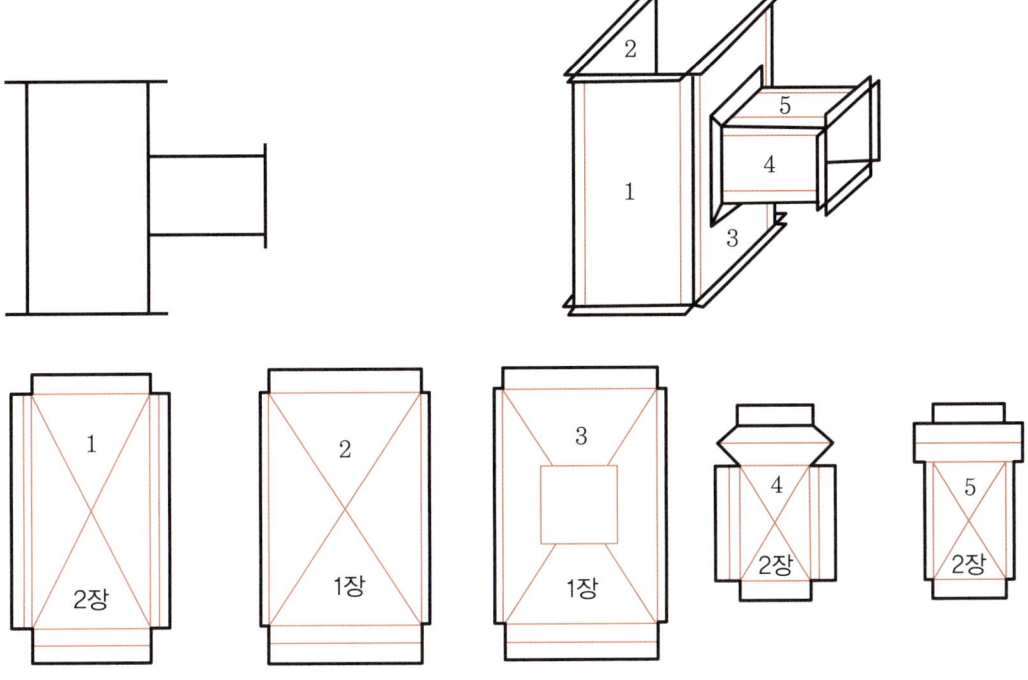

(8) 후드

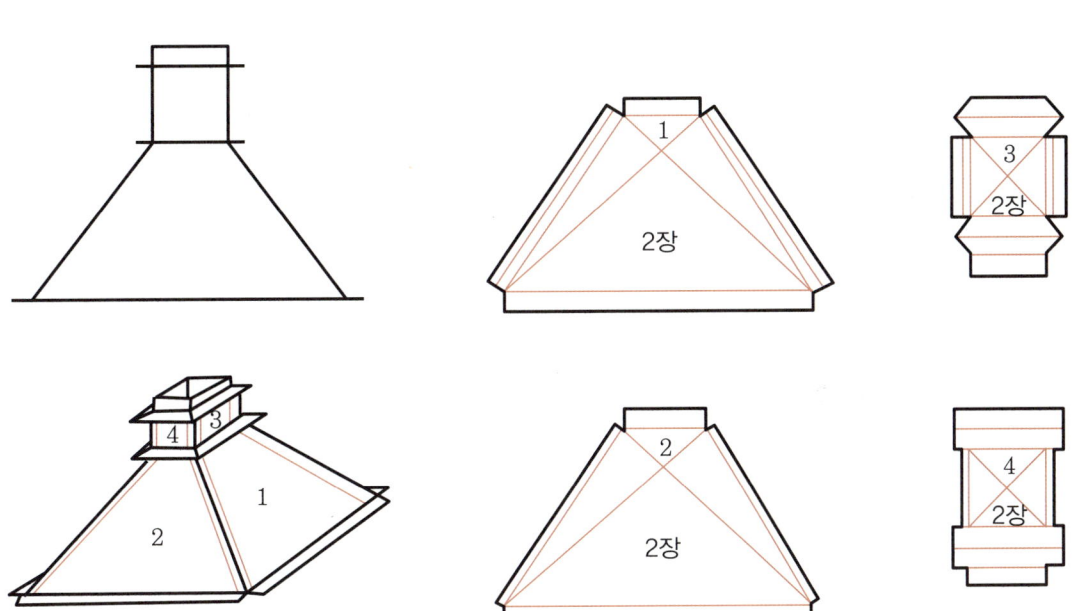

## (9) 밸브 보온 커버

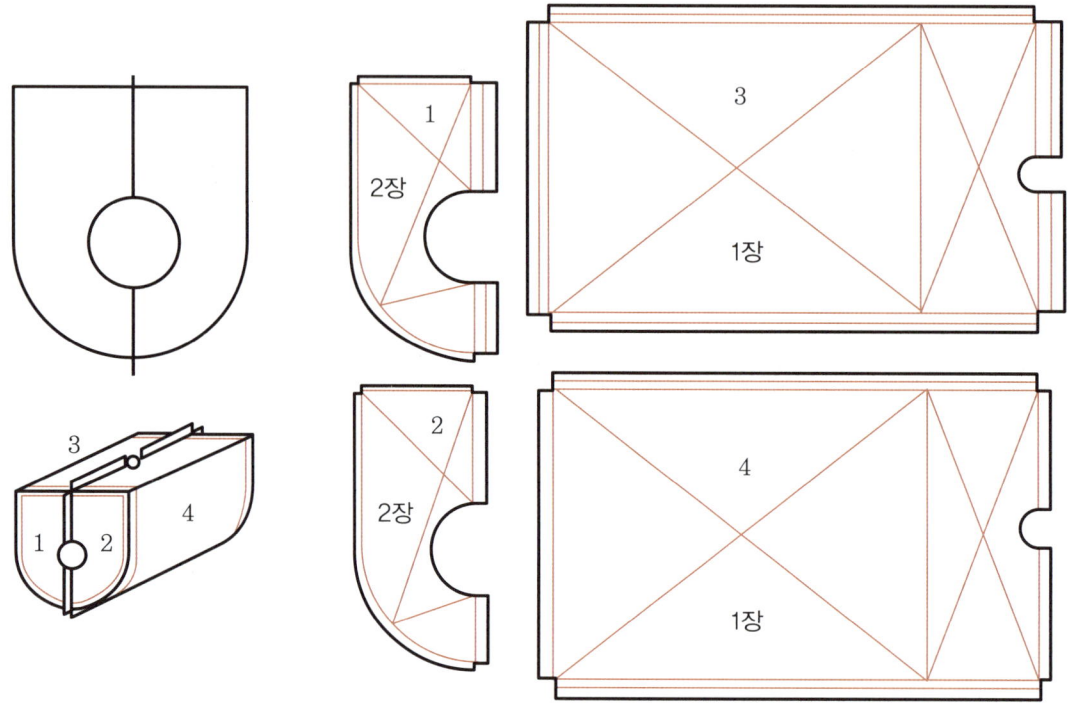

## (10) 플랜지 보온 커버

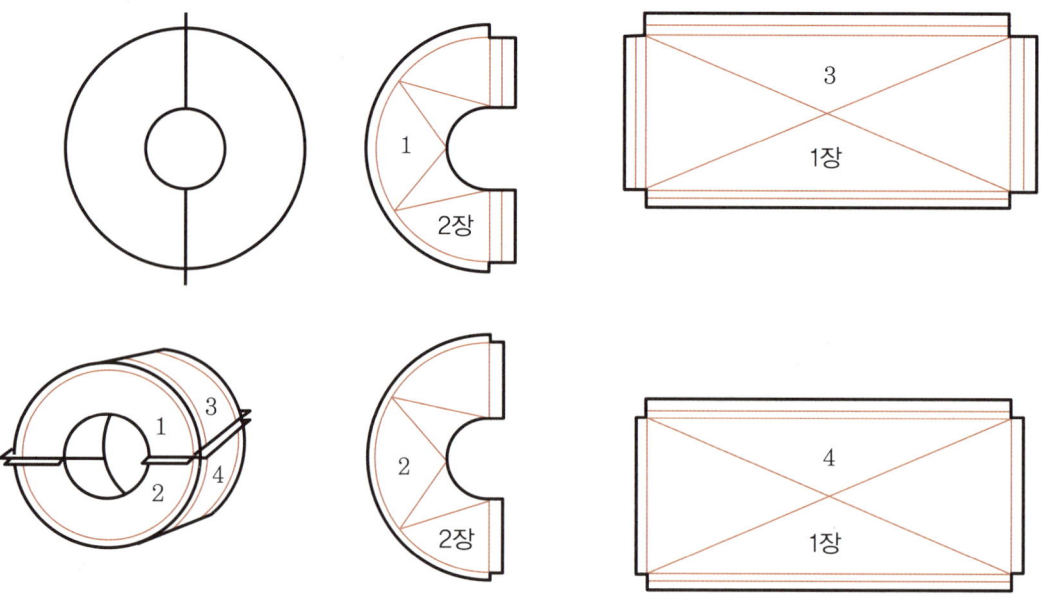

## ◉ 덕트 제작 기초 공식 ◉

**(11) 높이가 다르게 지나는 지름이 다른 덕트의 연결(플랜지 연결 시)**

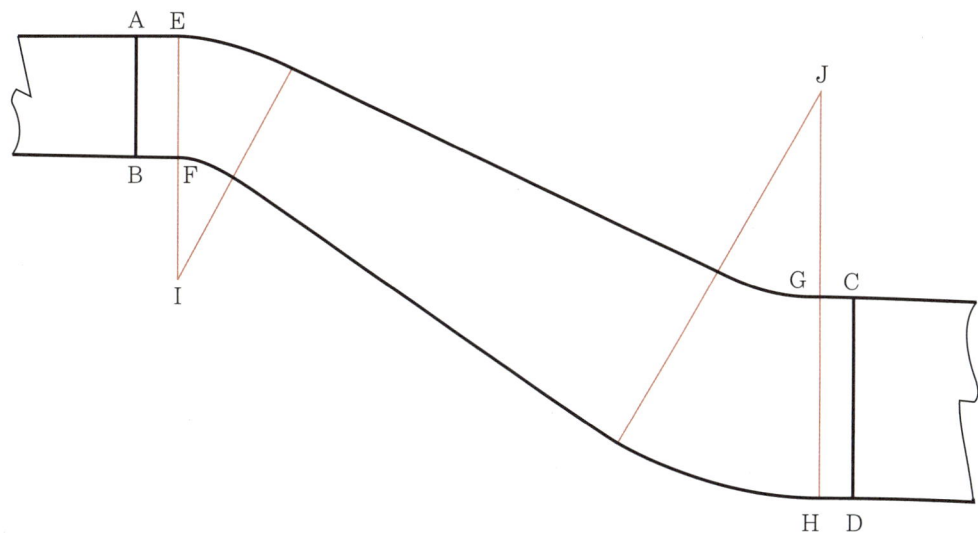

① 덕트에 플랜지 연결부 50mm를 연장한 후 $\overline{AB}$와 $\overline{CD}$에 연장선을 그어 만나는 점 E, F와 G, H를 얻은 후 $\overline{EF}$와 $\overline{GH}$를 연장한다.
② F를 중심으로 AB의 크기로 원을 돌리어 만나는 점 I를 얻고 G를 중심으로 $\overline{CD}$의 원을 돌리어 J점을 얻는다.
③ I를 중심으로 E와 F를 지나는 원을 돌리고 J를 중심으로 G와 H를 지나는 원을 돌린다.
④ E를 지나는 원과 G를 지나는 원의 접선을 긋고 F를 지나는 원과 H를 지나는 원의 접선을 그으면 두 덕트의 연결선이 된다.
⑤ 심에 여유를 주어 전개도를 완성한다.

## (12) 분기관의 분기 방법

b, d, e, c가 이루는 관은 이경 엘보이므로 O를 중심으로 $R_1$의 길이(ed)로 c와 e를 지나는 원을 돌리고 $\dfrac{\overline{b_0}+\overline{d_0}}{2}$ 의 길이($R_2$)로 b와 d점을 중심으로 원을 돌리어 만난 점 $O_1$을 얻고 $R_2$의 길이로 b와 d를 지나는 선을 그으면 된다.

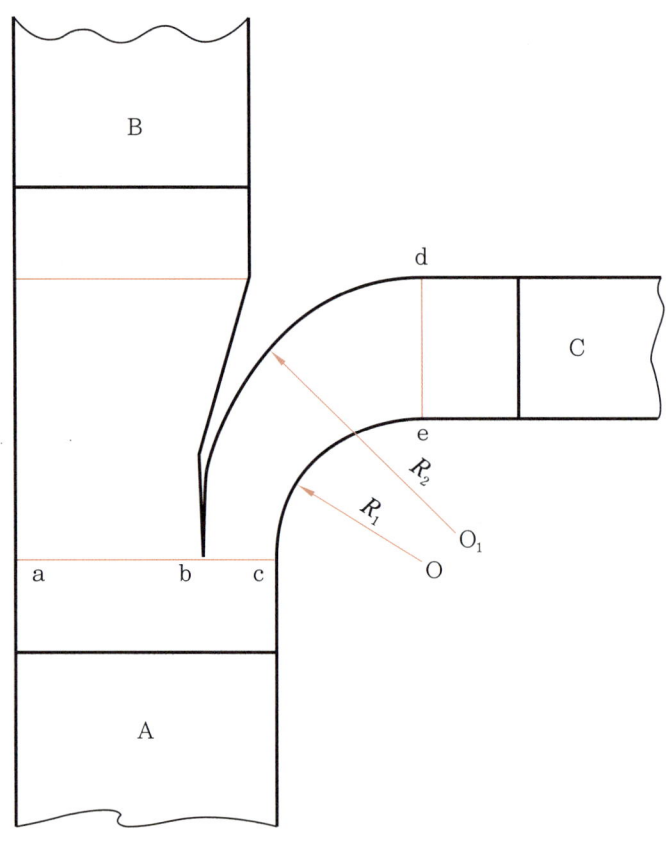

① A관을 나누는 방법은 두 관(B관과 C관)의 기구 수(같은 풍량의 기구일 때)나 풍량을 합한 것을 A로 한다.

실례로 B관에 기구 5개에 풍량 20,000 CMH, C관에 기구 수 2개에 풍량 8,000 CMH라 하고 A관의 지름이 140이라 하면,

$B = A \times \dfrac{5}{7} = 140 \times \dfrac{5}{7} = 100$이 되고, $C = A \times \dfrac{2}{7} = 140 \times \dfrac{2}{7} = 40$이 된다.

즉, ab의 길이는 100이 되고 bc의 길이는 40이 되는 것이다.

② 플랜지 연결 시에는 항상 직선부를 설치하여 주고 B관 입구쪽 기울기 각도는 20° 이내로 하여야 한다.

## 8 타출 전개법

### (1) 반구형 전개

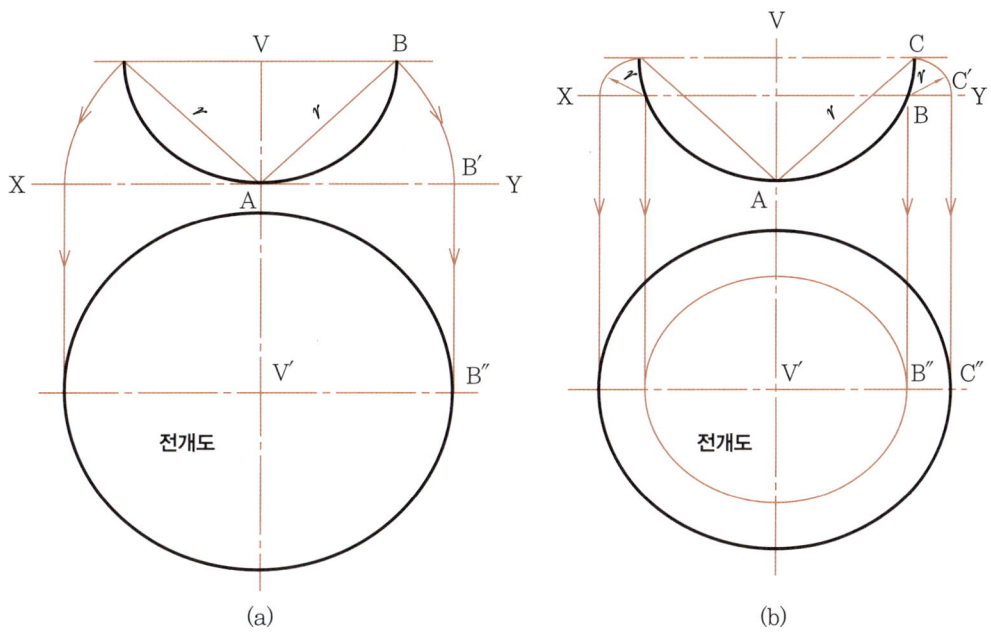

(a)　　　　　　　　(b)

① 그림 (a)의 정면도를 그리고 A와 B를 잇는다.
② V와 A에 수직되는 선을 A에서 수평선을 그어 X-Y로 정한다.
③ A에서 $\overline{AB}$를 반지름($r$)으로 하는 원호를 돌려 X-Y선상에 만나는 점을 B′라고 정한다.
④ B′에서 수선을 내려 전개도상의 중심에 B″를 정하고 V′를 중심으로 하여 V′와 B″를 반지름으로 하는 원을 그리면 전개도가 된다.
⑤ 그림 (b)는 그림 (a)와 비교할 때 늘이기를 많이 하고 오므리기 가공을 적게 하기 위해 임의의 선 X-Y를 그어(보통 V와 A의 $\frac{1}{3}$ 정도) B점에서 수선을 내리고 B점에서 $\overset{\frown}{BC}$로 원호를 돌려 C′를 정하여 C′에서 수선을 내린다.
⑥ 전개도의 중심에 B, C′에서 내린 B″, C″점을 정하고 V′에서 V′와 B″, V′와 C″로 원을 돌리면 전개도가 완성된다(V′B″의 원은 늘리는 부분, B″C″는 오므리는 부분).

## (2) 접시형 용기

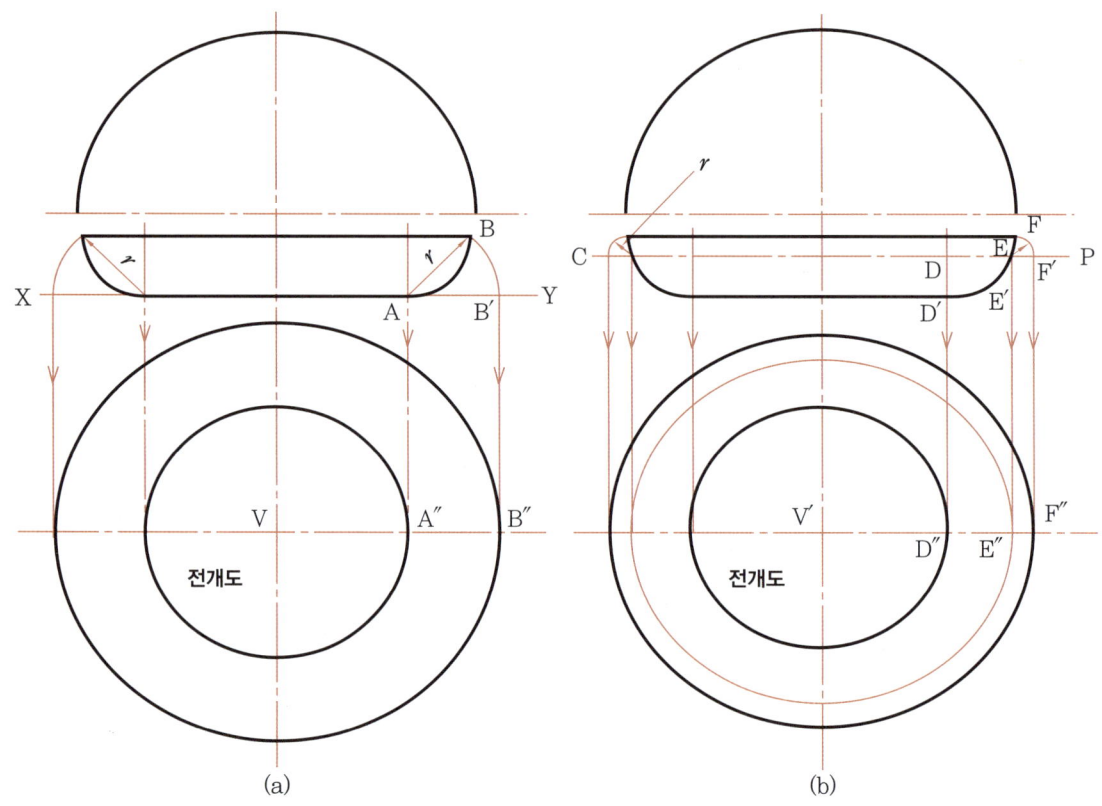

① 그림 (a)의 정면도와 평면도를 그린다.
② 타출되지 않는 평판 부분과 곡면으로 타출되는 부분의 경계를 A라고 하고 정면도의 원면을 B로 표시한다.
③ A와 B를 연결하고 A에서 $\overline{AB}$로 원호를 그려 X-Y선 위에 B′점을 정한다.
④ B′점에서 수선을 내려 B″를 정하고 전개도의 V점에서 V와 A″, V와 B″를 반지름으로 하는 원을 그리면 전개도가 완성된다.
⑤ 그림 (b)의 정면도와 평면도를 작도하고 정면도의 높이를 3등분하여 C-P선을 긋는다.
⑥ $\overline{CP}$선과 만나는 점을 E로 표시하고 D와 E에서 수선을 내려 D′, E′를 정하고 반지름 E와 F로 E에서 원호를 돌려 F′점을 구한다.
⑦ F′에서 수선을 내려 F″를 구한 후 V′와 D″, V′와 E″, V′와 F″로 원을 그리면 전개도가 완성된다.

## (3) 사각 받침대

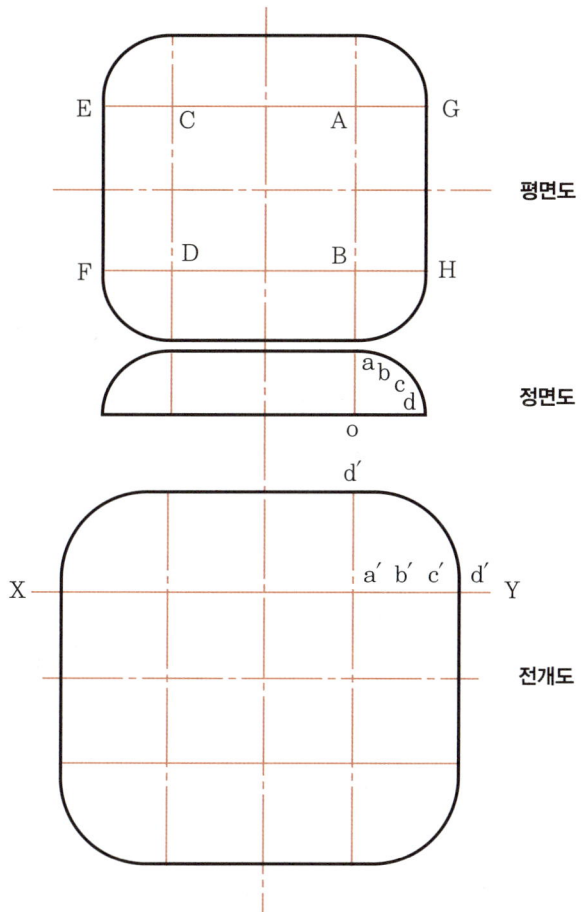

① 네 모서리가 $\frac{1}{4}$ 반구로 되어 있는 사각 받침대로서 정면도와 평면도를 그린다.
② 평면도의 사각 ABCD 평판이며 ABGH는 곡면이지만 타출을 하지 않고 굽히는 곳이므로 $\frac{1}{4}$ 원으로 전개된다.
③ 평판 ABCD를 전개도에 옮기고 각 선을 연장한 후 정면도의 원호를 3등분한다.
④ 연장선 위에 (X-Y선) 정면도 $\overarc{AB}$, $\overarc{BC}$, $\overarc{CD}$의 등분 길이를 옮겨 a′, b′, c′, d′로 정한다.
⑤ a′에서 반지름 $\overline{a′d′}$ 되는 원호를 a′점을 중심으로 원을 그린다.
⑥ 같은 방법으로 네 모서리에 원호를 돌리고 이것을 이으면 전개도가 완성된다.

### (4) 이음매 없는 원뿔

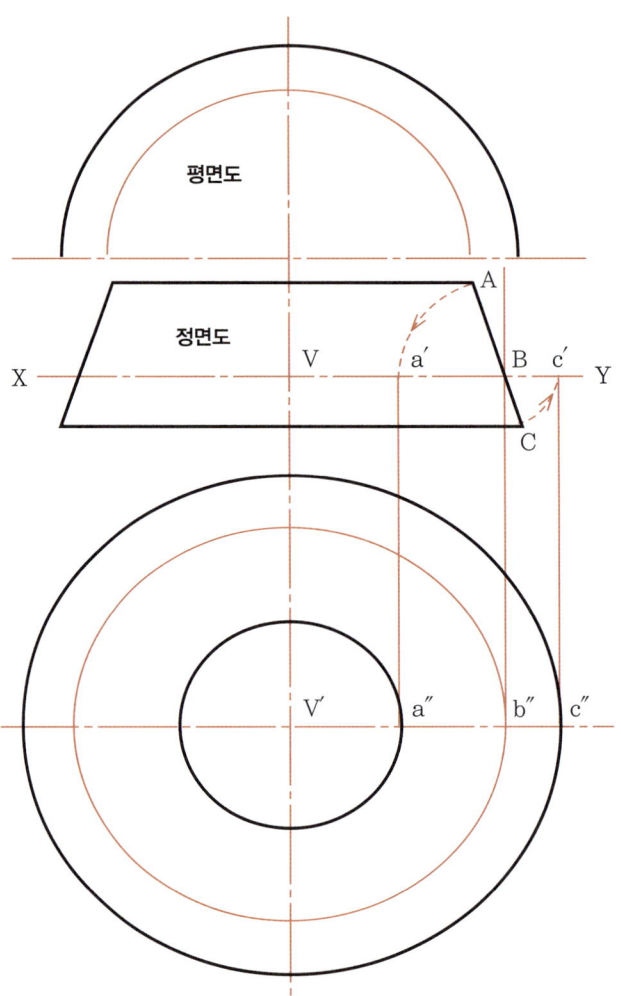

① 이음매 없는 원뿔이므로 평판에서 늘리기와 오므리기를 해야 한다.
② 정면도와 평면도를 작도한다.
③ 정면도의 높이를 3등분하여 중심선을 V라 하고 V에서 수평 연장선 X-Y를 그어 B점을 정한다.
④ B점에서 $\overline{AB}$, $\overline{BC}$의 반지름으로 각각 원호를 X-Y선상에 돌려 $a'$, $c'$를 정한다.
⑤ 전개도의 중심선을 긋고 $a'$, B, $c'$의 점에서 수선을 내려 $a''b''c''$를 정하고 중심 V'에서 V'와 $a''$, V'와 $b''$, V'와 $c''$로 원을 그린다.
⑥ $a''b''$의 폭은 늘리는 부분, $b''c''$는 오므리기 하는 부분이다.

## (5) 원뿔 받침대

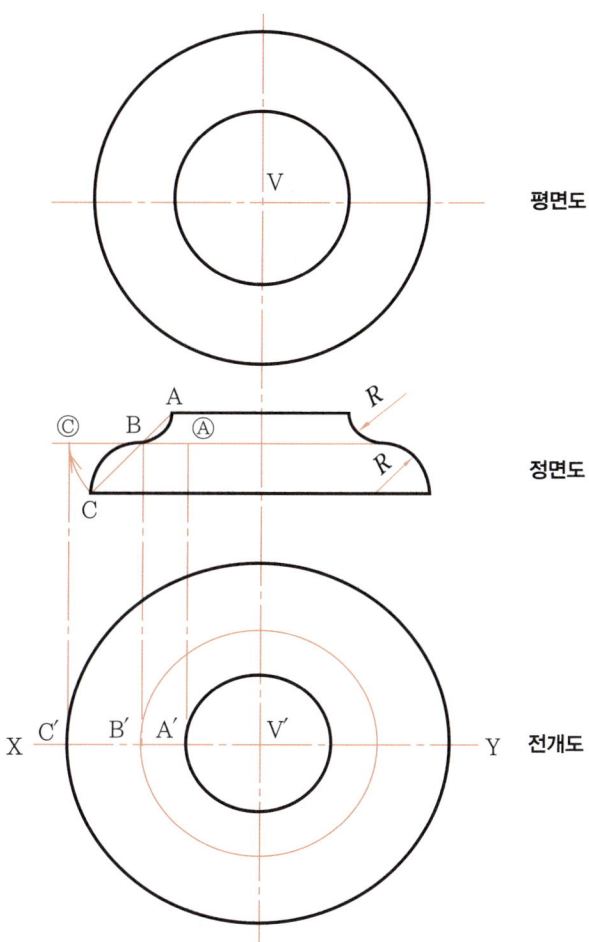

평면도

정면도

전개도

① 주어진 치수를 정하여 정면도와 평면도를 그린다.
② 정면도의 곡면부와 윗부분의 곡면부가 만나는 경계부를 B로 표시하고 윗면을 A라고 정하고 밑면을 C라고 표시한다.
③ B점을 중심으로 B와 A의 원호를 돌려 Ⓐ점을 정하고 B와 C를 돌려 Ⓒ점을 정한다.
④ Ⓐ점, B점, Ⓒ점에서 각각 수선을 내려 X-Y선상에 A′B′C′를 정한다.
⑤ V′에서 V′와 A′, V′와 B′, V′와 C′를 반지름으로 하는 원을 그리면 전개도가 완성된다.
⑥ B′A′와 B′C′는 늘리는 부분으로 작업해야 하며 요철(凹凸)을 고려하여 작업한다.

## (6) 90° 엘보

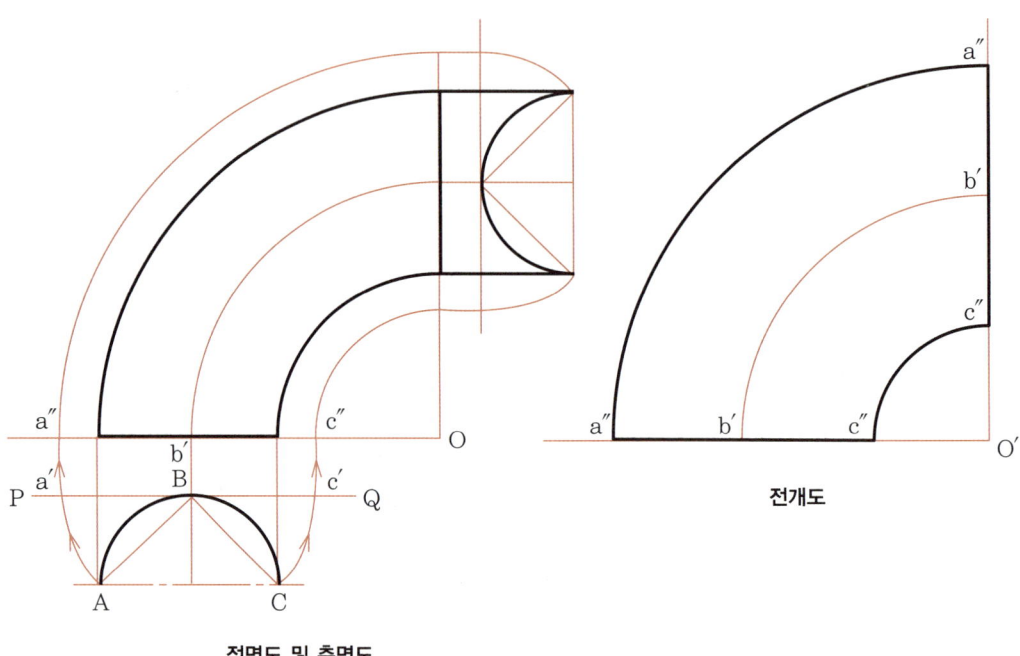

**정면도 및 측면도**　　**전개도**

① 중심 반지름과 지름에 의하여 정면도를 그린다.
② 측면도(평면도)의 반원에 A, B, C를 표시하고 A와 B, B와 C를 직선으로 연결한다.
③ $\overline{BP}$의 수평선을 $\overline{AC}$선에 나란히 긋고 B에서 $\overline{AB}$와 $\overline{BC}$를 반지름으로 원호를 그려 P, Q와 만나는 점 a′, c′를 구한다.
④ a′와 c′에 수선을 올려 a″, c″를 정하고 중심점 O에서 $\overline{Oc″}$와 $\overline{Oa″}$의 원호를 돌리면 전개도의 실장을 완성한 것이다.
⑤ 정면도의 전개도를 옮겨 놓은 것이 전개도이다.

## (7) 오목링

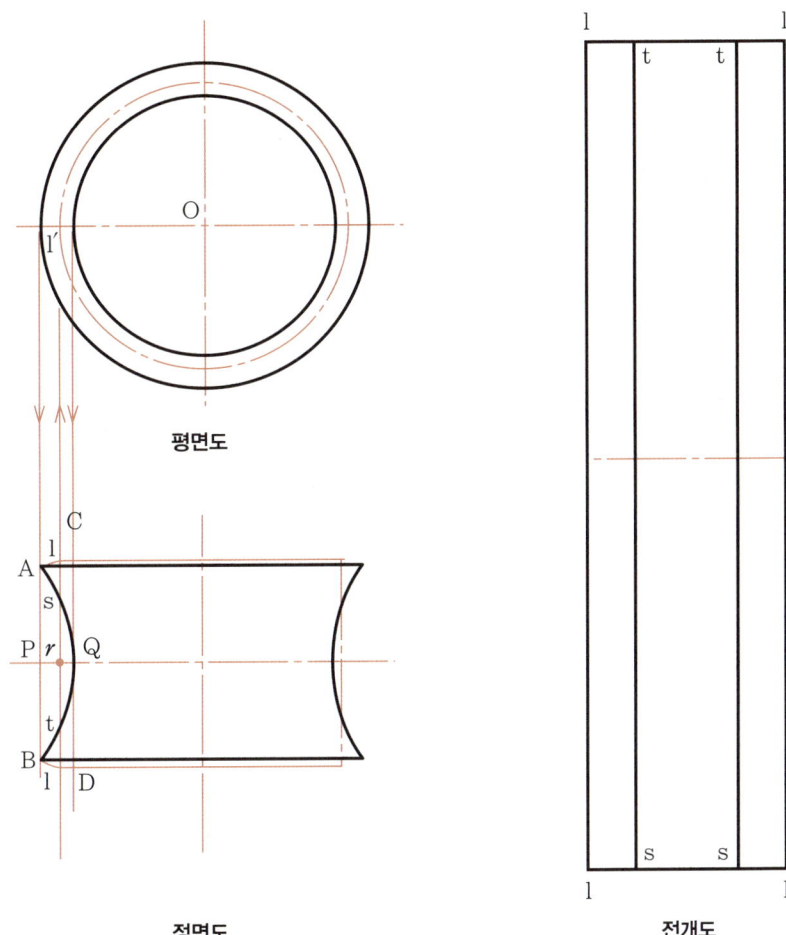

평면도

정면도

전개도

① 정면도와 평면도를 그려 AB와 CD를 그어 정면도의 중심선과 만나는 P, Q점을 얻는다.
② PQ를 3등분하여 $r$을 정하고 $r$에서 수선을 올려 AQB와 만나는 점을 s, t라 하고 sA, tB를 반지름으로 하는 원호를 그리고 $r$에서 올린 수선과 만나는 점을 l이라 한다.
③ s에서 수선을 올려 평면도의 l′를 정하고 Ol′로 원을 그린다.
④ 정면도의 l l을 높이로 하고, 평면도의 Ol′를 반지름으로 하는 원통($\pi d$)을 평행 전개한다.
⑤ 전개도의 l t=ls이며, 폭은 늘리는 부분이며 tt=ss는 오므리는 부분이 된다.

## (8) 나팔관

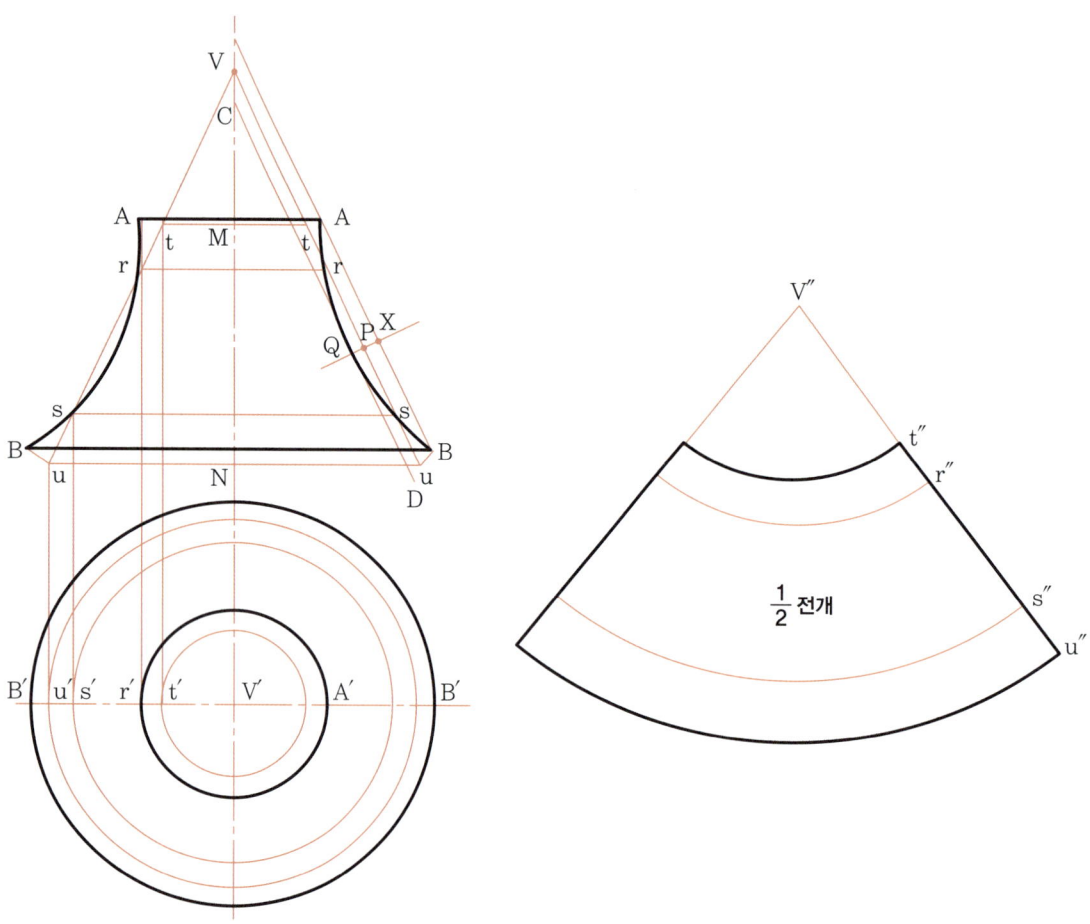

① 정면도와 평면도를 그리고 정면도의 A와 B를 잇는다.
② AB와 평행하게 CD를 긋고 오목 부분에 AB에 직각되게 X점을 정하여 수선을 세워 CD 선에 만나는 점 Q를 얻는다.
③ QX를 3등분하여 P점을 정하여 P점에서 AB에 평행선을 긋고 꼭짓점을 정하여 AB선에 평행선을 그려 r, s를 정한다.
④ r에서 rA로, s에서 sB로 원호를 돌려 t와 u를 정하고 수선을 내려 t′, r′, s′, u′를 얻는다.
⑤ 밑면의 반지름이 V′u′, 윗면의 반지름 V′t′, 높이가 MN인 원뿔을 방사 전개법을 이용하여 전개한다(전개도의 t″r″, s″u″는 늘리기 작업 부분).

# 제3장 철구조물 제작

## ❶ 두꺼운 판의 판뜨기 작업

### (1) 원기둥

판두께 $t$인 강판을 구부려서 안지름 $D_1$, 바깥지름 $D_2$의 원통을 만드는 경우 $\pi \times D_1$으로 한 것은 너무 짧고 $\pi \times D_2$로 한 것은 너무 길게 된다.

이것은 두꺼운 판을 구부리면 안쪽은 압축응력이 작용하여 수축하고 바깥쪽은 인장응력으로 인해 늘어나기 때문이다.

따라서 압축응력이나 인장응력을 받지 않고 수축하거나 늘어나지 않는 면을 얻어야 한다. 그 면은 판재의 중앙에 있다.

그러므로 중립면의 지름 $D_0$에 의해서 원주를 계산하면 된다.

즉, 판뜨기의 실제 길이는

$$L = \pi \times D_0 = \frac{\pi}{2} \times (D_1 + D_2) \text{ 또는 } \pi \times (D_1 + t)$$

또는 $\pi \times (D_2 - t)$가 된다.

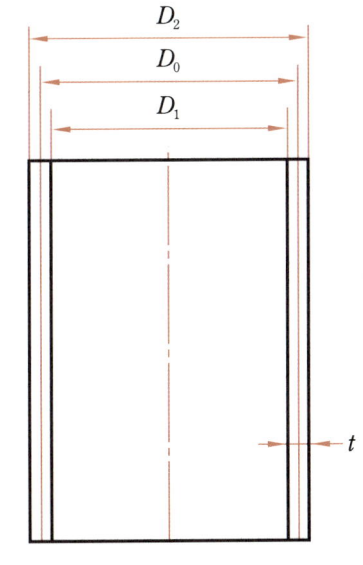

실례로 안지름 100mm, 두께 2mm인 원통을 만들 때 원주의 실제 길이는

$l = (D+t) \times \pi = (100+2) \times 3.14 = 320.28$

즉, 길이 320으로 원주를 잡아 전개도를 그리면 안지름 $100\phi$인 원통을 제작할 수 있다.

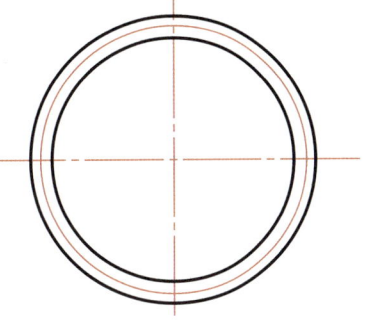

## (2) 굽은 부분이 있는 물체

전체의 길이를 구하기 위해서는 굽은 부분 $\overset{\frown}{XY}$의 중심 길이에 $a$와 $b$를 더해주면 된다. 먼저 $\overset{\frown}{XY}$의 중심 길이를 구하기 위하여 굽힘 반지름 $R$과 판재의 두께 $t$의 절반 즉, $\dfrac{5}{2}$를 더한 것을 반지름으로 하는 원의 $\dfrac{1}{4}$이므로

$$\overset{\frown}{XY} = \frac{1}{4} \times 2\left(R + \frac{t}{2}\right) \times \pi = \frac{1}{2}\left(\frac{2R+t}{2}\right) \times \pi = \frac{2R+t}{4} \times \pi$$가 된다.

따라서 판재의 길이를 $L$이라 하면

$$L = a + b + \frac{2R+t}{4} \times \pi$$가 된다.

실례로 $a=20$, $b=10$, $R=25$, $t=2$라 하면

$$L = 20 + 10 + \frac{2 \times 25 + 2}{4} \times 3.14$$

$$= 30 + \frac{52}{4} \times 3.14 = 30 + 13 \times 3.14 = 30 + 40.82 = 70.82$$

즉, 길이는 70.8이 된다.

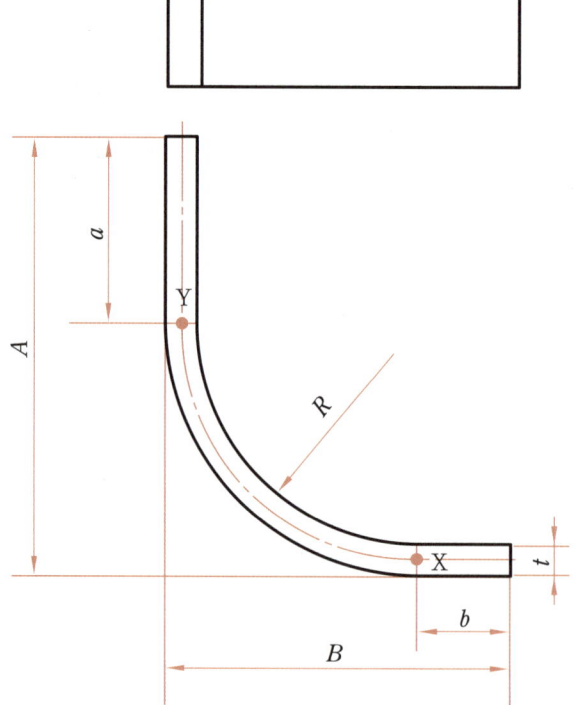

## (3) 리벳 이음 원기둥

굴뚝과 같은 원통 모양을 만들 때 판재를 구부리기 전에 이음용 리벳 구멍을 뚫어 놓아야 한다.

안쪽 원통의 원추 길이 $L_1=(D+t)\pi$이고, 안쪽 원통의 리벳 구멍의 피치 $P_1=\dfrac{(D+t)\pi}{n}$이다.

바깥 원통의 원주 길이 $L_2=(D+3t)\pi$이며, 리벳 구멍의 피치 $P_2=\dfrac{(D+t)\pi}{n}$이다.

실례로 작은 원통의 안지름 $D=200$, 판재의 두께 $t=3$, 리벳 개수 $n=12$라고 하면 다음 식이 성립된다.

작은 원통의 원주 $L_1=(200+3)\times 3.14=637.4$

작은 원통의 리벳 구멍 피치 $P_1=\dfrac{(200+3)\times 3.14}{12}=53.1$

큰 원통의 원주 $L_2=(200+3\times 3)\times 3.14=656.2$

큰 원통의 리벳 구멍 피치 $P_2=\dfrac{(200+3\times 3)\times 3.14}{12}=54.6$

즉, 작은 원통의 원주는 637.4이고 피치는 53.1이며, 큰 원통의 원주는 656.2이고 피치는 54.6이다.

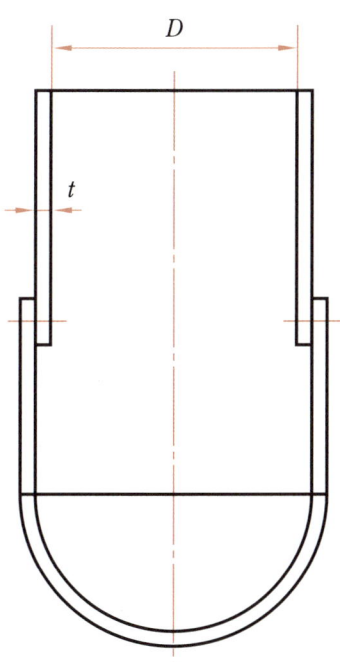

### (4) 중립선이 옮겨졌을 때

중립선의 옮겨짐은 재료 판두께의 꺾어접기 각도 등에 따라 달라지지만, 꺾어접기 안지름에 판재의 두께 $\frac{1}{2}$을 더한 값으로 계산할 수 있으나 이와 같은 때는 꺾어접기 반지름에 판재의 두께 0.3~0.5를 더한 값으로 계산하지 않으면 안 된다. 따라서 중간의 크기 0.4를 가지고 생각해 보면,

$\alpha$ 각도의 길이 $L_1 = 2(R+0.4t)\pi \times \dfrac{\alpha}{360}$

$\beta$ 각도의 길이 $L_2 = 2(R+0.4t)\pi \times \dfrac{\beta}{360}$

따라서 전체의 길이 $L = A + L_1 + B + L_2 + C$가 된다.

실례로 $A=15$, $B=20$, $C=18$, $R=12$, $t=3.2$이고, $\alpha=60°$, $\beta=45°$라고 할 때

$L_1 = 2(12+0.4\times3.2)\times3.14\times\dfrac{60}{360} \fallingdotseq 13.9$

$L_2 = 2(12+0.4\times3.2)\times3.14\times\dfrac{45}{360} \fallingdotseq 10.42$

따라서 전체의 길이 $L = 15 + 13.9 + 20 + 10.42 + 18 \fallingdotseq 77.32$이다.

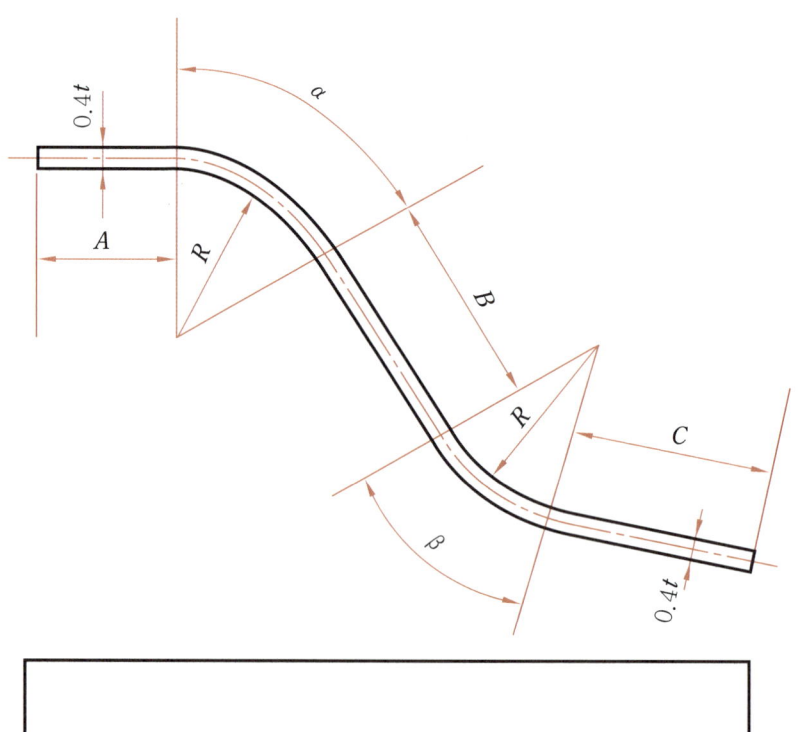

## (5) ㄱ형강의 길이

중립선이 강의 각 두께 $t_0$만큼 안쪽에 있으므로 다음 식으로 계산한다.

안쪽 구부림 $L_2=\pi(D_2-2t_0)$

바깥쪽 구부림 $L_1=\pi(D_1+2t_0)$

실례로 $25\times25\times5t$의 ㄱ형강을 안쪽 지름 $D_1=800$으로 바깥쪽 구부림할 때 $t_0=8.7$이므로 길이 $L=3.14\times(800+2\times8.7)≒2566.6$이 된다.

안쪽 구부림일 경우 $L=3.14\times(800-2\times8.7)≒2457.4$mm가 된다.

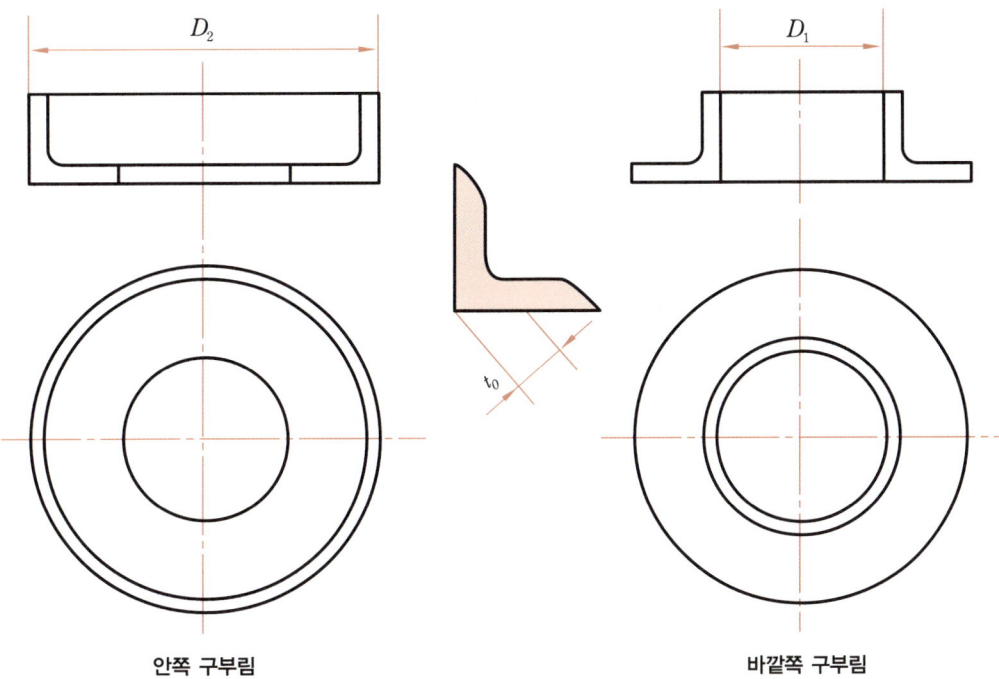

안쪽 구부림 　　　　　　　　　　　　　　　　　바깥쪽 구부림

## (6) T형으로 분기되는 원기둥

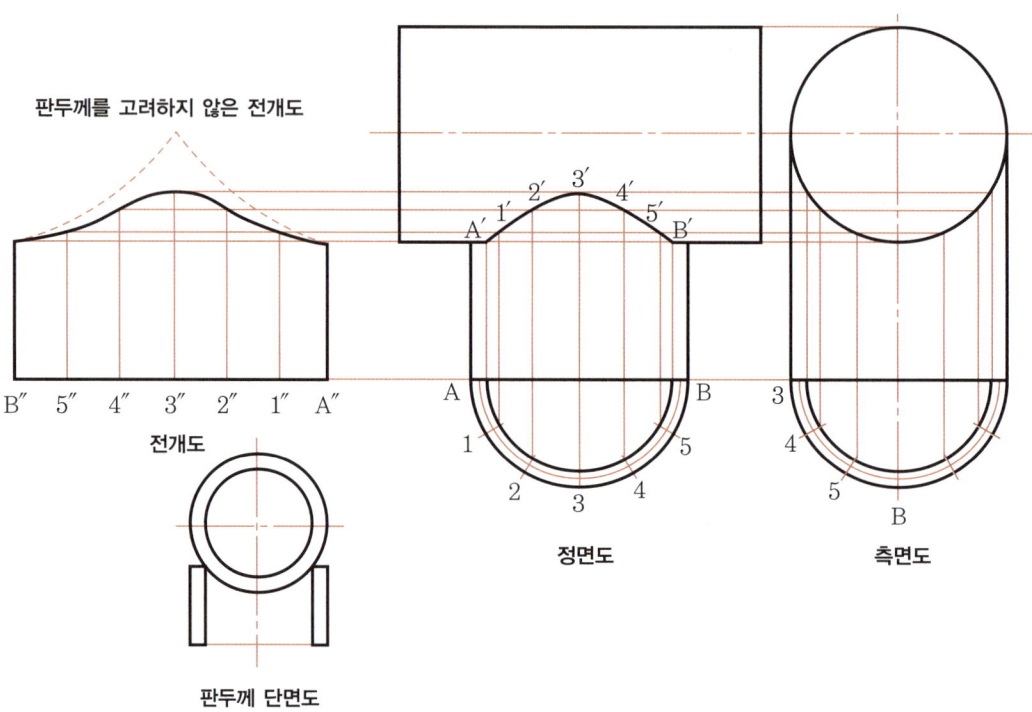

① 평면도에 관의 바깥지름 안지름 중립선을 그은 후 반원주 $\overset{\frown}{AB}$를 6등분하여 각 등분점 A, 1, 2… B를 얻는다.

② 측면도와 정면도의 안지름 등분점을 AB에 수선을 세워 만나는 점 A´, 1´, 2´ … B´를 얻는다.

③ $\overline{AB}$를 연장한 후 중립선을 반원주의 길이로 잡고 6등분한 후 수선을 세운다.

④ 입면도 상관선의 교점을 $\overline{AB}$와 평행하게 연장하여 등분선과 만나는 점을 얻는다(같은 번호).

⑤ 각 점을 원활한 곡선으로 연결하면 $\frac{1}{2}$ 의 전개도를 얻을 수 있다.

### (7) 경사지게 절단된 원뿔

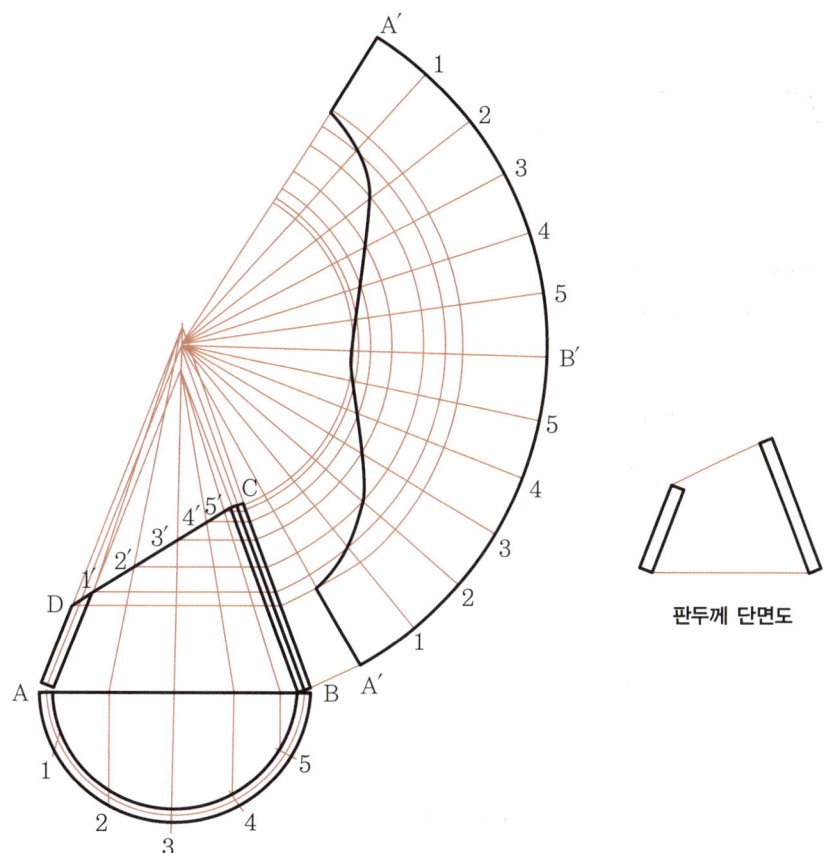

판두께 단면도

① 평면도에 판의 바깥지름과 안지름 중립선을 그은 후 반원주를 6등분하여 등분점 A, 1, 2 … B를 얻는다.
② 바깥지름 등분선 A, 1, 2, 3을 중심선 $\overline{AB}$에 수선으로 연장하고 꼭짓점과 연결하여 D, 1′, 2′, 3′을 얻는다.
③ 같은 방법으로 안지름 등분점 4, 5, B를 수선으로 연장하여 경사면에 만나는 점 4′, 5′, C를 얻는다.
④ 실장을 얻기 위하여 $\overline{AB}$와 평행하게 D, 1′, 2′는 정면도의 바깥지름과 만나는 선을 그은 후 $\overline{CB}$에 직교시켜 중심선과 만난 점을 얻는다.
⑤ 중립선의 꼭짓점을 중심으로 각 중립선을 지나는 원을 그은 후 원주를 중립선 원주 $\frac{1}{12}$의 길이로 12등분하고 꼭짓점과 만나는 점을 얻는다(같은 번호).
⑥ 각 점을 원활한 곡선으로 연결한다.

## (8) 상부 원형, 하부 정사각인 뿔

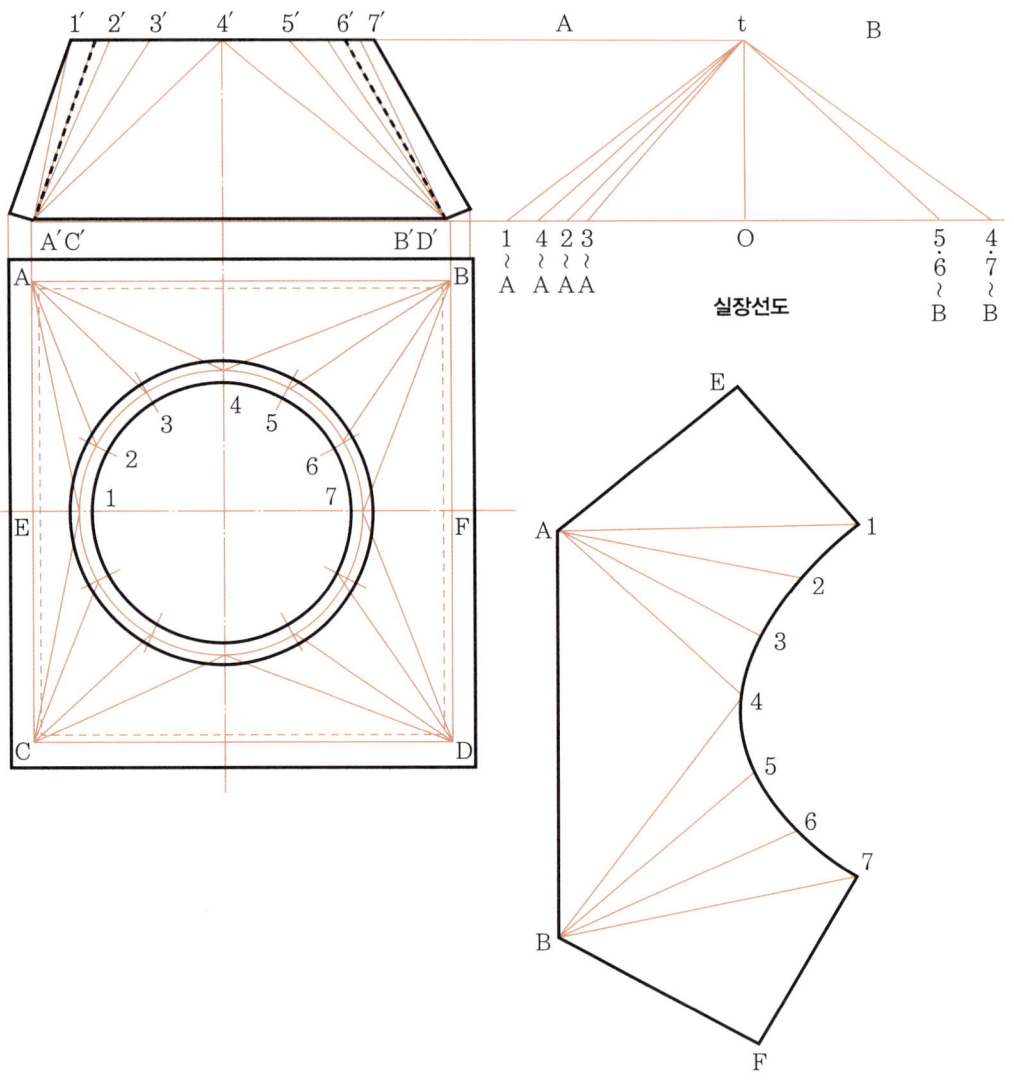

① 상부 원형의 중립선은 판두께의 중심이 되며, 하부 사각형은 중립선이 판두께의 중심보다 안쪽으로 이동한다.

② 상부 원의 $\frac{1}{12}$을 6등분하고 1, 2, 3, 4는 A와, 4, 5, 6, 7은 B와 중립선을 연결한다.

③ 각 선의 길이를 높이에 대입하여 실장을 구한다(실장선도 참조).

④ 실장의 길이를 순차적으로 나열한다($\frac{1}{2}$ 전개도).

## ❷ 현장 전개법 및 계산법

### (1) 직각 2편 엘보

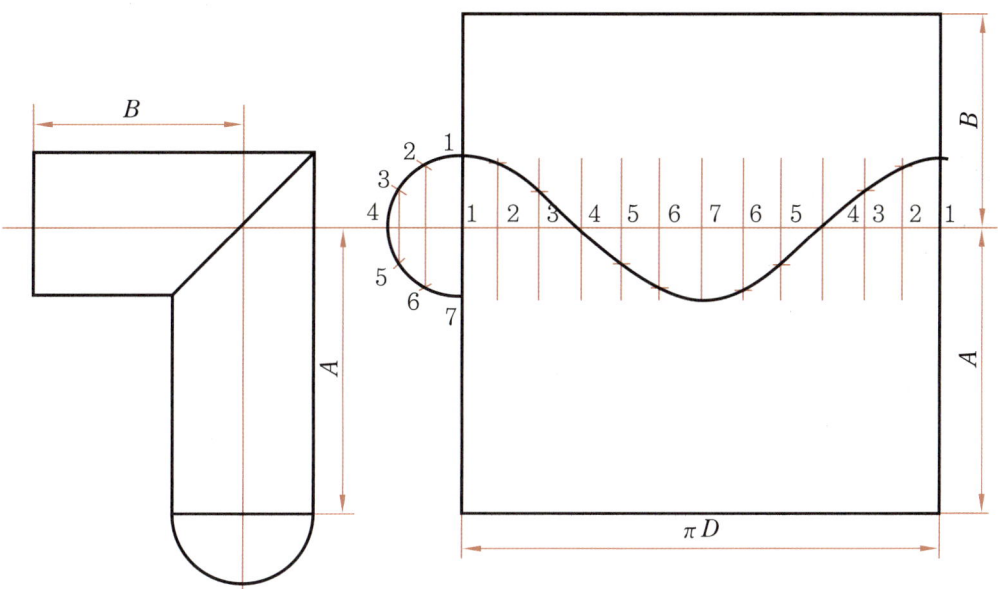

① 중심선 $A$와 $B$의 길이로 높이를 잡고 원주의 길이로 밑변을 잡아 직사각형을 만든다.
② 겹침선을 12등분한 후 수선을 세우고 한 끝에 관의 크기로 원을 돌리어 12등분(그림에서는 6등분)한 후 각 부의 높이를 얻는다.
③ 각 점의 높이로 등분선의 수선을 끊은 후(같은 번호) 각 점을 원활한 곡선으로 연결한다(4번을 맨처음으로 하면 $A$와 $B$가 같은 선의 전개도를 얻을 수 있다).

## (2) Y형 분기관

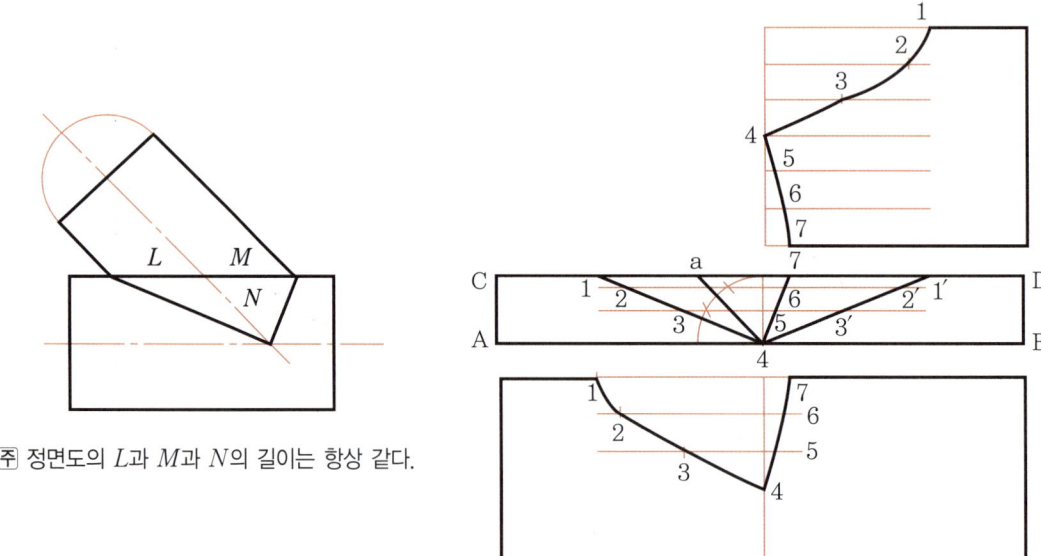

㊟ 정면도의 $L$과 $M$과 $N$의 길이는 항상 같다.

① AB선상의 1점(길이를 참조할 것)을 잡고 원기둥 반지름의 크기로 $\frac{1}{4}$원을 돌린 후 원호를 3등분하여 등분점을 얻고 AB에 평행선을 긋는다.
② 원의 중심선을 중심으로 분기관의 각도를 잡은 후 $\overline{CD}$선과 만나는 점 a를 얻는다.
③ $\overline{CD}$와 만난 점 a와 원의 중심까지의 길이(a4)로 a를 중심으로 원호를 돌리어 $\overline{CD}$선상에 만나는 점 1,7을 얻는다.
④ 1과 7을 중심선 4와 연결하면 직관(본관)의 상관선을 얻을 수 있다.
⑤ 같은 방법으로 원의 중심점 4를 중심으로 1, 4의 길이로 원을 돌리어 CD선상에 만나는 점 1′를 얻으면 분기관(가지관)의 상관선을 얻을 수 있다.
⑥ 각 관은 평행선 전개법을 이용하여 전개한다.

## (3) 3편 엘보

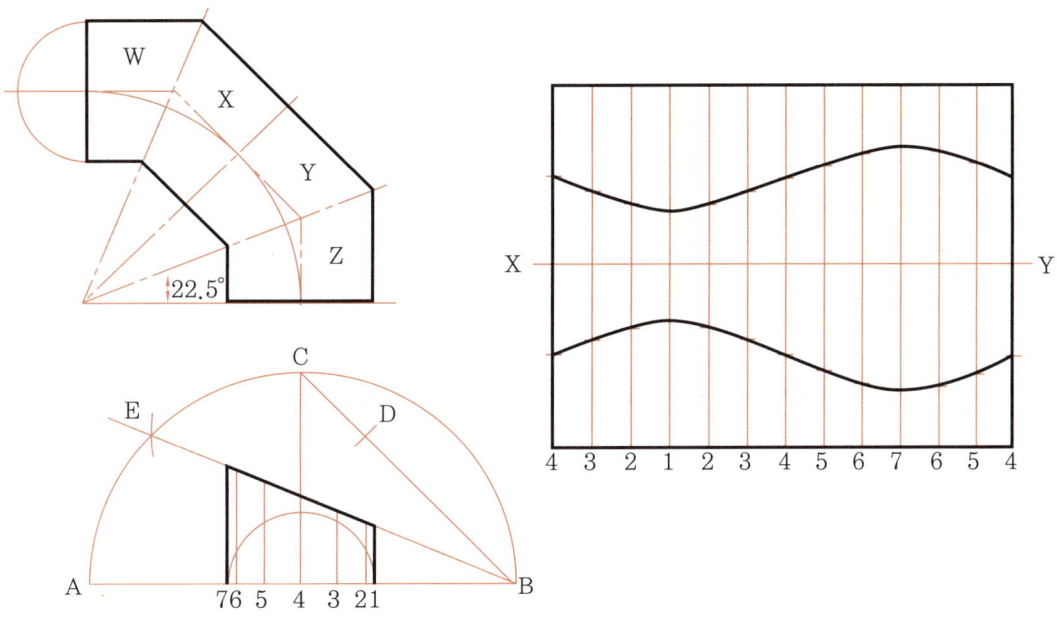

① 정면도의 W, X, Y, Z편은 같다.
② 3편을 이루는 반지름의 원을 돌린 후 원호에 수평 직경선 AB를 긋고 중심점에서 수선을 세워 만난 점 C를 얻은 후 B와 연결한다.
③ B를 중심으로 $\frac{1}{2}\overline{AB}$의 원호를 돌리어 $\overline{BC}$선상에 만난 점 D를 얻고 D를 중심으로 같은 크기의 원호를 돌리어 E를 얻으면 ∠EBA는 22.5°가 된다.
④ 원의 중심점 4를 중심으로 관의 크기로 원을 돌리고 6등분한 후 수선을 세워 EB선과 만난 점을 얻는다.
⑤ 판재에 중심선의 길이로 4등분한 후 두 번째 선 $\overline{XY}$를 긋는다.
⑥ 원주의 길이로 $\overline{4\ 4}$를 잡은 후 12등분한 후 등분점에서 $\overline{4\ 4}$에 수선을 세운다.
⑦ $\overline{XY}$선을 중심으로 각 선의 길이를 양편으로 등분한 후(같은 번호) 원활한 곡선으로 연결한다.

## (4) 피타고라스의 정리 응용 원뿔 전개

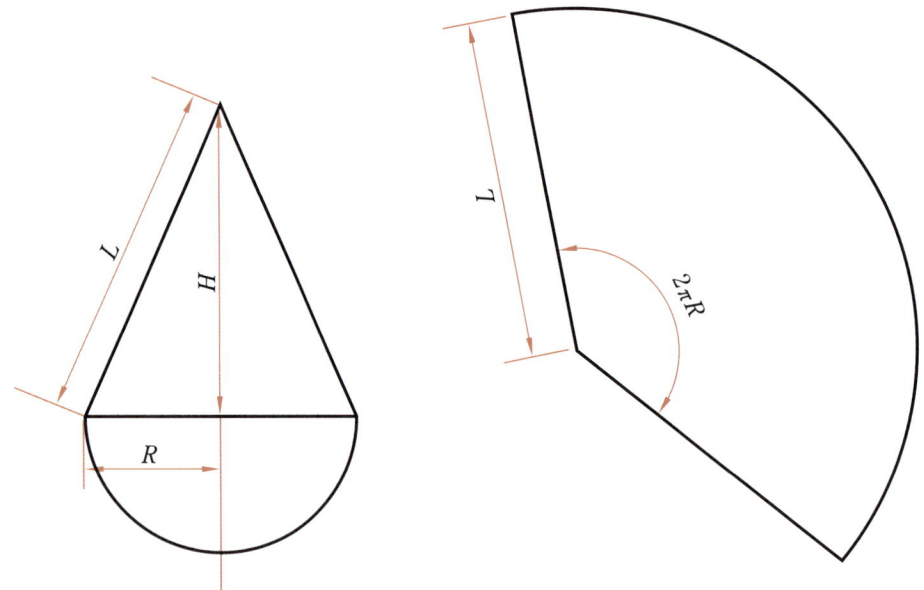

직각 삼각형에서 빗변과 밑변, 높이는 다음과 같은 관계가 있다.

$L_2 = R^2 + H^2$

∴ $L = \sqrt{R^2 + H^2}$, $R = \sqrt{L^2 - H^2}$, $H = \sqrt{L^2 - R^2}$ 이 된다.

즉, 직각 삼각형에서 두 변의 길이를 알면 한 변의 길이도 알 수 있다.

제곱근의 계산은 조금 복잡하지만 계산자나 계산기를 통해 쉽게 얻을 수 있다.

부채꼴의 중심각 θ와 원의 전각도(360°)와의 비는 원호의 길이($2\pi R$)와 원주의 길이 비와 같다.

즉, $\dfrac{\theta}{360} = \dfrac{2\pi R}{2\pi L}$

∴ $\theta = 360 \times \dfrac{R}{L}$ 이 된다.

실례로 $R = 30$, $H = 40$이라 할 때 $L = \sqrt{30^2 + 40^2} = 50$이므로

각도 $\theta = 360° \times \dfrac{30}{50} = 216°$ 이다.

즉, $l$의 길이로 원호를 돌린 후 216°를 잡으면 원하는 원뿔의 전개도를 얻을 수 있다.

## ❸ 관 공작법

### (1) 마킹 테이프의 사용법

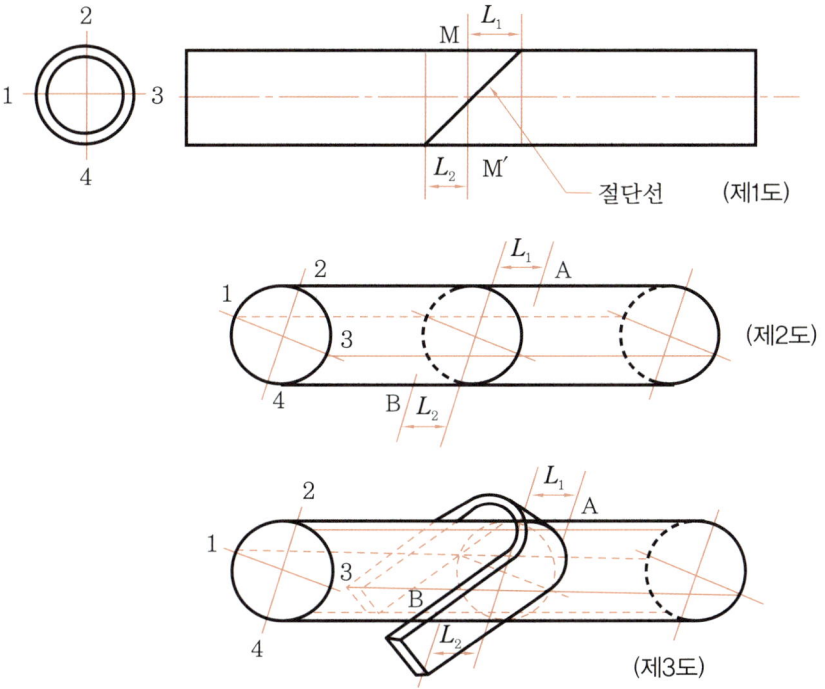

> **참고**
> 마킹 테이프는 폭 30~40 mm의 유동성 있는 박강판이나 셀룰로이스 또는 보드지 등을 쓴다.

① 제1의 절단선을 얻기 위하여 관의 절단 중심선에서 수선 $\overline{MM'}$를 긋는다(마킹 테이프를 사용하여 관 주위를 한 바퀴 돌리어 밀착시킴).

② 관의 외면을 $\overline{MM'}$를 기준으로 4등분한 후 등분선을 긋는다(원 둘레와 같은 크기의 마킹 테이프를 2번 접으면 ( ) 접힌 선은 4등분선이 된다).

③ 2번 선과 4번 선상에 $L_1$과 $L_2$의 길이로 만난 점을 얻는다 (A, B).

④ 1과 A와 3을 지나게 마킹 테이프를 밀착시키어 선을 긋고 같은 방법으로 1과 B와 3을 지나는 선을 그으면 절단선이 된다(제3도 참조).

## (2) 절단각의 산출법

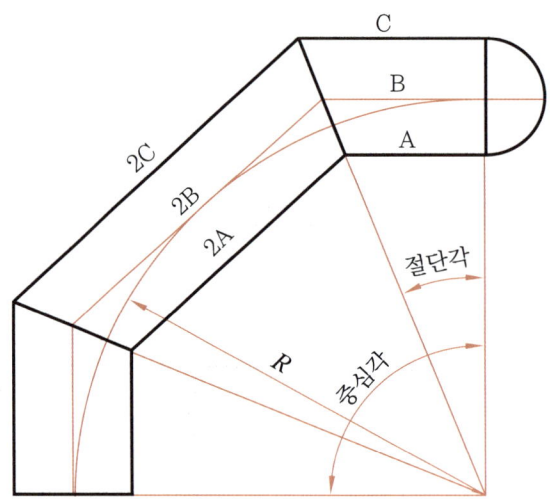

> **참고**
> 관 중앙편과 양 끝편의 관계는 중앙편의 크기가 양 끝편 길이의 2배가 된다.

① 절단각을 구하는 방법은 다음 공식에 의한다.

$$절단각 = \frac{중심각}{(편수-1)2}$$

따라서 중심각 80°의 3편일 경우

$$\frac{80}{(3편-1)2} = \frac{80}{(2)2} = \frac{80}{4} = 20°$$

즉, 절단각은 20°가 된다.

② 같은 방법으로 90° 2편일 경우에는

$$\frac{90}{(2-1)2} = 45°가 되며$$

90° 3편일 경우에는 $\frac{90}{(3-1)2} = 22.5°$

90° 4편일 때는 $\frac{90}{(4-1)2} = 15°$가 된다.

## (3) 동경 T형관

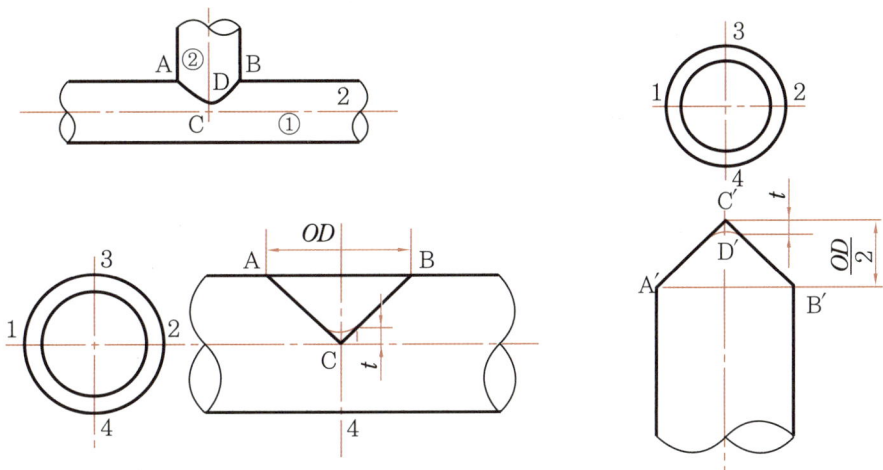

① 주 관의 둘레를 4등분하여 등분선을 그은 후 분기점에서 마킹 테이프를 관 주위에 감고 선을 긋는다.

② 관의 반지름으로 분기점에서 양쪽으로 $\dfrac{D}{2}$ 를 잡아 만난 점 A와 B를 얻는다.

③ 1과 A 그리고 2를 지나는 선을 긋고 같은 방법으로 1과 B와 2를 지나는 선을 긋는다(마킹 테이프 사용).

④ 1과 2를 지나는 선과 분기점과 만난 점 C에서 관의 두께 $t$ 만큼 절단면 쪽으로 이동하여 D점을 얻고 원활한 선으로 하면 절단선이 된다.

⑤ 같은 방법으로 분기관도 완성한다.

## (4) 이경 T형관

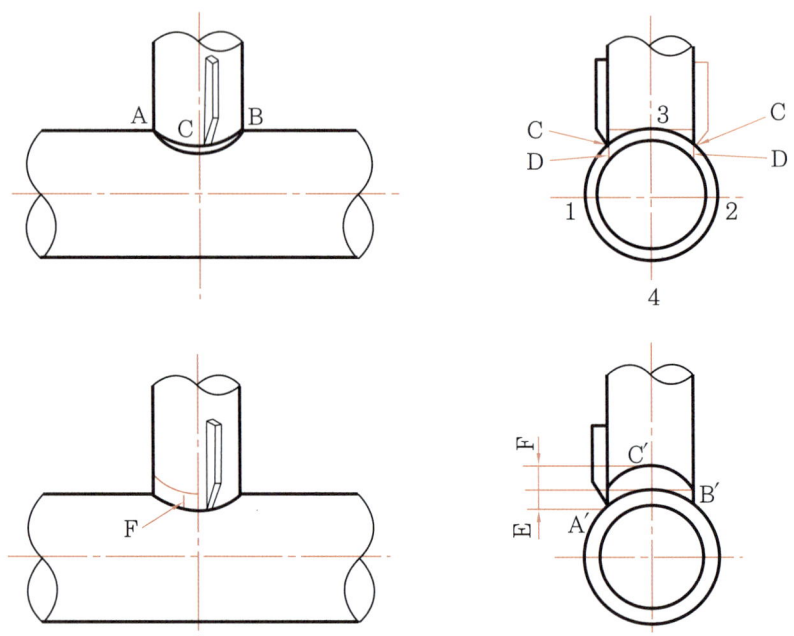

① 주관의 분기점에서 마킹 테이프를 사용, 수직선을 긋고 원주를 4등분한다.
② 분기관도 4등분한 후 주관의 등분선 및 수선과 일치되게 분기관을 수직되게 올려 놓는다.
③ 금긋기 바늘을 사용하여 분기관의 외면과 밀착시켜서 주관 위에 금을 그으면 절단선이 된다(ACB 곡선).
④ 같은 방법으로 주관의 금긋기선과 분기관의 끝과의 거리를 주관과 분기관이 만나는 점에서 잡은 후 마킹 테이프를 사용하여 선을 그으면 절단선이 된다(E=F 되게 C' 점을 구한다).

## (5) 동경 Y형 분기관

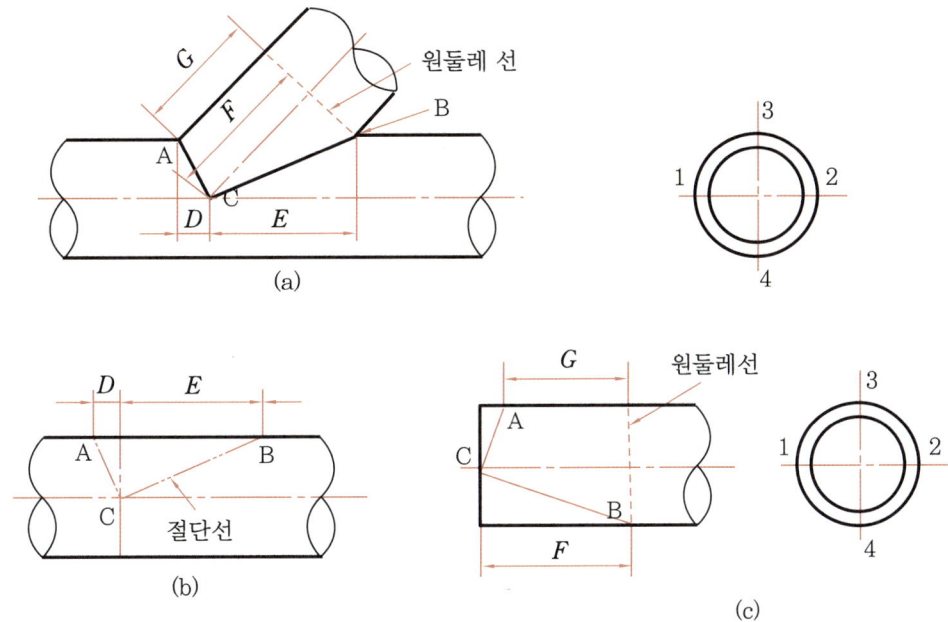

① 관의 둘레를 4등분하여 평행선을 긋고 그림 (b)와 같이 중심선을 지나는 C점에 원둘레 선을 그린다.
② 작도한 평면도에서 $D$, $E$의 거리를 측정하여 주관 중심선에 나란히 관의 외형선을 그어 교점 A, B를 구한다.
③ 마킹 테이프를 사용하여 C, A, C와 C, B, C를 연결하여 그으면 절단선이 된다.
④ 분기관은 작도에서 $F$, $G$의 거리를 측정한 다음 4번선과 3번선 위에 옮겨 B와 A점을 얻는다.
⑤ 마킹 테이프를 이용하여 C, A, C와 C, B, C를 연결하여 분기관의 절단선을 긋는다.

## (6) 동심 축소관

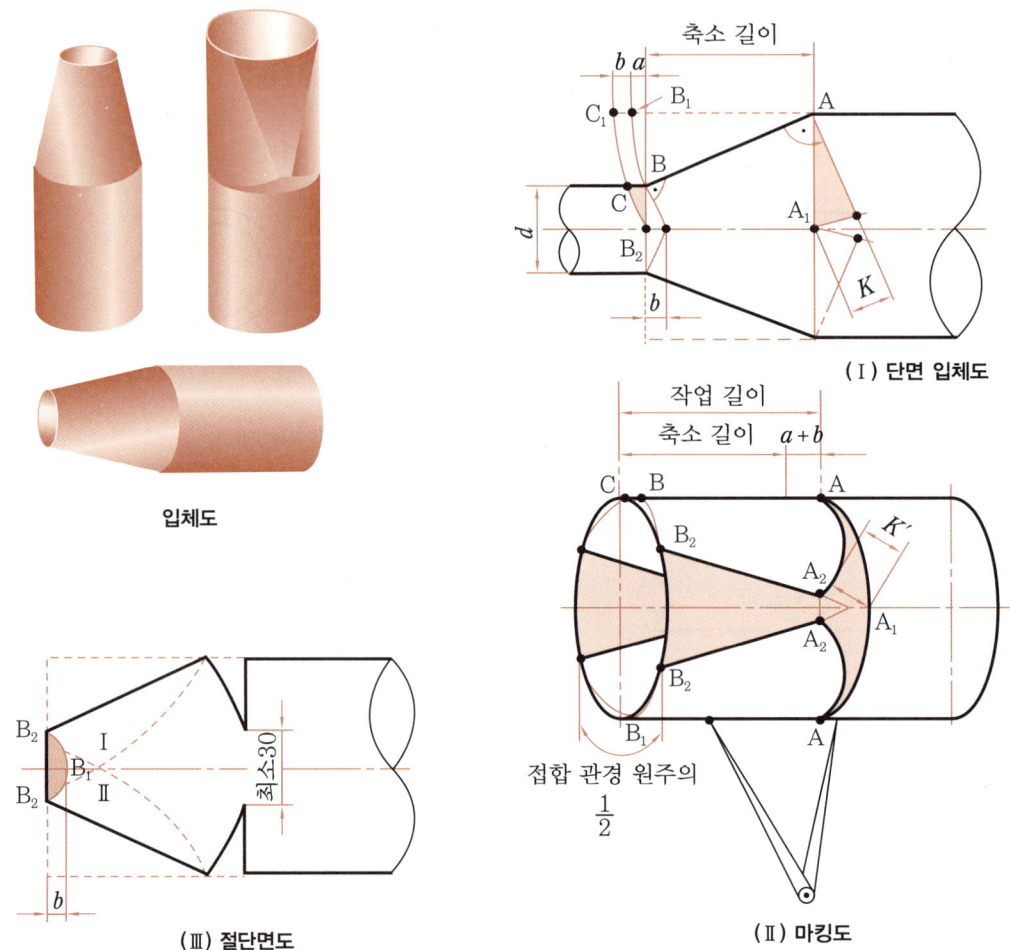

입체도
(Ⅰ) 단면 입체도
(Ⅱ) 마킹도
(Ⅲ) 절단면도

① 그림 (Ⅰ)과 같이 간단히 외형을 작도하고 필요한 치수를 산출한다.
② 축소 길이는 큰 지름에서 작은 지름을 뺀 길이이다. 지름의 차이 × 2배, $(D-d) \times 2$로 한다.
③ 경사 길이 = 축소 길이 + $a$
④ 작업 길이는 A, $B_1$의 연장선에 $B_2$에서 수직선을 그어 C점을 얻는다. 이 때 나타난 B, C, $B_2$의 삼각형이 $b$의 길이이며 잘리는 부분이다.
⑤ 작업 길이는 축소 길이 + $(a+b)$AC
⑥ 그림 (Ⅱ) 파이프에 작업 길이 {(축소 길이+$(a+b)$}로 마킹하고, 축소되는 관의 원주 길이 $\frac{\pi d}{2}$를 양쪽으로 $B_2$점을 잡고 $B_2$에서 $A_1$점으로 마킹한다.
⑦ $A_2$점은 정면도에서 $A_1$점에서 $K$거리를 $A_1$점에서 $D_2$와 $A_1$의 직선 위에 옮겨 교점을 얻는다.
⑧ $A_2$, A, $A_2$의 세 점을 지나는 원을 컴퍼스나 마킹 테이프로 절단선을 그린다(아래 조각도 같은 방법).
⑨ 목두께는 그림과 같이 30mm 정도 남겨 두면 좋다.

## (7) 편심 축소관

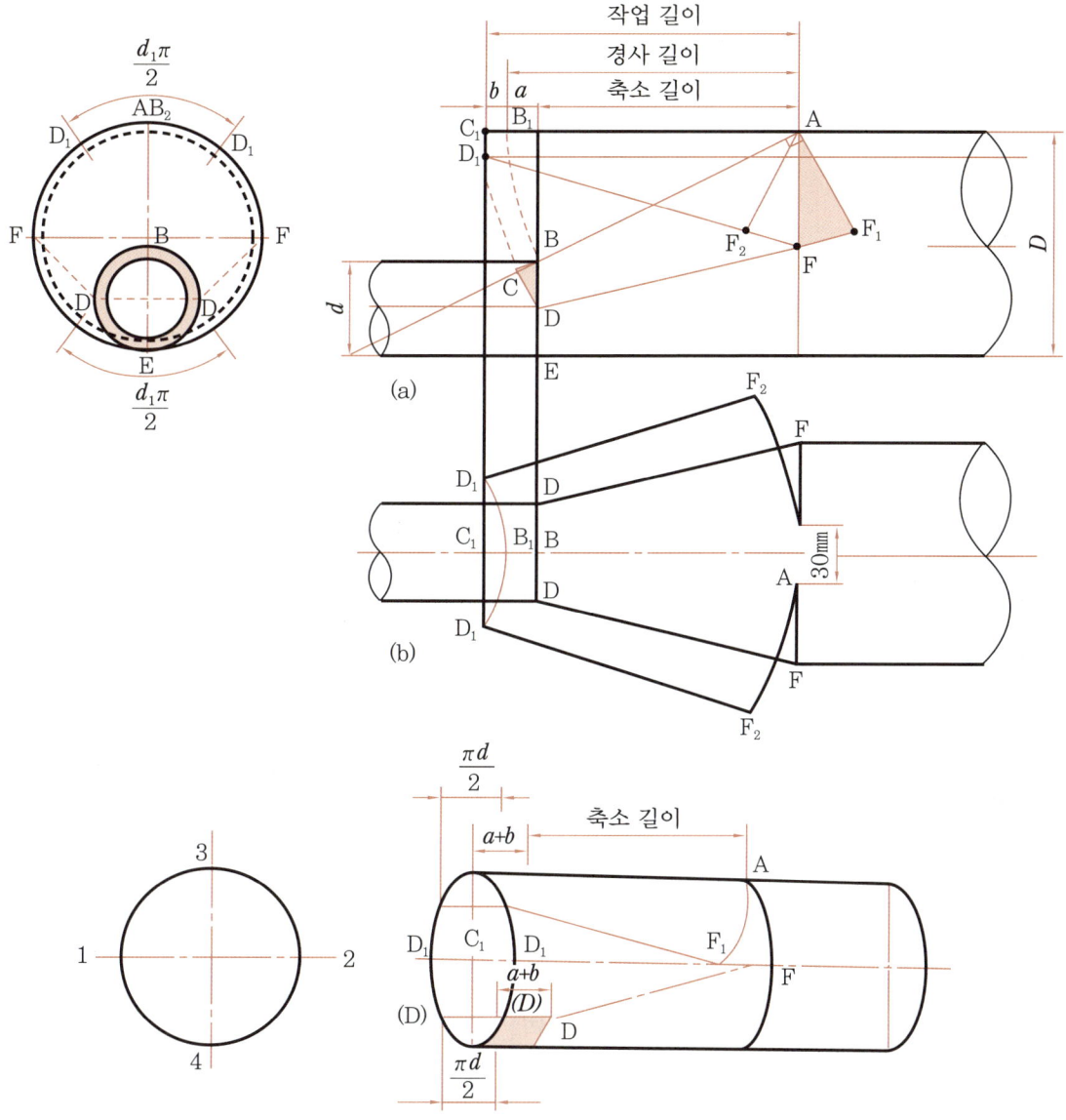

① 그림과 같이 간단히 작도하고 필요한 치수를 산출한다.
② 축소 길이는 지름의 차이 × 2배 = $(D-d) \times 2$로 한다.
③ 경사 길이는 $AB = AB_1$ = 축소 길이 $+ a$
④ 작업 길이는 경사 길이에 $b$의 치수를 더한 길이이다.
⑤ 작업 길이는 D점에서 AB의 연장선 위에 수선을 그어 C점을 얻으며, 이 때 나타난 길이가 BC이다.
⑥ 작업 길이는 $AC = AC_1$ = 축소 길이 $+(a+b)$

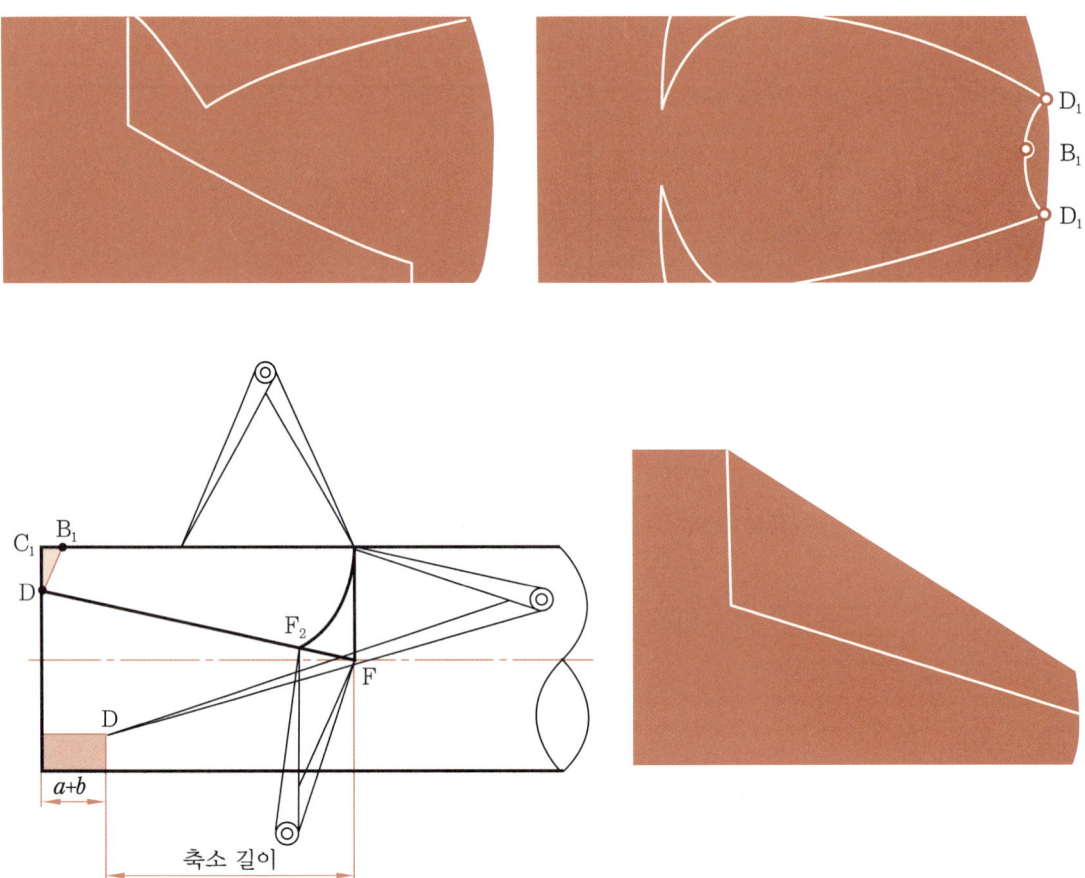

⑦ 빗금친 삼각형 A, F, $F_1$과 B, C, D는 잘리는 부분이다.

⑧ 작업에 필요한 치수 [축소 길이+$(a+b)$]를 마킹한다.

⑨ 축소되는 관의 원주 길이 $\dfrac{\pi d}{2}$를 양쪽으로 $D_1D$과 D, D를 잡고 밑 원주 4번선에서 $(a+b)$만큼 안쪽으로 들어가 마킹한다.

⑩ D점과 F점을 연결하고 $F_2$점은 그림 (a)의 F, $F_1$ 거리로 $D_1$과 F의 직선에 만나는 점이다.

⑪ $F_2$, A, $F_1$점 세 점을 지나는 원을 마킹하면 윗면의 절단면이 된다.

⑫ 삼각형의 절단선 $D_1$, $B_1$, $D_1$도 마킹 테이프로 절단선을 그린다.

⑬ 그림 (b)와 같이 30mm 정도 남겨 둔다.

## (8) 동심과 편심 축소관

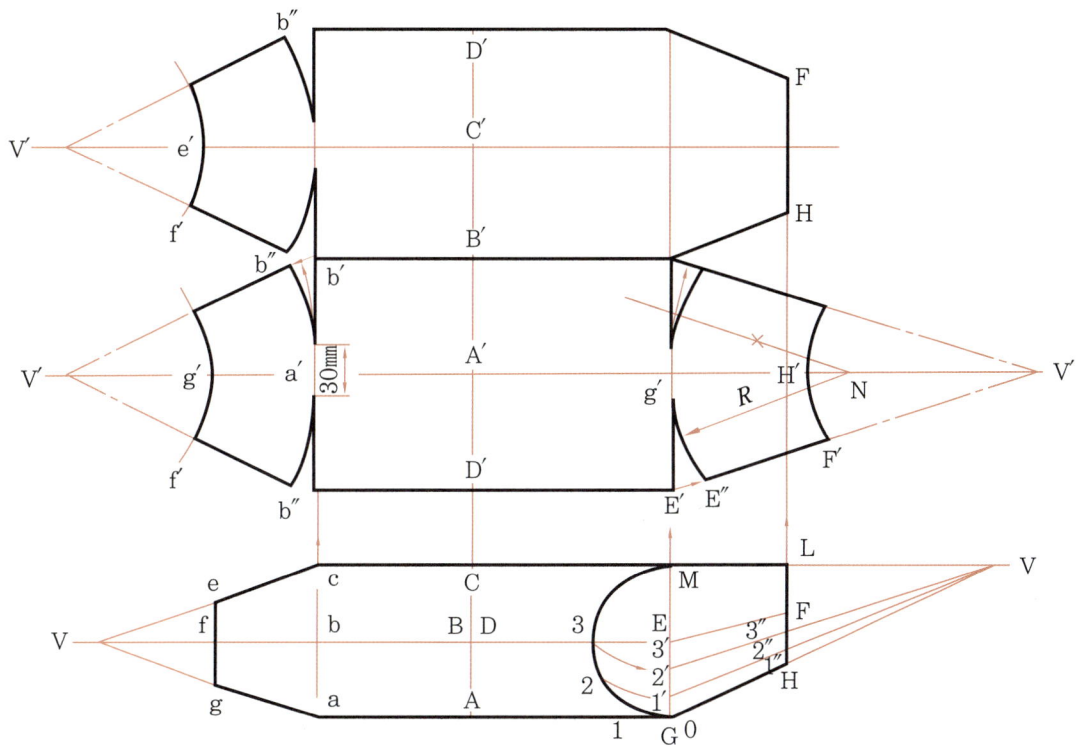

① 정면도를 그린 후 각 리듀서의 꼭짓점 V점을 구하고, 정면도에 수직되게 수선들을 세워 관의 원둘레 길이를 4등분한다 $\left(\dfrac{\pi d}{4}\right)$.

② 동심 리듀서 빗변 $\overline{CV}$ 길이를 전개도의 a′ 점에서 V′ 점을 구하고, V′ 점을 중심으로 원호를 그린다($\overline{eV}$ 길이를 V′ 점에서 회전한다).

③ a′ 점을 중심으로 a′와 b′를 반지름으로 원호를 돌리면 b″점을 구하여 꼭짓점 V′와 연결하면 전개도가 완성된다.

④ 편심 리듀서의 6등분점 M점을 기준으로 $\overline{M1}$, $\overline{M2}$, $\overline{M1}$ 원호를 그려 1′, 2′, 3′을 얻고, 이 점을 꼭짓점 V와 연결하면 각 선의 실장이 된다.

⑤ 빗변 V와 G의 길이를 전개도에 옮겨 V′를 구하고 ($\overline{VG}=\overline{V'g'}$), 정면도 $\overline{V3'}$의 길이를 V′ 점을 중심으로 원호를 그린다.

⑥ g′와 E′의 길이를 g′점 기준(반지름)으로 돌리면 E″가 얻어진다. E″, g′점을 수직 이등분하여 만난 점 N을 중심으로 원호를 그리면 대구경 리듀서의 상관 절단선이 되며, 소구경도 같은 방법으로 완성한다.

## (9) 오렌지형 캡(orange type cap)

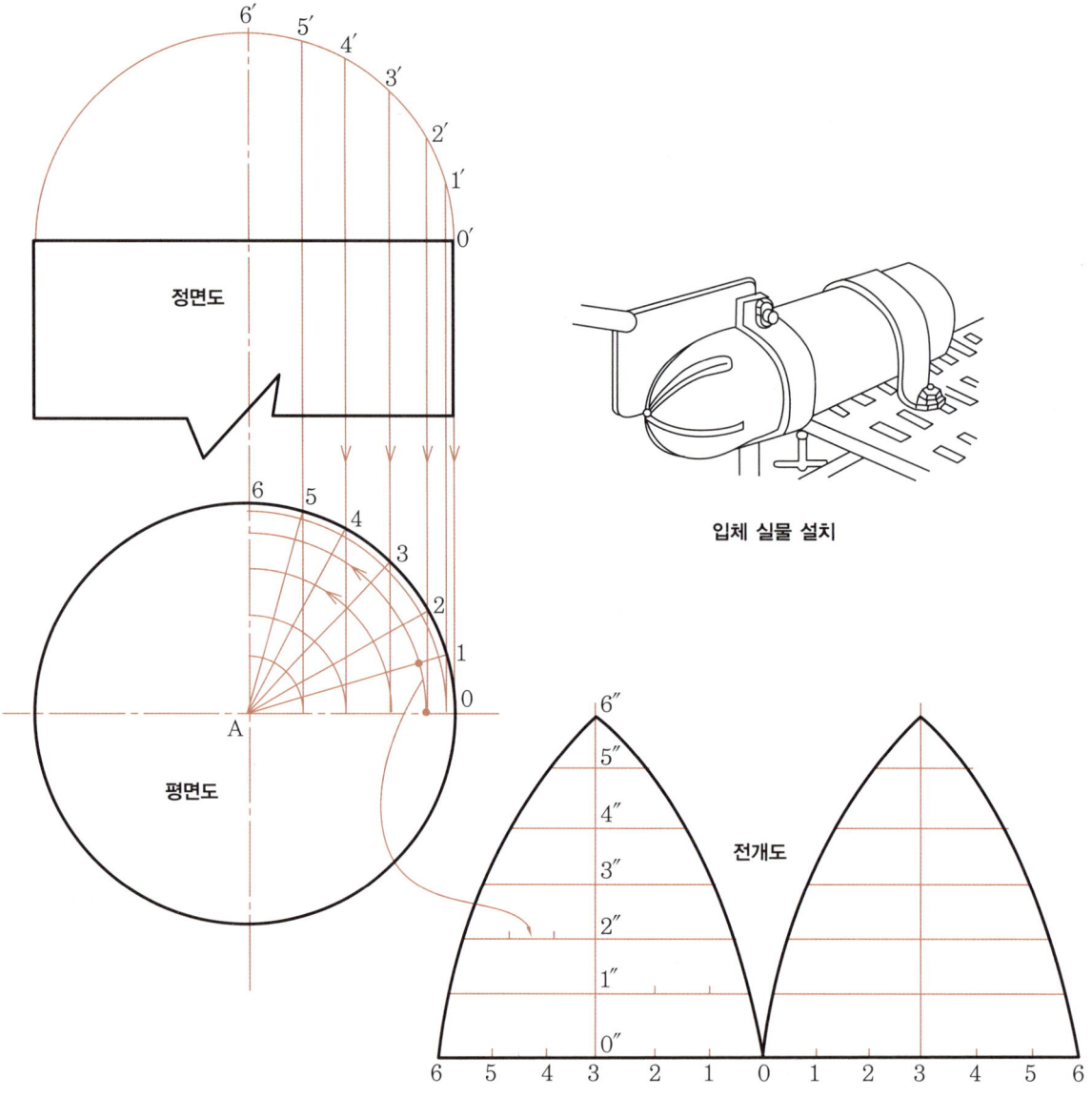

① 정면도와 평면도를 그린다. 평면도의 원주를 $\frac{1}{4}$ 등분하고 원의 $\frac{1}{4}$ 을 다시 6등분하며 (1, 2 … 6) 등분점을 $\overline{A0}$ 에 수선을 내리고 만나는 각 점들을 A를 중심으로 반지름으로 원호를 그린다.
② $\overline{A0}$ 의 점을 정면도에 수선을 그으면 만나는 0′, 1′ … 6′ 점을 얻는다.
③ 정면도의 각 등분점이 전개도의 높이 등분점 0″ … 6″ 이며, 등분점에 수평선을 그어서 평면도의 등분거리를 3회의 거리로 양쪽으로 나누어 준다.
④ 이 꼭짓점을 연결하면 캡의 $\frac{1}{4}$ 전개도가 된다.

## (10) 볼 플러그 캡(ball plug cap)

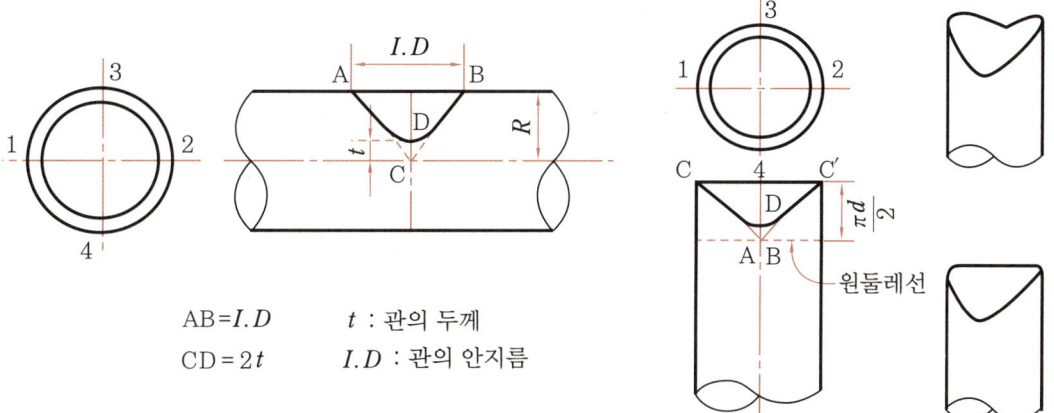

AB = I.D  　　 t : 관의 두께
CD = 2t  　　 I.D : 관의 안지름

① 관의 원둘레를 4등분하고 관 축에 평행선을 긋는다.
② 관의 바깥지름과 같은 길이로 A, B점을 얻는다.
③ 1번선과 2번선의 교차점 C점을 구하고 C, A, C와 C, B, C를 마킹 테이프로 원활하게 긋는다.
④ 2개의 C점으로부터 3번쪽으로 관두께의 2배 되는 곳에 D점을 잡는다(CD = 2t).
⑤ 캡에 접속되는 관도 같은 방법으로 한다.
⑥ 전개도는 T형관 전개법과 동일하다.

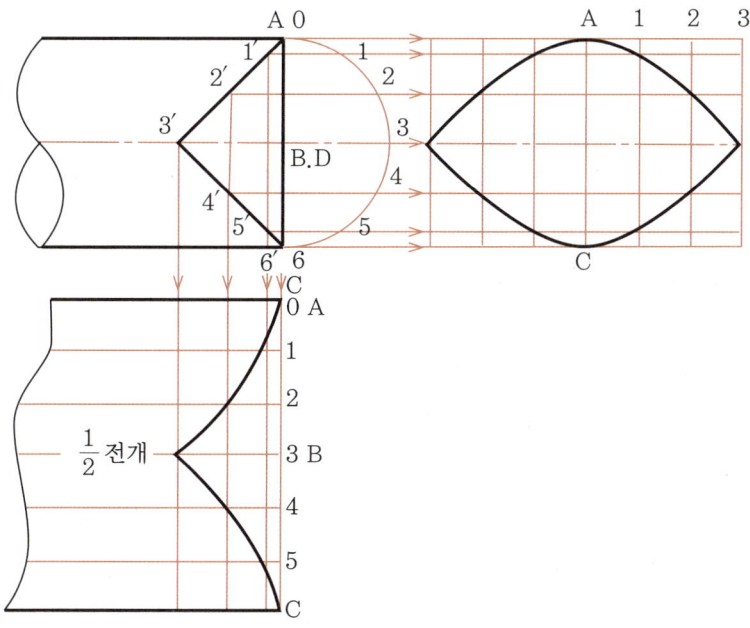

## ❹ 관 구조물

### (1) 직선 길이 산출

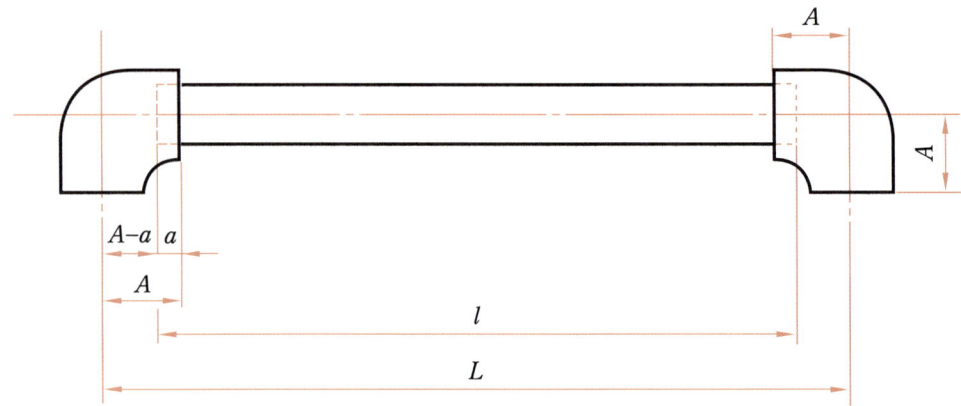

**엘보의 각부 치수**

( )은 짧은 엘보

| 호칭치수 | 중심에서 단면까지의 거리 $A$ [mm] | 나사산의 길이 $a$ | 여유치수 $A'-a$ [mm] |
|---|---|---|---|
| 15A | 27(21) | 11 | 16(10) |
| 20A | 32(25) | 13 | 19(12) |
| 25A | 38(29) | 15 | 23(14) |
| 32A | 46(34) | 17 | 29(17) |
| 40A | 48(37) | 18 | 30(19) |
| 50A | 57(42) | 20 | 37(22) |

① 나사 접합의 경우 배관의 중심길이 $L$, 관의 길이 $l$, 이음쇠의 중심선에서 단면까지의 치수 $A$, 나사 길이를 $a$라 하면,

② $L = l + 2(A-a)$ 또는 $l = L - 2(A-a)$

③ 15A의 경우

$L = 200$mm라고 하면 $l = 200 - 2(27-11) = 168$mm

$l = 200 - (2 \times 16) = 168$mm

④ 관의 절단 길이는 168mm를 절단 절삭하고 조립하면 200mm의 구조물이 된다.

⑤ 중심에서 단면까지의 거리$(A)$ - 여유치수$(A-a) = 27(21) - 16(10) = 11$

따라서, 최소 나사길이는 11mm가 된다.

⑥ 같은 방법으로 20A의 경우 $32-19=13$mm, 25A는 15mm, 32A는 17mm, 40A는 18mm, 50A는 20mm를 알 수가 있다.

## (2) 빗변 길이 산출

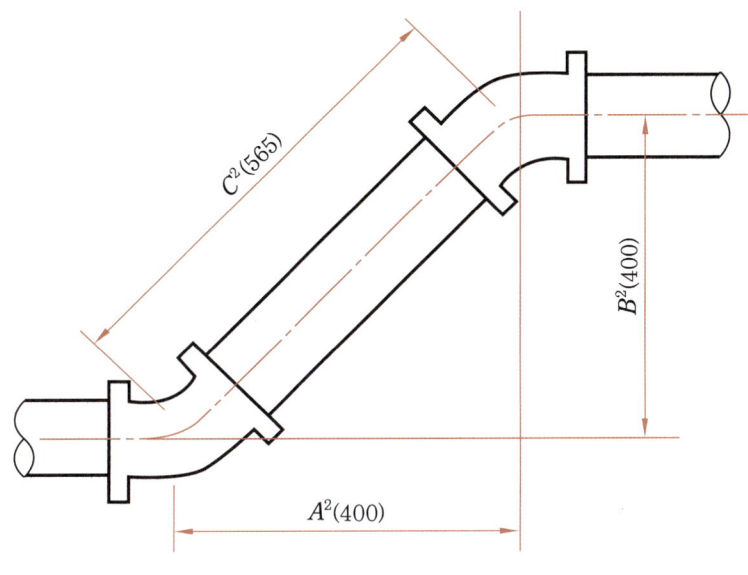

**빗변 길이 계산**

① 빗변의 길이는 피타고라스의 정리를 이용하면 된다.
② 직각 3각형에서 빗변$^2$ = 밑변$^2$ + 높이$^2$이므로 빗변 길이 $C^2$, 밑변 길이 $A^2$, 높이를 $B^2$이라 하면 $C^2 = A^2 + B^2$이 된다.
③ 따라서 $C = \sqrt{A^2 + B^2}$
④ 밑변의 길이 400mm, 높이 400mm인 삼각형의 빗변길이는
$\sqrt{400^2 + 400^2} = \sqrt{160000 + 160000} = \sqrt{320000} = 565$mm
⑤ 빗변 길이는 565mm가 된다.
⑥ 20A의 경우 $L$=565mm이므로 $l = 565 - 2(25-13) = 541$mm
⑦ 20A관 541mm를 절단하여 체결하면 565mm의 구조물을 조립할 수 있다.

## (3) 대각선 관의 길이 산출

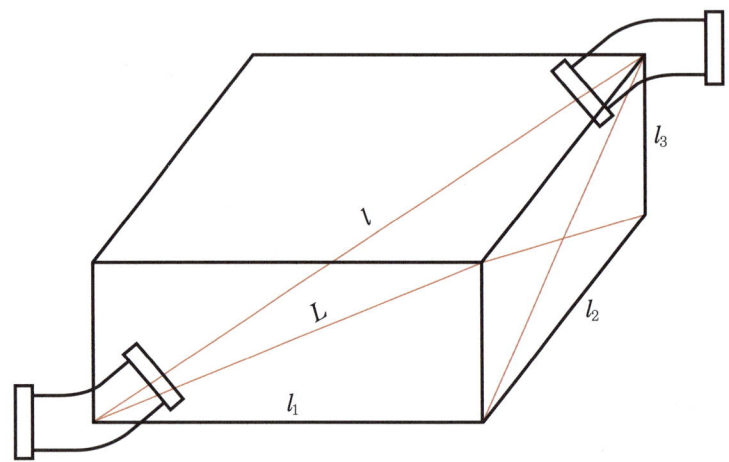

① 직육방체의 길이를 각각 $l_1$, $l_2$, $l_3$라 하면 $l_1$과 $l_3$의 빗변의 길이 $L$은
② $L=\sqrt{l_1^2+l_3^2}$
③ 따라서 대각선의 길이 $l$을 다음 식으로 구한다.
　$l=\sqrt{L^2+l_3^2}=\sqrt{l_1^2+l_2^2+l_3^2}$
④ $l_1$을 200mm, $l_2$를 300mm, $l_3$를 100mm라 하면,
　$l=\sqrt{l_1^2+l_2^2+l_3^2}$
　　$=\sqrt{200^2+300^2+100^2}=374.2$mm

### (4) 삼각비를 이용한 길이 산출

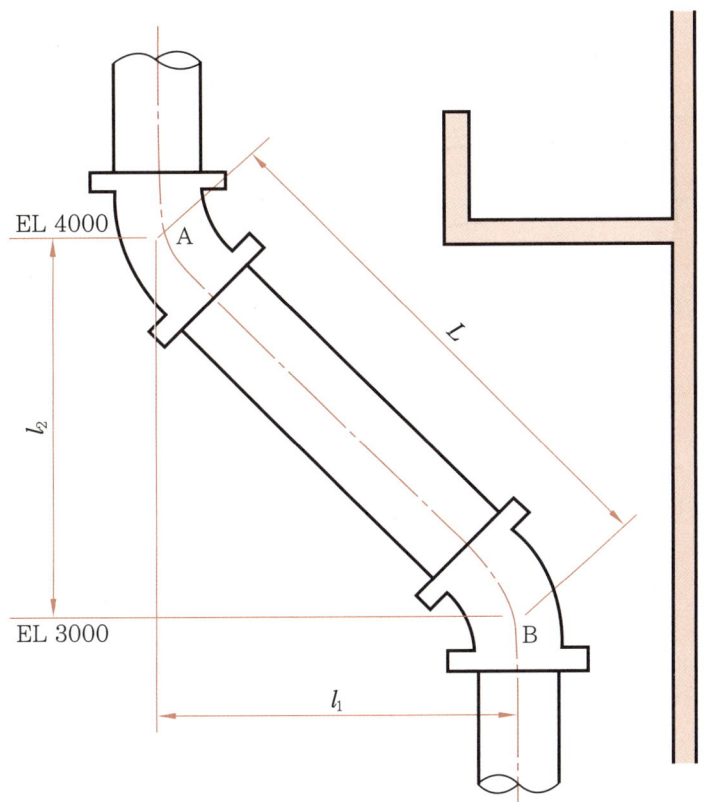

① 그림과 같이 장애물을 피하기 위한 배관을 할 경우
② 빗변의 길이 $L$을 구하고자 할 때 삼각비를 응용하면 편리하다.
③ 즉, $l_1$과 $l_2$는 각각 1000mm씩이며, 직각 이등변삼각형의 형태이므로 삼각비를 이용하여 다음과 같이 $L$의 길이를 산출할 수 있다.

$$L = l_1^2 + l_2^2$$

$\angle A + \angle B = 90°$ 이므로,

$$\sin A = \frac{l_1}{L} \quad \sin 45° = 0.70711 \text{(부록 2. 삼각함수표 참조)}$$

$$L = \frac{l_1}{\sin A} = \frac{1000}{0.7071} = 1414\text{mm가 된다.}$$

### (5) 굽힘 길이 산출

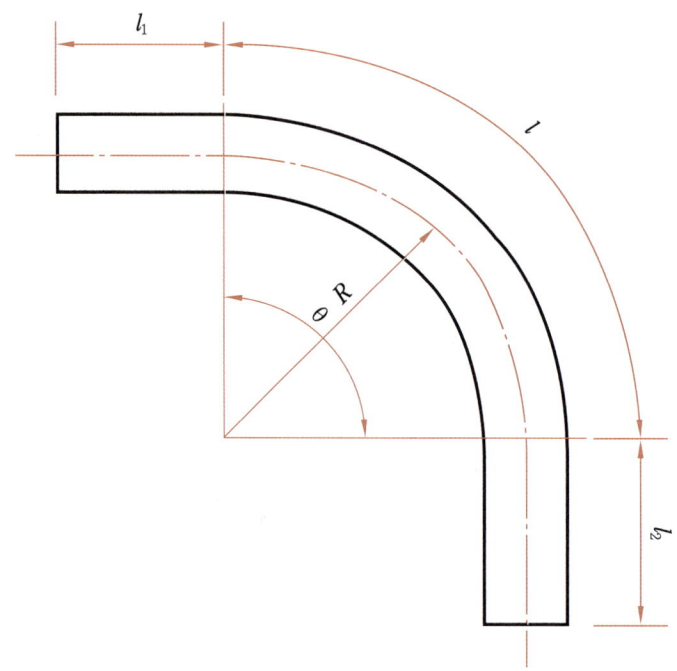

① 곡관에서 직선 부분의 길이를 그림과 같이 $l_1$, $l_2$, 곡관 부위의 길이를 $l$이라 하면,
② 관의 전체 길이 $L$은 다음 식으로 계산한다.
   $L = l_1 + l_2 + l$
③ 여기서, $l = \dfrac{2R\pi\theta}{360}$ 이므로,
   $L = l_1 + l_2 + \dfrac{2R\pi\theta}{360}$

   여기서, $l$ : 굽힘 길이, $R$ : 곡률 반경, $\theta$ : 굽힘 각도

④ 위의 그림에서 $\theta$는 90°, $R$은 100mm, $l_1$은 100mm, $l_2$는 110mm라 하면,
   $L = l_1 + l_2 + \dfrac{2R\pi\theta}{360}$
   $= 100 + 110 + \dfrac{2 \times 100 \times 3.14 \times 90}{360}$
   $= 367$mm이다.

## (6) 3편 마이터관 길이 산출

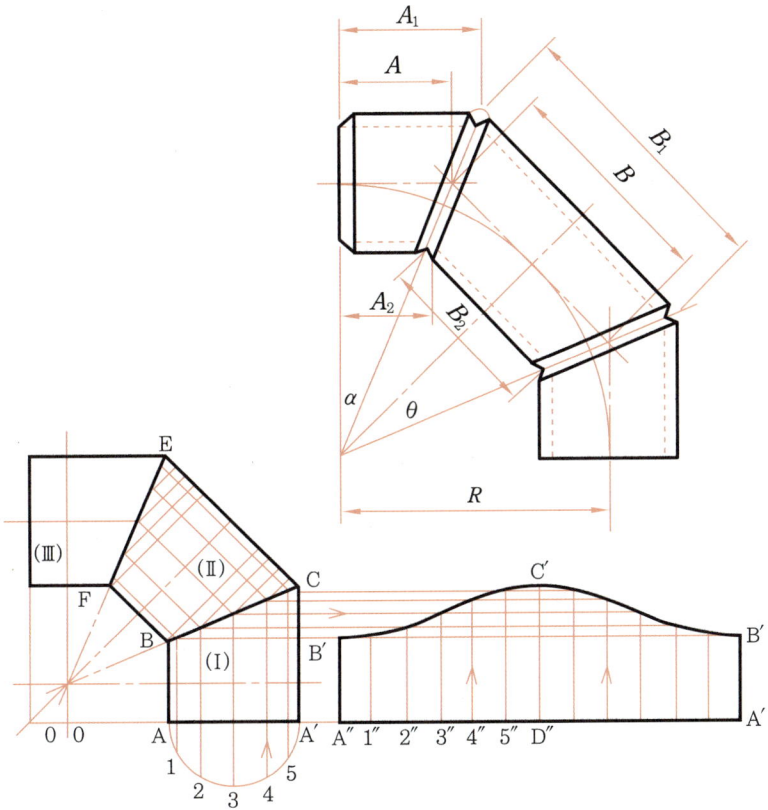

① 전개도 3편 중 처음 시작하는 한 편만 현도로 완성되면 비례에 따라 마킹할 수 있다.

$\alpha = \dfrac{\theta}{2(n-1)}$   여기서, $\alpha$ : 절단각, $n$ : 쪽 수, $\theta$ : 굴곡각

② 마이터 절단 길이

$A = R \times \tan \alpha = R \times \tan \dfrac{\theta}{2(n-1)}$   $B = 2A$

③ 내면 길이 $A_2$와 $A_1$의 길이를 구하는 식

$A_1 = A + \dfrac{D}{2} \tan \alpha$   $B_1 = 2A_1$

$A_2 = A - \dfrac{D}{2} \tan \alpha$   $B_2 = 2A_2$

[예] 곡률 반지름 $R = 300$mm, 90° 마이터로 할 때 $A$와 $B$의 길이를 구하면

$\alpha = \dfrac{\theta}{2(n-1)} = \dfrac{90}{2(3-1)} = 22.5°$

$A = R \times \tan 22.5 = 300 \times 0.4142 = 124$mm

$B = A \times 2 = 124 \times 2 = 248$mm

### (7) 앵글 브래킷

① 30×60° 앵글 브래킷

각 부재의 전개 치수를 구하는 방법

$A = B \times \tan 30° = B \times 0.577$   $D = G - t$(한 조각으로 만들 때)

$B = A \times \tan 60° = A \times 1.732$   $E = D \times \cot 15° = D \times 3.732$

$C = A \times 2000$ 또는 $B \times 1.155$   $F = D \times \cot 30° = D \times 1.732$

$D = G$(세 조각으로 만들 때)     $G$ : 앵글의 나비   $t$ : 앵글의 두께

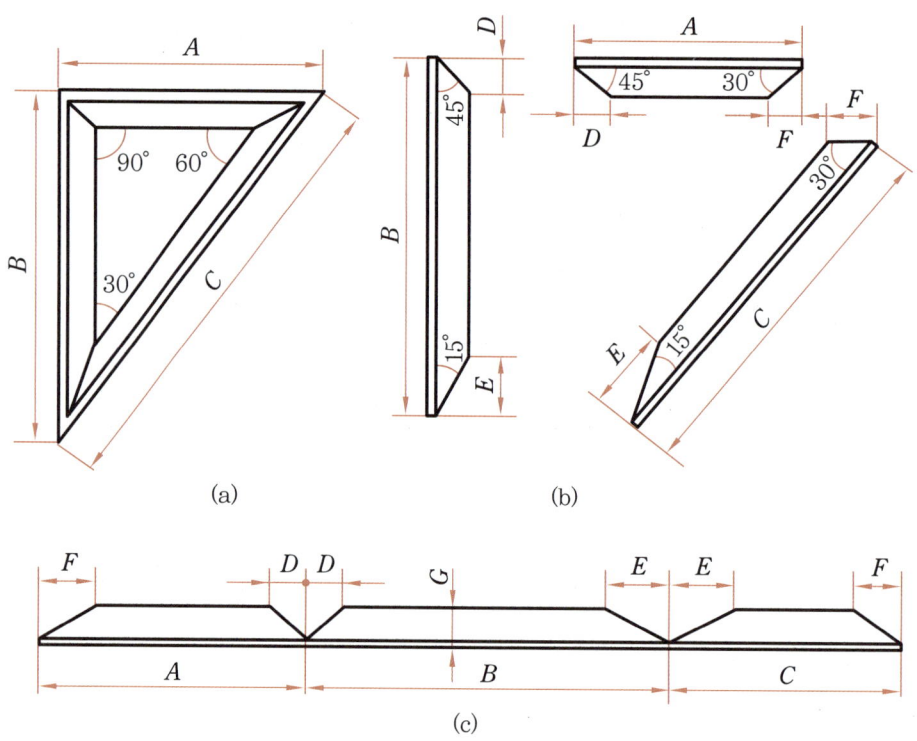

30×60° 앵글 브래킷의 전개

앵글 브래킷 $A$의 길이가 400mm, 너비 50mm라면

$A = 400$mm

$B = \dfrac{A}{\tan 30°} = 400 \times 1.732 = 692.8$mm

$C = A \times 2 = 800$mm

$D = 50$mm

$E = D \cot 15° = 50 \times 3.732 = 186.6$mm

$F = D \cot 30° = 50 \times 1.732 = 86.6$mm

② 45° 앵글 브래킷

$A=B$

$C=A\times 1.414$ 또는 $B\times 1.414$

$D=G$(세 조각으로 만들 때)

$E=D\times 2.414$

$F=D\times 2.414$

$D=G-t$(한 조각으로 만들 때)

$G$ : 앵글의 나비

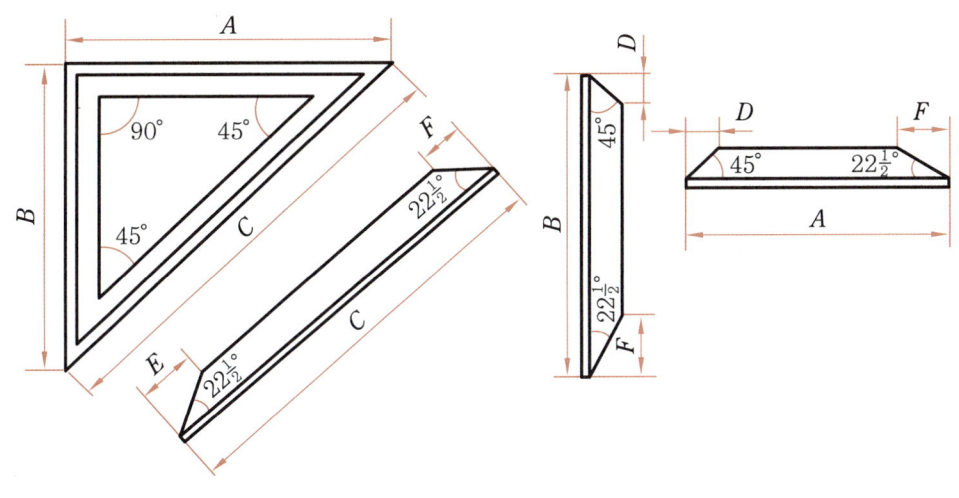

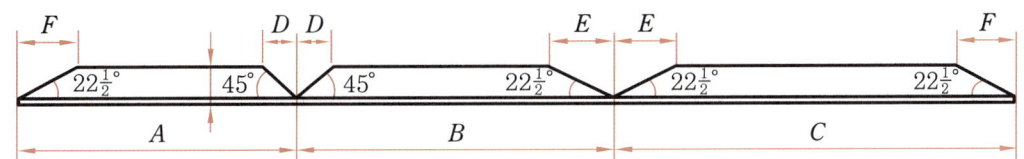

**45° 앵글 브래킷의 전개**

앵글 브래킷 $A$의 길이가 400mm, 너비 50mm라면

　$A=400$mm

　$B=400$mm

　$C=A\times 1.414=565.6$mm 또는 $B\times 1.414=565.6$mm

세 조각으로 만들 때

　$D=50$mm

　$G=50$mm(앵글의 나비)

　$E=D\times 2.414=50\times 2.414=120.7$mm

　$F=D\times 2.414=50\times 2.414=120.7$mm

한 조각으로 만들 때

　$D=G-t$ 이므로 $D=50-4=46$mm

## (8) 앵글 정오각형

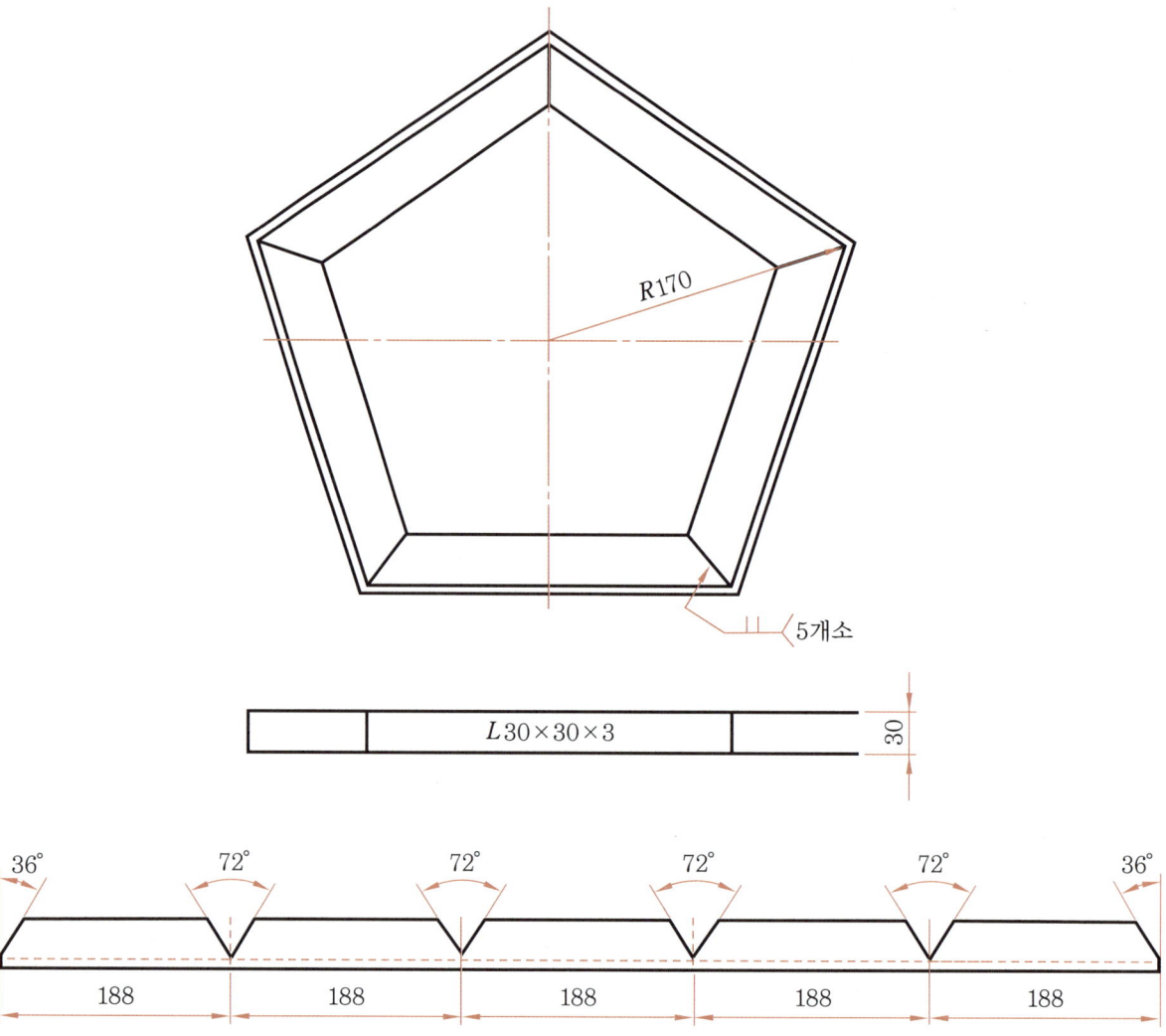

**앵글 프레임의 가공 치수**

① 도면을 확인한다.
② 정오각형을 작도한다(한 변의 길이가 정해진 경우와 원에 내접하는 경우 참조).
   한 변의 길이를 정한다(188mm와 절단각 72°).
③ 절단각 $\theta = \dfrac{360°}{5개소} = 72°$
④ 앵글 프레임의 가공 치수를 마킹하고 가스 절단한다.
⑤ 앵글 프레임을 꺾어 성형한다.
⑥ 가접하여 조립한다.
⑦ 교정 및 다듬질한다.

## (9) 플랜지 제작

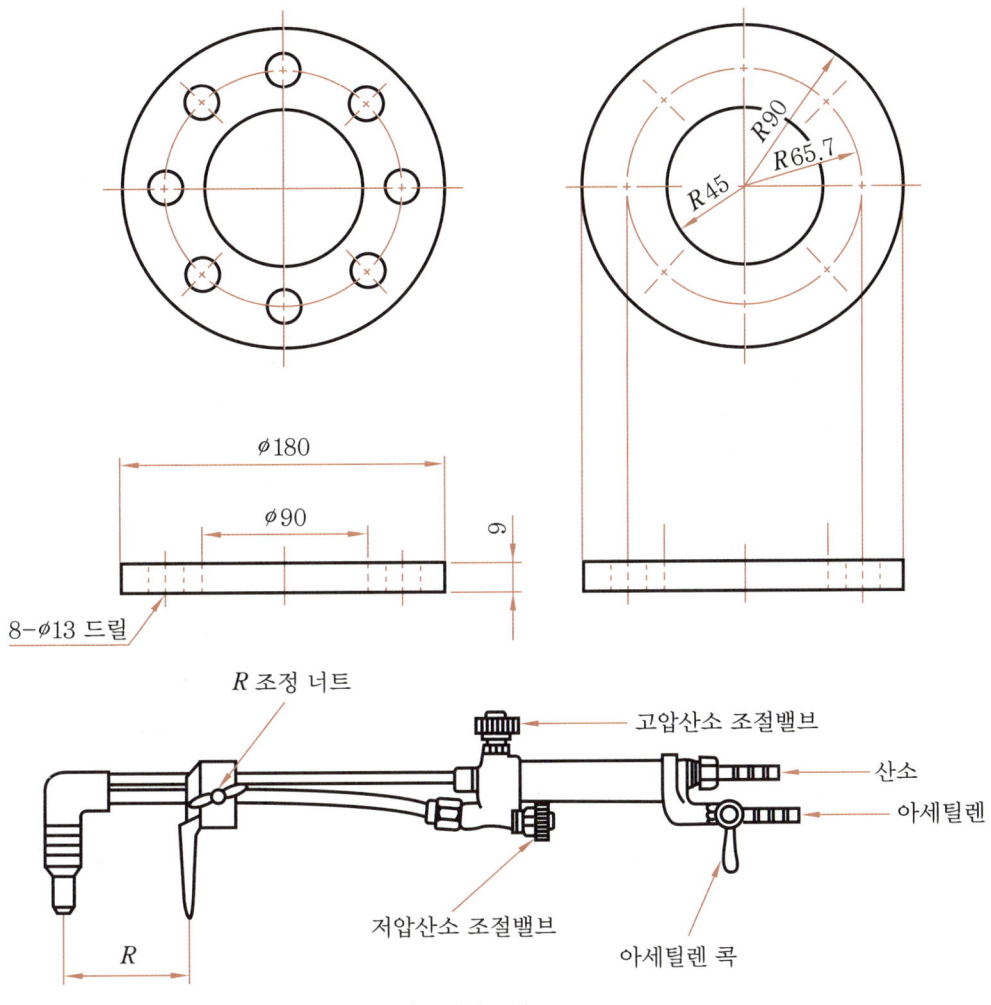

**가스 절단 토치**

① 제작할 플랜지의 도면을 해독하고 작업 방법을 결정한다.
② 직선을 수직 이등분하고, 교점 O를 해머와 펀치로 펀칭한다.
③ O점을 기준으로 R45, R65.7, R90의 원을 그린다.
④ 직각을 2등분(45°) 등분하여 8개의 드릴 위치를 정한다.
⑤ 가스 절단기를 이용하여 재료를 절단할 때 그림과 같은 토치를 활용하면 편리하다.
⑥ 재료에 그려진 절단선을 따라 가스 절단기 R을 조정하여 위치를 정한 후 원을 1회에 절단하도록 한다.
⑦ 절단할 때 ⌀180부터 절단하고 ⌀90을 절단한다.
⑧ 드릴 작업 시 ⌀5 드릴로 뚫고 ⌀13 드릴로 뚫는다.
⑨ 절단된 재료를 치핑하고 줄가공하여 다듬질한다.

## (10) 받침대

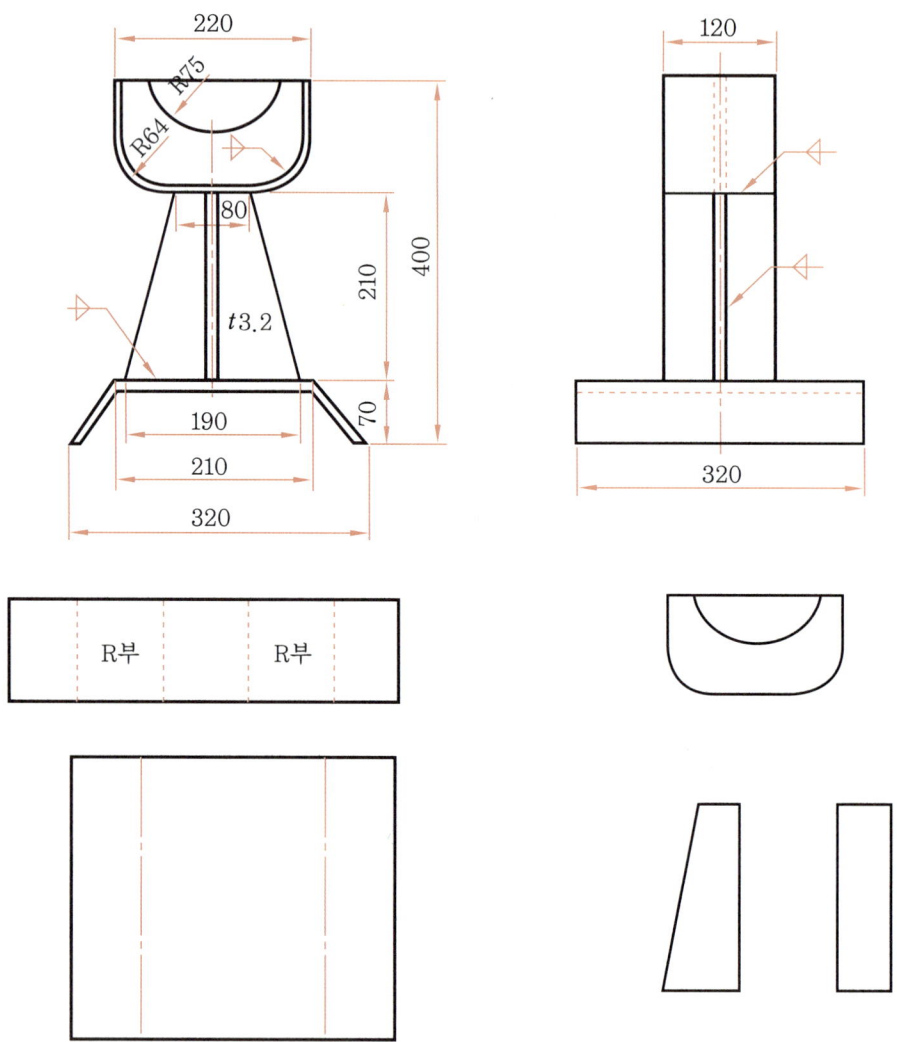

① 도면을 해독하고 정면도와 측면도를 그린 후 필요한 현도를 그린다.
② 필요한 각종 부품을 강판에 마름질하고 절단선, 절단보조선, 가공선 등의 금긋기를 한다.
③ 펀치와 해머를 사용하여 각 점들을 가볍게 펀칭한다.
④ 절단선을 따라 절단할 때 절단팁과 모재의 간격은 1.5~2.0mm로 하면서 절단한다.
⑤ 절단된 재료를 치핑해머와 줄 등으로 이면 슬래그를 제거하고 다듬는다.
⑥ 각 부품을 도면의 모양과 치수를 확인하면서 대칭으로 가접한다.
⑦ 용접 변형이 생기지 않도록 하여 제품을 완성시킨다.
⑧ 용접 슬래그와 스패터 등을 제거하고 검사 확인한다.

## (11) 파이프 받침대

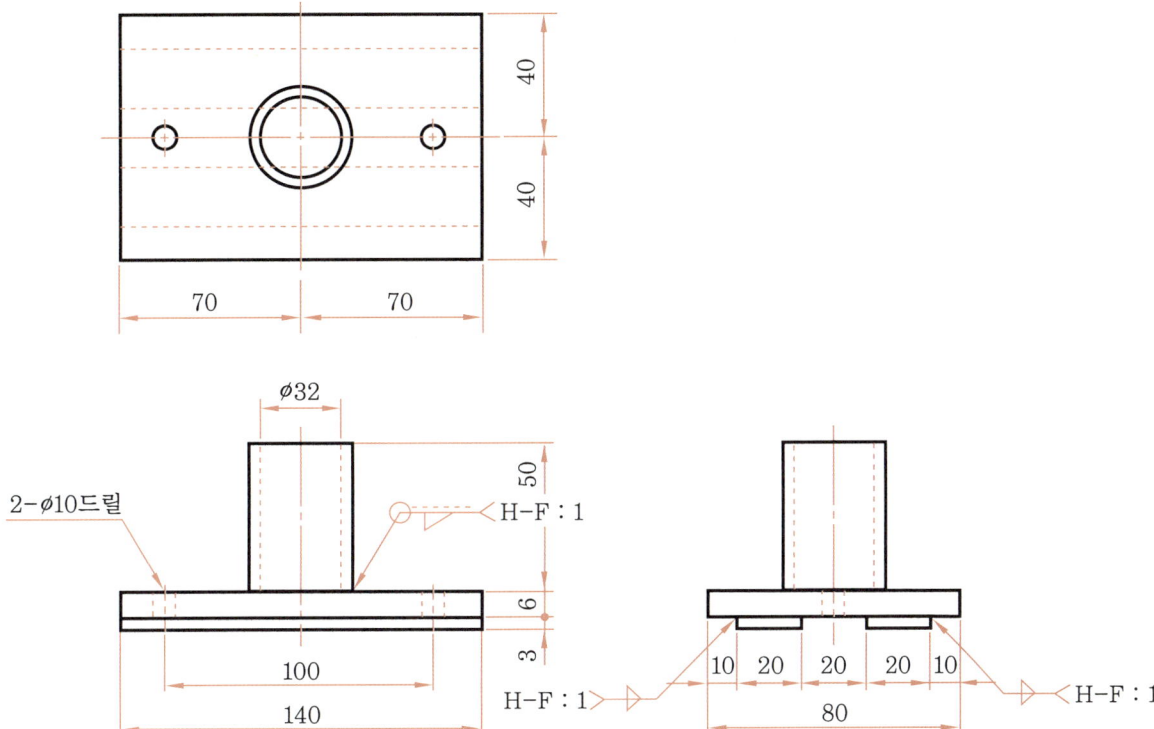

① 도면을 해독하고 평면도와 정면도를 그린다.
② 재료를 준비하여 필요한 부분을 전개도를 잘 배치하여 움직이지 않게 고정하고 펀칭한다.
③ 펀칭이 끝난 후 전개도를 걷어내고 굽힘선, 절단선, 절단 보조선 등의 금긋기를 한다.
④ 각 부재를 도면의 형상대로 절단하고 가접하도록 한다.
⑤ 플레이트의 드릴을 이용하여 정해진 위치에 ∅10mm를 먼저 뚫는다.
⑥ 가접된 부분을 치핑 해머로 슬래그를 제거하고 와이어 브러시로 손질한다.
⑦ 용접 시 변형이 생기지 않도록 유의하면서 용접한다.

## (12) 원형 받침대

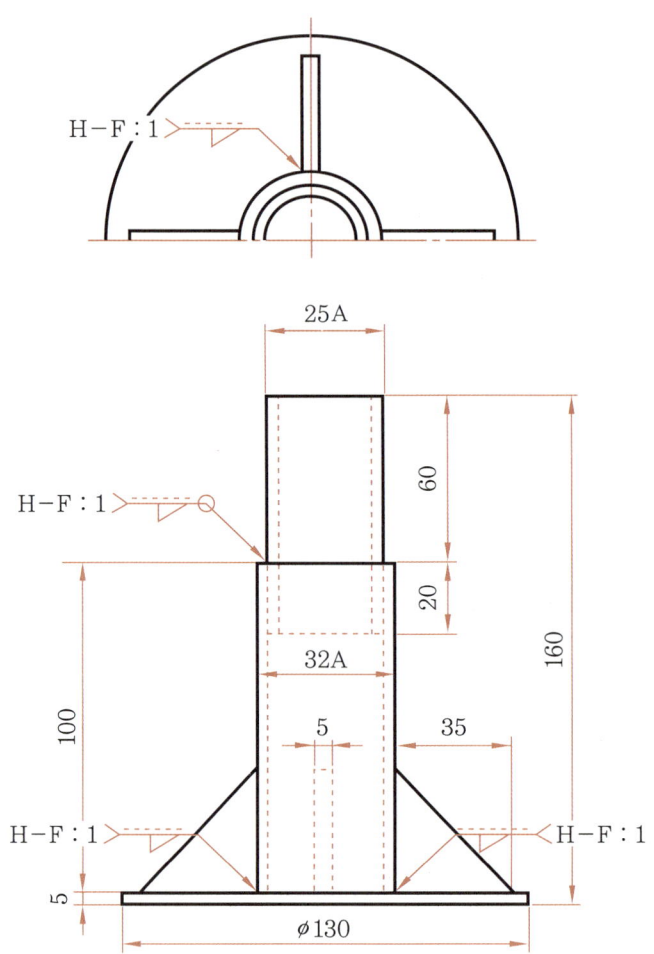

① 도면을 이해하고 작업 순서와 방법을 결정한다.
② 작업에 필요한 강관 25A, 32A, 강판의 소요 재료와 기계 공구를 준비 점검한다.
③ 필요한 각종 부재를 강판에 마름질하고 절단선, 전단 보조선 등의 금긋기를 한다.
④ 펀치와 해머를 사용하여 각 점들을 가볍게 펀칭한다.
⑤ 절단선을 따라 가스 절단기로 직선 및 원을 절단한다.
⑥ 절단 재료를 치핑 해머와 줄 등을 이용하여 절단 이면에 슬래그를 제거하고 다듬는다.
⑦ 각 부재를 도면과 같이 가접으로 조립한다.
⑧ 성형된 각 부품을 용접할 때 변형이 생기지 않도록 유의한다.
⑨ 제품을 깨끗이 손질하여 치수를 측정하고 외관 검사한다.

## (13) 지지 받침대

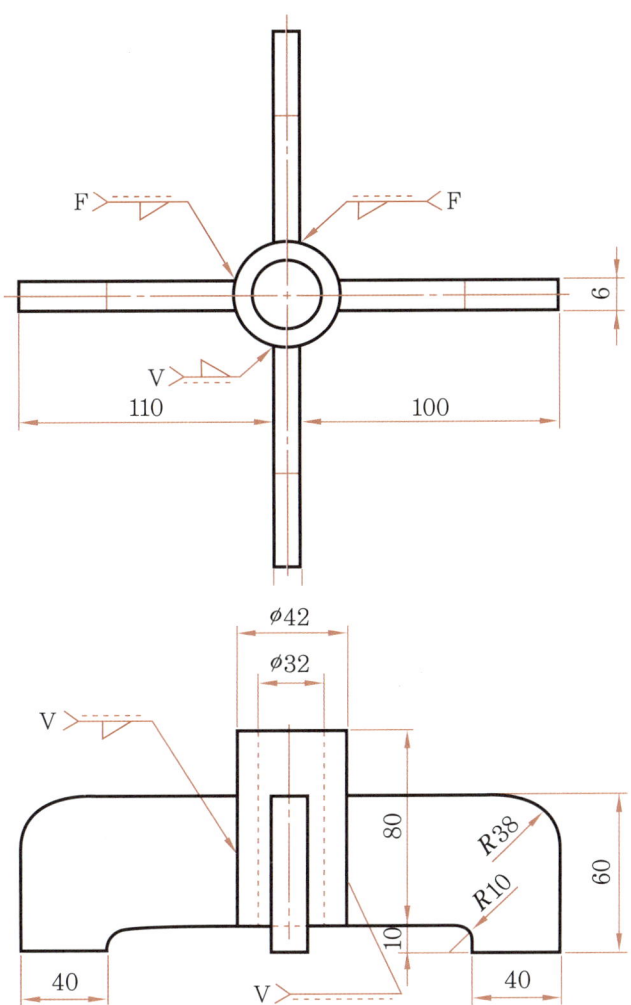

① 도면을 해독하고 평면도와 정면도를 그린다.
② 재료를 준비하여 필요한 부분을 전개도를 잘 배치하여 움직이지 않게 고정하고 펀칭한다.
③ 펀칭이 끝난 후 전개도를 걷어내고 굽힘선, 절단선, 절단 보조선 등의 금긋기를 한다.
④ 각 부재를 도면의 형상대로 절단하고 가접하도록 한다.
⑤ 가접된 부분을 치핑해머로 슬래그를 제거하고 와이어 브러시로 손질한다.
⑥ 용접 시 변형이 생기지 않도록 유의하면서 용접한다.

## (14) 창구 빔 제작

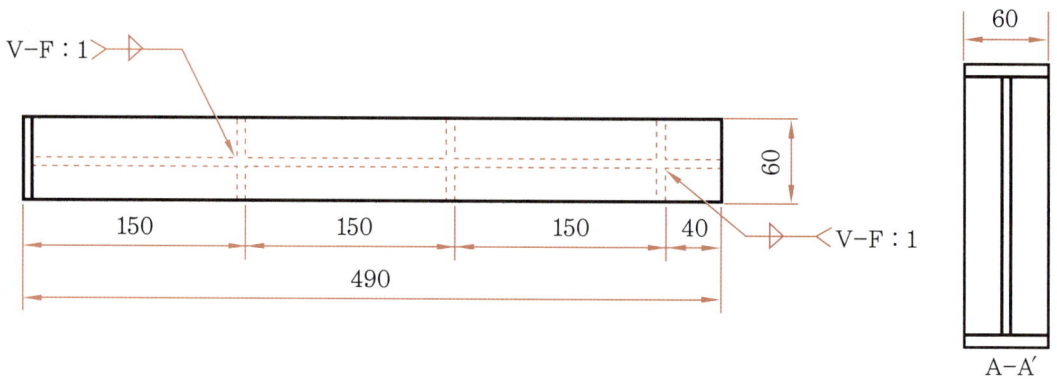

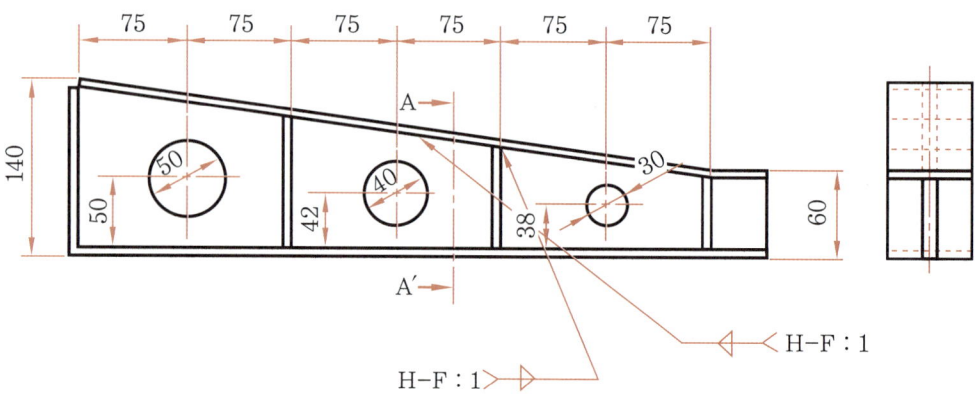

① 도면을 이해하고 작업 순서와 방법을 결정한다.
② 작업에 필요한 소요 재료와 기계 공구를 준비 점검한다.
③ 필요한 각종 부재를 강판에 마름질하고, 절단선, 전단 보조선 등의 금긋기를 한다.
④ 펀치와 해머를 사용하여 각 점들을 가볍게 펀칭한다.
⑤ 절단선을 따라 가스 절단기로 직선 및 원을 절단한다.
⑥ 절단 재료를 치핑 해머와 줄 등을 이용하여 절단 이면에 슬래그를 제거하고 다듬는다.
⑦ 각 부재를 도면과 같이 가접으로 조립한다.
⑧ 성형된 각 부품을 용접할 때(대칭법을 이용) 변형이 생기지 않도록 유의한다.
⑨ 제품을 깨끗이 손질하여 치수를 측정하고 외관 검사한다.

## (15) H 형강 기둥 제작

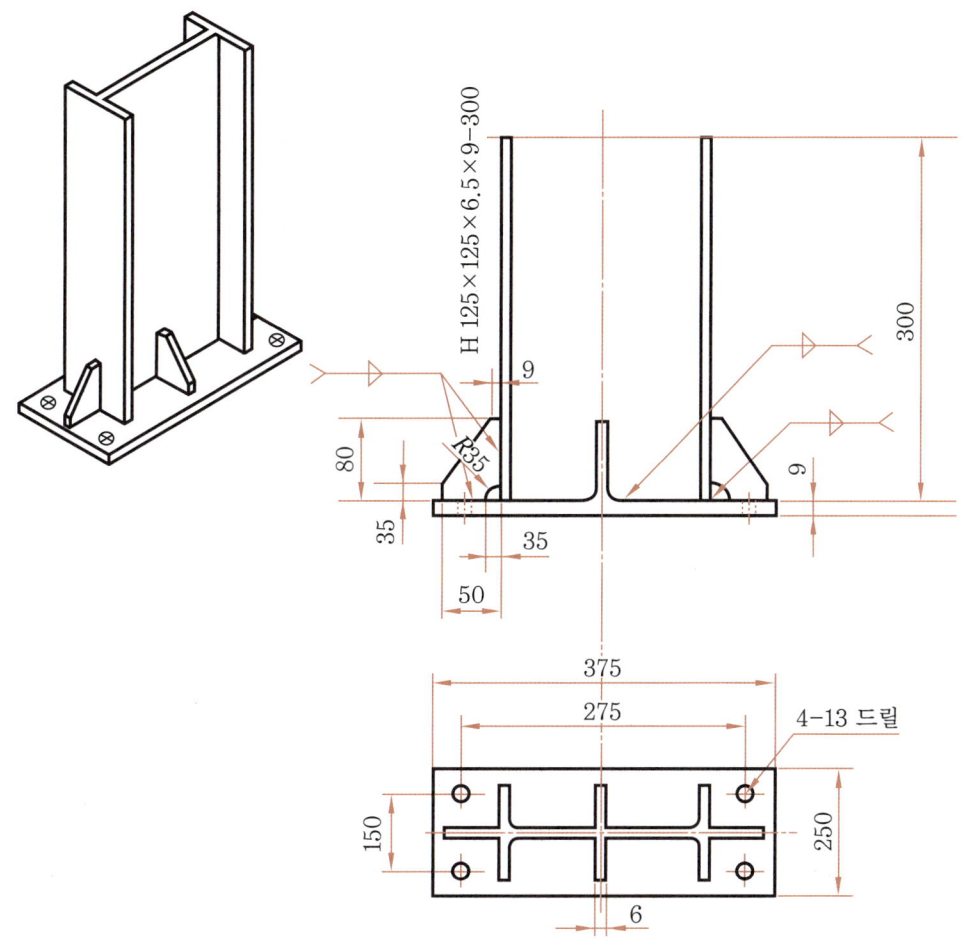

① 도면을 이해하고 작업 순서와 방법을 결정한다.
② 작업 공구와 소요 재료를 준비 점검한다.
③ 필요한 각종 부재를 강판에 마름질하고 절단선, 전단 보조선 등의 금긋기를 한다.
④ 펀치와 해머를 사용하여 각 점들을 가볍게 펀칭한다.
⑤ 절단선을 따라 가스 절단기로 원호와 직선 절단을 한다.
⑥ 플레이트 구멍 뚫기 작업은 작은 드릴로 먼저 뚫고, 13mm 드릴로 4개 뚫는다.
⑦ 절단 재료를 치핑 해머와 줄 등을 이용하여 절단면에 슬래그를 제거하고 다듬는다.
⑧ 각 부재를 도면과 같이 대칭으로 가접한다.
⑨ 피복 아크 용접 전류는 E4316, ∅32에 80~120A로 선정한다.
⑩ 성형된 각 부품을 용접할 때 변형이 생기지 않도록 대칭으로 용접한다.

## (16) 형강 및 트러스 구조물 제작

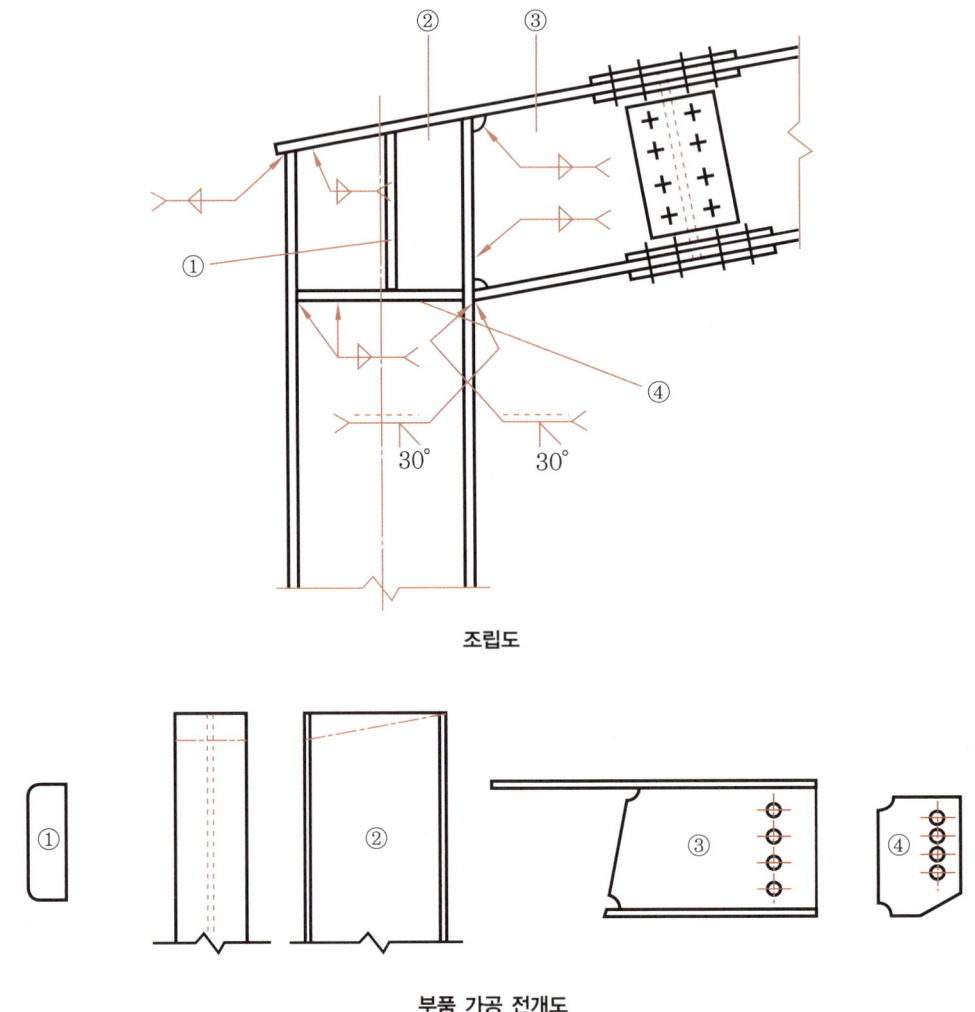

조립도

부품 가공 전개도

① 도면을 해독하고, 정면도와 평면도를 그려 실장을 구한다.
② 형강에 판뜨기를 하고, 절단선을 안내판을 이용하여 정확하게 절단한다.
③ 볼트, 너트 체결할 구멍을 천공기 및 드릴로 가공한다.
④ ①과 같은 부품을 판뜨기하고 가스 절단한다.
⑤ ③과 같이 부품에 스캘럽(scallop)을 주고 절단한다.
⑥ 조립도와 같이 가공된 부품을 도면과 대조하여 가접 시공 조립한다.
⑦ 가접은 본 용접에 방해되지 않는 위치에 튼튼하게 용접한다.
⑧ 변형을 방지하기 위하여 중앙에서 대칭으로 용접한다.
⑨ 용접부를 슬래그 제거하고 브러시로 손질 후 검사한다.

1. 삼각함수의 공식
2. 삼각함수표
3. 덕트의 기본 기호
4. 사각뿔의 전개
5. 경사로 자른 원기둥(삼각함수 응용)
6. 각종 용기의 한장 뜨기 전개의 지름을 구하는 공식
7. 금속재료 중량표
8. 면적 및 체적의 특성
● 자격시험에 출제되었던 도면

# 1. 삼각함수의 공식

### (1) ∠A의 삼각함수

$\dfrac{높이}{빗변} = \dfrac{a}{c} = \sin A$    $\dfrac{빗변}{높이} = \dfrac{c}{a} = \operatorname{cosec} A = \dfrac{1}{\sin A}$

$\dfrac{밑변}{빗변} = \dfrac{b}{c} = \cos A$    $\dfrac{빗변}{밑변} = \dfrac{c}{b} = \sec A = \dfrac{1}{\cos A}$

$\dfrac{높이}{밑변} = \dfrac{a}{b} = \tan A$    $\dfrac{밑변}{높이} = \dfrac{b}{a} = \cot A = \dfrac{1}{\tan A}$

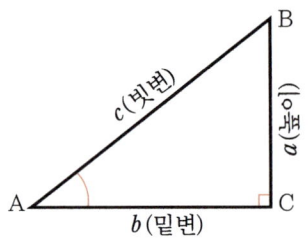

### (2) 특별한 각의 삼각함수

① 30°의 삼각함수

$\sin 30° = \dfrac{a}{c} = \dfrac{1}{2}$

$\cos 30° = \dfrac{b}{c} = \dfrac{\sqrt{3}}{2}$

$\tan 30° = \dfrac{a}{b} = \dfrac{1}{\sqrt{3}}$

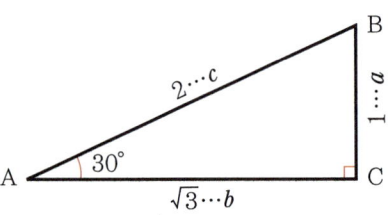

② 45°의 삼각함수

$\sin 45° = \dfrac{a}{c} = \dfrac{1}{\sqrt{2}}$

$\cos 45° = \dfrac{b}{c} = \dfrac{1}{\sqrt{2}}$

$\tan 45° = \dfrac{a}{b} = 1$

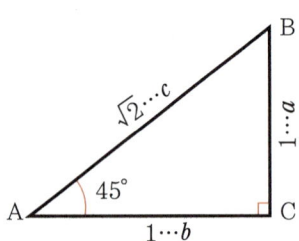

③ 60°의 삼각함수

$\sin 60° = \dfrac{a}{c} = \dfrac{\sqrt{3}}{2}$

$\cos 60° = \dfrac{b}{c} = \dfrac{1}{2}$

$\tan 60° = \dfrac{a}{b} = \sqrt{3}$

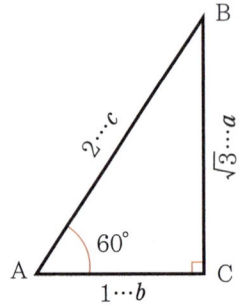

④ 특별한 각의 삼각함수표 정리

| 각도($\theta$)<br>함수기호 | 0° | 30° | 45° | 60° | 90° | 비 고 |
|---|---|---|---|---|---|---|
| $\sin \theta$ | 0 | $\frac{1}{2}$ | $\frac{1}{\sqrt{2}}$ | $\frac{\sqrt{3}}{2}$ | 1 | $\sqrt{2}=1.41421\cdots\cdots$<br>$\sqrt{3}=1.73205\cdots\cdots$ |
| $\cos \theta$ | 1 | $\frac{\sqrt{3}}{2}$ | $\frac{1}{\sqrt{2}}$ | $\frac{1}{2}$ | 0 | $\frac{1}{\sqrt{2}}=\frac{\sqrt{2}}{2}=0.70711\cdots\cdots$ |
| $\tan \theta$ | 0 | $\frac{1}{\sqrt{3}}$ | 1 | $\sqrt{3}$ | $\infty$ | $\frac{1}{\sqrt{3}}=\frac{\sqrt{3}}{3}=0.57735\cdots\cdots$ |

**(3) 삼각함수표에 없는 각도의 함수를 구하는 방법**

**예** 1. $\sin 17°23'$을 구하는 방법

$$\sin 17°25' = 0.29932$$
$$\sin 17°20' = 0.29793$$
$$\overline{\text{표차 } 5' = 0.00139} \quad (-$$

$$3' = 0.00139 \times \frac{3}{5} = 0.00083$$

$$\sin 17°23 = 0.29793 + 0.00083 = 0.29876$$

**예** 2. $\cos 81°18'$을 구하는 방법

$$\cos 81°20 = 0.15069$$
$$\cos 81°15 = 0.15212$$
$$\overline{\text{표차 } 5' = -0.00143} \quad (-$$

$$3' = -0.00143 \times \frac{3}{5} = -0.00086$$

$$\cos 81°18' = 0.15212 - 0.00086 = 0.15126$$

## 2. 삼각함수표

| $\theta$ | $\sin\theta$ | $\cos\theta$ | $\tan\theta$ | $\theta$ | $\sin\theta$ | $\cos\theta$ | $\tan\theta$ |
|---|---|---|---|---|---|---|---|
| 0° | 0.0000 | 1.0000 | 0.0000 | 25° | 0.4226 | 0.9063 | 0.4663 |
| 1° | 0.0175 | 0.9998 | 0.0175 | 26° | 0.4384 | 0.8988 | 0.4877 |
| 2° | 0.0349 | 0.9994 | 0.0349 | 27° | 0.4540 | 0.8910 | 0.5095 |
| 3° | 0.0523 | 0.9986 | 0.0524 | 28° | 0.4695 | 0.8829 | 0.5317 |
| 4° | 0.0698 | 0.9976 | 0.0699 | 29° | 0.4848 | 0.8746 | 0.5543 |
| 5° | 0.0872 | 0.9962 | 0.0875 | 30° | 0.5000 | 0.8660 | 0.5774 |
| 6° | 0.1045 | 0.9945 | 0.1051 | 31° | 0.5150 | 0.8572 | 0.6009 |
| 7° | 0.1219 | 0.9925 | 0.1228 | 32° | 0.5299 | 0.8480 | 0.6249 |
| 8° | 0.1392 | 0.9903 | 0.1405 | 33° | 0.5446 | 0.8387 | 0.6494 |
| 9° | 0.1564 | 0.9877 | 0.1584 | 34° | 0.5592 | 0.8290 | 0.6745 |
| 10° | 0.1736 | 0.9848 | 0.1763 | 35° | 0.5736 | 0.8192 | 0.7002 |
| 11° | 0.1908 | 0.9816 | 0.1944 | 36° | 0.5878 | 0.8090 | 0.7265 |
| 12° | 0.2079 | 0.9781 | 0.2126 | 37° | 0.6018 | 0.7986 | 0.7536 |
| 13° | 0.2250 | 0.9744 | 0.2309 | 38° | 0.6157 | 0.7880 | 0.7813 |
| 14° | 0.2419 | 0.9703 | 0.2493 | 39° | 0.6293 | 0.7771 | 0.8098 |
| 15° | 0.2588 | 0.9659 | 0.2679 | 40° | 0.6428 | 0.7660 | 0.8391 |
| 16° | 0.2756 | 0.9613 | 0.2867 | 41° | 0.6561 | 0.7547 | 0.8693 |
| 17° | 0.2924 | 0.9563 | 0.3057 | 42° | 0.6691 | 0.7431 | 0.9004 |
| 18° | 0.3090 | 0.9511 | 0.3249 | 43° | 0.6820 | 0.7314 | 0.9325 |
| 19° | 0.3256 | 0.9455 | 0.3443 | 44° | 0.6947 | 0.7193 | 0.9657 |
| 20° | 0.3420 | 0.9397 | 0.3640 | 45° | 0.7071 | 0.7071 | 1.0000 |
| 21° | 0.3584 | 0.9336 | 0.3839 | 46° | 0.7193 | 0.6947 | 1.0355 |
| 22° | 0.3746 | 0.9272 | 0.4040 | 47° | 0.7314 | 0.6820 | 1.0724 |
| 23° | 0.3907 | 0.9205 | 0.4245 | 48° | 0.7431 | 0.6691 | 1.1106 |
| 24° | 0.4067 | 0.9135 | 0.4452 | 49° | 0.7547 | 0.6561 | 1.1504 |
| 25° | 0.4226 | 0.9063 | 0.4663 | 50° | 0.7660 | 0.6428 | 1.1918 |

| $\theta$ | $\sin\theta$ | $\cos\theta$ | $\tan\theta$ | $\theta$ | $\sin\theta$ | $\cos\theta$ | $\tan\theta$ |
|---|---|---|---|---|---|---|---|
| 51° | 0.7771 | 0.6293 | 1.2349 | 71° | 0.9455 | 0.3256 | 2.9042 |
| 52° | 0.7880 | 0.6157 | 1.2799 | 72° | 0.9511 | 0.3090 | 3.0777 |
| 53° | 0.7986 | 0.6018 | 1.3270 | 73° | 0.9563 | 0.2924 | 3.2709 |
| 54° | 0.8090 | 0.5878 | 1.3764 | 74° | 0.9613 | 0.2756 | 3.4874 |
| 55° | 0.8192 | 0.5736 | 1.4281 | 75° | 0.9659 | 0.2588 | 3.7321 |
| 56° | 0.8290 | 0.5592 | 1.4826 | 76° | 0.9703 | 0.2419 | 4.0108 |
| 57° | 0.8387 | 0.5446 | 1.5399 | 77° | 0.9744 | 0.2250 | 4.3315 |
| 58° | 0.8480 | 0.5299 | 1.6003 | 78° | 0.9781 | 0.2079 | 4.7046 |
| 59° | 0.8572 | 0.5150 | 1.6643 | 79° | 0.9816 | 0.1908 | 5.1446 |
| 60° | 0.8660 | 0.5000 | 1.7321 | 80° | 0.9848 | 0.1736 | 5.6713 |
| 61° | 0.8746 | 0.4848 | 1.8040 | 81° | 0.9877 | 0.1564 | 6.3138 |
| 62° | 0.8829 | 0.4695 | 1.8807 | 82° | 0.9903 | 0.1392 | 7.1154 |
| 63° | 0.8910 | 0.4540 | 1.9626 | 83° | 0.9925 | 0.1219 | 8.1443 |
| 64° | 0.8988 | 0.4384 | 2.0503 | 84° | 0.9945 | 0.1045 | 9.5144 |
| 65° | 0.9063 | 0.4226 | 2.1445 | 85° | 0.9962 | 0.0872 | 11.4301 |
| 66° | 0.9135 | 0.4067 | 2.2460 | 86° | 0.9976 | 0.0698 | 14.3007 |
| 67° | 0.9205 | 0.3907 | 2.3559 | 87° | 0.9986 | 0.0523 | 19.0811 |
| 68° | 0.9272 | 0.3746 | 2.4751 | 88° | 0.9994 | 0.0349 | 28.6363 |
| 69° | 0.9336 | 0.3584 | 2.6051 | 89° | 0.9998 | 0.0175 | 57.2900 |
| 70° | 0.9397 | 0.3420 | 2.7475 | 90° | 1.0000 | 0.0000 | ∞ |

## 3. 덕트의 기본 기호

| 기호 형태 | 해 설 | 기호 형태 | 해 설 |
|---|---|---|---|
| | 덕트 구조의 교체점 | 200×120 | 덕트의 폭(200)과 높이(120) |
| | 내부 보온 혹은 소음방지제 사용 덕트 | | 공기의 진행 방향 |
| | 흡기 덕트의 단면 | | 환기 덕트의 단면 |
| | 배기 덕트의 단면 | D | 기울어져 내려감 |
| R | 기울어져 올라감 | S.D | 공기 배분 댐퍼 |
| F.O.T | 위쪽이 평평한 | F.O.B | 아래쪽이 평평한 |
| V.D | 풍량 조절 댐퍼 | M.O.D | 모터 구동형 자동 댐퍼 |
| A.D | 점검문 | | 방연 댐퍼 |
| 벽 F.D | 방화 댐퍼 | | 안내 날개 |
| | 신축관 이음 | | 거위목 후드 |
| B.D.D | 역류 방지용 댐퍼 | | 원형 디프셔 |
| | 각형 디프셔 | T.U | 터미널 유닛 |
| S.T | 소음 제거기 | | 천장형 가열기 |
| | 수평형 가열기 | T | 자동 온도 조절기 |
| H.C | 가열 코일 | C.C | 냉각 코일 |

## 3. 덕트의 기본 기호

| 기호 형태 | 해 설 | 기호 형태 | 해 설 |
|---|---|---|---|
| F.R | 여과기 | E.H.C | 전기식 가열 코일 |
|  | 후드 |  | 축류형 송풍기 |
|  | 지붕 배풍기 |  | 외기 흡입 덕트 |
| S | 소음기 |  | 원심력 송풍기 |
| L.A.C | 국부 냉각기 |  | 덕트 플랜지 연결 |
| E.T | 공기 추출기 | L | 덕트 기밀 시험 |
| F.R | 자동형 롤 여과기 | ST | 엘보의 직선부 |
| 3 / F | ← 지지물 번호<br>← 지지물 형태 | T.O.D<br>B.O.D | ← 덕트의 상부<br>← 덕트의 하부 |
|  | 배기 갤러리 | H.U | 급습기 |
| D.G | 도어 그릴 | 200×100 S.G<br>700 C.F.M | ← 폭 200×100의 흡기 그릴<br>← 분당 용량 |
| 200×100 S.R<br>700 C.F.M | 급기 레지스터 | ∅ | 원형 덕트 지름 |
|  | 이형관 연결부 |  | 캠퍼스 이음 |
|  | 냉각탑 |  | 흡기 덕트 내려감 |
|  | 환기 덕트 내려감 |  | 배기 덕트 내려감 |
| L | 루버 |  | 벽면 배기 입구 |
|  | 냉각기 또는 열교환기 |  | 게이지 |

## 4. 사각뿔의 전개

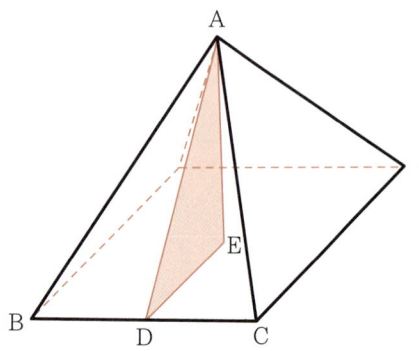

모서리 $\overline{AB}$의 실제 길이를 구하기 위하여
$\overline{AB}^2 = \overline{AD}^2 + \overline{BD}^2$ 이며
$\overline{AD}^2 = \overline{AE}^2 + \overline{ED}^2$ 이므로
$\overline{AB}^2 = \overline{AE}^2 + \overline{DE}^2 + \overline{BD}^2$ 이 된다.
따라서 $\overline{AB} = \sqrt{\overline{AE}^2 + \overline{DE}^2 + \overline{BD}^2}$ 으로 된다.

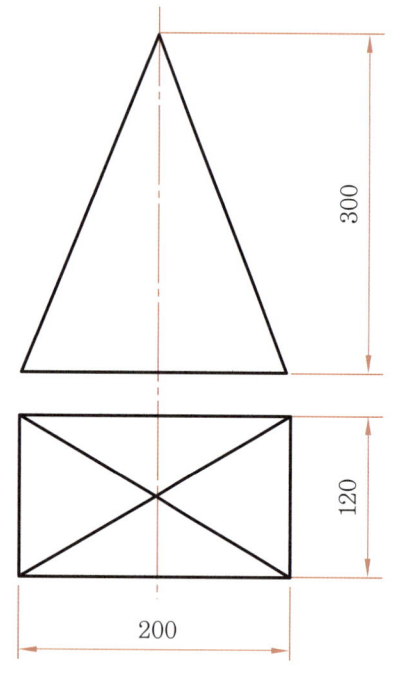

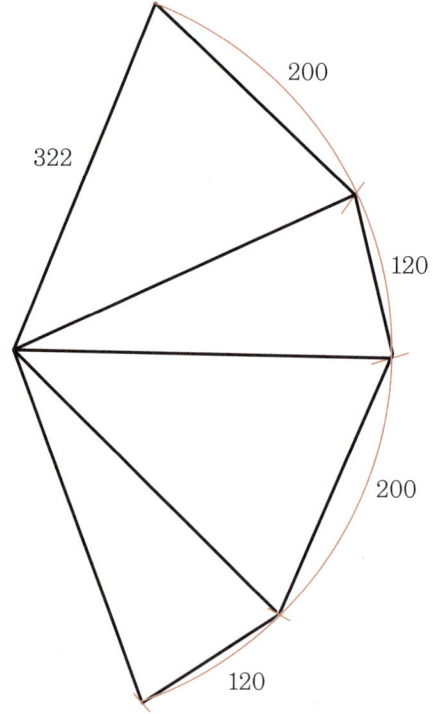

실례로 $\overline{AE} = 300$, $\overline{DE} = 60$, $\overline{BD} = 100$일 때, $\overline{AB} = \sqrt{300^2 + 60^2 + 100^2}$
$= \sqrt{103,600} ≒ 322 \text{mm}$이다.

# 5. 경사로 자른 원기둥(삼각함수 응용)

직각 삼각형에서 빗변과 밑변의 높이의 각 $\theta$에 대한 세 변의 길이의 관계식은 다음과 같다.

$$\sin\theta = \frac{높이}{빗변} = \frac{H}{L} \quad \therefore H = L \cdot \sin\theta$$

$$\cos\theta = \frac{밑변}{빗변} = \frac{M}{L} \quad \therefore M = L \cdot \cos\theta$$

$$\tan\theta = \frac{높이}{밑변} = \frac{H}{M} \quad \therefore H = M \cdot \tan\theta$$

$$\cot\theta = \frac{밑변}{높이} = \frac{M}{H} \quad \therefore M = H \cdot \cot\theta$$

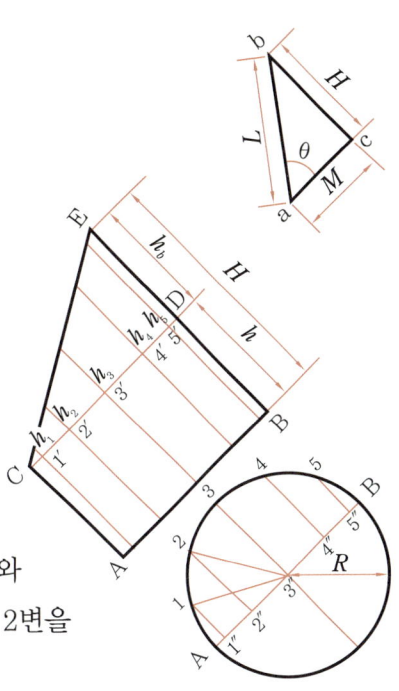

임의 각도 $\theta$의 sin, cos, tan와 cot의 값은 삼각함수표에서 얻을 수 있으므로 직각 삼각형의 각도 $\theta$와 1변의 길이를 알고 있으면 다른 1변도 알 수 있으며, 2변을 알고 있으면 각도 $\theta$도 구할 수 있다.

실례로 경사로 자른 원기둥을 생각하여 보면 작도 순서는 다음과 같다.

① 평면도 반원주 $\overparen{AB}$를 6등분한 후 1, 2 … 5를 얻고 수선을 세워 정면도의 만나는 점 CD와 만나는 점 1′, 2′ … 5′를 얻는다.

② 직각 삼각형 1″, 3″, 1은 30°, 2″, 3″, 2는 60°이므로 $\overline{1''3''} = R \cdot \cos 30° = 0.866R$이 되고 $\overline{2''3''} = R \cdot \cos 60° = 0.5R$이 된다.

③ 정면도 $\overline{C1'}$, $\overline{C2'}$ … $\overline{CD}$의 길이는 $\overline{C1'} = 0.134R$, $\overline{C2'} = 0.5R$, $\overline{C3'} = R$, $\overline{C4'} = 1.5R$, $\overline{C5'} = 1.866R$, $\overline{CD} = 2R$이 된다.

④ $h_1$, $h_2$ … $h_b$의 높이를 구하는 직각 삼각형은 모두 닮은꼴이고 $h_1 : h_b = \overline{C1'} : \overline{CD}$ 즉 $h_1 : h_b = 0.134R : 2R$의 비례식이 성립된다.

⑤ 따라서 $h_1 = \dfrac{0.134R \cdot h_b}{2R} = 0.067h_b$, $h_2 = \dfrac{0.5R \cdot h_b}{2R} = 0.25h_b$

$h_3 = \dfrac{R \cdot h_b}{2R} = 0.5h_b$, $h_4 = \dfrac{1.5R \cdot h_b}{2R} = 0.75h_b$, $h_5 = \dfrac{1.866R \cdot h_b}{2R} = 0.933h_b$ 가 된다.

⑥ 전개 시에는 $H - h_5 = h_1 + h$의 길이가 되고 $H - h_4 = h_2 + h$를 얻을 수 있다.
같은 방법으로 각 부의 실장을 구하여 나열하고 원활한 곡선으로 연결한다.

## 6. 각종 용기의 한장 뜨기 전개의 지름을 구하는 공식

| 용기 형상과 평원판(마름질판) 지름($d$) | 용기 형상과 평원판(마름질판) 지름($d$) |
|---|---|
| $d=\sqrt{2r^2+2rh}$ 또는 $d=\sqrt{D^2+4Dh}$ 이때 $D=2r$ | $d=2\sqrt{r_2^2+2r_1h+(\pi-4)r_1r_p+(3-\pi)r_p^2}$ |
| $d=2\sqrt{r_2^2+2r_1h}$ | $d=2\sqrt{r_1^2+S(r_1+r_2)}$ |
| $d=2\sqrt{r_2^2+2r_1h_1+2r_2+h_2}$ | $d=2\sqrt{2r^2+rh}$ |
| $d=2\sqrt{r^2+2rh+(\pi-4)rr_p+(3-\pi)r_p^2}$ | $d=2\sqrt{r_2^2+h^2}$ |
| $d=2\sqrt{r_1^2+2r_1h+(\pi-4)r_1r_p+(3-\pi)r_p^2+S(r_1+r_2)}$ | $d=2\sqrt{r^2+h_1^2+2rh_2}$ |

# 7. 금속재료 중량표

## (1) 각종 금속 중량표

| 재료 | kg/cm³ | Lb/in³ | 재료 | kg/cm³ | Lb/in³ | 재료 | kg/cm³ | Lb/in³ |
|---|---|---|---|---|---|---|---|---|
| 주철 | 0.0072 | 0.260 | 납 | 0.0113 | 0.410 | 금 | 0.0192 | 0.696 |
| 강 | 0.0078 | 0.284 | 비스무트 | 0.0097 | 0.354 | 은 | 0.0105 | 0.379 |
| 니켈 | 0.0086 | 0.313 | 아연 | 0.0071 | 0.255 | 동 | 0.0089 | 0.321 |
| 주석 | 0.0074 | 0.265 | 알루미늄 | 0.0027 | 0.097 | 청동 | 0.0085 | 0.309 |
| 안티몬 | 0.0066 | 0.242 | 백금 | 0.0214 | 0.775 | 황동 | 0.0081 | 0.294 |

## (2) 각종 판금 중량표

### ① 동판의 두께와 중량

| 두께 (mm) | 914×1829 (3×6) ft kg | 1219×2438 (4×8) ft kg | 1524×3048 (5×10) ft kg | 1524×6096 (5×20) ft kg | 두께 (mm) | 914×1829 (3×6) ft kg | 1219×2438 (4×8) ft kg | 1524×3048 (5×10) ft kg | 1524×6096 (5×20) ft kg |
|---|---|---|---|---|---|---|---|---|---|
| 3.2 | 42.0 | 74.7 | 117 | − | 6 | 78.8 | 140 | 219 | 438 |
| 3.5 | 45.9 | 81.7 | 128 | − | 6.5 | 85.3 | 152 | 237 | 474 |
| 4 | 52.5 | 93.3 | 146 | − | 7 | 91.9 | 163 | 255 | 510 |
| 4.5 | 59.1 | 105 | 164 | 328 | 8 | 105 | 187 | 292 | 583 |
| 5 | 65.6 | 117 | 182 | 365 | 9 | 118 | 210 | 328 | 656 |
| 5.5 | 72.2 | 128 | 201 | 401 | 10 | 131 | 233 | 365 | 729 |

### ② 아연 철판의 두께와 중량

| 번호 | 두께 (mm) | 914×1829 (3×6) ft kg | 914×2134 (3×7) ft kg | 914×2438 (3×8) ft kg | 번호 | 두께 (mm) | 914×1829 (3×6) ft kg | 914×2134 (3×7) ft kg | 914×2438 (3×8) ft kg |
|---|---|---|---|---|---|---|---|---|---|
| #35 | 0.198 | 2.75 | 3.21 | 3.69 | #25 | 0.556 | 7.66 | 8.93 | 10.2 |
| #34 | 0.218 | 3.02 | 3.52 | 4.02 | #24 | 0.635 | 8.69 | 10.1 | 11.6 |
| #33 | 0.238 | 3.28 | 3.82 | 4.37 | #23 | 0.714 | 9.73 | 11.3 | 13.0 |
| #32 | 0.258 | 3.54 | 4.13 | 4.72 | #22 | 0.794 | 10.8 | 12.6 | 14.4 |
| #31 | 0.278 | 3.80 | 4.44 | 5.07 | #21 | 0.873 | 11.8 | 13.8 | 15.7 |
| #30 | 0.318 | 4.33 | 5.05 | 5.77 | #20 | 0.953 | 12.9 | 15.0 | 17.1 |
| #29 | 0.357 | 4.89 | 5.71 | 6.52 | #19 | 1.110 | 15.1 | 17.6 | 20.1 |
| #28 | 0.397 | 5.42 | 6.32 | 7.22 | #18 | 1.270 | 17.2 | 20.0 | 22.9 |
| #27 | 0.437 | 5.99 | 6.99 | 7.99 | #17 | 1.430 | 19.3 | 22.5 | 25.7 |
| #26 | 0.476 | 6.51 | 7.59 | 8.67 | #16 | 1.590 | 21.4 | 24.9 | 28.5 |

### ③ 함석판의 두께와 중량

| 두께 | | 치수 | | 1상자(포장) | | 한 장의 중량 |
|---|---|---|---|---|---|---|
| mm | 호칭 | mm | 크기의 호칭 | 장수 | 중량(kg) | g |
| 0.214 | 75L | 508×711.2 | 20×28 | 112 | 68.0 | 607 |
| 0.229 | 80L | 508×711.2 | 20×28 | 112 | 72.6 | 648 |
| 0.243 | 85L | 508×711.2 | 20×28 | 112 | 77.1 | 688 |
| 0.257 | 90L | 508×711.2 | 20×28 | 112 | 81.6 | 729 |
| 0.271 | 95L | 508×711.2 | 20×28 | 112 | 86.2 | 770 |
| 0.285 | 100L | 508×711.2 | 20×28 | 112 | 90.7 | 810 |
| 0.294 | 103L | 508×711.2 | 20×28 | 112 | 93.4 | 834 |
| 0.306 | 107L | 508×711.2 | 20×28 | 112 | 97.1 | 867 |
| 0.320 | 112L | 508×711.2 | 20×28 | 112 | 101.6 | 907 |
| 0.357 | 125L | 508×711.2 | 20×28 | 112 | 113.4 | 1012 |

### ④ 18-8 스테인리스 강판의 두께와 중량

| 폭×길이 (mm) 중량, 장수 두께(mm) | 1000×2000 | | 914×1829 (3×6)ft | | 1219×2438 (4×8)ft | |
|---|---|---|---|---|---|---|
| | 한 장의 중량 (kg) | 1톤의 장수 | 한 장의 중량 (kg) | 1톤의 장수 | 한 장의 중량 (kg) | 1톤의 장수 |
| 0.2 | 3.17 | 315 | 2.65 | 377 | 4.71 | 212 |
| 0.3 | 4.76 | 210 | 3.98 | 251 | 7.07 | 141 |
| 0.4 | 6.34 | 158 | 5.30 | 189 | 9.43 | 106 |
| 0.5 | 7.93 | 126 | 6.63 | 151 | 11.8 | 84 |
| 0.6 | 9.52 | 105 | 7.96 | 126 | 14.1 | 71 |
| 0.7 | 11.1 | 90 | 9.28 | 108 | 16.5 | 61 |
| 0.8 | 12.7 | 79 | 10.6 | 94 | 18.9 | 53 |
| 0.9 | 14.3 | 70 | 11.9 | 84 | 21.2 | 47 |
| 1.0 | 15.9 | 63 | 13.3 | 75 | 23.6 | 42 |
| 1.1 | 17.4 | 57 | 14.6 | 68 | 25.9 | 39 |
| 1.2 | 19.0 | 53 | 15.9 | 63 | 28.3 | 35 |
| 1.3 | 20.6 | 49 | 17.2 | 59 | 30.6 | 33 |
| 1.4 | 22.2 | 45 | 18.6 | 53 | 33.0 | 30 |
| 1.5 | 23.8 | 42 | 19.9 | 50 | 33.4 | 28 |
| 1.6 | 25.4 | 39 | 21.2 | 47 | 37.7 | 27 |
| 1.8 | 28.5 | 35 | 23.9 | 42 | 42.4 | 24 |
| 2.0 | 31.7 | 32 | 26.5 | 38 | 47.1 | 21 |
| 3.0 | 47.6 | 21 | 39.8 | 25 | 70.7 | 14 |

⑤ 동판(銅板)의 두께와 중량

| 폭×길이 (mm) 두께(mm) 한 장의 중량 | 365× 1200 kg | 1000× 2000 kg | 1250× 2500 kg | 1500× 3000 kg | 폭×길이 (mm) 두께(mm) 한 장의 중량 | 365× 1200 kg | 1000× 2000 kg | 1250× 2500 kg | 1500× 3000 kg |
|---|---|---|---|---|---|---|---|---|---|
| 0.2 | 0.779 | – | – | – | 1 | 3.894 | 17.78 | 27.78 | – |
| 0.25 | 0.973 | – | – | – | 1.2 | 4.673 | 21.34 | 33.34 | – |
| 0.3 | 1.168 | – | – | – | 1.4 | 5.451 | 24.89 | 38.89 | – |
| 0.35 | 1.363 | – | – | – | 1.6 | 6.230 | 28.45 | 44.45 | – |
| 0.4 | 1.558 | – | – | – | 1.8 | 7.008 | 32.00 | 50.01 | – |
| 0.45 | 1.752 | – | – | – | 2 | 7.778 | 35.56 | 55.56 | 80.01 |
| 0.5 | 1.947 | 8.890 | – | – | 2.6 | 10.12 | 46.23 | 72.23 | 104.0 |
| 0.6 | 2.336 | 10.67 | – | – | 3.2 | 12.46 | 56.90 | 88.90 | 128.0 |
| 0.7 | 2.726 | 12.45 | – | – | 4 | 15.58 | 71.12 | 111.1 | 160.0 |
| 0.8 | 3.115 | 14.22 | 22.23 | – | 5 | 19.47 | 88.90 | 138.9 | 200.0 |

⑥ 황동판의 두께와 중량

| 폭×길이 (mm) 두께(mm) 한 장의 중량 | 365× 1200 kg | 1000× 2000 kg | 1250× 2500 kg | 1500× 3000 kg | 폭×길이 (mm) 두께(mm) 한 장의 중량 | 365× 1200 kg | 1000× 2000 kg | 1250× 2500 kg | 1500× 3000 kg |
|---|---|---|---|---|---|---|---|---|---|
| 0.2 | 0.753 | – | – | – | 1 | 3.767 | 17.20 | 26.88 | – |
| 0.25 | 0.942 | – | – | – | 1.2 | 4.520 | 20.64 | 32.25 | – |
| 0.3 | 1.130 | – | – | – | 1.4 | 5.274 | 24.08 | 37.63 | – |
| 0.35 | 1.318 | – | – | – | 1.6 | 6.027 | 27.52 | 43.00 | – |
| 0.4 | 1.507 | – | – | – | 1.8 | 6.780 | 30.96 | 48.38 | – |
| 0.45 | 1.695 | – | – | – | 2 | 7.534 | 34.40 | 53.75 | 77.40 |
| 0.5 | 1.883 | 8.600 | – | – | 2.6 | 9.794 | 44.72 | 69.75 | 100.6 |
| 0.6 | 2.260 | 10.32 | – | – | 3.2 | 12.05 | 55.04 | 86.00 | 123.8 |
| 0.7 | 2.637 | 12.04 | – | – | 4 | 15.07 | 68.80 | 107.5 | 154.8 |
| 0.8 | 3.013 | 13.76 | 21.50 | – | 5 | 18.83 | 86.00 | 134.4 | 193.5 |

주 ① 위 표는 1종 황동판의 중량표임.
② 황동판의 성분과 배합비를 표시한 것임.
  1종, 동 68~72, 아연 잔부
  2종, 동 64~68, 아연 잔부
  3종, 동 58~62, 아연 잔부
③ 각 종의 비중
  1종은 8.6, 2종은 8.5, 3종은 8.3

⑦ 알루미늄의 두께와 중량

| 폭×길이 (mm)<br>한 장의 중량<br>두께(mm) | 1000×2000 | 1000×3000 | 1250×2500 | 915×1830<br>(3×6)ft | 1220×2440<br>(4×8)ft | 1525×3050<br>(5×10)ft |
|---|---|---|---|---|---|---|
| | kg | kg | kg | kg | kg | kg |
| 0.5 | 2.72 | – | – | 2.28 | – | – |
| 0.6 | 3.26 | 4.90 | – | 2.73 | – | – |
| 0.7 | 3.81 | 5.71 | – | 3.19 | – | – |
| 0.8 | 4.35 | 6.53 | 6.80 | 3.64 | 6.48 | – |
| 0.9 | 4.90 | 7.34 | 7.65 | 4.10 | 7.29 | – |
| 1 | 5.44 | 8.16 | 8.50 | 4.55 | 8.10 | – |
| 1.2 | 6.53 | 9.79 | 10.2 | 5.47 | 9.72 | – |
| 1.4 | 7.82 | 11.4 | 11.9 | 6.38 | 11.3 | – |
| 1.6 | 8.70 | 13.1 | 13.6 | 7.29 | 13.0 | 20.2 |
| 1.8 | 9.79 | 14.7 | 15.3 | 8.20 | 14.6 | 22.8 |
| 2 | 10.9 | 16.4 | 17.0 | 9.11 | 16.2 | 25.3 |
| 2.3 | 12.5 | 18.8 | 19.6 | 10.5 | 18.6 | 29.1 |
| 2.9 | 14.1 | 21.5 | 22.1 | 11.8 | 21.1 | 32.9 |
| 2.9 | 15.8 | 23.7 | 24.7 | 13.2 | 23.5 | 36.7 |
| 3.2 | 17.4 | 26.1 | 27.2 | 14.6 | 25.7 | 40.5 |
| 3.4 | 19.0 | 28.6 | 19.8 | 15.9 | 28.3 | 44.3 |
| 4 | 21.8 | 32.6 | 34.0 | 18.2 | 32.4 | 50.6 |
| 5 | 27.2 | 40.8 | 42.5 | 22.8 | 40.5 | 63.3 |
| 6 | 32.6 | 19.0 | 51.0 | 27.3 | 48.6 | 75.9 |

⑧ 무늬 강판(floor steel plates)

| 규격 | 3′×6′ (915×1830) | 4′×8′ (1220×2440) |
|---|---|---|
| 3.2 | 44.8 | 79.7 |
| 4.5 | 61.9 | 110 |
| 6.0 | 81.6 | 145 |

⑨ 철판(steel plate)

| 규격 (size) | 3×6 | 4×8 | 5×10 | 5×20 |
|---|---|---|---|---|
| 폭 (mm) | 914 | 1219 | 1524 | 1524 |
| 길이 (mm) | 1829 | 2438 | 3048 | 6096 |
| 1.0 | 13.1 | 23.3 | | |
| 1.2 | 15.8 | 28.0 | | |
| 1.6 | 21.0 | 37.3 | 58.3 | 117 |
| 2.0 | 26.3 | 46.7 | 73.0 | 146 |
| 2.3 | 30.2 | 53.7 | 84 | 168 |
| 3.0 | 39.4 | 70.0 | 109 | 219 |
| 3.2 | 42.0 | 74.7 | 117 | 233 |
| 4.0 | 52.5 | 93.3 | 146 | 292 |
| 4.5 | 59.1 | 105 | 164 | 328 |
| 5.0 | 65.6 | 117 | 182 | 365 |
| 6.0 | 78.8 | 140 | 219 | 438 |
| 7.0 | 91.9 | 163 | 255 | 510 |
| 8.0 | 105 | 187 | 292 | 583 |
| 9.0 | 118 | 210 | 328 | 656 |
| 10.0 | 131 | 233 | 365 | 729 |
| 12.0 | 158 | 280 | 438 | 875 |
| 13.0 | 171 | 303 | 474 | 948 |
| 14.0 | 184 | 327 | 510 | 1021 |
| 15.0 | 197 | 350 | 547 | 1094 |
| 16.0 | 210 | 373 | 583 | 1167 |
| 17.0 | 223 | 397 | 620 | 1240 |
| 18.0 | 236 | 420 | 656 | 1313 |
| 19.0 | 249 | 443 | 693 | 1386 |
| 20.0 | 263 | 467 | 729 | 1459 |
| 22.0 | 289 | 513 | 802 | 1604 |
| 25.0 | 328 | 583 | 911 | 1823 |
| 26.0 | 341 | 607 | 948 | 1896 |
| 28.0 | 368 | 653 | 1021 | 2042 |
| 30.0 | 394 | 700 | 1094 | 2188 |
| 32.0 | 420 | 747 | 1167 | 2334 |
| 35.0 | 459 | 817 | 1276 | 2553 |
| 36.0 | 473 | 840 | 1313 | 2625 |
| 38.0 | 499 | 887 | 1386 | 2771 |
| 40.0 | 525 | 933 | 1459 | 2917 |
| 45.0 | 591 | 1050 | 1641 | 3281 |
| 49.0 | 643 | 1143 | 1786 | 3573 |
| 50.0 | 656 | 1167 | 1823 | 3646 |
| 55.0 | 722 | 1283 | 2006 | 4011 |
| 60.0 | 787 | 1400 | 2188 | 4376 |
| 65.0 | 853 | 1516 | 2370 | 4740 |
| 70.0 | 919 | 1633 | 2552 | 5105 |
| 75.0 | 985 | 1750 | 2735 | 5470 |
| 80.0 | 1050 | 1866 | 2917 | 5834 |
| 85.0 | 1116 | 1983 | 3099 | 6198 |
| 90.0 | 1181 | 2100 | 3282 | 6563 |
| 100.0 | 1313 | 2333 | 3646 | 7293 |
| 120.0 | 1575 | 2800 | 4376 | 8751 |

⑩ 조강의 형상 치수 및 무게

(가) 등변 ㄱ형강

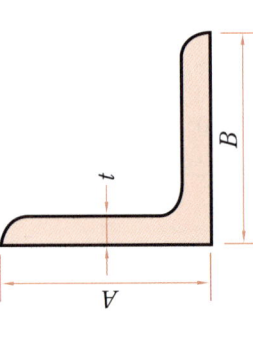

| 표준 단면 치수 (mm) | | | | 단면적 (cm²) | 단위 중량 (kg/m) | 참 고 | | | | | | | | | | | | |
|---|---|---|---|---|---|---|---|---|---|---|---|---|---|---|---|---|---|---|
| | | | | | | 중심 위치 (cm) | | 관성 모멘트 (cm⁴) | | | | 단면 2차 반지름 (회전 반지름) (cm) | | | | 단면 계수 (cm³) | |
| $A \times B$ | $t$ | $r_1$ | $r_2$ | | | $C_x$ | $C_y$ | $I_x$ | $I_y$ | $I_u$ | $I_v$ | $i_x$ | $i_y$ | $i_u$ | $i_v$ | $Z_n$ | $Z_y$ |
| 40×40 | 3 | 4.5 | 2 | 2.336 | 1.83 | 1.09 | 1.09 | 3.53 | 3.53 | 5.60 | 1.45 | 1.23 | 1.23 | 1.55 | 0.79 | 1.21 | 1.21 |
| 40×40 | 5 | 4.5 | 3 | 3.755 | 2.95 | 1.17 | 1.17 | 5.42 | 5.42 | 8.59 | 2.25 | 1.20 | 1.20 | 1.51 | 0.77 | 1.91 | 1.91 |
| 45×45 | 4 | 6.5 | 3 | 3.492 | 2.74 | 1.24 | 1.24 | 6.50 | 6.50 | 10.3 | 2.69 | 1.36 | 1.36 | 1.72 | 0.88 | 2.00 | 2.00 |
| 50×50 | 4 | 6.5 | 3 | 3.892 | 3.06 | 1.37 | 1.37 | 9.06 | 9.06 | 14.4 | 3.74 | 1.53 | 1.53 | 1.92 | 0.98 | 2.49 | 2.49 |
| 50×50 | 6 | 6.5 | 4.5 | 5.644 | 4.43 | 1.44 | 1.44 | 12.6 | 12.6 | 12.0 | 5.24 | 1.50 | 1.50 | 1.88 | 0.96 | 3.55 | 3.55 |
| 60×60 | 4 | 6.5 | 3 | 4.692 | 3.68 | 1.61 | 1.61 | 16.0 | 16.0 | 25.4 | 6.62 | 1.85 | 1.85 | 2.33 | 1.19 | 3.66 | 3.66 |
| 60×60 | 5 | 6.5 | 3 | 5.802 | 4.55 | 1.66 | 1.66 | 19.6 | 19.6 | 31.2 | 8.06 | 1.84 | 1.84 | 2.32 | 1.18 | 4.52 | 4.52 |
| 65×65 | 6 | 8.5 | 4 | 7.527 | 5.91 | 1.81 | 1.81 | 29.4 | 29.4 | 46.6 | 12.1 | 1.98 | 1.98 | 2.49 | 1.27 | 6.27 | 6.27 |
| 65×65 | 8 | 8.5 | 6 | 9.761 | 7.66 | 1.88 | 1.88 | 36.8 | 36.8 | 58.3 | 15.3 | 1.94 | 1.94 | 2.44 | 1.25 | 7.97 | 7.97 |
| 70×70 | 6 | 8.5 | 4 | 8.127 | 6.38 | 1.94 | 1.94 | 37.1 | 37.1 | 58.9 | 153 | 2.14 | 2.14 | 2.69 | 1.37 | 7.33 | 7.33 |

## 7. 금속재료 중량표

| 規格 | | | | | | | | | | | | | | |
|---|---|---|---|---|---|---|---|---|---|---|---|---|---|---|
| 75×75 | 6 | 8.5 | 4 | 8.727 | 6.85 | 2.06 | 2.06 | 46.1 | 73.2 | 19.0 | 2.30 | 2.30 | 2.90 | 1.47 | 8.47 | 8.47 |
| 75×75 | 9 | 8.5 | 6 | 12.69 | 9.96 | 2.17 | 2.17 | 64.4 | 102 | 26.7 | 2.25 | 2.25 | 2.84 | 1.45 | 12.1 | 12.1 |
| 75×75 | 12 | 8.5 | 6 | 16.56 | 13.0 | 2.29 | 2.29 | 81.9 | 12.9 | 34.5 | 2.22 | 2.22 | 2.79 | 1.44 | 15.7 | 15.7 |
| 80×80 | 6 | 8.5 | 4 | 9.327 | 7.32 | 2.19 | 2.19 | 56.4 | 89.6 | 23.2 | 2.46 | 2.46 | 3.10 | 1.58 | 9.70 | 9.70 |
| 90×90 | 6 | 10 | 5 | 10.55 | 8.28 | 2.42 | 2.42 | 80.7 | 129 | 32.3 | 2.77 | 2.77 | 3.50 | 1.75 | 12.3 | 12.3 |
| 90×90 | 7 | 10 | 5 | 12.22 | 9.59 | 2.46 | 2.46 | 93.0 | 148 | 38.3 | 2.76 | 2.76 | 3.48 | 1.77 | 14.2 | 14.2 |
| 90×90 | 10 | 10 | 7 | 17.00 | 13.3 | 2.58 | 2.58 | 125 | 199 | 51.6 | 2.71 | 2.71 | 3.42 | 1.74 | 19.5 | 19.5 |
| 90×90 | 13 | 10 | 7 | 21.71 | 17.0 | 2.69 | 2.69 | 156 | 248 | 65.3 | 2.68 | 2.68 | 3.38 | 1.73 | 24.8 | 24.8 |
| 100×100 | 7 | 10 | 5 | 13.62 | 10.7 | 2.71 | 2.71 | 129 | 205 | 53.1 | 3.08 | 3.08 | 3.88 | 1.97 | 17.7 | 17.7 |
| 100×100 | 10 | 10 | 7 | 19.00 | 14.9 | 2.83 | 2.83 | 175 | 278 | 71.9 | 3.03 | 3.03 | 3.83 | 1.95 | 24.4 | 24.4 |
| 100×100 | 13 | 10 | 7 | 24.31 | 19.1 | 2.94 | 2.94 | 220 | 348 | 91.0 | 3.00 | 3.00 | 3.78 | 1.93 | 31.1 | 31.1 |
| 120×120 | 8 | 12 | 5 | 18.76 | 14.7 | 3.24 | 3.24 | 258 | 410 | 106 | 3.71 | 3.71 | 4.68 | 2.38 | 29.5 | 29.5 |
| 130×130 | 9 | 12 | 6 | 22.74 | 17.9 | 3.53 | 3.53 | 366 | 583 | 150 | 4.01 | 4.01 | 5.06 | 2.57 | 38.7 | 38.7 |
| 130×130 | 12 | 12 | 8.5 | 29.76 | 23.4 | 3.64 | 3.64 | 467 | 743 | 192 | 3.96 | 3.96 | 5.00 | 2.54 | 49.9 | 49.9 |
| 130×130 | 15 | 12 | 8.5 | 36.75 | 28.8 | 3.76 | 3.76 | 568 | 902 | 234 | 3.93 | 3.93 | 4.95 | 2.53 | 61.5 | 61.5 |
| 150×150 | 12 | 14 | 7 | 34.77 | 27.3 | 4.14 | 4.14 | 740 | 1176 | 304 | 4.61 | 4.61 | 5.82 | 2.96 | 68.2 | 68.2 |
| 150×150 | 15 | 14 | 10 | 42.74 | 33.6 | 4.24 | 4.24 | 888 | 1410 | 365 | 4.56 | 4.56 | 5.75 | 2.92 | 82.6 | 82.6 |
| 150×150 | 19 | 14 | 10 | 53.38 | 41.9 | 4.40 | 4.40 | 1090 | 1730 | 451 | 4.52 | 4.52 | 5.69 | 2.91 | 10.3 | 10.3 |
| 175×175 | 12 | 15 | 11 | 40.52 | 31.8 | 4.73 | 4.73 | 1170 | 1860 | 479 | 5.37 | 5.37 | 6.78 | 3.44 | 91.6 | 91.6 |
| 175×175 | 15 | 15 | 11 | 50.21 | 39.4 | 4.85 | 4.85 | 1440 | 2290 | 588 | 5.35 | 5.35 | 6.75 | 3.42 | 114 | 114 |
| 200×200 | 15 | 17 | 12 | 57.75 | 45.3 | 5.47 | 5.47 | 2180 | 3470 | 891 | 6.14 | 6.14 | 7.75 | 3.93 | 150 | 150 |
| 200×200 | 20 | 17 | 12 | 76.00 | 59.7 | 5.67 | 5.67 | 2820 | 4490 | 1160 | 6.09 | 6.09 | 7.68 | 3.90 | 197 | 197 |
| 200×200 | 25 | 17 | 12 | 93.75 | 73.6 | 5.87 | 5.87 | 3420 | 5420 | 1410 | 6.04 | 6.04 | 7.61 | 3.88 | 242 | 242 |
| 250×250 | 25 | 24 | 12 | 119.4 | 93.7 | 7.10 | 7.10 | 6950 | 11000 | 2860 | 7.63 | 7.63 | 9.62 | 4.89 | 388 | 388 |
| 250×250 | 35 | 24 | 18 | 162.6 | 128 | 7.45 | 7.45 | 9910 | 14000 | 3790 | 7.48 | 7.48 | 9.42 | 4.83 | 519 | 519 |

## (나) 부등변 ㄱ형강

| 표준 단면 치수 (mm) | | | | | 단면적 (cm²) | 단위 중량 (kg/m) | 참 고 | | | | | | | | | | | | |
|---|---|---|---|---|---|---|---|---|---|---|---|---|---|---|---|---|---|---|---|
| | | | | | | | 중심 위치 (cm) | | 관성 모멘트 (cm⁴) | | | | 단면 2차 반지름 (회전 반지름) (cm) | | | | tan α | 단면 계수 (cm³) | |
| $A \times B$ | $t$ | $r_1$ | $r_2$ | | | | $C_x$ | $C_y$ | $I_x$ | $I_y$ | $I_u$ | $I_v$ | $i_x$ | $i_y$ | $i_u$ | $i_v$ | | $Z_x$ | $Z_y$ |
| 90×75 | 9 | 8.5 | 6 | | 14.04 | 11.0 | 2.75 | 2.01 | 109 | 68.1 | 143 | 34.1 | 2.78 | 2.20 | 3.19 | 1.56 | 0.676 | 17.4 | 12.4 |
| 100×75 | 7 | 10 | 5 | | 11.87 | 9.32 | 3.06 | 1.84 | 118 | 57.0 | 144 | 30.7 | 3.15 | 2.19 | 3.49 | 1.61 | 0.548 | 17.0 | 10.1 |
| 100×75 | 10 | 10 | 7 | | 16.50 | 13.0 | 3.17 | 1.94 | 159 | 76.1 | 194 | 41.3 | 3.11 | 2.15 | 3.43 | 1.58 | 0.543 | 23.3 | 13.7 |
| 125×75 | 7 | 10 | 5 | | 13.62 | 10.7 | 4.10 | 4.64 | 219 | 60.4 | 243 | 36.4 | 4.01 | 2.11 | 4.23 | 1.63 | 0.362 | 26.1 | 10.3 |
| 125×75 | 10 | 10 | 7 | | 19.00 | 14.9 | 4.23 | 1.75 | 290 | 80.9 | 330 | 49.0 | 3.96 | 2.06 | 4.17 | 1.61 | 0.357 | 36.1 | 14.0 |
| 125×75 | 13 | 10 | 7 | | 24.31 | 19.1 | 4.35 | 1.87 | 376 | 101 | 414 | 61.9 | 3.93 | 2.04 | 4.13 | 1.60 | 0.352 | 46.1 | 17.9 |
| 125×90 | 10 | 10 | 7 | | 20.50 | 16.4 | 3.95 | 2.22 | 313 | 138 | 380 | 76.1 | 3.94 | 2.59 | 4.30 | 1.93 | 0.506 | 37.2 | 20.4 |
| 125×90 | 13 | 10 | 7 | | 26.26 | 20.6 | 4.08 | 2.34 | 401 | 165 | 479 | 87.2 | 3.91 | 2.51 | 4.27 | 1.82 | 0.499 | 47.5 | 24.8 |
| 150×90 | 9 | 12 | 6 | | 20.94 | 16.4 | 4.96 | 2.00 | 484 | 133 | 537 | 80.2 | 4.81 | 2.52 | 5.06 | 1.96 | 0.362 | 48.2 | 19.0 |
| 150×90 | 12 | 12 | 8.5 | | 27.36 | 21.5 | 5.07 | 2.10 | 619 | 168 | 684 | 102 | 4.75 | 2.47 | 5.00 | 1.93 | 0.357 | 62.3 | 34.3 |
| 150×100 | 0 | 12 | 6 | | 21.84 | 17.1 | 4.77 | 2.32 | 502 | 179 | 580 | 101 | 4.79 | 2.86 | 5.14 | 2.15 | 0.441 | 49.0 | 23.3 |
| 150×100 | 12 | 12 | 8.5 | | 28.56 | 22.4 | 4.88 | 2.41 | 642 | 229 | 738 | 133 | 4.74 | 2.83 | 5.08 | 2.15 | 0.435 | 63.4 | 30.2 |
| 150×100 | 15 | 12 | 8.5 | | 35.25 | 27.7 | 5.01 | 2.53 | 781 | 176 | 897 | 161 | 4.71 | 2.80 | 5.04 | 2.14 | 0.432 | 78.2 | 37.0 |

## (다) I 형강

| $A \times B$ | 표준 단면 치수 (mm) ||||| 단면적 (cm²) | 단위 중량 (kg/m) | 참 고 |||||||||
|---|---|---|---|---|---|---|---|---|---|---|---|---|---|---|---|
| | $t_1$ | $t_2$ | $r_1$ | $r_2$ | | | | 중심 위치 (cm) || 관성 모멘트 (cm⁴) || 단면 2차 반지름 (cm) || 단면 계수 (cm³) ||
| | | | | | | | | $C_x$ | $C_y$ | $I_x$ | $I_y$ | $i_x$ | $i_y$ | $Z_x$ | $Z_y$ |
| 100×75 | 5 | 8 | 7 | 3.5 | 16.43 | 12.9 | 0 | 0 | 283 | 48.3 | 4.15 | 1.72 | 56.5 | 12.9 |
| 125×75 | 5.5 | 9.5 | 9 | 4.5 | 20.45 | 16.1 | 0 | 0 | 540 | 59.0 | 5.14 | 1.70 | 86.4 | 15.7 |
| 150×75 | 5.5 | 9.5 | 9 | 4.5 | 21.83 | 17.1 | 0 | 0 | 820 | 59.1 | 6.13 | 1.65 | 109 | 15.8 |
| 150×125 | 8.5 | 14 | 13 | 6.5 | 46.15 | 36.2 | 0 | 0 | 1780 | 395 | 6.22 | 2.92 | 237 | 63.1 |
| 180×100 | 6 | 10 | 10 | 5 | 30.06 | 23.6 | 0 | 0 | 1670 | 141 | 7.46 | 2.17 | 186 | 28.2 |
| 200×100 | 7 | 10 | 10 | 5 | 33.05 | 26.0 | 0 | 0 | 2180 | 142 | 8.11 | 2.07 | 218 | 28.4 |
| 200×150 | 9 | 16 | 15 | 7.5 | 64.16 | 50.4 | 0 | 0 | 4490 | 771 | 8.37 | 3.47 | 439 | 103 |
| 250×125 | 7.5 | 12.5 | 12 | 6 | 48.79 | 38.3 | 0 | 0 | 5190 | 245 | 10.3 | 2.66 | 415 | 55.2 |
| 250×125 | 10 | 19 | 21 | 10.5 | 70.73 | 55.5 | 0 | 0 | 7340 | 560 | 10.2 | 2.81 | 587 | 89.6 |
| 300×150 | 8 | 13 | 12 | 6 | 61.58 | 48.3 | 0 | 0 | 9500 | 600 | 12.4 | 3.12 | 633 | 80.0 |
| 300×150 | 10 | 18.5 | 19 | 9.5 | 83.47 | 65.5 | 0 | 0 | 12700 | 886 | 12.4 | 3.26 | 849 | 118 |
| 300×150 | 11.5 | 22 | 23 | 11.5 | 97.88 | 76.8 | 0 | 0 | 14700 | 1120 | 12.3 | 3.38 | 981 | 148 |
| 350×150 | 9 | 15 | 13 | 96.5 | 74.58 | 58.5 | 0 | 0 | 15200 | 715 | 14.3 | 3.10 | 871 | 95.4 |
| 350×150 | 12 | 24 | 25 | 12.5 | 111.1 | 87.2 | 0 | 0 | 22500 | 1230 | 14.2 | 3.33 | 1280 | 164 |
| 400×150 | 10 | 18 | 17 | 8.5 | 91.73 | 72.0 | 0 | 0 | 24000 | 887 | 16.2 | 3.11 | 1200 | 118 |
| 400×150 | 12.5 | 25 | 27 | 13.5 | 122.1 | 95.8 | 0 | 0 | 31700 | 1290 | 16.1 | 3.25 | 1580 | 172 |
| 450×175 | 11 | 20 | 19 | 9.5 | 116.8 | 91.7 | 0 | 0 | 39200 | 1550 | 18.3 | 3.64 | 1740 | 177 |
| 450×175 | 13 | 26 | 27 | 13.5 | 146.1 | 115 | 0 | 0 | 48800 | 2000 | 18.3 | 3.79 | 2270 | 240 |
| 600×190 | 13 | 25 | 25 | 12.5 | 169.4 | 133 | 0 | 0 | 98200 | 2540 | 24.1 | 3.87 | 3270 | 267 |
| 600×190 | 16 | 35 | 38 | 19 | 224.5 | 176 | 0 | 0 | 130000 | 3700 | 24.0 | 4.06 | 4330 | 390 |

## (다) ㄷ형강

| 표준 단면 치수 (mm) | | | | | | 단면적 (cm²) | 단위 중량 (kg/m) | 참 고 | | | | | | | |
|---|---|---|---|---|---|---|---|---|---|---|---|---|---|---|---|
| $A \times B$ | $t_1$ | $t_2$ | $r_1$ | $r_2$ | | | | 중심 위치 (cm) | | 관성 모멘트 (cm⁴) | | 단면 2차 반지름 (cm) | | 단면 계수 (cm³) | |
| | | | | | | | | $C_x$ | $C_y$ | $I_x$ | $I_y$ | $i_x$ | $i_y$ | $Z_x$ | $Z_y$ |
| 75×40 | 5 | 7 | 8 | 4 | | 8.818 | 6.92 | 0 | 1.27 | 75.9 | 12.4 | 2.93 | 1.19 | 20.2 | 4.54 |
| 100×50 | 5 | 7.5 | 8 | 4 | | 11.92 | 9.36 | 0 | 1.55 | 189 | 26.9 | 3.98 | 1.50 | 37.8 | 7.82 |
| 125×65 | 6 | 8 | 8 | 4 | | 7.11 | 13.4 | 0 | 1.94 | 425 | 65.5 | 4.99 | 1.96 | 68.0 | 14.4 |
| 150×75 | 6.5 | 10 | 10 | 5 | | 23.71 | 18.6 | 0 | 2.31 | 864 | 122 | 6.04 | 2.27 | 115 | 23.6 |
| 150×75 | 9 | 12.5 | 15 | 7.5 | | 30.59 | 24.0 | 0 | 2.31 | 1050 | 147 | 5.86 | 2.19 | 140 | 28.3 |
| 180×75 | 7 | 10.5 | 11 | 5.5 | | 27.20 | 21.4 | 0 | 2.15 | 1380 | 137 | 7.13 | 2.24 | 154 | 25.5 |
| 200×70 | 7 | 10 | 11 | 5.5 | | 26.92 | 21.1 | 0 | 1.85 | 1620 | 113 | 7.77 | 2.04 | 162 | 21.8 |
| 200×80 | 7.5 | 11 | 12 | 6 | | 31.33 | 24.6 | 0 | 2.24 | 1950 | 177 | 7.89 | 2.38 | 195 | 30.8 |
| 200×90 | 8 | 13.5 | 14 | 7 | | 38.65 | 30.3 | 0 | 2.77 | 2490 | 286 | 8.03 | 2.72 | 249 | 45.9 |
| 250×90 | 9 | 13 | 14 | 7 | | 44.08 | 34.6 | 0 | 2.42 | 4180 | 306 | 9.74 | 2.64 | 335 | 46.5 |
| 250×90 | 11 | 14.5 | 17 | 8.5 | | 51.17 | 40.2 | 0 | 2.39 | 4690 | 342 | 9.57 | 2.58 | 375 | 51.7 |
| 300×90 | 9 | 13 | 14 | 7 | | 48.57 | 38.1 | 0 | 2.23 | 6440 | 325 | 11.5 | 2.59 | 429 | 48.0 |
| 300×90 | 10 | 15.5 | 19 | 9.5 | | 55.74 | 43.8 | 0 | 2.33 | 7400 | 373 | 11.5 | 2.59 | 494 | 56.0 |
| 300×90 | 12 | 16 | 19 | 9.5 | | 61.90 | 48.6 | 0 | 2.25 | 7870 | 391 | 11.3 | 2.51 | 525 | 57.9 |
| 380×100 | 10.5 | 16 | 18 | 9 | | 69.39 | 54.5 | 0 | 2.41 | 14500 | 559 | 14.5 | 2.83 | 762 | 73.3 |
| 380×100 | 13 | 16.5 | 18 | 9 | | 78.96 | 62.0 | 0 | 2.29 | 15600 | 584 | 14.1 | 2.72 | 822 | 75.8 |
| 380×100 | 13 | 20 | 24 | 12 | | 85.71 | 67.3 | 0 | 2.50 | 17600 | 671 | 14.3 | 2.80 | 924 | 89.5 |

(마) 원형강

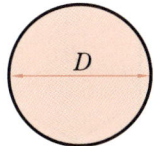

| 지름(D) (mm) | 단면적 (cm²) | 단위중량 (kg/m) | 지름(D) (mm) | 단면적 (cm²) | 단위중량 (kg/m) | 지름(D) (mm) | 단면적 (cm²) | 단위중량 (kg/m) |
|---|---|---|---|---|---|---|---|---|
| 6 | 0.2827 | 0.222 | 30 | 7.069 | 5.55 | 65 | 33.18 | 26.0 |
| 7 | 0.3848 | 0.302 | 32 | 8.042 | 6.31 | 68 | 36.32 | 28.5 |
| 8 | 0.5027 | 0.395 | 33 | 8.553 | 6.71 | 70 | 38.48 | 30.2 |
| 9 | 0.6362 | 0.499 | 36 | 10.18 | 7.99 | 75 | 44.18 | 34.7 |
| 10 | 0.7854 | 0.617 | 38 | 11.34 | 8.90 | 80 | 50.27 | 39.5 |
| 11 | 0.9513 | 1.746 | 39 | 11.95 | 9.38 | 85 | 56.75 | 44.5 |
| 12 | 1.131 | 0.888 | 40 | 12.57 | 9.86 | 90 | 63.62 | 49.9 |
| 13 | 1.327 | 1.04 | 42 | 13.85 | 10.9 | 95 | 70.88 | 55.6 |
| 14 | 1.549 | 1.21 | 45 | 15.90 | 12.5 | 100 | 78.54 | 61.7 |
| 16 | 2.011 | 1.58 | 46 | 16.62 | 13.0 | 110 | 95.08 | 74.6 |
| 18 | 2.545 | 2.00 | 48 | 18.10 | 14.2 | 120 | 113.1 | 88.8 |
| 19 | 2.835 | 2.23 | 50 | 19.64 | 15.4 | 130 | 132.7 | 104 |
| 20 | 3.142 | 2.47 | 52 | 21.24 | 16.7 | 140 | 153.9 | 121 |
| 22 | 3.801 | 2.98 | 55 | 23.76 | 18.7 | 150 | 176.7 | 139 |
| 24 | 4.524 | 3.55 | 56 | 24.63 | 19.3 | 160 | 201.1 | 158 |
| 15 | 4.909 | 3.85 | 60 | 28.27 | 22.2 | 108 | 254.5 | 200 |
| 27 | 5.726 | 4.49 | 64 | 32.17 | 25.3 | 200 | 314.2 | 247 |
| 28 | 6.158 | 4.83 | | | | | | |

[비고] 원형강의 표준 길이는 3.5, 4.0, 4.5, 5.0, 5.5, 6.0, 6.5, 7.0, 8.0, 9.0, 10.0m로 한다.

(바) 사각강

| 변(a) (mm) | 단면적 (cm²) | 단위중량 (kg/m) | 변(a) (mm) | 단면적 (cm²) | 단위중량 (kg/m) | 변(a) (mm) | 단면적 (cm²) | 단위중량 (kg/m) |
|---|---|---|---|---|---|---|---|---|
| 6 | 0.360 | 0.283 | 19 | 3.610 | 2.83 | 38 | 14.44 | 11.3 |
| 7 | 0.490 | 0.385 | 20 | 4.000 | 3.14 | 40 | 16.00 | 12.6 |
| 8 | 0.640 | 0.502 | 21 | 4.410 | 3.46 | 42 | 17.64 | 13.8 |
| 9 | 0.810 | 0.636 | 22 | 4.840 | 3.80 | 44 | 19.36 | 15.2 |
| 10 | 1.000 | 0.985 | 23 | 5.290 | 4.15 | 46 | 21.16 | 16.6 |
| 11 | 1.210 | 0.950 | 24 | 5.700 | 4.52 | 48 | 23.04 | 18.1 |
| 12 | 1.440 | 1.13 | 25 | 6.250 | 4.91 | 50 | 25.00 | 19.6 |
| 13 | 1.690 | 1.33 | 26 | 6.760 | 5.31 | 55 | 30.25 | 23.7 |
| 14 | 1.960 | 1.54 | 28 | 7.840 | 6.15 | 60 | 36.00 | 28.3 |
| 15 | 2.250 | 1.77 | 30 | 9.000 | 7.06 | 65 | 42.25 | 33.2 |
| 16 | 2.260 | 2.01 | 32 | 10.24 | 8.04 | 70 | 49.00 | 38.5 |
| 17 | 2.890 | 2.27 | 34 | 11.56 | 9.07 | 75 | 56.25 | 44.2 |
| 18 | 3.240 | 2.54 | 36 | 12.96 | 10.2 | | | |

[비고] 사각강의 표준 길이는 3.5, 4.0, 4.5, 5.0, 5.5, 6.0, 6.5, 7.0, 8.0, 9.0, 10.0m로 한다.

## (사) 육각강

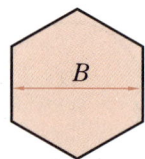

| 대변거리(B) (mm) | 단면적 (cm²) | 단위중량 (kg/m) | 대변거리(B) (mm) | 단면적 (cm²) | 단위중량 (kg/m) | 대변거리(B) (mm) | 단면적 (cm²) | 단위중량 (kg/m) |
|---|---|---|---|---|---|---|---|---|
| 6 | 0.3118 | 0.245 | 21 | 3.819 | 3.00 | 46 | 18.32 | 14.4 |
| 7 | 0.4243 | 0.333 | 23 | 4.581 | 3.60 | 50 | 21.65 | 17.0 |
| 8 | 0.5542 | 0.435 | 26 | 5.854 | 4.60 | 54 | 25.25 | 19.8 |
| 9 | 0.7015 | 0.551 | 29 | 7.283 | 5.72 | 58 | 29.13 | 22.9 |
| 10 | 0.8660 | 0.680 | 32 | 8.868 | 6.96 | 63 | 34.37 | 27.0 |
| 12 | 0.247 | 0.797 | 35 | 10.61 | 8.33 | 67 | 38.87 | 30.5 |
| 14 | 1.697 | 1.33 | 38 | 12.51 | 9.82 | 71 | 43.66 | 34.3 |
| 17 | 2.503 | 1.96 | 41 | 14.56 | 11.4 | 77 | 51.35 | 40.3 |
| 19 | 3.126 | 2.45 | | | | | | |

[비고] 육각강의 표준 길이는 3.5, 4.0, 4.5, 5.0, 5.5, 6.0, 6.5, 7.0, 8.0, 9.0, 10.0m로 한다.

## (아) 평강

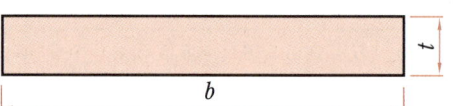

| 표준단면치수 | | 단면적 (cm²) | 단위중량 (kg/m) | 표준단면치수 | | 단면적 (cm²) | 단위중량 (kg/m) | 표준단면치수 | | 단면적 (cm²) | 단위중량 (kg/m) |
|---|---|---|---|---|---|---|---|---|---|---|---|
| 두께(mm) | 폭(mm) | | | 두께(mm) | 폭(mm) | | | 두께(mm) | 폭(mm) | | |
| 4.5 | 25 | 1.125 | 0.88 | 8 | 25 | 2.250 | 1.57 | 9 | 65 | 5.850 | 4.59 |
| | 32 | 1.440 | 1.13 | | 32 | 2.560 | 2.01 | | 75 | 6.750 | 5.30 |
| | 38 | 1.710 | 1.34 | | 38 | 3.040 | 2.39 | | 90 | 8.100 | 6.36 |
| | 44 | 1.980 | 1.55 | | 44 | 3.520 | 2.76 | | 100 | 9.000 | 7.06 |
| | 50 | 2.250 | 1.77 | | 50 | 4.000 | 3.14 | | 125 | 11.25 | 8.83 |
| 6 | 25 | 1.500 | 1.18 | | 65 | 5.200 | 4.08 | | 150 | 13.50 | 10.6 |
| | 32 | 1.920 | 1.51 | | 75 | 6.000 | 4.71 | | 180 | 16.20 | 12.7 |
| | 38 | 2.280 | 1.79 | | 90 | 7.200 | 5.65 | | 200 | 18.00 | 14.1 |
| | 44 | 2.640 | 2.07 | | 100 | 8.000 | 6.28 | | 230 | 20.70 | 16.2 |
| | 50 | 3.000 | 2.36 | | 125 | 10.000 | 7.85 | | 250 | 22.50 | 17.7 |
| | 65 | 3.900 | 3.06 | 9 | 25 | 2.250 | 1.77 | 12 | 25 | 3.000 | 2.36 |
| | 75 | 4.500 | 3.53 | | 32 | 2.880 | 2.26 | | 32 | 3.840 | 3.01 |
| | 90 | 5.400 | 4.24 | | 38 | 3.420 | 2.68 | | 38 | 4.560 | 3.58 |
| | 100 | 6.000 | 4.71 | | 44 | 3.960 | 3.11 | | 44 | 5.280 | 4.14 |
| | 125 | 7.500 | 5.89 | | 50 | 4.500 | 3.53 | | 50 | 6.000 | 4.71 |

| 표준단면치수 | | 단면적 (cm²) | 단위중량 (kg/m) | 표준단면치수 | | 단면적 (cm²) | 단위중량 (kg/m) | 표준단면치수 | | 단면적 (cm²) | 단위중량 (kg/m) |
|---|---|---|---|---|---|---|---|---|---|---|---|
| 두께(mm) | 폭(mm) | | | 두께(mm) | 폭(mm) | | | 두께(mm) | 폭(mm) | | |
| 12 | 65 | 7.800 | 6.12 | 19 | 90 | 17.10 | 13.4 | 25 | 250 | 62.50 | 49.1 |
| | 75 | 9.000 | 7.06 | | 100 | 19.00 | 14.9 | | 280 | 70.00 | 55.0 |
| | 90 | 10.80 | 8.48 | | 125 | 23.75 | 18.6 | | 300 | 75.00 | 58.9 |
| | 100 | 12.00 | 9.42 | | 150 | 28.50 | 22.4 | 28 | 100 | 28.00 | 22.0 |
| | 125 | 15.00 | 11.8 | | 180 | 34.20 | 26.8 | | 125 | 35.00 | 27.5 |
| | 150 | 18.00 | 14.1 | | 200 | 38.00 | 29.8 | | 150 | 42.00 | 33.0 |
| | 180 | 21.60 | 17.0 | | 230 | 43.70 | 34.3 | | 180 | 50.40 | 39.6 |
| | 200 | 24.00 | 18.8 | | 250 | 47.50 | 37.3 | | 200 | 56.00 | 44.0 |
| | 230 | 27.60 | 21.7 | | 280 | 53.20 | 41.8 | | 230 | 64.40 | 50.6 |
| | 250 | 30.00 | 23.6 | | 300 | 57.00 | 44.7 | | 250 | 90.00 | 55.0 |
| | 280 | 33.60 | 26.4 | 22 | 50 | 11.00 | 8.64 | | 280 | 78.40 | 61.5 |
| | 300 | 26.00 | 28.3 | | 65 | 14.30 | 11.2 | | 300 | 84.00 | 64.9 |
| 16 | 32 | 5.120 | 4.02 | | 75 | 16.50 | 13.0 | 32 | 100 | 32.00 | 25.1 |
| | 38 | 6.080 | 4.77 | | 90 | 19.80 | 15.5 | | 125 | 40.00 | 31.4 |
| | 44 | 7.040 | 5.53 | | 100 | 22.00 | 17.3 | | 150 | 48.00 | 37.7 |
| | 50 | 8.000 | 6.28 | | 125 | 27.50 | 21.6 | | 180 | 57.60 | 45.2 |
| | 65 | 10.40 | 8.16 | | 150 | 33.00 | 25.9 | | 200 | 64.00 | 50.2 |
| | 75 | 12.00 | 9.42 | | 180 | 39.60 | 31.1 | | 230 | 73.60 | 57.8 |
| | 90 | 14.40 | 11.3 | | 200 | 44.00 | 34.5 | | 250 | 80.00 | 62.8 |
| | 100 | 16.00 | 12.6 | | 230 | 50.60 | 39.7 | | 280 | 89.60 | 70.3 |
| | 125 | 20.00 | 15.7 | | 250 | 55.00 | 43.2 | | 300 | 96.00 | 75.4 |
| | 150 | 24.00 | 18.8 | | 280 | 61.60 | 48.4 | 36 | 100 | 36.00 | 28.3 |
| | 180 | 28.80 | 22.6 | | 300 | 66.00 | 51.8 | | 125 | 45.00 | 35.3 |
| | 200 | 32.00 | 25.1 | 25 | 50 | 12.50 | 9.81 | | 150 | 54.00 | 42.4 |
| | 230 | 36.80 | 28.9 | | 65 | 16.25 | 12.8 | | 180 | 64.80 | 50.9 |
| | 250 | 40.00 | 31.2 | | 75 | 18.75 | 14.7 | | 200 | 72.00 | 56.5 |
| | 280 | 44.80 | 35.2 | | 90 | 22.50 | 17.7 | | 230 | 82.80 | 65.0 |
| | 300 | 48.00 | 37.7 | | 100 | 25.00 | 19.6 | | 250 | 90.00 | 70.6 |
| 19 | 38 | 7.230 | 5.97 | | 125 | 31.25 | 24.5 | | 280 | 100.8 | 79.1 |
| | 44 | 8.360 | 6.56 | | 150 | 37.50 | 39.4 | | 300 | 108.0 | 84.8 |
| | 50 | 9.500 | 7.46 | | 180 | 45.00 | 35.3 | | | | |
| | 65 | 2.35 | 9.69 | | 200 | 50.00 | 39.2 | | | | |
| | 75 | 14.25 | 11.2 | | 230 | 57.50 | 45.1 | | | | |

[비고] 평강의 표준 길이는 3.5, 4.0, 4.5, 5.0, 5.5, 6.0, 6.5, 7.0, 8.0, 9.0, 10.0, 11.0, 12.0, 13.0, 14.0, 15.0m로 한다.

## 8. 면적 및 체적의 특성

| 명칭 및 형태 | 면적 또는 체적 | 예 제 | 풀 이 |
|---|---|---|---|
| (1) 직방형 | $V = a \times b \times h$ | ① $a=3m$, $b=1.8m$의 용기에는 몇 리터(L)의 물을 넣을 수 있는가? | 공식에 대입하면 $3 \times 1.8 \times 1.5 = 8.1 m^3$ 여기서 $1m^3 = 1,000L$이므로 $8.1 \times 1,000 = 8,100L$ |
| | | ② 바닥면이 $800mm^2$인 용기가 있다. 여기에 $0.6m^3$의 물을 넣으려면 높이를 얼마로 하면 좋은가? | $1m^3 = (1,000mm)^3 = 10^9 mm^3$ $0.6m^3 = 6 \times 10^8 mm^3$가 된다. 그래서 $6 \times 10^8 mm^3 = 800 \times 800 \times x$ $\therefore x = 6 \times \dfrac{10^8}{800^2} = 937mm$ |
| (2) 원통 | $V = \dfrac{\pi d^2 h}{4}$ | ① 지름 600mm, 높이 1,600mm의 원통에는 몇 L의 물이 들어가는가? | $\dfrac{3.14}{4} \times 600^2 \times 1,600$ $= 45,216,000$ $1L = 1,000 \times (10mm)^3 = 10^6 mm$ $45,216,000 \div 10^6 = 452L$ |
| | | ② 300L의 물을 넣을 수 있는 원통을 만들려고 한다. 높이를 900mm로 제한하면 지름($d$)은 몇 mm로 하면 되는가? | $V = \dfrac{\pi d^2 h}{4}$ 공식을 변형하면 $d^2 = \dfrac{4V}{\pi h}$, $d = \sqrt{\dfrac{4V}{\pi h}}$ $d = \sqrt{\dfrac{4 \times 300 \times 10^6}{3.14 \times 900}} = 651mm$ |
| (3) 직뿔 | $V = \dfrac{abh}{3}$ | $a=300mm$, $b=160mm$, $h=350mm$인 각뿔의 체적은 얼마인가? | 공식에 대입하면 $\dfrac{300 \times 160 \times 350}{3} = 5,600,000 mm^3$ 여기서, $1L = 10^6 mm$이므로 $5,600,000 \div 10^6 = 5.6L$ |
| (4) 각뿔대 | $V = \dfrac{1}{3} \times h(A \times B + a \times b)$ $+ \sqrt{A \times B \times a \times b}$ | | $\dfrac{1}{3} \times 480 \times (500 \times 350 + 400 \times 280) + \sqrt{500 \times 350 \times 400 + 280} = 68,320,000 m^3$ $1L = 10^6 mm^3$ $68,320,000 \div 10^6$ $\fallingdotseq 68.32L$ |

| 명칭 및 형태 | 면적 또는 체적 | 예 제 | 풀 이 |
|---|---|---|---|
| (5) 원뿔 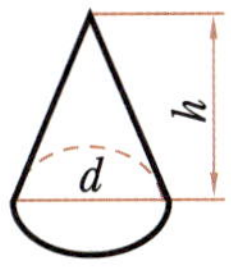 | $V = \dfrac{1}{3}\left(\dfrac{\pi d^2 h}{4}\right)$ | 지름이 350mm, 높이가 580mm인 원뿔의 체적은 몇 L인가? | $\dfrac{1}{3} \times \dfrac{3.14}{4} \times 350^2 \times 580$<br>$= 18,405,502 \text{mm}^3$<br>$18,405,502 \div 10^6 = 18.405 \text{L}$ |
| (6) 원뿔대 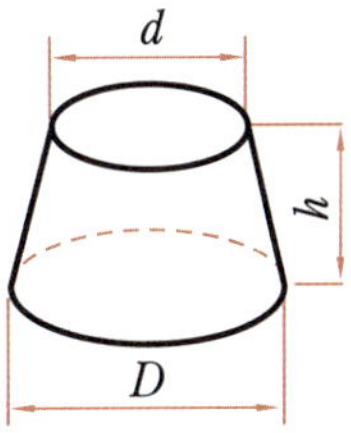 | $V = \dfrac{1}{3} \times \dfrac{\pi}{4} \times h$ $\times (D^2 + Dd + d^2)$ | ① 그림과 같은 용기에 들어 있는 물의 양은 몇 L인가? 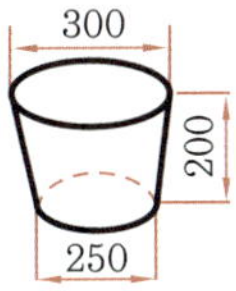 | $\dfrac{1}{3} \times \dfrac{3.14}{4} \times 200 \times$<br>$(300^2 + 300 \times 250 + 250^2)$<br>$= 11,905,833 \text{mm}^3$<br>$11,905,833 \div 10^6 = 11.9 \text{L}$ |
| | | ② 그림과 같은 용기에 100L 의 물을 넣으려고 하면 높이는? 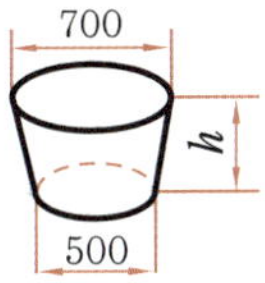 | $h = \dfrac{3 \times 4 \times V}{\pi \times (D^2 \times Dd + d^2)}$<br>$V = 100\text{L} = 10^8 \text{mm}^3$,<br>$D = 700$,<br>$d = 500 \text{mm}$<br>$\dfrac{3 \times 4 \times 10^8}{3.14 \times (700^2 + 700 \times 500 + 500^2)}$<br>$= 350.6 \text{mm}$ |
| (7) 구(球) 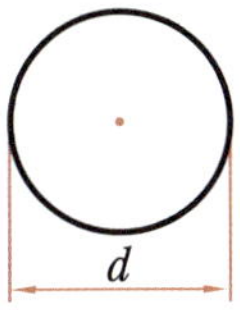 | $\dfrac{\pi d^2}{6}$ | (9) 반 원 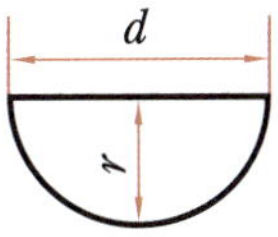 | $\dfrac{\pi d^2}{8}$ |
| (8) 반 구 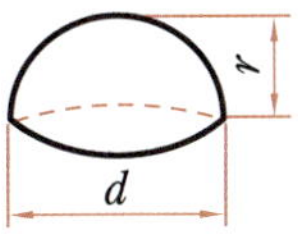 | $\dfrac{\pi d^2}{12}$ | (10) 타 원 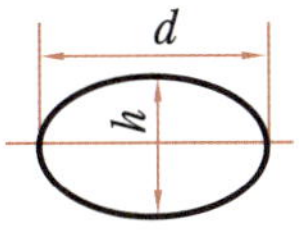 | $\dfrac{\pi d h}{4}$ |

## 자격시험에 출제되었던 도면

**❶ 비대칭 Y자 분기관**

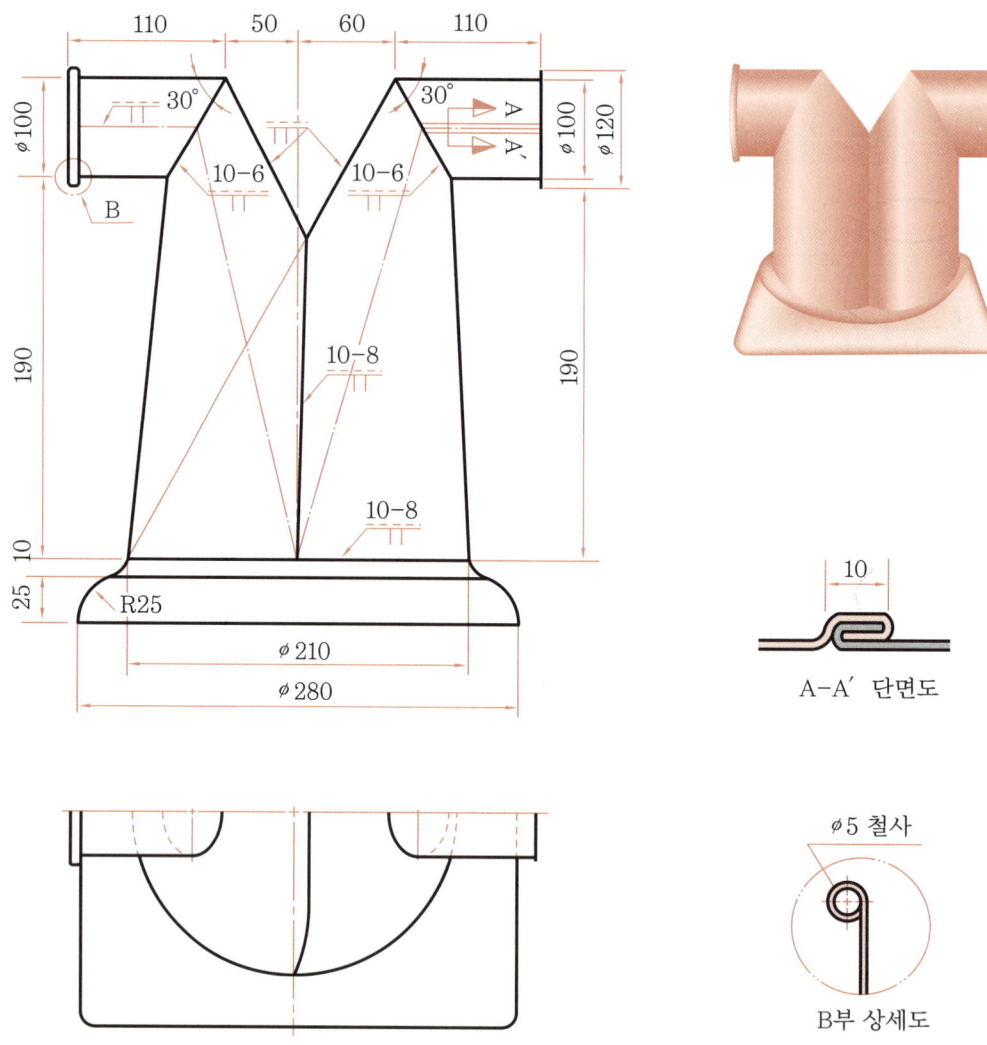

① 정면도의 상관선이 도면에 직선으로 나타나므로 정면도의 Ⅰ번 부품에 있는 선들을 연결하여 상관선과의 교차점 A′, B′, C′, D′를 구하고, 그 점들을 평면도로 옮겨 그리면 평면도의 상관선을 구할 수 있다. Ⅰ번 부품의 C점과 C′점을 구하려면 5′와 ㅂ′를 직선으로 연결하여 상관선과의 C′를 구하고 난 다음 평면도의 점 5와 ㅁ에 연결한 선에 정면도의 점 C′를 수직으로 옮기면 평면도의 점 C를 구할 수 있으며, 다른 점들도 같은 방법으로 구한다.
② 부품 Ⅰ과 Ⅱ는 삼각형 전개법을 이용하여 그리고, 각 선들마다 전개 시 실장을 구하여 전개한다.
③ 부품 Ⅲ은 타출 부분이므로 Ⅲ과 같이 전개하여 타출한다.
④ 부품 Ⅳ와 Ⅴ는 평행 전개법을 이용하여 전개한다(전개도 N.S임).

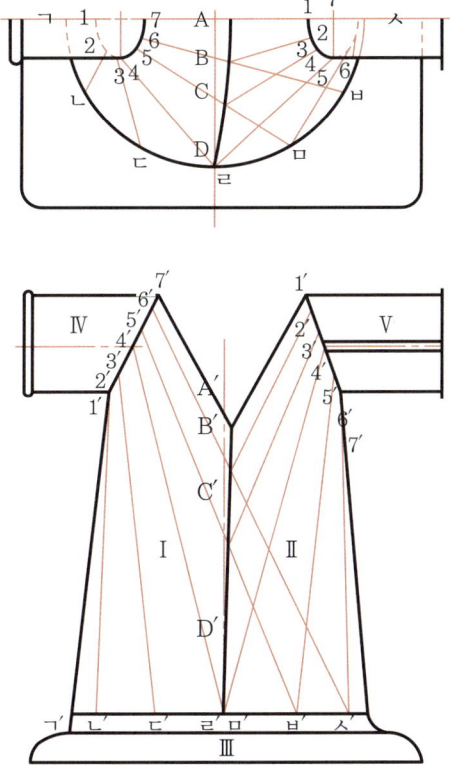

**정면도와 평면도**

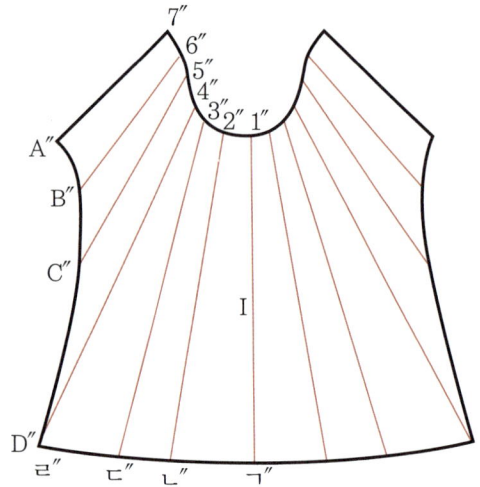
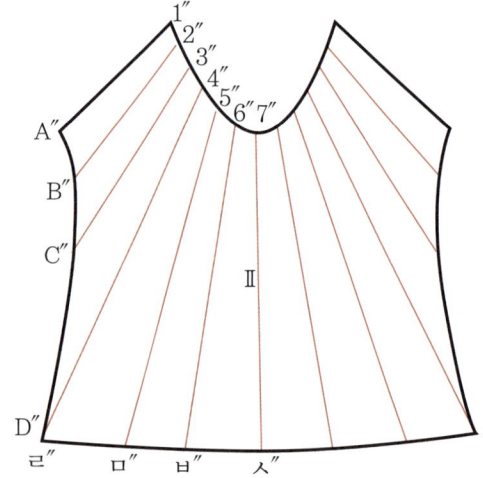
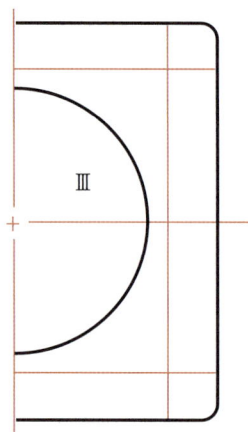
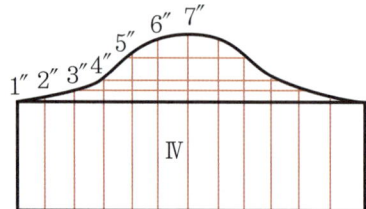
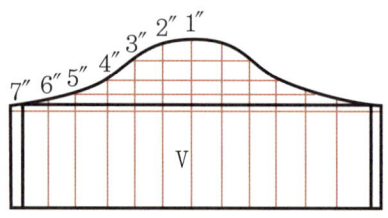

전개도

## ❷ 이형 Y자 분기관

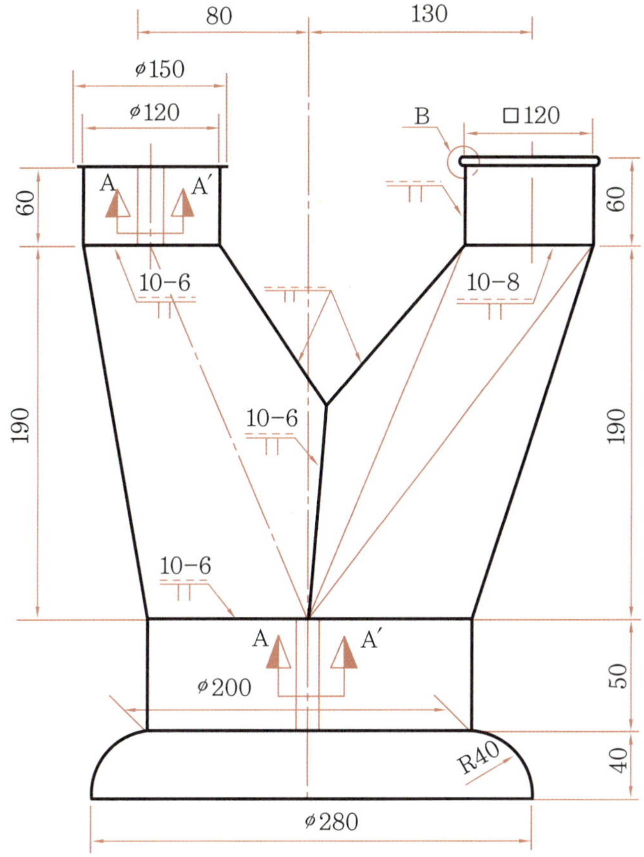

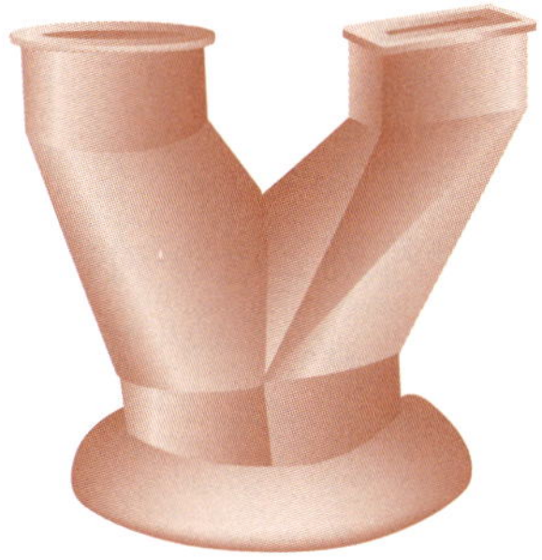

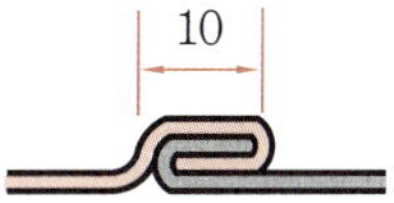

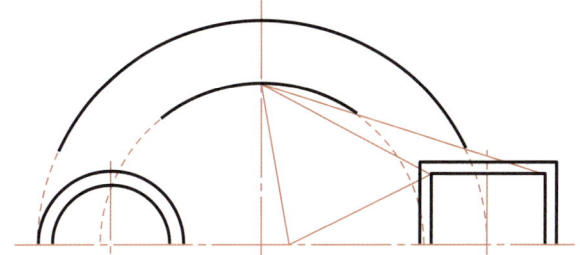

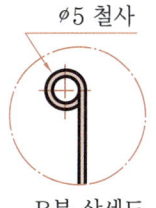

A-A´ 단면도

B부 상세도

① 정면도에 상관선이 직선으로 나타나 있으므로 Ⅰ번 부품과 같이 선을 연결하여 상관점 A′, B′, C′, D′를 구한다.
② 정면도상의 상관점 A′, B′, C′, D′를 평면도로 옮기면 평면도의 상관점 A, B, C, D를 구할 수 있으며, 정면도 Ⅰ번에서 상관점 B′점을 평면도에 옮기려면 평면도의 점 b와 점 ㅂ에 직선으로 연결된 선에 정면도의 B′점을 수직으로 올려 교차하는 점 B를 구하고, 나머지 점들도 같은 방법으로 구한다.
③ 부품 Ⅰ은 각 선들의 실장을 구하여 전개하며, 삼각 전개법을 이용하여 전개한다.
④ 부품 Ⅱ도 삼각 전개법을 이용하여 전개하며, 사각 모서리의 부분에 제품의 치수가 크지 않게 재료의 두께를 생각하며 전개한다.
⑤ 부품 Ⅲ은 평행 전개법을 이용하며, 심 여유 치수나 타출 부분은 Ⅲ번과 같이 전개한다.
⑥ 부품 Ⅳ와 Ⅴ는 평행 전개법을 이용하여 전개한다(전개도 N.S).

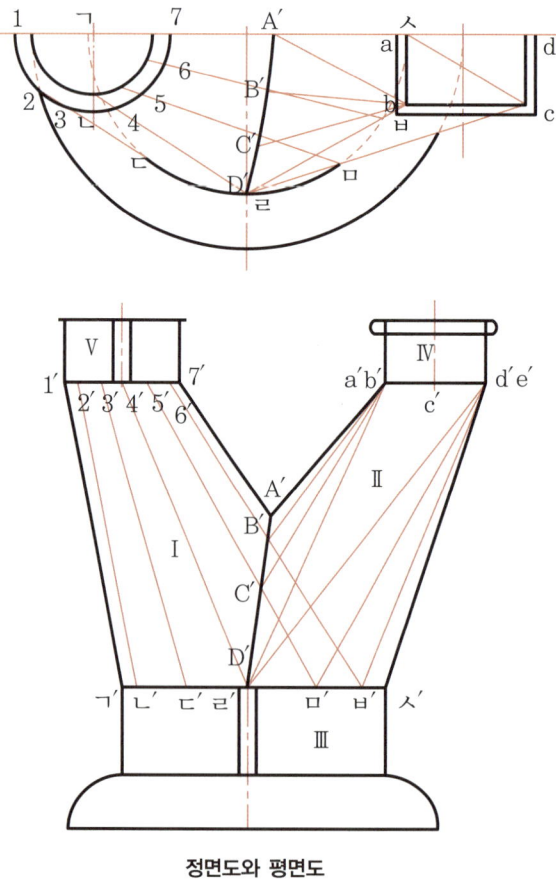

**정면도와 평면도**

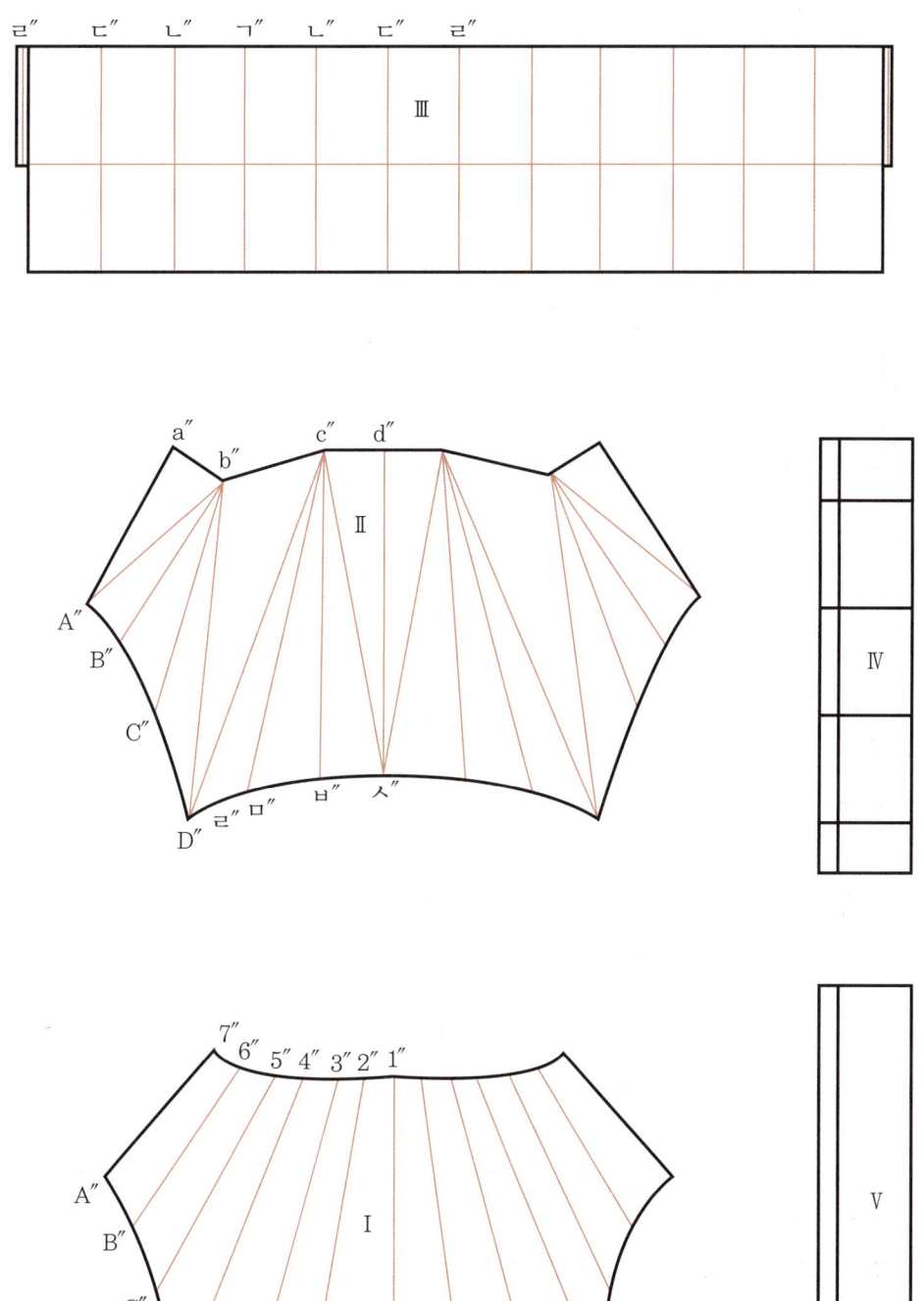

전개도

## ❸ 밑면이 사각인 Y형관

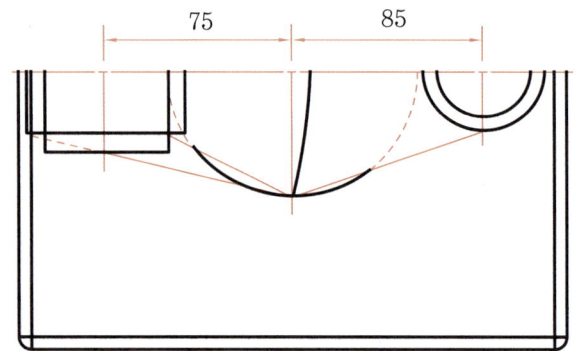
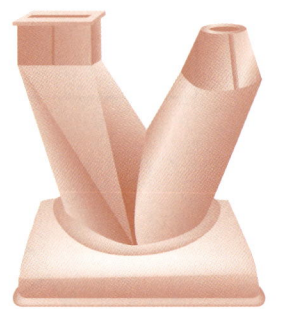
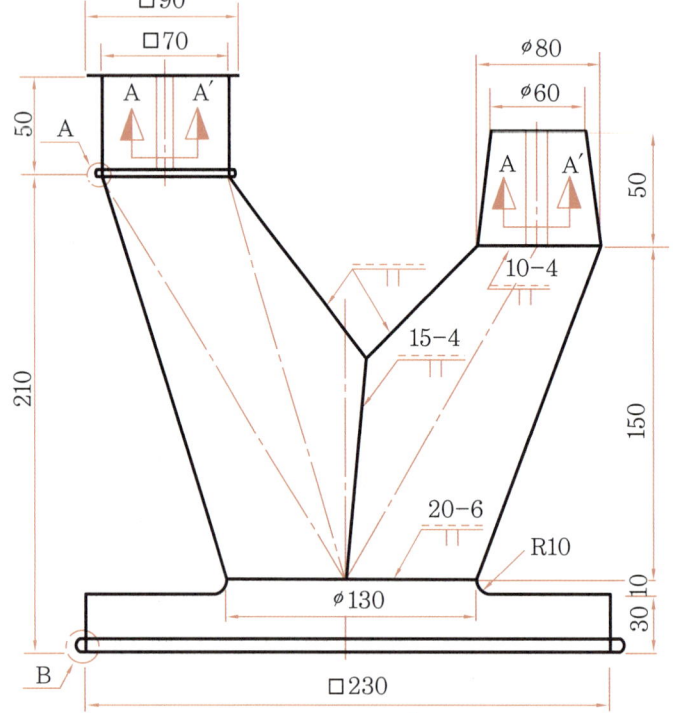
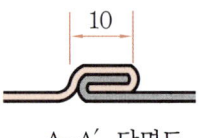

A-A′ 단면도

B부 상세도

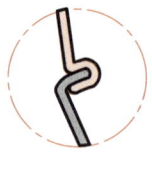

A부 상세도

① 정면도 상관선은 직선으로 나타나 있으므로 구할 필요가 없다.
② 정면도 Ⅰ번 부품에 큰 원과 작은 원을 12등분하여 선을 연결하면 상관선과 만나는 점 A′, B′, C′, D′를 구할 수 있다.
③ Ⅰ번 부품은 삼각 전개법을 이용하여 그린다.
④ Ⅱ번 부품도 삼각 전개법을 이용하여 그린다.
⑤ Ⅲ 부품을 전개할 때에는 와이어링 여유 치수를 생각하여 전개한다.
⑥ Ⅳ번 부품은 방사 전개법으로 전개하며, Ⅰ번 부품과 교차하는 상관선 부분을 정확히 전개한다.
⑦ Ⅴ번 부품은 평행 전개법으로 전개하며, 플랜지 부품의 여유 치수를 가산하여 그린다 (전개도 N.S).

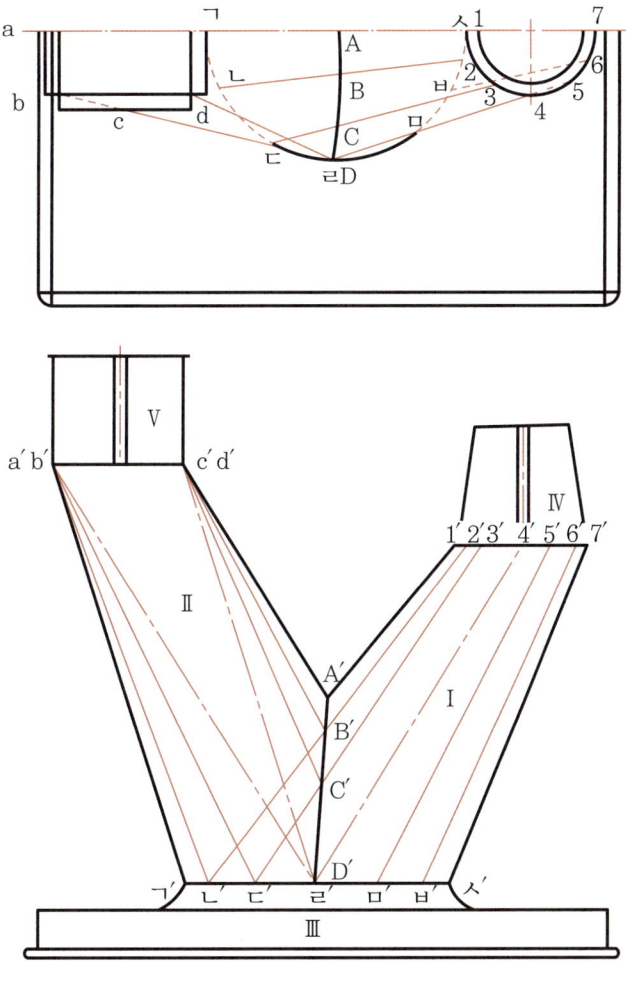

**정면도와 평면도**

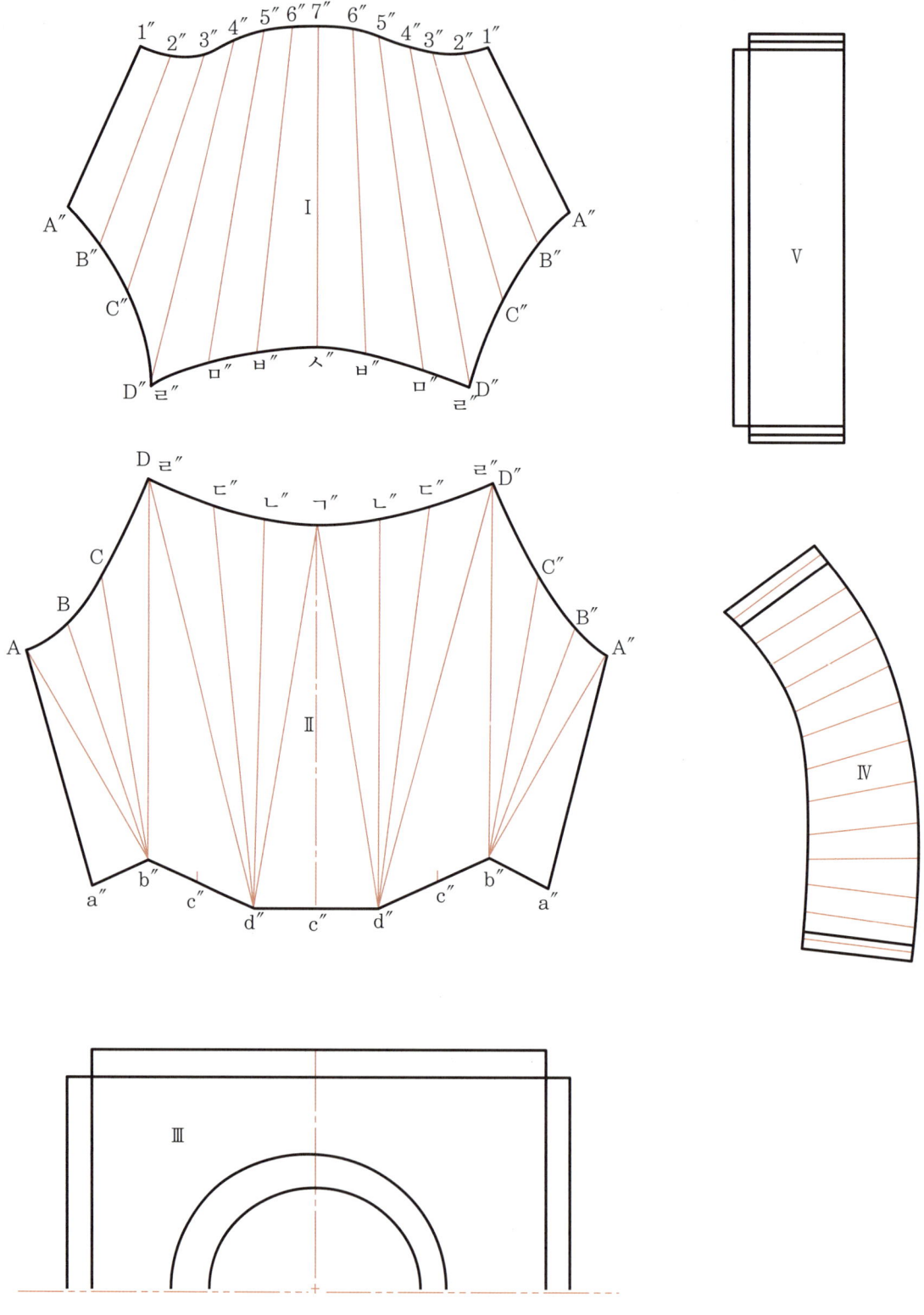

전개도

## ❹ 경사진 원뿔에 달린 나팔관

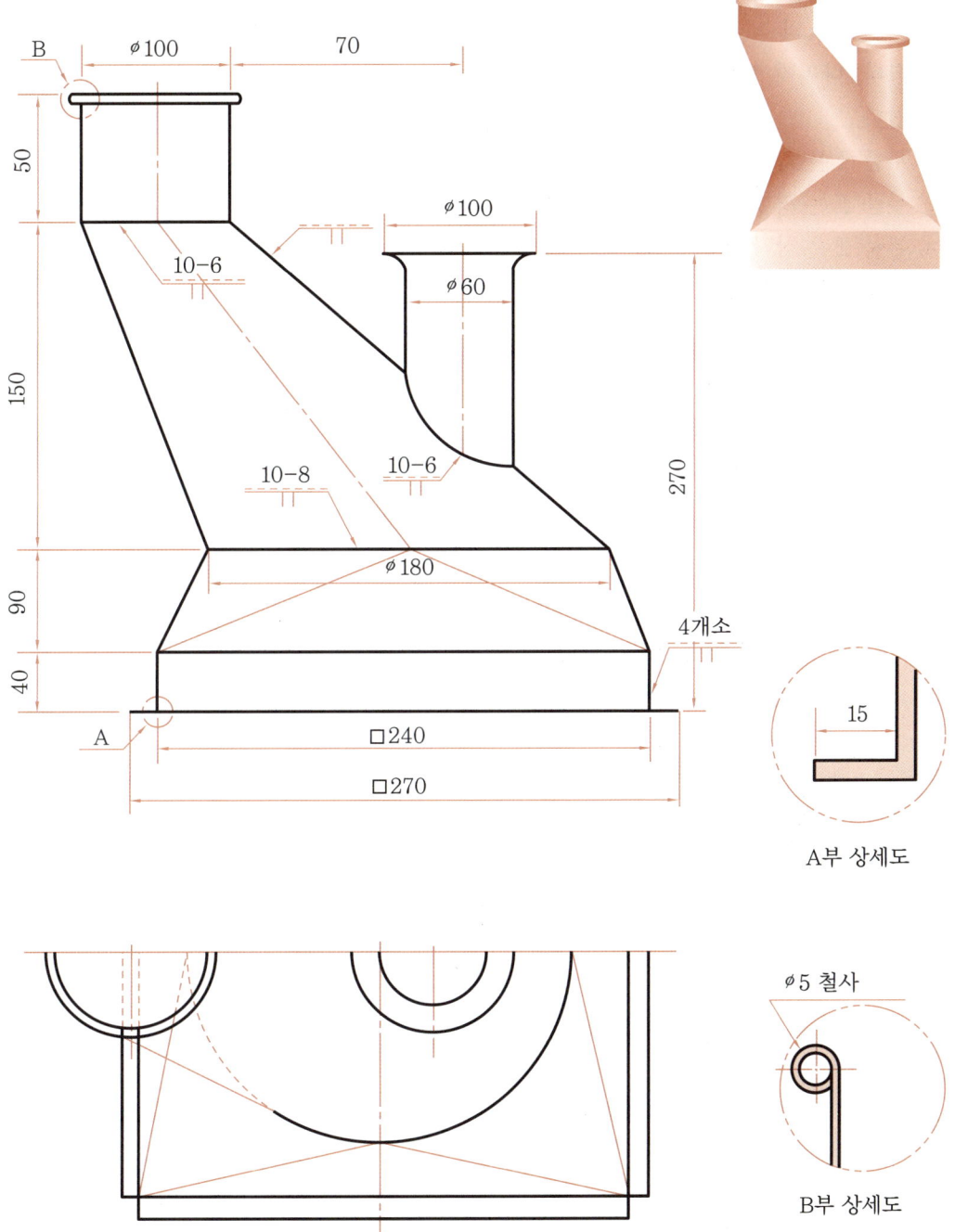

A부 상세도

B부 상세도

① 부품 Ⅰ과 Ⅱ 사이에 있는 상관선은 평면도에서 원으로 나타나 있으므로 평면도의 상관선을 12등분하여 점 A, B, C, D … G를 구하고 이 점들을 정면도로 옮겨 정면도의 상관점 A′, B′, C′, D′ … G′를 구한다. 평면도의 점 7, F, ①을 지나는 직선을 긋고, F점에서 정면도의 점 7′, ①′를 지나는 직선에 F점을 수직으로 내려 정면도의 상관점 F′를 구한다. 나머지 점들도 같은 방법으로 구하고 각 점들을 연결하면 정면도의 상관선이 나타난다.

② 부품 Ⅰ은 각 선마다 실장을 구하여야 하고 삼각 전개법으로 전개한다.

③ 부품 Ⅱ는 평행 전개법으로 전개한다.

④ 부품 Ⅲ은 삼각 전개법 및 평행 전개법으로 전개한다.

⑤ 부품 Ⅳ는 평행 전개법으로 전개한다(전개도 N.S).

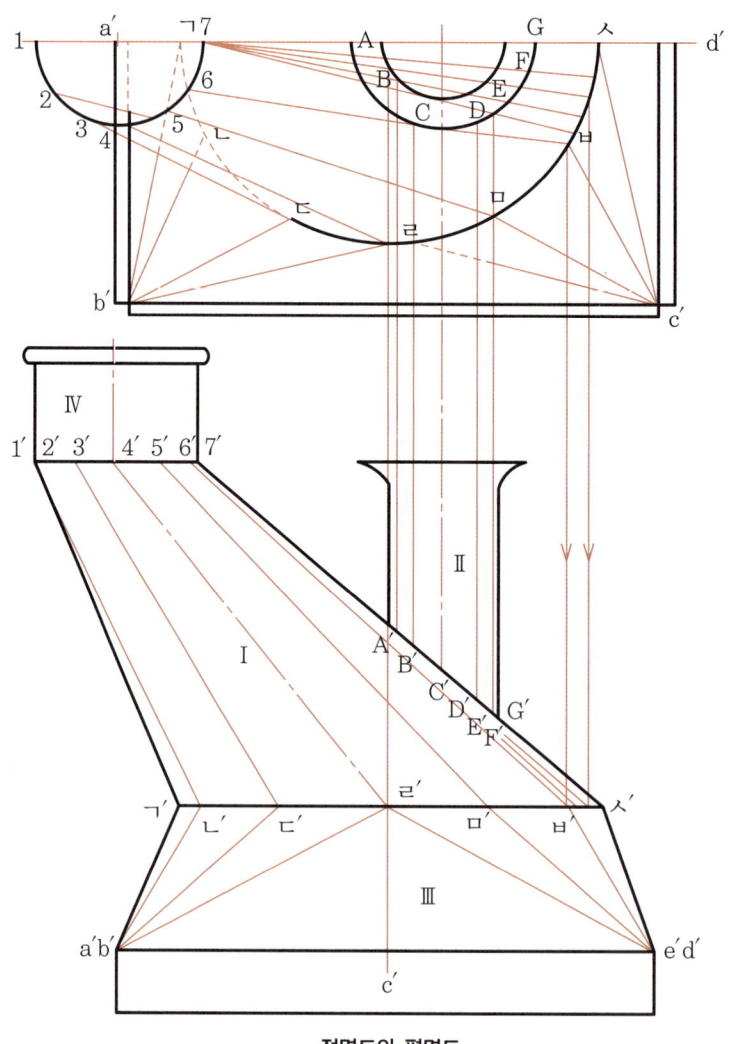

**정면도와 평면도**

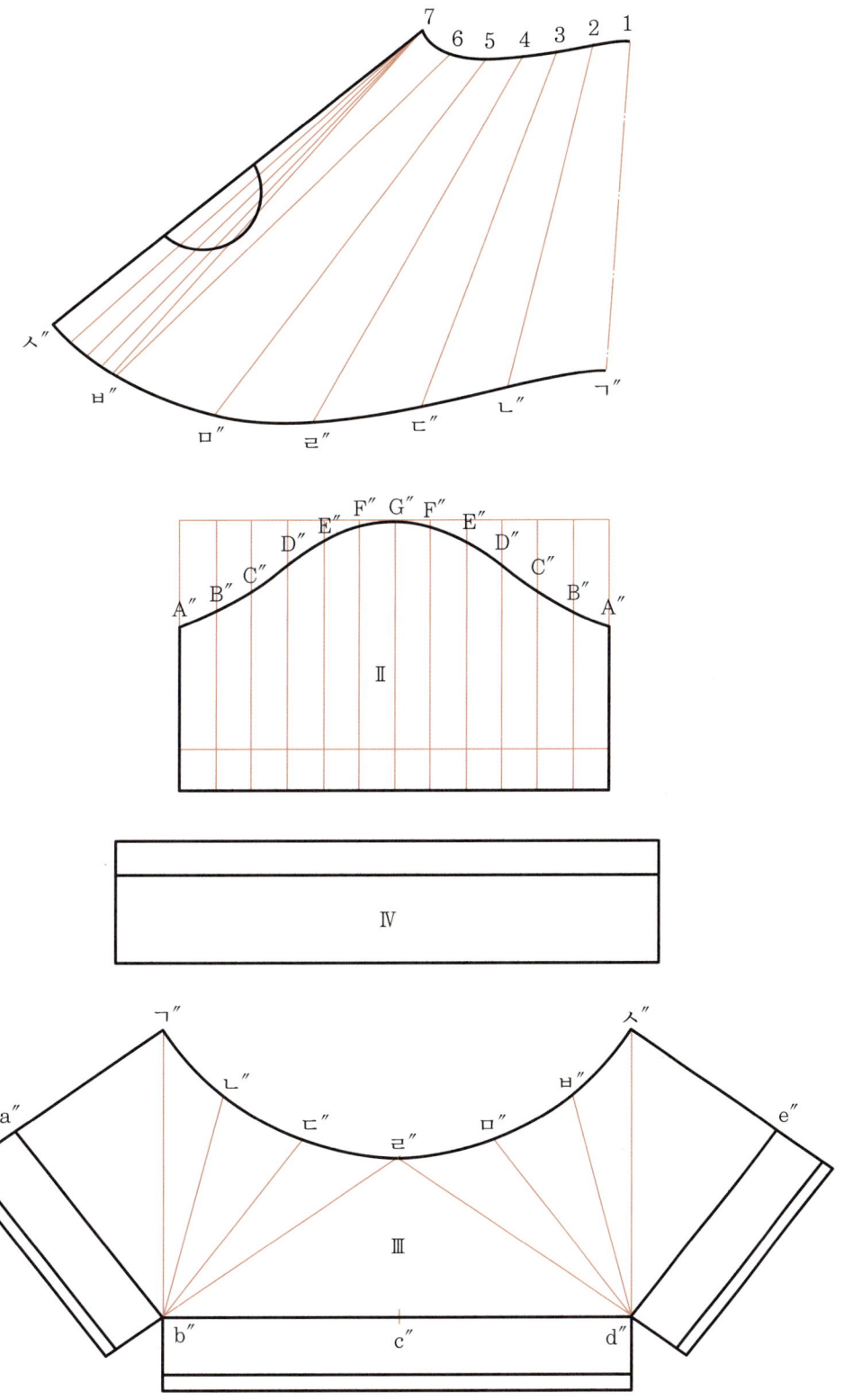

전개도

## ❺ 밑면이 사각인 분기관

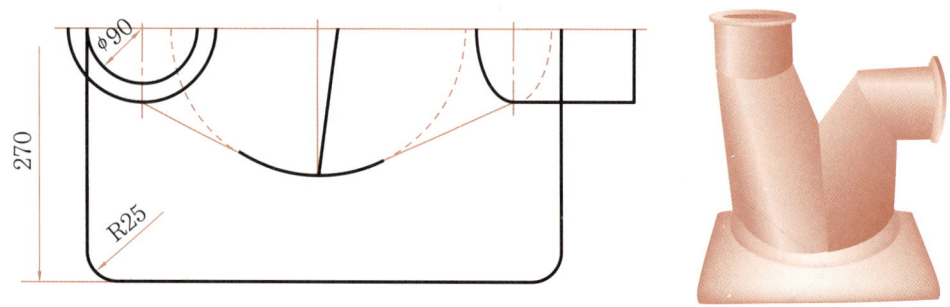

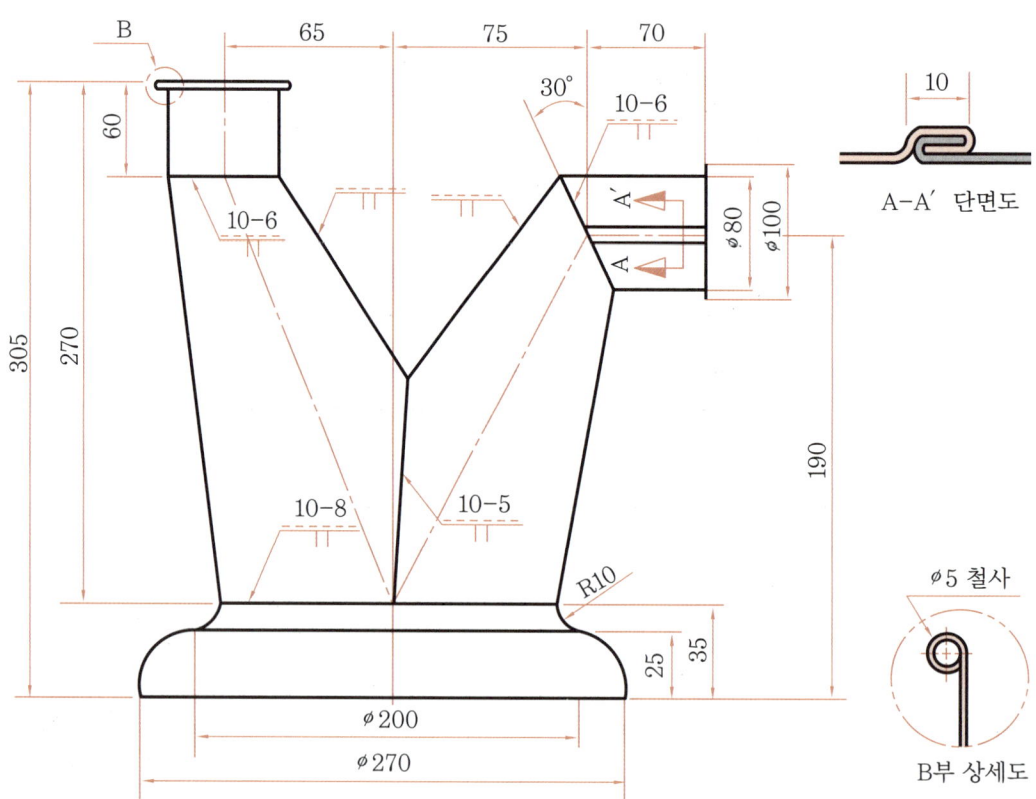

① 정면도에서 부품 Ⅰ의 작은 원을 12등분하여 각 점 1´, 2´…12´를 구하고, 부품 Ⅱ의 큰 원을 12등분하여 각 점 ㄱ´, ㄴ´…ㅎ´을 구하여 정면도의 선을 연결하고 상관선과 만나는 교점 A´, B´, C´, D´를 구한다.
② 정면도의 점 A´, B´, C´, D´를 평면도로 옮기면 평면도의 상관점 A, B, C, D를 구할 수 있다.
③ 부품 Ⅰ의 전개는 삼각 전개법을 이용하여 전개한다.
④ 부품 Ⅱ도 삼각 전개법을 이용하여 전개하며, 타원이 있는 곳이 있으므로 주의한다.
⑤ 부품 Ⅲ은 타출 부분이 있으므로 평행 전개법과 간이도법을 사용하여 전개한다.
⑥ 부품 Ⅳ와 Ⅴ는 평행 전개법을 이용하여 전개한다(전개도 N.S).

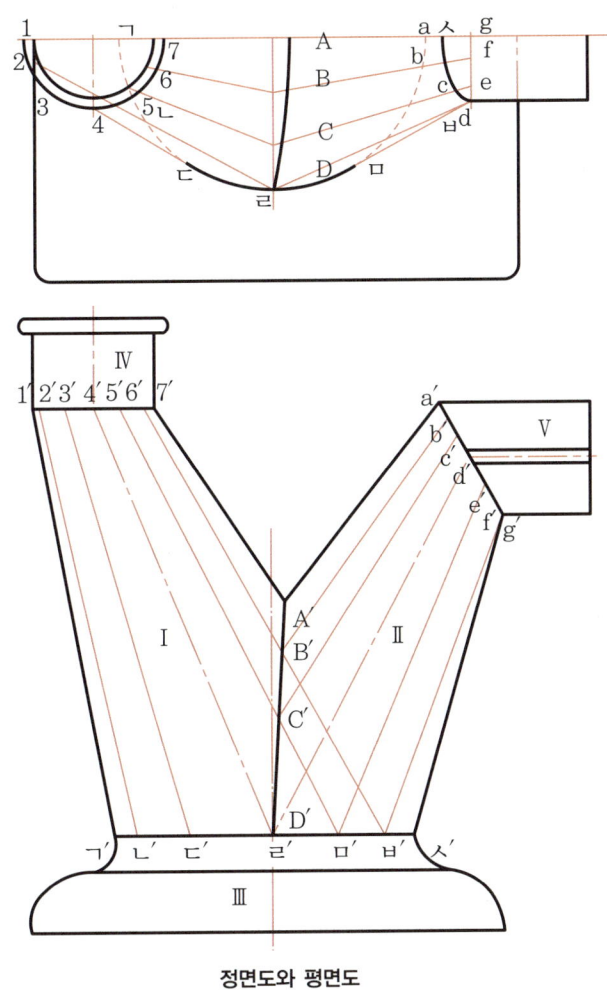

**정면도와 평면도**

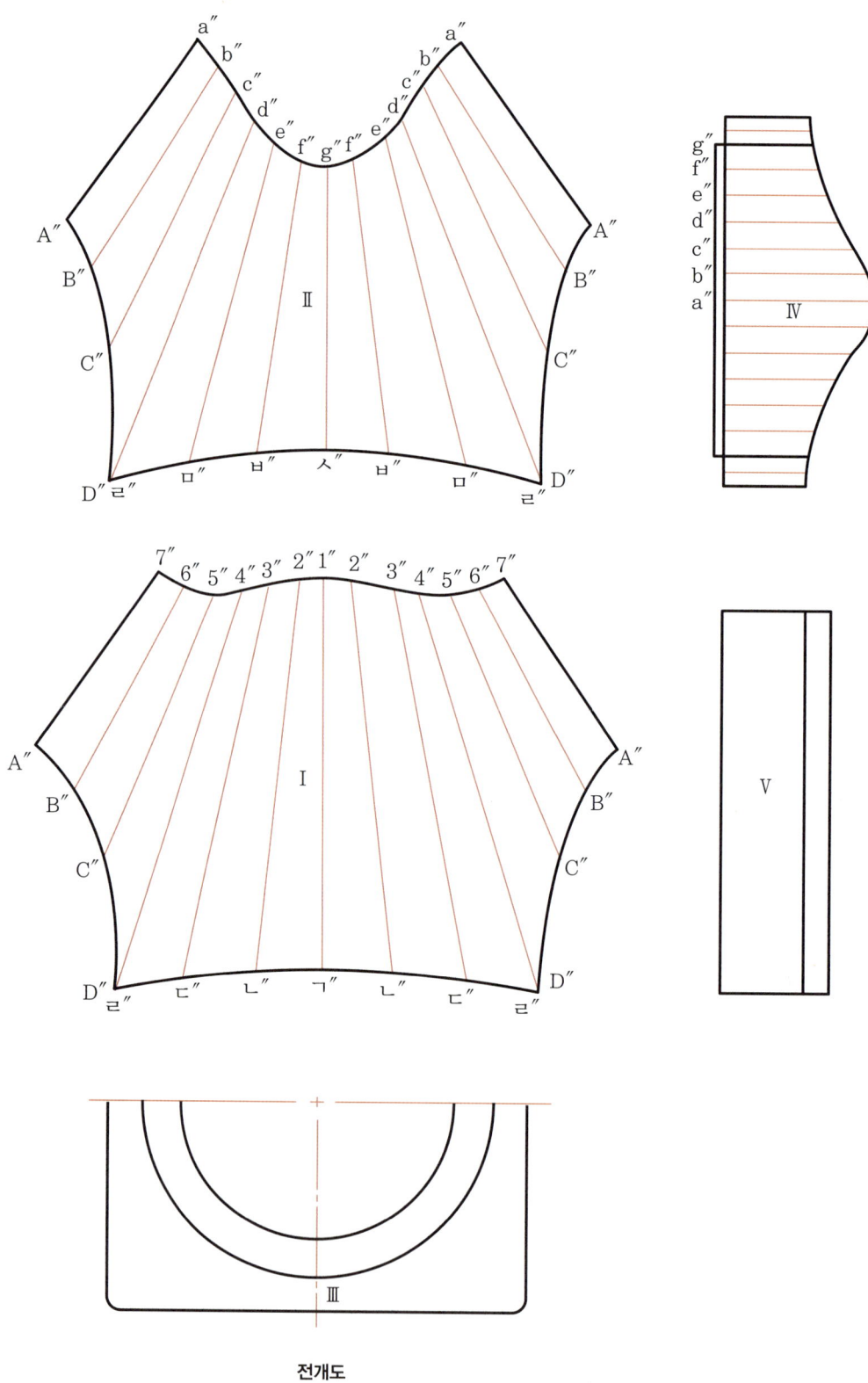

전개도

## ❻ 반구가 달린 분기관

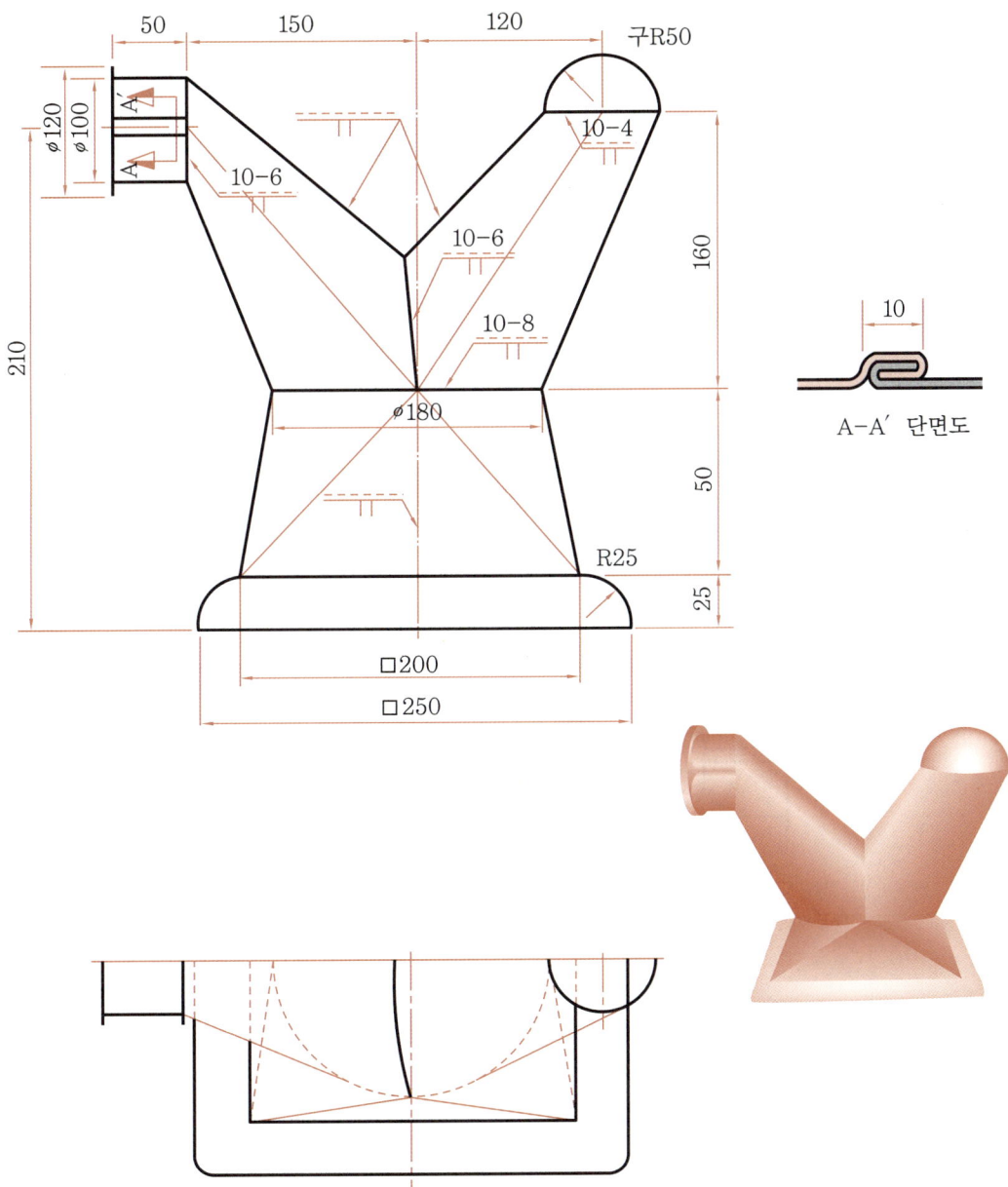

① 정면도의 부품 I 과 II의 상관선이 직선으로 나타나 있으므로 상관선을 별도로 구할 필요가 없다.
② 정면도의 상관점 A′, B′, C′, D′를 구하여 이 점들을 평면도로 옮기면 평면도의 상관점 A, B, C, D를 구할 수 있다.
③ 부품 I은 각 선들의 실장을 구하여 삼각 전개법으로 그린다.
④ 부품 II도 부품 I과 같은 방법으로 전개한다.
⑤ 부품 III은 삼각 전개법으로 그린 다음 타출 부분의 전개는 R부분을 직선 길이로 하여 전개한다.
⑥ 부품 IV는 타출 전개법으로 전개한다.
⑦ 부품 V는 평행 전개법으로 전개하며, 계산에 의한 전개법을 이용하면 더욱 정확한 전개를 할 수 있다.(전개도 N.S)

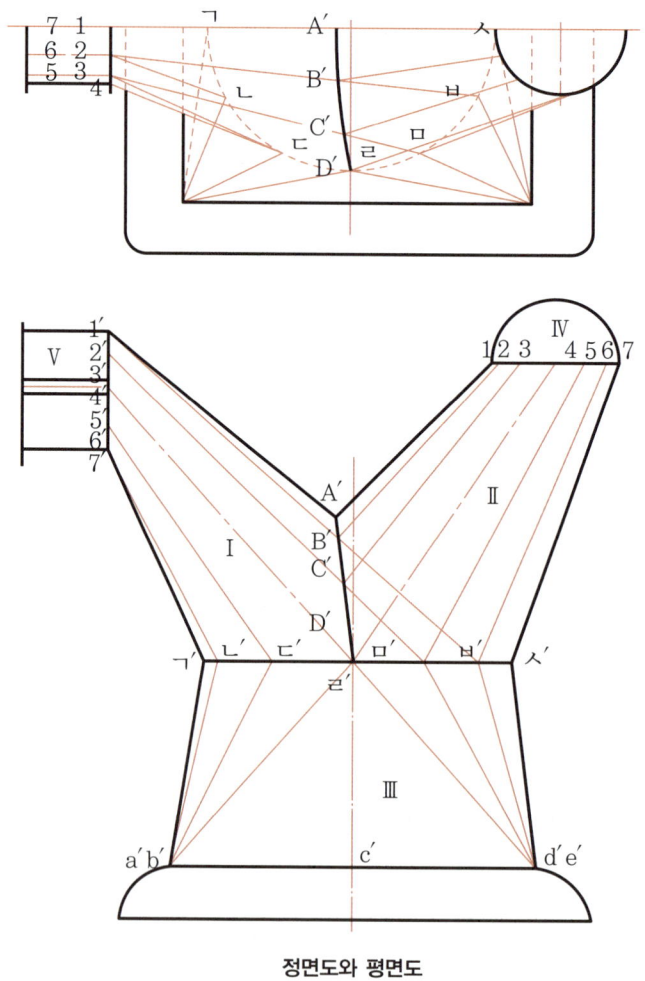

**정면도와 평면도**

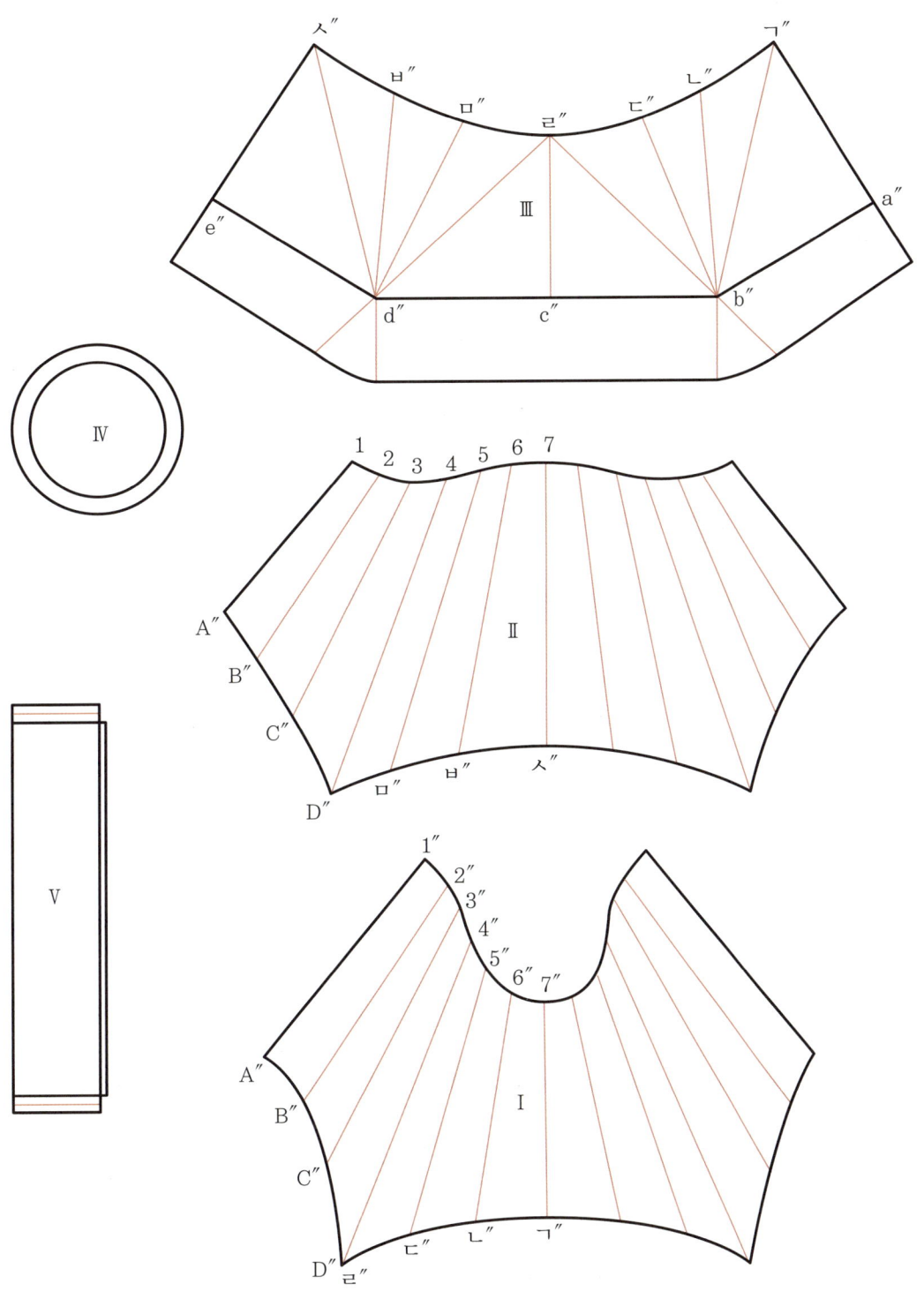

전개도

## ❼ 밑면이 사각인 원추 분기관

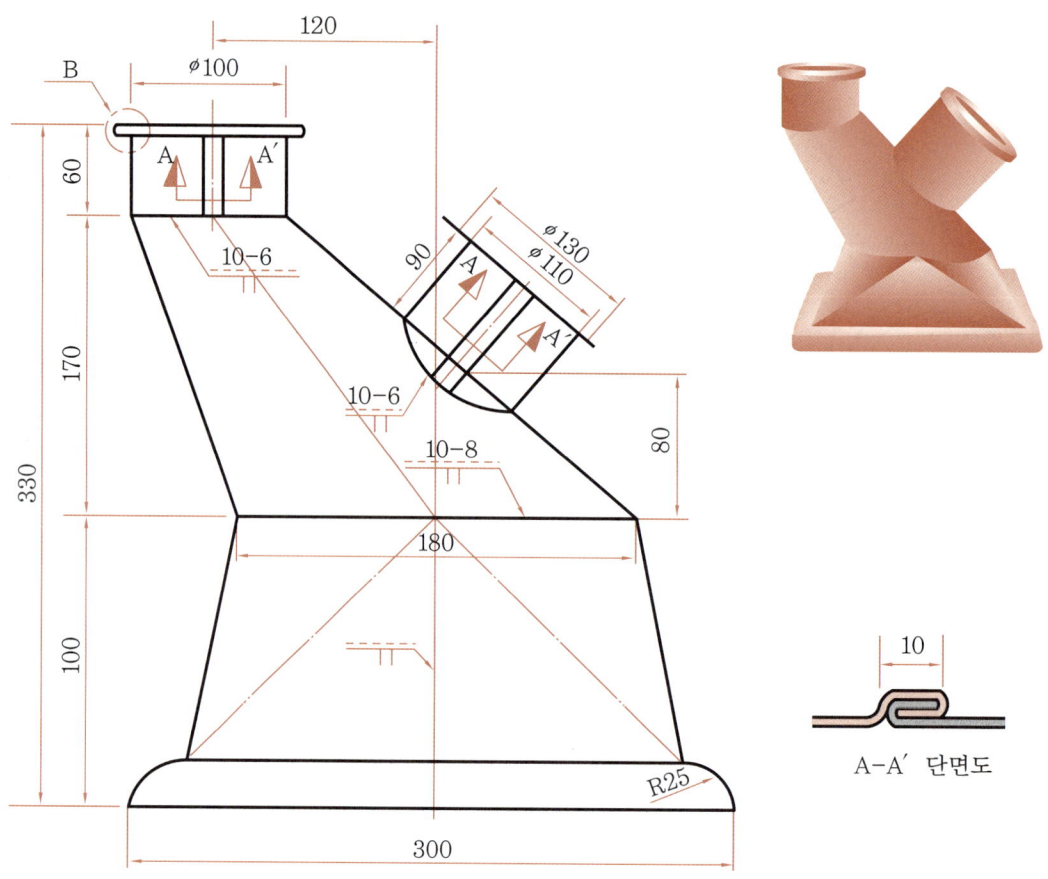

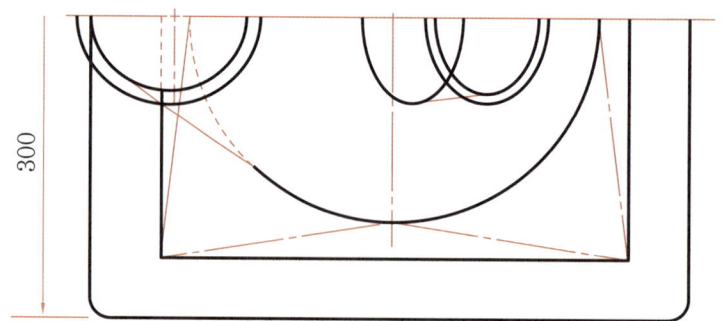

A-A′ 단면도

B부 상세도

① 정면도의 상관선과 평면도의 상관선을 구하려면 경사 절단법을 이용한다.
② 부품 Ⅰ은 각 선마다 실장을 구하여 삼각 전개법으로 전개한다.
③ 부품 Ⅱ는 삼각 전개법으로 전개한 다음 타출부의 R부분을 직선 길이로 전개한다.
④ 평면도의 상관점 A, B…G를 구하여 이 점들을 정면도로 옮기면 정면도의 상관점 A′, B′…G′가 구해진다.
⑤ 부품 Ⅲ과 Ⅳ는 평행 전개법을 이용하여 전개한다.

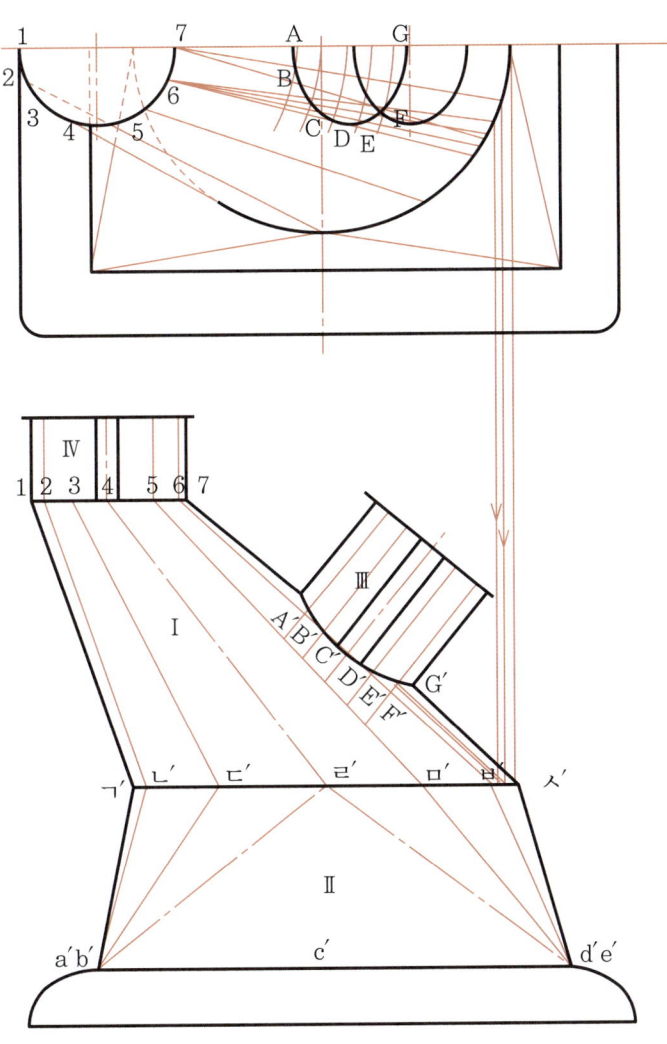

**정면도와 평면도**

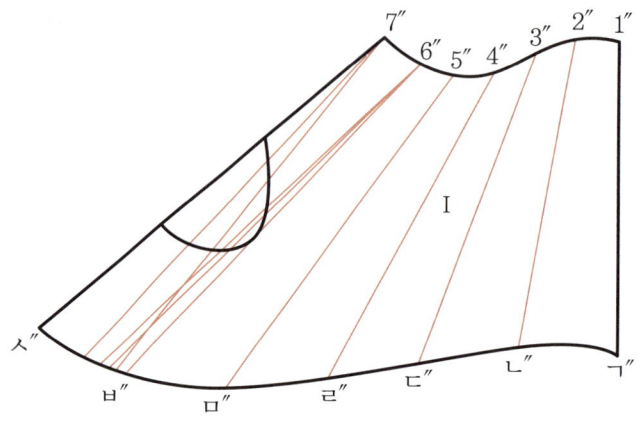
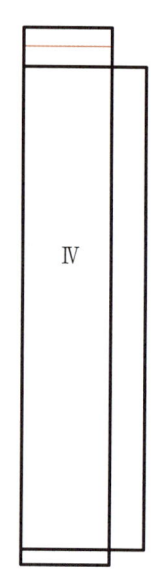
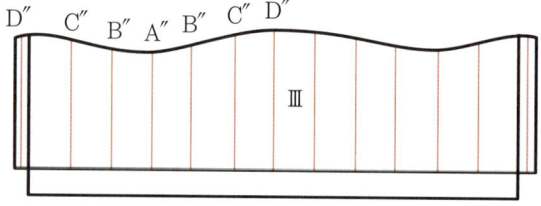
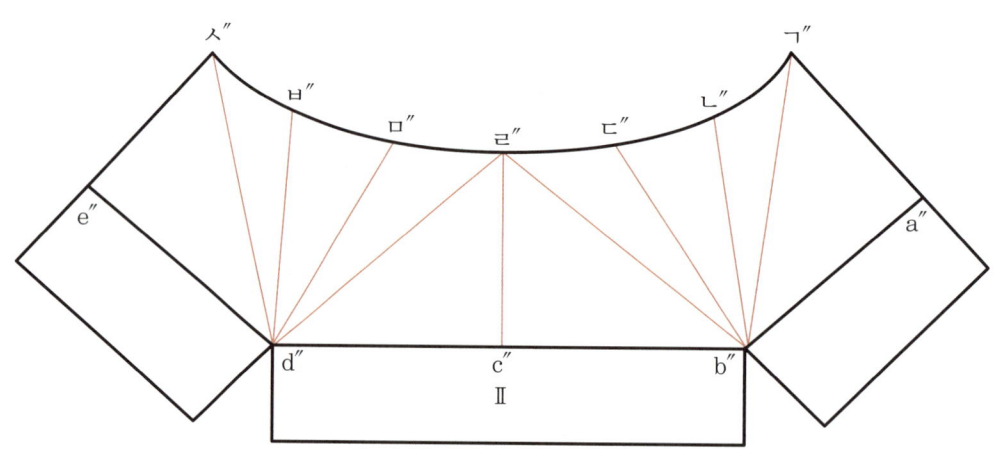

전개도

## ❽ 1/4 반구가 달린 분기관

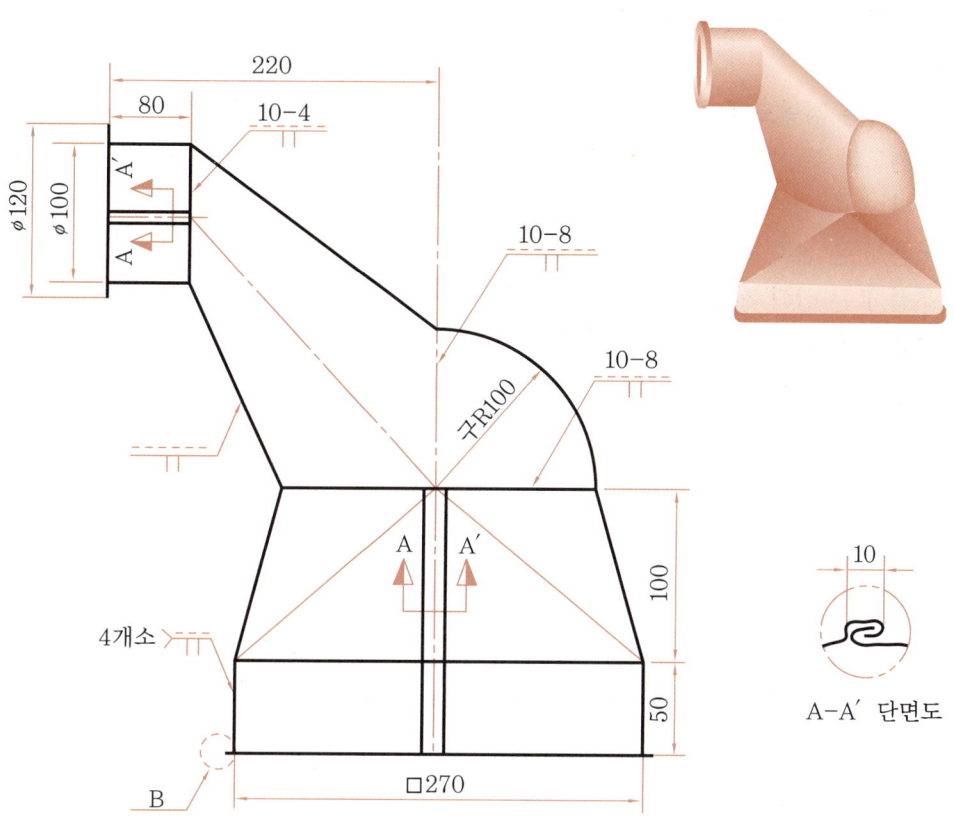

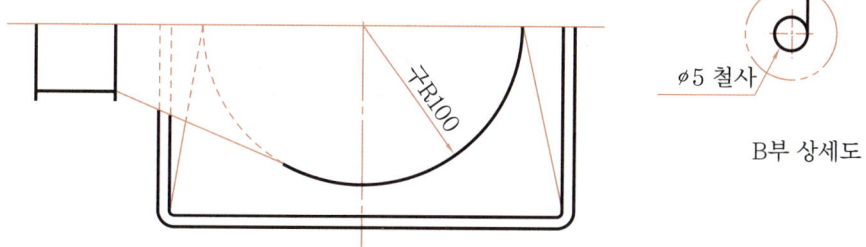

① 정면도의 상관선과 평면도의 상관선이 나타나 있으므로 별도로 상관선을 구할 필요가 없다.
② 정면도의 부품 Ⅳ의 원을 12등분하고 각 점 1′, 2′, 3′ … 12′를 잡는다.
③ 정면도의 12등분한 점들을 정면도의 대응하는 점 A′, B′, C′, D′, ㄷ′, ㄴ′, ㄱ′에 연결한다.
④ 평면도는 정면도에서 그린 선을 평면도에 서로 같은 점을 구하여 그린다.
⑤ 정면도의 부품 Ⅱ에는 점 a′, b′, c′, d′, e′에 ㄱ′, ㄴ′, ㄷ′, ㄹ′, ㅁ′, ㅂ′, ㅅ′을 연결한다.
⑥ 부품 Ⅰ은 삼각 전개법을 이용하여 전개한다.
⑦ 부품 Ⅱ는 삼각 전개법 및 평행 전개법을 이용하여 전개한다.
⑧ 부품 Ⅲ은 다음 그림과 같이 전개한다.
⑨ 부품 Ⅳ는 평행 전개법을 이용하여 전개한다(전개도 N.S).

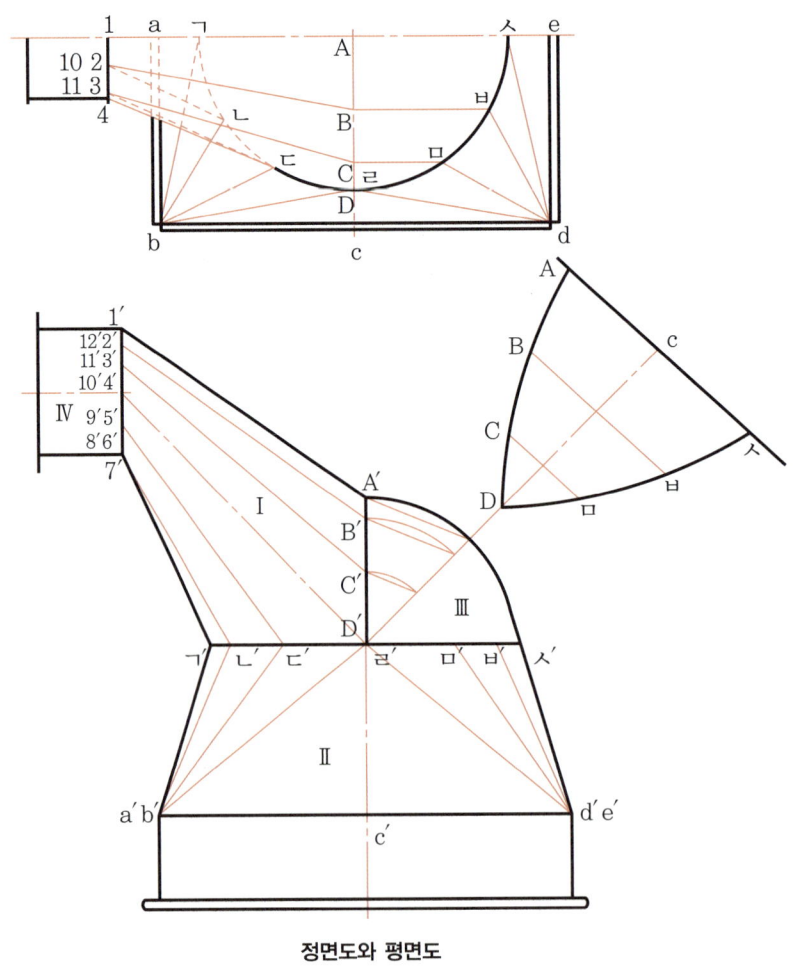

**정면도와 평면도**

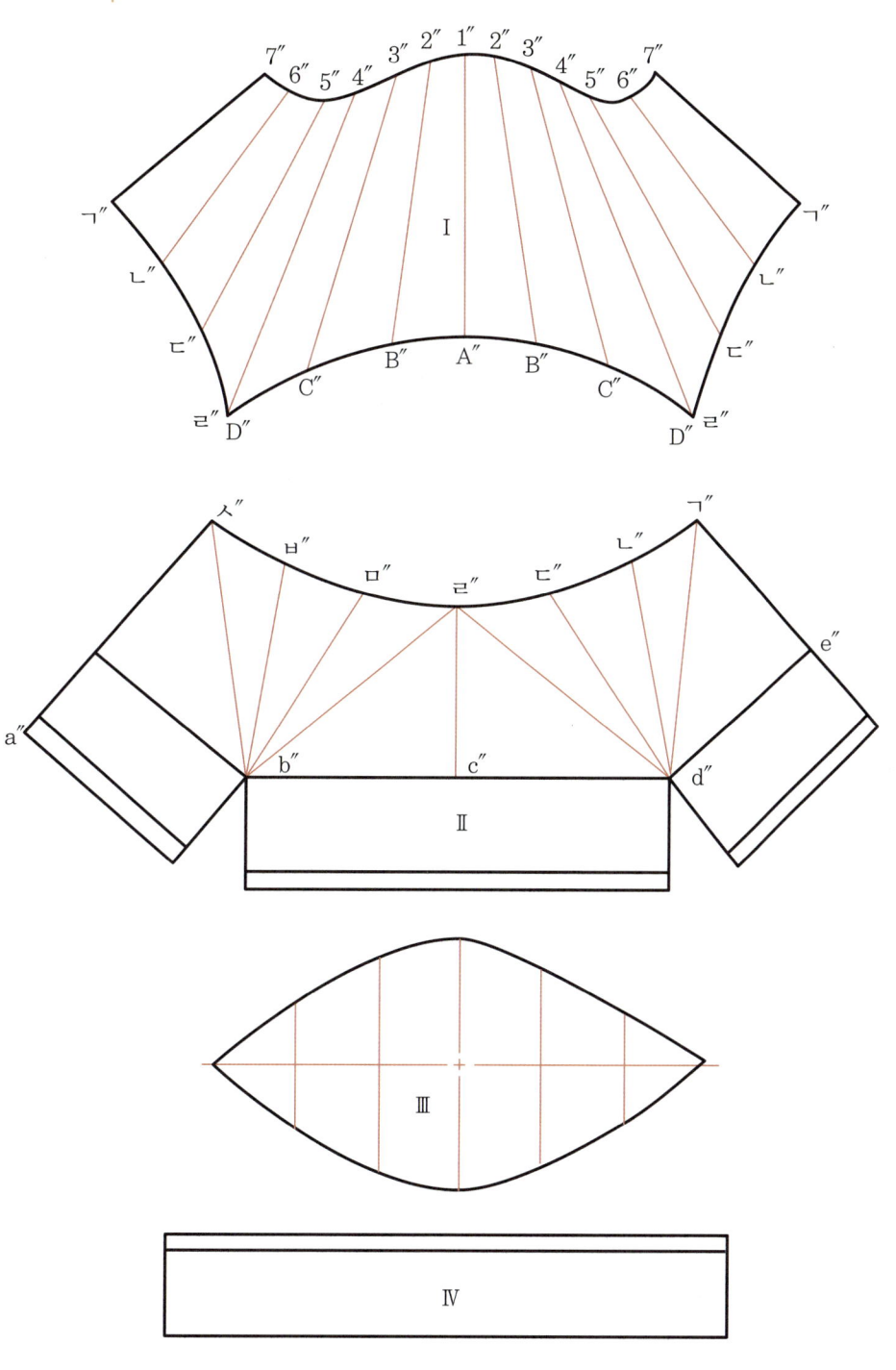

전개도

**284** 부록

### ❾ 원기둥이 달린 흡입관

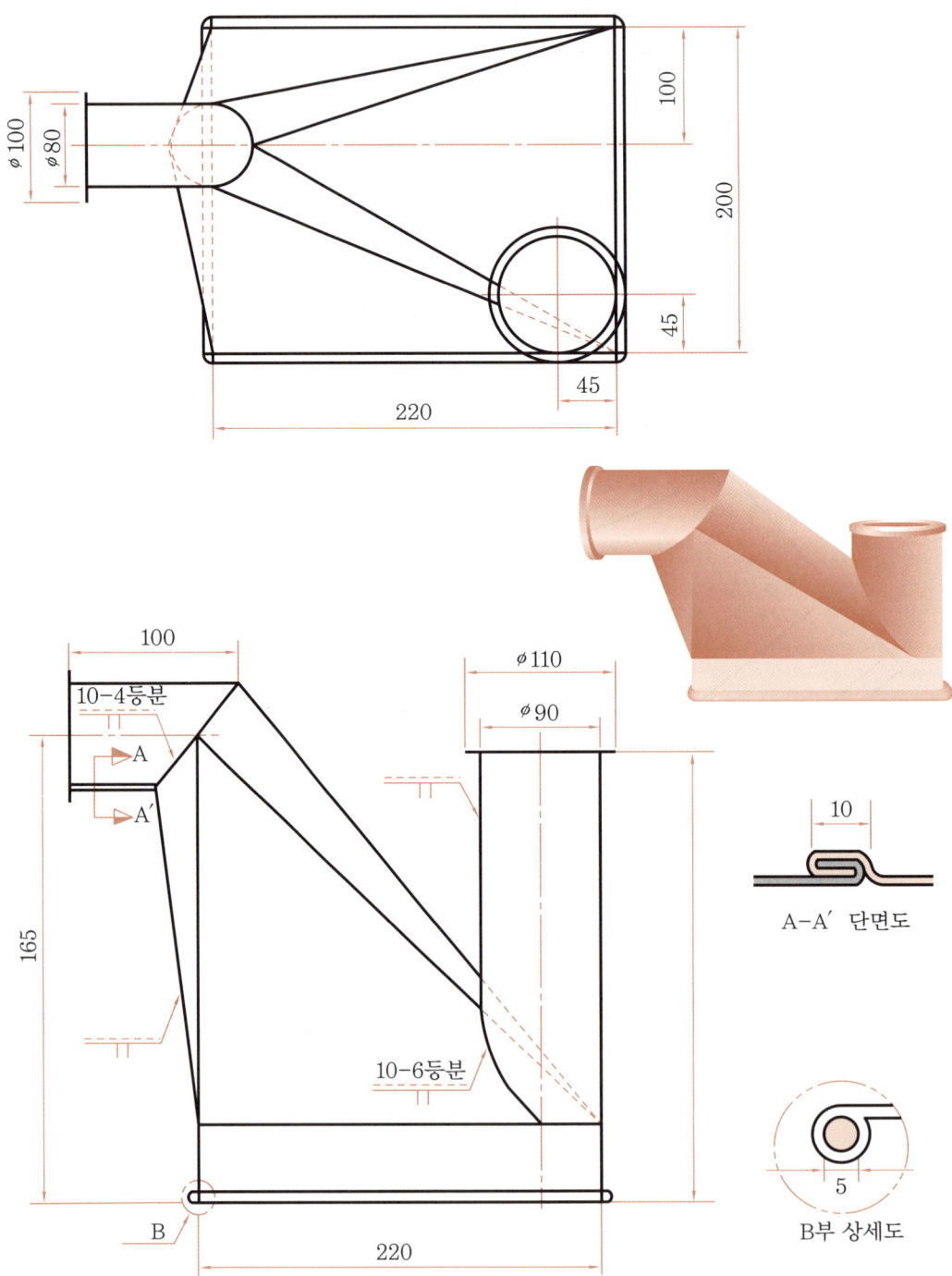

① 평면도에서 상관선이 나타나 있으므로 이 상관선 부위에 임의대로 선을 여러 개 그려 평면도에 점 A, B⋯L을 잡는다.
② 평면도의 점 A, B⋯L을 정면도의 점 A′, B′⋯L′에 내려 선을 그으면 정면도의 상관선을 나타낼 수 있다.
③ Ⅰ번 부품은 삼각 전개법을 이용하여 전개한다. Ⅰ번에서 보는 바과 같이 구멍이 뚫리는 부분에 정확하게 마킹을 해야 한다.
④ Ⅱ번 부품은 평행 전개법을 이용하여 전개를 한다. 이 때 계산에 의해서 원통 전체의 길이를 구하면 더욱 정확하다.
⑤ Ⅲ과 Ⅳ번 부품은 평행 전개법을 이용하여 전개한다(전개도 N.S).

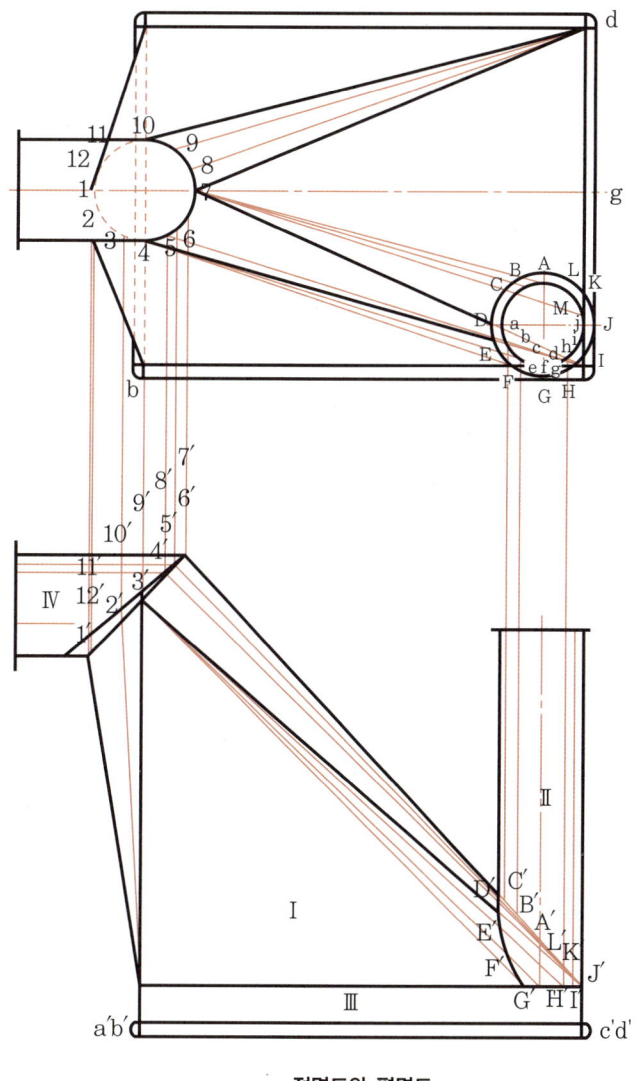

**정면도와 평면도**

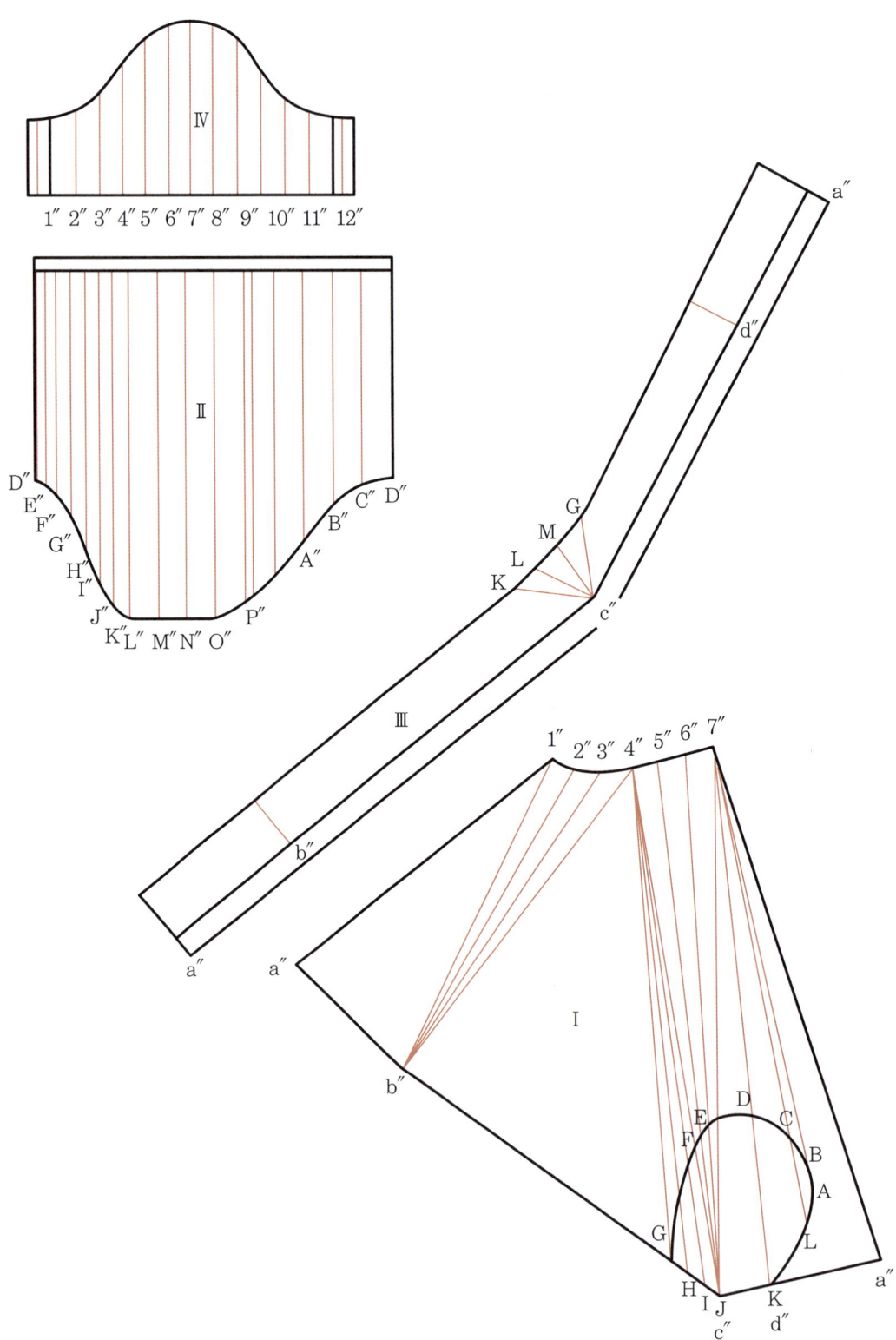

전개도

### ❿ 배출관

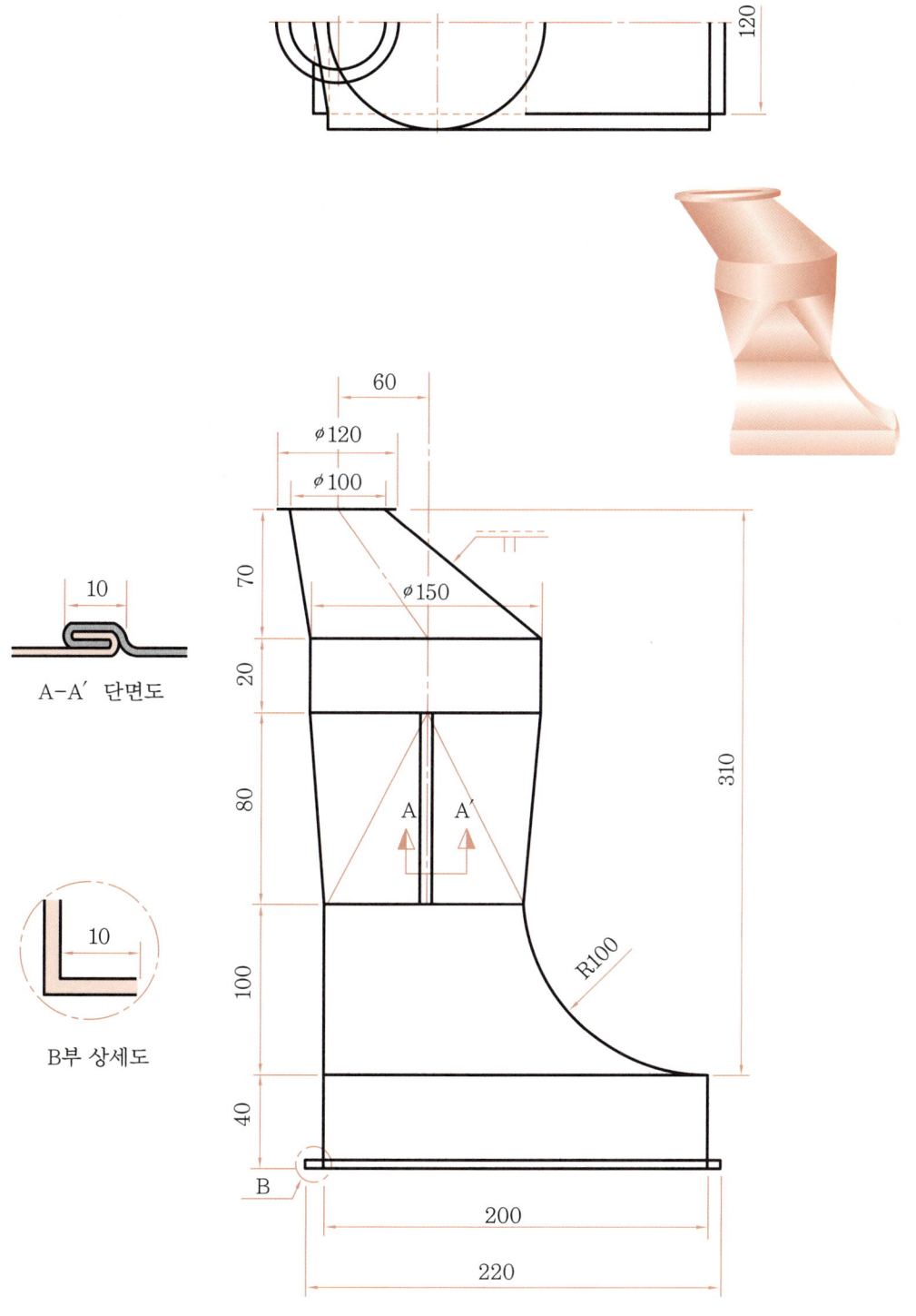

① 정면도에 상관선이 나타나 있으므로 별도로 상관선을 구할 필요가 없다.
② 부품 Ⅰ을 전개할 때는 삼각 전개법을 이용하여 전개한다.
③ 부품 Ⅱ를 전개할 때는 $\frac{1}{3}$ 부분은 줄이기 작업을 할 부분이고, $\frac{2}{3}$ 부분은 늘이는 부분이 되게 Ⅱ번과 같이 전개한다.
④ 부품 Ⅲ은 삼각 전개법을 이용하여 전개를 하며 밑면 모서리 부분에 특히 주의하여 전개한다.
⑤ 부품 Ⅳ는 평행 전개법을 이용하여 전개를 하며, 평행하게 선을 그을 때 삼각자가 움직이지 않도록 주의한다(전개도 N.S).

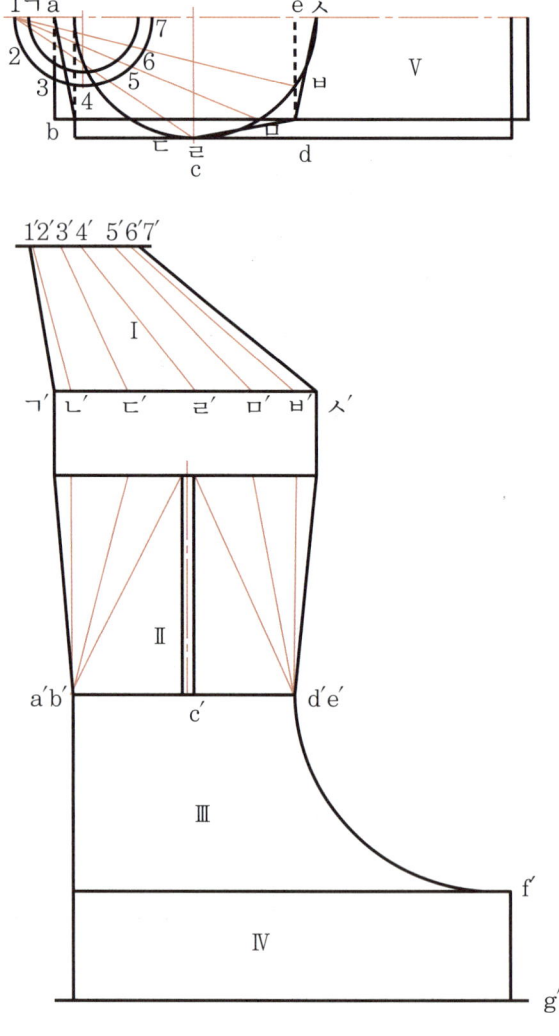

**정면도와 평면도**

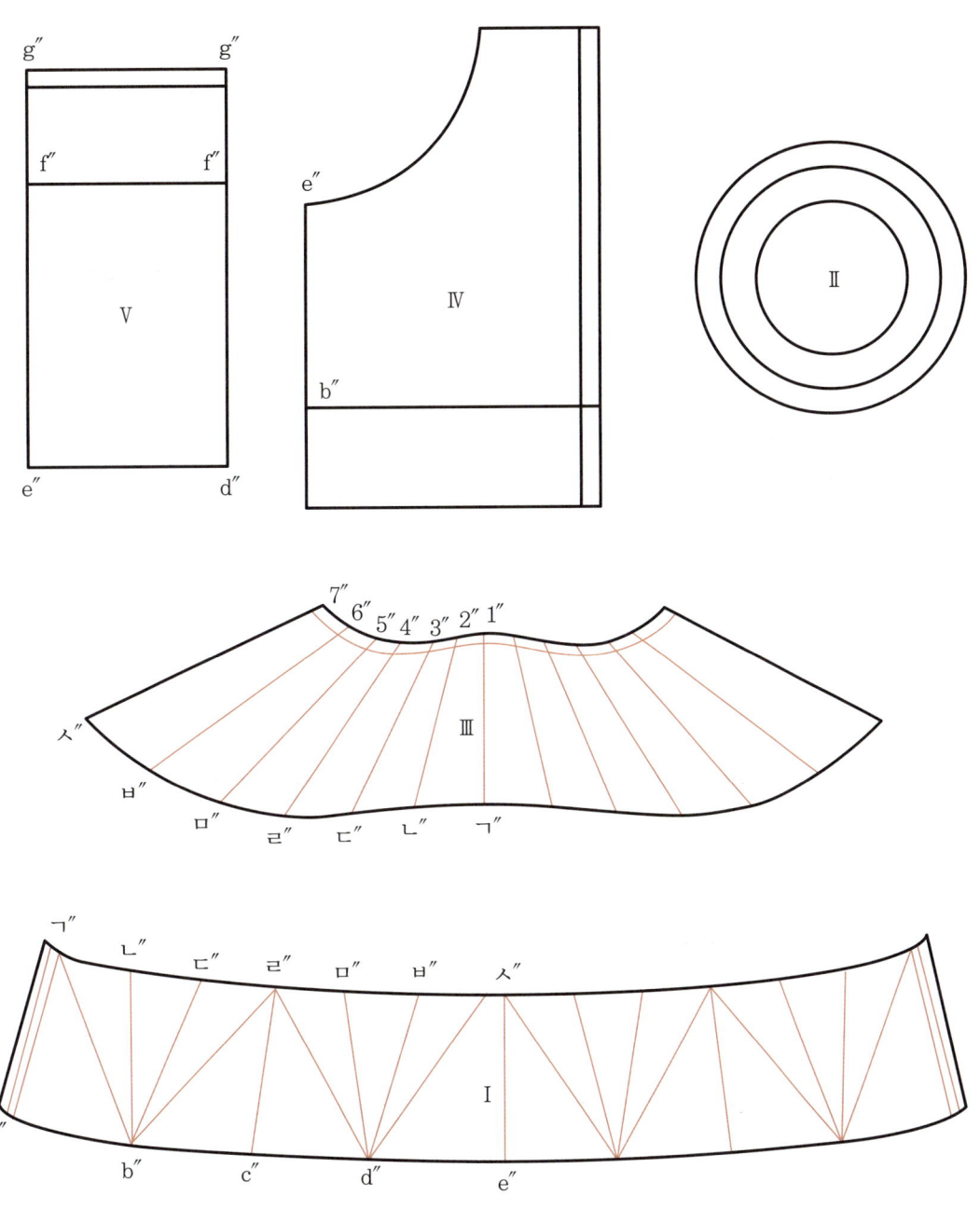

전개도

❶ 원기둥이 달린 덕트관

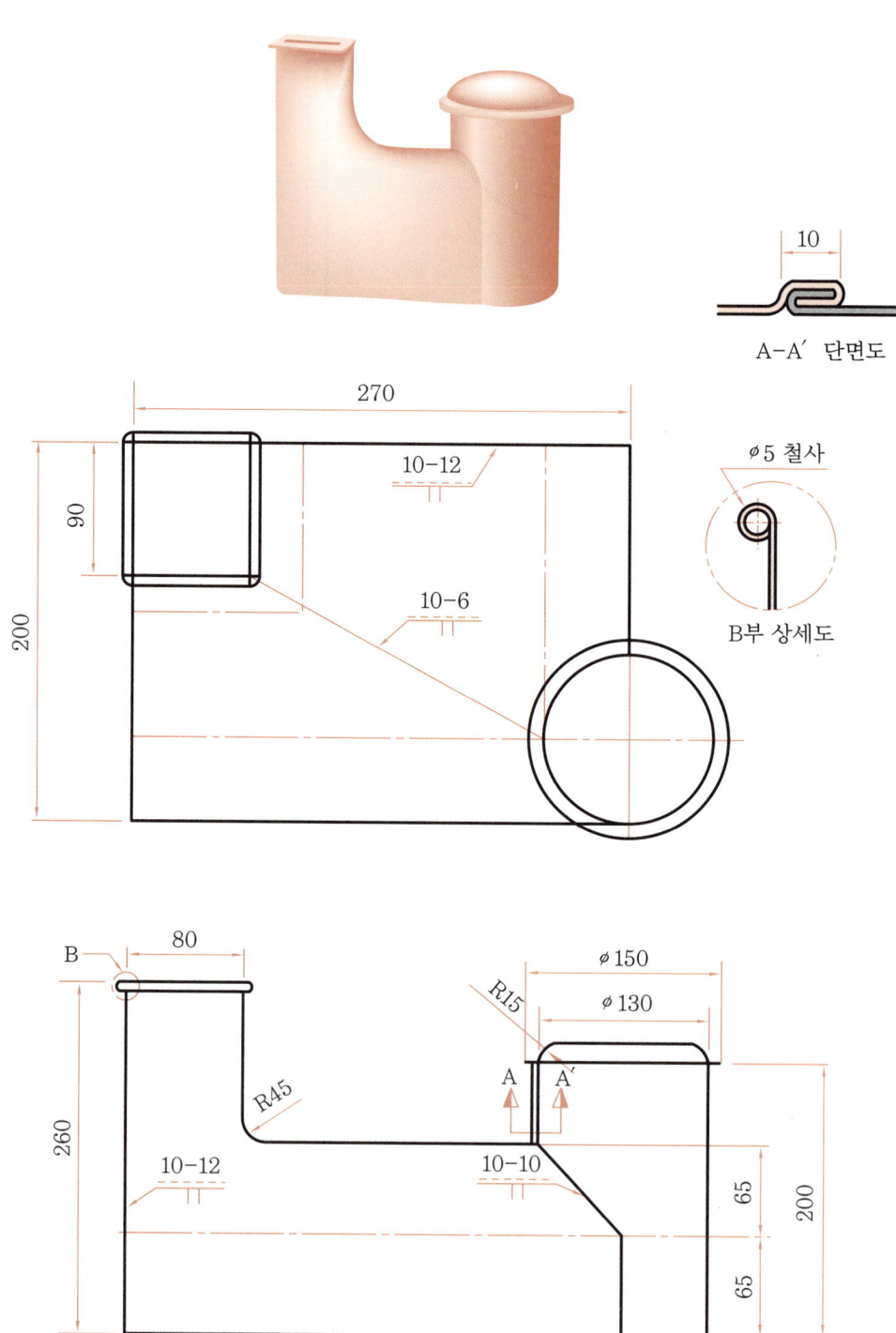

① 정면도, 평면도에 상관선이 나타나 있으므로 작도하여 전개할 각 점들을 구한다.
② 부품 Ⅰ은 평행 전개법을 이용하여 전개한다.
③ 부품 Ⅱ는 평행 전개법을 이용하여 전개한다.
④ 부품 Ⅲ을 평행 전개법을 이용하여 전개한다.
⑤ 부품 Ⅳ를 평행 전개법을 이용하여 전개한다.
⑥ 부품 Ⅴ를 타출 전개법을 이용하여 전개한다.
⑦ 부품 Ⅵ을 평행 전개법을 이용하여 전개한다(전개도 N.S).

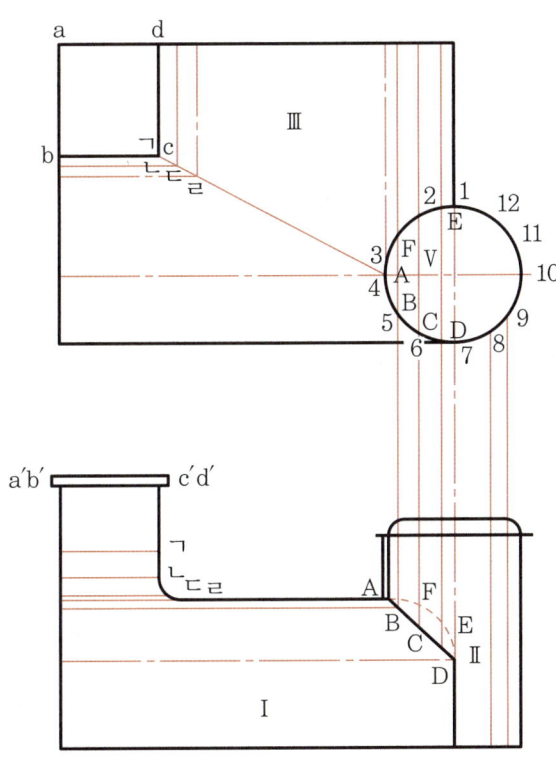

**정면도와 평면도**

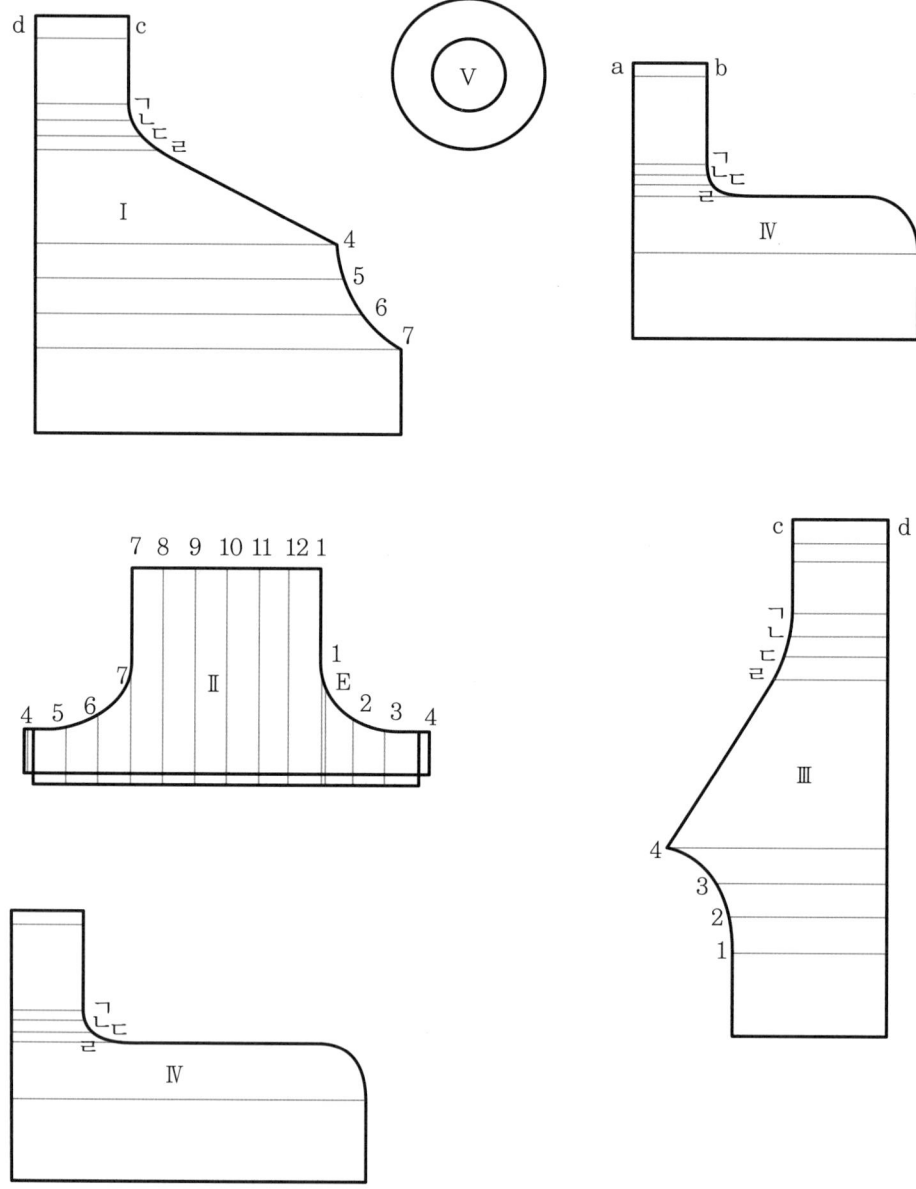

전개도

## ⑫ 통풍관

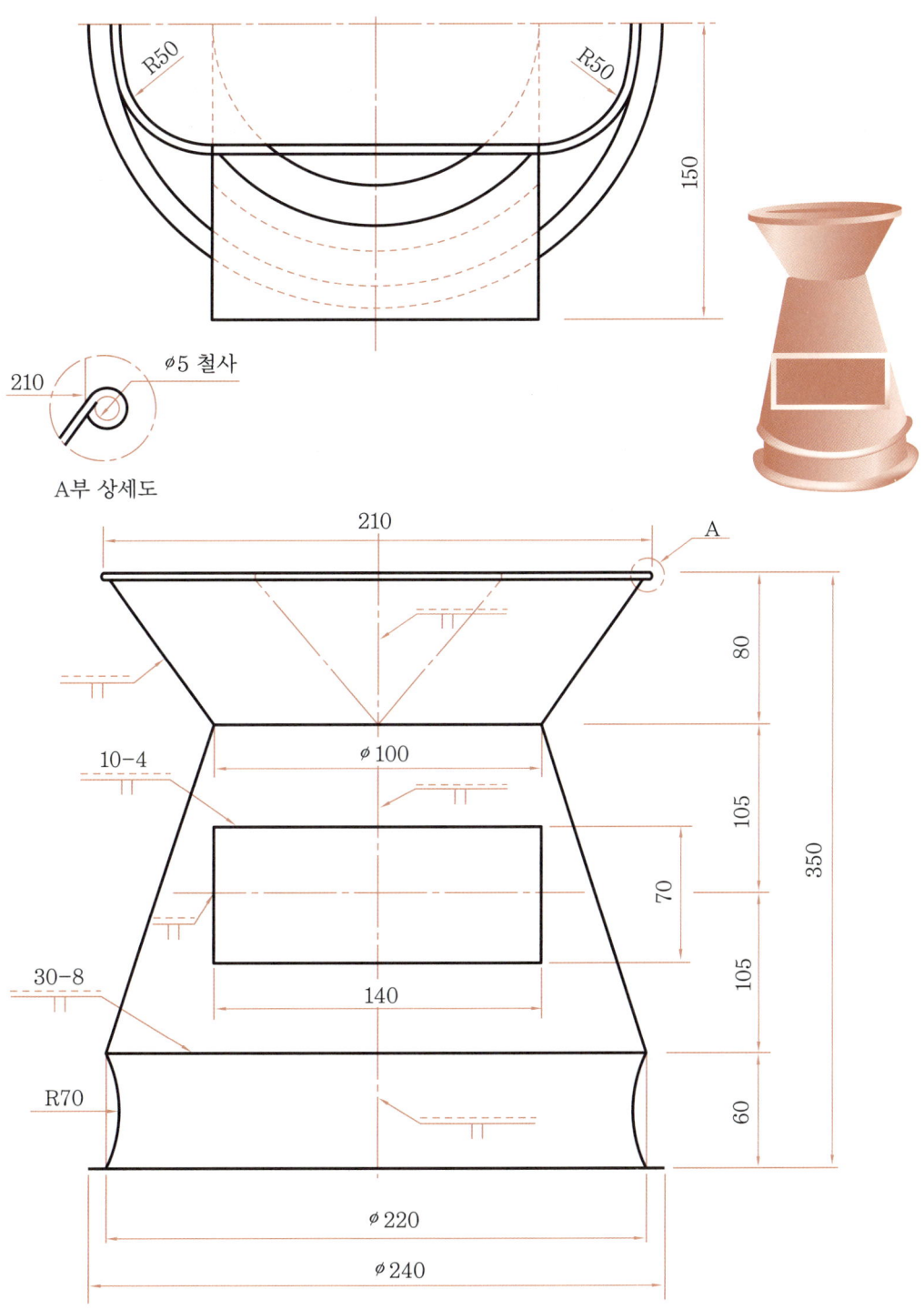

A부 상세도

① 정면도와 평면도에 상관선이 나타나 있으므로 별도로 구할 필요가 없다.
② 부품 Ⅰ은 방사 전개법을 이용하여 전개하며, 제품의 꼭짓점이 너무 길면 삼각 전개법을 이용하여 전개한다.
③ 부품 Ⅱ는 평행 전개법을 이용하여 전개한다.
④ 부품 Ⅲ은 삼각 전개법을 이용하여 전개하며, 와이어링 여유 치수를 고려하여 전개한다.
⑤ 부품 Ⅳ는 평행 전개법을 이용하여 전개하며, 꺾음선을 정확하게 한다(전개도 N.S).

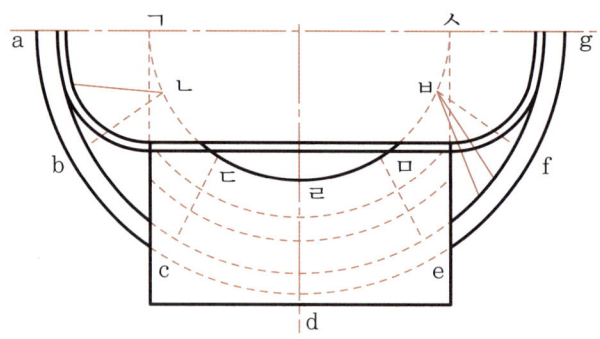

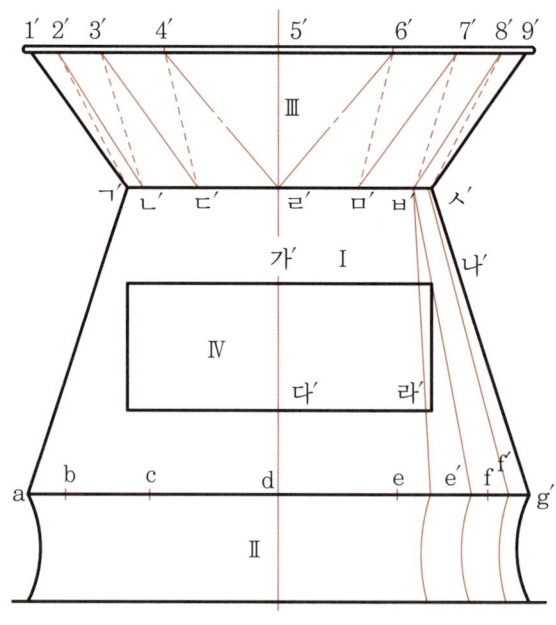

**정면도와 평면도**

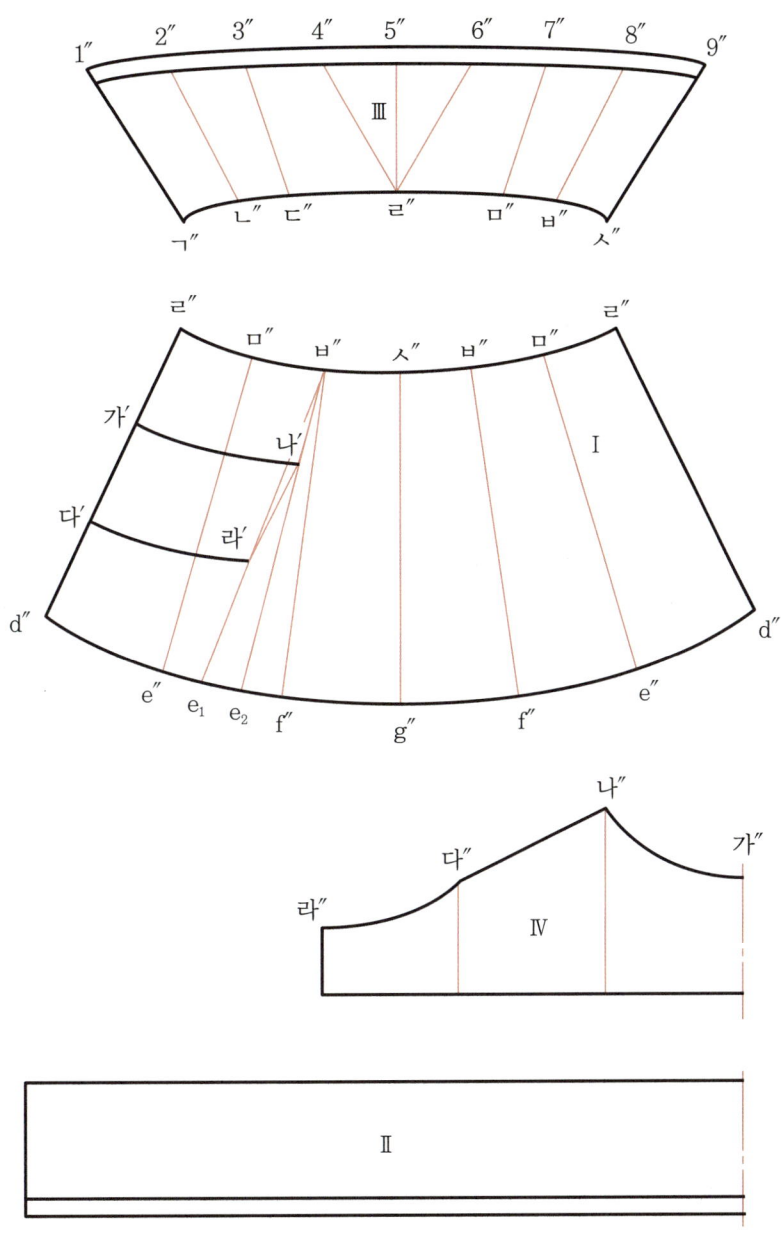

전개도

## ⑬ 원기둥에 경사지게 만나는 타원 원뿔형

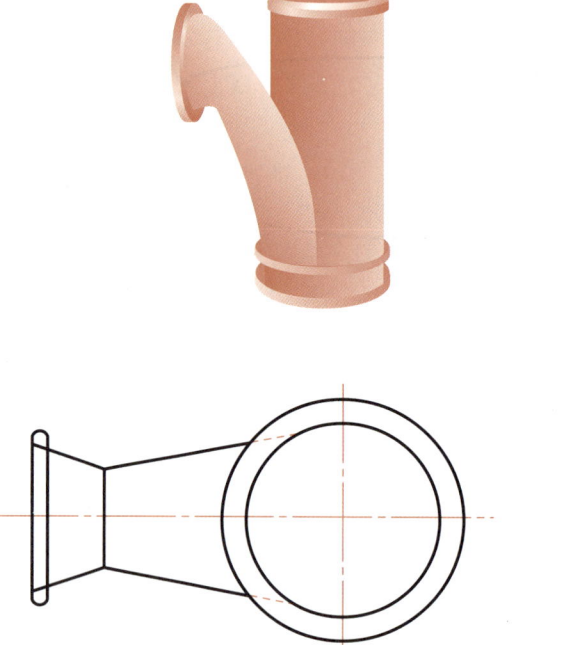

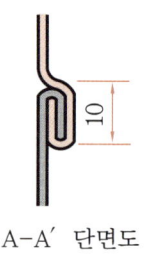

A-A′ 단면도

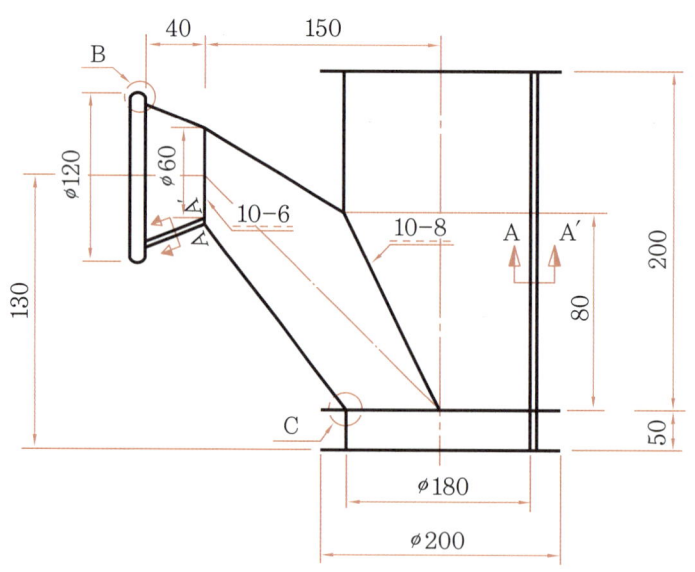

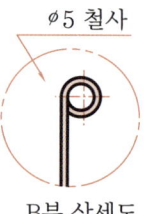

B부 상세도

C부 상세도

① 평면도의 상관선이 원으로 나타나 있으므로 이 원을 12등분한다. 평면도와 같이 선을 연결하여 상관점 A, B, C, D를 구한다. 이 점들을 정면도로 옮겨 정면도의 상관점 A′, B′, C′, D′를 구하고 정면도와 같이 선을 연결한다.
② 부품 Ⅰ은 평행 전개법을 이용하여 전개하며, 곡선 부분은 자유 곡선자를 이용하여 정확히 그린다.
③ 부품 Ⅱ는 삼각 전개법을 이용하여 전개한다.
④ 부품 Ⅲ은 평행 전개법을 이용하여 전개한다.
⑤ 부품 Ⅳ는 방사 전개법을 이용하여 전개하며, 심 및 와이어링 여유 치수를 주어 전개한다(전개도 N.S).

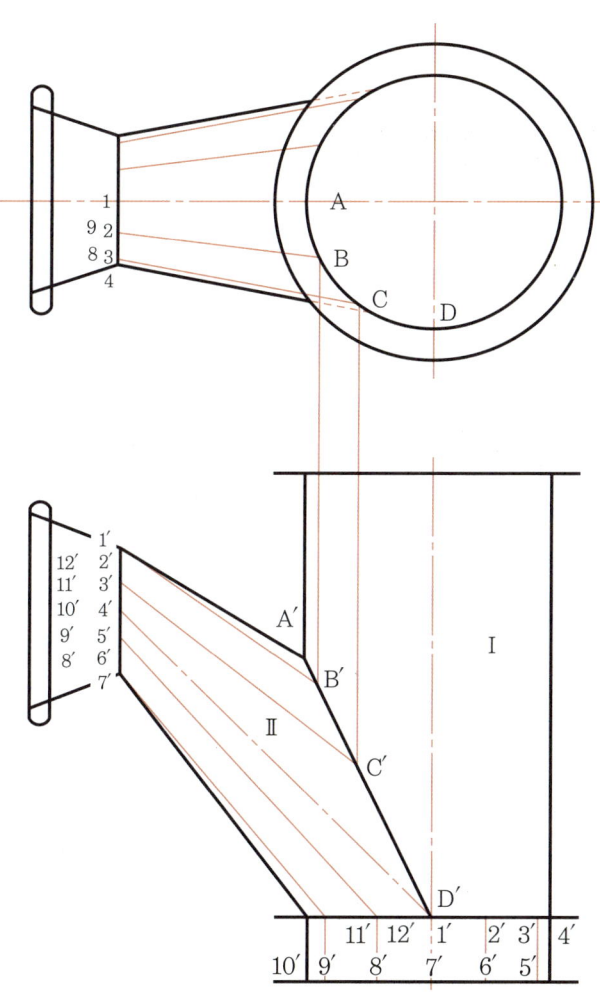

**정면도와 평면도**

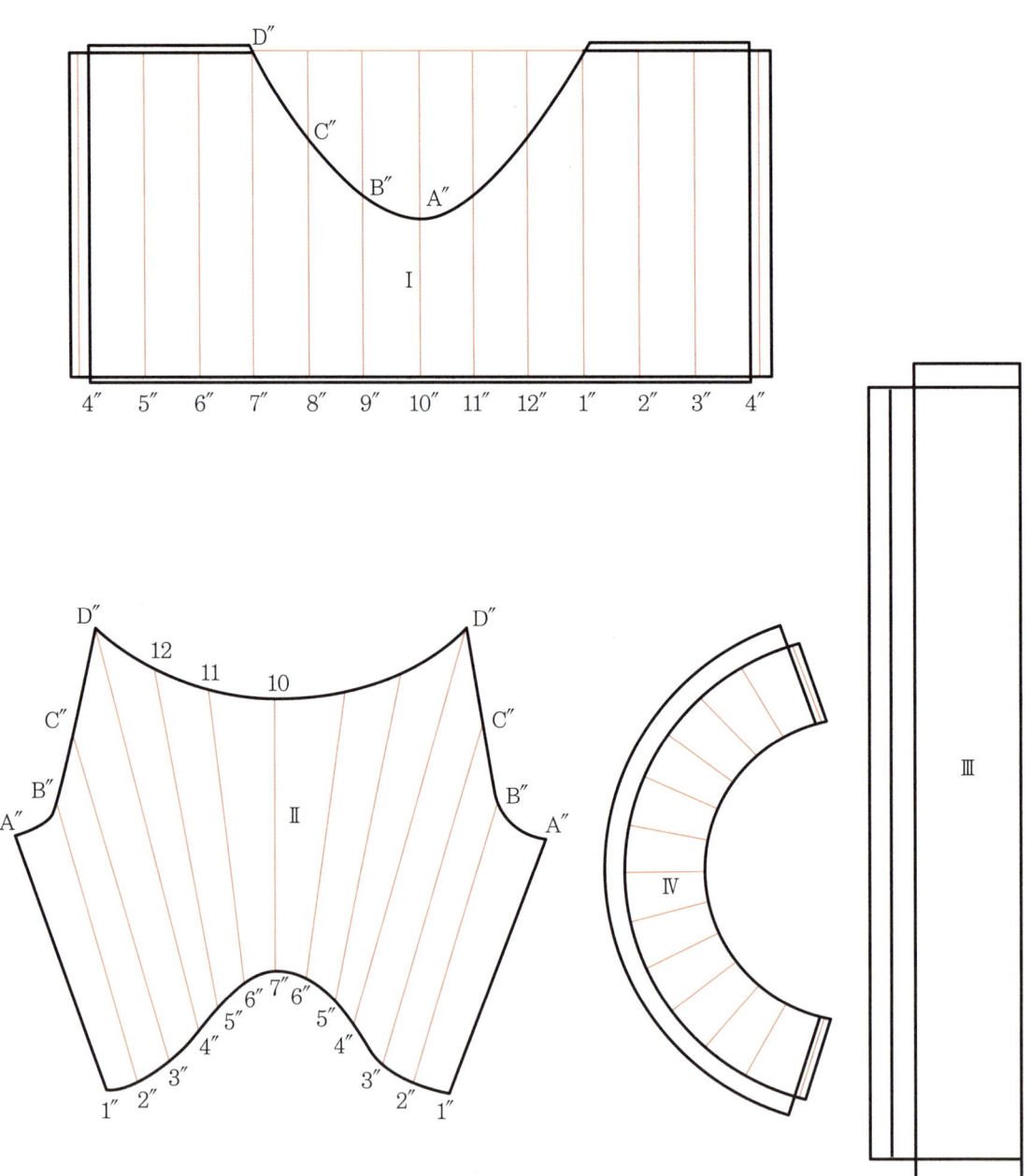

전개도

**⓮ 이음매 없는 원뿔에 달린 분기관**

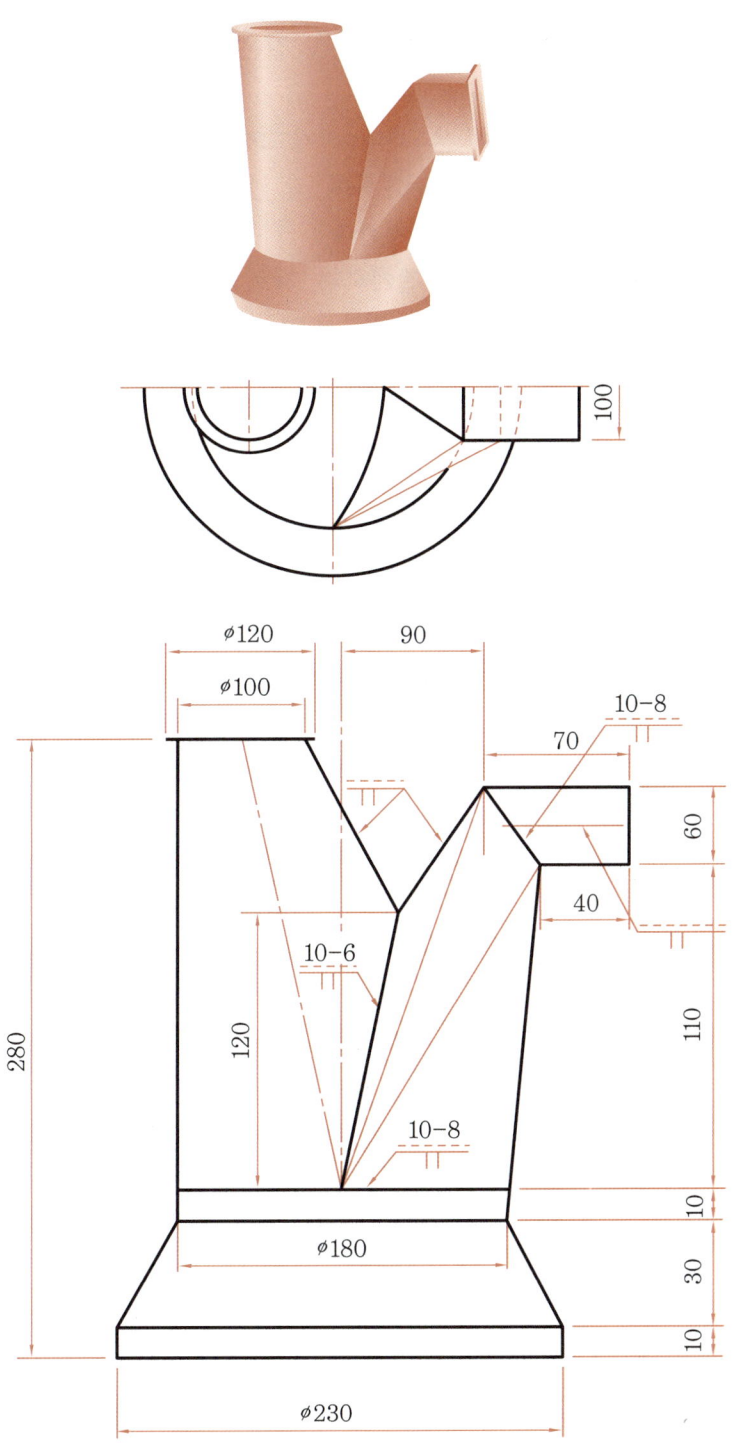

① 정면도의 상관선은 직선이고, 평면도의 상관선은 곡선이므로 평면도의 상관점은 정면도의 상관점들을 이용하여 구한다. 정면도에서 점 b′와 ㅂ′를 직선으로 연결하여 상관선과 만나는 점 B′를 구하여 이 점을 평면도의 점 b와 ㅂ을 연결한 직선에 수직으로 올려 평면도 상관점 B를 구하며, 나머지 점들도 같은 방법으로 구하여 점들을 연결하면 평면도 상관선이 된다.
② 부품 Ⅰ은 삼각 전개법을 이용하여 전개하며, 전개도의 맨 끝부분에 용접선이 오도록 한다.
③ 부품 Ⅱ도 삼각 전개법을 이용하여 전개하며, 각 선의 실장을 구하여 전개한다.
④ 부품 Ⅲ은 타출 전개법을 이용하여 전개한다.
⑤ 부품 Ⅳ는 평행 전개법을 이용하여 전개하며, 재료의 두께를 가감하여 측정할 때 도면의 치수가 바깥지름에 오도록 한다(전개도 N.S).

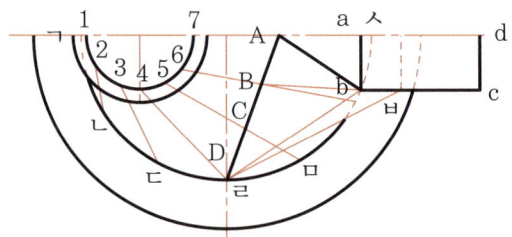

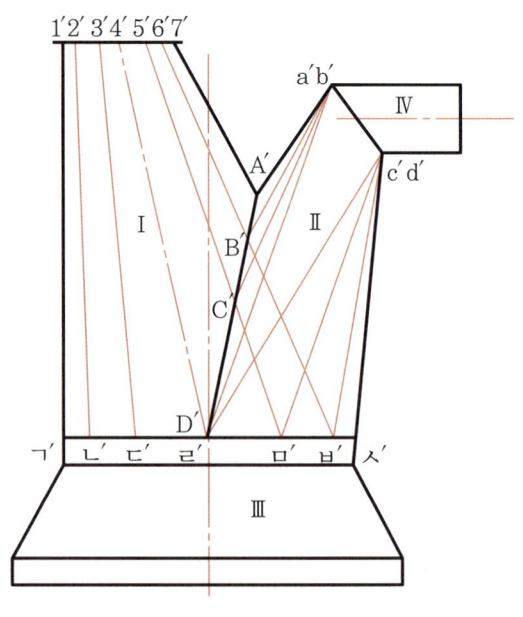

**정면도와 평면도**

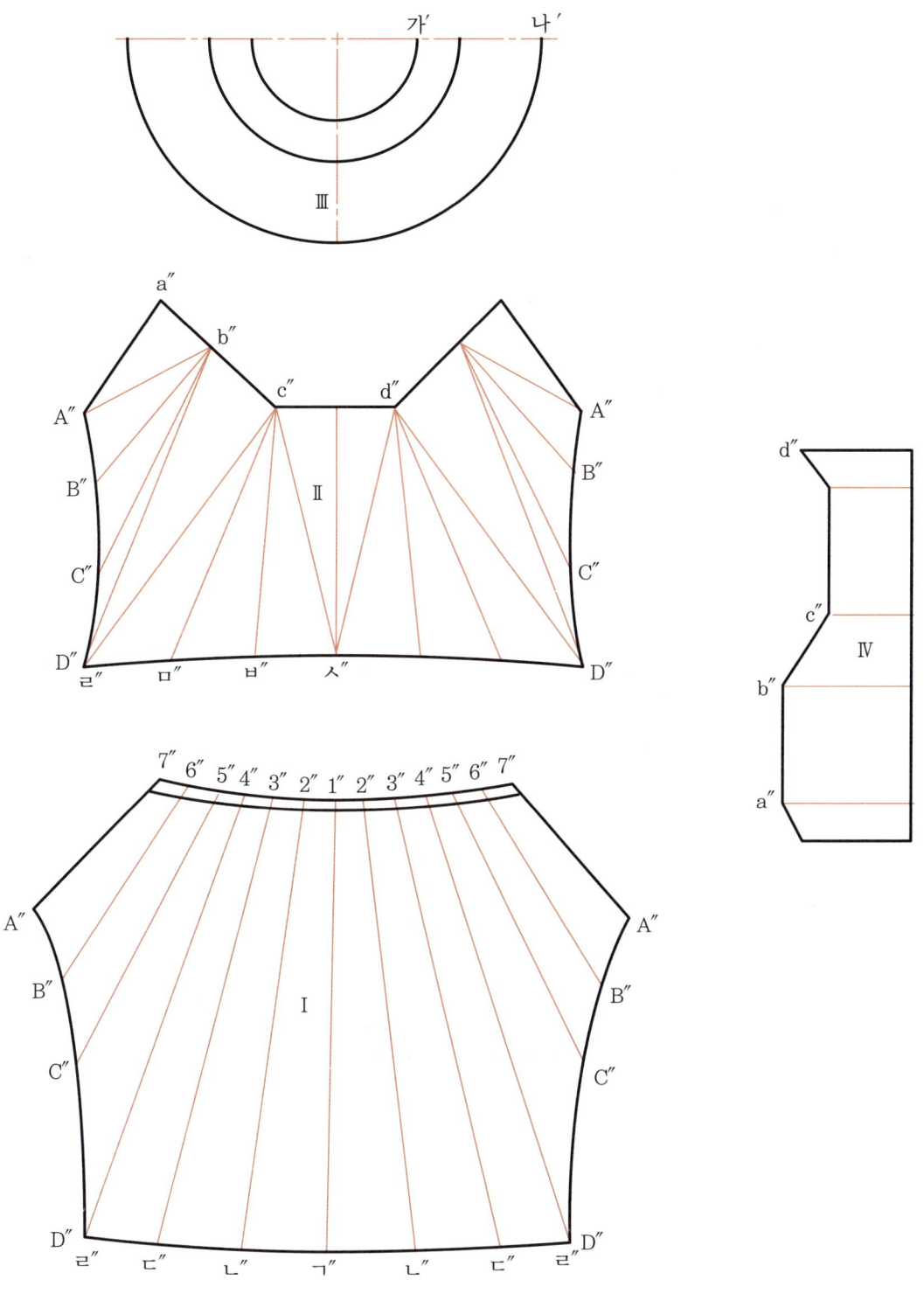

전개도

### ⑮ 밑면이 원형인 분기관

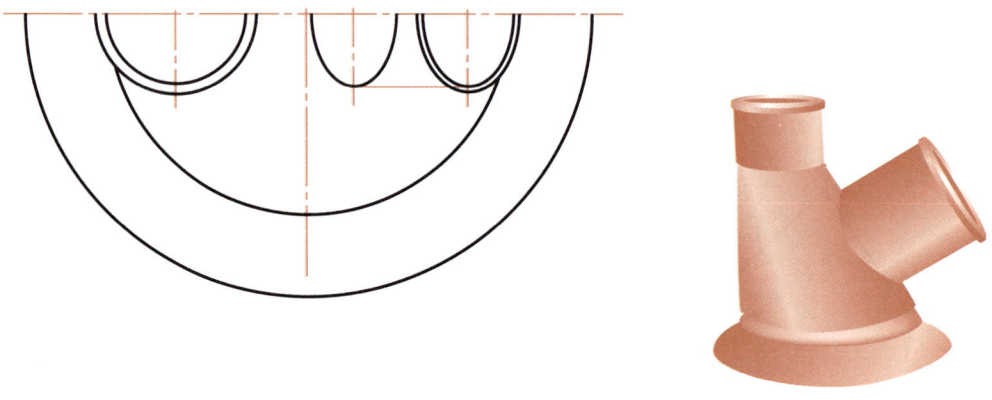

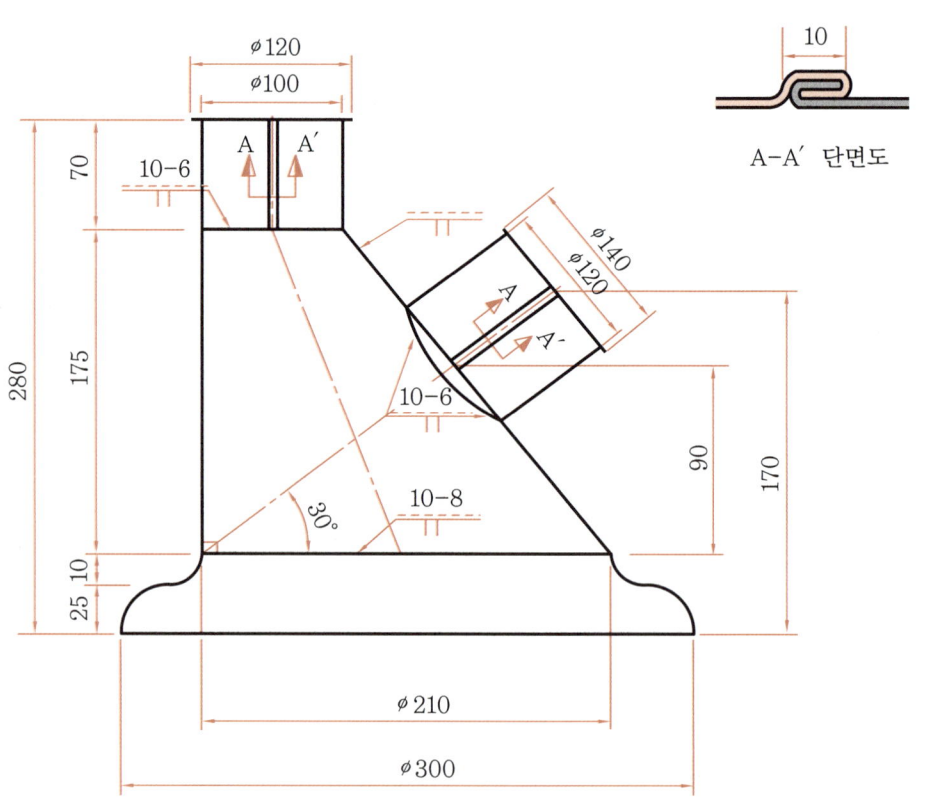

A-A′ 단면도

① 경사 절단법을 이용하여 부품 Ⅰ과 Ⅲ 사이의 상관선을 구한다.
② 부품 Ⅰ은 각 선들의 실장을 구하여 삼각 전개법을 이용하여 전개한다.
③ 부품 Ⅱ는 타출 제품이므로 타출 전개법을 이용하여 전개한다.
④ 부품 Ⅲ은 평행 전개법을 이용하여 전개하며, 심 플랜지 부분의 여유 치수를 주고 전개한다.
⑤ 부품 Ⅳ는 평행 전개법을 이용하여 전개하며, 심 플랜지 부분의 여유 치수를 주고 전개한다(전개도 N.S).

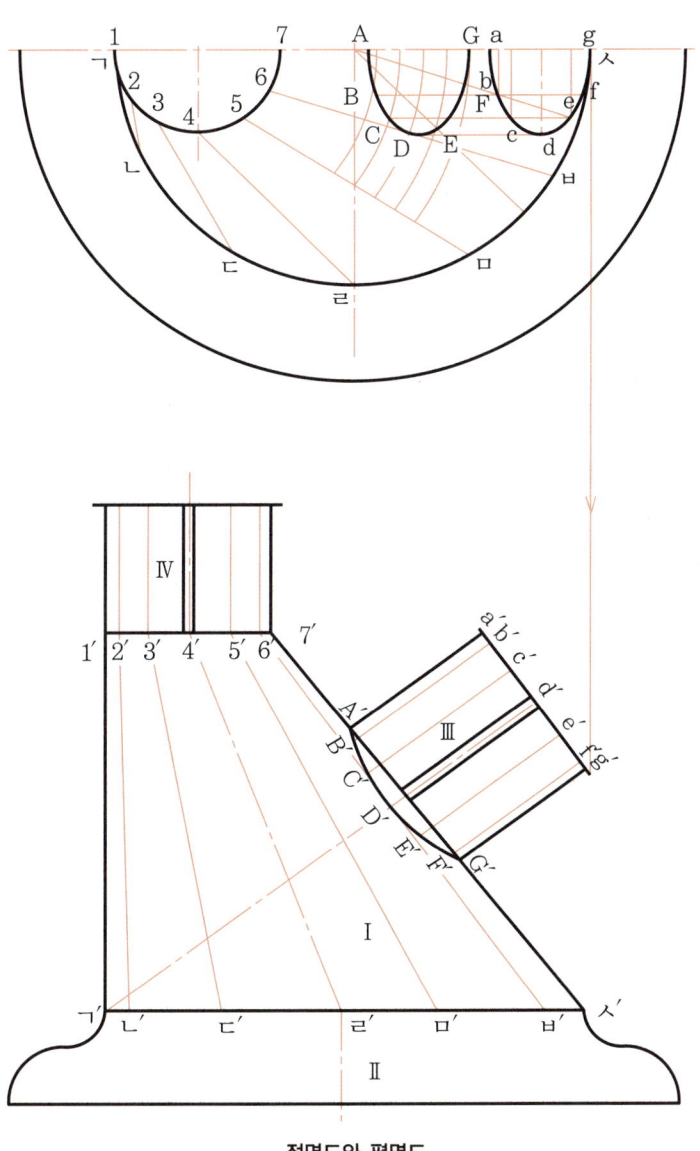

**정면도와 평면도**

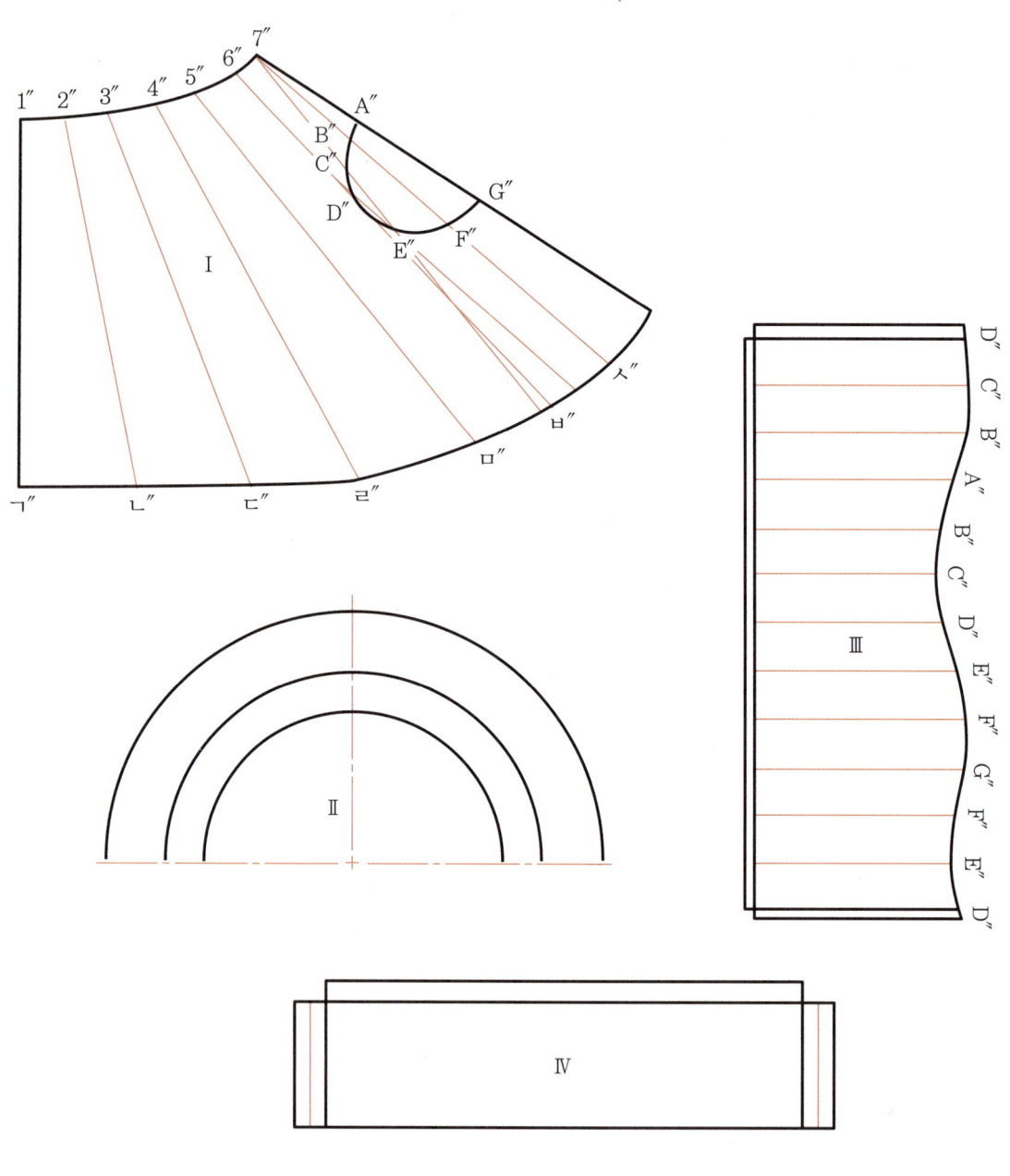

전개도

## ⑯ 가지관

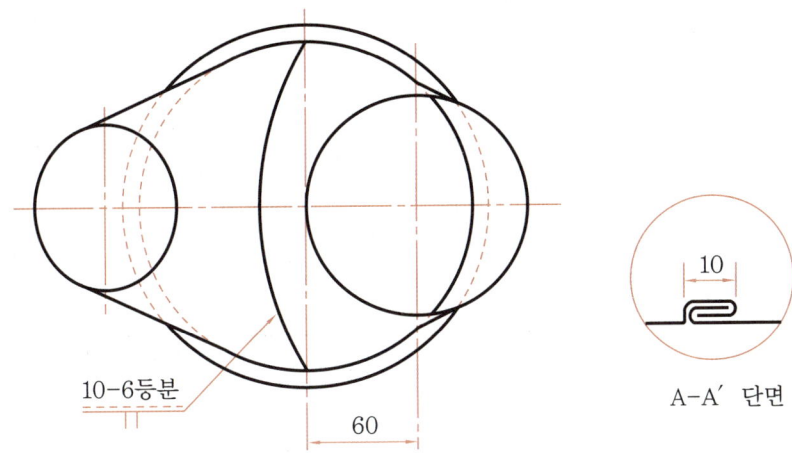

10-6등분
60
A-A′ 단면

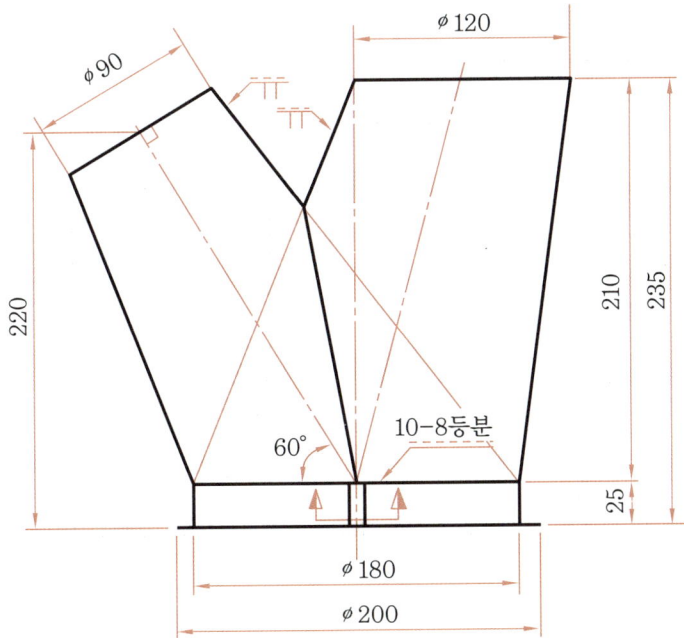

## ⑰ 배기관

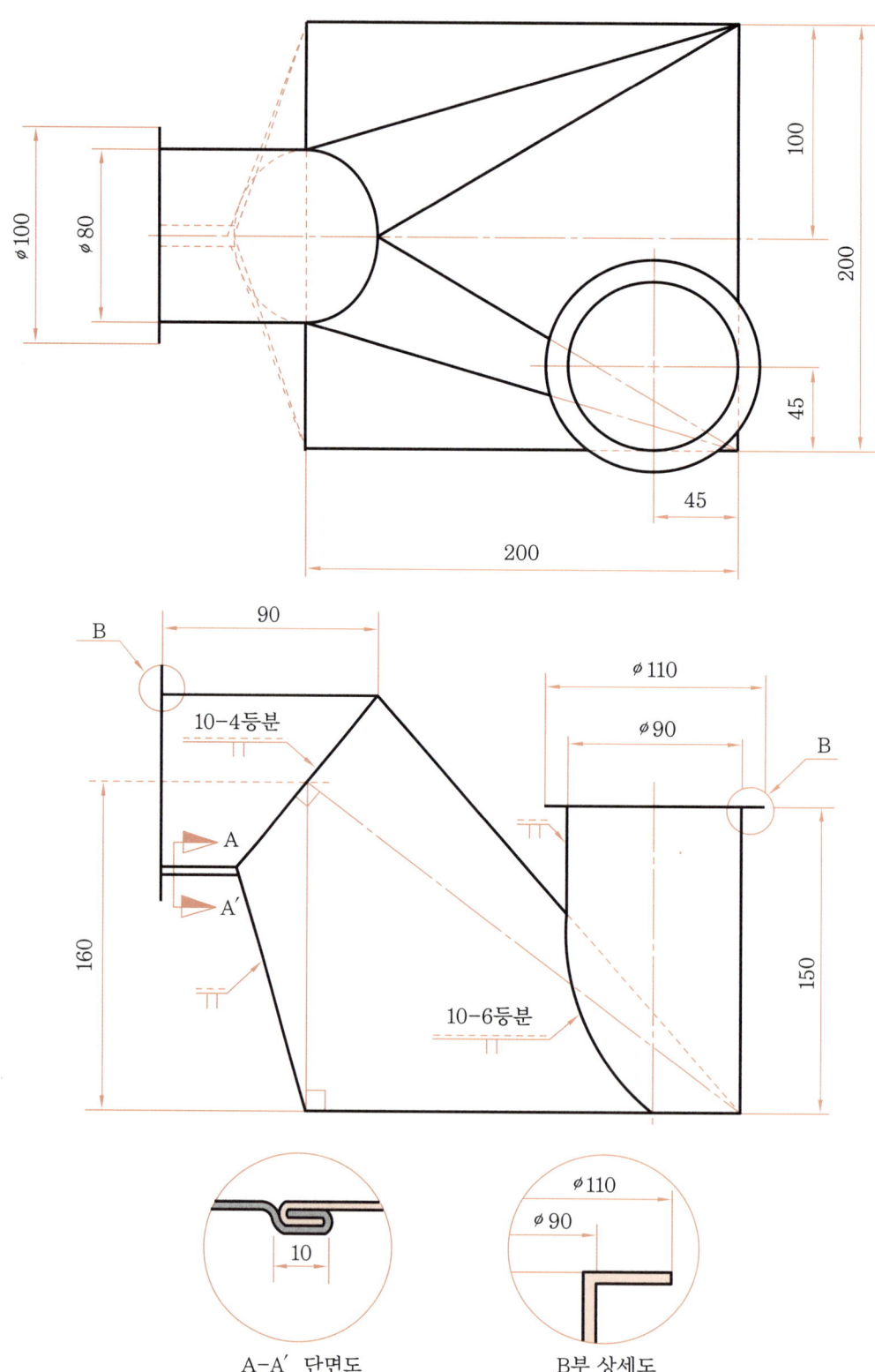

A-A′ 단면도

B부 상세도

⑱ **배출관**

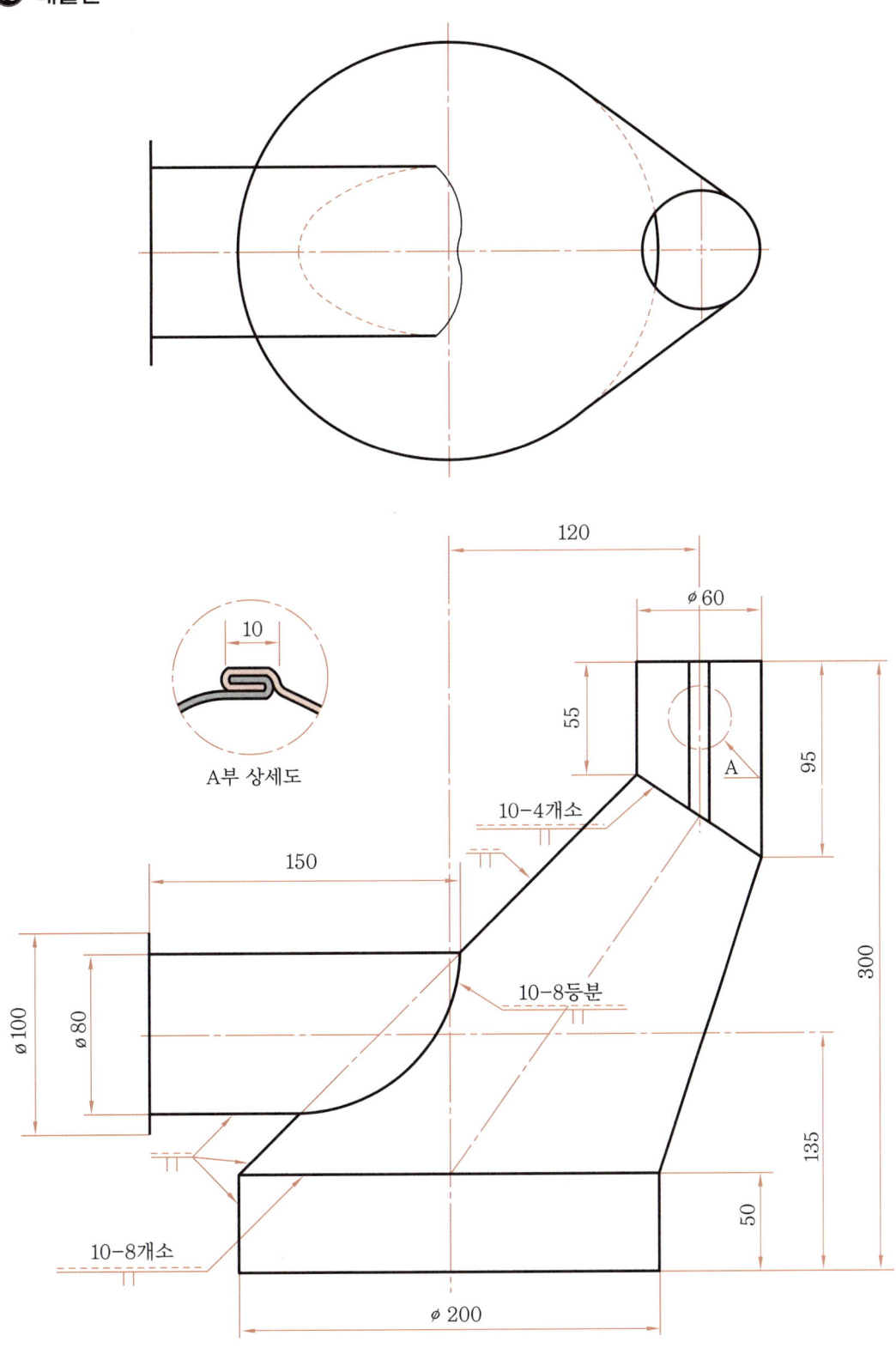

A부 상세도

## ⑲ 통풍관

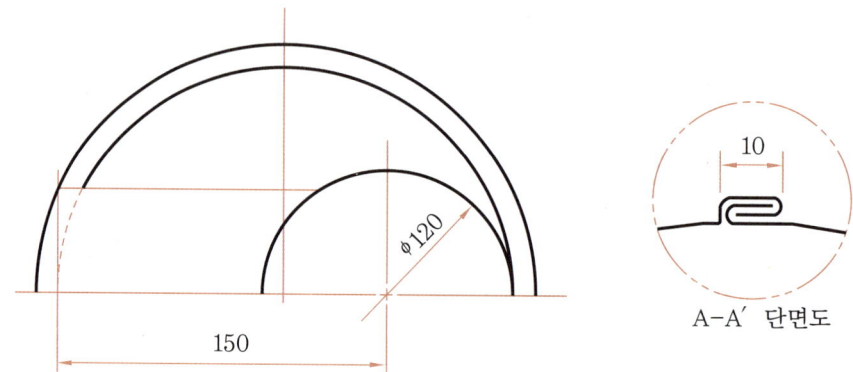

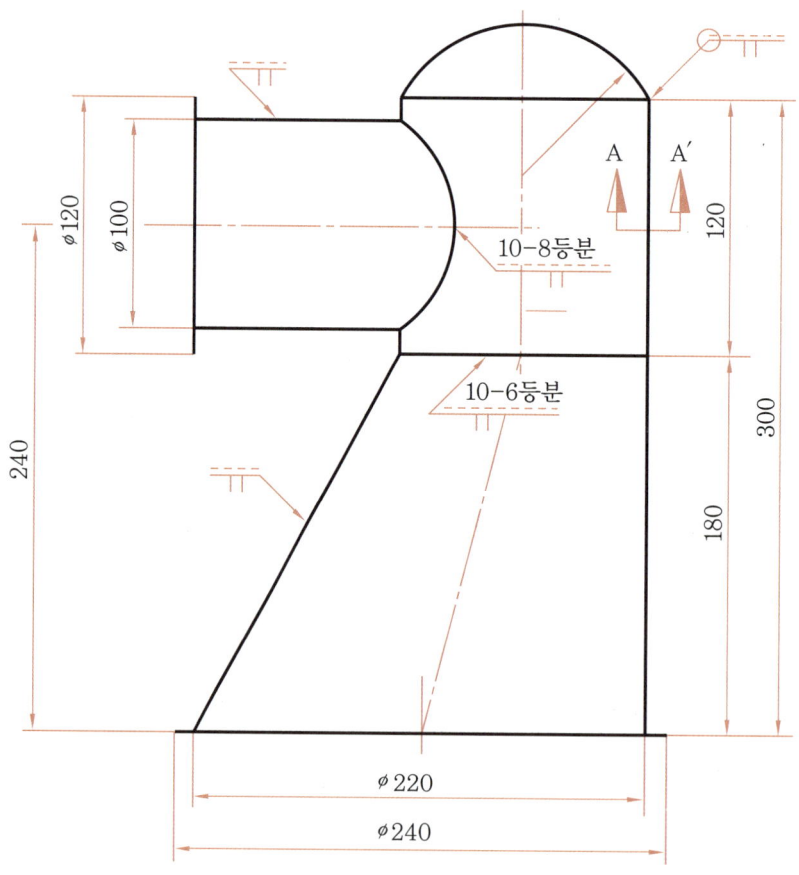

## ⑳ T형 배기관

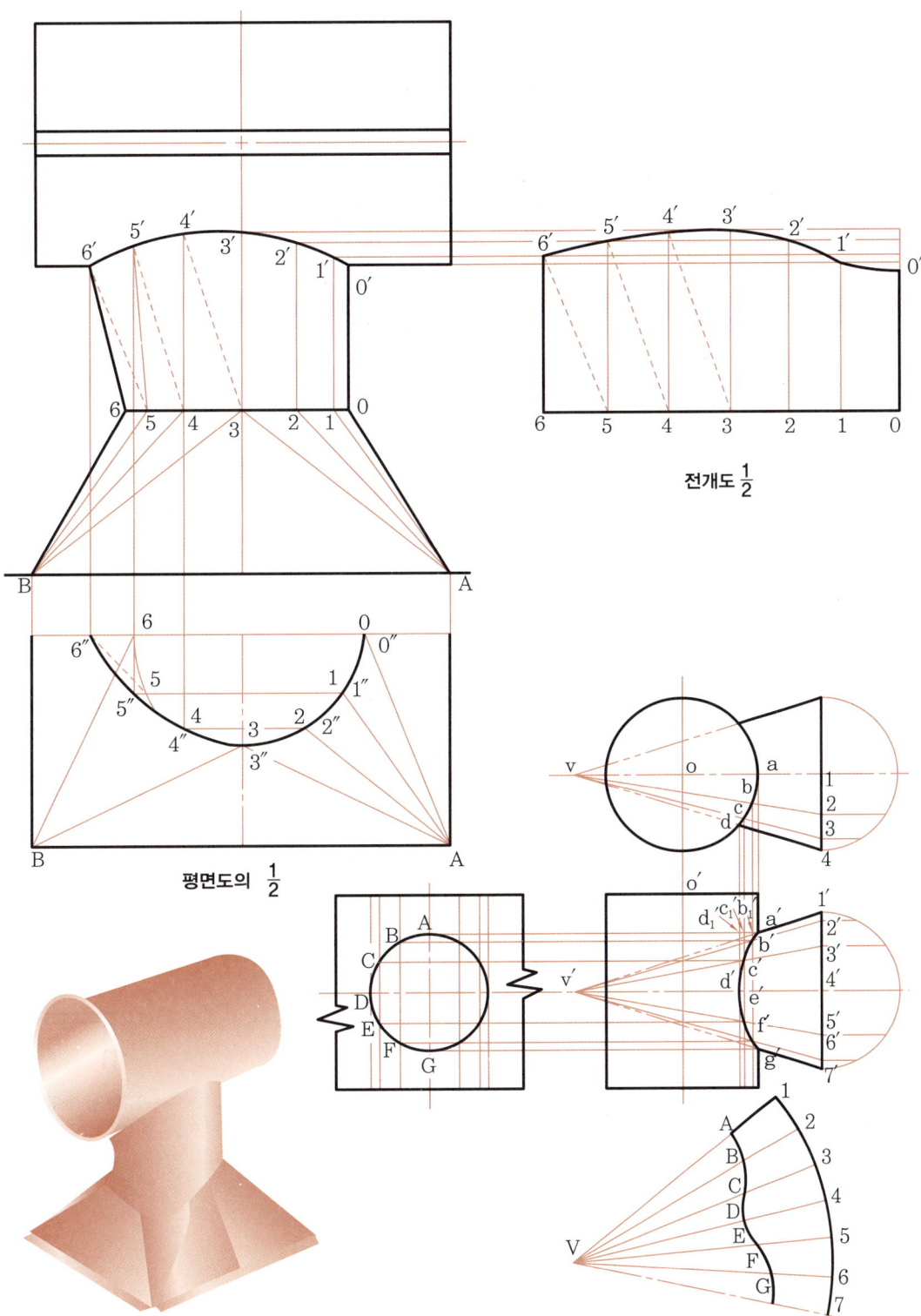

전개도 $\frac{1}{2}$

평면도의 $\frac{1}{2}$

## ㉑ 슈트

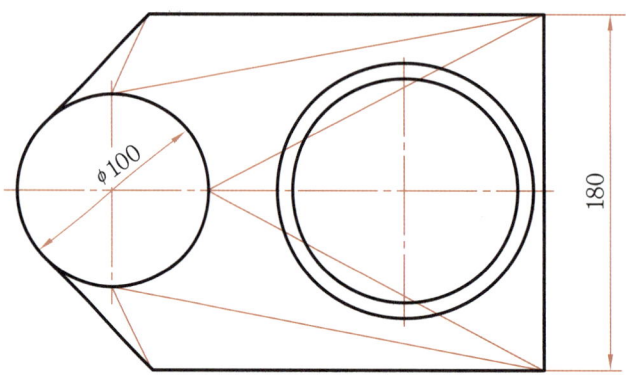

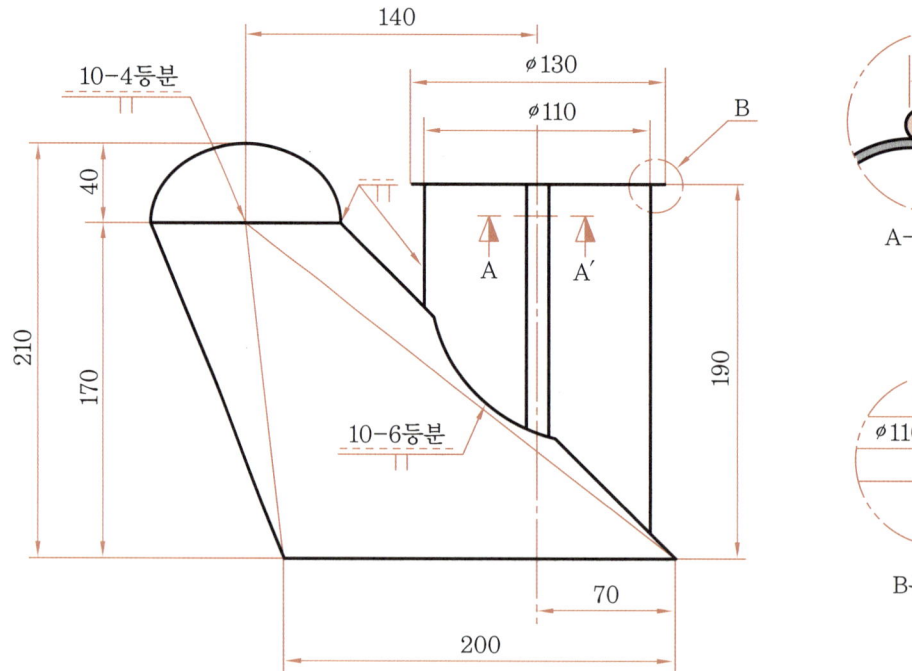

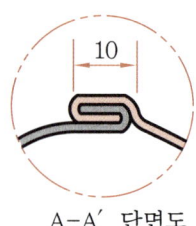

A-A′ 단면도

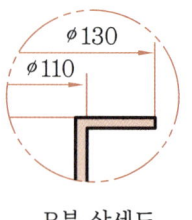

B부 상세도

## ㉑-1 슈트 (상관선 전개법)

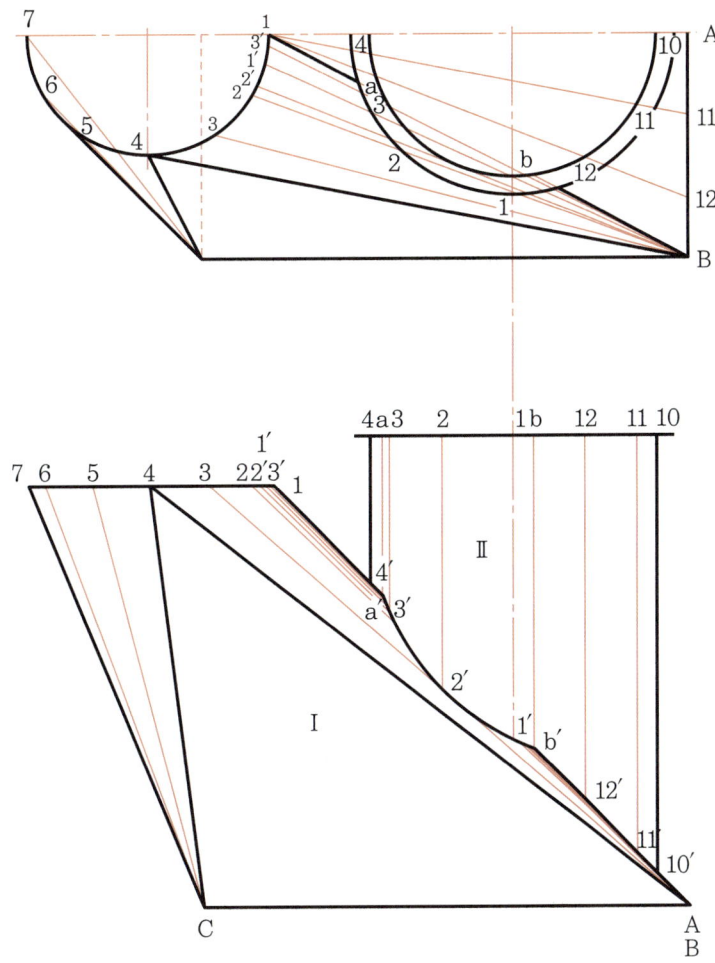

## ㉑-2 슈트 (전개도)

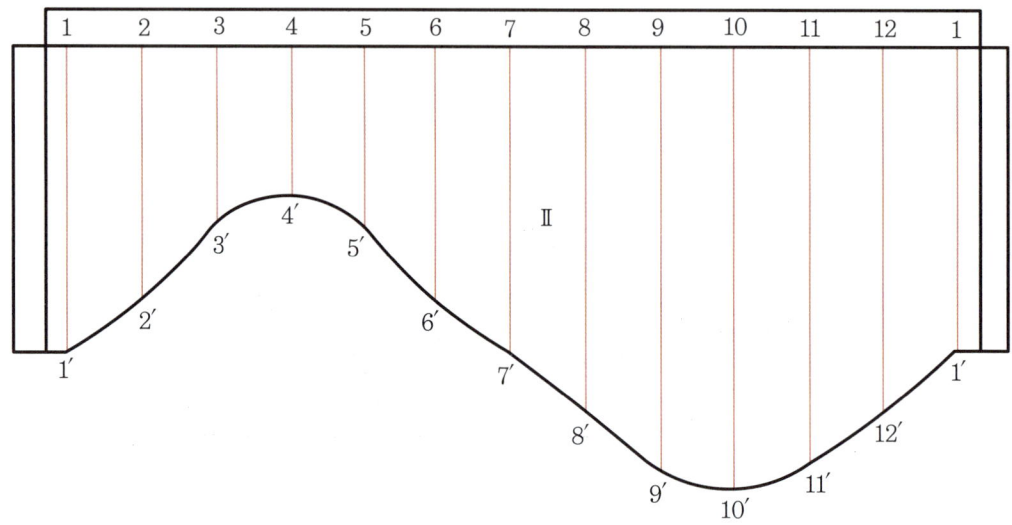

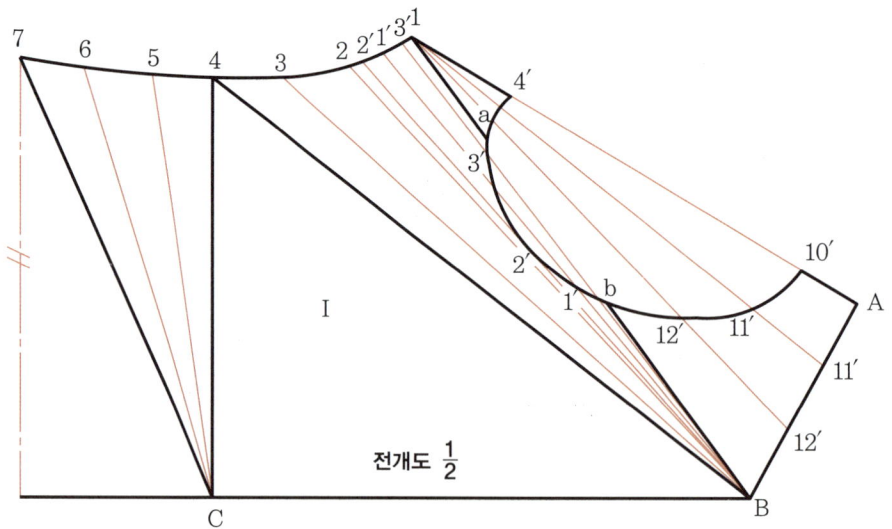

전개도 $\frac{1}{2}$

## ㉒ 원추관에 붙은 원통

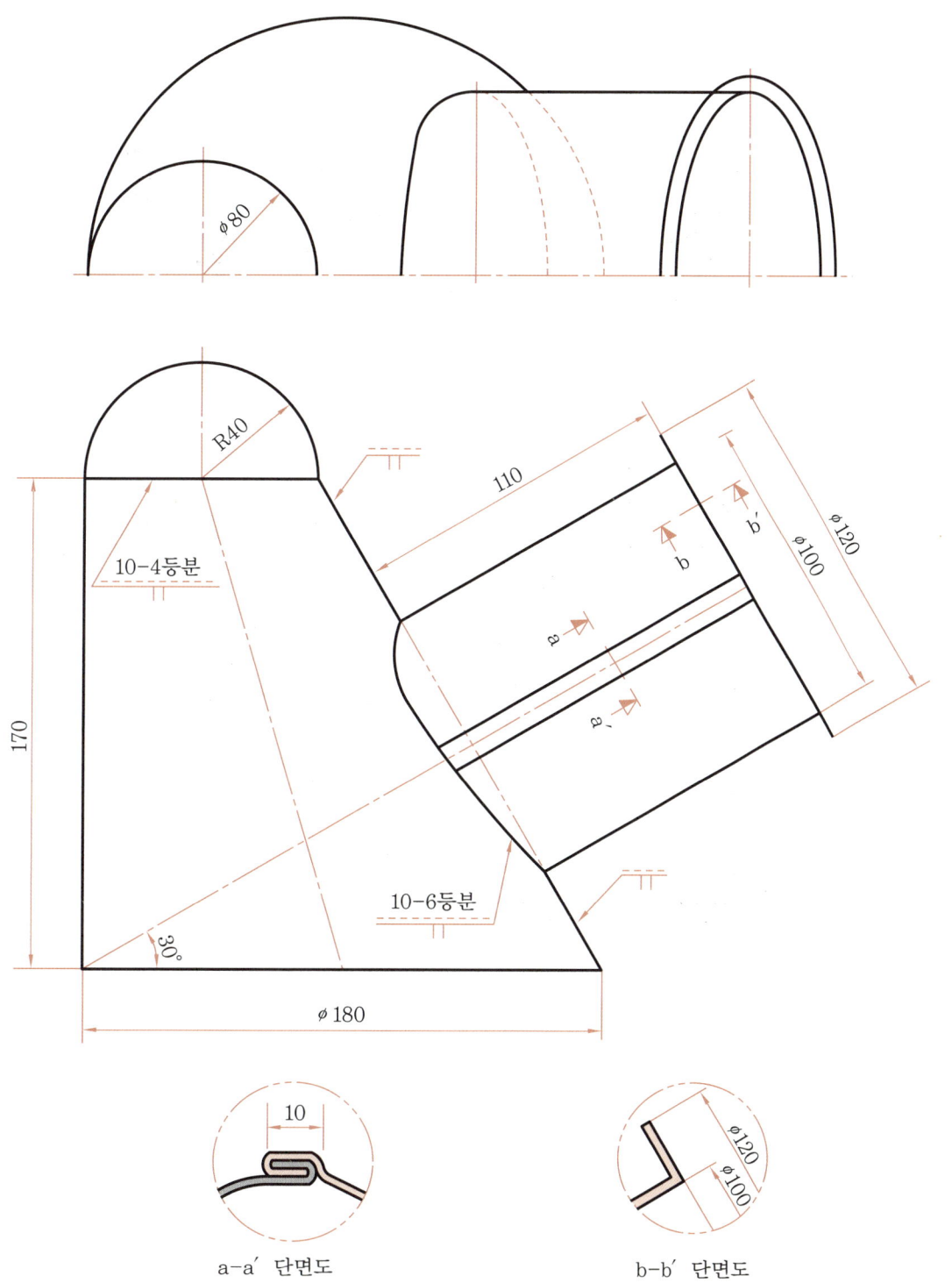

## ㉒-1 원추관에 붙은 원통 (상관선 전개법)

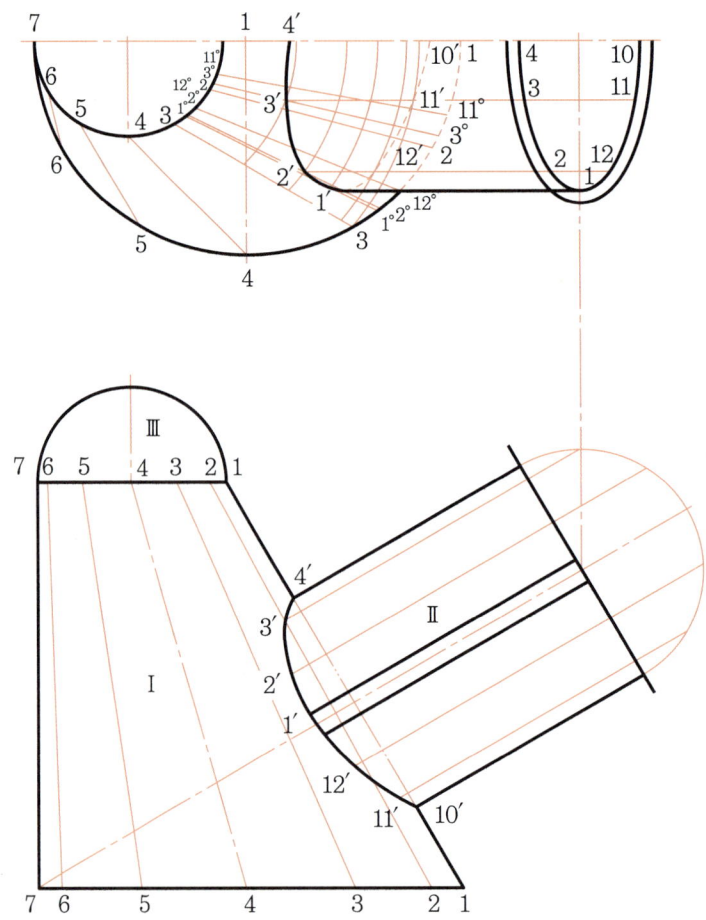

## ㉒-2 원추관에 붙은 원통(전개도)

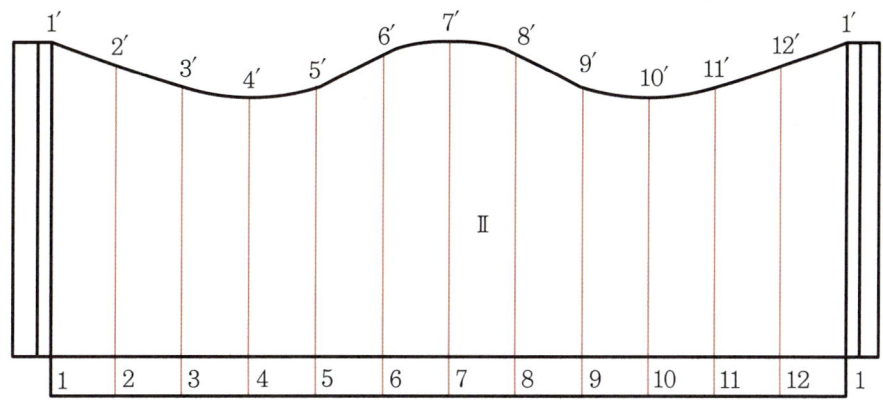

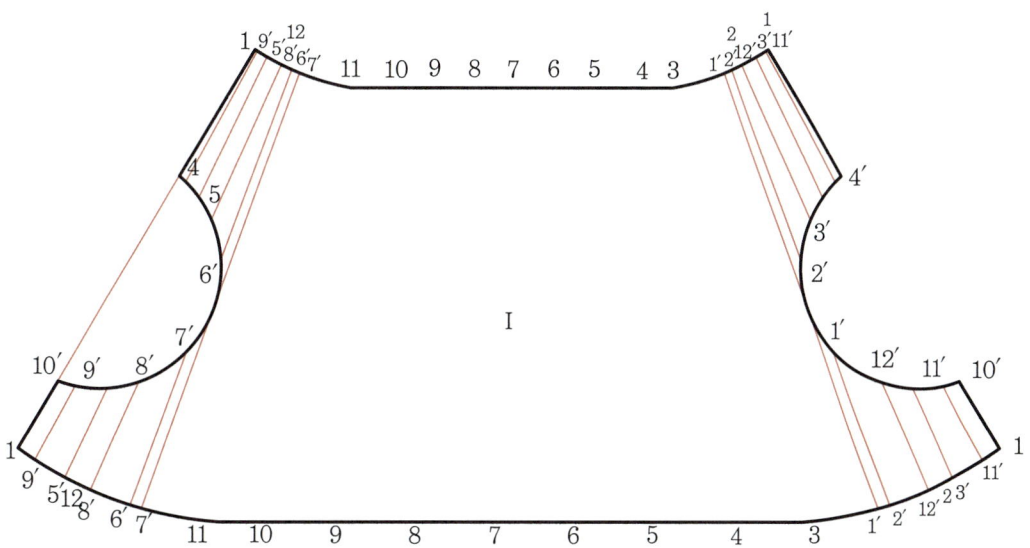

### ㉓ 사각 원추관에 비스듬히 붙은 원통

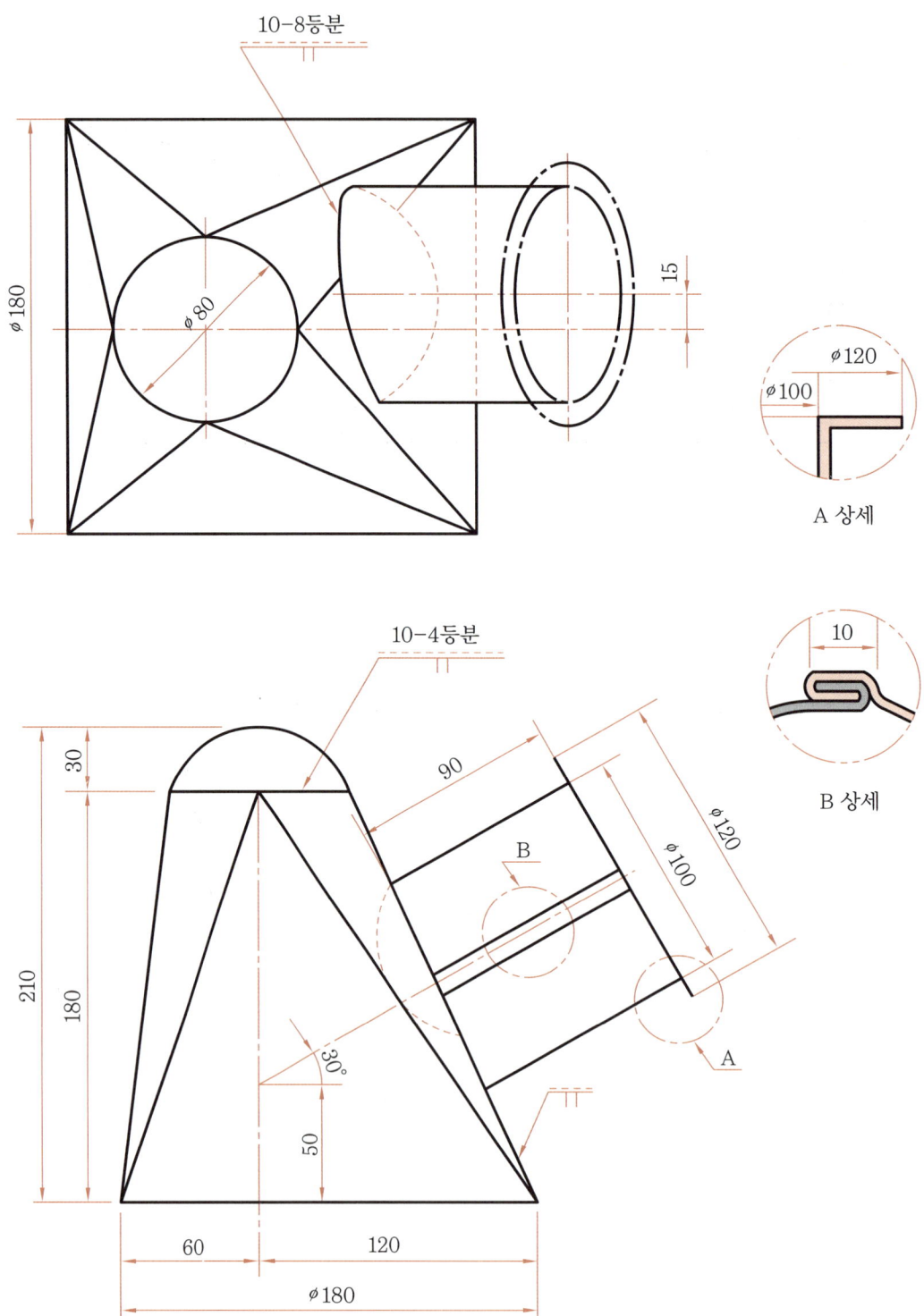

## ㉓-1 사각 원추관에 비스듬히 붙은 원통(상관선 전개법)

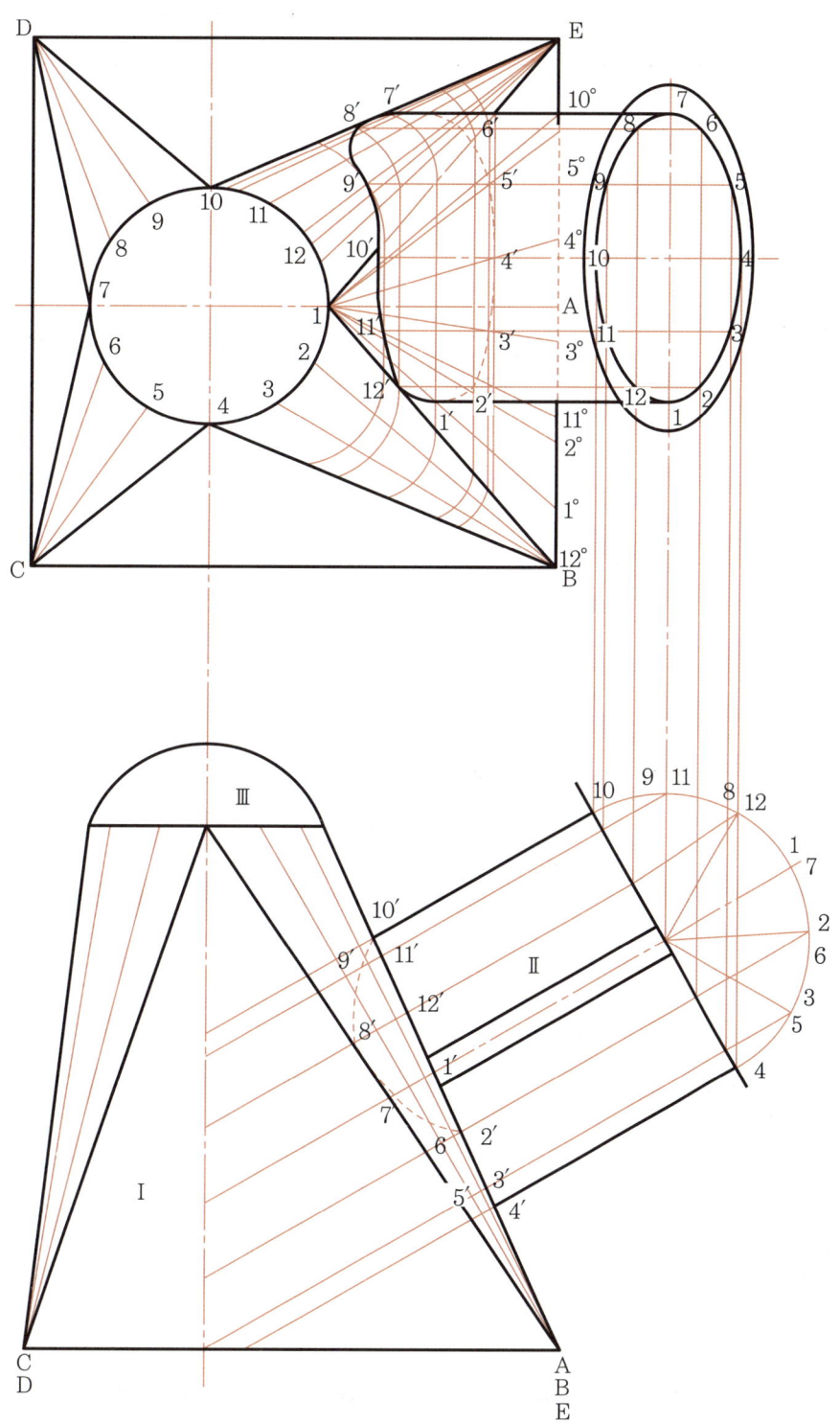

## ㉓-2 사각 원추관에 비스듬히 붙은 원통(전개도)

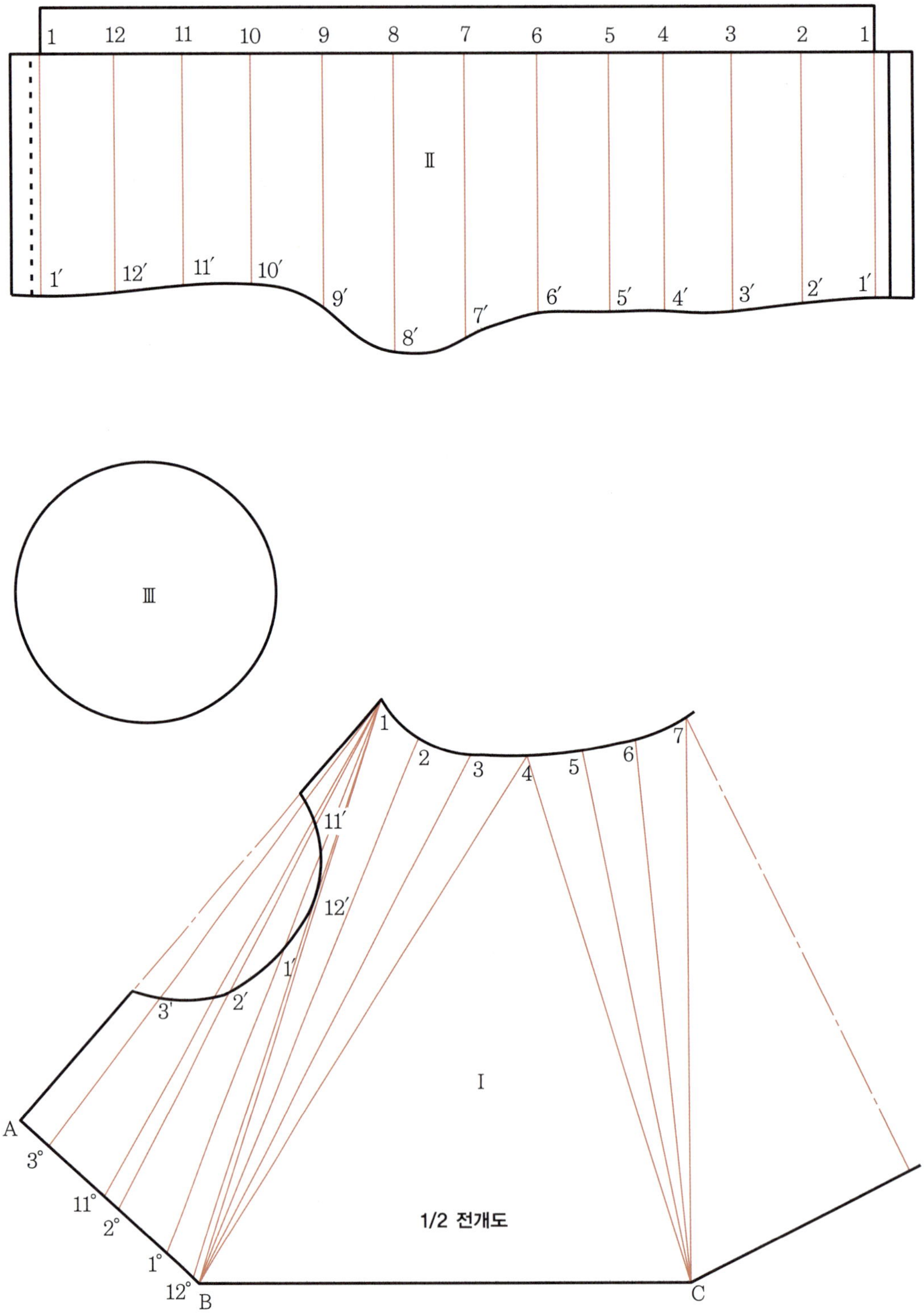

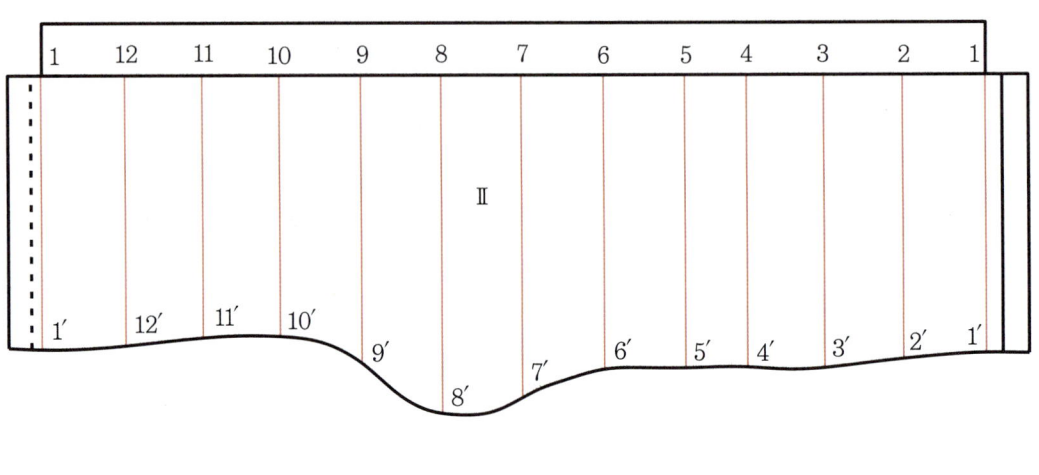

## ㉔ 변형된 T형 분기관 A

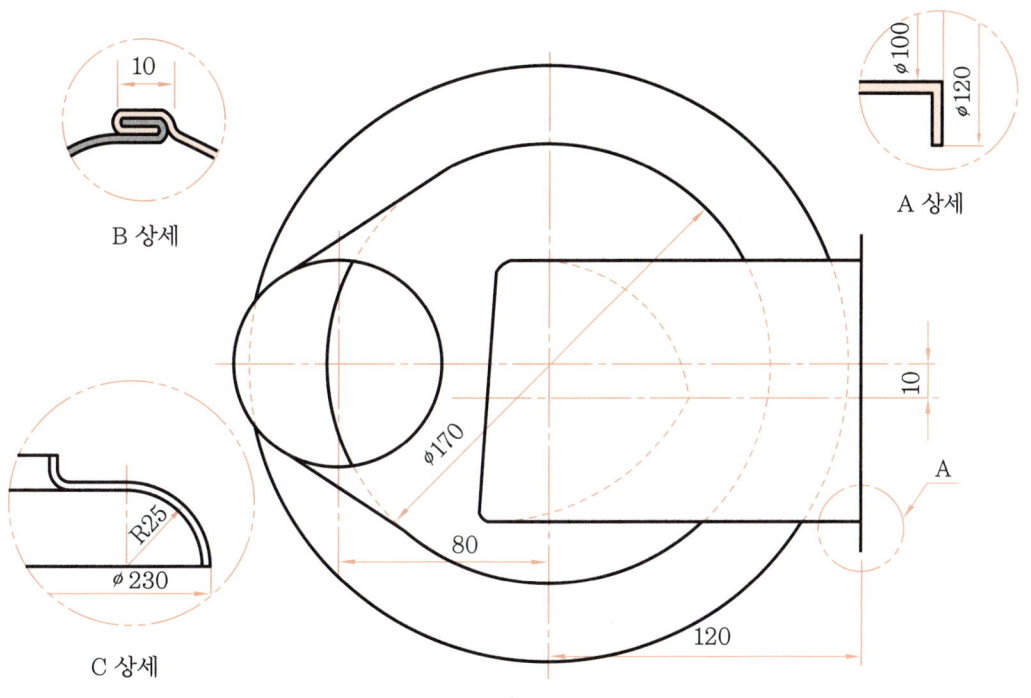

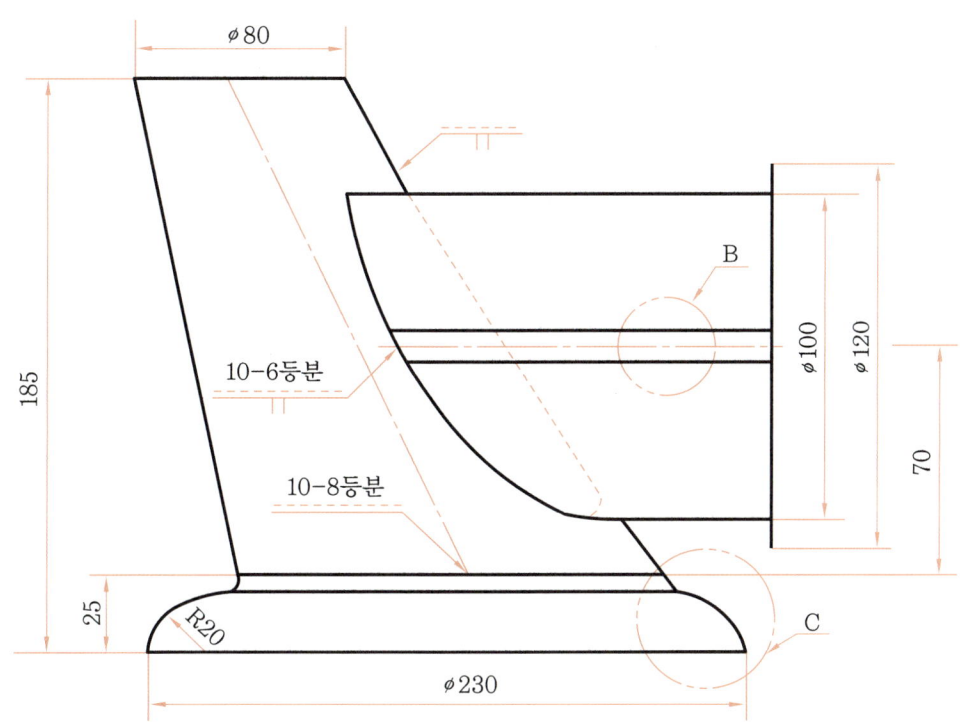

## ㉔-1 변형된 T형 분기관 A (상관선 전개법)

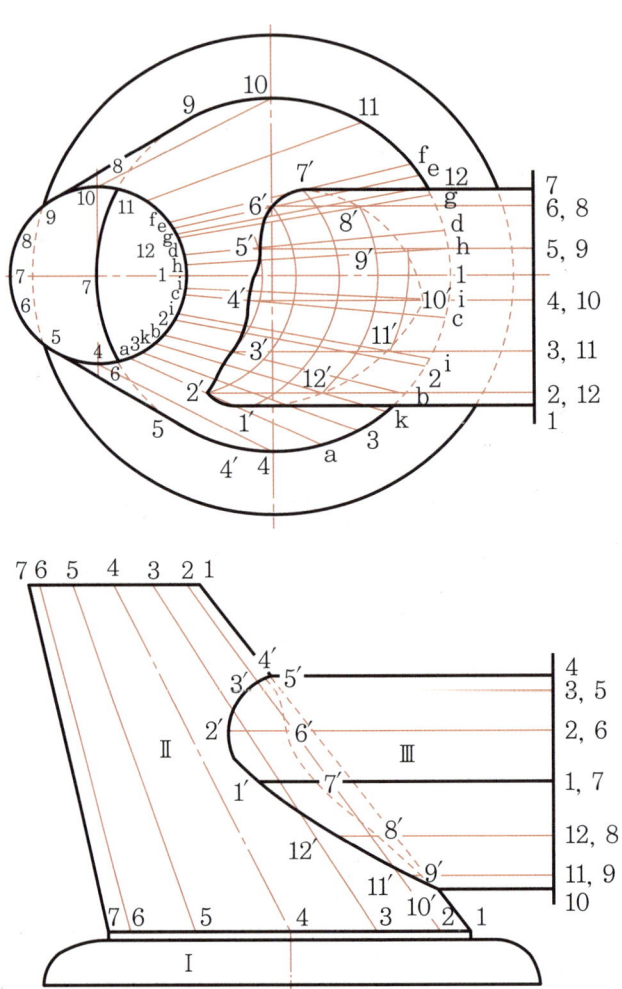

## ㉔-2 변형된 T형 분기관 A (전개도)

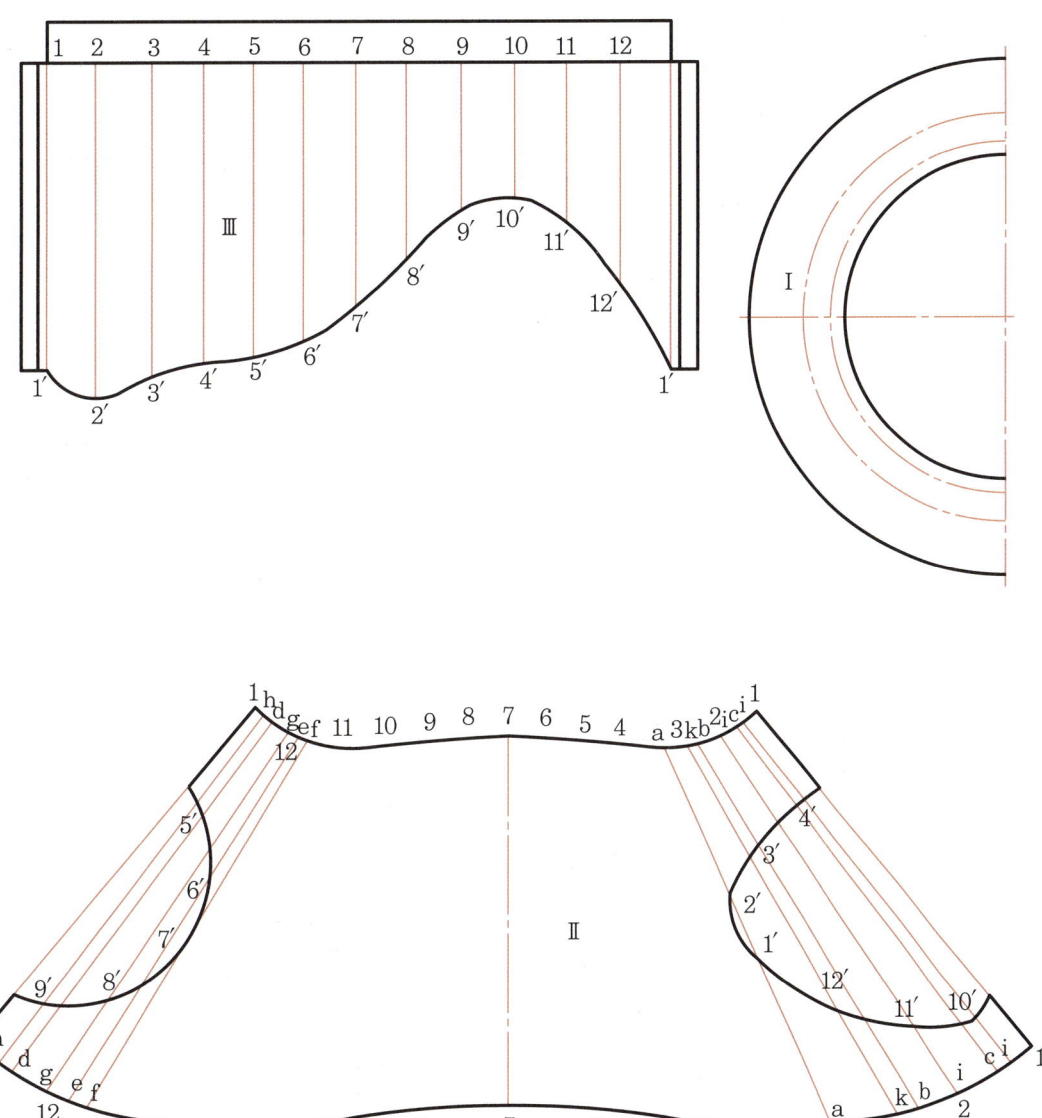

## ㉕ 변형된 T형 분기관 B

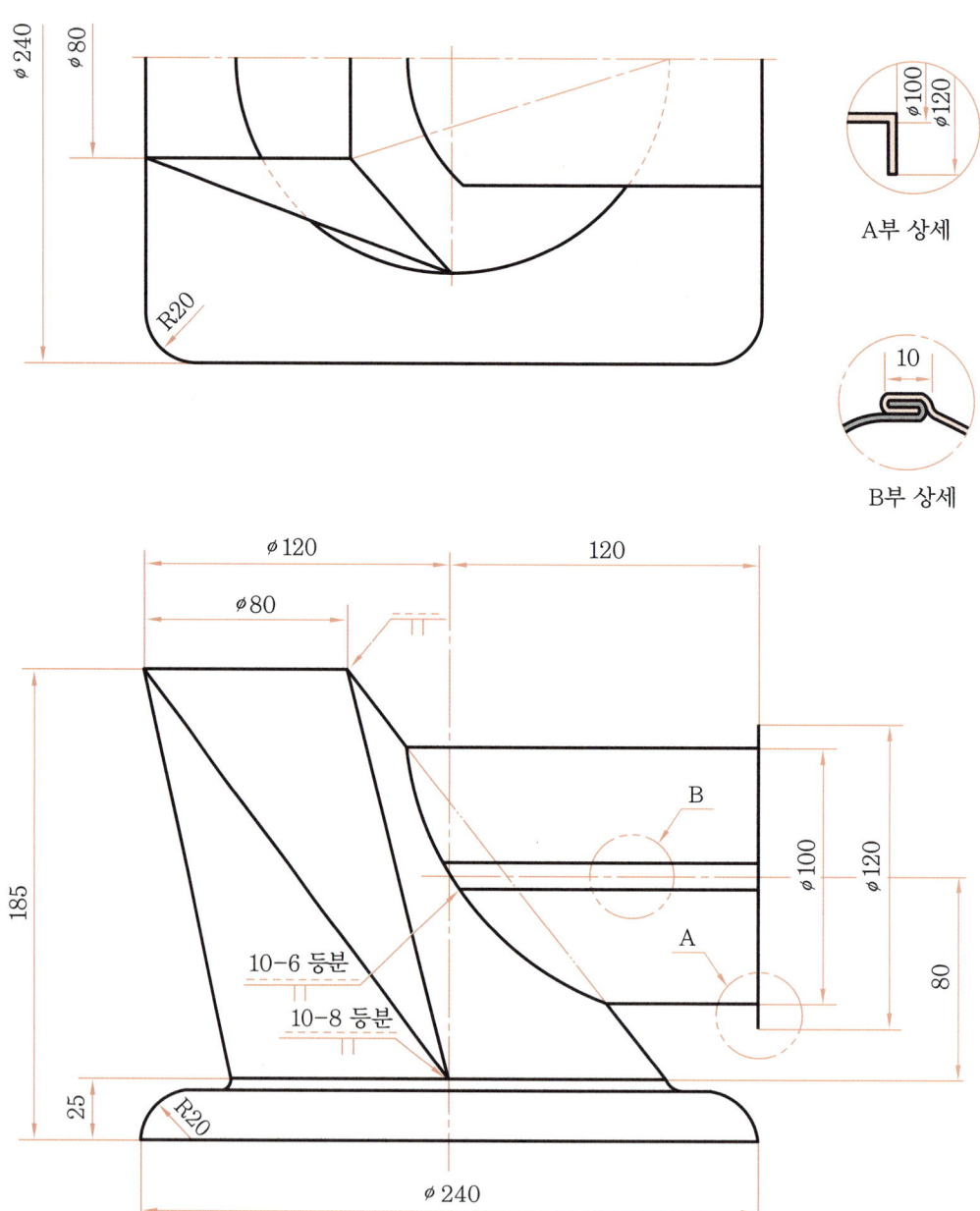

## ㉕-1 변형된 T형 분기관 B (상관선 전개법)

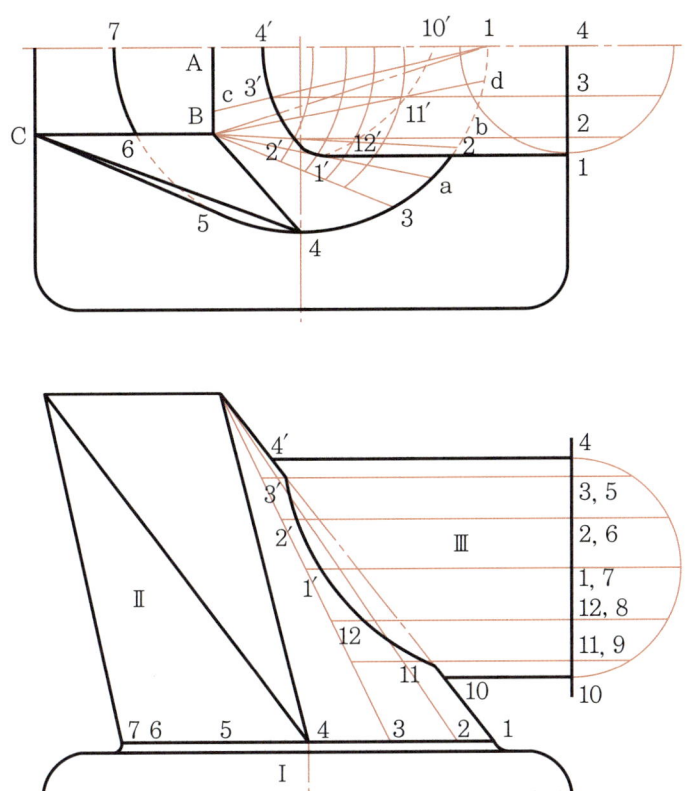

## ㉕-2 변형된 T형 분기관 B(전개도)

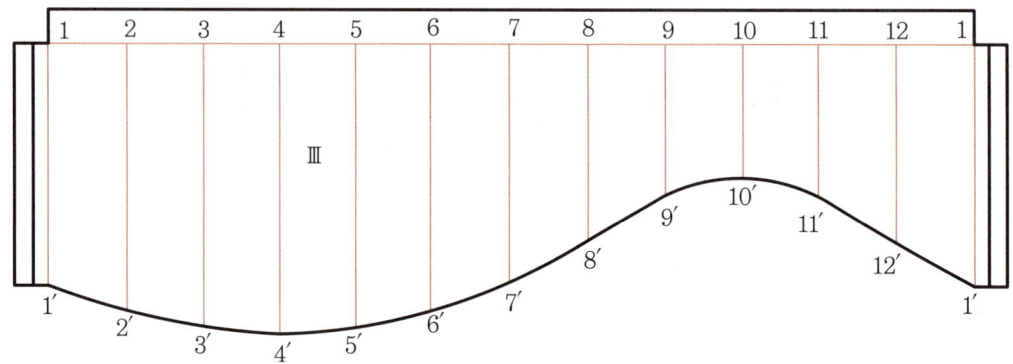

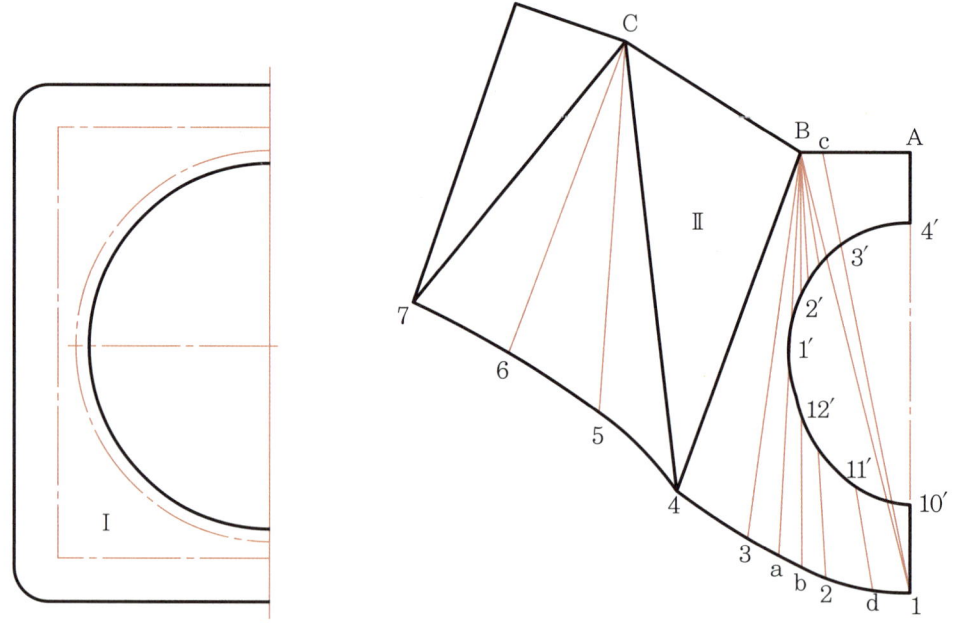

### ㉖ 원추관에 붙은 사각관

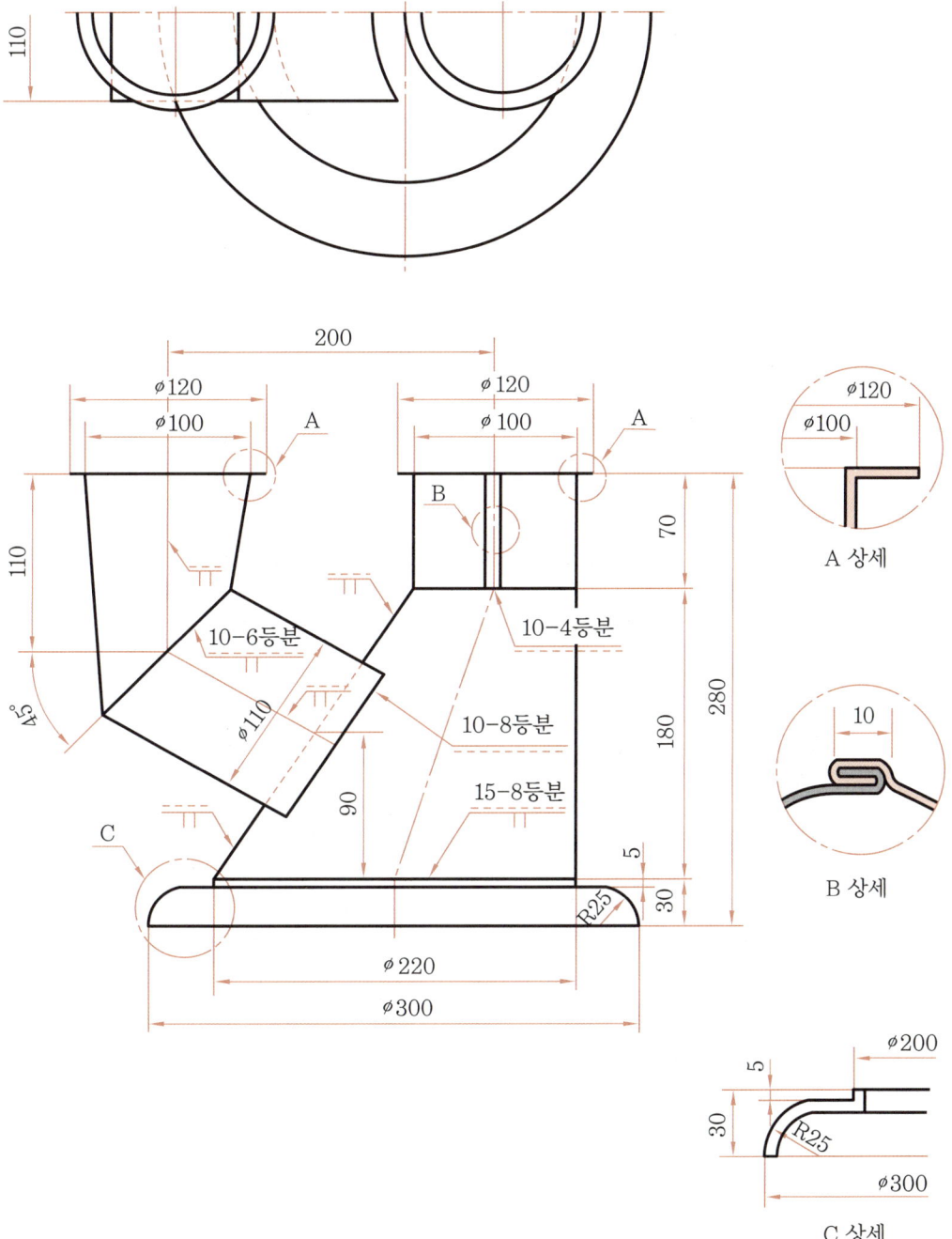

## ㉖-1 원추관에 붙은 사각관(상관선 전개법)

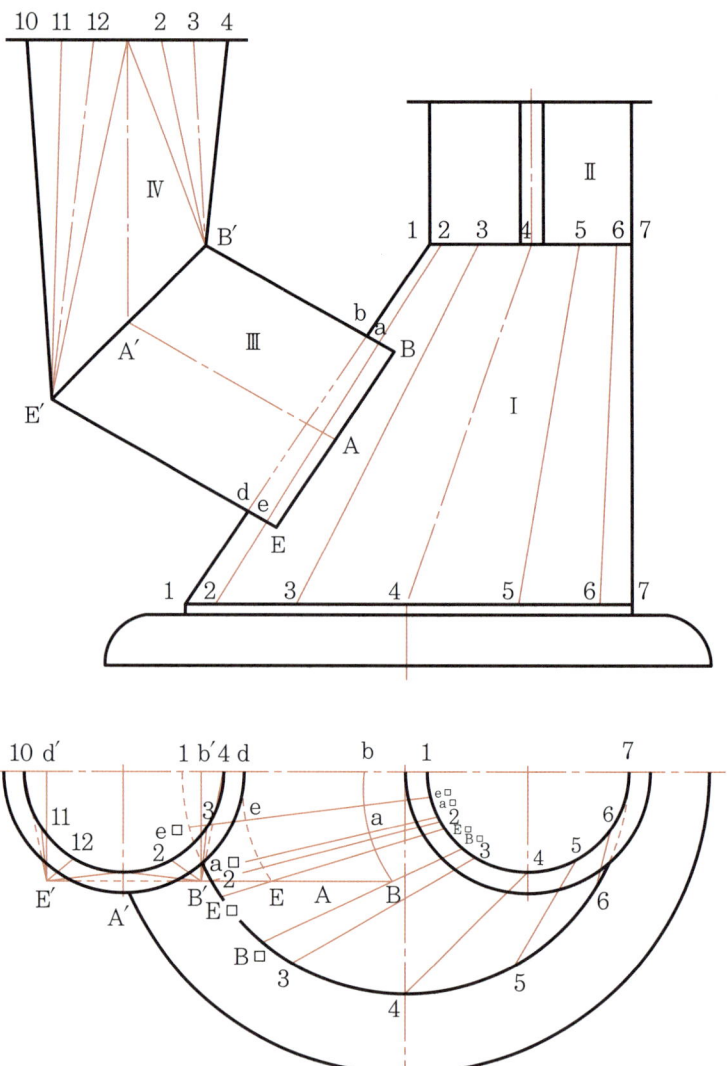

## ㉖-2 원추관에 붙은 사각관(전개도)

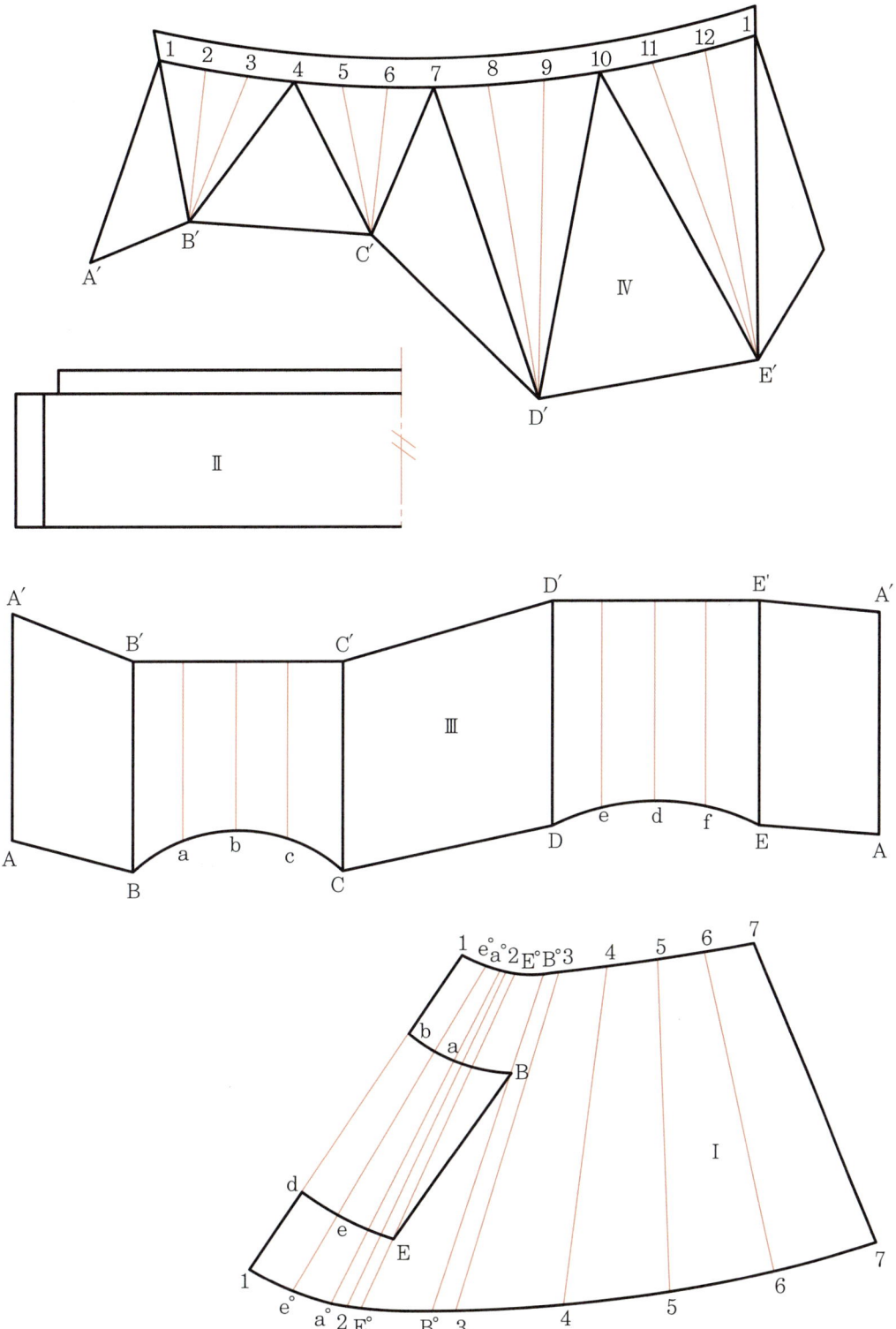

## ㉗ Y형 분기관

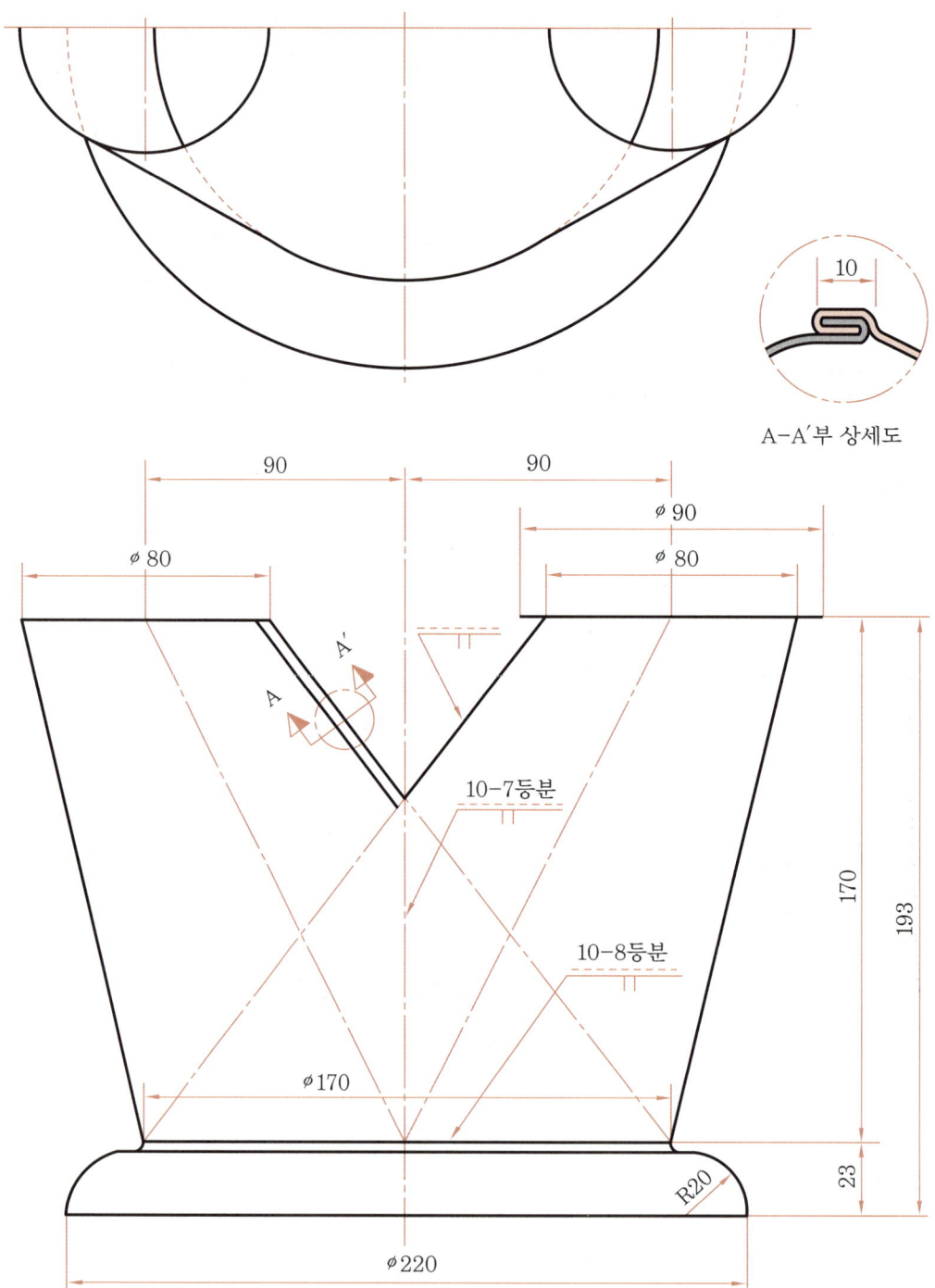

A-A'부 상세도

## ㉗-1 Y형 분기관(상관선 전개법)

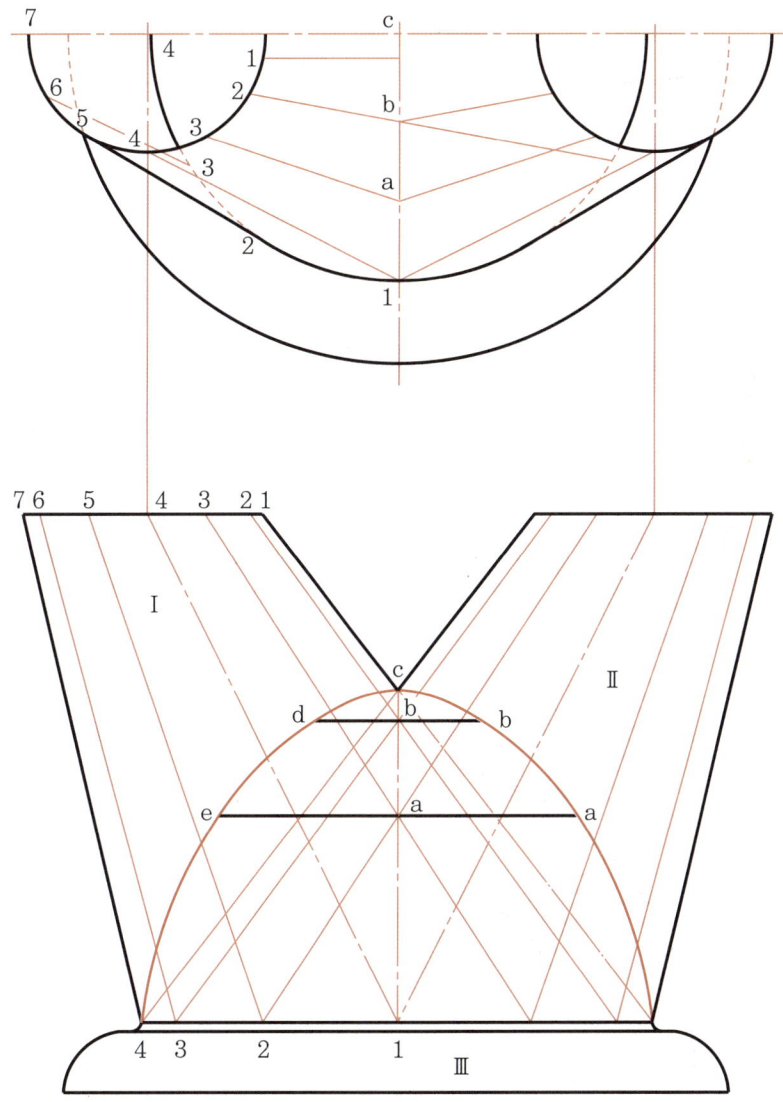

## ㉗-2 Y형 분기관 (전개도)

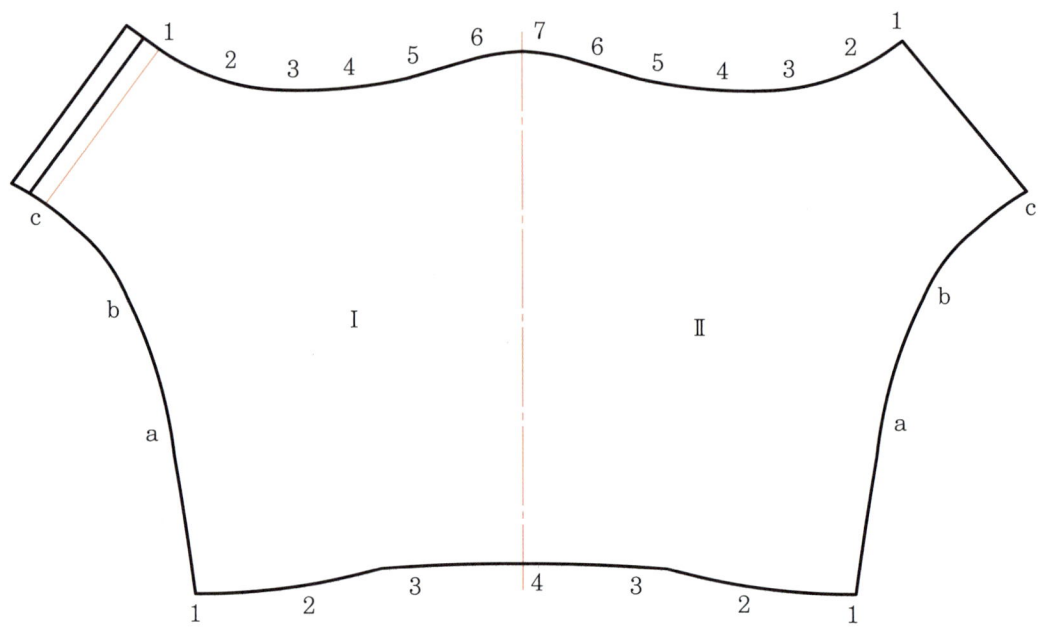

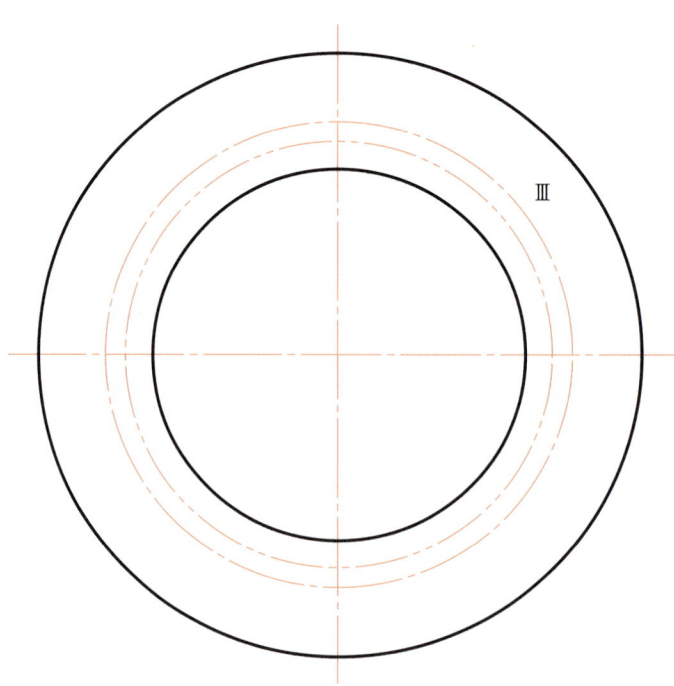

## ❷⑧ 원뿔에 붙은 호퍼

**입체도**

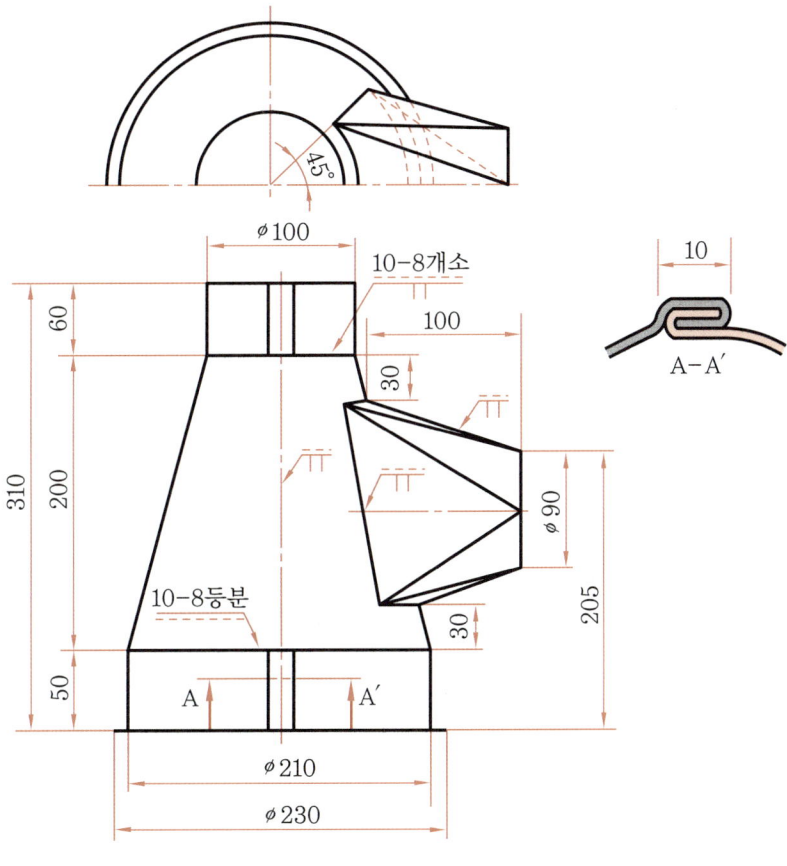

**정면도**

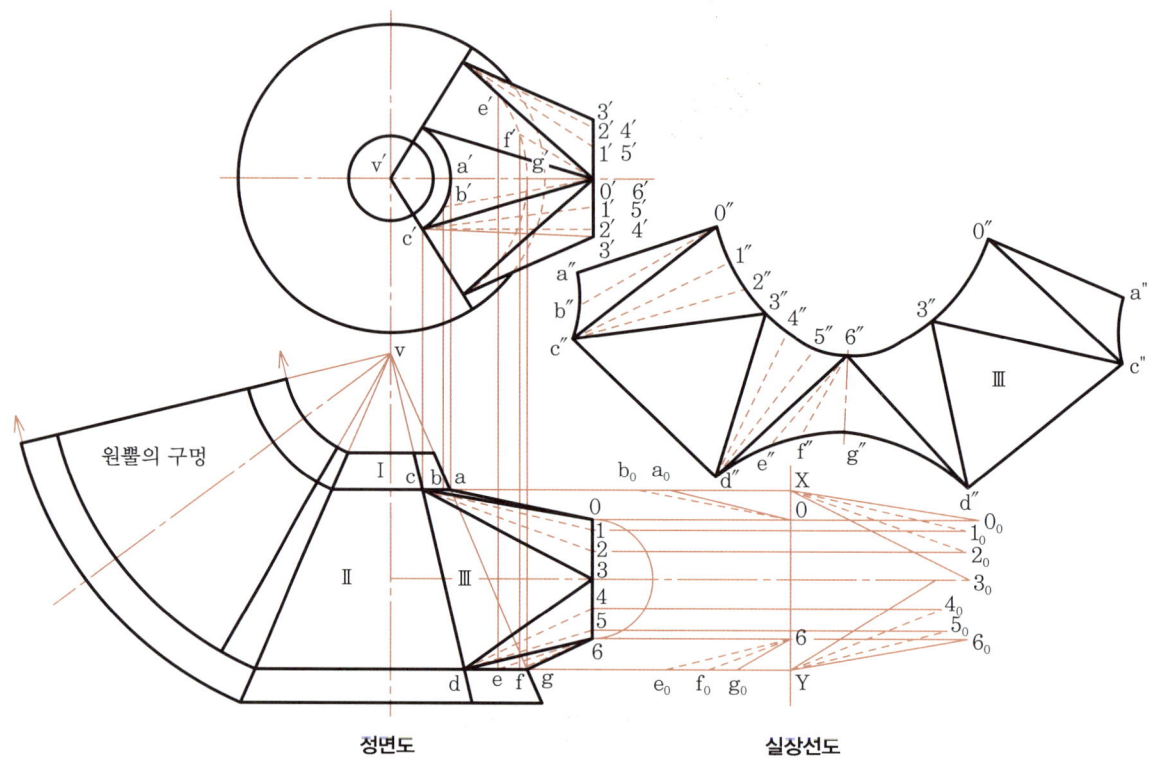

정면도　　　　　　　　　실장선도

① 정면도와 평면도를 그릴 때 두께를 고려하여 그린다. 즉, 바깥지름 기준 $\phi 100$인 원을 그릴 때는 $(100-1)=99$인 원을 그리며, $\phi 210$은 $\phi 209$로 그린다.
② 상관선이 나타나 있으므로 실장을 구하여 직원뿔은 방사 전개법으로, 호퍼 용기는 삼각 전개법으로 전개한다.
③ 상관선이 정면도에 나타난 모든 점의 높이를 XY축으로 옮기고 평면도의 길이를 해당되는 선의 높이에 수평으로 그려진 연장선 위에 잡으면 그 빗변은 실장이 된다($o'$와 $\overline{b'}$ =XY축 $\overline{ob_0}$).
④ 부품 [Ⅱ]는 방사 전개법으로 전개하며, [Ⅲ] 부품은 해당 실장선도를 이용하여 삼각형 전개법으로 전개한다.

### ㉙ 흡출관

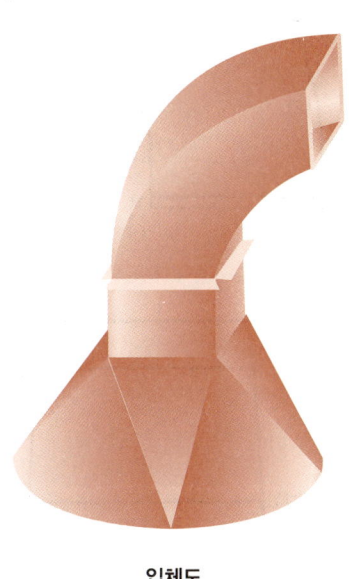

입체도

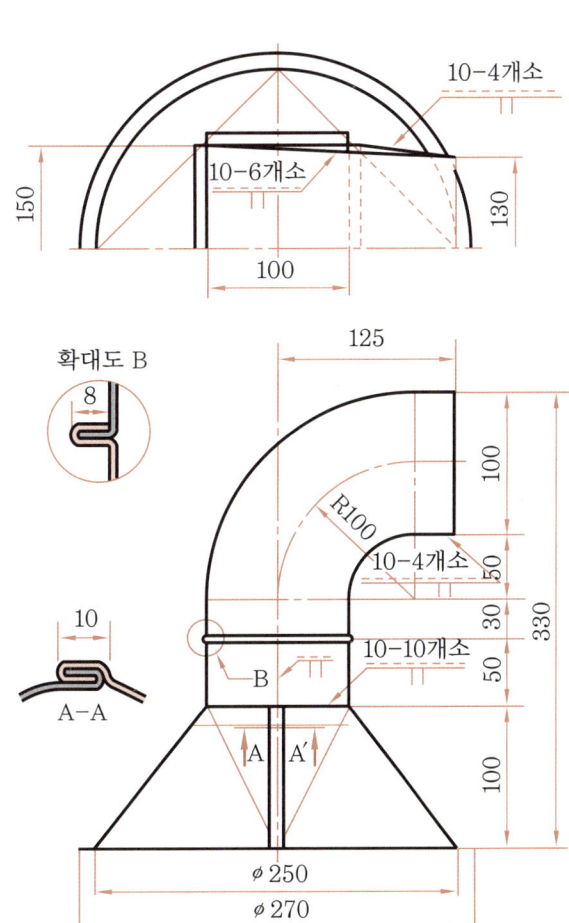

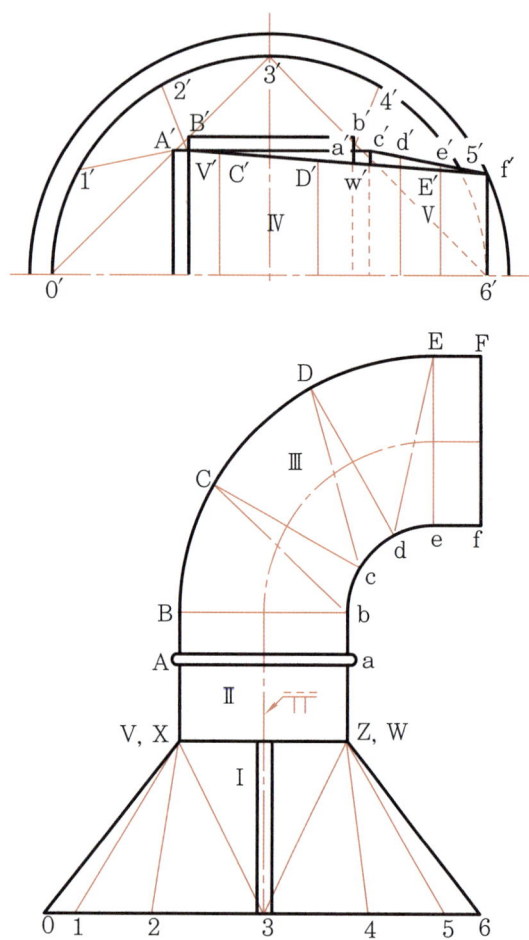
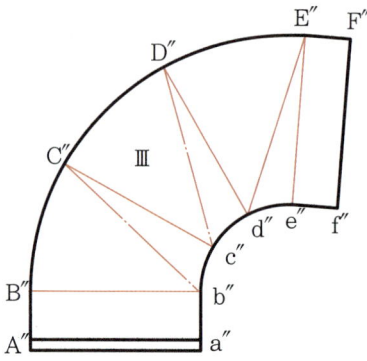
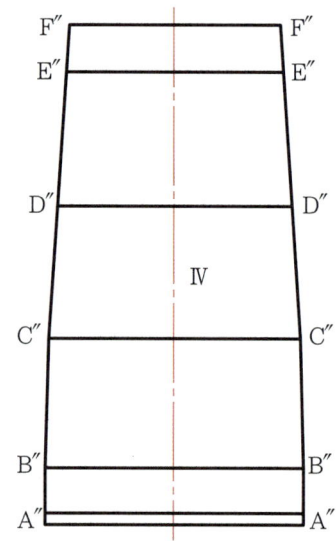

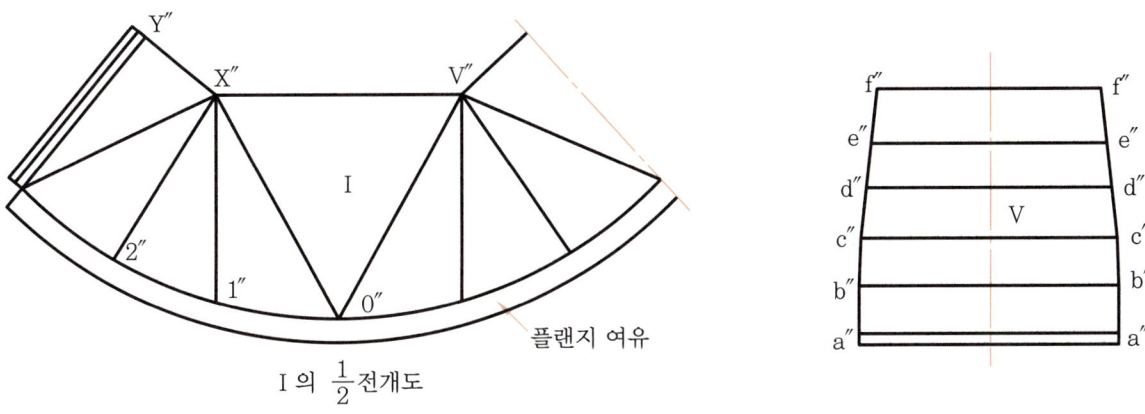

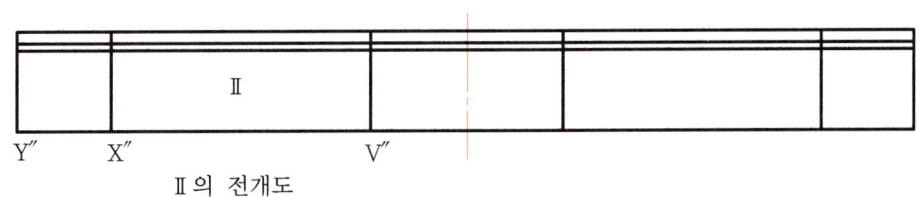

① 두께를 고려하여 하부 원통 지름 249mm, 상부 사각 99mm로, 높이는 도면과 같이 정면도와 평면도를 그린다.
② 부품 Ⅲ 사각통의 직각을 각각 3등분하여 $\overline{AB}$, $\overline{BC}$, $\overline{CD}$, $\overline{DE}$, $\overline{EF}$ 와 부품 Ⅴ도 같은 방법으로 등분하고 각각 같은 선분을 긋는다.
③ 전개도 부품 Ⅳ의 중심 길이는 Ⅲ의 $\overline{AB}$, $\overline{BC}$ … $\overline{EF}$ 길이로 $A''B … E''F''$로 한다.
④ Ⅲ 부품은 두 장을 마름질하고 Ⅰ 부품은 삼각형 전개 방법으로 전개한다.

## ㉚ 육각추 슈트

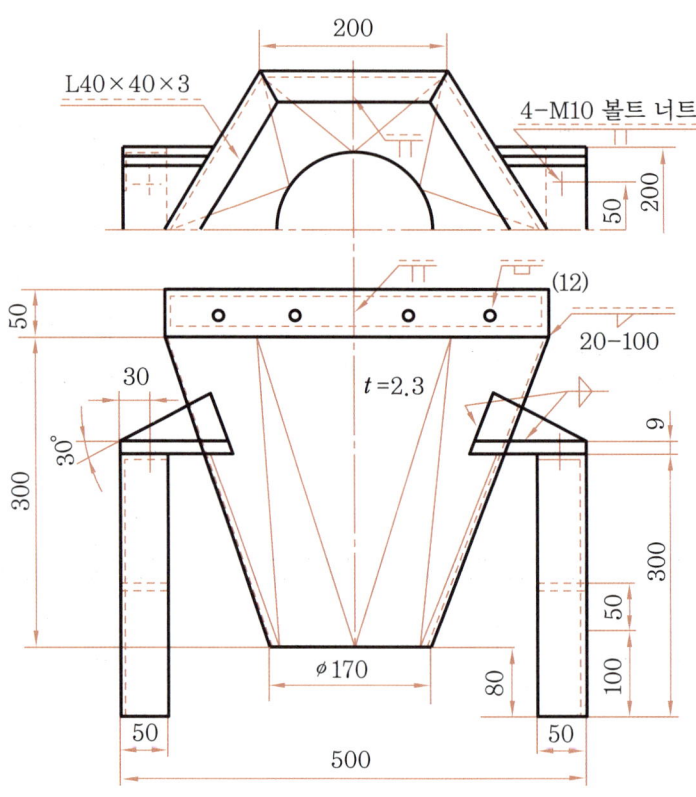

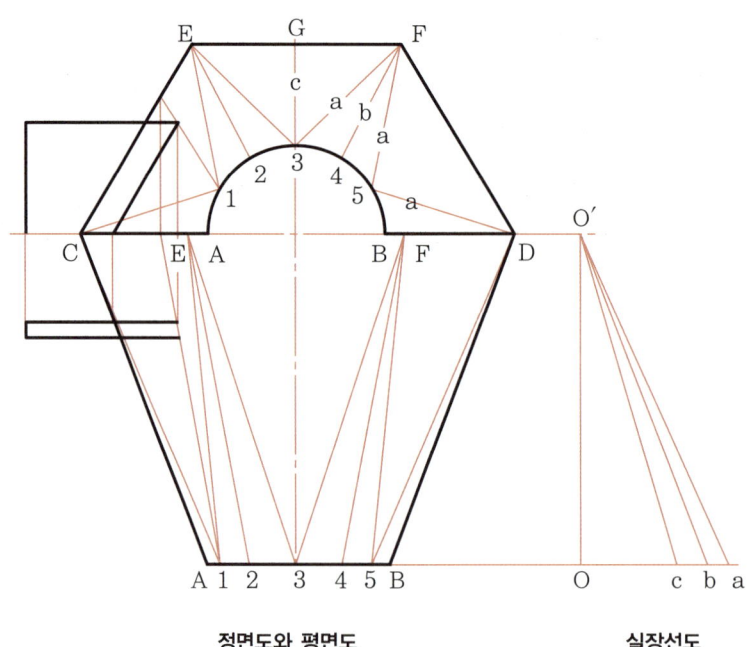

정면도와 평면도 　　　　　 실장선도

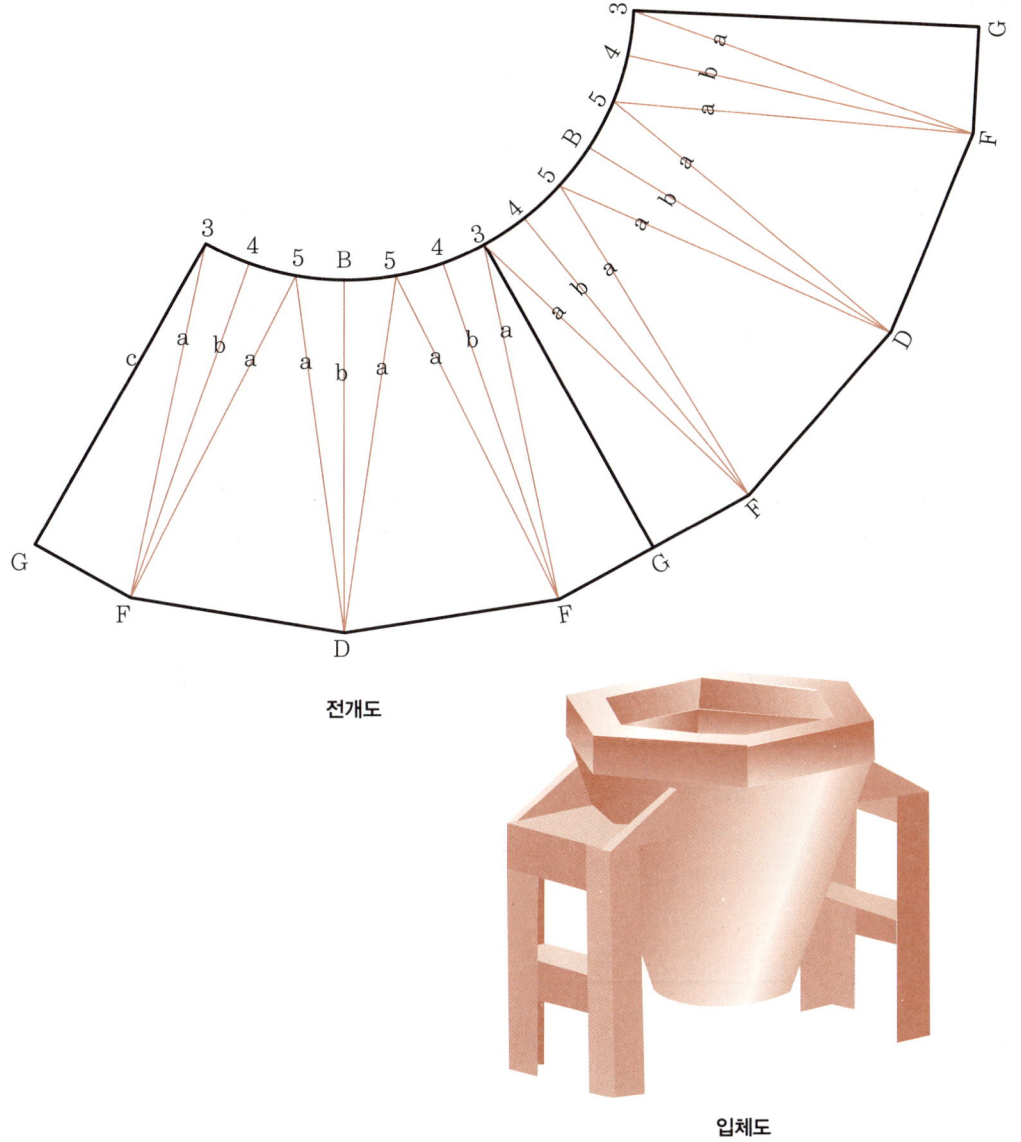

**전개도**

**입체도**

① 재료의 두께를 고려하여 정면도와 평면도의 원을 그리고 정육각형에 대한 원을 그린다.
② 원둘레를 12등분($\frac{1}{2}$ 그림)하여 A, 1, 2, 3⋯B를 얻고 육각 부분에 C, D, E, F, G점을 구한다.
③ 정면도와 평면도의 등분점 사이로 해당 분할선을 그린다.
④ 실장선도를 작성한다(정면도 높이(O, O′) 평면도 길이를 밑면으로 $\overline{Oc} = \overline{G3}$).
⑤ 평면도에 등분한 원호 길이와 찾은 실장으로 삼각형 전개법에 의하여 전개도를 완성한다.

## ㉛ 분리 호퍼

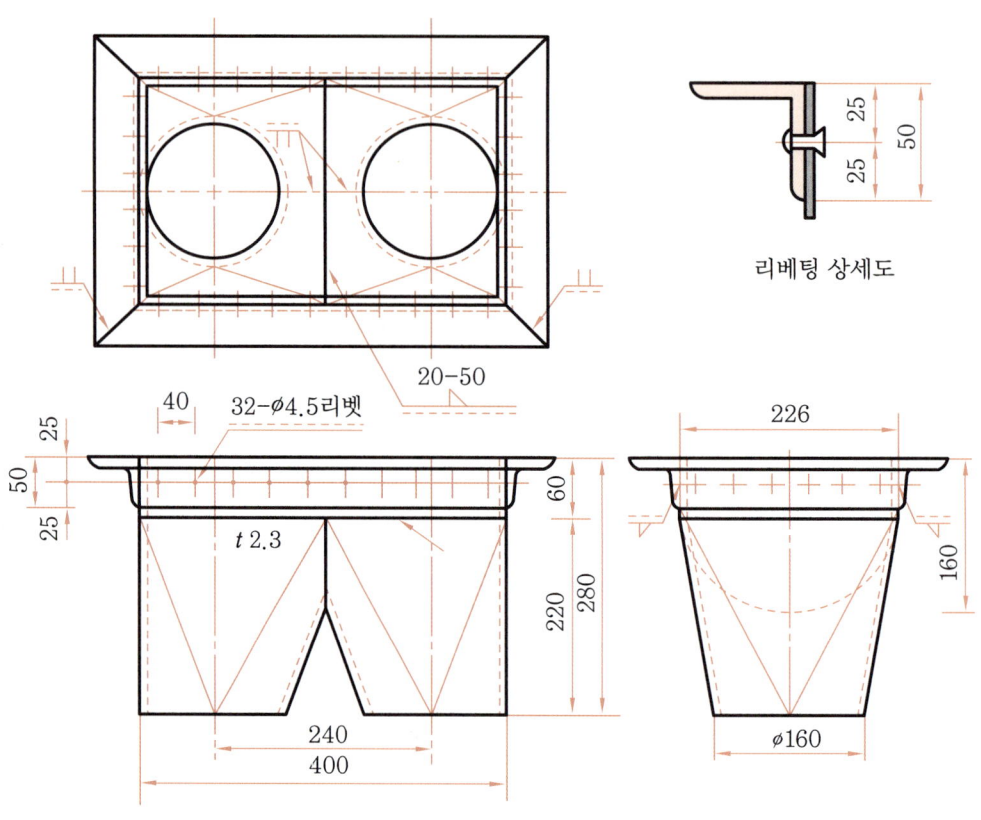

리베팅 상세도

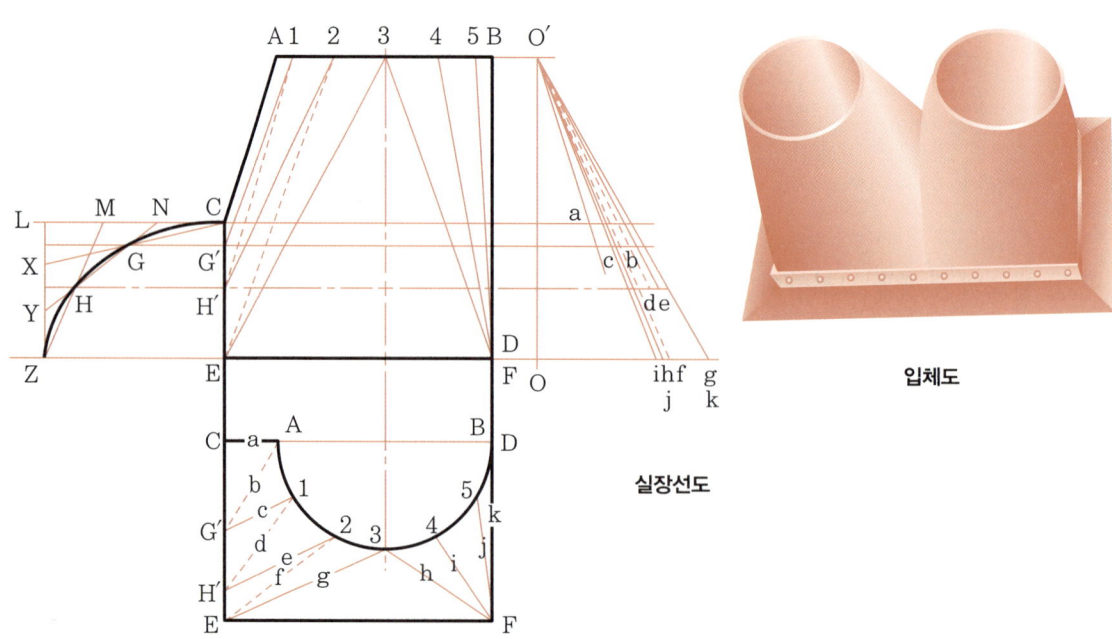

실장선도

입체도

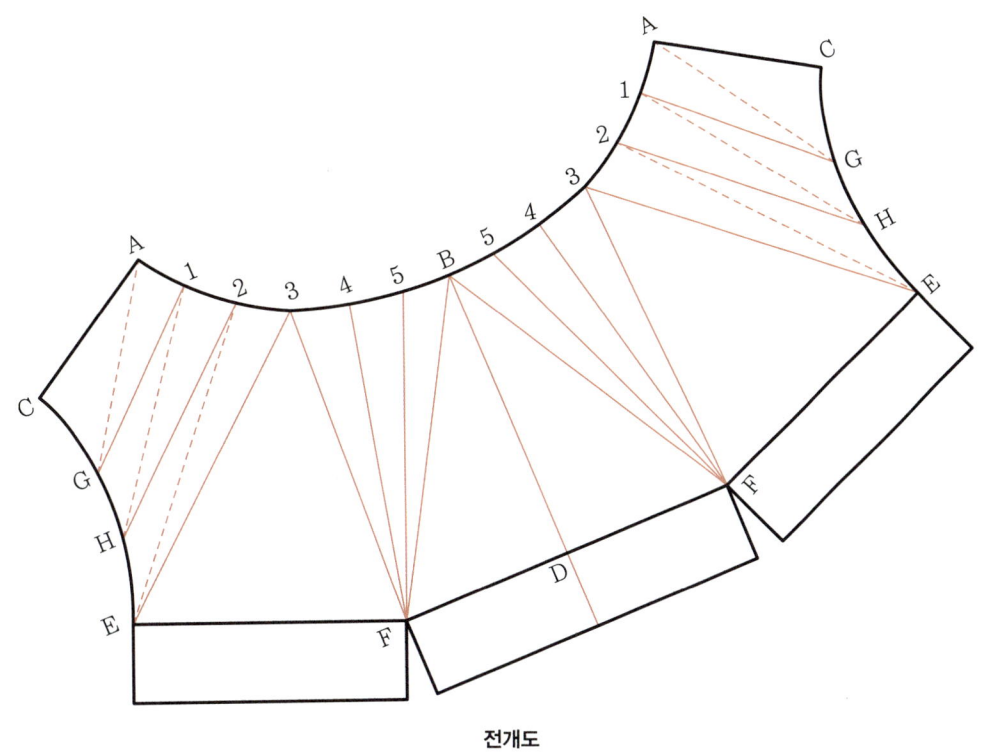

**전개도**

① 정면도의 $\frac{1}{2}$과 재료 두께를 고려하여 지름 157.7mm, 사각형의 가로 395.4mm, 세로 220.4mm로 그린다.

② 원을 12등분하여 A, 1, 2, ⋯ B를 기입하고 아래부분에 C, D, E, F점을 얻는다.

③ 두갈래관의 접속 지점의 사각통의 가로 세로 길이의 $\frac{1}{2}$인 $\overline{CL}$과 ZL의 직각 삼각형을 3등분하여 L, M, N, C와 L, X, Y, Z를 얻는다.

④ C, N, M 및 X, Y, Z을 엇갈리게 선을 그어 상관점 C, G, H, Z을 얻는다.

⑤ G와 H에 수평선을 그어 G′와 H′를 구하여 상관점을 얻는다.

⑥ $\overline{GG'}$의 길이로 평면도의 CG′를 잡고, $\overline{HH'}$로 CH′를 잡아 등분점을 그린다.

⑦ 실장 작도법에 의해 실장을 $\overline{E3} = \overline{OG}$ 구하고 삼각형 전개법에 의해 전개도를 그린다.

## ㉜ 편심 줄임관

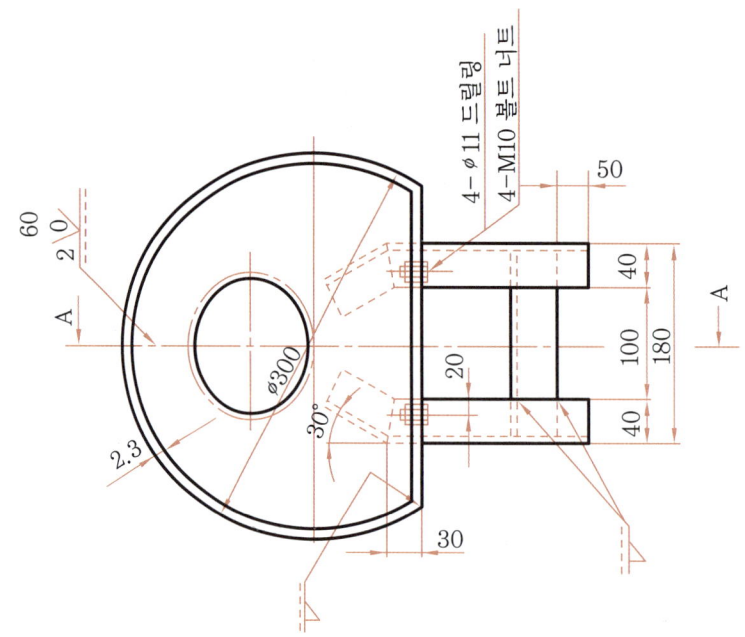

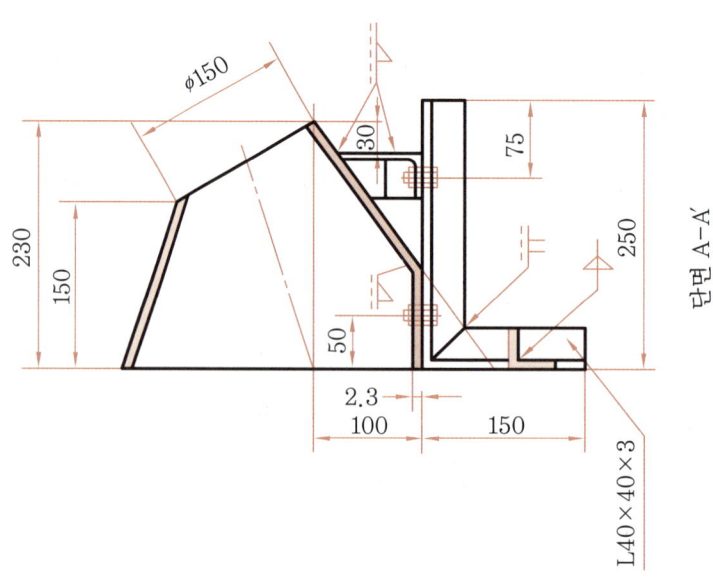

단면 A-A'

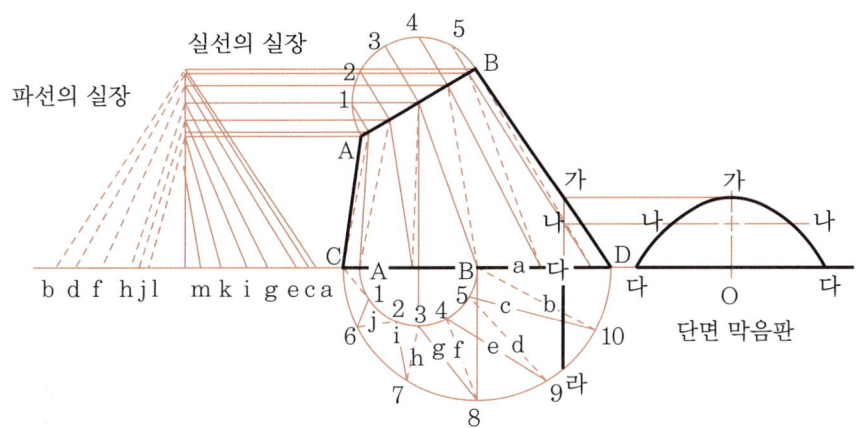

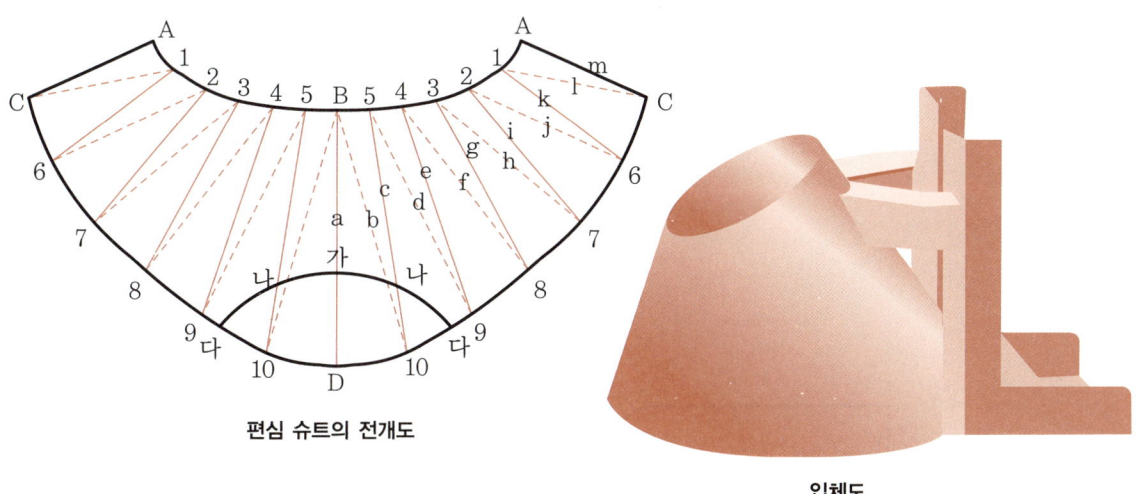

**편심 슈트의 전개도**

**입체도**

① 재료의 두께를 고려하여 정면도와 평면도의 밑원 지름과 윗면 지름 그리고 높이를 그린다.
② 원둘레를 12등분하여 A, 1, 2, 3, 4… B 밑면에 C, 6…10, D를 얻는다.
③ 정면도와 평면도의 등분점 사이를 분할하여 (AC, C1, 16 … BD) 번호를 얻는다.
④ 수직으로 절단된 단면선 가, 나, 다를 긋는다(단면막음판의 밑면 $\overline{O다} = \overline{다라}$).
⑤ 실장을 구한다 (윗면 $\overline{AB}$를 수평으로 이동하여 높이로, 평면도 길이를 밑면으로 잡고 빗변 길이가 실장).
⑥ $\overline{BD}$를 중심으로 찾은 실장으로 삼각형 전개법에 의해 전개도를 그린다.
⑦ 단면 막음판의 전개도를 그린다.

### ㉝ 응용 엘보관

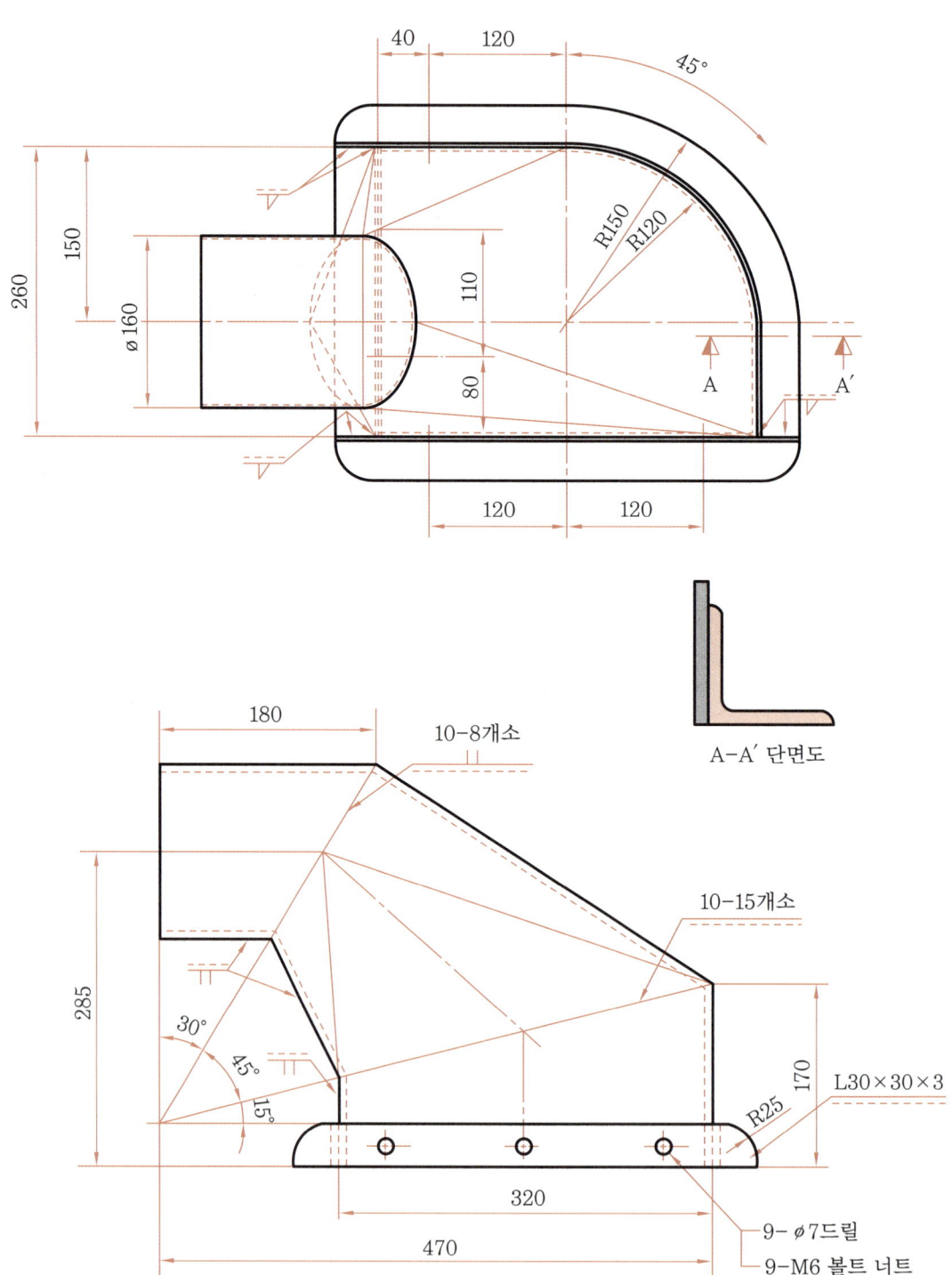

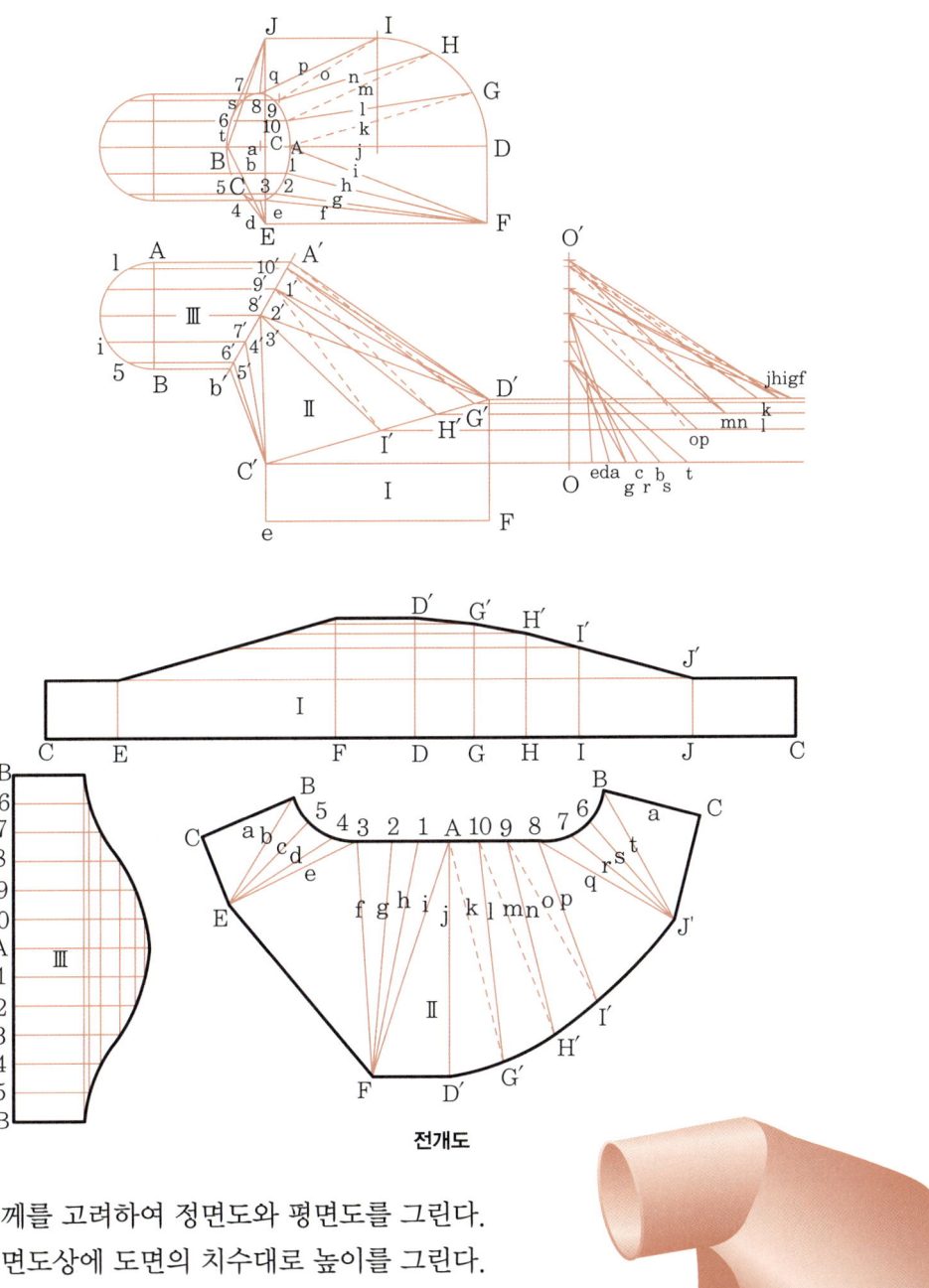

① 두께를 고려하여 정면도와 평면도를 그린다.
② 정면도상에 도면의 치수대로 높이를 그린다.
③ 직각 3등분법에 의하여 원둘레를 12등분한 후 A′b′에 분할선을 긋고 a, b, c…s, t를 적는다.
④ 실장을 작도한다(밑면 $\overline{OK}$ = 평면도 $\overline{AG}$).
⑤ 부품Ⅰ과 Ⅲ을 평행선 전개법에 의하여 그린다.
⑥ 부품Ⅱ는 삼각형 전개법으로 그린다.
⑦ 부품Ⅱ의 전개도에서 D′와 G′, G′와 H′, H′와 I′ 간의 실제 길이는 부품 Ⅰ의 전개도에서 찾아 작도한다.

## ㉞ 편심 곡관

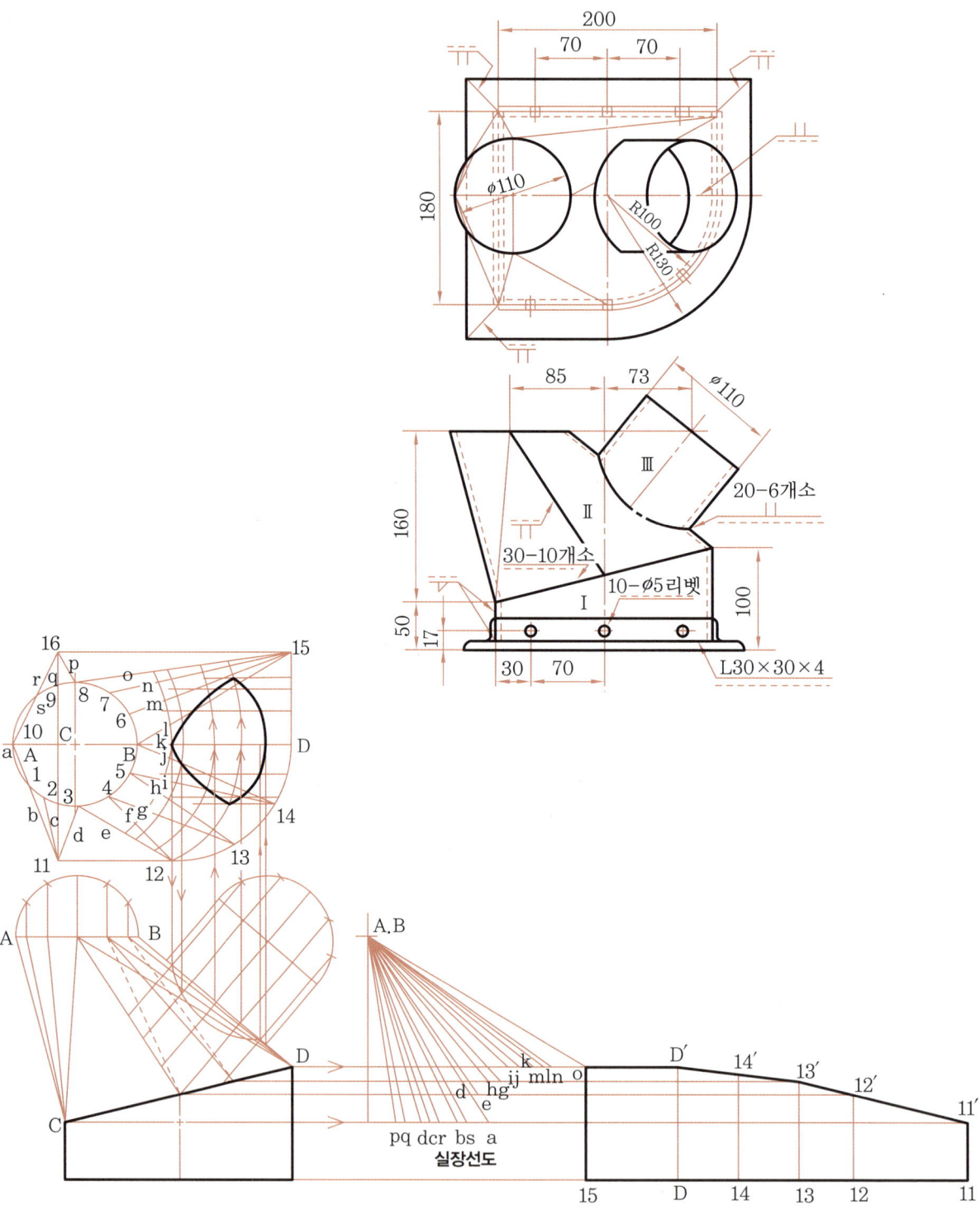

상관체 분기 응용관 전개도

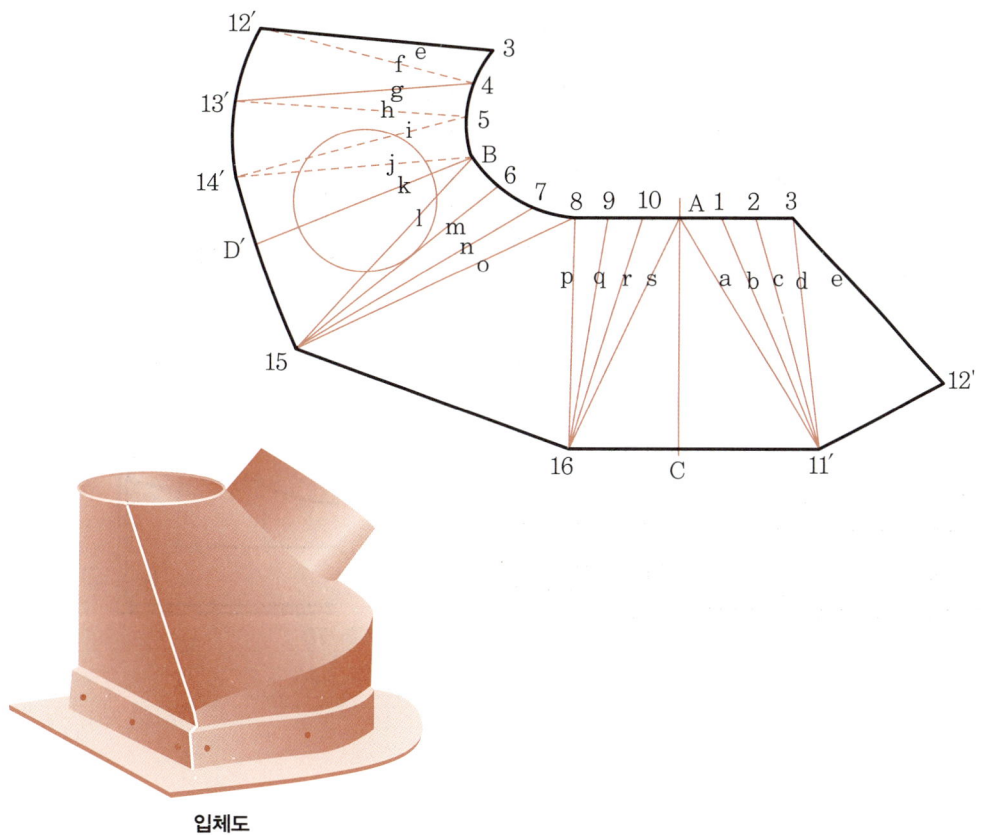

**입체도**

① 두께를 고려하여 정면도와 평면도를 그린다(가로 195.4mm, 세로 175.4mm, 분기관 지름 107.7mm).
② 정면도상에 도면의 치수대로 50mm, 160mm 높이를 그린다.
③ 직각 3등분법에 의하여 원둘레를 12등분하여 0, 1, 2, 3 … 9, 10 기호를 적어 얻는다.
④ 상관선을 찾는다(정면도 B, D상의 12등분점을 평면도에 수선을 세우고 $\overline{BD}$선의 B점에서 회전하여 수선을 내림).
⑤ 실장선도를 작도한다(평면도 $\overline{11a}$ = 선도 $\overline{oa}$).
⑥ 부품Ⅰ과 Ⅲ을 평행선 전개법에 의하여 그린다.
⑦ 부품Ⅱ는 삼각형 전개법으로 그린다.
⑧ 부품Ⅱ의 전개도에서 D'와 14', 14'와 13', 13'와 12' 간의 실제 길이는 부품 Ⅰ의 전개도에서 옮겨와 작도한다.

## ㉟ 이경 엘보

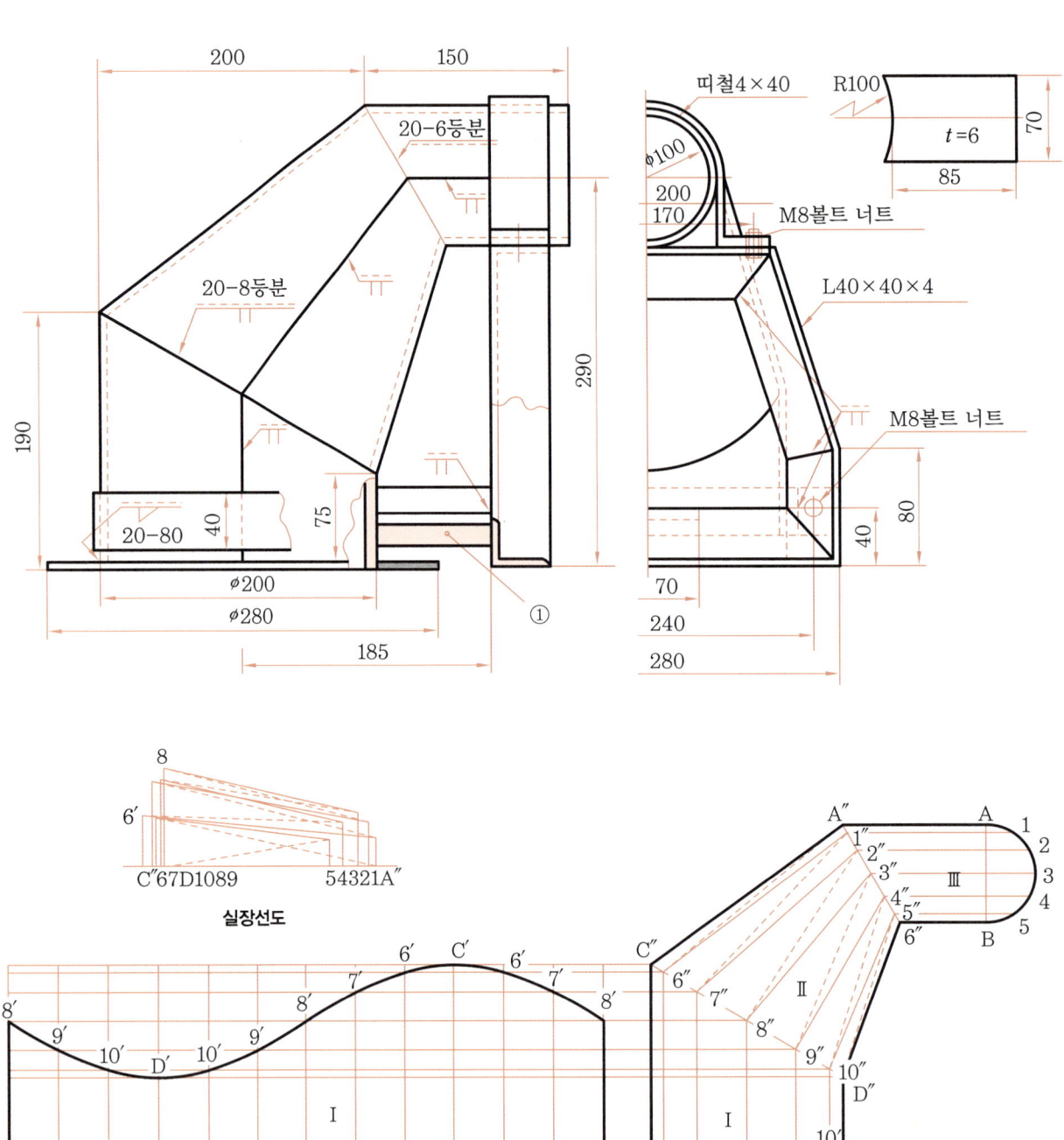

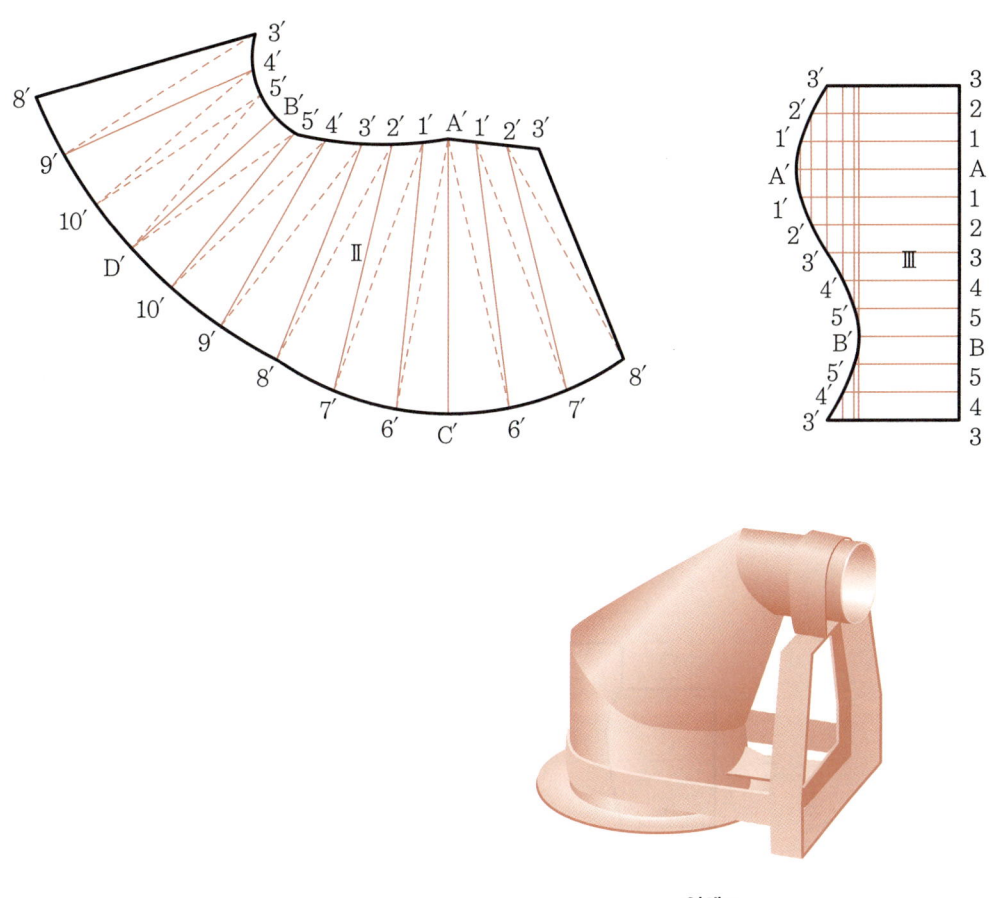

**입체도**

① 두께를 고려하여 밑부분 원통의 지름을 2.3mm 뺀 지름 197.7mm로 윗부분의 지름은 97.7mm로 그린다.
② 원둘레를 12등분하여 분할선을 긋고 1, 2, 3 … 8, 9, 10 기호를 넣는다.
③ 실장을 구하기 위해 정면도 A″C″의 길이를 실장선도의 수평으로 잡고, 수직 실장선도는 C″6′ = 원호, $\overline{6\,6'}$로 그 대각선 6′와 A″의 실장으로 모든 선을 같은 방법으로 실장을 구한다.
④ 부품 Ⅱ의 전개도는 부품 Ⅰ의 전개도와 부품 Ⅲ의 전개도에서 해당되는 실제 길이와 작도한 실장의 길이를 이용하여 삼각형법으로 전개한다.

## ㊱ 응용 분기관

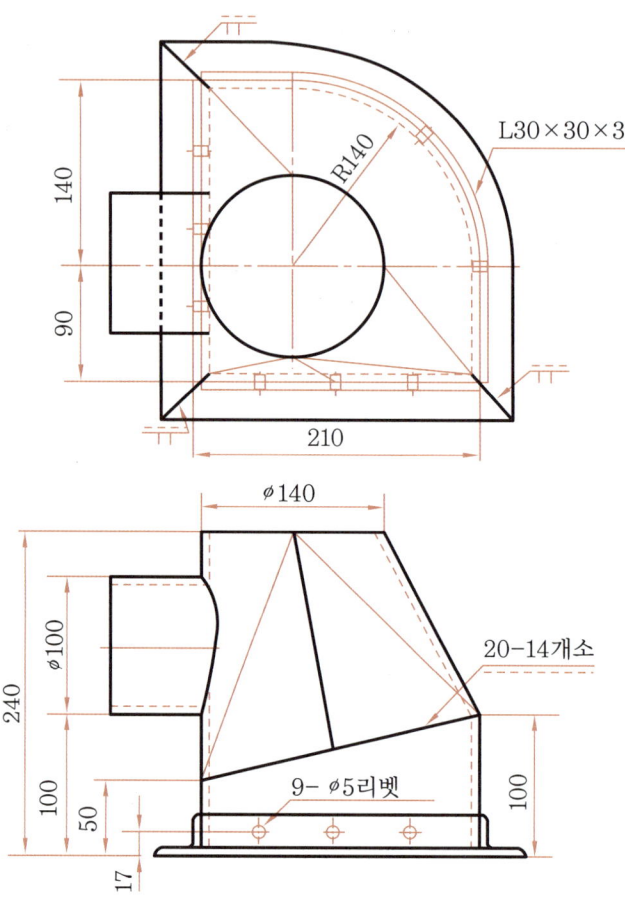

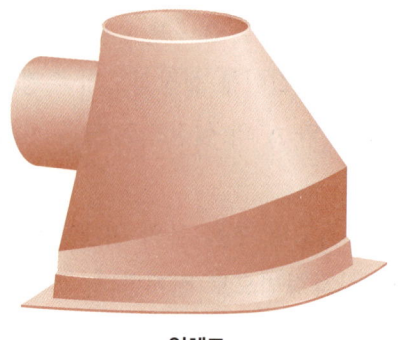

**입체도**

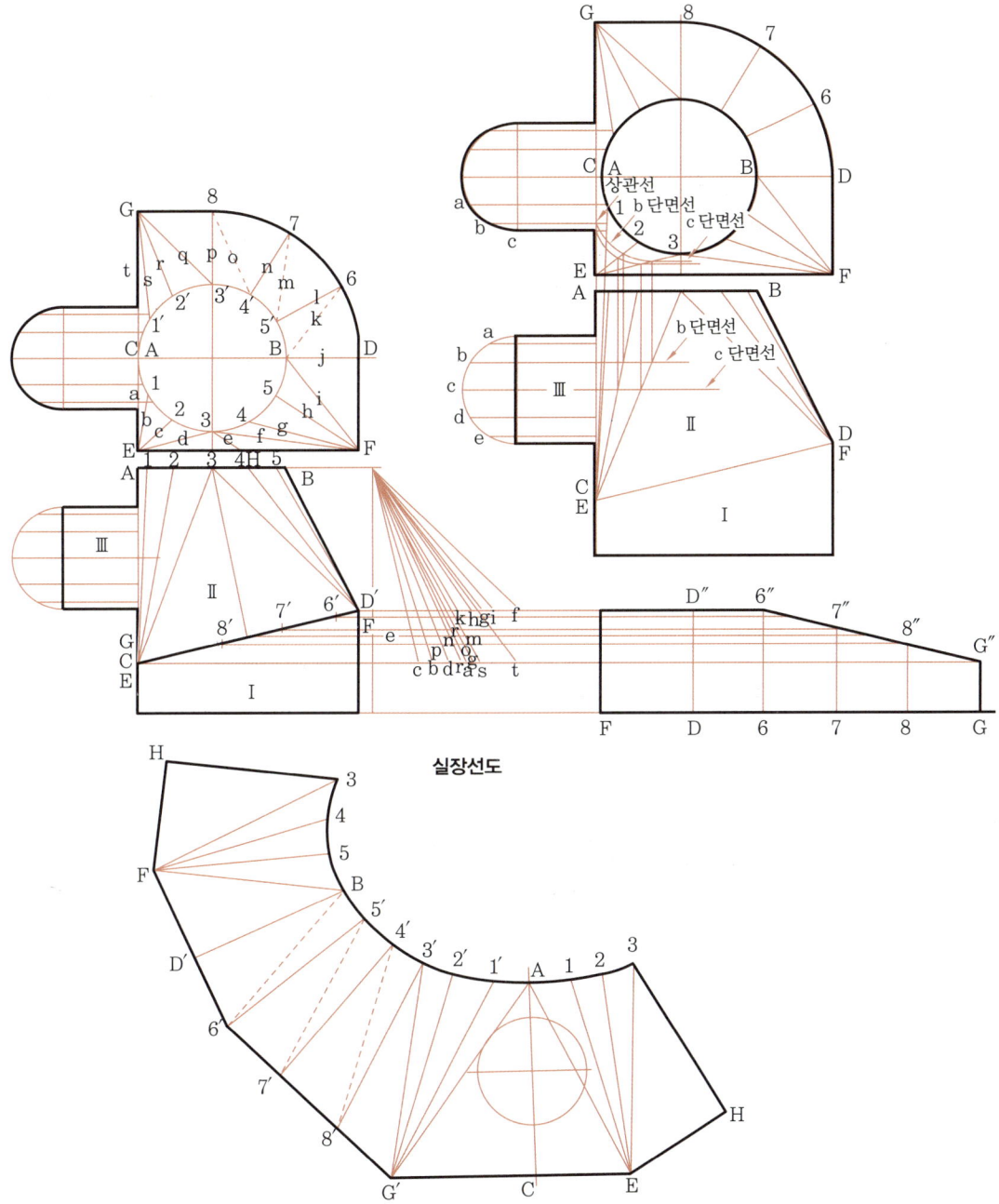

**실장선도**

① 두께를 고려하여 밑부분 사각통의 한 변의 길이를 각각 210-4.6=205.4mm, ($L-2t$) 윗부분 원통과 분기관 지름 ($D-t$)의 길이로 평면도를 그린다.
② 정면도의 높이는 도면 치수대로 그린다.
③ 원둘레를 12등분하여 분할하고 정면도에 수선을 내려 1, 2, 3, 4, 5를 얻는다.
④ 실장선도에 의하여 실장을 구한다.
⑤ 단면도를 작도하여 상관선을 찾는다.

### ㊲ 편심 호퍼

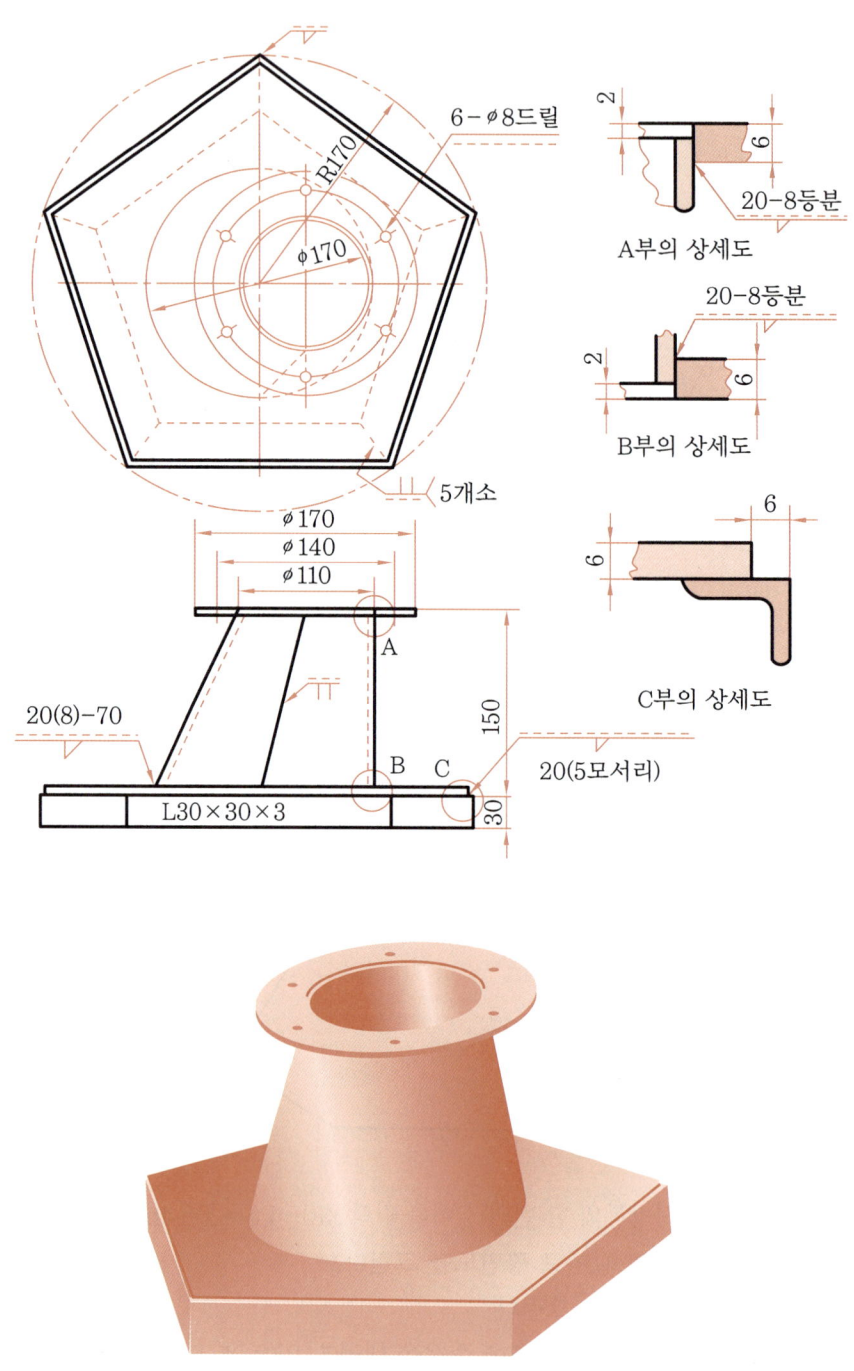

입체도

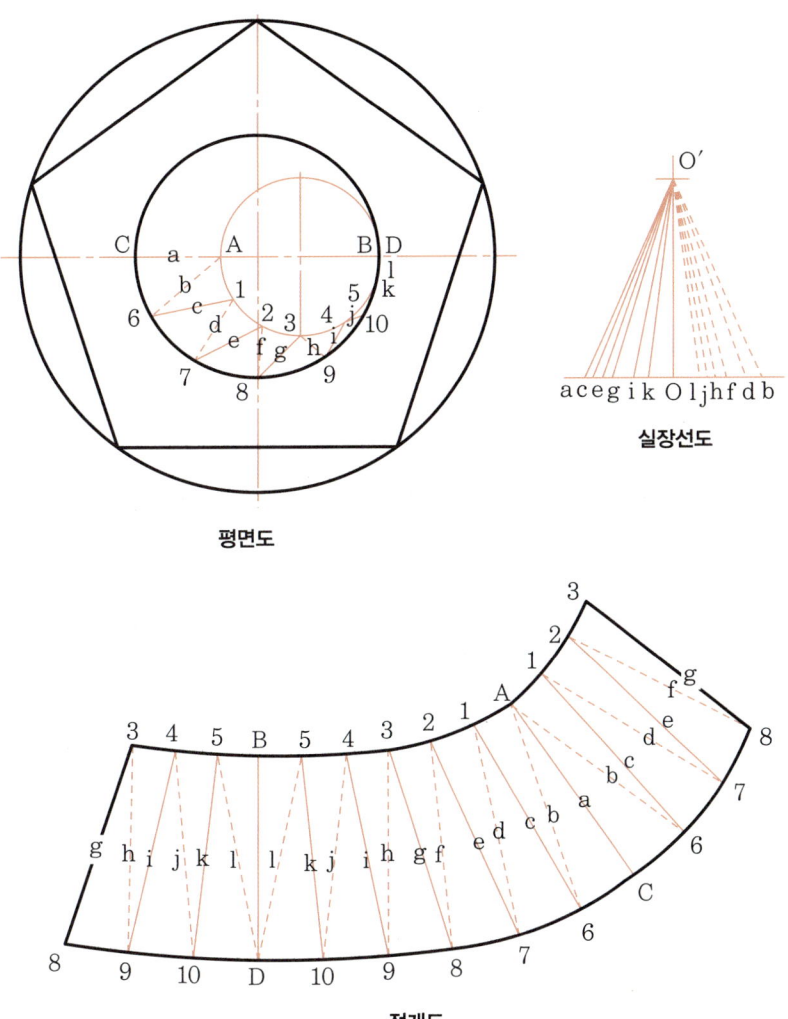

**평면도**

**실장선도**

**전개도**

① 재료의 두께를 고려하여 평면도와 정면도를 그린다.
② 정오각형은 ⌀340 원에 내접하는 5각형을 그린다.
③ 큰 원과 작은 원을 12등분하고 등분점에 번호를 넣고 실선과 파선으로 구분한다.
④ 실장선도의 직각선을 긋고 높이는 정면도의 높이 $\overline{O'O}$로 잡는다.
⑤ 평면도의 선길이를 밑면으로 $\overline{AC} = \overline{Oa}$ 실장을 구한다.
⑥ 같은 방법으로 실선과 점선의 실장을 구한 후 삼각전개법으로 전개한다.
⑦ 용접선을 고려하여 평면도의 3, 8이 용접되도록 전개도를 완성한다.

## ㊳ 사각 편심 호퍼

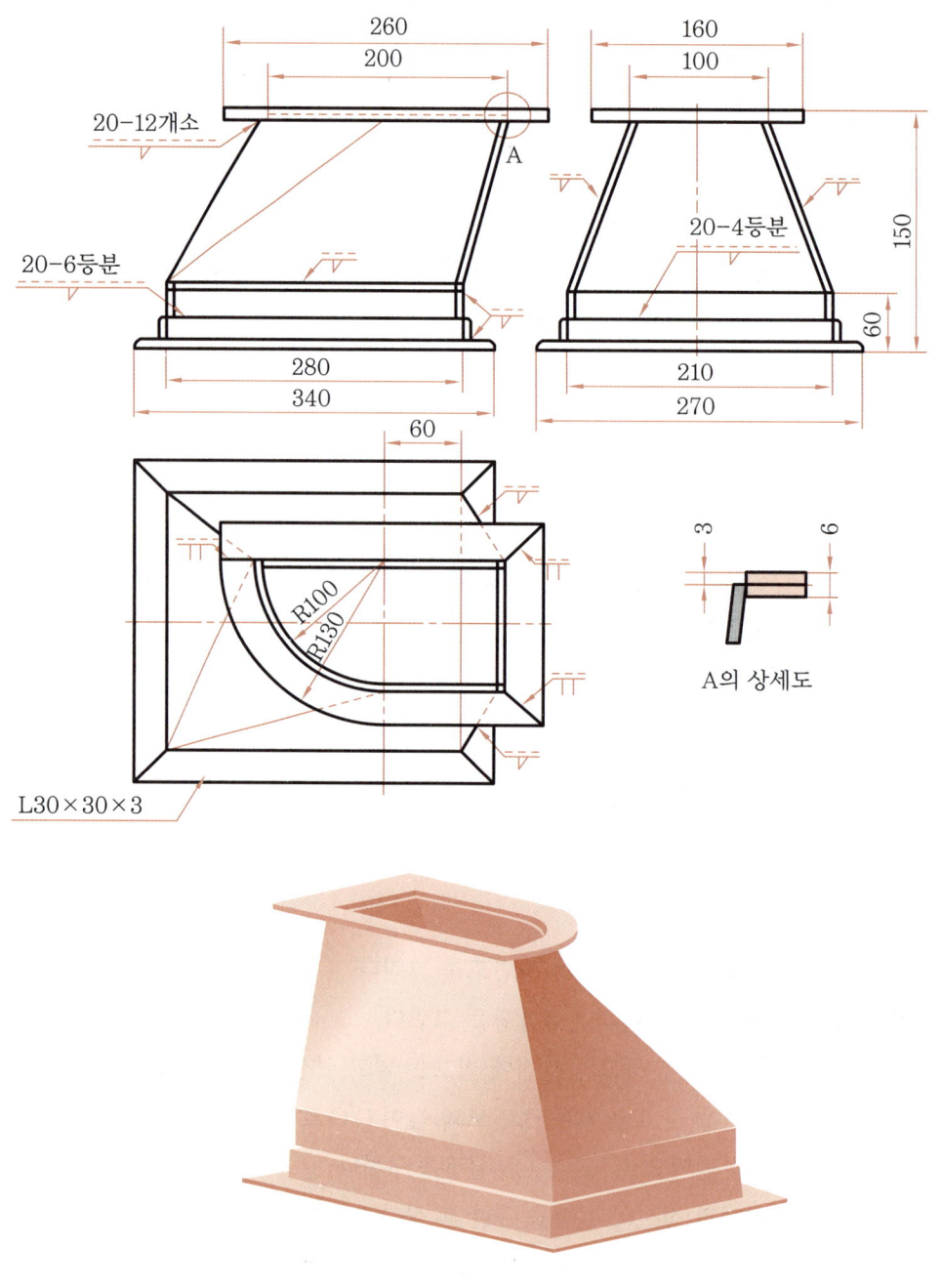

**입체도**

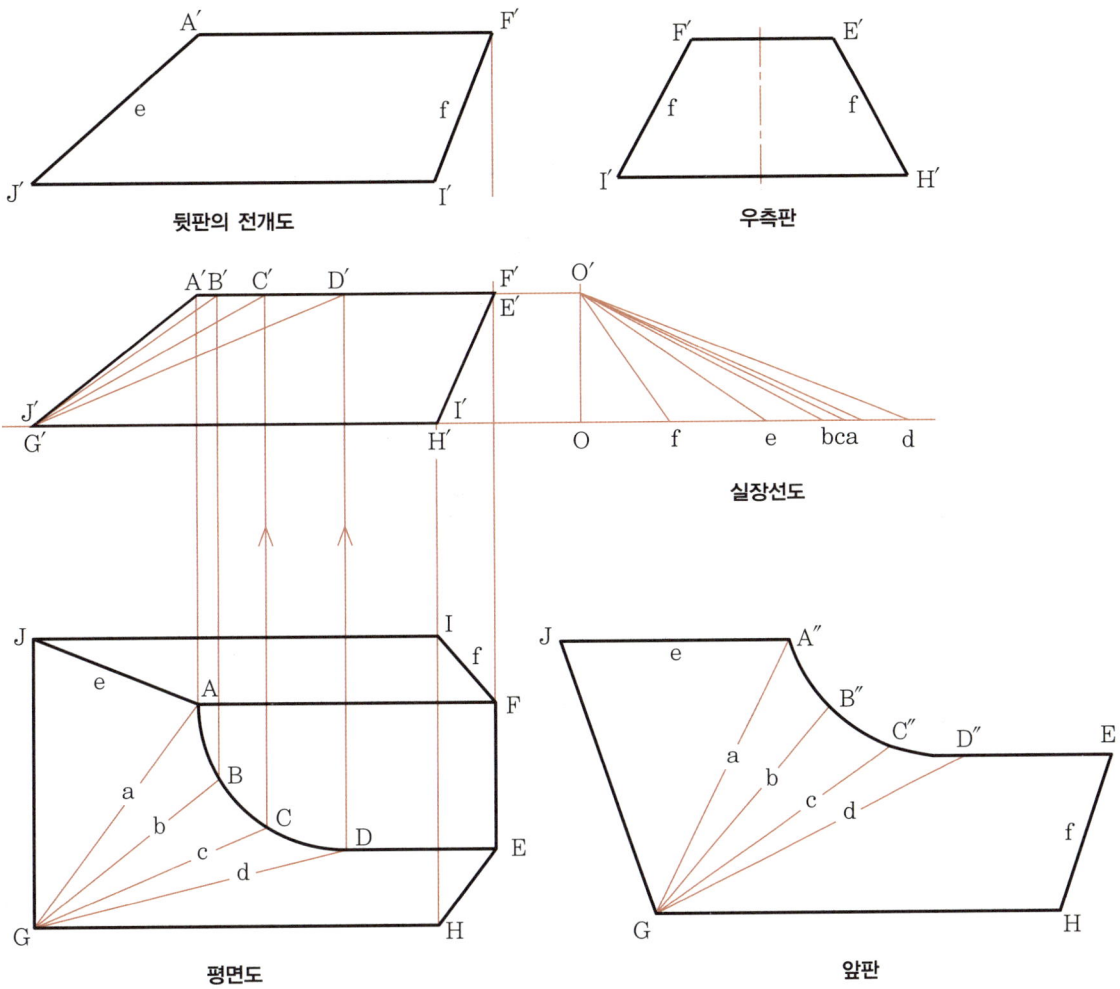

① 두께를 고려하여 정면도와 평면도를 그린다.
② 평면도의 직각 반원을 3등분하여 A, B, C, D를 얻고 정면도에 수선을 세워 A′, B′, C′, D′ 점을 찾는다.
③ 정면도의 높이와 평면도의 길이로 직각 삼각형을 이용하여 $\overline{AG} = \overline{Oa}$, $\overline{BG} = \overline{Ob}$ … 와 같이 실장선도를 구한다.
④ 뒷판과 우측판은 평행 전개법으로 그린다.
⑤ 앞판은 삼각형 전개 방법으로 실장선도를 이용하여 전개한다.

### ㉟ 이형 엘보

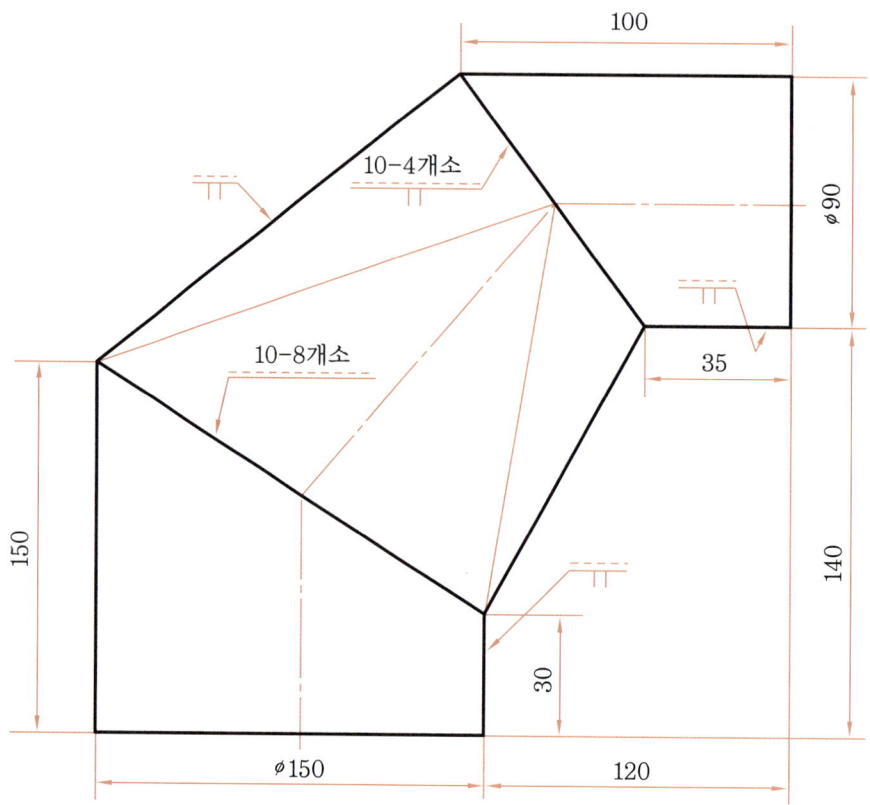

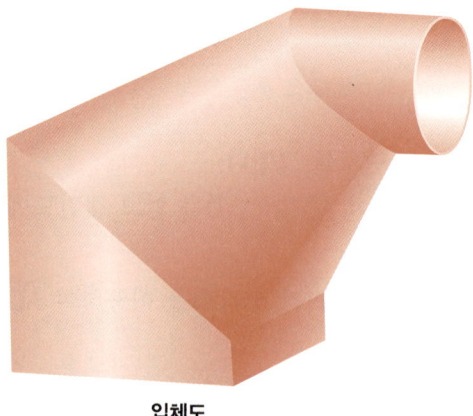

**입체도**

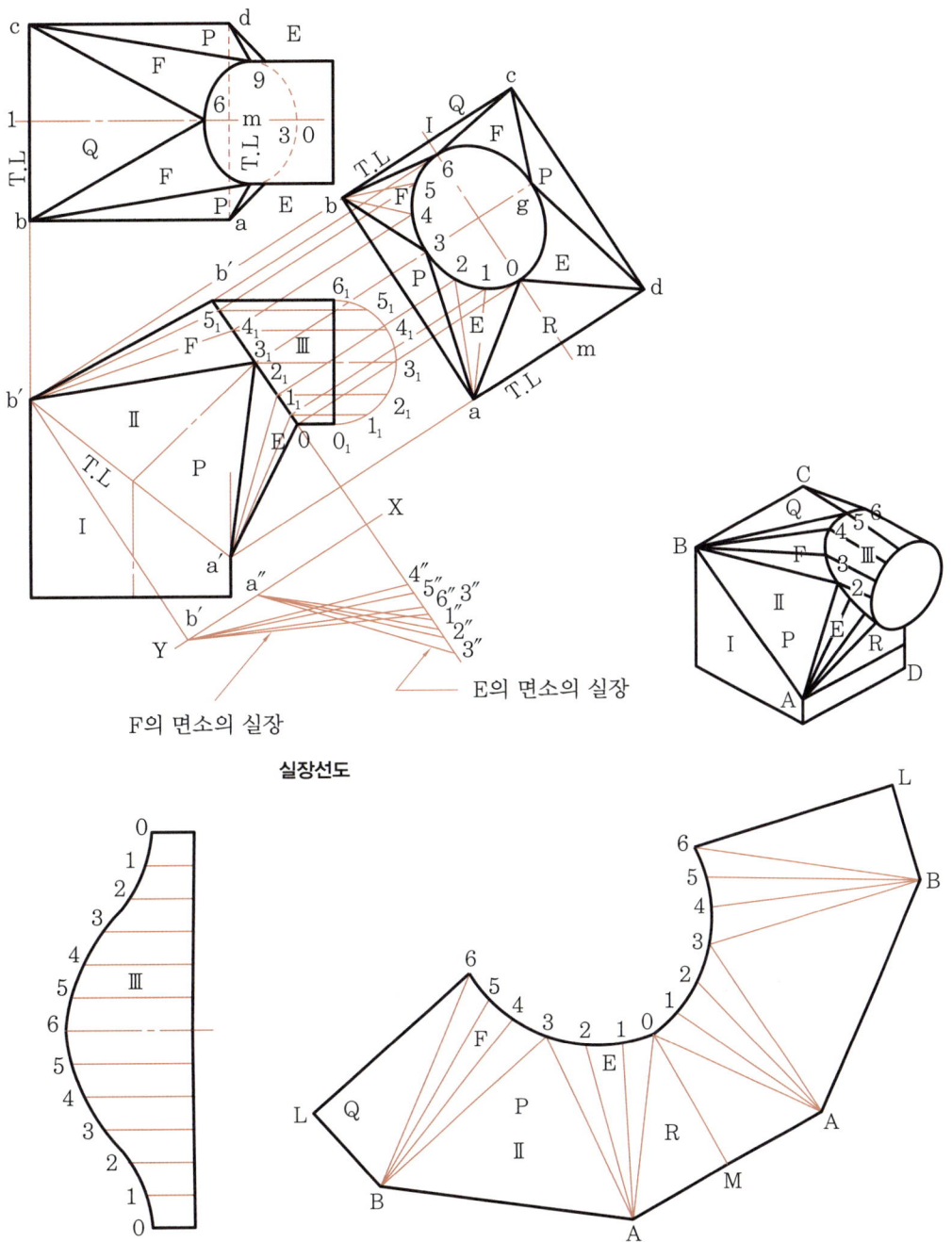

① 두께를 고려하여 2t를 뺀 변의 길이 145.4mm, 원통 지름 1t를 뺀 87.7mm 지름으로 정면도와 평면도를 그린다.
② Ⅲ부품은 원둘레를 12등분하여 분할선을 긋고 1′, 2′, 3′, 4′, 5′, 6′를 얻는다.
③ 실장선도를 이용하여 실장을 구한다 ($\overline{XY}$의 직각에 평면도의 밑면과 높이로 F, E의 실장).
④ 부품Ⅱ를 실장선도를 이용하여 삼각형 전개법으로 그린다.

## ㊵ 편심 신축관

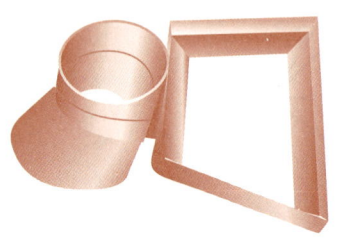

**입체도**

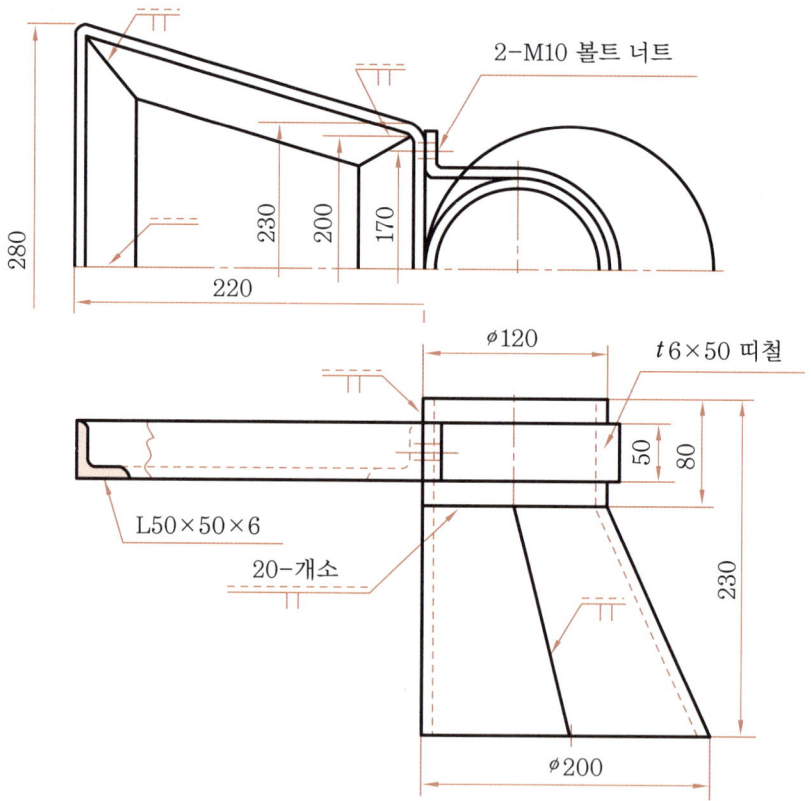

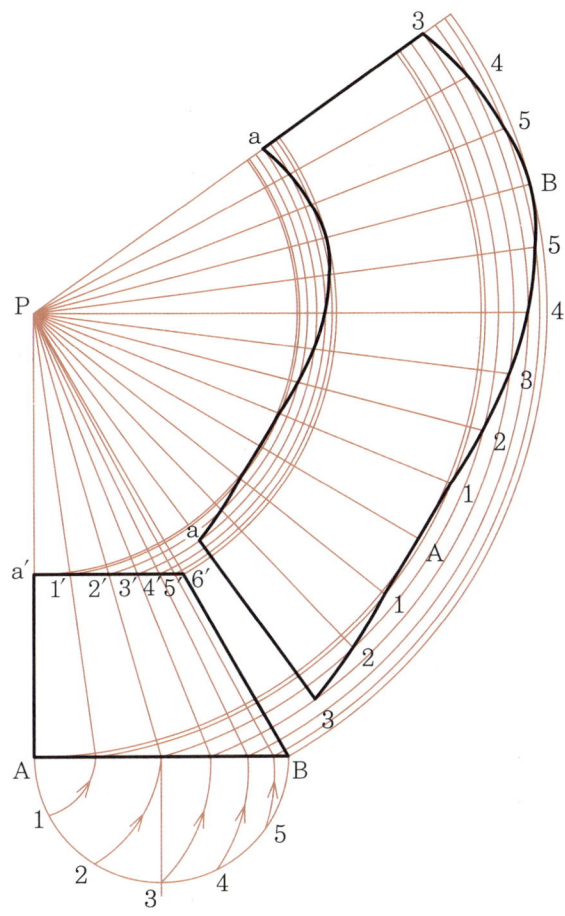

① 두께를 고려하여 밑부분과 윗부분의 지름을 그린다.
② 정면도의 반원주 $\widehat{AB}$를 6등분한다.
③ A에서 6등분점을 $\overline{AB}$에 회전시켜 만나는 점을 구한다.
④ 꼭짓점 P에서 밑원둘레의 등분까지 실장을 구한다.
⑤ 정면도의 꼭짓점 P에서 실장으로 원호를 그린다.
⑥ 원둘레의 12등분 길이로 순차적으로 나누어 전개도를 완성한다.

## ㊶ 사각 슈트

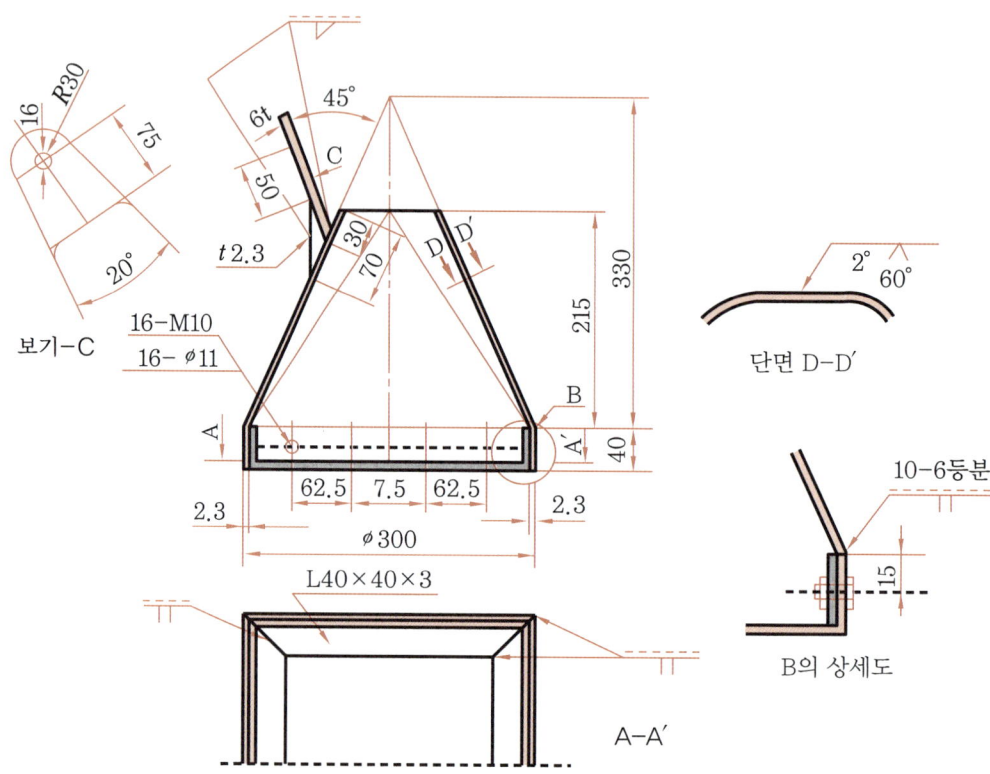

### ㄴ 형강 마름질법
① 강판 위에 전개도를 배치하여 움직이지 않게 고정하고 펀칭한다.
② 펀칭이 끝난 후 절단 경계선, 굽힘선, 전단 보조선 등의 금긋기를 한다.
③ ㄴ형강의 부재를 아래 그림과 같이 금긋기를 한다.

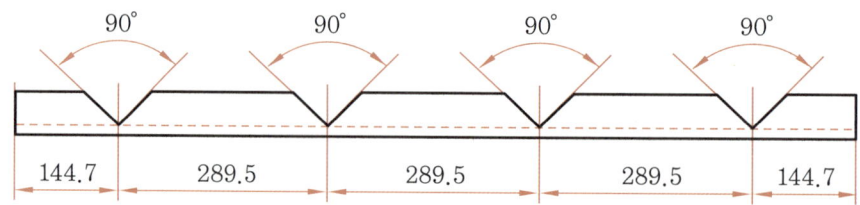

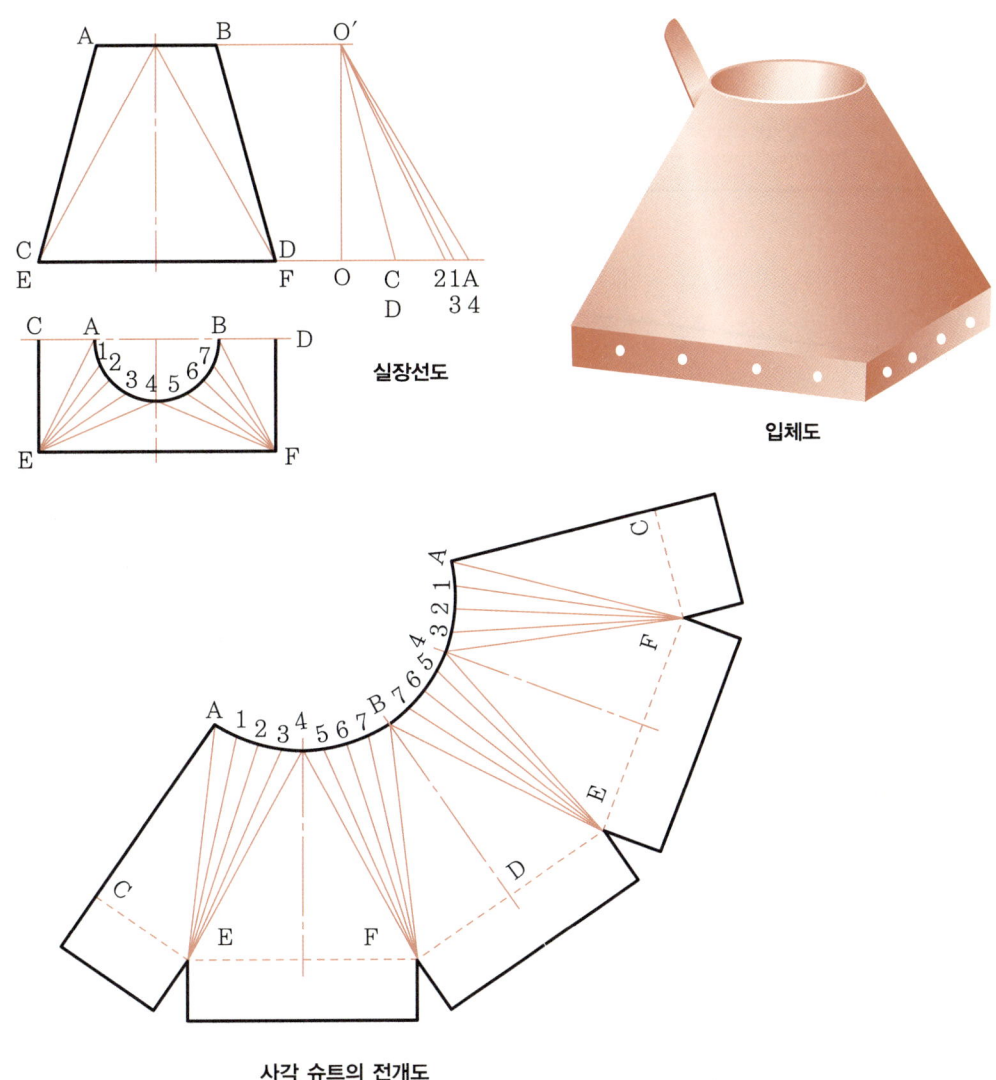

**사각 슈트의 전개도**

① 두께를 고려하여 정사각형 한 변의 길이를 $t$만큼 뺀 길이로 정면도를 그린다.
② 평면도의 원둘레를 16등분하여 A, 1, 2, 3, 4 … B를 얻는다.
③ 밑면 해당부에 C, D, E, F를 부여한다.
④ 실장은 정면도에서 직각선을 긋고, 높이는 정면도의 높이로 한다.
⑤ 평면도의 원호 길이 AC 길이를 밑면으로 $\overline{OC}$하여 실장을 구한다.
⑥ 찾은 실장으로 삼각형 전개법에 의하여 전개한다.

## ㊷ 편심 줄임관

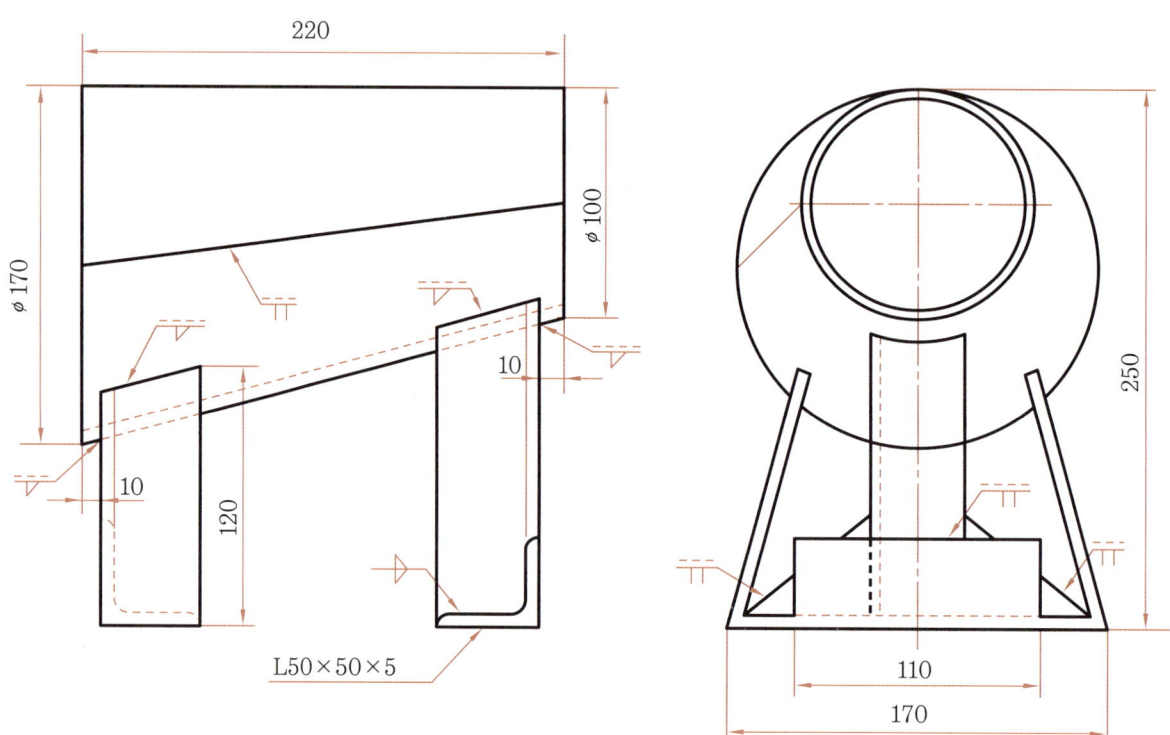

**입체도**

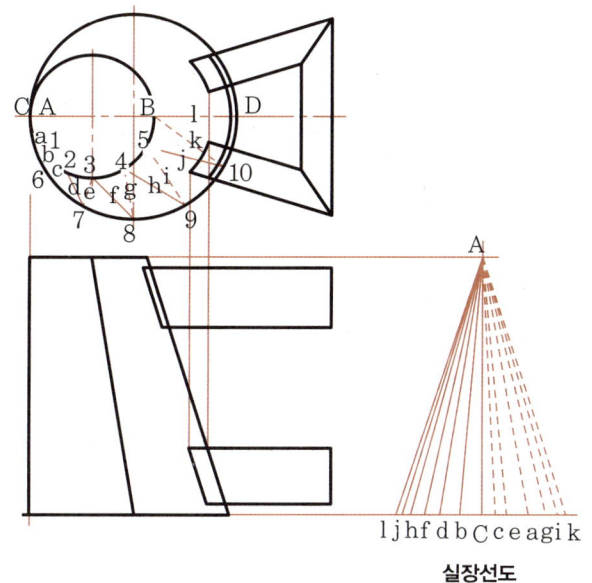

**실장선도**

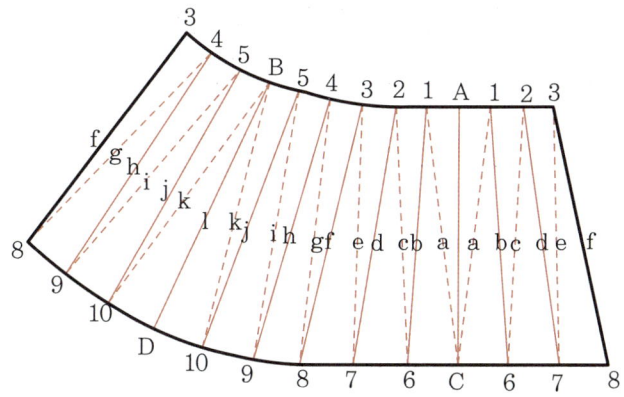

① 도면 치수에서 중립면을 고려하여 큰 원, 작은 원의 지름($D-t$)으로 그린다.
② 큰 원통과 작은 원통을 12등분한다.
③ 큰 원과 작은 원의 등분점을 실선과 파선으로 구분하여 긋는다.
④ 실장을 구하기 위해 정면도 높이 A와 C를 220mm 정한다.
⑤ 평면도의 선 길이 실선 $\overline{49}$ 파선 $\overline{59}$를 밑면으로 표시하여 대각선으로 각각 실장을 구한다.
⑥ AC를 시작으로 삼각형법으로 전개도를 그린다.
⑦ 전개도 $\overline{38}$ 을 실선이 용접선이 되도록 한다.

## ④ 사각 호퍼

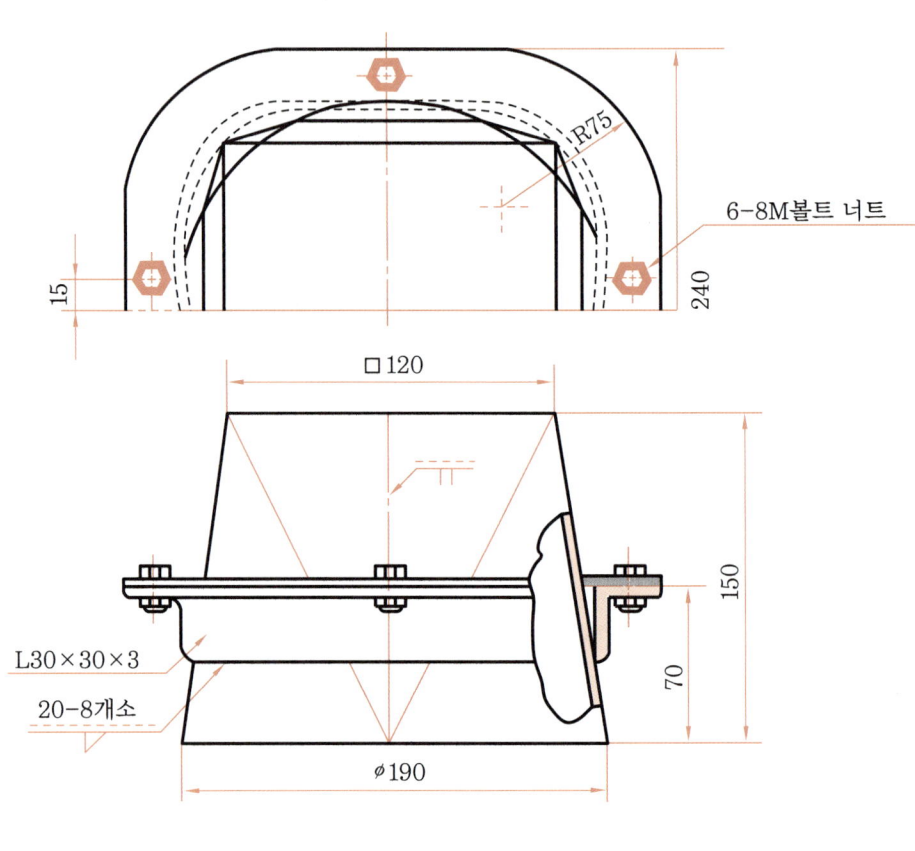

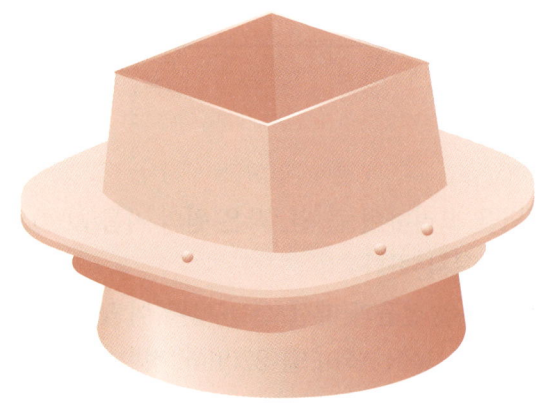

**입체도**

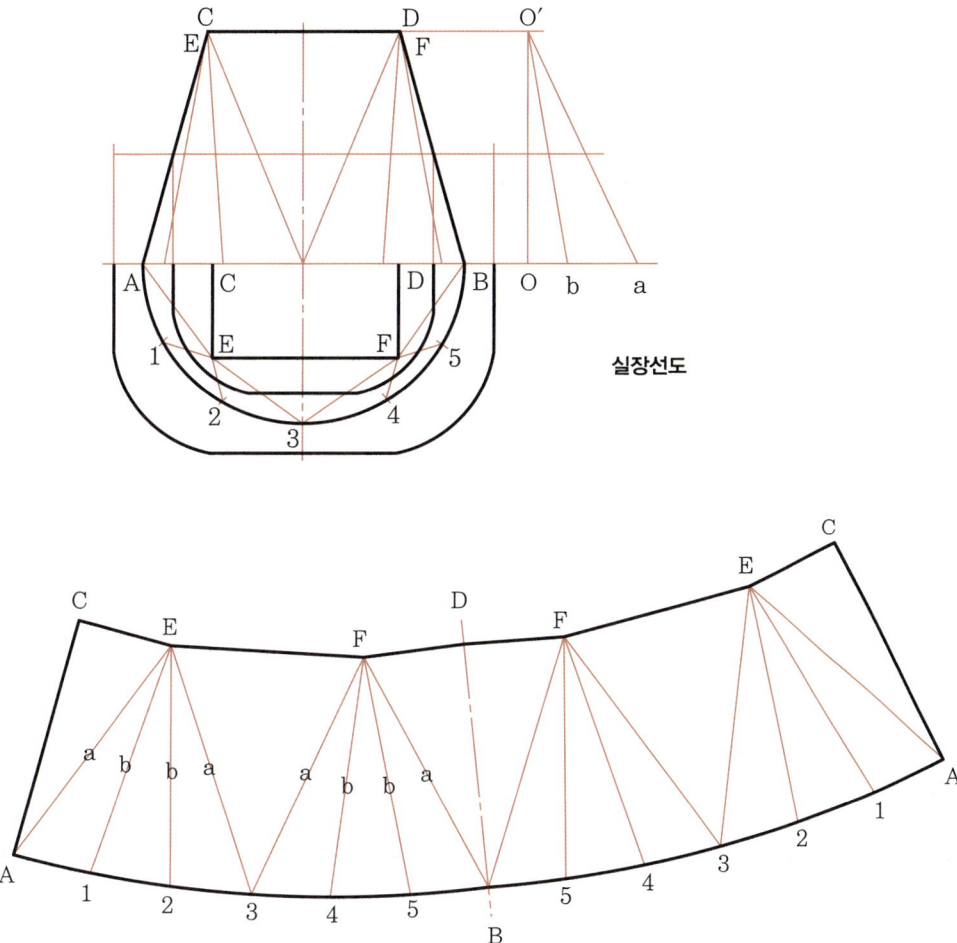

**실장선도**

**전개도**

① 재료 두께를 고려하여 정면도와 원의 지름을 ($D-t$)로, 사각형의 가로세로를 ($L-t$)로 그린다.
② 원둘레를 12등분하여 A, 12 … 5, B를 기입하고 사각형 모서리에 C, D, E, F의 기호를 부여한다.
③ 등분점을 사각 모서리와 연결하고 실장을 작도한다.
④ 실장선도는 $\overline{AB}$와 $\overline{CD}$를 수평선을 긋고 수선을 세워 O′ 점을 구한다. 평면도의 길이를 밑면 $\overline{BF}=\overline{Oa}$, $\overline{5F}=\overline{Ob}$로 실장선도 a, b를 그린다.
⑤ 삼각 전개법을 이용하여 $\overline{AC}$를 시작으로 전개도를 그린다.

## 44 통풍 연결부

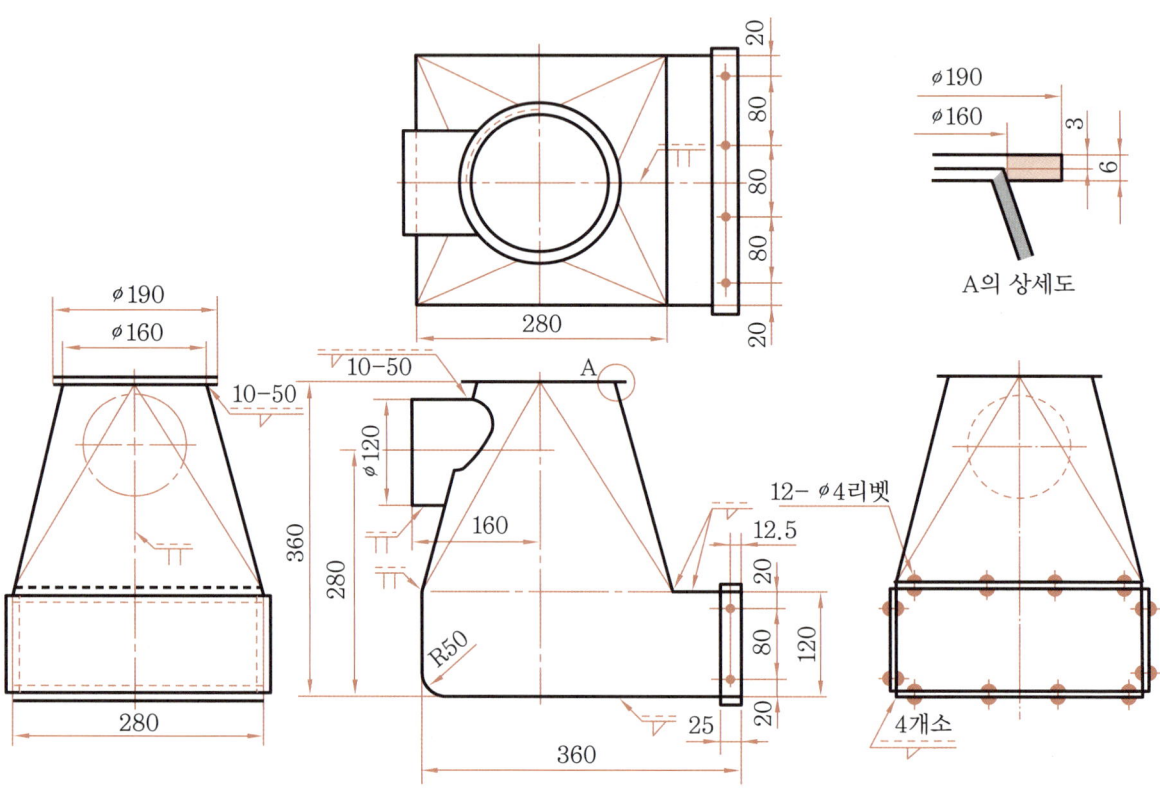

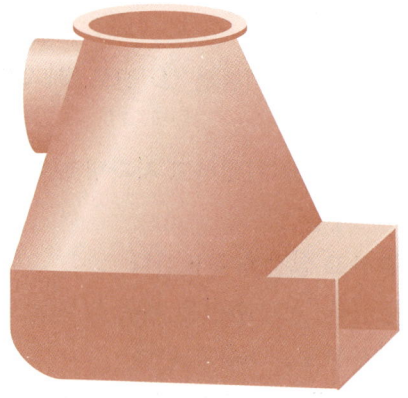

입체도

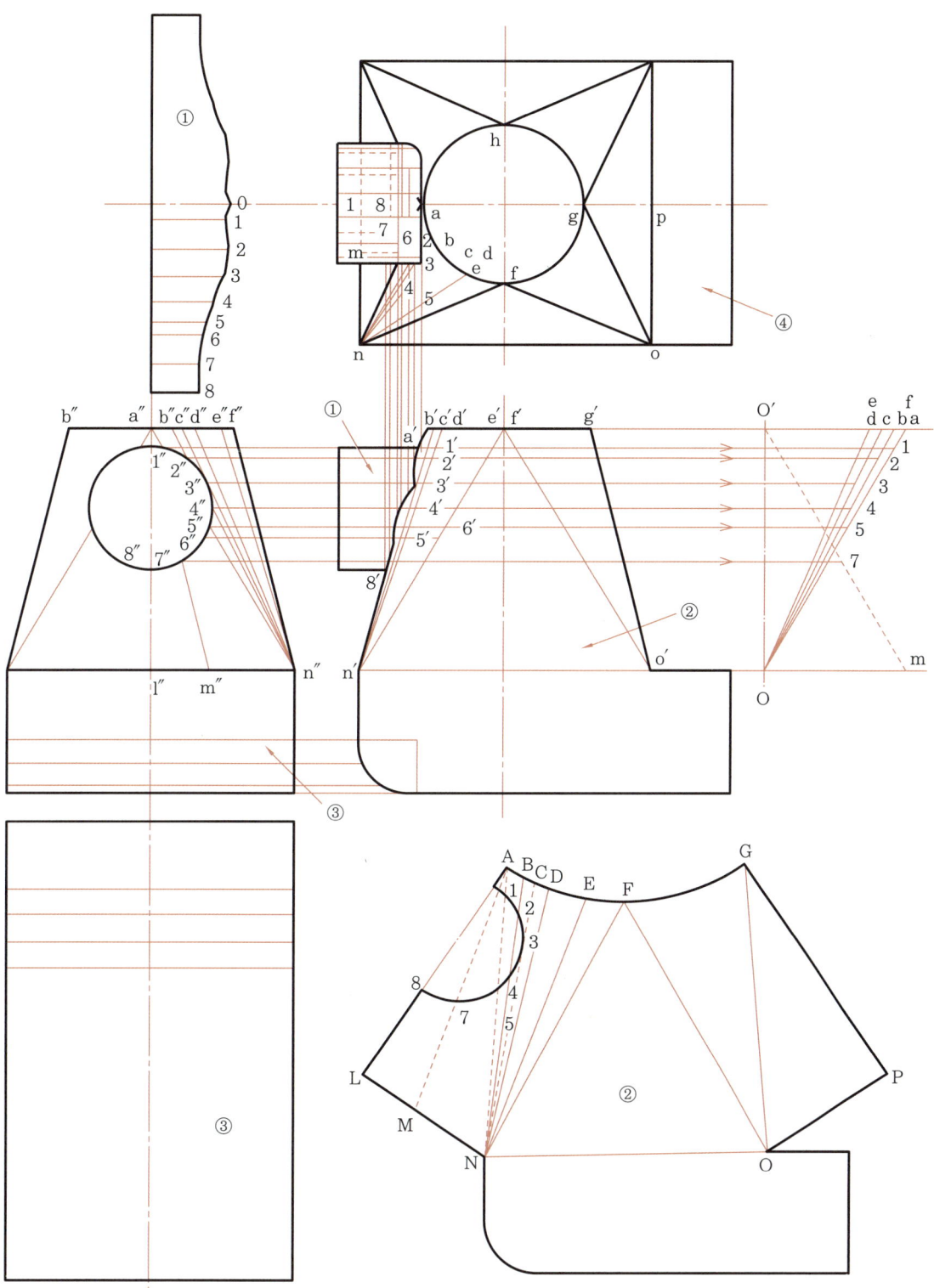

**통풍 연결부 전개도**

## 판금 · 제관 전개도법
## & 철구조물제작

2011년 1월 15일  1판 1쇄
2018년 3월 15일  1판 4쇄
2026년 1월 15일  2판 1쇄

저자 : 박병우
펴낸이 : 이정일

펴낸곳 : 도서출판 **일진사**
www.iljinsa.com

(우) 04317 서울시 용산구 효창원로 64길 6
대표전화 : 704-1616, 팩스 : 715-3536
이메일 : webmaster@iljinsa.com
등록번호 : 제1979-000009호(1979.4.2)

값 **28,000원**

ISBN : 978-89-429-2037-2

\* 이 책에 실린 글이나 사진은 문서에 의한 출판사의
동의 없이 무단 전재 · 복제를 금합니다.